機械製造

孟繼洛・傅兆章・許源泉・黃聖芳・李炳寅・翁豐在・黃錦鐘
林守儀・林瑞璋・林維新・馮展華・胡毓忠・楊錫杭　編著

全華圖書股份有限公司

序言

機械製造

機械製造由於科技高度快速的發展，各種傳統的加工方法，如車床切削、砂模鑄造等等都趨向自動化，使人操作技術所需的時間也日益縮短，熟練高技術操作人員需求逐漸減少，而工程師、技術員層次人員需求則逐漸增加。工業界對其技術能力大專畢業程度的工程人員需求也日漸增加。

各大學、科技大學、技術學院機械類系科及工業工程系科多開設「機械製造」或「機械程序」相關課程，所用教材多爲原文本或譯本，對國內工業的配合，由於環境關係，多少存有差異。爲了開發本土化適合國內學生使用，在畢業後與就業之國內工業環境可更爲接近，易於在短期內進入工作情況，而進行本書編撰工作。由於國內學制多元化，本書編撰以高工畢業進入二專、技術學院或科技大學學生爲主要對象，動手操作程序則不包括在內。如用於非高工畢業生則可由教師略加補助教學即可，如對就讀工業工程科系商業類科畢業生，則可以將部份計算及理論部份省略，如切削理論等，學生當可清楚領悟。

本書設計爲供三學分或四學分使用，在正常情形下可將全書教完，以使學生對機械製造有一全貌之認識。爲使輔助教學方便，將另輔以光碟以利自習或講授。

本書之編輯係以基礎之製造方法爲始，再繼續根據工業發展，給以自動化及精密化內容，以期學生在修習後能適應業界需求。

本書係由各大學、科技大學、技術學院資深具有多年製造製造相關課程教學經驗教師，並依專長分工撰寫，再經整合整理使一致化而完成。第一章總論是由孟繼洛教授編寫，現任教於台北科技大學。第二章鑄造工程是由傅兆章教授編寫，現任教於高雄第一科技大學機械與自動化系。第三章塑性加工及第八章表面處理是由許源泉教授編寫，現任教於虎尾科技大學機械製造系。第四章接合加工是由黃聖芳老師編寫，現任教於中華技術學院機械系。第五章切削加工是由李炳寅教授編寫，現任教於虎尾科技大學機械製造系。第六章非傳統加工是由翁豐在主任編寫，現任教於虎尾科技大學機械製造系。第七章精密粉末加工及第九章非金屬成型是由黃錦鐘教授編寫，現任教於東南技術學院自動化系。第十章自動化製造是由林守儀教授編寫，現任教於聖約翰科技大學機械系。第十一章逆向工程是由林瑞璋教授編寫，現任教於虎尾科技大學機械設計系。第十二章工具材料選用是由林維新教授編寫，現任教於虎尾科技大學機械製造系。第十三章機械零件製造是由馮展華教授編寫，現任教於中正大學機械系。第十四章微機電產品製造技術是由胡毓忠教授編寫，現任教於華梵大學機械工程系。第十五章奈米加工概論是由楊錫杭教授編寫，現任教於中興大學精密工程研究所。因依產品敘述製造方法，由於產品眾多，勢必無法完整，故依基本製造方法個別予以說明，當習得各項獨立製造獨立製造知識後，應用時再選擇適當的製造流程，並亦可適應產品製程日新月異無法隨製程演變的困難。

本書編寫時間匆促，如有差誤尚祈學術界先進多賜指教。

本書主編　孟繼洛　謹誌

編輯部序

CONTENTS

「系統編輯」是我們的編輯方針，我們所提供給您的，絕不只是一本書，而是關於這門學問的所有知識，它們由淺入深，循序漸進。

本書介紹各種加工技術及相關基本原理、應用方法，並闡述了基本概念及加工技術的特殊方法。配合圖表豐富與本文對照，易讀易懂。適合私大、科大之機械相關科目必選修「機械製造」課程之學生研讀或從事機械製造相關產業人員參考。

同時，爲了使您能有系統且循序漸進研習相關方面的叢書，我們以流程圖方式，列出各有關圖書的閱讀順序，以減少您研習此門學問的摸索時間，並能對這門學問有完整的知識。若您在這方面有任何問題，歡迎來函連繫，我們將竭誠爲您服務。

相關叢書介紹

書號：0522802
書名：微機械加工概論(第三版)
編著：楊錫杭.黃廷合
16K/352 頁/400 元

書號：03731
書名：超精密加工技術
日譯：高道鋼
20K/224 頁/250 元

書號：0552504
書名：薄膜科技與應用(第五版)
編著：羅吉宗
20K/448 頁/480 元

書號：0546502
書名：奈米材料科技原理與應用(第三版)
編著：馬振基
16K/576 頁/570 元

書號：0544603
書名：奈米科技導論(第四版)
編著：羅吉宗.戴明鳳.林鴻明
鄭振宗.蘇程裕
16K/300 頁/400 元

書號：0539903
書名：奈米工程概論(第四版)
編著：馮榮豐.陳錫添
20K/272 頁/300 元

書號：0211606
書名：實用機工學－知識單(第七版)
編著：蔡德藏
16K/536 頁/500 元

◎上列書價若有變動，請以最新定價為準。

流程圖

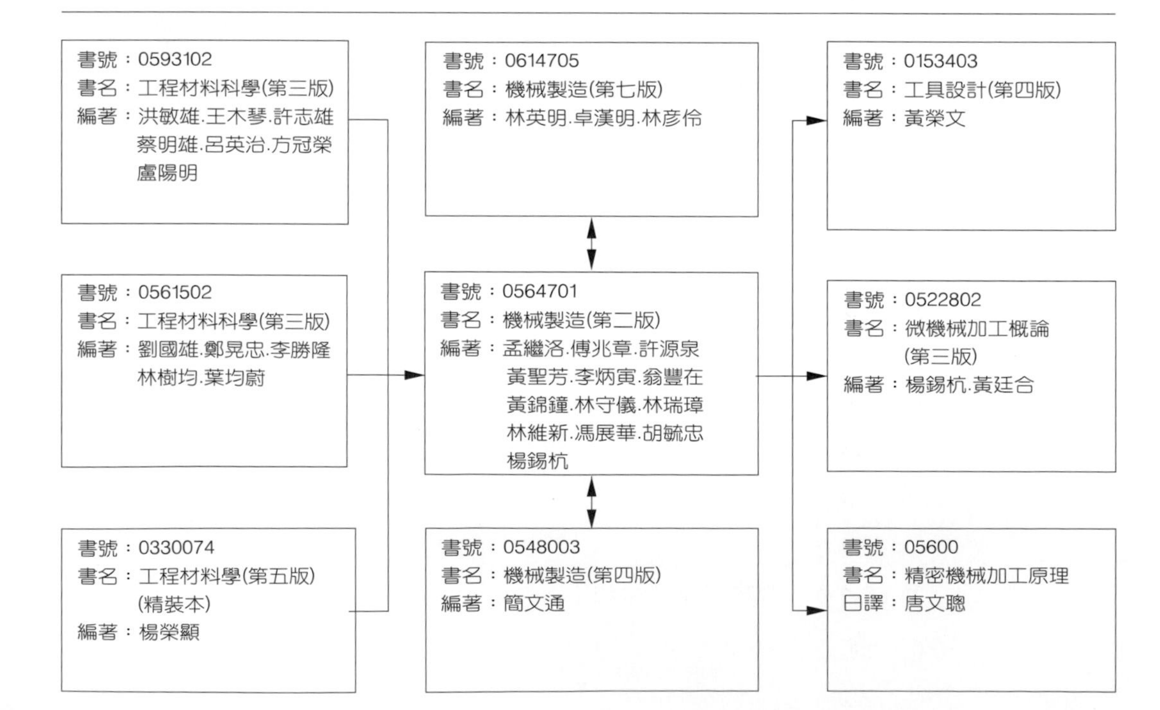

目錄

CONTENTS

機 械 製 造

第4章　接合加工 4-1

第 10 章 自動化製造 10-1

第 1 章

概論

1-1 機械製造的意義

製造(manufacturing)就是將原材料(raw material)經過加工的過程變成可用的產品。機械製造就是以使用機械設備爲主來製造出各種產品，如零組件、機器、用品等。其他使用機械的工業如使用重機械產出的土木建築成品，化工機械所產出的食品、石油則不包括在內。

廣義的機械製造是包括原料製成產品過程中的原料供應、產品設計、材料選擇、製造加工、品管品保、包裝運送；狹義的機械製造則僅指製造加工的階段。

1-2 機械製造的發展

在原始時期人類爲了生存，將直接出現於地面易於加工的原料如樹木、石頭等用人工直接加工或做成的工具來加工，是爲石器時代；而後將熔點較低金屬如銅加熱成型製造出工具或產品，這就是銅器時代的開始。而後加工方法及加熱溫度技術的演進，而有了鐵金屬及陶器產品，使用工具也由簡單工具而形成使用機構原理而組成的機器，加工所使用的動力也由人力而有了獸力的加入。

造成製造工業大幅的改變，則是蒸氣機的發明，以熱能產出動力代替人力或獸力，而形成1750年起的工業革命。其後電的發明，電能便成爲重要的能源，而後光能、聲能以及化學能的應用。

再以生產方式來看，手工製造的時期以小量製造爲主，第一次工業革命後，動力機械將產品帶入大量生產的境界，全自動化技術將同一產品產量增加，而提升品質及降低成本是爲大量生產時期。而電腦的發明及產品的需求，小量或中量多變化的製造應時產生。大量生產、製造分工，在競爭激烈的環境中，每項產品在大量生產後，雖然生產成本降低，但因相互競爭的結果，利潤逐日降低，而所謂微利時期日漸接近，而失去經營的價值。同時由於產品創新、同型產品的壽命縮短，因之中、小量的需求日益增加，大量生產的加工線及裝配線趨向減少，利用電腦程式變化而改變產品加工程序的應用逐漸增加，自動化則由單一產品大量的自動化，演進到少量多變化的數位自動化。

1-3　製造自動化的演進

自動化(automation)是從希臘字“automatos”而來，原義是自己動作的意思。自動化是隨著控制方法同步演進，自動控制從機構控制開始，如螺桿、齒輪、凸輪的控制，到液壓、氣壓、電機、電子，再到聲、光、數位化的控制。

在 1950 年數値控制工具機來開始使用之前，機械加工皆是使用傳統工具機如車床、鑽床等。由於電腦技術的進步，自CNC車床、CNC中心加工機，電腦整合設計及製造(CAD/CAM)，群組技術(GT)，彈性製造系統(FMS)，及時生產(JFT)及人工智慧(AI)，使產品的生產效率增加、多樣化及品質一致而製造出精密度高的產品。

在數値控制工具機發明之前，已經有了專用的自動加工機械，如螺絲製造機、生產固定形式的產品，適合於大量生產使用。但是很多零組件，每批不需要大批的數量，而需要中量或小量的生產，因之彈性自動化應運而生，利用電腦控制，在短時間更換程式及刀具或步驟而生產不同的產品。圖 1-1 為機械製造自人工至自動化的演進過程。

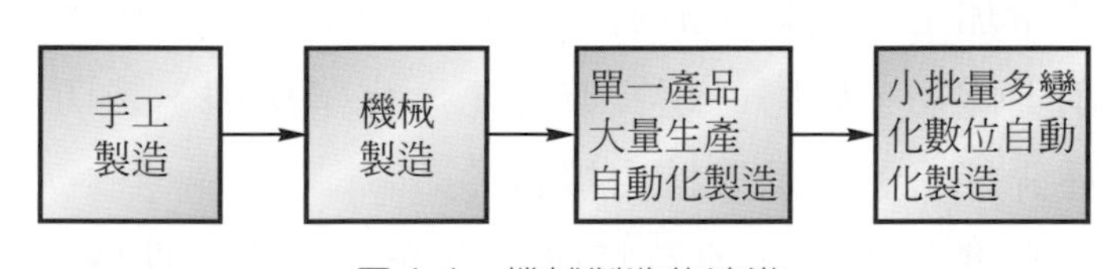

圖 1-1　機械製造的演進

1-4　製造的系統

傳統的工程人員，在製造的技術上多限於生產的過程，但是一個成功產品，是自上游的原料選擇開始，到中游的加工製造，再到下游的行銷。所以在設計製造一個產品時，所考慮的問題不只在實際製造的階段，而是要在選擇原料開始，考慮原料的功能、成本、取得方式等，在製造過程中的品質保證，在產品製造完成後的通路、行銷等。所以一個成功的製造工程人員，除具備製造技術之外，同時要能洞察全程的系統。

產品的製造，由創意的產生到設計，再規劃製造的程序，選擇適當的材料與加工方法，零組件經過加工製造組合成產品，再經過各種通路行銷到使用者。在每一過程都會影響產品生產的成敗，而每一過程都會影響到製造的方法。圖 1-2 為一般產品生產製造的流程。

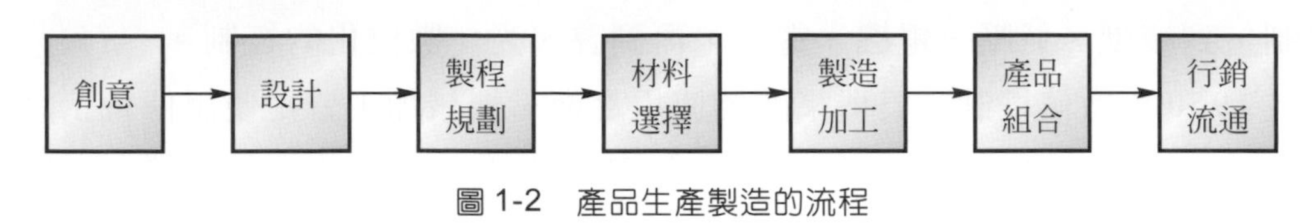

圖 1-2　產品生產製造的流程

1-5 基本製造方法

基本的製造方法，如果依照加工方式的不同，有下列各種。一個產品製造時，就是在下列各種基本製造方法中選取一項或數項加以適當的組合，各種方法詳細的內容則在以後各章中作詳細的敘述。機械製造的系統如圖 1-3。

1. 加熱溶化：鑄造。
2. 加熱加工或冷加工：輥軋、鍛造、擠壓、粉末冶金、鈑金。
3. 切削：車削、鉋切、研磨、超音波加工、化學切削、銑切。
4. 接合：各種銲接、黏接及機械力接合。
5. 表面處理：機械的表面處理有打磨、拋光、磨光、珠擊、爆炸、硬化、包覆、機械覆層、電漿噴覆。化學的表面處理有化學氣相沈積、離子佈置、擴散鍍層、電鍍、陽極處理、熱浸鍍、陶瓷電鍍、鑽石覆層，薄膜沈積、氧化、蝕刻等。
6. 改變物理性質：熱處理。

如就要加工的形狀選擇適當的加工方法，如表 1-1 每一項產品都有其製造的方法，而在學習時不可能學習所有產品的製造的方法，更何況產品製造方法也在不斷的改進。所以本書是以各種基本製造方法為主軸再兼及少數機械零件的製造，當習得基本製造方法後，再就產品作聰明的方法選擇。

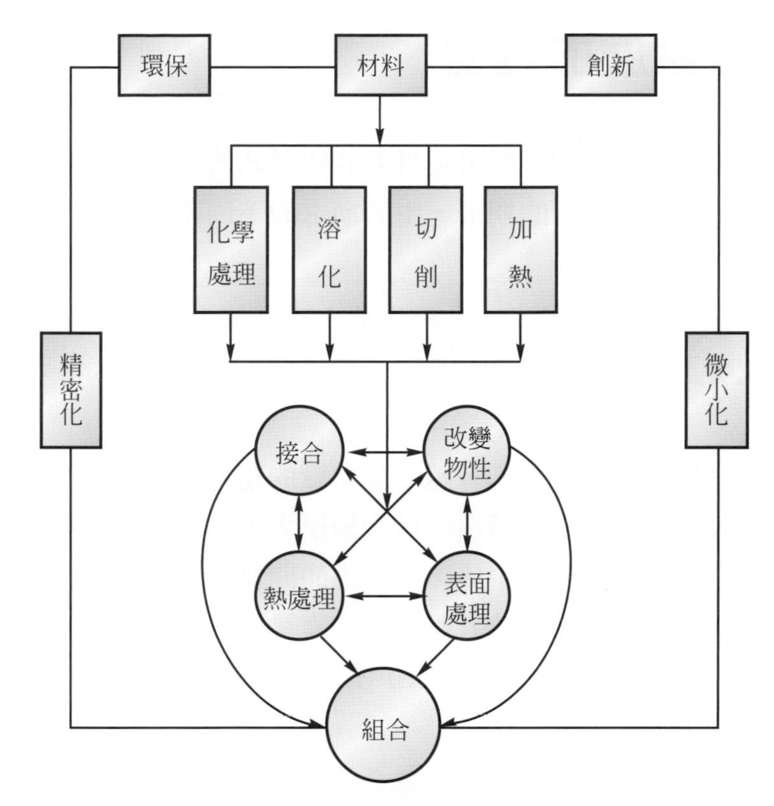

圖 1-3　機械製造的系統

表 1-1　各種形狀一般加工方法

形狀	
平面	鉋床鉋切、銑床銑切，、磨床磨削
圓形	車床車削
不規則形狀	砂模鑄造、永久模鑄造、脫臘鑄造、鍛造
管狀	離心鑄造、輥軋成形、抽拉、擠製
孔	鑽床鑽孔、衝床衝孔、拉床拉切
小孔	衝壓、放電加工、雷射
螺紋	輥軋、研磨、車削
表面處理	研磨、珠擊、噴砂、噴金、陽極處理、電鍍
光亮	帶磨、擦光

1-6 產品發展的趨勢

當接觸到一個產品時，會感覺出這是老式或新式的產品，這就是使用者因爲需求的變化，而對產品產生不同的期求，由於期求的不同再配合科技的進展，因而產生了需求上的變化。

近年來由於加工技術的進步，人類生活水準的提升，對產品的要求也日新月異，在發展的趨勢上而有下列的趨向：

1. **微小化**

   就產品體積大小來看，有越小越精緻的趨勢，因此在製造方法上就需要有較大的改變。如電腦的體積由自大櫥櫃大小到現在的手提電腦，無線電話由龐大的大哥大至小巧的手機。在應用的開發上，也因爲科技的進步而產生了不少小型的產品，如用於人體醫療的產品——人造器官、檢查設備等。但微小化與精密化並不一定相等，微小產品可能很精密，但也不一定非常精密。

2. **精密化**

   一些要求準確度高或者需要緊密結合時，則需要精密度高，在現代高科技產品，一般多要求有較高的精密度。因之在加工技術上就有較特別的要求。如精密長度的量測，由過去的毫米(mm)，演變到10^{-6}m 的微米(μm)，再演變到10^{-9}m 的奈米(nm)作爲量測的單位。

1-7 機械製造未來的發展

1-7-1 在材料選用上

材料的發展對產品設計與製程都有莫大的影響，以腳踏車架製造爲例，由鋼材到鋁材，再到複合材料而再演進到鋁合金材料，未來也可能發展到金屬基複合材料以及更新的材料。鋼材的鋼管成型及車架的焊接與複合材料的一體成型在製造上可以說是完全不同。陶瓷材料在汽車及機車的氣缸已在使用，與傳統鋼或鋁質氣缸加工製造方法更是迥異。新材料新合金的發現及原有材料的代替品，都在引導製造方法的改變。

1-7-2 在方法的選擇上

基本製造方法列爲最先考慮外，由於精度、光度等的要求，會考慮到其它方法的應用。

1. **化學方法的應用**

   傳統的製造方法多爲利用機械或物理的原理，由於精密產品的需求及電子產品的高度使用化學原理的方法逐漸如半導體原料的製造使用長晶、薄膜沈積、氧化、微影及蝕刻等，現代很多所謂奈米的產品，不少都是使用化學加物理的方法製造而成。

2. **對環境影響的考量**

   綠色加工是爲現代的觀念，減少環境污染及破壞，如電鍍產生的有毒化學液體，高震動所產生的噪音，放射物產生的幅射等儘量減少使用。

1-7-3 在製造技術的觀念上

創新是製造技術追求的目標，從事生產製造的人員，需要對基本製造方法清楚的瞭解，在製造時方才能愼選各種基本製造方法予以組合，沒有任何製造方法是最好的方法，一個工程技術人員要能創造出產品製造新的技術，以已有的製造方法，重新組合及增加新的方法而創造產品製造新的技術。以製造照相機爲例，過去以變化基本機械構造及改進鏡片爲主，但當數位相機來臨時，在創新上是一革命性的改變，但在基本製造方法上，他衹不過是另外一種基本方法的組合。工程人員要能善用已知或學習新的基本製造方法，再發揮創造力，創造出新的製造方法。

習題

1. 試述機械加工的意義？
2. 製造方法在大量生產後，爲什麼會漸趨微利化？
3. 在數位控制時代，多數機械產品使用那種製造方法？爲何？
4. 試述自動化演進的過程？

5. 車削與鑄造在基本製造過程中有何不同？相互間又有什麼關係
6. 試列舉出五項微小化的實例，並說明其原因。
7. 試說明產品精密化的需求原因。
8. 試述機械未來發展的趨勢。

第 2 章

鑄造工程

2-1 簡介

2-2 鑄造金屬的性質

2-3 砂模鑄造

2-4 特殊鑄造法

2-5 鑄造清理和檢驗

2-1 簡介

2-1-1 鑄造的定義

鑄造(casting)是將金屬熔融後，澆鑄於鑄模中，使凝固金屬成形，成爲鑄件。鑄造的發展相當久遠，是人類掌握比較早的一種金屬熱加工工藝。鑄造產值在熱工藝加工法中一直是名列前矛，鑄造的成果主要是因鑄造具有下列優於其他加工方法之特性：

1. 能製造形狀複雜之製品。
2. 可製作一體成形的製品。
3. 可大量生產。
4. 大型金屬製品。

雖然鑄造的優點不少，但相對的鑄品亦有其缺點，如：

1. 鑄件表面尺寸精度低、表面粗糙度不佳。
2. 鑄造品常有夾渣、氣孔等，品質控制不易。
3. 大鑄件清理不易。

2-1-2 鑄造工程內容

一般鑄造廠採用砂模居多，主要是因砂模再生性佳、製造成本低，且砂模可生產任何材質的鑄件。鑄造工程包含鑄造方案、模型製作、鑄模製作、熔融、澆鑄、凝固、鑄件後處理及檢驗等，分別敘述如下：

1. **鑄造方案**

   依鑄件需求、加工、強度、材料及數量爲參考，進行鑄造方案設計、鑄件成份調整、澆道及流道配置、冒口設計等。

2. **模型**

   用模型製作同樣形狀的空間。模型材料最常用爲木材，亦可使用金屬、塑膠、聚苯乙烯、石膏或蠟等。

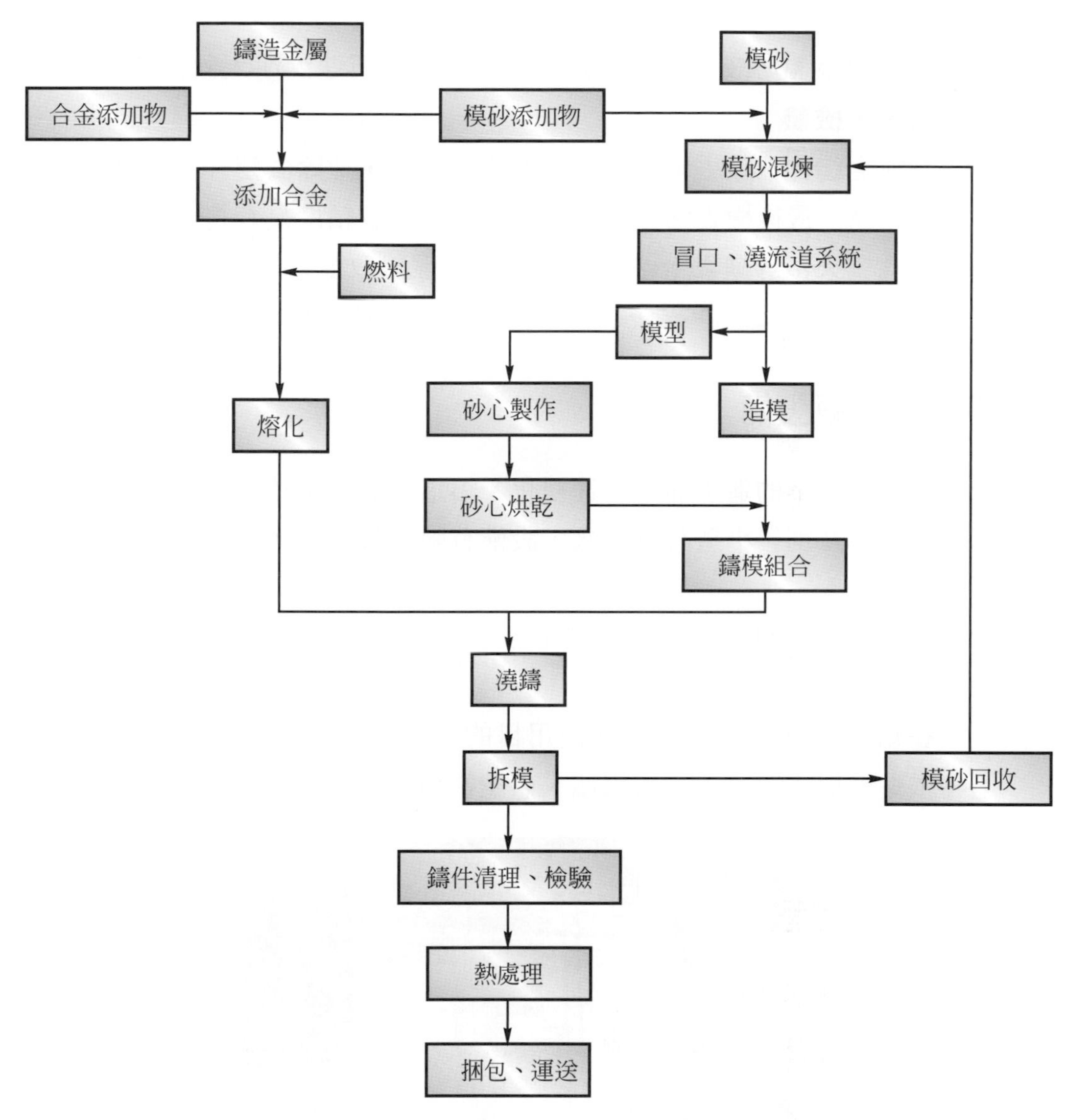

圖 2-1　鑄造工廠工作程序圖

3.　**鑄模製作**

鑄模通常分爲上模及下模，製造時先將模型埋入砂中，經搥實後將砂模取出，即稱爲砂模。

4.　**熔煉**

依金屬之熔融點高低不同，選擇所需之融煉爐。如熔鐵爐、感應電爐及電弧爐，加熱使其熔融，需要時加添所需之元素或晶粒細化劑。

5. **澆鑄**

將熔融金屬熔液用澆桶盛裝，並經澆冒口迅速澆注入砂模中。

6. **鑄件清理、檢驗**

完成之鑄件，除去澆道系統、毛邊及砂心，並除去鑄件上之殘砂，使鑄件表面光亮。最後檢查鑄件尺寸、表面粗糙度及精度是否符合要求並檢查縮孔、氣孔、夾渣等缺點，必要時可做熱處理以改變其機械性質。

上述為普通鑄造法之工作程序，一般鑄造工廠工作程序圖如圖 2-1 所示。

2-1-3 鑄造廠設備

鑄造設備隨著工業的進步而有急速變化。鑄造廠的設備依工廠規模、產量及鑄造方法而有顯著的區別。小型訂貨工廠，設備有限；規模較大型工廠，則已達完全自動化。

一般鑄造設備大致可分為以下幾類：

1. **熔煉設備**

在熔煉不同的合金時，依使用目的採用不同的熔煉爐。在熔煉爐選擇上，依熔解機構可分為：熔鐵爐、感應電爐、電氣爐及反射爐等熔煉設備。

圖 2-2　高周波熔解爐(資料來源：金屬工業研究發展中心)

2. 造模製作設備

⑴ 造模手工具。

圖 2-3　手工具(資料來源：金屬工業研究發展中心)

⑵ 造模設備：造模機、拋砂造模機、脫模機、砂心機、搗砂桿、振動器、合模機、殼模機。

圖 2-4　真空式冷匣砂心機(資料來源：金屬工業研究發展中心)

(3) 鑄砂試驗設備及處理設備。

3. **澆鑄裝置**

鑄模依其分類、鑄件大小、或生產量等不同需求，採用不同的澆鑄方法。主要使用的澆鑄設備包括澆桶、澆盆、吊車、台車、起重機及運輸帶等設備。如圖 2-5 所示。

圖 2-5 澆桶、澆盆及台車(資料來源：金屬工業研究發展中心)

4. **鑄件後處理裝置**

鑄件清理設備包含震動清砂機、切割設備、吹砂機、滾模機、銲補設備及熱處理設備等。

5. **性能分析設備**

萬能試驗機、硬度計、金相設備等。

6. **特殊鑄造設備**

特殊鑄造如壓鑄法、連續鑄造法、殼模法、精密脫蠟鑄造法等，所需特殊設備。

2-1-4 鑄造廠應用材料

一般鑄造所使用材料可區分爲以下幾類：

1. **鐵金屬及合金類**

(1) 各種生鐵鑄錠(pig iron)。如圖 2-6 所示。

圖 2-6 鑄錠(資料來源：金屬工業研究發展中心)

⑵ 配料用合金(ferro alloys)：用以調配鑄鐵合金成份，或作接種劑(inoculant)使用，改善鑄鐵及鑄鋼機械性質。常用之配料用合金有矽鐵、錳鐵、鉻鐵、磷鐵、鉬鐵等。

2. **砂模用材料**

模砂、黏結劑、填料、塗模材料。

3. **耐火材料**

鑄造是將熔融金屬亦注入鑄模中而成形鑄件，故與高溫金屬液接觸之材料，皆須爲耐火材料。而鑄造廠中所用之耐火材料，大都係指化鐵爐爐襯及澆桶內襯所用之耐火黏土、耐火磚、耐火泥等。

4. **燃料材料**

在鑄造廠中最通用之燃料是焦炭(coke)，其次是燃料油及瓦斯，亦有使用木柴、木炭等。

2-2 鑄造金屬的性質

熔融金屬澆鑄後，在鑄件凝固冷卻時會發生一連串的結構變化，並將會影響成形鑄件的性質，所以需要知道金屬在鑄模內凝固的機構。

2-2-1 金屬凝固組織

一、純金屬組織

純金屬巨觀鑄造組織爲柱狀(columnar)，但當液態金屬注入鑄模時，部分熔融液體接觸到模壁而急速冷卻，生成結晶的核；而結晶不全是往急速成長的方向，排列於理想方向的結晶急速晶出，方位不適當之結晶被抑制，造成結晶以寬面成長，且理想方位的結晶垂直鑄模壁伸展，迅速朝熔融鑄液內部成長，而形成柱狀組織(columnar stracture)，急冷時，不適當方位的結晶形成冷硬等軸晶。如圖 2-7 所示。

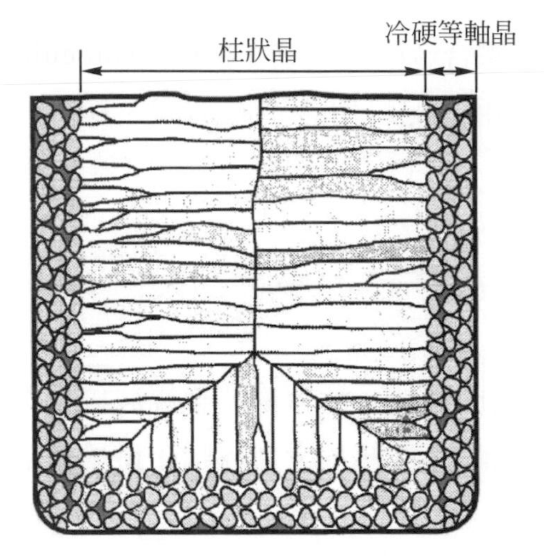

圖 2-7 純金屬的凝固組織－冷硬晶及柱狀晶[14]
註：圖名右上角數字為參考文獻題次

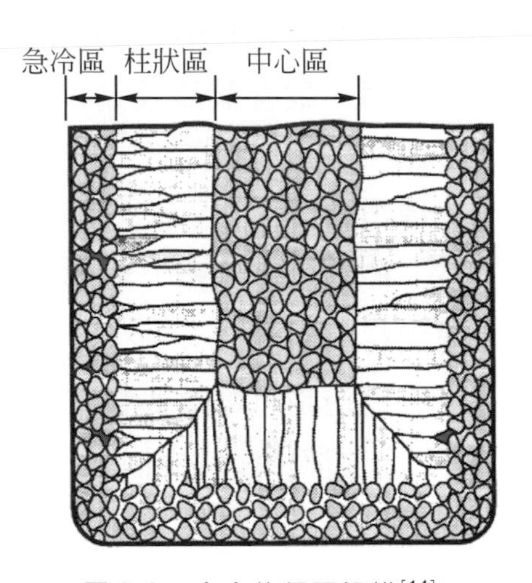

圖 2-8 合金的凝固組織[14]

二、合金組織

合金鑄物的巨觀組織與純金屬的凝固組織不同，我們大致上可將鑄造結構分爲三個區域，如圖 2-8 所示，靠近模壁的區域會產生等軸晶粒(equiaxed grain)之急冷區(chilled zone)；隨即有晶粒呈長柱狀之柱狀區(columnar zone)產生，且具有優選方向(preferred orientation)；最後在中心會產生晶粒較大的等軸晶粒。

合金鑄物晶出爲等軸晶(equiaxial crystal)，而柱狀晶將不存在，鑄物組織中的柱狀晶與等軸晶的比率的影響爲：

1. 凝固速度－鑄模材料、鑄物形狀尺寸、合金的熔融點及熱性質。

2. 合金中溶質的量。熔融金屬加入溶質時，最先在鑄物的熱中心部出現等軸晶，溶質的量增加時，等軸晶的晶出量增加，則大部份合金系的砂模鑄物巨觀組織成爲完全等軸晶，圖2-8爲合金的凝固組織。

2-2-2 鑄造性

製造鑄物時，鑄造材料性能的優劣非常重要，尤其對形狀複雜的大鑄品，鑄造的成功率影響對成本很大。

廣義的鑄造性包括：

(1) **流動性**：鑄模模穴充滿熔液的能力。

(2) **補澆能力**；將鑄模熔液冷卻，維持凝固的補收縮償。

(3) **耐熱間破裂能力**：耐收縮應力的能力。

(4) **氣密性**：室溫緻密，具有均勻的抗拉強度，在氣體或液體壓力下抵抗洩漏的能力。

但是，即使某合金在某特定條件滿足上述的鑄造性，在實用上也會稍偏離此條件，稍偏離此特定條件時，鑄造性可能極端劣化而不實用。

鑄造性宜分爲某種程度的因子，個別研究其能力如下：

1. **熔融金屬流動性**

熔融金屬的流動性質(fluidity of molten metal)，一般將金屬能夠充滿模穴的能力稱爲流動性，其中影響熔融金屬流動性的因素：

(1) **黏滯性**：當融液黏性與對溫度之敏感度增加時，流動性降低。

(2) **表面張力**：液態表面張力愈大，流動愈低，當產生氣化薄膜時，對流動性便會有極大負面影響。例如當熔融純鋁表面有氧化薄膜時，其表面張力爲原來的三倍。

(3) **夾雜物**：雜質對流動可能會有極大負面影響。

(4) **合金凝固模型**：凝固方式也會影響到流動性，小的凝固區間(如純金屬及共晶體)有較高流動性，反之(如固溶體合金)其流動性則較差。

2. **凝固時間**

凝固時間(solidification time)是指凝固開始，冷模壁上開始形成一層薄的凝固表皮，隨著厚度增加時間。Chvorinov最先研究鑄物的形狀尺寸與鑄物凝固時間的關係，發現完全凝固所需時間正比於(鑄物體積／鑄物表面積)

[2](Chvorinov 定律)，定出下式

$$t_f=\frac{1}{k^2}\left(\frac{V}{S}\right)^2\times 60$$

其中， t_f：凝固時間(min)

V：鑄物體積(in^3)

S：鑄物表面積(in^2)

K：有關鑄模和鑄物的常數球、圓柱、板狀時$K=0.29$，棒及長方形鑄物時$K=1.92$

3. **收縮(shrinkage)**

金屬在凝固及冷卻時會產生收縮，而引起尺寸改變，甚至破裂，收縮大致可分為下列三個階段產生結果：(圖 2-9)

(1) 冷卻至凝固前熔融金屬收縮。

(2) 由液態至固態的相變化(熔合潛熱)期間金屬收縮。

(3) 當溫度下降至常溫已凝固鑄件收縮。

鑄造發生收縮的原因：在大氣中鑄造時，有大氣壓、溶液壓、凝固收縮而補給溶液時的熔液流動，例如，對凝固中的鑄物從冒口往鑄物內部補償的乃利用作用於冒口的大氣壓與熔液具有的壓力，這些壓力可有效防止收縮孔。

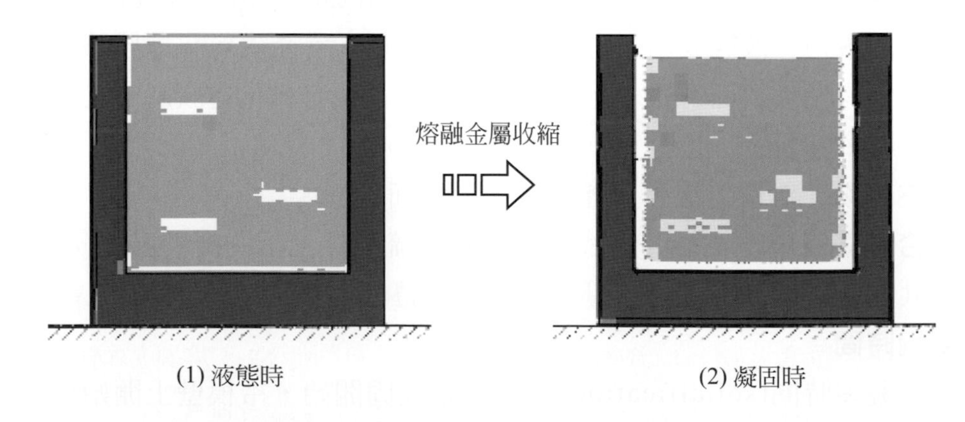

圖 2-9 圓柱體鑄件凝固收縮時現象[14]

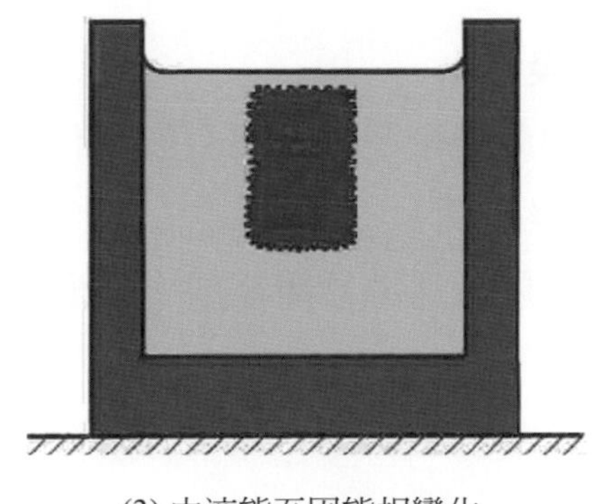

(3) 由液態至固態相變化

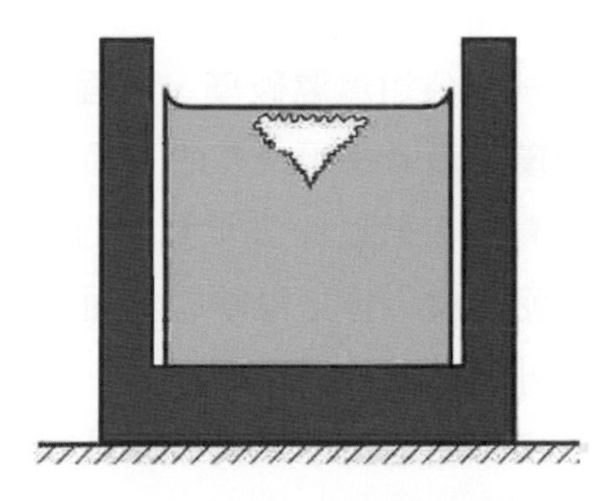

(4) 溫度至常溫已凝固鑄件收縮

圖 2-9　圓柱體鑄件凝固收縮時現象[14](續)

2-3 砂模鑄造

2-3-1 鑄砂

大部份砂模鑄造工作以矽砂(SiO_2)和鋯砂($ZrSiO_4$)等爲主要材料，價格低廉且因能耐高溫，極適合作爲鑄模材料，砂通常分爲天然模砂(naturally bonded)及合成模砂(synthetic sand)兩種。

合成模砂的成份可精確控制，大部份鑄造工廠較喜歡選用，砂的選用有許多重要因素，細小圓顆粒形狀矽可擠壓緊密形成光滑的模面；透氣性(permeability)良好的砂模及砂石有助於澆鑄時氣體或蒸汽逸散，砂模亦應有良好的收縮性(鑄件在冷卻凝固時會發生收縮)，以避免產生鑄件缺陷如熱裂及熱裂紋。

矽砂的選用包含某些性質的交換，例如細顆粒矽砂可提高砂模強度，但也會降低透氣性；矽砂在使用前通常首先予以定性(condition)；混練機(muller)用來將砂與添加劑完全地均勻混合；黏土(bentonite)爲一種黏結劑，目的在使砂粒相互結合並賦予適當型砂強度，鋯石(Zircon · $ZrSiO_4$)具低熱膨脹性，常見於鑄鍛工廠中使用，鉻鐵礦(chromite，$FeCrO_4$)因具高熱傳導特性也被加以應用。

2-3-2 砂模種類

砂模一般分類爲**濕砂模、表面乾燥模及乾燥模**。

濕砂模爲最常採用最多的造模法，即砂模加黏結劑及水分混合後具有一定的黏結力，稱濕砂。而以此法所製成的砂模即稱爲濕砂模。

表面乾燥模，排除濕砂模表面的游離水分，內層爲濕砂所組成，造模時表面以噴燈或紅外線等乾燥所致。

乾燥模常使用在中、大型或較複雜型態的鑄品。黏結劑含量多時的造模砂需先送入乾燥爐乾燥後才能使用。

目前較普遍的分類，依日本鑄物協會特殊鑄模部會定義以黏結劑分類，可分爲黏土型與其他型，使用黏土黏結劑的鑄模稱爲普通鑄模或僅稱鑄模，而使用其他黏結劑的鑄模稱爲特殊鑄模。

2-3-3 砂模基本組成

砂模的基本組成如圖 2-10 所示，有：

(1) **砂箱**：由上砂箱(cope)及下砂箱(drag)組成，上下砂箱間的接合面稱爲分模線，若組合砂箱超過 2 個以上時，增加其他砂箱稱爲中間砂箱。

(2) **澆池**(pouring basin)：爲熔融金屬澆鑄口。

(3) **澆道**(runner)：於模穴四周，熔融金屬藉由澆道注入至模穴中，澆口(gate)爲模穴入口。

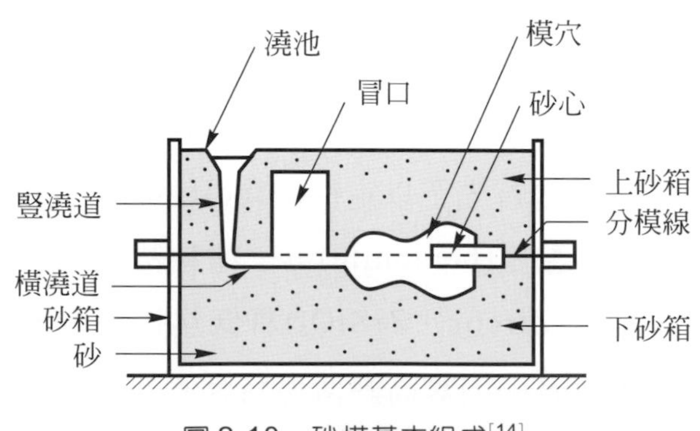

圖 2-10 砂模基本組成[14]

圖 2-11 砂箱(資料來源：金屬工業研究發展中心)

⑷ **冒口**(riser)：作用爲當金屬冷卻凝固而發生收縮時，提供原澆鑄於砂箱中額外的金屬補充給鑄件以及排出氣體。圖 2-12 所示爲各式冒口。

圖 2-12 一般常用冒口形狀(資料來源：金屬工業研究發展中心)

⑸ **砂心**(core)，由模砂製成後，置放在模內，用以形成某些中空部位，砂心也可置於鑄件外側形成如鑄件周圍的刻字印刷或外部深凹等製品。

⑹ **排氣孔**(vents)的設置可讓熔融金屬與模砂接觸時所產生的氣體排放出來。

2-4 特殊鑄造法

鑄造的種類很多，有以鑄件(castings)的材質分類，如鑄鐵、鑄鋼、鋁合金……等的鑄造；有以鑄模(molds)材料的不同來分類，如砂模、金屬模、石膏模等的鑄造；若以鑄造方法來區分的話，一般分為普通鑄造法與特殊鑄造法兩大類。

普通鑄造法即一般所謂的砂模鑄造(sand mold casting)，又可分為普通砂模與特殊砂模兩部份，其產量佔鑄造業的絕大部份。特殊鑄造法係為了達到特殊的目的，如欲鑄造細小、精密、薄形或狹長的鑄件，甚至為了提高鑄件的機械性質，或使鑄件的金相組織更為細密。因此，在鑄模的製造或澆鑄的方法上，與砂模鑄造有相當的差異，但是鑄造的基本原理仍然不變，即將熔融金屬注入模穴而得成品。

特殊鑄造法的範圍很廣泛，大致上可分成下列幾種：

1. 精密鑄造法(precision casting)。
2. 離心鑄造法(centrifugal casting)。
3. 壓鑄法(die casting)。
4. 永久模鑄造法(permanent-mold casting)。
5. 低壓鑄造法(low-pressure casting)。
6. 消失模鑄造法。
7. 其他特殊鑄造法：如真空鑄造法、矽膠模鑄造法等。

2-4-1 精密鑄造法

廣義的精密鑄造法(precision casting)，泛指所有能生產較普通濕砂模更為精密之鑄件的鑄造方法。因此，包括永久模法、殼模法、壓鑄法、離心鑄造法等。不過一般所指之精密鑄造法範圍較小，在此我們將僅介紹以下三種精密鑄造的方法：

1. 精密脫蠟鑄造法(investment casting process)。
2. 陶模鑄造法(ceramic mold process)。
3. 石膏模鑄造法(plaster mold process)。

一、脫蠟鑄造法

脫蠟鑄造法(investment casting process)遠在我國殷商時代，就已用此技術製作鐘鼎及青銅藝樹品。於 1970 年，我國軍方兵工廠開始應用此法生產武器零件，民間工廠則生產高爾夫球頭桿、錶殼、手工具及遊艇零件等產品。另外，脫蠟鑄造法主要用於生產航空器材、醫療器材、電子零件、光學器材、武器、紡織機、打字機等零件。圖 2-13 爲脫蠟鑄造法的部份產品。

1. **脫蠟鑄造流程**

所謂脫蠟鑄造法是指漿態耐火泥砂來製造鑄模之鑄造方法。脫蠟鑄造法依其使用模型種類可分成熔消式模型及永久型模型兩大類。

脫蠟鑄造法所採用的模型材料主要有蠟、水銀、保利龍(聚苯乙烯)及熱塑性塑膠(如 P.E 及 P.S)等，其中採用最廣、最普遍的是蠟模。

圖 2-13 脫蠟法精密鑄件實例(資料來源：www.yazhu.com.tw/)

脫蠟鑄造的生產方式主要分成兩種，一爲陶質殼模法(ceramic shell mold)，如圖 2-14 所示；另一種爲實體鑄模法(solid mold process)，如圖 2-15 所示。前者適合於熔點較高的合金鋼等材質。因此，常以鋯粉、鋯砂等作爲主要的包模材料；後者適合於較低溫的非鐵金屬，如鋁合金銅合金等之精密鑄造，常以耐高溫的石膏作爲包模材料。二者主要的差異在於前者不用砂箱，鑄模以模型淋砂形成殼模，可用於較大型鑄件鑄造；而後者是採用砂箱製作鑄模。

陶質殼模法與蠟型的製作都跟實體鑄模法相同，只是在一次沾漿和淋砂之後，並不進行包模作業，而是反覆多次地進行沾漿和淋砂，直至獲得預定的外殼厚度。乾燥、加熱、熔流出蠟質，高溫加熱再行澆鑄，這種方法爲目前的脫蠟精密鑄造業者所廣泛採用，因其具有下列優點：

(1) 尺寸穩定性較佳。

(2) 發生鏽屑較少。

(3) 耐火材料使用量較少，降低材料費用。

(4) 重量輕，易於搬運、處理、製作大型鑄件。

(5) 製程可局部機械自動化，以節省人力，提高生產速度。

(6) 生產成本較低。

(7) 陶質殼模較薄，澆鑄後鑄件的冷卻速率迅速且均勻，故其機械性質較佳。

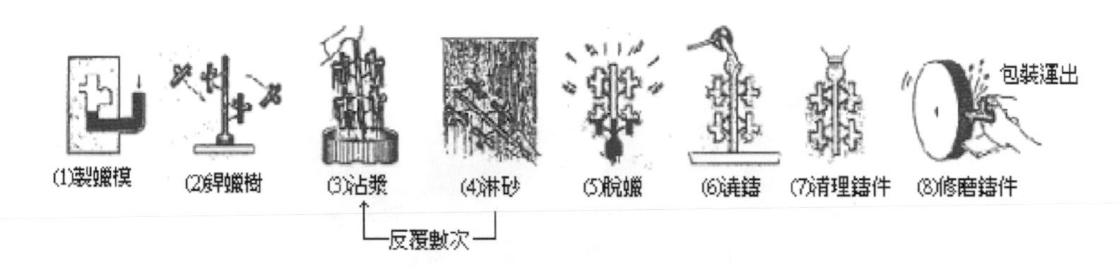

圖 2-14　陶質殼模法

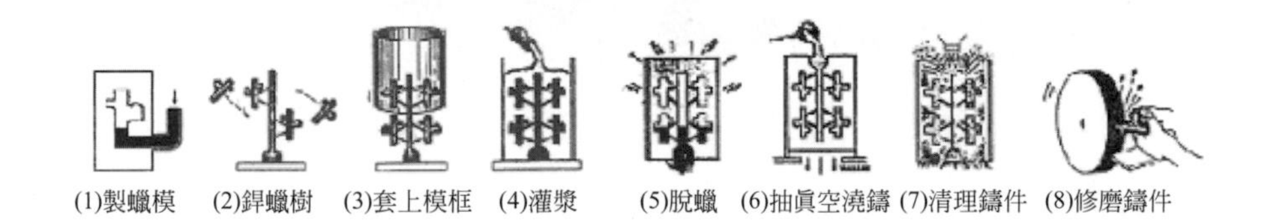

圖 2-15　實體鑄模法

2. 蠟

(1) 蠟的性質

到目前爲止，蠟是最常使用的脫蠟鑄造用模型材料，蠟必須含低灰份，通常由以天然蠟、合成蠟、及樹脂混合而成。常用的模型蠟，是經由特殊配方得來，使其各種性質能符合包模鑄造業者的需要。模型用蠟應具備的性質有：

① 灰份含量低，能完全燃燒。理想的含灰份量爲 0.5%以下。

② 室溫下不得軟化變形，需保持高強度及高硬度。

③ 膨脹率及收縮率低。

④ 比重要小，可減輕由於材料本身重量，所引起的破損。理想的比重爲 1.0g/cm^{2}以下。

⑤ 流動性良好，擠壓射蠟容易，冷硬速度要快。

⑥ 室溫工作時，需不變形，也不隨室溫之升降而脹縮。

⑦ 與精密脫蠟模材料的親和性佳。

⑧ 能製出光滑的表面，且易於自模具中取出。

⑨ 有良好融著性，易於組成蠟簇。

⑩ 濡溼性良好，易於沾漿。

⑪ 回收再用時，應具有原來的機械、物理及化學性質。

⑫ 品質穩定，價廉且易獲得。

(2) 蠟的種類

蠟的種類很多，依其來源可區分爲天然蠟與人工合成蠟兩類；而天然蠟包括礦物蠟、動物蠟及植物蠟三種，其特性如表 2-1 所示。

表 2-1 人工合成蠟與天然蠟之特性比較

蠟的種類	熔點(℃)	收縮率(%)
動物蠟～蜂蠟	61～65	9～10
植物蠟～棕櫚蠟	82～86	15
礦物蠟～石蠟	48～74	11～15
礦物蠟～微粒蠟	60～93	13
人工合成蠟～氨基酯蠟	35～200	3 以上

① 礦物蠟：礦物蠟包括石化蠟(含石蠟及微粒結晶蠟及其衍生物)、泥煤蠟及自褐煤提煉的 montan 蠟等。

❶ 石蠟：爲白色半透明，無味的固體蠟，比重爲 0.880～0.915，熔點爲 42℃～60℃。純石蠟不適用於製作蠟模，其特性爲熔點及結晶構造非常明顯，因此在低溫時容易脆斷，但與其他蠟混合使用時效果良好，故多數蠟模都含有石蠟。

❷ 微粒蠟：具有寬廣的熔點及凝固範圍。微粒蠟的性質變化很大，熔點相似的微粒蠟，其他方面性質未必相似。

② 動物蠟：主要為蜂蠟(bee wax)，是一種白色乃至帶黃色的不定形固體，熔點約為61～65℃，是自古即為包模鑄造法常用模型蠟。

③ 植物蠟：常用的植物蠟有蠟棕櫚蠟(carnauba wax)，此種蠟是從南美洲的灌木及樹葉提煉而得，其性質堅硬、熔點高、低含灰量，為一種實用的添加劑，可加在如石蠟等較軟之蠟中混合使用。

④ 人工合成蠟：人工合成蠟又可分為氯化蠟與非氯化蠟兩類，碳氫化氯有害人體健康，但氯化模型蠟並不一定對人體構成傷害，使用時必須確保氯化模型蠟不過熱，且須有良好的通風設備。人工合成蠟的變異性較天然蠟小，經由適當的混合可得到特定的性質，這些材料大部份為氨基酯蠟或氨基蠟。

3. 模型製作

⑴ 射蠟法

① 液態射蠟法：此法的射蠟機分為氣壓式及油壓式兩種，壓力一般在20kg/cm^{2}以下，適用於厚度不大，且均勻或極小型鑄件。

② 膏狀射蠟法：此法使用的壓力大小視鑄件形狀大小而定，一般壓力都在20kg/cm^{2}上下，最高可達30kg/cm^2。適用於中型或厚薄適中蠟型。

⑵ 採用射蠟或擠蠟

① 射蠟：當蠟有較多熱量，且其流動如流體時，在此種情形下，將蠟射入以填充模穴。此種蠟應具備的條件為蠟必須為液態，且具有高的熱含量與低黏度等性質。

② 擠蠟：在大氣溫度下，蠟成固態，經逐漸加熱後，蠟開始變軟且成剛性。此時若以一般的射蠟方式無法完成，就必須施以擠蠟。

⑶ 心型

鑄件內部的形狀必須使用心型使能獲得所需形狀，其種類如下所述：

① 金屬心型：心型可用任意的合金製作，但必須使心型取出或放入既方便又準確。金屬心型僅限於形狀簡單的中空部份，且必須易於從模具中取出的場合。心型的滑道可用陽極處理鋁或磷青銅。必要時亦可用鋼或鋁之滑動面並塗以薄層礦物油加以潤滑。

② 水溶性蠟心：鑄件內部中空部份若爲形狀複雜且孔爲曲折時，無法使用金屬心型者，即可使用水溶性蠟心。先用心型盒製作蠟心型，然後將蠟心型置於模具內，再射蠟製成蠟模型，當蠟型製成後，將其置於水中或弱酸中使其蠟心溶出，以得中空之蠟模型。此種心型材料的特質除了必須易溶於水及弱酸外，必須比一般模型蠟的熔點高出 15℃以上，避免射蠟時產生熱變形，而影響蠟模型的品質。

③ 陶心：當鑄件內部中空部細長或形狀特殊無法使用可溶性蠟心時，則必須使用陶心。精密脫蠟模製作時，因細孔內不易沾漿、淋砂且蠟心溶出的速度慢，以及內孔中精密脫蠟模材料強度不足等，都會影響鑄件成敗。

陶心材料一般係用氧化鋁、鋁矽酸鹽、氧化鋯或氧化矽等耐火材料，添加適量的黏結劑製成。陶心的製作方法有押出法、鑄入法、壓機法、射出法、壓送成形法等。當自鑄件中清除陶心時，必須較一般包模泥心更爲謹慎，有些陶心會因機械振動而被清出，但大部份需使用熔融苛性鹼溶液於 500～550℃，或不同濃度的氫氟酸水溶液等溶劑才能將陶心溶出。

使用陶心時，有幾個因素是選擇適當陶心所必須考慮的，同時這些因素往往也決定其使用的效果：

❶ 精確的尺寸與形狀要求。
❷ 光滑的表面。
❸ 足夠的強度，可承受射蠟的壓力。
❹ 與鑄造的金屬不起反應。
❺ 膨脹收縮的性質良好。
❻ 浸漿時不需要特別的技巧。
❼ 能夠按需求的數量生產。

使用陶心的優點：

❶ 降低成品的不良率。
❷ 儲存保管容易。

❸ 縮短浸漿時間。

❹ 節省成本。

❺ 縮短工時。

(4) **蠟模製作**

由於脫蠟鑄造係生產精細複雜的零件。因此，大部份蠟模皆以適當的射蠟機來製作，如圖 2-16 所示。模具的模穴內塗或噴一層薄薄的離型劑，然後以某特定壓力將熔蠟擠壓入模具內，保持一段時間以減少蠟之高收縮率，及可減小表面凹陷並維持高精度。且蠟模在使用前必須保持在固定溫度下以維護尺寸的穩定。此外，使用的壓力隨蠟模大小、複雜程度及蠟的溫度而有所不同，從簡單設計的數磅至半固體狀蠟的幾千磅不等。射蠟機的型式有很多種，原則上可分為立式射蠟機與臥式射蠟機兩大類，如圖 2-17 所示。

圖 2-16　蠟模製作(射蠟作業)(資料來源：www.hbhengyang.com/shebei/)

製作蠟模時，必須注意的事項：

① 要有適當的射蠟溫度。

② 金屬模的溫度控制，必須保持在 30～35℃。溫度過低，金屬液無法到達且易產生流痕；溫度過高，蠟模型易產生收縮變形。

③ 射蠟機的射出壓力，隨蠟型的尺寸、形狀，作適當調整。

④ 射蠟時間，隨模型尺寸、壓力和蠟的溫度而變，由數秒至數十秒。

⑤ 在射蠟作業前，射蠟機的射蠟器本體與缸體，須先預熱至 40～50℃，然後為維持一定溫度。

⑥ 施於射模作業時，必須於恆溫下進行，以確保蠟模品質。

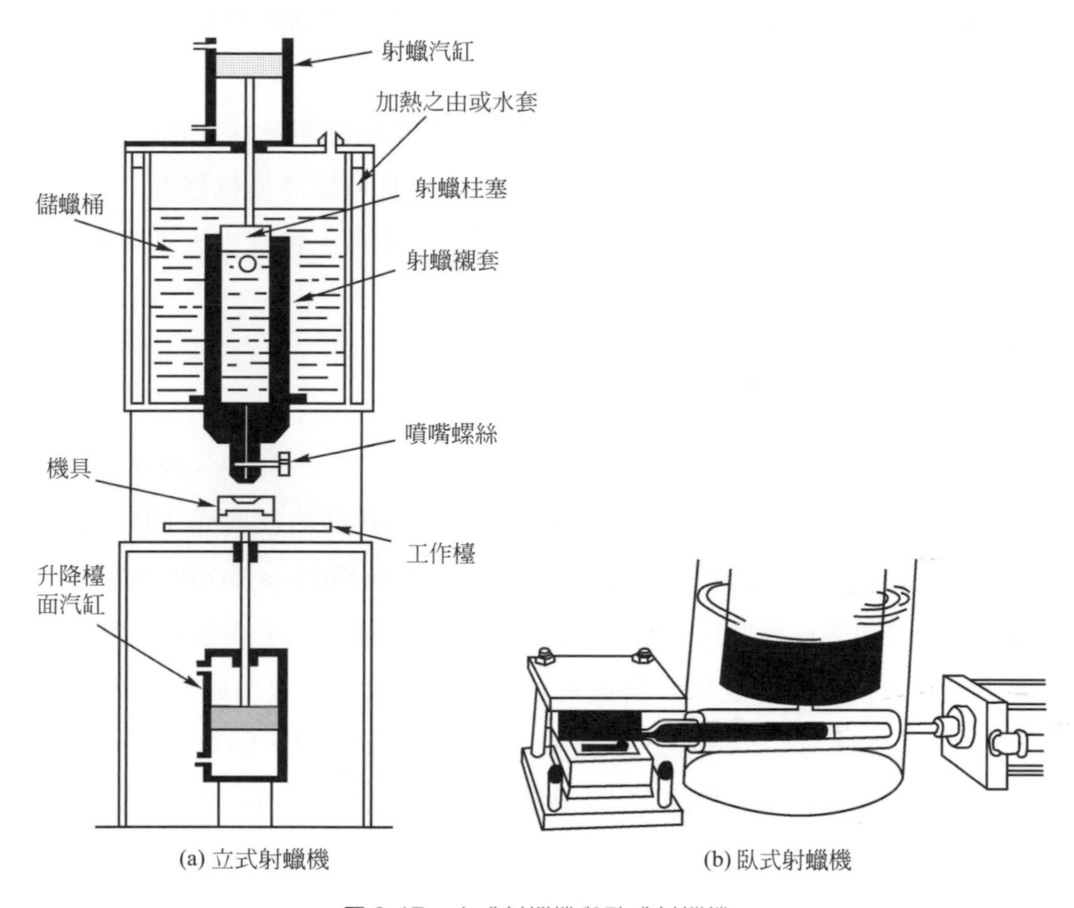

(a) 立式射蠟機　　(b) 臥式射蠟機

圖 2-17　立式射蠟機與臥式射蠟機

4. 脫蠟法的優點

⑴ 節省材料浪費，可大量生產。

⑵ 鑄件可以不用推拔斜度。

⑶ 鑄件尺寸精度公差在0.5%以內，小型鑄件的公差低至±0.10mm以內，可減少機械加工所需知時間及費用。

⑷ 鑄件表面光滑，表面粗糙度約爲40～125R.M.S.，故可減少研磨加工時間與費用。

⑸ 獲得組織健全的鑄件，利用方向性凝固，等軸結晶和單晶的方法，可以強化鑄件的品質。

⑹ 耐熱合金或特殊難加工合金產品或零件，如不銹鋼高爾夫球頭、船用五金及手工具等，可以此法鑄造。

⑺ 機械加工程序繁雜鑄件，或兩個零件裝配而成知組合件，可以改變設計，用此法製作完整的單體，不但節省成本，且可提高機械強度。

⑻ 鑄造程序可改成自動化，如沾漿、淋砂作業等，可減少人工費用。

二、陶模鑄造法

1. 陶模法種類

陶模法(ceramic mold process)主要有蕭氏鑄造法(Shaw's casting process)及尤尼鑄造法(Uni-casting process)兩種。蕭氏法約在西元 1950 年，由於考古學上複製遺物的需要，爲英國的蕭氏兄弟(Shaw's brother)所創，後經研究改良，逐成爲今日工業化的鑄造法。蕭式鑄造法主要是利用物理與化學的方法，使鑄模形成無數裂痕，以防止鑄模收縮，進而確保陶模精度的方法；尤尼法約於 1960 年，由美國的葛林伍德氏(R.E. Green Wood)研究而創造。主要是利用化學的方法，使模面不生裂痕及模內形成多孔的構造，以提高陶模精度。在泥漿膠化成型後，爲防止陶模體積的萎縮，將陶模浸漬於專利的硬化浴中，直至陶模與溶液反應安定爲止，再從硬化浴中將陶模取出並送入烘爐中烘烤，使陶模內部形成多孔構造，因此適合製造陶瓷型心。蕭式鑄造法流程及製程，如圖 2-18、圖 2-19 所示；尤尼鑄造法流程，如圖 2-20、圖 2-21 所示。

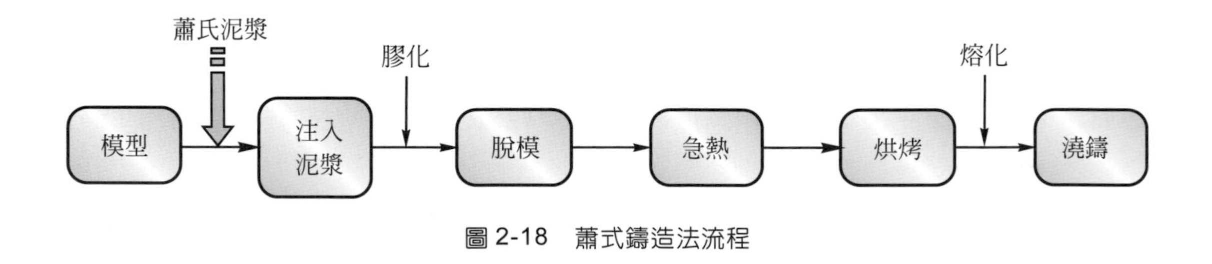

圖 2-18 蕭式鑄造法流程

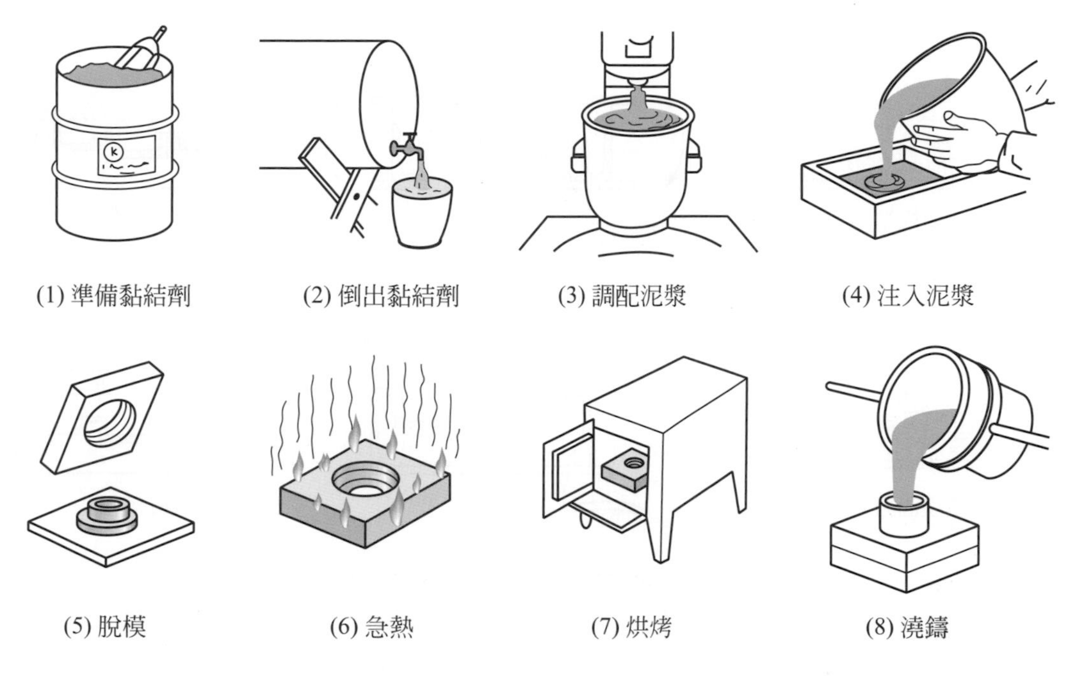

圖 2-19　蕭式鑄造法製程

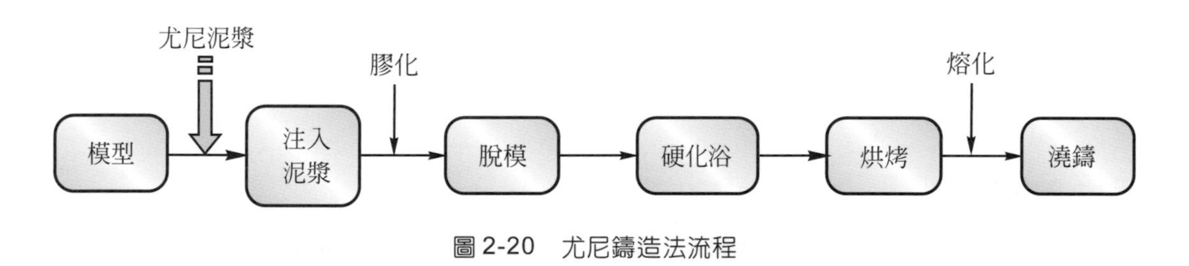

圖 2-20　尤尼鑄造法流程

2.　陶模法製造原理及其製程

製作陶模的原理，係利用矽酸乙酯四十(ethy1 silicate40)的加水分解液爲黏結劑，再配合適量的膠化劑(gelling agent or hardener)及耐火砂等混合，並將其攪拌成泥漿狀態後，注入模型四周，待其硬化後，取出模型，便形成與模型相同形狀模穴的鑄模，再將此鑄模置於爐中經急速高溫烘烤，使鑄模的模殼形成無數微細裂痕，使其避免產生收縮現象，形成略具透氣性的陶模。之後，將陶模裝上蓋板、澆口、冒口後即可進行澆鑄。

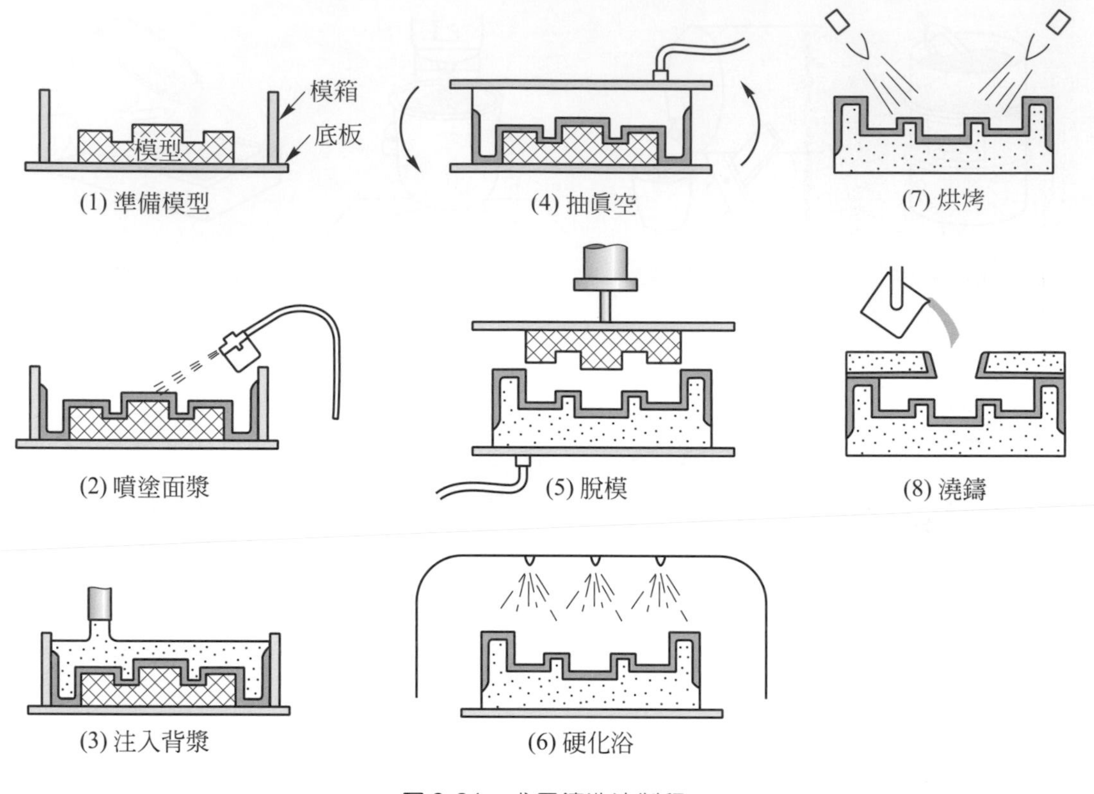

圖 2-21 尤尼鑄造法製程

3. 陶模材料

為了獲得平滑的鑄模面，及高尺寸精度的鑄模與成品，所採用的鑄模材料與普通造模法不同，不用固態的鑄模材料，而是使用泥漿材料，此種泥漿材料主要是由黏結劑、膠化促進劑及耐火材料等調配而成：

(1) 黏結劑

陶模的黏結劑主要是由矽酸乙酯四十組成。矽酸乙酯四十是矽酸乙酯(thtraehye orthosilicate)的縮合物，係由四氯化矽與乙醇的合成。因含有40～42%的SiO_2，故俗稱四十。矽酸乙酯四十不能直接作爲陶模的結合劑，必須加水分解成矽酸膠溶體才能使用。但實際上，矽酸乙酯與水不混合，必須加入兩者的共通溶媒，如乙醇、甲醇、異丙醇等成能作爲黏結劑使用。表 2-2 爲矽酸乙酯四十的性質。

表 2-2 矽酸乙酯四十的性質

外觀及色調	無色透明，油狀之液體
比重(25℃)	1.05～1.07
黏度(25℃)	3.2～4.8CPS
有效純矽含量	40～42 %
殘留鹽酸量	0.015 % 以下【值 HCL 而言】
110℃以下揮發比例	3 % 以下
保存性	在密封狀態下不會變質
溶劑相溶性	可溶於甲醇、乙醇、異丙醇、丁醇等酒精系溶劑，可作爲加水分解反應時的溶媒。

⑵ 膠化促進劑

在陶模法中除了使用泥漿外，尚需塡加膠化促進劑，促使結合劑獲得理想的固化。常用的膠化劑爲有機胺類，如表 2-3 所示。

表 2-3 常用的膠化劑為有機胺類

有機胺類	外觀	PH 值
10%三羥三乙胺 (Triethanolamine) $N(CH_2CH_2OH)_3$	無色、無臭之液體	10.6
10%吡啶 (Pyridine) $CH\left\langle\begin{matrix}CH \cdot CH \\ CH \cdot CH\end{matrix}\right\rangle$	無色、具有惡臭之液體	8.8
10%六氫吡啶 (Piperidine) $CH_2\left\langle\begin{matrix}CH_2 \cdot CH_2 \\ CH_2 \cdot CH_2\end{matrix}\right\rangle NH$	無色、具有惡臭之液體	13.35

⑶ 耐火材料

耐火材料的顆粒形狀及粒度分怖情形對陶模鑄品的品質有密切的關係。若粒度過粗大，會使鑄模表面粗糙，且強度降低，因而鑄品無法得到優良的表面。若粒度過於細小，且分佈均勻，則容易使鑄模產生裂痕。故選擇耐火材料時，必須考慮注入金屬的種類，以選擇適當的耐火材料。表 2-4 爲各種耐火材料之成份及熔點。

表 2-4　各種耐火材料的成份及熔點

種類　成份%	SiO_2	Al_2O_2	ZrO_2	Na_2O	Fe_2O_3	TiO_2	CaO	MgO	Cr_2O_3	熔點°C
α石英	99.8	0.11	—	—	0.033	0.022	Trace	Trace	—	1,700
熔融石英	99.9	0.05	—	—	0.02	0.015	0.01	0.005	—	
熔融氧化鋁	0.3	99.5	—	0.35	0.03	0.15	0.05	0.005	—	2,050
氧化鋁 (結晶)	0.1	99.0	—	0.02	0.4	—	0.07	—	—	
鋯砂(A)	34	—	65.0	0	0.1	0.25	—	—	—	2,300
鋯砂(B)	32.23 max	0.79	min 66.32	—	0.4 max	0.2 max	—	—	—	
氧化鋯 (安定化)	0.35	0.39	94.6 (+HrO_2)	—	0.19	0.21	3.52	0.46	—	2,690
Chromite	1.6	14.7	—	—	FeO 25.1	0.61	0.13	10.1	46.0	1,900
Fireclay (Grog)	52.8	41.6	—	1.2	1.5	2.5	0.3	0.4	—	—
Flint Grain	47.7	47.5	—	Total Alkali 0.9	1.0	2.5	0.2	0.2	—	—
Mulite (Fused)	23	76.2	—	Alkali 0.44	0.13	0.11	0.05	—	—	1810 (分解)
Mulite	22.4	73.5	—	—	0.9	3.2	—	—	—	Kyanite
37-41	57-60	—	—	0.4-0.08	1.2	0.3	0.3	—	1550 (共融)	

⑷泥漿調配實例

陶模泥漿是由結合劑、膠化促進劑及耐火材料等混合而成。調配時係將矽酸乙酯四十加水分解液後放入攪拌器內，再加上膠化促進劑及耐火材料(鋯砂)，加水分解液與耐火材料以每平方公分(c.c.)混合 450 克的比例爲最適宜。經充分混合後再加入約相等於加水分解液3%之膠化促進劑，此表示將10%的三羥三乙胺60c.c.加入泥漿中，繼續攪拌2～3分鐘即可作成陶模泥漿。

4. 陶模法的特色

⑴ 鑄件表面光滑

利用陶模法製作的鑄件其表面粗糙度可達 4～18S，所以只需稍加研磨加工，就可得到光滑的表面。

⑵ 尺寸精度高

陶模法製作的鑄件，幾乎不發生變形，因此尺寸精度高。

⑶ 可鑄造大型鑄件，並可大量生產

同一種鑄件若需大量生產時，只需一個模型就可做出數個鑄件。

⑷ 自由選擇鑄造合金

陶模的耐火溫度高(約 2000℃)，故鑄造金屬不受金屬材質限制，高碳鋼、合金工具鋼、不銹鋼等金屬材料都可以鑄造。

⑸ 可鑄造複雜鑄件

陶模在膠化過程中取出模型，此時鑄模材料仍有彈性，所以任何具有深凹處或具複雜曲面的鑄件，都可有此法製作。

⑹ 製作期間短

模型完成後，製作簡單模型者只需2～3日即可完成鑄件，若大件模型者數日即可完成。鑄件完成後只需稍加研磨即可。且生產一件與數件的時間是相同的。

三、石膏模鑄造法

石膏早期用於模型、人像及青銅品與非鐵金屬鑄模。石膏模鑄造法(plaster mold process)是以石膏當作鑄模材料，可生產表面光滑、形狀複雜、薄斷面、尺寸精密的鑄件，但由於石膏耐熱性較差，故一般多用於非鐵屬鑄件的鑄造，尤其是鋁基、鋅基、銅基等精密鑄件的生產。此外，石膏模的應用範圍很廣，除了可鑄造精密鑄件外，也可用來製作金屬模型、砂心盒及塑膠成型用模具等。

石膏模爲一種精密鑄模，其所用的石膏爲二水石膏，化學式爲$CaSO_4 \cdot 2H_2O$。製作石膏模時，先將石膏和水混合成泥漿，然後再倒入砂箱內，待其凝固硬化後取出模型，即完成石膏模的製作。

1. 鑄模材料

⑴ 石膏

石膏原料主要成份爲$CaSO_4 \cdot 2H_2O$，依製法的不同(分乾式與濕式)有α、β型之分，一般用以α型爲主，其標準調水量爲 35%，凝固時間約爲15～20分鐘，一小時後其抗拉強度約爲35kg/cm^2，壓縮強度約爲280kg/cm^2，乾燥後的強度可加倍。除石膏種類外，影響石膏強度的因素還有石膏的粒度、水溫、攪拌時間等。表2-5爲鑄模用石膏與其使用方法。

表2-5 鑄模用石膏與其使用方法

種類	品名	廠牌	使用方法
非發泡石膏	加壓鑄造用石膏 G-2	日東石膏	混水量 45～50%。以人工或高速旋轉圓板(300～700r.p.m.)攪拌，徐熱130℃，再於200～500℃乾燥10～15hrs
	鑄造用耐熱石膏 T-620	丸石石膏	混水量 70%。人工或機械攪拌(100～200r.p.m.)。常溫下放置 3～4hrs，130℃-5hrs，250℃乾燥 10～20hrs
	鑄造用硬質石膏 Hiostore C2	吉野石膏睦化學	混水量 45%。人工攪拌。30min硬化。40～100℃開始乾燥。250℃乾燥 20hr(可升溫到 700℃)
	Fujistone 鑄造用石膏 CAX	富士石膏	混水量50%。人工或機械攪拌。80℃-10hrs，120℃-5hr，250℃乾燥 3hrs
發泡石膏	Hydroperm	U.S. Gypsum	混水量 80～100%。高速旋轉圓板攪拌(2500r.p.m.)，50～100%發泡增量。120～250℃乾燥
	發泡性鑄模用石膏 A-1	日東石膏	混水量 80%。高速旋轉圓板攪拌(1000～2500r.p.m.)，80%發泡增量

表2-5 鑄模用石膏與其使用方法(續)

種類	品名	廠牌	使用方法
埋沒用石膏	Investment鑄造用石膏 A-7	日東石膏	混水量 47～53%。攪拌約 5min。100～150℃脫蠟。150，370，600，700℃各加熱 1hr
	埋沒材 SS720	丸石石膏	混水量 45～50%。攪拌 2～4min。徐熱後在 600～650℃加熱
	Satin Cast 20	Kerr	混水量 38～42%，185℃-2hrs，400℃-2hrs，770℃加熱 3hrs 後在 460～570℃調節
	Dentar invest Quartz invest	而至化學	混水量 31～36%。攪拌 30～60secs。低溫(100～150℃)徐熱後 650～700℃加熱

石膏的主要性質如下：

(1) 耐火性與熱傳導率

石膏模的耐火性較差，且乾燥後的熱傳導率低，約在(0.0004～0.0010cal/ cm^2·sec·℃)的範圍內，故其澆鑄後凝固所需的時間約爲普通砂模的 3～6 倍，因此，常使得鑄件的結晶組織變粗大，並產生收縮及變形的缺陷。爲了增加石膏模的耐火性及熱傳導率，可在鑄模用石膏內添加結晶微細化元素，如矽石粉、矽砂、鋯英石砂、銅、鐵等金屬粉末及石墨粉等添加劑。

(2) 強度

純石膏硬化後的壓縮強度爲 70～150 kg/cm^2，在室溫放置數日後更可高達 150～800 kg/cm^2，但是鑄模用石膏強度太高，則通氣性不好。非發泡石膏，於剛硬化的壓縮強度爲 15～40kg/cm^2，加熱乾燥後可增至 20～30kg/cm^2。發泡石膏賦予通氣性，但其強度會降低，硬化後爲 0.7～6.5 kg/cm^2以上，乾燥後爲 1.0～6.0 kg/cm^2，此種強度已足夠承受澆鑄時金屬液的壓力。

(3) 通氣性

鑄造時，鑄模必須具有良好的通氣性，不然當高溫金屬液注入鑄模內時會產生氣體，而此氣體必須逸出，否則鑄品會產生氣孔。改善石膏模透氣性的方法有以下四種方法：

① 石膏與水混合時，添加適量的木粉等可燃物，可燃物在鑄模內加熱乾燥，使其碳化縮小或物質燃燒逸散，使其形成5～10的通氣度。

② 在鑄模凝結後，放入蒸氣爐中進行加壓蒸氣處理(壓力為 1～2kg/cm^2，溫度 110～140℃，時間 6～8 小時)；或以飽和蒸氣處理(5 小時)，然後放置於室溫，使其晶粒成長，在結晶粒間形成空隙，然後再放入 240℃的溫度下加熱乾燥，即可得到5～30的通氣度。

③ 在石膏中加入界面活性劑，用高速攪拌機做攪拌使其發泡，凝固後加熱乾燥。可獲得5～30的通氣度。

④ 以化學方式發泡。在石膏內加入酒石酸、碳酸鈣及金屬鎂粉未等添加劑，經化學反應生成氫及二氧化碳，使體積增加50～100%，而使石膏模具有通氣性。

(4) 填料

為使石膏模具有良好的強度，並減小收縮和裂紋，需要在石膏中加入填料。填料應有適當的熔點、合適的線膨脹率、耐火性及良好的化學穩定性、發氣量少等性能。表2-6為常用之填料材料及其性能。

表2-6 石膏模用填料及其性能

名稱	熔點 (℃)	密度 (g/cm^3)	線膨脹係數 (1/℃)	加入填料後石膏混合料強度(Mpa)		
				7hrs	烘乾 90℃，4hrs後	焙燒 700℃，1hrs後
矽砂	1713	2.65	12.5×10^{-6}	0.5	1.3	0.2
石英玻璃	1700-1800	2.1-2.2	0.5×10^{-6}			
矽線石	1800	3.25	$3.1\text{-}4.3\times10^{-6}$	1.5	2.8	0.65
莫來石	1810	3.08-3.15	5.3×10^{-6}	2.3	3.4	0.80
煤矸石				2.4	3.8	0.86
鋁礬土	≈ 1800	3.2-3.4	5.0×10^{-6}	2.6	4.6	0.85
剛玉	2045	3.95-4.02	8.4×10^{-6}	2.0	3.5	0.65
氧化鋯	2690	5.73	$7.2\text{-}10\times10^{-6}$			

表 2-6　石膏模用填料及其性能(續)

名稱	熔點 (℃)	密度 (g/cm³)	線膨脹係數 (1/℃)	加入填料後石膏混合料強度(Mpa)		
				7hrs	烘乾 90℃，4hrs 後	焙燒 700℃，1hrs 後
矽砂	1713	2.65	12.5×10^{-6}	0.5	1.3	0.2
石英玻璃	1700-1800	2.1-2.2	0.5×10^{-6}			
矽線石	1800	3.25	$3.1\text{-}4.3\times10^{-6}$	1.5	2.8	0.65
莫來石	1810	3.08-3.15	5.3×10^{-6}	2.3	3.4	0.80
煤矸石				2.4	3.8	0.86
鋁礬土	≈ 1800	3.2-3.4	5.0×10^{-6}	2.6	4.6	0.85
剛玉	2045	3.95-4.02	8.4×10^{-6}	2.0	3.5	0.65
氧化鋯	2690	5.73	$7.2\text{-}10\times10^{-6}$			
鋯英石砂	2430	4.7-4.9	5.1×10^{-6}			
滑石粉						
波特蘭水泥						
石棉						
無城玻璃纖維						

備註：石膏：塡料(W/W)＝ 40：60

⑸　添加劑

為提高石膏模的強度、改變石膏模凝結時間和其清理性，改變其線膨脹率等性質，需在石膏漿料中加人添加物，以改善之。

⑹　石膏漿料

石膏漿料的配比及製備對石膏型及鑄件質量影響很大，為此應嚴格加以控制。

①　生產中常用的幾種石膏漿科的成份如表 2-7 所示。

表 2-7　幾種石膏漿料成份配比(質量分數，%)

序號	半水石膏		矽石粉 200/300	矽砂 70/140	高嶺土基料 200/300	石英玻璃 200/300	滑石粉	矽藻土	水泥	添加劑 (外加)	水 (外加)
	α型	β型									
1	30		70							1	～50
2	30		50	20						1	～40
3	30		35			35					45
4		40				60					55
5	35				55						40
6	30				70						38
7	65		28				5	2			若干
8	42		50				7.5		0.5		54

② 石膏漿料的製備設備簡圖如圖 2-22 所示，操作要點如表 2-8 所示。

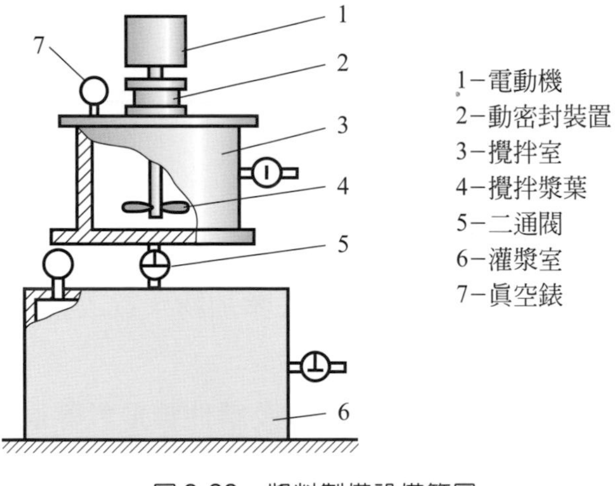

圖 2-22　漿料製備設備簡圖

表 2-8 石膏漿料的製備和操作要點

加工程序	操作要點
加料	在漿料攪拌器中現加入適量水，再邊攪拌邊加份料
眞空攪拌	待粉料加完後，立即合上攪拌器頂蓋抽眞空，並繼續攪拌。眞空度再 30s 達到規定值 0.05～0.06MPa，攪拌時間 2～3min，攪拌機轉速 250～350r/min。
備註	石膏漿料的初凝時間一般爲 5～75min，攪拌必須在初凝前結束，開始灌注。

2. 澆鑄系統及冒口設計

⑴ 石膏模精密鑄造的澆冒系統應滿足下列要求：

① 合理設置冒口，確保補充收縮的部分。

② 要保證合金液在模穴中平穩的流動，能順利充滿模穴，避免出現渦流、捲氣的現象。

③ 有良好的排氣能力，能順利排出模穴中之氣體，在頂部和易憋氣處需製作出氣口。

④ 在鑄件凝固過程中澆鑄系統應儘可能不阻礙鑄件收縮，以防止件變形和裂痕產生。

⑵ 澆鑄系統的選擇

一般澆鑄系統可分爲頂鑄、中間鑄、底鑄和階梯鑄。對高度大的薄壁筒形、箱形件也可用隙縫式或階梯式澆鑄系統。對某些鑄件亦可採用平鑄和斜鑄。

⑶ 內澆口位置的選擇

石膏模表面硬度不夠高、熱傳導率小，因此內澆口一般不應直對模壁和砂心，防止沖刷模壁和砂心，應沿著模壁和砂心設置內澆口。對複雜的薄壁件爲防止鑄件變形及裂紋產生，內澆口應均勻分佈，避免局部過熱及澆鑄不足等缺陷。內澆口應儘可能設在鑄件熱節處，利於補充收縮的部分。

3. 石膏模鑄造程序

在此所述的石膏模法，其製程與普通砂模雷同，只是以石膏代替模砂。因此，石膏硬化後，仍需取出模型，故可鑄造較大型的精密鑄件，此法的鑄造流程如圖 2-23 所示。

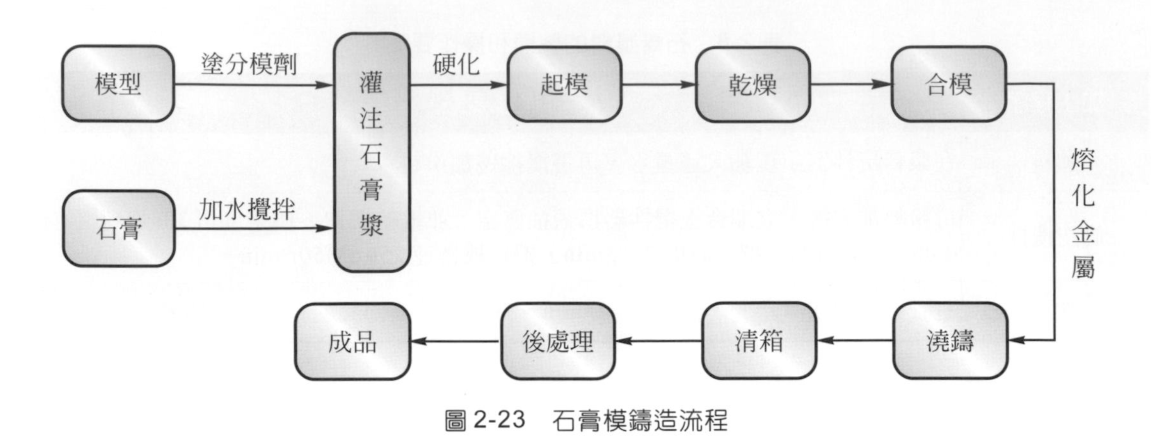

圖 2-23　石膏模鑄造流程

⑴　模型準備

模型材料以金屬、木材、塑膠爲佳，但木模一般應塗上防水漆，以防止吸水而腐爛。

⑵　分模劑

將模型表面及套箱四周塗上分模劑，可使起模容易及避免石膏模乾燥時產生裂痕。分模劑可用 40g 的煤油加 100g 的硬脂酸(stearin acid)混合使用。

⑶　調製石膏漿

在調水前，石膏應決定所需的發泡量，然後再根據套箱的容積，秤取所需的石膏重量。【石膏重量＝鑄模容積×0.8】，式中的 0.8 爲石膏成型後之視密度(apparent density)。調水量爲發泡石膏的 80%，調水量的多寡影響鑄模的強度、發泡量及膨脹量等，發泡量大的石膏模，其通氣性大，但其強度不好。將桶中的水保持在約 38℃的溫度，以維持鑄模尺寸的精確性，然後將石膏於 15 秒鐘內倒入桶中，靜置 30 秒，然後攪拌 15～30 秒(轉速 1500～2000r.p.m.)，石膏漿經調水後，繼續做 60 秒的發泡攪拌，均勻打散氣泡。從石膏倒入漿桶直到石膏漿注入模內，時間以 3 分～3 分 15 秒爲佳。

⑷　灌注石膏漿及硬化

在灌注石膏漿前，最好先用毛筆在其模型表面塗刷一層石膏漿，以防止鑄模表面附著的氣泡，然後將石膏漿倒入，注入時，速度應放慢，使空氣逸出，當石膏漿覆蓋模型後，可加快傾倒速度，當石膏充滿模穴後可輕輕振動數秒，使模穴表面不致停留氣泡。

石膏硬化時間隨調水量及水溫不同而有所不同，用手輕輕按鑄模表面，若石膏不會沾手時，即可起出模型。

(5) 起模

一般從注漿到起模時間約爲5～20分鐘，起模時可藉助鑄模邊緣預留空氣吹孔，從此空氣吹孔通入高壓空氣，以便起出模型。

(6) 乾燥

在鑄造程序中最重要且最費時的是乾燥過程。乾燥溫度約爲120～260℃，加熱乾燥前應先將石膏模放置於室溫中自然乾燥24小時。且爐溫應慢慢提昇，以避免石膏模有裂痕的產生。石膏模厚度25～40 cm時，所需乾燥時間爲12～16小時；厚度60～100 cm時，約需24～48小時的乾燥時間。完全乾燥後，鑄模重量約減少40～60%。

(7) 澆鑄

石膏模乾燥完成後，不必等到鑄模冷卻至室溫，即可將其合模，進行澆鑄工作。而石膏模的冷卻能力不好，需要用較大的冒口改善其缺點，但設置大冒口時應考慮切除方便與否。澆鑄所需的凝固時間很長，例如厚度40～60mm之鋅合金鑄件，凝固時間約需50分鐘。

(8) 清箱及後處理

石膏模清箱時，可用木鎚敲打石膏模，使石膏脫落；也可在溫水中搓洗。鑄件清洗時，可利用高壓水沖洗即方便又不會損傷鑄件。清理非鐵金屬鑄件表面時，因其硬度低，不能用鋼珠，所以爲了不損傷鑄件表面，可改用玻璃砂來噴洗。

2-4-2 離心鑄造法

一、離心鑄造的原理

離心鑄造法(centrifugal casting)係利用物體(此法即指鑄模)轉動時所產生的慣性離心力，將熔融金屬液分佈在模穴四周。此法最早被英國的一位工程師Anthony

Exhardt，他於1809年根據牛頓的運動定律及反作用定律，發明離心鑄造法。此法適用於圓形鑄件(例如各式水管、油管、車輪等)或精密鑄件，尤其是需要大量生產或一般的重力鑄造方法無法達到要求時，皆可施以離心鑄造法。

二、離心鑄造法的種類

離心鑄造一般有兩種分類方式：

1. 依離心鑄造機轉軸的不同可分為兩類：

⑴ 立式(vertical type)離心機：以垂直軸爲迴轉軸的離心鑄造法，如圖2-24所示。主要是用來生產長度大於直徑的套類和管類鑄件。

⑵ 臥式(horizontal type)離心機：以水平軸爲迴轉軸的離心鑄造法，如圖2-25所示。立式離心鑄造機上的鑄模是繞垂直軸旋轉的，它主要是用來生產高度小於直徑的圓環類鑄件，有時也可用此種離心鑄造機澆鑄異形的鑄件。

2. 依離心鑄造方法的不同可分三類：

⑴ 眞離心鑄造法(true centrifugal casting)。

⑵ 半離心鑄造法(semi-centrifugal casting)。

⑶ 離心力加壓鑄造法(centrifuging)。

第⑴類可採用臥式或立式離心機，而第⑵、⑶類一般採用立式離心鑄造機。

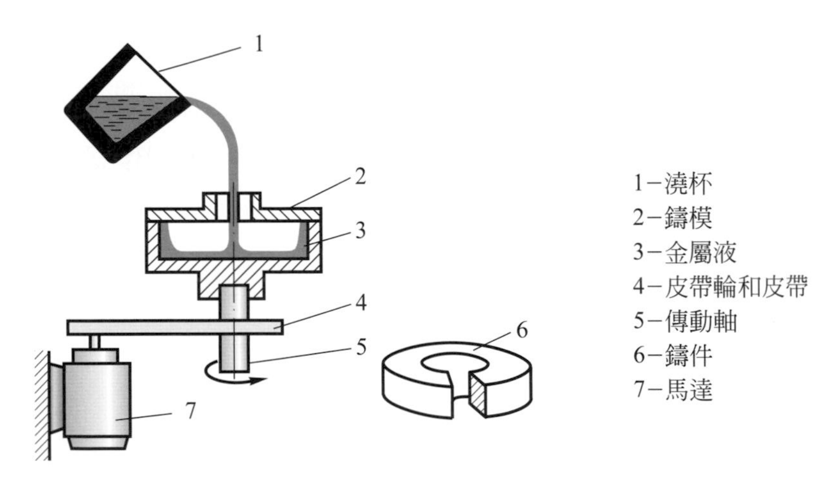

圖2-24　立式離心鑄造示意圖

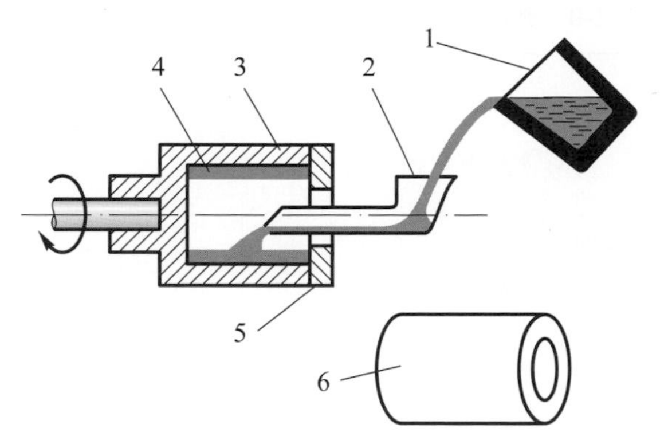

圖2-25 臥式離心鑄造示意圖

1. 真離心鑄造法

管狀鑄件在鑄模內依本身中心軸的旋轉而獲得，只受離心力作用而成形，稱爲眞離心鑄造法。此法主要目的是生產中空鑄件，如中空圓筒零件、炮管、燈桿、引擎汽缸等。由於係應用離心力原理，使金屬熔液貼附在鑄模的模穴周圍，因此不必使用砂心或其他心型，即可鑄造具有圓形中空鑄件。

2. 半離心鑄造法

若鑄件內徑或厚度有變化，則可在旋轉軸心處放置砂心已決定內壁形狀，同時必須採用冒口補充鑄件凝固收縮量者稱爲半離心鑄造法。

此法主要是應用立式離心鑄造機，生產與離心機同一中心軸任何對稱形鑄件，其目的是爲了生產具有緻密金相組織的鑄件外緣，如車輪、飛輪等，或生產較小型且複雜鑄件，如葉輪等，若欲鑄造具有中心孔的鑄件，則需於離心機上的鑄模中心軸線上設置砂心。

3. 離心力加壓鑄造法

將一個或一個以上的鑄模同時對一旋轉軸旋轉，豎澆道位於旋轉軸心上，金屬液體由豎澆道澆入，並藉由離心力注入模穴的方法，此方法稱爲離心力加壓鑄造法。此法主要是藉由旋轉所產生的慣性離心力將金屬液加壓注入鑄模內，以鑄造精密複雜且細小的零件，與前兩種離心鑄造法最大的不同是，此法之鑄件不一定爲對稱形狀，且不一定爲圓形。採用此方法的先決條件是當鑄件太細小且複雜時，無法採用一般重力鑄造法生產時，則利用此法鑄造。表2-9爲離心鑄造法典型產品。

表 2-9　離心鑄造法的典型產品

離心鑄造法的典型產品
◎眞離心鑄造法 1. 鑄造狀態使用。 (1)鑄鐵製水管、瓦斯管及下水道管件。 (2)耐熱鋼製散熱管。 2. 鑄造後再作機械加工。 (1)銅合金製之造紙機滾輪。 (2)銅合金製軸承套。 (3)鑄鐵製之汽缸套、活塞。 (4)耐熱鋼及鎳基合金製蒸氣滑輪環。
◎半離心鑄造法 1. 鋼製之滑輪。 2. 耐熱鋼製噴水箱。 3. 銅合金或鋼製齒輪或齒輪箱。
◎離心加壓鑄造法 1. 鋼製之鉸鏈、支架。 2. 鈷鉻合金製假牙。 3. 紀念品及裝飾品。 4. 珠寶製品。

2-4-3　壓鑄法

一、定義及特色

壓鑄法(die casting)係將熔融的合金熔液以高壓力壓入模穴，待其凝固冷卻後，打開模具並取出鑄件的方法。壓鑄法與其他鑄造法最大的不同在於鑄模材料及鑄模壓力。其他鑄造法大都採用只能澆鑄一次的砂模、陶模殼模、石膏模等，且絕大多數爲重力鑄造法；而壓鑄法係採可使用數萬次的永久模具 ─ 金屬模(視鑄件的材質及生產量，而選用銅模、鐵模或鋼模)，且使用數十甚至千百倍於大氣壓力的極高壓力將熔融金屬液壓入模具內。因此其生產成本較高，但所製作之鑄件較爲精美。目前，壓鑄產品廣泛應用於汽機車零件、馬達、筆記型電腦、航空器具、電子通訊產品等，是極具發展潛力的一種精密鑄造法。

二、壓鑄法的種類

壓鑄法是以柱塞(plunger)在套筒(sleeve)內產生 1,000～10,000psi(約 68～680kg/cm^2)或更高的壓力，將金屬熔液壓入由機械鎖緊的鋼模內，在高壓力下凝固成形。

一般依其機械構造的不同，主要分成熱室式壓鑄法(hot chamber type die casting)與冷室式壓鑄法(cold chamber type die casting)兩種。

1. **熱室式壓鑄法**

熱室機的射出系統硬體 (柱塞、套筒或鵝頸管)為浸在熔融金屬液中，射出時藉由油壓驅動柱塞下壓而將金屬液射入模穴中冷卻得到鑄件。因鑄造壓力較小，故適合肉薄成品小鑄件，例如3C類產品。如圖2-26、圖2-27所示。

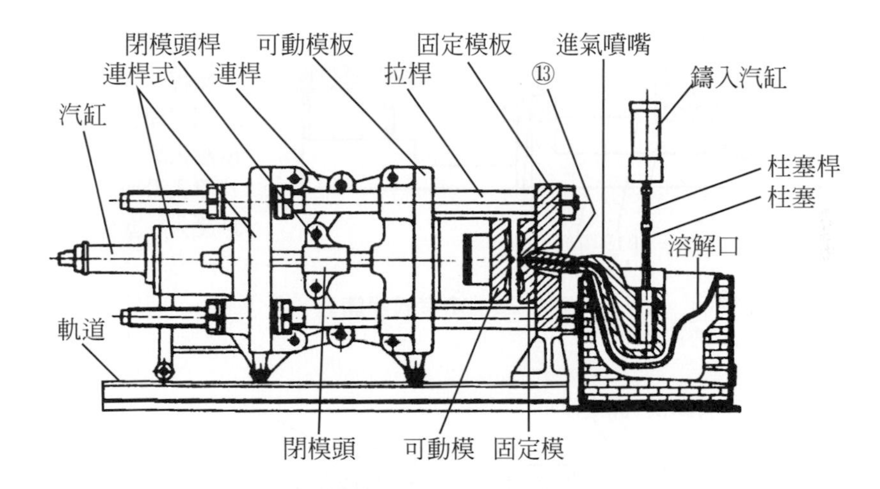

圖2-26 熱室式壓鑄機

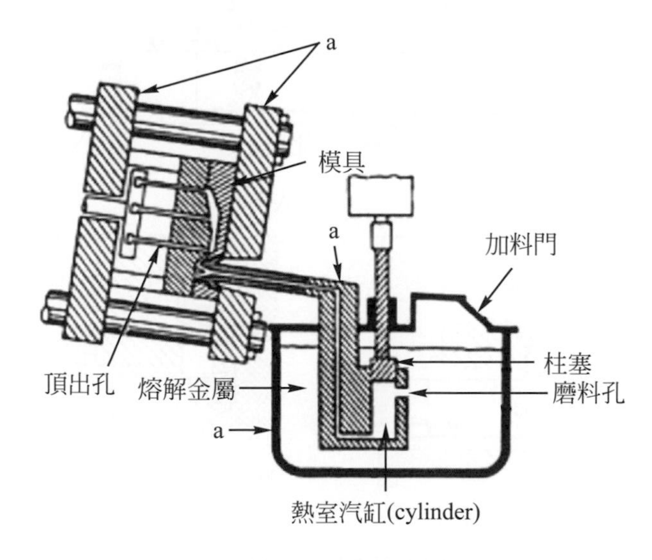

圖2-27 熱室式壓鑄機進料情形

2. 冷室式壓鑄法

冷室機之射出系統與熔解爐分離，射出前需將金屬液由熔爐中取出倒入套筒中，然後藉由柱塞向前將金屬液射入模穴。因本法鑄造壓力大，適合肉厚大型鑄件，例如汽車零件、電動工具等。如圖 2-28、圖 2-29 所示。表 2-10 爲冷室壓鑄法與熱室壓鑄法之比較。

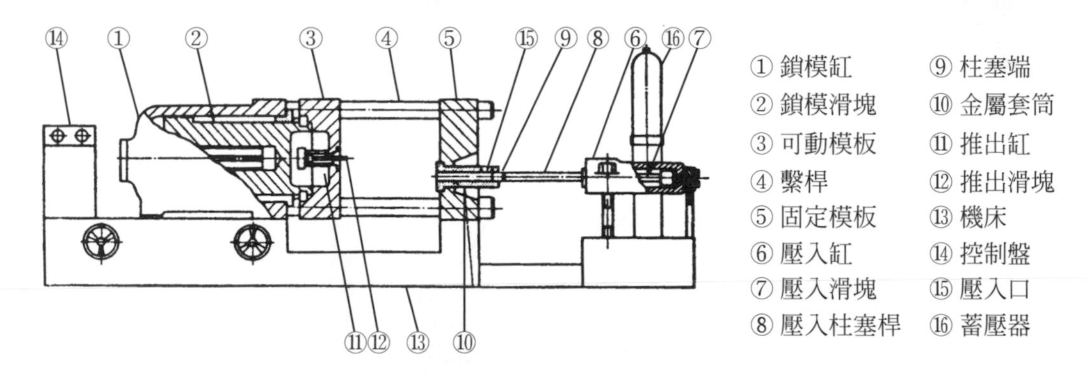

圖 2-28 冷室式壓鑄機

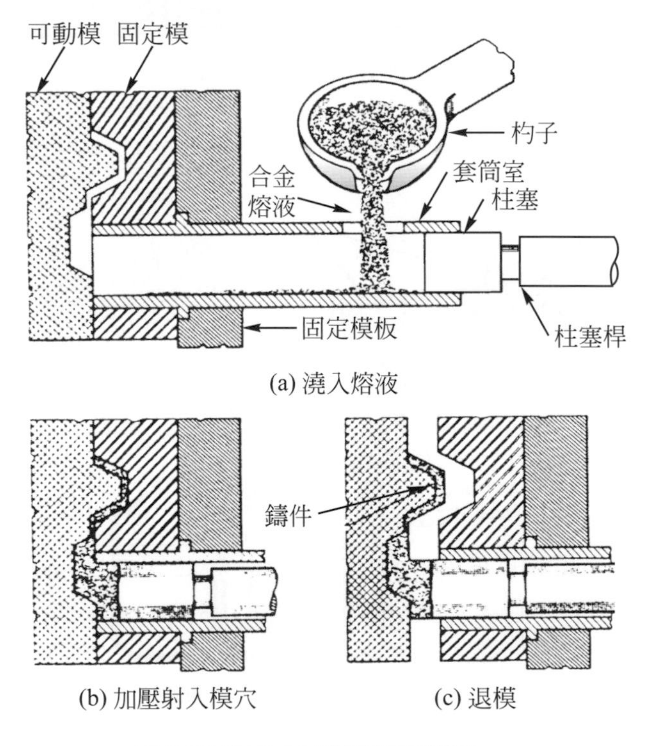

圖 2-29 冷室式壓鑄機進料情形

表 2-10　冷室壓鑄法與熱室壓鑄法之比較

項目＼壓鑄法	冷室法	熱室法
熔化爐位置	與壓鑄機分開	與壓鑄機同一體
壓鑄溫度	600℃以上(用於高溫壓鑄合金)	450℃以下(現用於低溫壓鑄合金)
壓鑄壓力	170～2000kg/cm^2	90～500kg/cm^2
壓鑄速率	小	大
鑄件重量	較大(宜用於大型鑄件)	較小(宜用於小型鑄件)
金屬液吸鐵量	小	大(因鋼質額頸管浸於熔融金屬液中)

3. 壓鑄製程參數的控制

在壓鑄生產中，壓鑄機、壓鑄合金和壓鑄模是三大要素。壓鑄製程則是將三大要素作一權重的組合並加以運用的過程。使各種製程參數滿足壓鑄生產的需要。

⑴ 壓力與速度的選擇

壓力的選擇，應根據不同合金和鑄件結構特性而定，表 2-11 爲常用壓鑄合金的比壓的經驗資料。

表 2-11　常用壓鑄合金的比壓(MPa)

合金	鑄件壁厚＜3mm		鑄件壁厚＞3mm	
	結構簡單	結構複雜	結構簡單	結構複雜
鋅合金	30	40	50	60
鋁合金	30	35	45	60
鋁鎂合金	30	40	50	65
鎂合金	30	40	50	60
銅合金	50	70	80	90

對充填速度的選擇，一般對於厚壁或內部精度要求較高的鑄件，應選擇較低的充填速度和高的增壓壓力；對於薄壁或表面精度要求較高且複雜的鑄件，應選擇高充填速度和高比壓。

⑵ 澆鑄溫度

澆鑄溫度是指從壓鑄室進入模穴時，熔融金屬液的平均溫度，因壓鑄室內的熔融金屬液的溫度不易量測，一般以保溫爐內的溫度示之。

澆鑄溫度過高時，鑄件收縮較大，易使鑄件產生裂紋、晶粒粗大、黏型、產生冷隔、表面花紋和澆鑄不足等缺陷。因此選擇澆鑄溫度應同時考慮與壓力、壓鑄模溫度及充填速度。

⑶ 壓鑄模的溫度

鑄壓模在使用前要預熱到模特定溫度，一般都用噴燈、煤氣、電器或感應的方式加熱。在連續生產過程中，壓鑄模溫度往往要提高，尤其是壓鑄高熔點合金時。溫度過高時除使熔融金屬液產生黏型外，鑄件冷卻緩慢，使得晶粒變粗大。因此在壓鑄模溫度過高時，應用壓縮空氣、水或化學介質進行壓鑄模的冷卻。

4. 充填、持壓和開模時間

⑴ 充填時間

自熔融金屬液進入模穴後到充滿模穴爲止，所需的時間稱爲充填時間。充填時間長短取決於鑄件的體積、大小及其複雜程度。對大而簡單的鑄件，充填時間要相對長些，對複雜和薄壁鑄件充填時間則要短些。充填時間與內澆口的截面積大小或內澆口的寬度和厚度有密切關係，必須確定。

⑵ 持壓和開模時間

從熔融金屬液充填模穴至內澆口完全凝固時，繼續在壓射沖頭作用下的持續時間，稱爲持壓時間。持壓時間的長短取決於鑄件的材質與壁厚。持壓後，開模取出鑄件。從壓射終了到鑄模打開的時間，稱爲開模時間，開模時間應準確控制。若開模時間過短，由於鑄件強度尚低，可能在鑄件頂出和自壓鑄型落下時會產生變形；若開模時間過長，則鑄件溫度過低，收縮量較大，不利於取出砂心及頂出鑄件。一般開模時間按鑄件壁厚1毫米需3秒鐘計算，然後經測試後調整成適當的值。

5. 壓鑄用塗料

壓鑄過程中，爲了避免鑄件與壓鑄模黏合，減少鑄件頂出的摩擦阻力和避免壓鑄模過熱而採用塗料。對塗料的要求：

⑴ 在高溫時，具有良好的潤滑性。

⑵ 揮發點低，在100～150℃時，稀釋劑能很快揮發。

⑶ 對壓鑄型及壓鑄件沒有腐蝕作用。

⑷ 性能穩定，在空氣中稀釋劑不應揮發過快而變稠。

⑸ 在高溫時不會產生有害氣體。

⑹ 不會在壓鑄模穴表面產生積垢。

常用的壓鑄塗料，如表2-12所示。

表2-12　壓鑄用塗料及配製方法

序號	原材料名稱	配比(%)	配製方法	適用範圍
1	膠體石墨 (油劑)		成油	1. 用於鋁合金對防粘型效果 2. 壓射沖頭，壓鑄室和易咬合部分
2	天然蜂蠟		塊狀或保持在溫不高於85℃的熔融狀態	用於鋅合金的成型表面要求光潔的部分
3	氧化鈉水	3-5 97-95	將水加熱至70-80℃ 再加氧化鈉，攪拌均勻	用於由於合金沖刷易 產生黏型部位
4	石墨機油	5-10 95-90	將石磨研磨過篩(200°) 加入 40℃左右的機油電攪拌均勻	1. 用於鋁合金 2. 壓射沖頭，壓鑄室部分效果良好
5	錠子油	30 50	成品	用於鋅合金作潤滑

6. 鑄件清理

鑄件的清理是一項很繁重的工作，其工作量往往是壓鑄工作量的10～15倍。因此隨壓鑄機生產率的提高，產量的增加，鑄件清理工作實現機械化和自動化是非常重要的。

⑴ 切除澆口和飛邊

主要是利用衝床、液壓機和摩擦壓力機作切除澆口和飛邊的工作。在大量生產鑄件下，可依據鑄件結構和形狀設計專用模具，在衝床上一次完成清理任務。

⑵ 表面清理和拋光

表面清理多採用普通多角滾筒和震動埋入式清理裝置。對批量不大的簡單鑄件，可採用多角清理滾筒；對於表面要求較高的裝飾品，可採用布製或皮革的拋光輪拋光；對大量生產的鑄件則可採用螺殼式震動清理機。清理後的鑄件按照使用要求，還可進行表面處理和浸漬，以增加鑄件光澤，並可防止腐蝕，提高氣密性。

三、壓鑄法的優缺點

1. 優點

⑴ 可鑄造複雜形狀的鑄件，如照相機本體、汽機車引擎等。

⑵ 可大量生產。因壓鑄模採用強韌特殊鋼製作，其壽命長，冷卻速度快，且每一鑄造循環只需極短的時間(Al 合金 30～150 秒、Zn 合金 6～60 秒)，故適合大量生產時使用。

⑶ 鑄件尺寸精度高、公差小、配合度高。由於鋼模不易變形，容許公差可達 0.001～0.003 吋。

⑷ 可得肉薄而強度高鑄件。

⑸ 可鑄造正確的內孔。由於鋼模心型位置正確，且前後左右均可設置心型，因此鑄件內部形狀可同時鑄出。

⑹ 鑄件表面光滑，不需加工、材料消耗少，可節省成本。

⑺ 在大量生產條件下，生產成本比其他鑄造法低廉。

2. 缺點

⑴ 材料選擇受限制。目前壓鑄用合金，皆限於較低熔點之合金，如鎂、鋁、鋅、銅、錫、鉛等合金。

⑵ 對內凹複雜鑄件，壓鑄法較製造較為困難。

⑶ 不適合大型鑄件生產(每件重量應在 50 公斤以下)。

⑷ 若使用高熔點合金為鑄件材料，會使得壓鑄模壽命降低。

(5) 不宜小批量生產，其主要原因是壓鑄模製造成本高，壓鑄機生產效率高，小批量生產不經濟。

(6) 由於熔融金屬液高速衝擊模具，液態金屬充填速度高，造成流態不穩定，且模穴內的氣體或離型劑會產生氣體，而易使鑄件產生氣孔、鬚狀、皺紋之物。

(7) 設備費昂貴。

2-4-4　永久模鑄造法

一、定義及特色

永久模鑄造法(permanent-mold casting)是以能連續重複使用多次者，並採用重力鑄造法，從事鑄件生產的工作。永久模鑄造的鑄模雖然以金屬製成，但澆鑄熔融金屬液時並不加壓，故也稱作金屬模重力鑄造法。永久模重力鑄造法的組合圖(a)及剖面圖(b)，如圖 2-30 所示。此法最大特色是永久模的分模面大都在垂直面，熔融金屬液流動的方向亦在垂直方向，且為避免熔融金屬液降溫太快，鑄件不可太薄、太細長，而金屬模也應先預熱，以避免滯流的發生。

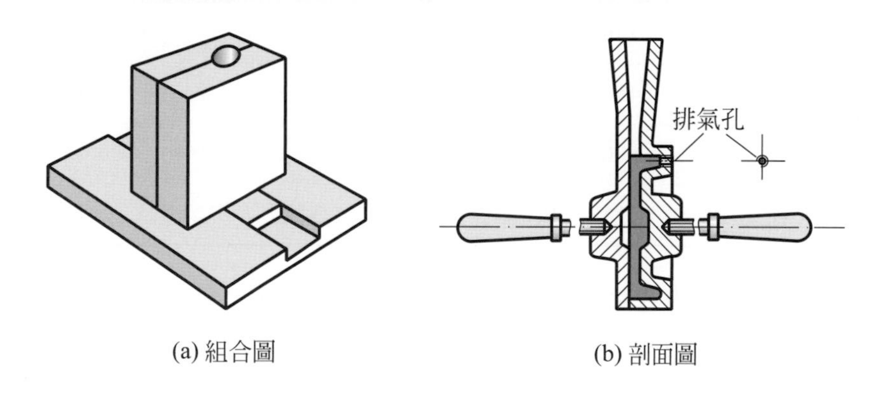

(a) 組合圖　　(b) 剖面圖

圖 2-30　永久模重力鑄造法

二、永久模(金屬模)的鑄造製程

1. **金屬模的預熱**

   未預熱的金屬模不能進行澆鑄。這是因為金屬模導熱性好、熔融金屬液冷卻速度快，使流動性降低，容易使鑄件出現冷隔、澆鑄不完全、有夾雜物、氣孔等缺陷。未預熱的金屬模在澆鑄時，鑄模將受到強烈的熱擊，此時鑄模內的應力增加，使得鑄模極易破壞。因此，金屬模在開始工作前，應施以適宜的預熱溫度(即工作溫度)，一般依合金的種類、鑄件結構和大小而定。 一般情況下，金屬模的預熱溫度大於1500℃。

金屬模的預熱方法有：

⑴ 用噴燈或煤氣火焰預熱。

⑵ 採用烘箱加熱，其優點是可使模溫均勻，但只適用於小型金屬模。

⑶ 採用電阻加熱器。

⑷ 先將金屬模放在爐上烘烤，然後澆鑄熔融金屬液使金屬模燙熱。這種方法，只適用於小型鑄模，因此法會浪費一些金屬液，也會降低鑄模的壽命。

2. 金屬模的澆鑄

金屬模的澆鑄溫度，必須根據合金種類，如化學成份、鑄件大小和壁厚，並通過試驗確定。表2-13為不同合金的澆鑄溫度。

表2-13 不同合金的澆鑄溫度

合金種類	澆鑄溫度℃	合金種類	澆鑄溫度℃
鋁錫合金	350～450	黃銅	900～950
鋅合金	450～480	錫青銅	1100～1150
鋁合金	680～740	鋁青銅	1150～1300
鎂合金	715～740	鑄鐵	1300～1370

由於金屬模的急冷和不透氣性，澆鑄速度應做到先慢，後快，再慢的澆鑄順序。在澆鑄過程中應儘量保持熔融金屬液平穩的流動。

3. 金屬模工作溫度的調節

要保證金屬模鑄件精度的穩定，首先要使得金屬模在生產過程中溫度變化一致。所以每澆鑄一次，就需要將金屬模打開，停放一段時間，待冷卻至規定溫度時再澆鑄。如利用自然冷卻的方式，需要更長的時間，且會降低生產效率，因此常用強迫冷卻的方式。一般而言，冷卻的方式有以下幾種：

⑴ 風冷：即在金屬模週邊吹風冷卻，強化對流散熱。風冷方式的金屬模，雖然結構簡單，容易製造，成本低，但此法的冷卻效果不佳。

⑵ 間接水冷：在金屬模背面或某一局部，鑲鑄水套，其冷卻效果比風冷好，適於澆鑄銅件或可鍛鑄鐵件。

⑶ 直接水冷：在金屬模的背面或局部直接設置出水套，在水套內通水進行冷卻，主要用於澆鑄鋼件或其他合金鑄件，鑄模要求強烈冷卻的部位。

4. 金屬模的塗料

在金屬模鑄造過程中，常需在金屬模的工作表面噴刷塗料。塗料的功用為調節鑄件的冷卻速度、保護金屬模、防止高溫熔融金屬液對模壁的沖蝕和熱擊，利用塗料層蓄氣排氣。

根據不同合金，塗料可能有多種配方，塗料基本由三類物質組合而成：

⑴ 粉狀耐火材料：如氧化鋅、鋯砂粉、滑石粉、矽藻土粉等。

⑵ 黏結劑：常用水玻璃、糖漿或紙漿廢液等。

⑶ 溶劑：水。

塗料應符合下列的要求：

⑴ 要有一定黏度，便於噴塗，且在金屬模表面上能形成均勻的薄層。

⑵ 噴刷塗料後不發生龜裂或脫落的現象，且易於清除。

⑶ 優良的耐火性。

⑷ 高溫時不產生大量氣體。

⑸ 不與合金發生化學反應。

三、永久模(金屬模)鑄件製程的特點

金屬模和砂模，在性能上有顯著的區別，如砂模有透氣性，而金屬模則沒有；砂模的導熱性差，金屬模的導熱性很好。

模穴內氣體狀態的變化對鑄件成形的影響：金屬在充填時，模穴內的氣體必須迅速排出，但金屬又無透氣性，只要對製程稍加疏忽，就會帶來鑄件品質不良的影響。

鑄件凝固過程中熱交換的特點：金屬液一旦進入模穴，就把熱量傳給金屬模壁。熔融金屬液經過模壁而散失熱量，並進行凝固，產生收縮，而模壁獲得熱量時，升高溫度的同時會產生膨脹，使得在鑄件與模壁之間形成“間隙”。在『鑄

件-間隙-金屬模』系統未到達同一溫度之前，可以把鑄件視為在“間隙”中冷卻，而金屬模壁則通過“間隙”被加熱。

金屬模阻礙收縮對鑄件的影響：金屬模或金屬砂心，在鑄件凝固過程中無退讓性，阻礙鑄件收縮，這是它的一特點。

2-4-5 低壓鑄造法

低壓鑄造法(low pressure casting)自從西元1910年由A.L.J.Queneau發表並取得專利以來，在工業界並未被普遍應用於生產但由於此法具有不少優點，尤其在鋁合金鑄件的品質方面。近年來，日本汽車零件鑄造界、我國福特六和、三陽工業等已採用此法，以產生小汽缸、進氣管、車輪圈等，在汽車工業逐漸發達的現代，此法實具有相當大的發展潛力。

1. **低壓鑄造法**

   低壓鑄造法是在稍加壓力的情形下鑄造，因此，以壓力而言，可謂介於一般重力鑄造法及(高)壓鑄法之間。壓鑄法大都係由水平方向射入模穴，少數由上往下垂直射入；低壓鑄造法則係採用由下往上垂直注入的方法，與地心引力(即重力)的方向剛好相反，是一種非常特殊的鑄造方法。由於此法的鑄模大都採用金屬模等永久模具，因此，在美國稱此法為Low-pressure Die Casting，而在歐洲，一般稱為Low-pressure Permanent-mold Casting。

   低壓鑄造法的鑄造原理為在一密閉坩堝容器內以 0.1～0.5kgf/cm^{2}空氣壓力加於金屬液表面，金屬液經由豎管澆鑄到模穴內，加壓持續到鑄件及澆口已經凝固後，洩掉壓力使豎管內金屬液回流到坩堝容器內，圖 2-31 為低壓鑄造機構造及鑄造作業。低壓鑄造法鑄造方案基本上不需冒口，鑄件成品率高達 95%，比金屬模重力鑄造之 40～60%高出許多。但鑄造方法受到限制，因此應注意鑄件形狀是否適合低壓鑄造方法。一般而言，低壓鑄造法所鑄成之鑄件形狀是斷面壁厚由薄漸近變化為厚，由小面積變化為大面積，所以鑄件形狀設計時，必須考慮上述之兩項原則。除此之外，金屬模設計時，進模口的大小、數量、位置、都必須詳加設計，此外為防止產生亂流，進模口斷面積必須加以注意，圖 2-32 為進模口形狀示意圖。

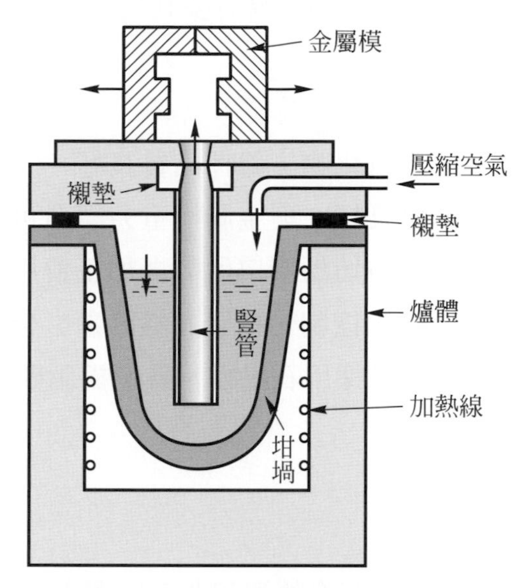

圖 2-31　低壓鑄造機構造及鑄造作業

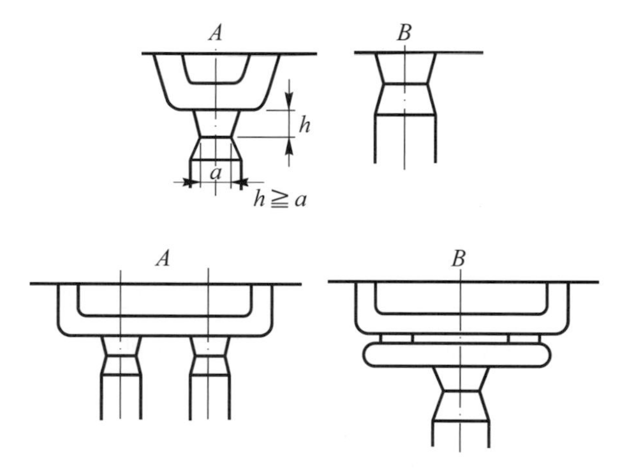

圖 2-32　進模口形狀示意圖

2. 低壓鑄造法的優點

低壓鑄造法由於其特色，具有很多其他鑄造法所不及的優點，分別敘述如下：

(1) 材料有效利用率(即成品率)非常高。

(2) 鑄件成形性好，有利於形成輪廓清晰、表面光潔的鑄件，對於大型薄壁鑄件的成形更爲有利。

(3) 具有良好的方向凝固性，鑄件不易有多孔性，收縮孔少，密度高，機械性能佳。
(4) 液體金屬充型比較平穩。
(5) 熔液氧化少，不易捲入氧化物，鑄件品質良好。
(6) 鑄件的尺寸精度及鑄肌良好，與金屬模重力鑄造可獲相同效果。
(7) 大都不需要冒口，可節省切斷冒口所需之加工費用。
(8) 裝置及操作易改成自動化控制，較受人爲因素影響。
(9) 鑄模除了金屬模外，亦可採用石墨模、砆喃樹脂砂模、CO_2砂模等，壓鑄法則受限制。
(10) 可鑄造小型或大型鑄品。

3. **低壓鑄造製程設計**

低壓鑄造所用的鑄型，有金屬型和非金屬型兩種。金屬型多用於大批、大量生產的有色金屬鑄件，非金屬鑄型多用於單件小批量生產，如砂型，石墨型，陶瓷型等都可用於低壓鑄造，而生產中採用較多的還是砂型。但低壓鑄造用砂型的造型材料的透氣性和強度應比重力澆鑄時高，模穴中的氣體，全靠排氣孔和砂粒孔隙排出。

爲充分利用低壓鑄造時液體金屬在壓力作用下自下而上地補縮鑄件，在進行製程設計時，應考慮使鑄件遠離澆口的部位先凝固，讓澆口最後凝固，使鑄件在凝固過程中通過澆口得到補縮，實現順序凝固。常採用下述措施：
(1) 澆口設在鑄件的厚壁部位，而使薄壁部位遠離澆口。
(2) 改變鑄件的冷卻條件。
(3) 用加工裕量調整鑄件壁厚，以調節鑄件的方向凝固性。

對於壁厚差大的鑄件，用上述一般措施難於得到順序凝固的條件時，可採用一些特殊的辦法，如在鑄件厚壁處進行局部冷卻，以實現順序凝固。

4. **低壓鑄造製程**

低壓鑄造的製程規範包括充型、增壓、鑄模預熱溫度、澆鑄溫度，以及鑄模的塗料等。

⑴ 充型和增壓

升液壓力是指當金屬液面上升到澆口，所需要的壓力。金屬液在升液管內的上升速度應儘可能緩慢，以便有利於模穴內氣體的排出，同時也可使金屬液在進入澆口時不致產生噴濺。

⑵ 充型壓力和充型速度

充型壓力是指使金屬液充型上升到鑄型頂部所需的壓力。在充型階段，金屬液面上的升壓速度就是充型速度。

⑶ 增壓和增壓速度

金屬液充滿模穴後，再繼續增壓，使鑄件的結晶凝固在一定大小的壓力作用下進行，這時的壓力叫結晶壓力。結晶壓力越大，補縮效果越好，最後獲得的鑄件組織也愈緻密。但通過結晶增大壓力來提高鑄件質量，不是任何情況下都能採用的。

⑷ 保壓時間

模穴壓力增至結晶壓力後，並在結晶壓力下保持一段時間，直到鑄件完全凝固所需要的時間叫保壓時間。如果保壓時間不夠，鑄件未完全凝固就洩壓，模穴中的金屬液將會全部或部分回流，造成鑄件“放空”報廢；如果保壓時間過久，則金屬液在澆口處停留時間過長，不僅降低製程的良率，而且還會造成澆口“凍結”，使鑄件成型困難，故生產中必須選擇一適宜的保壓時間。

⑸ 鑄模溫度及澆鑄溫度

低壓鑄造可採用各種鑄型，對非金屬型的工作溫度一般都爲室溫，無特殊要求，而對金屬型的工作溫度就有一定的要求。如低壓鑄造鋁合金時，金屬型的工作溫度一般控制在200～2500℃，澆鑄薄壁複雜件時，可高達300～3500℃。關於合金的澆鑄溫度，實際證明，在保證鑄件成型的前提下，應該是愈低愈好。

⑹ 塗料

如用金屬型低壓鑄造時，爲了提高其壽命及鑄件質量，必須刷塗料；塗料應均勻，塗料厚度要根據鑄件表面光潔度及鑄件結構來決定。

2-4-6 消失模鑄造法

一、定義及特色

消失模鑄造法是以發泡聚苯乙烯(polystyrene，俗稱保利龍)材料製作模型，而將鑄模材料填覆在模型四周，以獲得一實體鑄模，將模型留於鑄模內，再將高溫金屬液澆注入鑄模內，熔液的熱量使模型材料融化消失，金屬熔液逐漸充填取代消失部份的模穴，形成鑄件，如圖2-33所示。由於鑄模內沒有模穴，且模型爲一整體，故稱爲全模法。

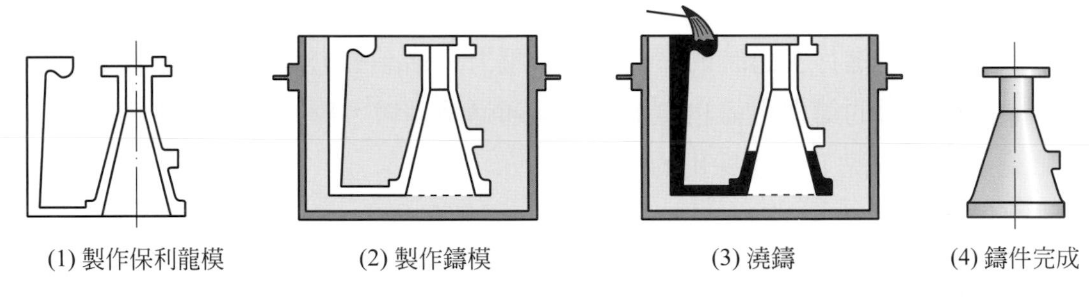

圖2-33 全模法鑄造流程

此法的最大特色是模型採用熔點很低的保利龍材料，所以製造鑄模時模型不必取出，澆鑄時模型材料遇高溫金屬液會燃燒而消失，模型位置由高溫金屬液取代，故此種模型一般稱爲可燒失模型(disposable pattern)，或稱爲消失模。全模法由於澆鑄時不拔模，因此模型可以做成一體，適合形狀複雜工件之鑄造。此外，對於中空件不必製作砂心，模型不必考慮砂心頭，不用考慮拔模斜度等裕量。由於爲一整體，故無分模面，澆鑄時不產生飛邊。必要時，澆冒口也可用保麗龍材料製作，與模型黏成一體造膜。此法可用於汽缸、汽缸蓋、曲軸、變速箱、進氣管、排氣管及剎車轂等鑄件的製造。圖2-34爲消失模模型和鑄件。

二、消失模型的鑄造流程

1. 預發泡

模型生產是消失模鑄造製程的第一道程序，複雜鑄件如汽缸蓋，需要數塊泡沫模型分別製作，然後再膠合成一個整體模型。每個分塊模型都需要一套模具進行生產，另外在膠合操作中還可能需要一套胎具，用於保持各分塊的準確定位，模型的成型製程分為兩個步驟，第一步驟是將聚苯乙烯顆粒預發到適當密度，一般通過蒸汽快速加熱來進行，此階段稱為預發泡。

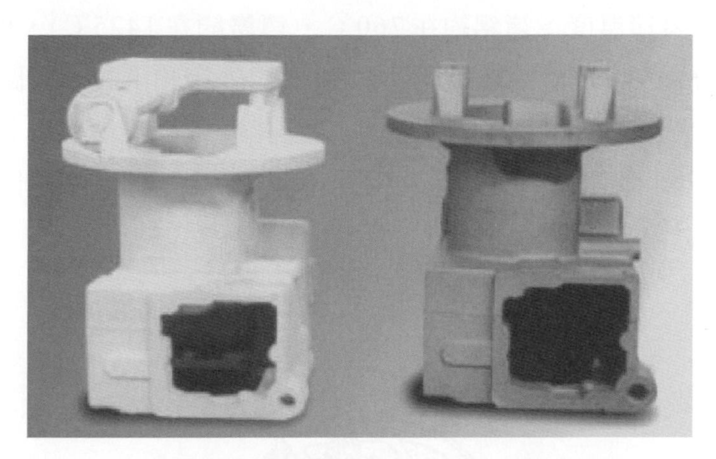

圖 2-34　消失模模型和鑄件(資料來源：www.china-machine.com)

2. **模型成型**

　　經過預發泡的顆粒要先進行穩定化處理，然後再送到成型機的料斗中，通過加料孔進行加料，模具模穴充滿預發的顆粒後，開始通入蒸汽，使顆粒軟化、膨脹，擠滿所有空隙並且黏合成一體，這樣就完成了泡沫模型的製造過程，此階段稱為蒸壓成型。成型後，在模具的水冷腔內通入大流量水流對模型進行冷卻，然後打開模具取出模型，此時的模型溫度高且強度較低，所以在脫模和儲存期間必須謹慎操作，防止變形及損壞。

3. **模型簇組合**

　　模型在使用之前，必須存放適當時間使其熟化穩定，典型的模型存放周期多達 30 天，而對於用設計獨特的模具所成型的模型僅需存放 2 個小時，模型熟化穩定後，可對分塊模型進行膠黏結合。使用熱熔膠在自動膠合機上進行分塊模型的膠合。膠合面接縫處應密封牢固，以避免產生鑄造缺陷。

4. **模型簇浸塗**

　　為了每箱澆鑄可生產更多的鑄件，有時將許多模型膠接成簇，把模型簇浸入耐火塗料中，然後在大約 30～60℃的空氣迴圈烘爐中乾燥 2～3 個小時，乾燥之後，將模型簇放入砂箱，填入幹砂振動緊實，必須使所有模型簇內部孔腔和週邊的幹砂都得到緊實和支撐。

5. 澆鑄

模型簇在砂箱內通過幹砂振動充填堅實後，鑄模就可澆鑄，熔融金屬注入鑄模後(澆鑄溫度：鑄鋁約在 760℃，鑄鐵約在 1425℃)，模型氣化被金屬所取代形成鑄件。圖 2-35 爲消失模製程的砂箱和澆鑄示意圖。

在消失模鑄造製程中，澆鑄速度爲其製程條件關鍵。如果澆鑄過程中斷，砂模就可能塌陷造成廢品。因此爲減少每次澆鑄的差別，最好使用自動澆鑄機，以確保品質的一致性。

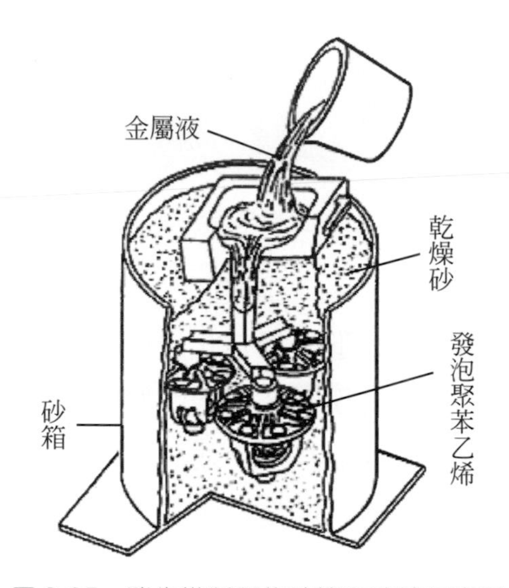

圖 2-35　消失模製程的砂箱和澆鑄示意圖

6. 落砂清理

澆鑄之後，鑄件在砂箱中凝固和冷卻，然後落砂。鑄件落砂相當簡單，傾翻砂箱鑄件就從鬆散的幹砂中掉出。隨後將鑄件進行自動分離、清理、檢查並放到鑄件箱中運走。

乾砂冷卻後可重新使用，很少使用其他附加工程，金屬廢料則可在生產中重熔再使用。

三、全模法的優缺點

1. 優點

(1) 造模簡單。

(2) 很多鑄件可以不要冒口補縮。

(3) 模型設計自由度大。
(4) 不需砂心盒也不需製造砂心，既省時又省力。
(5) 免除了鑄件生產中使用的砂心。
(6) 模型不需鬆件部份，可製成一整體模型。
(7) 模型不需起模斜度等裕度，製作簡單，節省成本。
(8) 在模型接合面不產生飛邊。
(9) 對於多樣少量或非機械造模的鑄件的生產，只需較短的工時。
(10) 沒有傳統的落砂和取出砂心工程。
(11) 利用直接發泡成型的保利龍模鑄件，精密度高且表面光滑。

2. **缺點**

(1) 每一模型只能鑄造一個鑄件。
(2) 澆鑄時會產生大量的氣體，鑄件形成氣孔機會高。
(3) 模型需小心的處理，否則鑄件表面較粗糙。
(4) 模型強度差，所以易變形。
(5) 不能使用造模機械從事大量生產工作。
(6) 造模後，無法檢查模穴表面是否完整，且無法整修。

2-4-7 其他特殊鑄造法

如眞空鑄造法、矽膠模鑄造法等。

一、真空鑄造法

眞空鑄造法(vacuum casting)，近年來隨著眞空技術的進步，已盛行於冶金工業，在鑄造方面的應用也非常多，主要是因此法可改善鑄品的品質及其材料的利用率。眞空技術在鑄造方面的應用大都是在眞空下或減壓下熔化金屬熔液或進行鑄造工程，如眞空熔化法、眞空處理、眞空鑄造等。

眞空熔化法係在眞空下熔化金屬而形成金屬液，然後在大氣中或眞空下進行澆鑄的方法。

眞空鑄造法是指在大氣壓下熔化金屬使其成爲金屬液，而在眞空狀態下將金屬液注入模穴中，以製作成品的方法。

眞空處理法是以鑄勺(ladle)或細化爐承受在大氣下熔化的金屬液，然後在眞空狀態下進行除氣或精煉的工作，最後再回到大氣或在眞空中進行澆鑄的方法。

眞空鑄造的方法有下列幾種方式：

(1) 眞空熔化 {眞空澆鑄 / 大氣澆鑄}

(2) 大氣熔化 → 眞空鑄造

(3) 大氣熔化 → 眞空處理 {眞空澆鑄 / 大氣澆鑄}

第(1)種方式只適用於重量在1000公斤以下的小規模生產，主要用於熔化以鎳、鉻、鈷等為主的超合金、各種電磁材料、特殊高合金鋼、原子能用材料等或銅及其合金、鈦、鎢、鋯、鉬等；而第(2)、(3)種方式則可用於大規模生產，最常使用於鋼鐵材料方面。

眞空鑄造的優點：

(1) 在鑄造的熔化過程中，可防止爐氣的污染。
(2) 不需使用黏結劑。
(3) 可除去氫、氧、氮等有害氣體成份。
(4) 可熔解活性金屬合金。
(5) 可除去有害的不純元素。
(6) 眞空處理可促進精煉反應。

二、矽膠模鑄造法

矽膠模鑄造法是指以矽橡膠作為鑄模材料，用以鑄造低熔點金屬，如錫、鋅或鉛合金鑄件的鑄造方法。由於矽橡膠具有耐高溫、抗老化、彈性好及表面光滑等性質，且能在溫度(370℃)範圍內，並可保持其優良的物理性質，所以可以作為永久模使用，並可用於表面光滑且複雜的精密鑄件。圖2-36為矽膠模之產品。

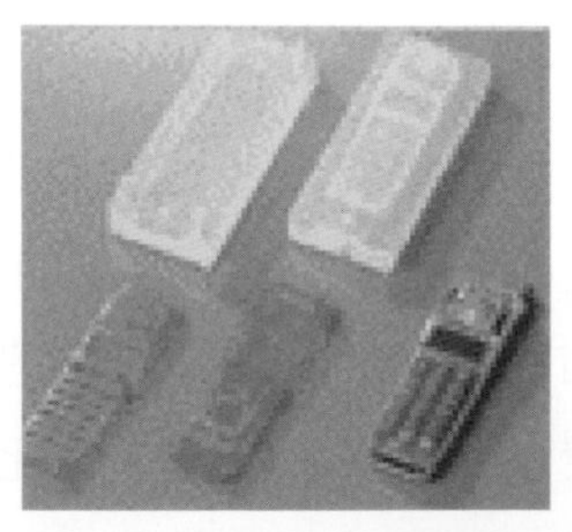

圖2-36 矽膠模精密鑄造應用實例(資料來源：http://www.globalspec.com/)

2-4-8 鑄造方法選擇的原則

一、優先採用砂模鑄造

據統計，在國際上全部鑄件產量中，60～70%的鑄件是用砂模生產的，而且其中 70%左右是用黏土砂模生產的。主要原因是砂模鑄造比其他鑄造方法成本低、生產製程簡單、生產周期短。當然，砂模鑄造生產的鑄件精度、表面光潔度、材質的密度和金相組織、機械性能等方面往往較差，所以當鑄件的性能要求更高時，應該採用其他鑄造方法，例如熔模鑄造、壓鑄、低壓鑄造等等。

二、鑄造方法應和生產批量相配合

例如砂模鑄造，大量生產的工廠應採用技術先進的造模、製作砂心方法。老式的震擊式或震壓式造模機生產線生產率不夠高，工人勞動大，雜訊大，不適合大量生產的要求，應逐漸改善。對於小型鑄件，可以採用水平分模或垂直分模的無箱高壓造模機生產線、實體造模生產效率又高，占地面積也少；對於中型鑄件可選用各種有箱高壓造模機生產線、氣沖造模線，以適應快速、高精度造模生產線的要求。中等批量的大型鑄件可以考慮應用樹脂自硬砂造模和製作砂心。

單件小批量生產的重型鑄件，手工造模仍是重要的方法，手工造模能適應各種複雜的要求，比較靈活，且不需很多製程裝備。可以應用水玻璃砂模、VRH 法水玻璃砂模、有機酯水玻璃自硬砂模、黏土幹模、樹脂自硬砂模及水泥砂模等；對於單件生產的重型鑄件，採用地坑造模法成本低，生產快。批量生產或長期生產的定型產品採用多箱造模、劈箱造模法比較適宜，雖然模具、砂箱等開始時投資成本高，但可從節約造模工時、提高產品質量方面得到補償。

低壓鑄造、壓鑄、離心鑄造等鑄造方法，因設備和模具的價格昂貴，所以只適合批量生產。

三、造模方法應適合工廠條件

例如同樣是生產大型機床床身等鑄件，一般採用組芯造模法，不製作模型和砂箱，在地坑中組砂心；而另外的工廠則採用砂箱造模法，製作模樣。不同的工廠生產條件(包括設備、場地、員工素質等)、生產習慣及所積累的經驗各自不同，應該根據這些條件加以考慮適合做什麼產品和不適合(或不能)做什麼產品。

四、要兼顧鑄件的精度要求和成本

各種鑄造方法所獲得的鑄件精度各自不同，初投資和生產率也不一致，最終的經濟效益也有所差異。因此，要做到多、快、好、省，就應當兼顧到各個方面的需求。應對所選用的鑄造方法進行初步的成本估算，以確定經濟效益，並保證鑄件能達所需之要求的鑄造方法。鑄造方法的特點和適用範圍如表 2-14 所示。

表 2-14 鑄造方法的特點和適用範圍

鑄造方法	鑄件材質	鑄件重量	表面光潔度	鑄件複雜程度	生產成本	適用範圍	製程特點
砂模鑄造	各種材質	幾十克～很大	差	簡單	低	最常用的鑄造方法： 1. 手工造型：單件、小批量和難以使用造型機的形狀複雜的大型鑄件 2. 機械造型：適用於批量生產的中、小鑄件	1. 手工：靈活、簡單，但效率低，勞動強度大，尺寸精度和表面質量低 2. 機械：尺寸精度和表面質量高，但投資大
金屬模鑄造	有色合金	幾十克～20 公斤	好	複雜鑄件	金屬模的費用較高	小批量或大批量生產的非鐵合金鑄件，也用於生產鋼鐵鑄件	鑄件精度、表面質量高，組織緻密，性能好，生產率高
陶瓷模鑄造	鑄鋼及鑄鐵	幾公斤～幾百公斤	很好	較複雜	昂貴	模具和精密鑄件	尺寸精度高、表面光潔，但生產率低
石膏模鑄造	鋁、鎂、鋅合金	幾十克～幾十公斤	很好	較複雜	高	單件到小批量	
低壓鑄造	有色合金	幾十克～幾十公斤	好	複雜(可用砂芯)	金屬模的製作費用高	小批量，最好是大批量的大、中型有色合金鑄件，可生產薄壁鑄件	鑄件組織緻密，良率高，設備較簡單，可採用各種鑄模，但生產效率低
離心鑄造	灰鐵、球鐵	幾十公斤～幾噸	較好	一般爲圓筒形鑄件	較低	小批量到大批量的旋轉體形鑄件、各種直徑的管件	鑄件尺寸精度高、表面光潔，組織緻密，生產率高

表2-14 鑄造方法的特點和適用範圍(續)

鑄造方法	鑄件材質	鑄件重量	表面光潔度	鑄件複雜程度	生產成本	適用範圍	製程特點
消失模鑄造	各種	幾克～幾噸	較好	較複雜	較低	不同批量的較複雜的各種合金鑄件	鑄件尺寸精度較高，鑄件設計自由度大，製程簡單，但模樣燃燒影響環境

2-5 鑄造清理和檢驗

2-5-1 鑄件清理及後處理

鑄件清理係將黏著砂，澆道、冒口系統、飛邊及其他不屬於鑄件其它金屬清除。此外，清理後常作包括鑄件修整及機械加工及鑄件小瑕疵修補，與鑄件檢驗等後處理工作。

鑄件也須熱處理，獲得適當的機械性能及消除殘留應力。

2-5-2 鑄件熱處理

鑄件之熱處理通常有二大目的：

1. **消除殘留應力**

   殘留應力通常在金屬液體凝固時收縮，及清除澆冒口，銲補、機械切削等後續工作。

2. **改變冶金性質**

   例如時效硬化及淬火硬化等。大部份之鑄造金屬都應作應力消除處理。

   鑄造上常用之熱處理方法和一般金屬熱處理完全相同，故其處理方法及細節可參閱熱處理之專用書籍。

2-5-3 鑄件檢驗

檢驗的目的在於判定鑄件是否合乎要求，其步驟如下：

1. 以目視檢測鑄件表面缺陷。
2. 鑄件尺寸之量測。
3. 以壓力測試法及非破壞檢驗法來檢測鑄件內部之缺陷。
4. 測試鑄件冶金性質：包括化學成份分析，機械性質測試，及導電性、電阻值、磁氣性質、耐蝕性、熱處理等特殊性質之檢測。

其詳細說明如下所述：

1. 以目視檢測鑄件表面之缺陷

⑴ 肉眼檢查

鑄品之表面或剖面以肉眼檢查其缺陷，有時將其表面拋光後，以染色法或以磁粉探傷法檢查表面缺陷。

⑵ 顯微鏡試驗

用顯微鏡觀查材料組織。將試片放在顯微鏡下，放大 100～1000 倍時，能看到金屬獨特的組織，由此可推斷鑄品性質。

2. 鑄件尺寸之量測

模型尺寸正確者，不必測定鑄品尺寸。然就初次澆鑄的鑄品，因造模、熔化、澆鑄等，鑄品的各部分之尺寸是否照圖面及鑄造方案之尺寸製作出來。

3. 鑄件性質測試

⑴ 材料的強度檢查

① 硬度

硬度試驗是材料試驗中與抗拉試驗同樣最被廣泛採用者。硬度試驗器有 Brinell、Rockwell、Vickers 等硬度試驗機。

② 抗拉強度

對於鑄品及其他工業材料實施抗拉強度、壓縮強度、彎曲強度等之機械的性質之試驗。上述以外，視需要實施衝擊試驗及磨耗試驗等。

⑵ 材質檢查

① 響音試驗

提高鑄品，輕輕敲擊會發出該製品特有的響音。大多製作同樣製品時，可聽其所發出之音響，能分出其材質之差異。有時可用試驗鎚輕輕敲打鑄品，檢查鑄品表面有無氣孔。

② 超音波試驗

對鑄品發射超音波作檢測，若鑄品內部有缺陷時，其反射的超音波會轉以電子的方式顯示，由此可發現在鑄品之何處有缺陷。

③ 放射線試驗法

χ或γ射線波長非常的短，而且具有透過金屬等物質的能力。但透過物質會發生相互作用而產生吸收及散亂等之現象，因此按物質之種類，厚度及密度，所照射的放射線之能量(波長之長短)等而不同。

④ 成份檢查

鑄品製造後，其成份需要檢查。實施工業化學分析，試驗鑄品成份，其試驗結果可作爲下次熔煉工作之參考資料外，更是決定熱處理之溫度及時間所需要的重要檢查。

2-5-4 鑄件缺陷及預防

鑄品缺陷，由其輕而重分時可分爲：

1. **重大缺陷**

   鑄品完全報廢。

2. **中度缺陷**

   尚可修補，但需視其力學上及經濟價值之考量。

3. **輕度缺陷**

   可修補再使用。

缺陷情況有許多種類，以下列舉常見的缺陷，並說明其發生原因與預防對策。

1. **氣孔**(blow hole)

因熔融金屬在高溫時吸收的氣體可能爲氣孔形成原因，或砂模或砂心遇高溫時的所產生的水蒸汽；砂模的通氣不良，造成其他氣體及砂模孔洞中空氣等滯留於鑄品中；熔融技術不佳，流路系之設計不適當，澆鑄速度控制不當等情狀都會產生氣孔。

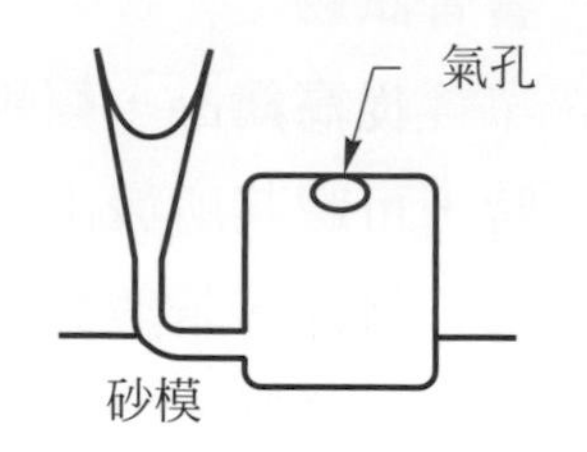

圖 2-37 鑄造缺陷(氣孔)[14]

2. **收縮孔**(Shrinkage hole)

金屬從液態轉爲固態時，因內部不規則的收縮而形成孔或凹陷。主要是材料補充不足，如冒口尺寸不夠或位置不適當，冒口內無高溫熔液，澆鑄熔液溫度不夠等缺點。

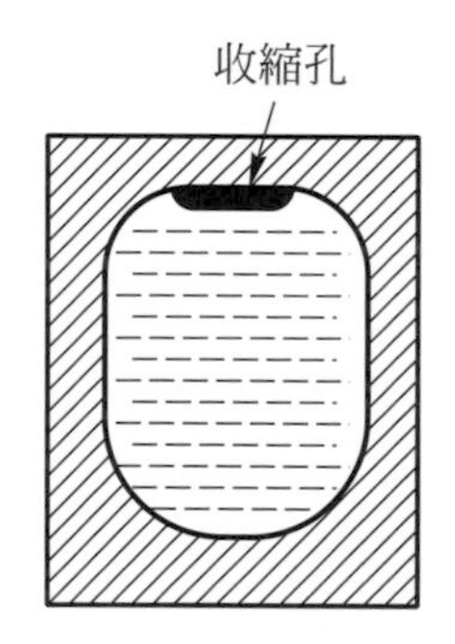

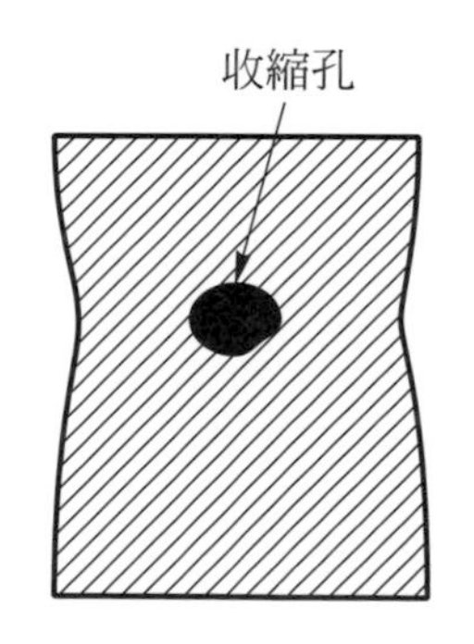

圖 2-38 鑄造缺陷(收縮孔)(資料來源：日本鑄造技術講座編輯)

圖 2-39 鑄造缺陷(夾渣)(資料來源：金屬工業研究發展中心)

3. **夾渣**(inclusion)

在鑄品中，夾帶熔渣或其他非金屬不純物。溶劑是否適當，盛鐵桶是否潔淨等亦爲原因之一。

4. **落砂**(drop)

因砂模的強度不夠或砂的流動性不良，合模時上砂箱之砂落於下砂箱，而使鑄品夾砂。

5. **縮裂**(Shrinkage crack)

因搥砂過實使砂模強度太大而失去彈性，補充材料不足等使鑄品在砂模內冷卻時收縮而發生縮裂。

6. **線縫**(seam)

由兩個方向澆鑄時，在相接處因溫度的不同或流動性的不良，而形成接縫的現象。其原因係澆鑄速度不夠，熔液溫度低，流路太長，操作不連續，鑄件平薄，砂模通氣不良等。

7. **表面粗糙**(rough surface)

因砂粒度太粗、模砂熔點太低或澆鑄溫度太高造成鑄品表面不光整。

8. **金屬滲透**(metal penetration)

熔液滲入砂模間。因砂粒太粗、模砂通氣性太高、粒度不平均、流動性太大、澆鑄溫度太高、壓力太高等原因。

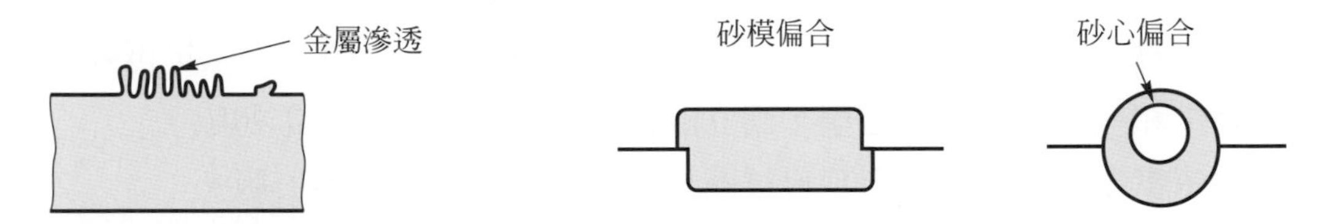

圖2-40　鑄造缺陷(金屬滲透)(資料來源：Fundamentals of Modern Manufacturing)

圖2-41　鑄造缺陷(砂模偏合、砂心偏合)(資料來源：Fundamentals of Modern Manufacturing)

9. **毛邊**(fin)**，砂模偏合**(mold shift)**，砂心偏合**(core shift)

砂模接合面或砂心接合不良，導致接合面有空隙，澆鑄後熔液流出而形成薄邊，即爲毛邊。砂模偏合是因砂箱定位銷不良，合模時上下模位置有偏差；砂心偏合爲砂心安裝位置偏差，而導致鑄品在分界面上發生偏差。

習題

1. 何謂鑄造？
2. 鑄造的優點有哪些？
3. 鑄造設備可分成哪幾類？
4. 鑄造所使用材料可區分爲哪幾類？

5. 砂心的功用爲何？
6. 特殊鑄造法的種類有哪些？
7. 何謂壓鑄法，且其具有哪些優缺點？
8. 陶模鑄造法的製程及其特色爲何？
9. 請簡述石膏模鑄造法的製作流程？
10. 離心鑄造法的原理爲何，依鑄造方式的不同可分爲幾種類型，並簡述之？

參考文獻

[1] 張錫綸，鑄工學，徐氏基金會出版，民國六十八年四版。
[2] 彭世寶，壓鑄模設計與製作，正文書局出版，民國八十六年出版。
[3] 丁國華、方春樹、趙健祥、蕭俊德，鑄造學，高立圖書出版，民國七十四年初版。
[4] 許春林、李仁杰，鑄造學(上冊)，儒林圖書出版，民國八十三年再版。
[5] 林文和、邱傳聖，鑄造學，高立圖書出版，民國七十九年初版。
[6] 林宗獻，精密鑄造，全華科技圖書出版，民國八十七年三版。
[7] 王念光，鑄造工程手冊，徐氏基金會出版，民國六十八年三版。
[8] 黃新春，精密鑄造技術與實習，新科技書局出版，民國八十年初版。
[9] 賴耿陽，特殊鑄造技術，復漢出版，民國八十七年一版。
[10] 方春樹，鑄造學，中國電機技術出版社，民國七十三年八月。
[11] 中華民國鑄造學會，鑄造手冊第三冊，中華民國鑄造學會出版。
[12] 張安心、陳佳萬、邱雲曉，機械製造，文京出版，民國八十七年六月。
[13] 江文鉅，鑄造學，全華科技出版，民國八十年五月。
[14] Mikell P Groover，Fundamentals of Modern Manufacturing，John Wiley and Sons，2002。

第3章 塑性加工

3-1 塑性加工概說

3-1-1 塑性加工的意義與方法

每一種機械製造方法各有其不同的特質，因此在加工前應加以分析選擇，譬如製品的形狀、材料的特性、尺寸與表面粗糙度的要求、產量的多寡、技術的要求、成本的多少等，皆是應考慮的要項。塑性加工係以塑性變形將工件幾何形狀改變，同時也增進所需的機械性質。各種塑性加工法在機械製造領域中佔有極為重要的地位，它是一種具經濟性的大量生產方法，在工業中的應用甚為廣泛。

對金屬材料施加外力使其產生塑性變形，以獲得所需形狀與性質製品的加工方法稱之為塑性加工(plastic working)，或謂金屬成形(metal forming)。塑性加工依加工溫度分有熱加工(hot working)與冷加工(cold working)，依材料形態分有塊體成形加工(bulk deformation process)與薄板成形加工(sheet-metal forming process)。(圖 3-1)。通常，在高於材料再結晶溫度(recrystallization temperature)以上的溫度進行的塑性加工謂之熱加工(或稱熱作)，在低於材料再結晶溫度以下的溫度進行的塑性加工謂之冷加工(或稱冷作)。塊體成形時，胚料承受較大的變形，使胚料的形狀或斷面以及表面積與體積比發生較為明顯的變化，又因產生較大的塑性變形，因此成形後通常無彈性回復現象，滾軋、鍛造、擠伸、抽拉即屬此類塑性加工法。薄板成形時，胚料的形狀發生顯著的變化，但其斷面形狀基本上是不變，而且彈性變形在總變形中所占比例是比較大，因此成形後會發生彈性回復或彈回現象，典型的薄板成形即稱為沖壓加工。

塑性加工的方法，比較基本的有下列五項：滾軋(rolling)、鍛造(forging)、擠伸(extrusion)、抽拉(drawing)、沖壓(stamping)，如圖 3-2 所示。

1. 滾軋：使材料通過一對輥子，以改變斷面形狀及大小，並增加長寬的加工方法。例如角鋼的滾軋。
2. 鍛造：將材料放在兩模具間施加壓力，使其成型的加工方法。例如鐵鎚頭的鍛造。

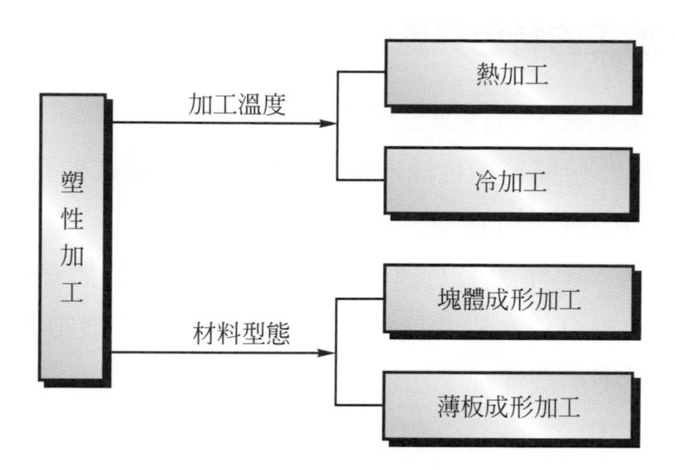

圖 3-1 塑性加工的分類

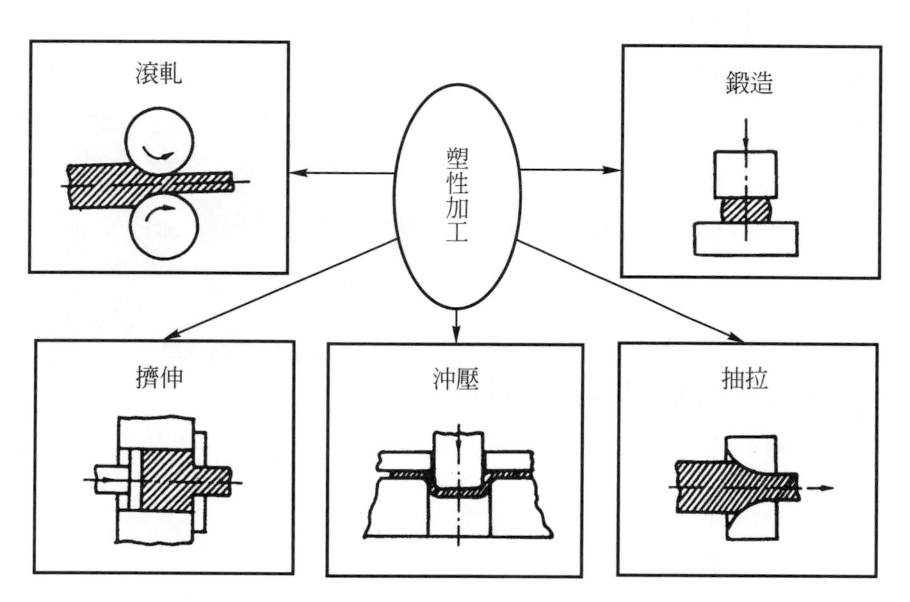

圖 3-2 塑性加工的基本方法[1]

3. 擠伸：對材料施加壓力，使其流經模具型孔，而獲得不同斷面長條形件的加工法。例如鋁門窗框的擠伸。
4. 抽拉：對材料施加拉力，使其通過模具孔口，以減小或改變斷面的加工方法。例如大小鐵線的抽拉。
5. 沖壓：將板料放在上下模間施加壓力使之變形或分離的加工方法。例如不銹鋼杯的引伸加工。

3-1-2 塑性加工的特色與應用

與其他加工方法比較，塑性加工法具有的特點如下：

1. 組織與性能佳：金屬經塑性成形後，原有內部組織疏鬆孔隙、粗大晶粒、不均勻等缺陷將改善，可獲優異性能。
2. 材料利用率高：塑性加工乃經由金屬在塑性狀態的體積轉移而獲得所需外形，不但可獲得分佈合宜的流線結構，而且僅有少量的廢料產生。
3. 尺寸精度佳：不少塑性加工法已能達到淨形或近淨形的要求，尺寸精度也能達到應有的水準。
4. 生產效率高：隨著塑性加工機具的改進及自動化的提昇，各種塑性成形的生產率不斷提高，有益於大量生產的需求。

由於技術不斷的發展，各種可用材料亦陸續增加，因此塑性加工的應用範圍愈來愈多，譬如：鐵錘、鉗子等手工具，螺絲、螺帽等扣件，金屬盒、罐等容器，鋁門窗、接頭等建築構件，電子用沖壓零件，汽車、機車、工具機、飛機等工業重要零組件。圖 3-3 及圖 3-4 爲塑性加工應用示例。

圖 3-3 塑性加工應用示例(鍛造製品)[2]

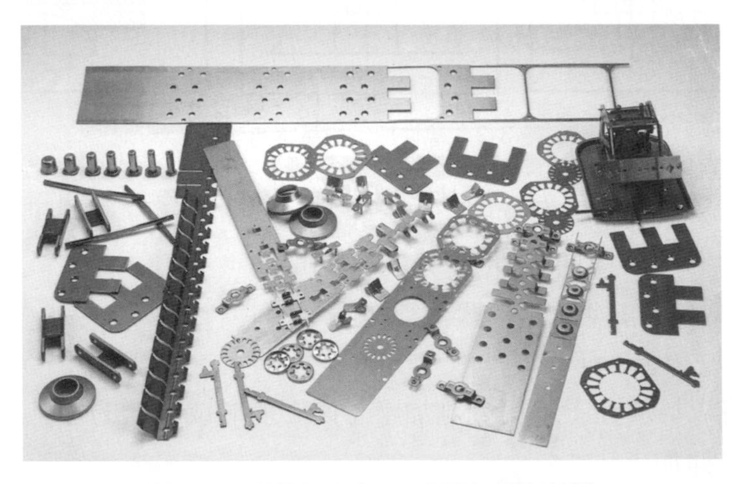

圖 3-4 塑性加工應用示例(沖壓製品)[3]

3-1-3 塑性加工的基本原理

材料受到外力作用時，將自然變更其形狀及尺寸，此項變更稱為變形(deformation)，變形可為彈性亦可為塑性，當一變形之材料將其施加之外力去除後，能完全恢復原來形狀與大小者謂之彈性變形(elastic deformation)，反之，如果外力去除後，無法再恢復至原來的形狀者謂塑性變形(plastic deformation)。以拉伸變形為例，可將整個變形過程分為三個階段：彈性變形、均勻塑性變形及局部塑性變形。

金屬材料受不同大小的應力及溫度作用時，可藉不同的變形方式進行塑性變形，其主要有：⑴晶粒內部－滑動(slip)、雙晶(Twin)，⑵晶粒界面－晶粒邊界滑動(grain-boundary sliding)及擴散潛變(diffusion creep)。

金屬晶體主要以何種方式進行塑性變形，乃是取決於那種方式變形所需的剪應力較低。在室溫下，大多數體心立方格子(B.C.C)金屬滑動的臨界剪應力小於雙晶的臨界剪應力，所以滑動是優先的變形方式，只在很低的溫度下，由於雙晶的臨界剪應力低於滑動的臨界剪應力，這時雙晶才能發生。滑動很容易沿晶體的特有格子面及結晶方向而產生，然後擴展至其他面。滑動的形成將使大量原子逐步地從一個穩定位置移到另一個穩定位置，因而產生巨觀的塑性變形。金屬熱間塑性變形的機構主要除了晶粒內之滑動與雙晶外，尚有晶粒邊界滑動和擴散潛變等。一般而言，滑動也是最主要的變形機構，雙晶多在高溫高速變形時發生，但對於六方密格子(H.C.P)金屬，這種方式也頗為重要。晶粒邊界滑動和擴散潛變則只在高溫變形時才發揮作用。

金屬材料經塑性變形後，組織與性能會產生變化，變形後的金屬材料進行加熱，也會隨著溫度的升高，使其組織與性能產生改變。由於金屬於不同溫度之塑性變形後所得組織與性能不同，因此金屬的塑性變形可分為三類：

1. 冷間變形：變形溫度低於回復溫度時，金屬在變形過程中只有加工硬化而無回復與再結晶現象，變形後的金屬只具有加工硬化組織。換言之，冷間變形係在沒有回復和再結晶的條件下進行的變形。
2. 熱間變形：變形溫度在再結晶溫度以上，在變形過程中軟化與加工硬化同時並存，但軟化能完全克服硬化的影響，變形後金屬具有再結晶的等軸細晶粒組織，而無任何硬化痕跡。換言之，熱間變形是在得到充分再結晶的條件下進行的變形。

3. 溫間變形：於溫間變形過程中，不但有加工硬化也有回復或再結晶現象，或謂加工硬化與軟化同時存在，但硬化較具優勢。

可塑性係指材料受外力作用時塑性變形的難易程度，通常是用金屬的塑性和變形阻力來評量，材料的塑性愈大，變形阻力愈小，則可塑性愈好。影響金屬可塑性的因素主要有：

1. 化學成份：一般純金屬的可塑性比合金好。
2. 組織結構：純金屬和固溶體具有良好的塑性和低的變形阻力，而碳化物的可塑性就比較差。
3. 變形溫度：一般而言，升高溫度，可使塑性提高，變形阻力減小，因而改善可塑性。
4. 變形速度：變形速度對金屬可塑性的影響取決於下列兩種效應：
   (1) 變形速度增大後，使加工硬化現象來不及消除，即回復、再結晶不能充分進行，因而塑性下降，變形抗力增加。
   (2) 變形速度提高後，由於熱效應使金屬的溫度升高，因而改善了金屬的塑性。
5. 應力狀態：通常三個方向中壓應力的數目愈多，則塑性愈好，拉應力的數目愈多，則塑性愈差。

3-2 滾軋加工

3-2-1 滾軋意義與分類

滾軋(rolling)乃是將金屬材料通過於上下兩個反向轉動的輥子間，以連續塑性變形的方式通過，以得到所需形狀的加工方法。換言之，它是利用材料與輥子間的摩擦力，將材料引入輥子間以進行連續軋壓，其目的在於使材料厚度縮減或改變其截面形狀。如圖 3-5 所示。滾軋加工係由連續鑄造或鑄錠(ingot)先經滾軋成中胚(bloom)、扁胚(slab)及小胚(billet)後，再進一步滾軋爲各種板材、棒材及型材等，如圖 3-6 所示。

輥子
胚料
製品

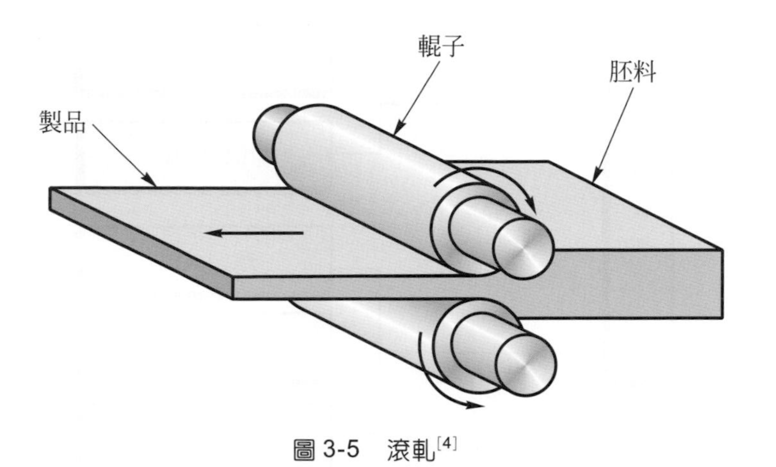

圖 3-5　滾軋[4]

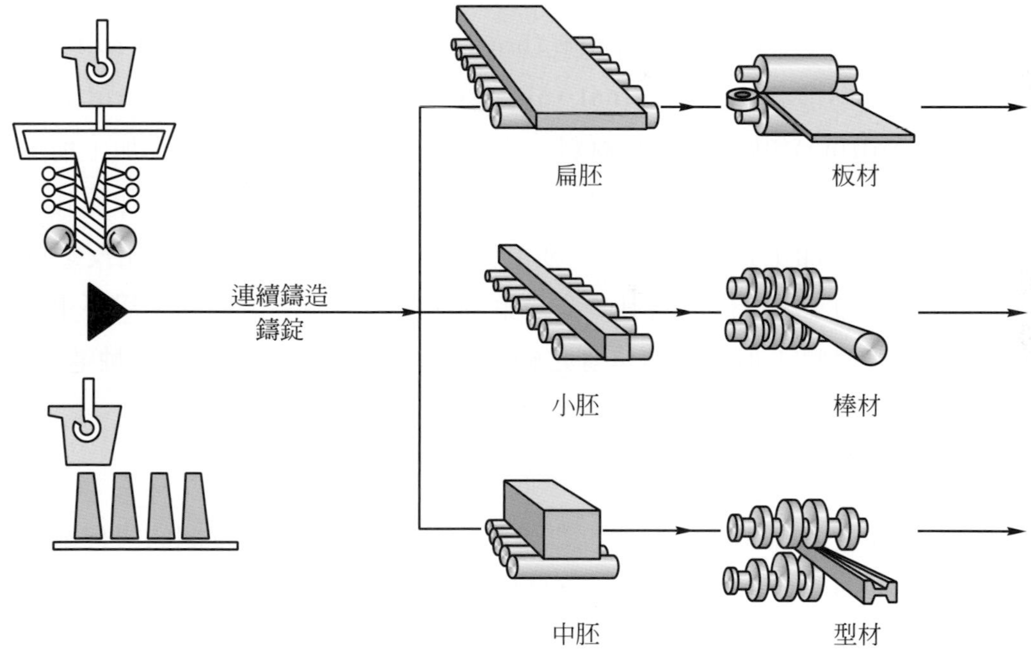

連續鑄造
鑄錠
扁胚
板材
小胚
棒材
中胚
型材

圖 3-6　滾軋的基本流程[1]

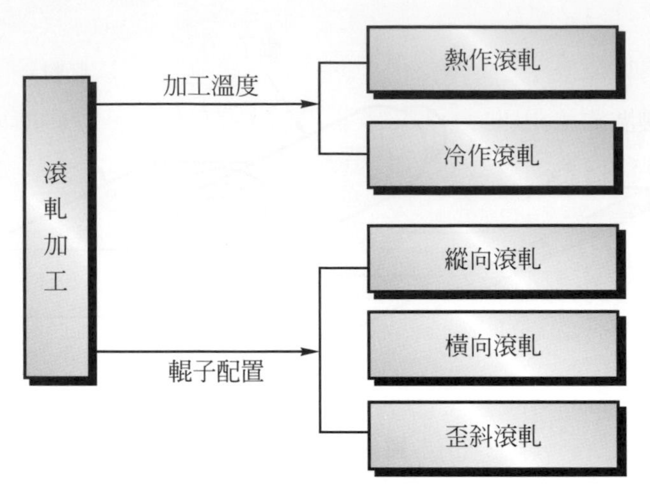

圖 3-7 滾軋的分類

滾軋加工依加工溫度分有熱作滾軋(hot rolling)、冷作滾軋(cold rolling)，依輥子配置分有縱向滾軋(longitudinal rolling)、橫向滾軋(transverse rolling)、歪斜滾軋(skew rolling)如圖 3-7。於材料之再結晶溫度以上進行滾軋之加工稱爲熱作滾軋，簡稱熱軋。而於材料之再結晶溫度以下進行滾軋之加工稱爲冷作滾軋，簡稱冷軋。縱向滾軋係加工材料的變形乃發生於具有平行軸且旋轉方向相反之兩軸之間，橫向滾軋係加工材料僅繞著其本身之縱軸而移動，歪斜滾軋係利用不平行軋輥之設置，使金屬材料不但可繞其本身之軸而移動，而且又可使其沿該軸進行。

3-2-2 滾軋基本原理

板材滾軋係最單純的滾軋加工，如圖 3-7 所示爲材料與軋輥間的幾何關係，在圖中軋輥直徑爲D、軋輥半徑R，入口材料厚度h_1，出口材料厚度h_2，入口材料寬度b_1，出口材料寬度b_2，入口材料速度V_1，出口材料速度v_2，接觸長度l_d，咬入角α。兩軋輥間的間隙稱爲輥縫(Roll gap)，材料與軋輥間接觸弧的水平投影稱爲接觸長度，通常接觸長度$l_d=\sqrt{R\cdot\Delta h}=\sqrt{R(h_1-h_2)}$。當材料通過輥縫時，材料將產生如下之變形：高度減少(稱爲壓縮)、寬度增加(稱爲展寬)、長度增加(稱爲延伸)。滾軋加工後，板厚的減少量稱爲減縮量(Draft)，即$\Delta h=h_1-h_2$。

在滾軋時，作用在材料的摩擦力是以中性點爲分界點，在進口區係沿材料進行方向，在出口區則爲阻礙材料流出的方向作用。若設滾軋前後材料體積不變，則在入口處附近材料速度對於輥面速度發生了滯後現象，而在出口處附近則發生超前現象，。因此在滯後和超前間，稱爲中性點(neutral point)或不滑動點(non slip point)，在此處，材料不與輥面作相對滑動。中性點不單是材料與輥子間無相互滑動地方，更是材料與輥子間摩擦力變換方向之位置所在。

滾軋負荷的計算以下式較簡便：

$$P = p_s \cdot b \cdot l_d = p_s \cdot b \cdot \sqrt{R \cdot \Delta h}$$

上式中，P爲滾軋負荷，P平均滾軋壓力，b材料平均寬度，R軋輥半徑，l_d接觸長度及Δh減縮量。影響滾軋負荷的因素有很多，主要有摩擦、材料之降伏強度、減縮比、滾軋溫度、材料厚度、軋輥直徑、張力等。

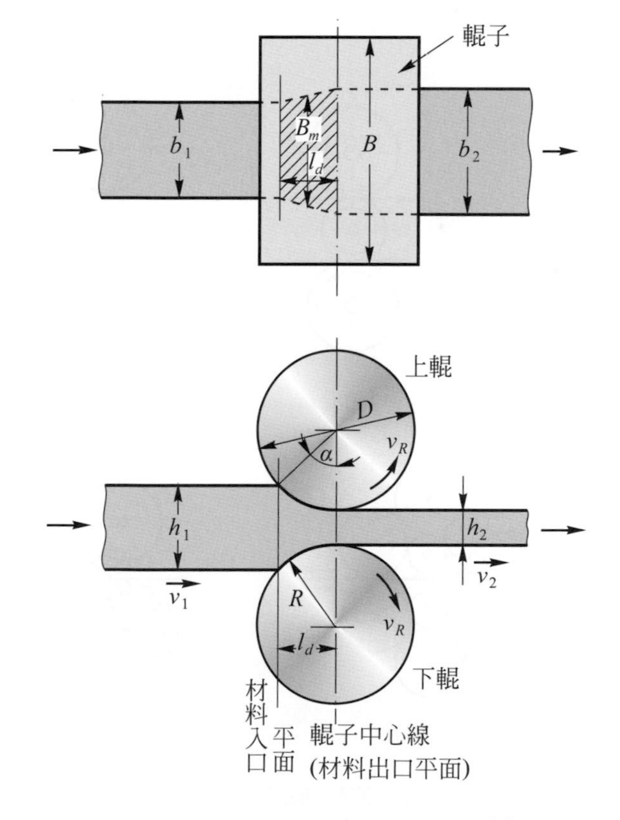

圖 3-7 材料與輥子間的幾何關係[4]

3-2-3 滾軋設備

滾軋加工所用的滾軋機組的種類如圖 3-8 所示，二重式(two-high)是最早期且最簡單的形式，但因工件需調回，故較耗費工時。三重式(three-high)機組又稱反轉機組，每滾軋一道次需用升降機升降至另一輥縫，並改變材料方向。通常二重式及三重式適用於開胚滾軋(break down rolling)或一般之粗滾軋。四重式(four-high)、六重式(six-high)及叢集式(cluster)乃基於軋輥直徑較小滾軋負荷亦小的原則發展而來。但因工作軋輥直徑較小，材料減縮量不大，故此類滾軋機組大多使用在冷滾軋或熱滾軋的精軋作業。行星工作軋輥是指圖中在支撐軋輥周圍，以保持器固定並隨支撐軋輥周轉的小直徑輥子。由於小直徑輥子與材料的接觸面積小，可更有效地將滾軋負荷傳遞到材料上，於是上下成對的行星工作軋輥依次嵌入金屬材料內，終致其軋成板條狀，但此種機組因其行星工作軋輥無法與材料產生有效的摩擦，無法將材料咬入而進行自由滾軋。

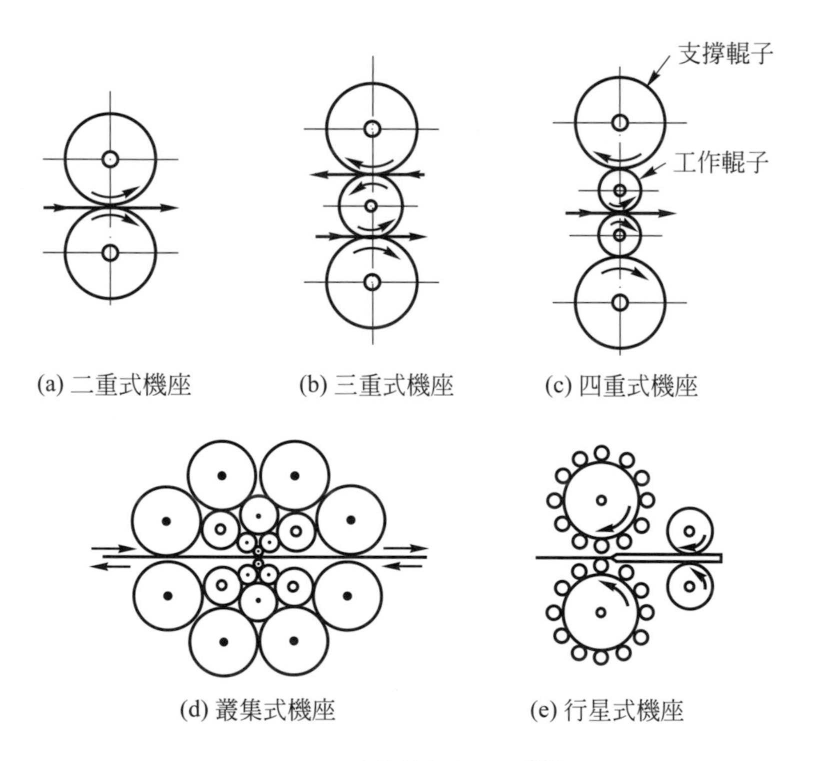

圖 3-8 滾軋機組的種類[13]

3-2-4 滾軋實務

鑄胚進行初始的滾軋加工謂開胚滾軋(break-down rolling)，其主要目的在於將鑄胚(Ingot)加熱壓延成滾軋工廠所要的各種尺寸的扁胚、中胚、小胚以供後續滾軋之用，而且也切除鑄胚的缺陷端，以提高滾軋工廠的效率與品質，同時也進行表面缺陷的排除。經開胚滾軋後的扁胚，其結晶粗大，未具應有的強韌性，但經由厚板熱滾軋製程後，不但使晶粒細化、品質提升，而且獲得要求的尺寸，這就是厚板滾軋的目的。厚板的滾軋作業的主要任務是以去除加熱爐生成的一次銹皮及在滾軋中生成的二次銹皮，將原材料滾軋成製品尺寸，及精整製品最後厚度及形狀尺寸。

薄板滾軋的生產流程如圖 3-9 所示，熱軋而得的薄板可分爲兩種：⑴熱軋薄板⑵冷軋薄板，熱軋薄板最普遍就是用於汽車、電機、及供彎曲或引伸用的 0.12%C 以下之低碳鋼薄板。冷軋薄板與熱軋薄板比較，除了板厚較薄之外，尚有優良的尺寸精度、漂亮平滑的表面、優良的平坦度，而且應用範圍廣泛，如汽車、電機、家具、辦公用品、建築等。

棒材與線材的製造工程大致分爲進料、加熱、滾軋、精整等。棒材及線材的輥軋孔型通常爲方型、菱型、圓型及橢圓型四種，其孔型變化序列亦有下列數種：⑴方型—菱型—方型，主要用於大斷面之粗軋段，⑵方型—橢圓型—方型，用於中斷面之粗軋段，⑶方型—菱型—方型，用於方型棒材精軋段，⑷方型—橢圓型—圓型，或圓型—橢圓型—圓型，用於圓型棒材精軋段。如圖 3-10 爲由小胚滾軋成圓棒材例子。

螺紋滾軋(Thread rolling)是將圓桿的胚料置於旋轉的圓滾模或往復運動的平板模之間，以適當的壓力軋壓成凹凸的溝紋。如圖 3-11 爲種螺紋滾軋方法。用滾軋法所製造螺紋，不僅生產速率高及成本低，而且強度大、表面光度高、又節省加工材料。

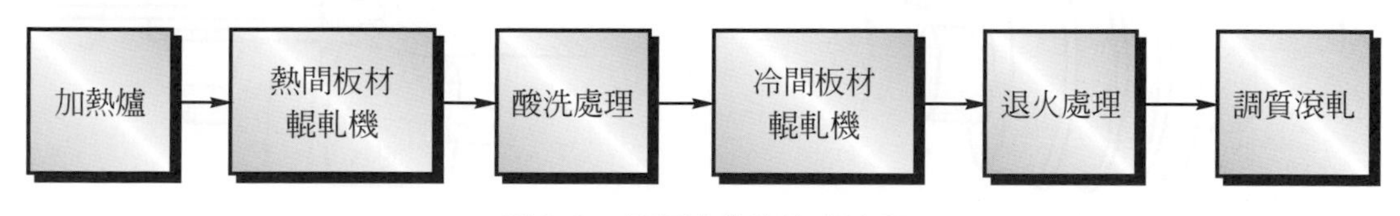

圖 3-9　薄板滾軋的生產流程

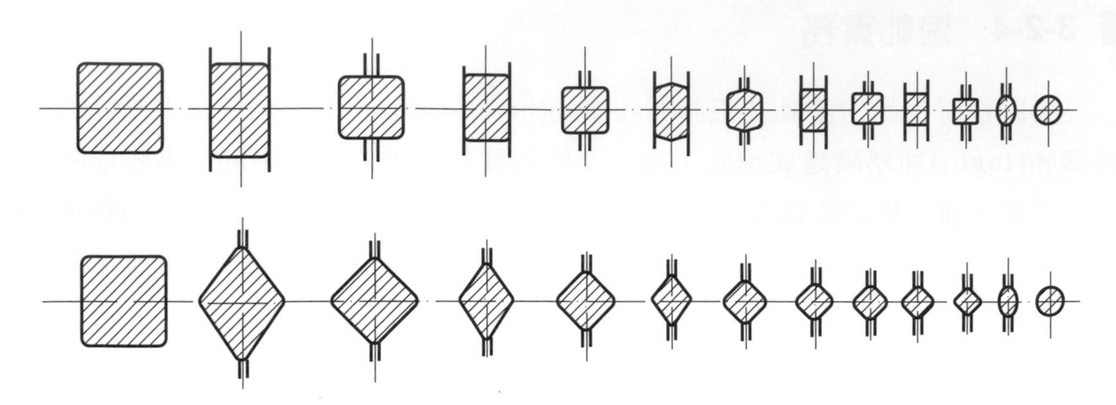

圖 3-10　由小胚滾軋成圓棒材例子[5]

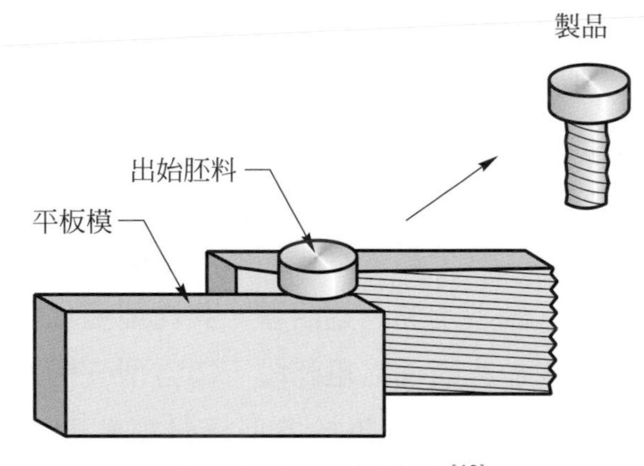

圖 3-11　螺紋滾軋方法[13]

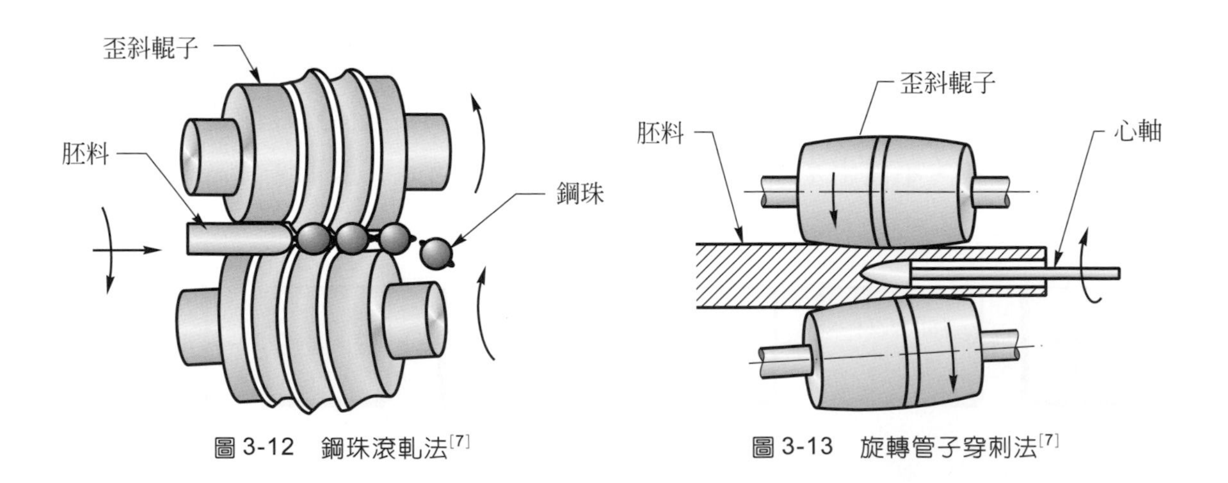

圖 3-12　鋼珠滾軋法[7]

圖 3-13　旋轉管子穿刺法[7]

鋼珠可利用歪斜滾軋製成，亦即利用具有螺旋形槽的軋輥，互相交叉成一定角度，作同向旋轉，使胚料自轉又向前餵進，因而受壓變形而獲得製品，如圖 3-12 所示。

旋轉管子穿刺法(Rotary tube piercing)係用於製作無縫鋼管。如圖 3-13 所示，其原理乃係圓棒受到徑向壓力作用時，在圓棒中心會產生拉伸應力，因此，當不斷地受到壓應力時，圓棒中心就逐漸產生孔隙。兩個歪斜軋輥透過旋轉運動拉動圓棒前進，而心軸則做擴孔及孔的尺寸精整(Sizing)之用。

滾軋製品的缺陷，依其來源可分爲：胚料缺陷、加熱缺陷、滾軋缺陷及退火缺陷，滾軋缺陷常見的有如圖 3-14 所示。圖(a)之板緣呈波浪狀，主要是軋輥彎曲變形所致；因板料中心處較兩側爲厚，滾軋時材料在兩側所產生的伸長變形較中心處多，中心處材料沿滾軋方向的伸長變形受到限制使得製品形成皺紋現象。圖(b)及圖(c)之缺陷則主要是材料在滾軋溫度下的延性較差所致。圖(d)的夾層情形則可能是因滾軋製程上不均變形所致或鑄錠內本身已存在有缺陷所造成。

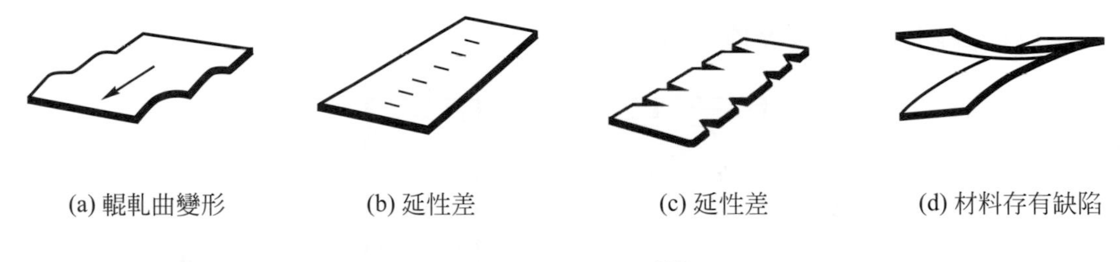

(a) 輥軋曲變形　(b) 延性差　(c) 延性差　(d) 材料存有缺陷

圖 3-14　滾軋缺陷[15]

3-3　鍛造加工

3-3-1　鍛造的意義與分類

鍛造(forging)係利用鍛壓機具及工模具產生及傳遞衝擊或擠壓的壓力，使金屬材料產生塑性變形，以獲得所需幾何尺寸、形狀及機械性質製品的加工方法，如圖 3-15 所示。經由鍛造加工而得之鍛件，由於在鍛壓過程中材料產生塑性變形，因而可改善晶粒組織，使材質細密化、均質化，並獲得優良的抗疲勞性、韌性及耐沖擊性等機械性質，故極適合製造各種高強度金屬製品或零組件，因此鍛造已是現今產業發展相當重要的加工技術。

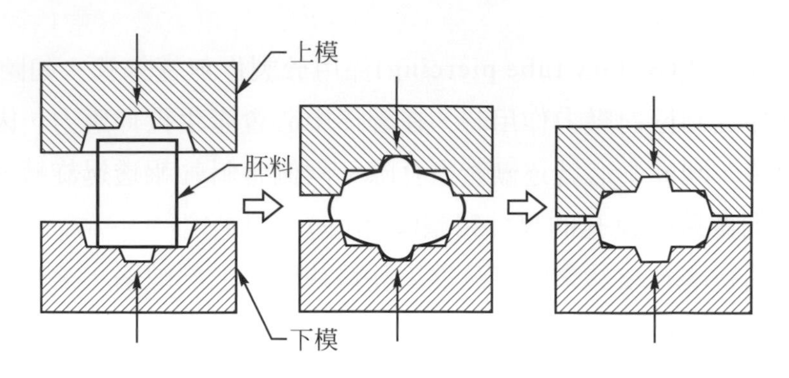

圖 3-15 鍛造[6]

具體言之，鍛造有二種目的：

1. 鍛鍊—破壞粗大鑄造組織，使之細粒化，並使胚料內的空隙壓著，並隨著流動變形而形成機械性纖維化的組織—鍛流線(forging flow line)(如圖 3-16)，以提高韌性、強度等機械性質。

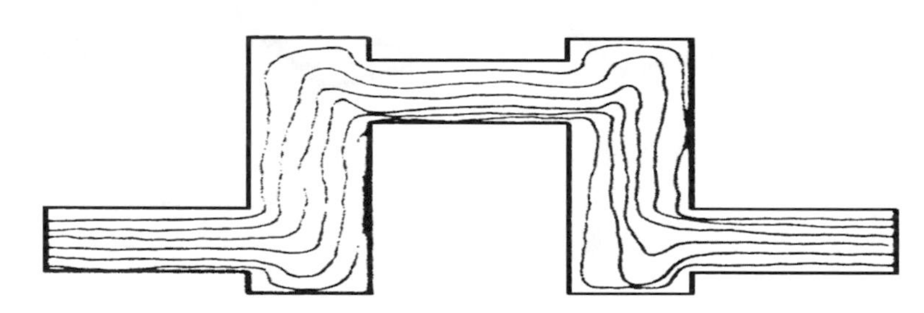

圖 3-16 鍛件鍛流線[6]

2. 成形—將胚料鍛成具有連續鍛流線的各種製品形狀。

如圖 3-17 爲鍛造的分類，依工作溫度之不同而分：

1. 熱間鍛造(hot forging)：簡稱熱鍛，係將材料加熱至再結晶溫度而鍛造者。
2. 冷間鍛造(cold forging)：簡稱冷鍛，若材料不加熱而在室溫進行者謂之冷間鍛造。
3. 溫間鍛造(warm forging)：簡稱溫鍛，加熱溫度在再結晶溫度以下室溫以上而鍛造者。

依受力形態之不同而分：

1. 衝擊鍛造(impact forging)：簡稱衝鍛，鍛造的負荷是成瞬間衝擊的形態施給，材料塑性變形亦是在極短時間內完成。
2. 壓擠鍛造(press forging)：簡稱壓鍛，此法之鍛造壓力是以漸進的方式增加，以促使金屬材料產生降伏而變形.因此其施力運作時間也較長。

依模具型式之不同而分：

1. 開模鍛造(open-die forging)：又稱自由鍛造(free forging)，係將胚料放置在平面或簡易形狀面的上下鍛模之間，施行加壓鍛打的加工。
2. 閉模鍛造(closed-die forging)：係將胚料放置在具有三度空間模穴內，使上下模密合而成形的鍛造法。

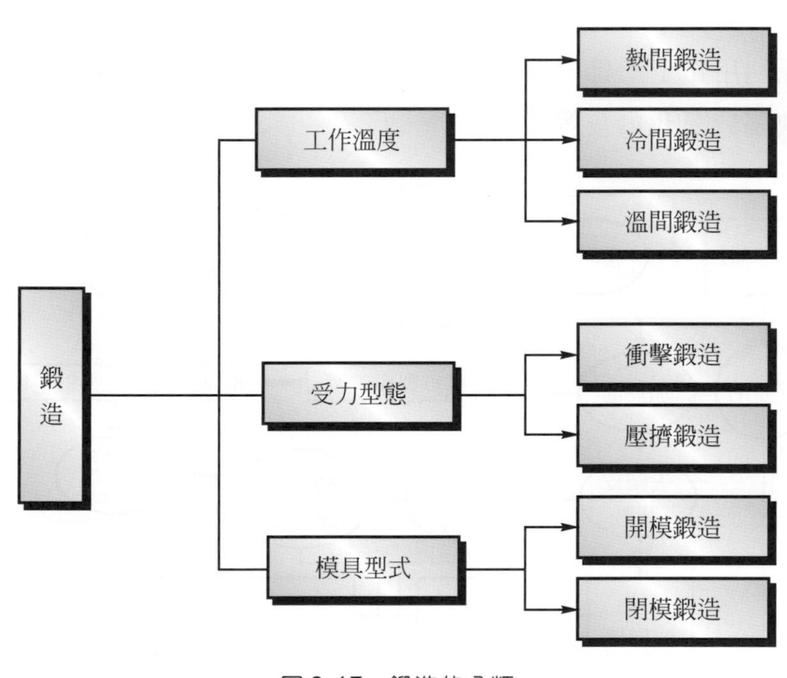

圖 3-17　鍛造的分類

3-3-2　鍛造的製程

鍛造製程依鍛件性質需求不同及生產條件的差異，過程簡繁各異，通常一個鍛件從鍛胚的準備到成形、檢驗，約需經過八個步驟，即備料、加熱、預鍛、模鍛、整形、修整、熱處理、檢驗。(圖 3-18 爲典型鍛造工廠的作業流程)

1. 備料係包括胚料之檢視、截鋸成適當大小及長度、修整清潔表面等。
2. 加熱則是利用瓦斯、燃油、電阻熱與感應式之加熱爐，將胚料加熱至所需的鍛造溫度。
3. 預鍛係針對較複雜之鍛件無法一次鍛打完成者，先利用鍛粗、延伸等體積分配、彎曲及粗鍛等方式預先鍛成過渡形狀，以減低鍛造壓力、材料流動阻力及溢料損失等。
4. 模鍛係利用所需各模穴進行最後的鍛打成形。
5. 整形則是以剪邊機、整形機或相關鍛造機來進行模鍛後的整形校直，通常大鍛件或薄截面且複雜鍛件才需要，如以近淨形鍛造之鍛件，則無需再進行剪邊處理。
6. 修整係利用鉗工工具、手提研磨機或噴砂、酸洗等方式來清除鍛件表面的毛頭、缺陷或氧化鱗皮等。

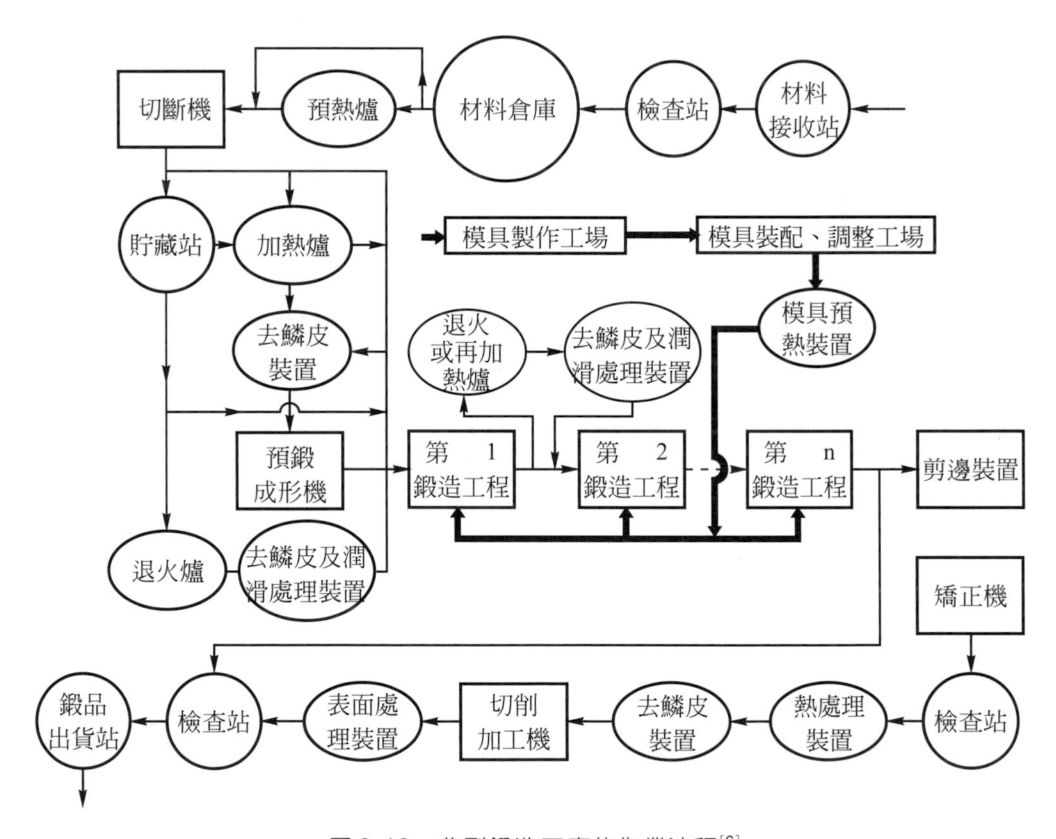

圖 3-18 典型鍛造工廠的作業流程[6]

7. 熱處理則是依據不同材質做適當之加熱與冷卻處理，以達所要求之機械性質。
8. 檢驗係包括各項尺寸外觀之檢測、機械性質試驗及檢視鍛件缺陷之各種非破壞檢驗。

3-3-3 鍛造設備

在鍛造生產過程中所需的機器設備，大致有鍛打設備(包含手工鍛造工具、鍛造機)、材料切斷設備、加熱設備、表面清潔設備、模具製作設備、試驗檢查設備、搬運設備及其他輔助設備等。

普通鍛造機基本上可大致分爲二類：⑴落錘鍛造機(drop hammer forging machine)簡稱落錘(hammer)，⑵壓力鍛造機(press forging)簡稱鍛造壓床(press)。

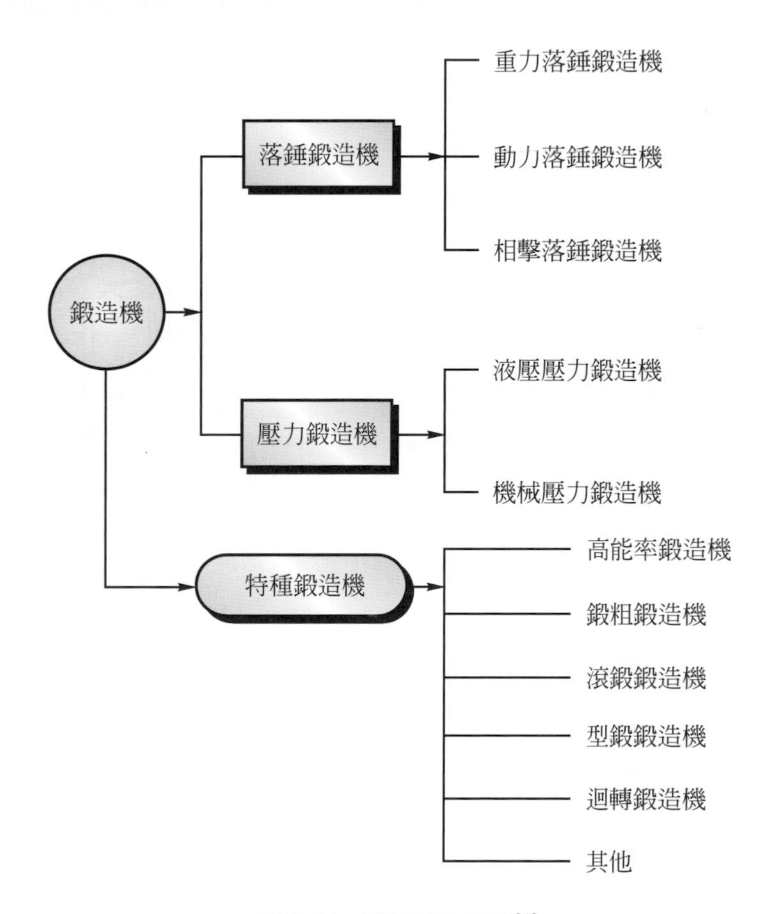

圖 3-19　鍛造機的種類[1]

如圖 3-19 所示。落錘鍛造機(drop hammer forging machine)如圖 3-20 係利用鍛錘(ram)及上模自某一高度落下產生衝擊力作用於胚料，使材料產生塑性變形以成形的機器。落錘鍛造機約有三種，即重力落錘鍛造機、動力落錘鍛造機及相擊落錘鍛造機。壓力鍛造機(press forging machine)如圖 3-21 係以緩慢的壓力，使胚料在鍛模模穴內成形的機器。應用此種機器來鍛造，因胚料受力時間較長，鍛擊能量不僅施於胚料表面，且亦達到心部，所以表裏受力一致，鍛件品質較佳。壓力鍛造機依其動力來源之不同，而有液壓式及機械式，液壓式動作較慢，但能量較大，而機械式則動作較快，但能量較小，表 3-1 爲其性能比較。

爲配合特殊工作需要，因而特種型式的鍛造機的種類也就各式各樣，較常見的有：高能率鍛造機(high-energy-rate forging machine)、鍛粗鍛造機(upset forging machine)、滾鍛機(roll forging machine)、型鍛機(swaging machine)、迴轉鍛造機(rotary forging machine)等。

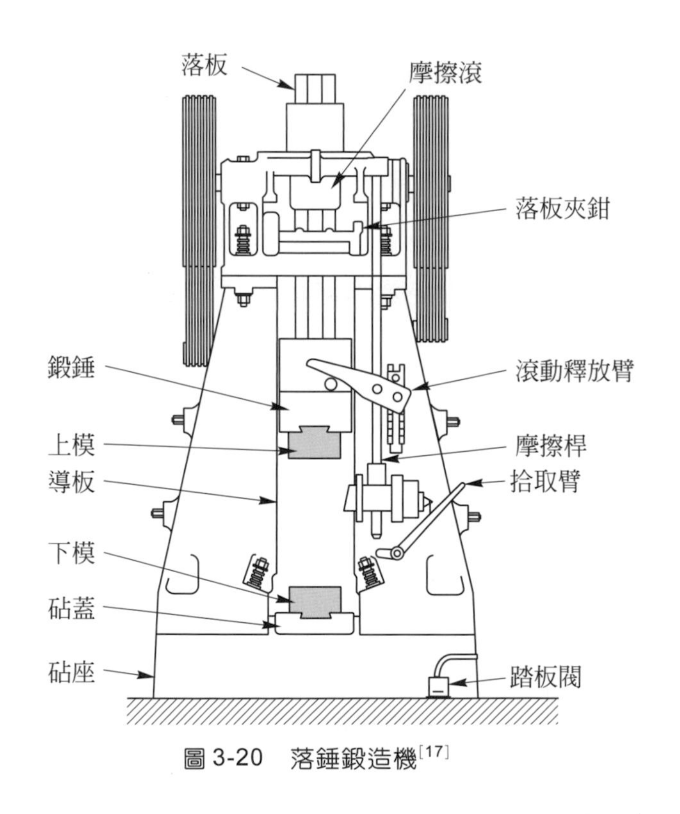

圖 3-20 落錘鍛造機[17]

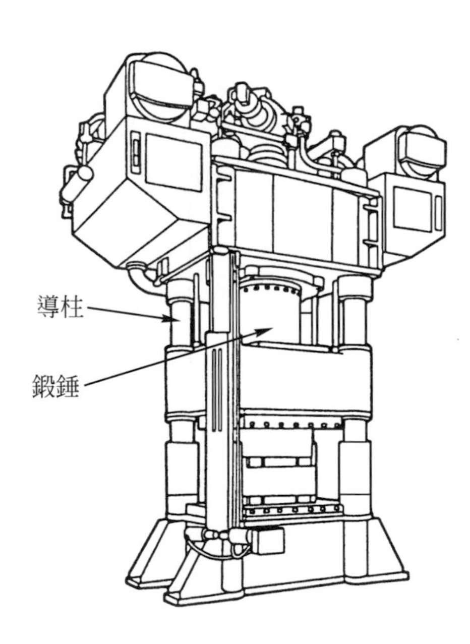

圖 3-21 壓力鍛造機[17]

表 3-1 液壓式及機械式壓力鍛造機的性能比較[1]

特性　　鍛造機種類	機械式	油壓式
1. 鍛壓速度	快	較慢
2. 鍛壓力	無法調節	可任意調節
3. 沖程	較短	較長
4. 下死點	在固定位置	可調節
5. 單位時間沖程數	多	較少
6. 能量	較小	甚大
7. 用途	不適合自由鍛造適合閉模鍛造	適合自由鍛造與閉模鍛造

3-3-4 鍛造方法與缺陷

鍛造方法基本上有二類：開模鍛造(open-die forging)及閉模鍛造(close-die forging)。開模鍛造又稱自由鍛造(free forging)，係金屬胚料於鍛打成形時，並不是藉著完全封閉的模穴來限制其三度空間的流動，而只是以簡單形狀的開式鍛模或手工具來進行反覆的鍛打。開模鍛造必須配合各種基本操作的進行，方能完成鍛造。一般而言，開模鍛造比較重要的基本操作包括鍛伸、伸展(flattening forging)、鍛粗(upsetting forging)、彎曲、扭轉、沖孔、擴孔(enlarging forging)、鍛孔、切槽、及切斷等，如圖 3-22 所示。閉模鍛造簡稱模鍛，係將金屬完全封閉於模具中，藉鍛造機施加的擠壓或衝擊的能量，使金屬變形來充滿上下模穴的加工法。當鍛造完成件有確信其形狀需求時、鍛造品需有良好的複製性或均一的物理性質時，就可考慮採用閉模鍛造。閉模鍛造的步驟如圖 3-23 所示，通常由胚料至完工成形，其間必需經歷中間成形，即所謂預鍛(preforging)，因形狀複雜及多岐的鍛件，很難以一道工程或一模穴來成形。預鍛成形通常有三項任務，即體積分配、彎曲、粗鍛成形，體積分配係對對沿著軸心線各斷面積不同的鍛胚，依各部份之直徑大小加以調節，以便分配與各部份有適當的體積。彎曲是對軸心非直線的鍛胚先給予壓彎成某一角度或曲率，使其能置入下一道次的成形模穴。粗鍛係完工模鍛成形前的工程，在於使胚料略具與完成件相同的形狀及尺寸。圖 3-24 爲連桿之閉模鍛造製程。

操作名稱	圖示
1. 鍛伸	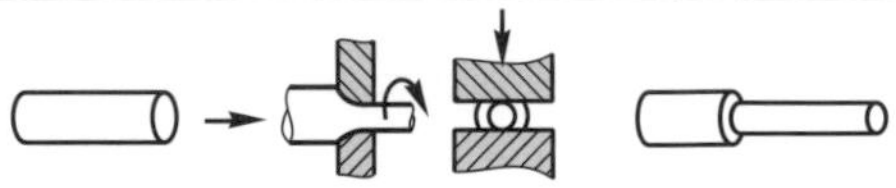
2. 伸展	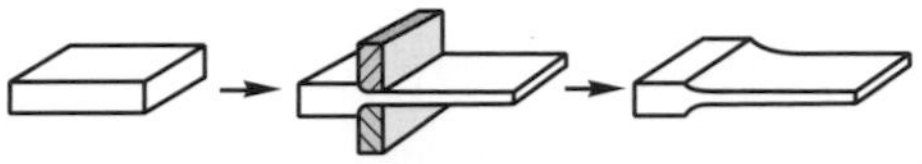
3. 鍛粗	
4. 彎曲	
5. 扭轉	
6. 冲孔	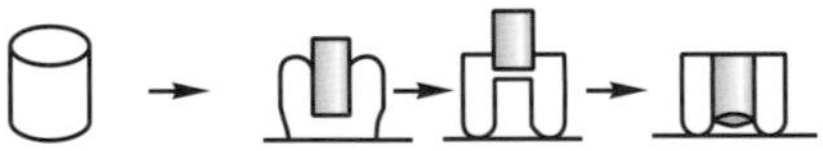
7. 擴孔	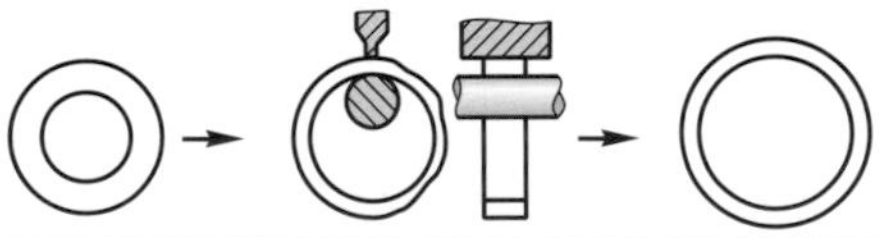
8. 鍛孔	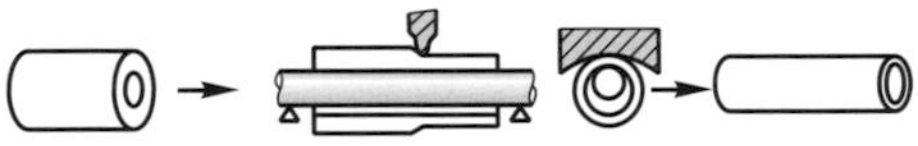
9. 切槽	
10. 切斷	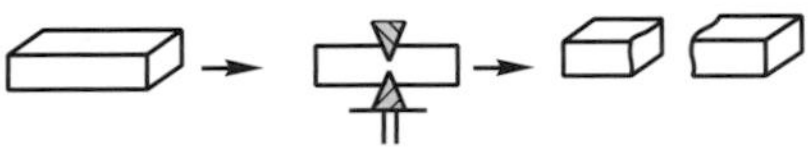

圖 3-22 開模鍛造的基本操作[1]

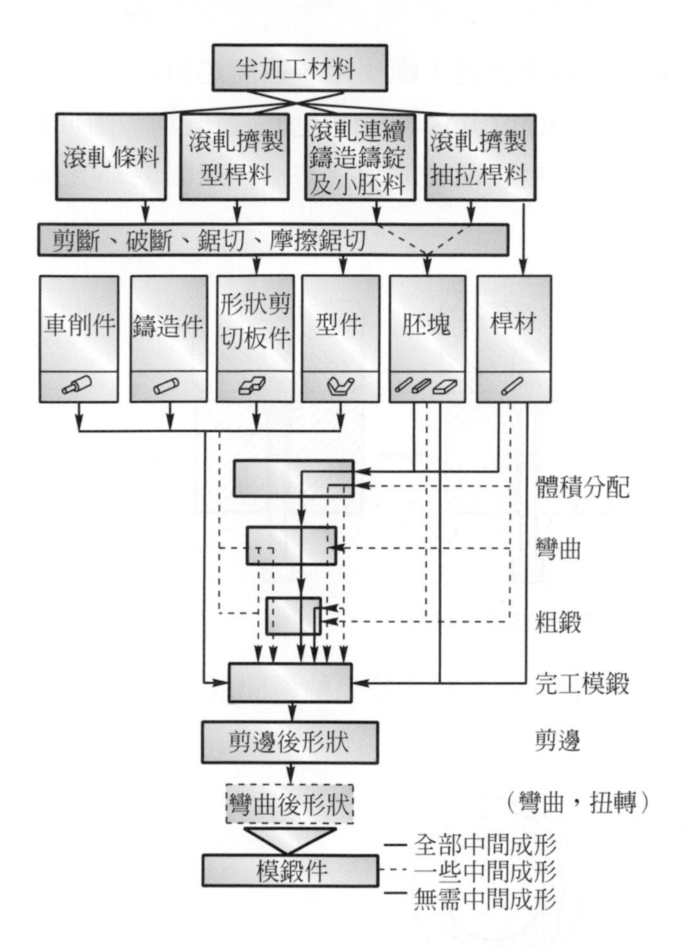

圖 3-23　閉模鍛造的步驟[16]

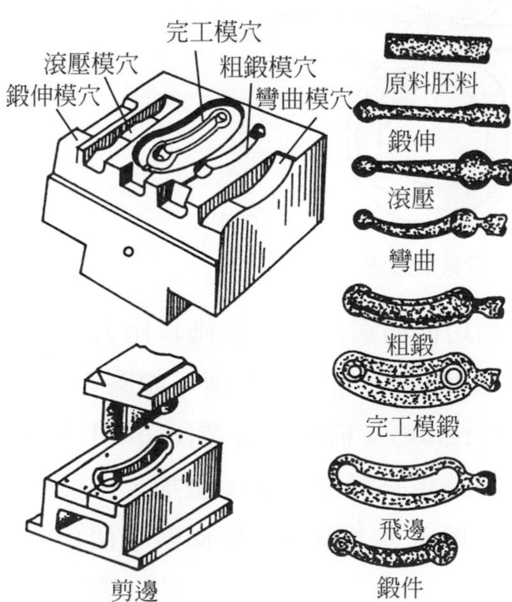

圖 3-24　連桿的閉模鍛造製程[1]

爲了配合不同需求，各種新鍛造技術也就不斷出現，茲簡述如後：

1. 加熱鍛粗鍛造法：加熱鍛粗鍛造(hot upset forging)係將有均勻斷面的棒或管料予以鍛擊擴大直徑或重新改變斷面積的鍛造方法，如圖 3-25 所示。

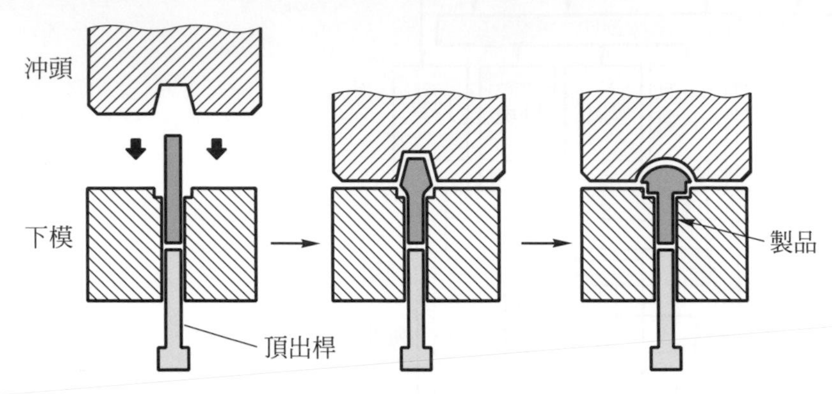

圖 3-25 加熱鍛粗鍛造[17]

2. 滾鍛鍛造法：滾鍛(roll forging)係將胚料置於滾輪模間以鍛製成各種斷面形狀的鍛造法，如圖 3-26 所示。

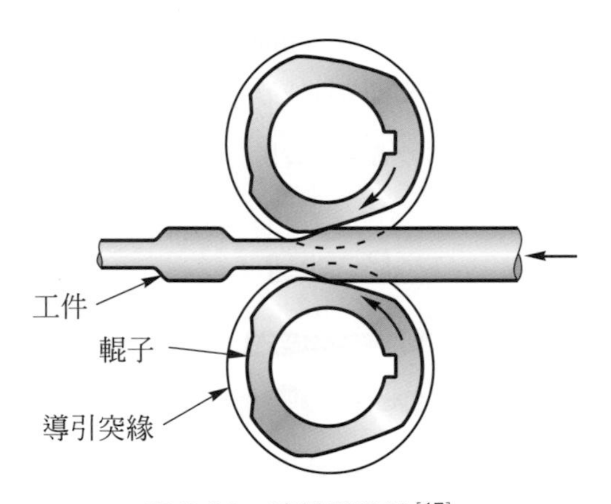

圖 3-26 滾鍛鍛造法[17]

3. 型鍛鍛造法：型鍛(swaging)係利用徑向鍛錘對工件施以壓力的一種鍛造成形法，其主要目的在於改變工件外觀或增加工件長度，如圖 3-27 所示。

4. 迴轉鍛造法：迴轉鍛造(rotary forging)又稱軌跡鍛造(orbital forging)或搖模鍛造(rocking die forging)，係使用一對模具在連續加工中使胚料逐漸變形的一種漸進鍛造法，如圖 3-28 所示，上模對下模傾斜一個角度而沿著胚料周圍迴轉成形。

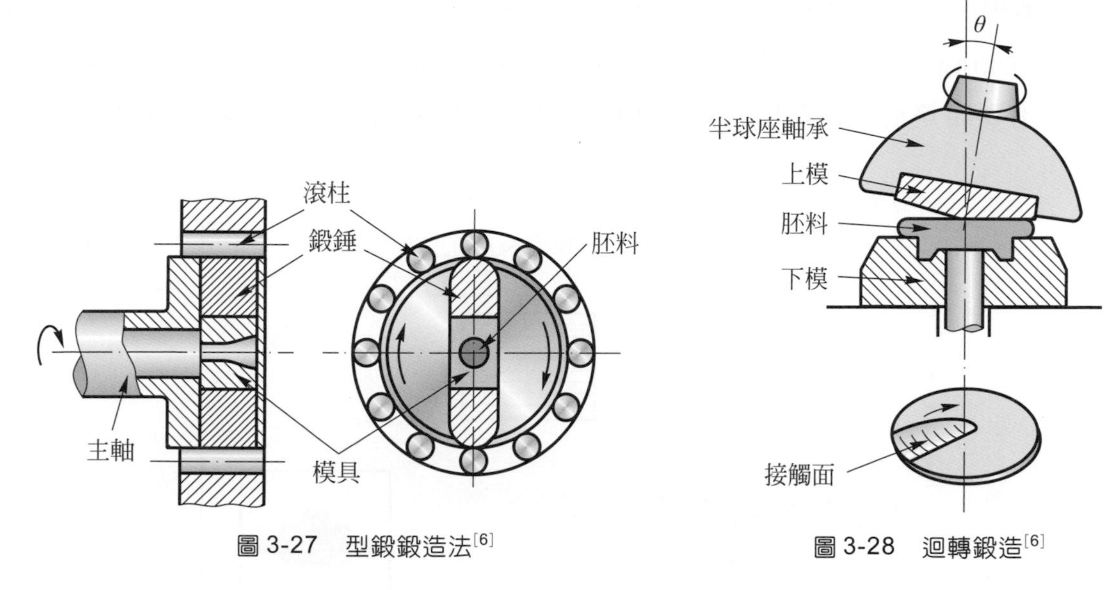

圖 3-27 型鍛鍛造法[6]

圖 3-28 迴轉鍛造[6]

5. 粉末鍛造法：粉末鍛造(powder forging)或稱燒結鍛造(sinter forging)，係利用粉末燒結體來鍛造以生產零件的方法，如圖 3-29 所示。

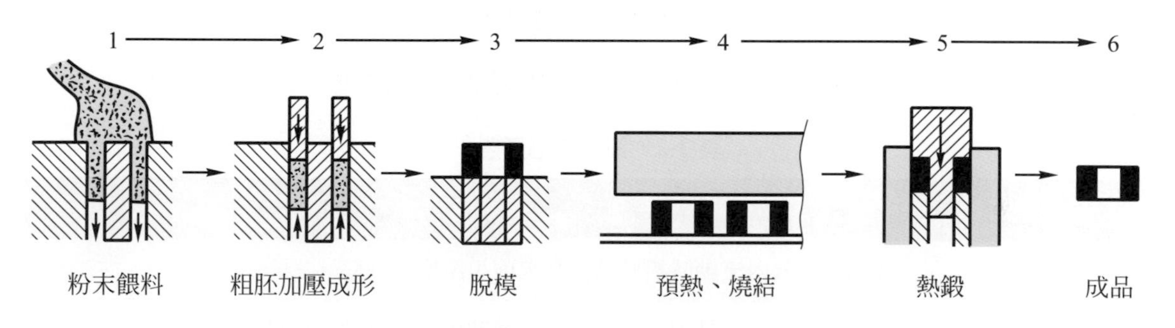

圖 3-29 粉末鍛造法[6]

6. 熔融鍛造法：熔融鍛造(melting forging)係以高壓力使熔融狀態的金屬凝固成形的鍛造方法，主要目的在於去除鑄造的凝固缺陷，以提高鍛件的品質，如圖 3-30 所示。

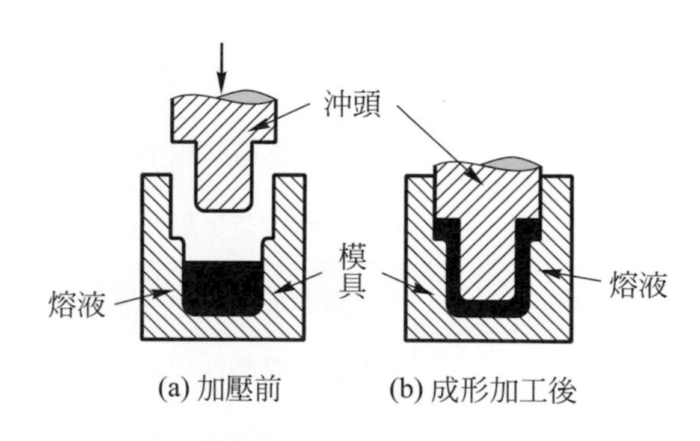

圖 3-30 熔融鍛造法[6]

7. 熱模、恒溫，超塑性鍛造法：熱模鍛造(hot die forging)、恒溫鍛造(isothermal forging)及超塑性鍛造(super plastic forging)三種鍛造方法與傳統鍛造法最主要的差別，乃在於模具與胚料之溫度差及接觸時間，如圖 3-31 所示。

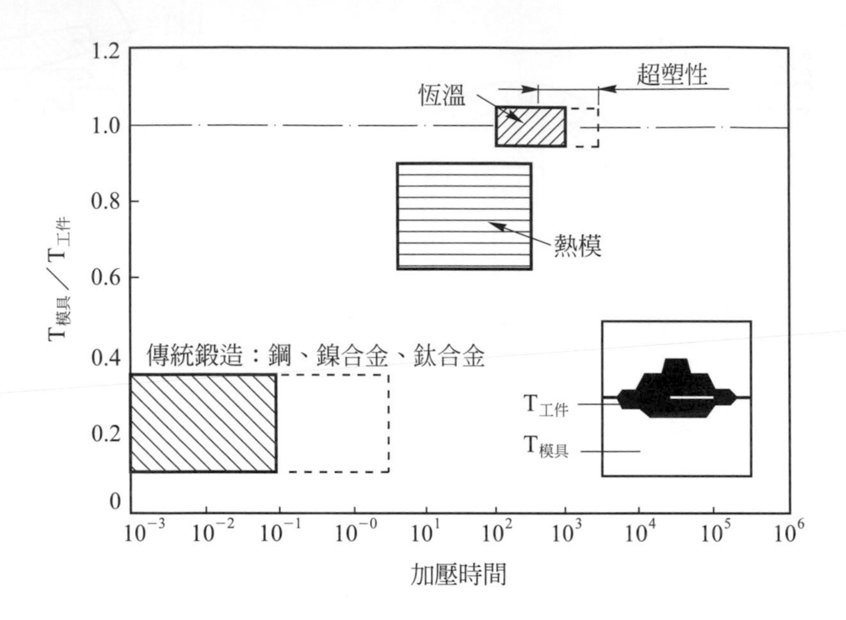

圖 3-31　熱模、恒溫，超塑性鍛造法的比較[16]

表 3-2　鍛件缺陷形態[6]

缺陷種類	說明
1. 摺料(疊層)	・金屬於模穴內流動時摺疊於自身表面上所形成缺陷。
2. 流穿	・金屬填充完成後被迫流過肋骨基部或凹處致使晶粒結構破壞所形成缺陷。
3. 縮管	・鑄錠收縮造成孔隙於鍛造後仍存留於鍛件中所形成。
4. 挫曲	・長形鍛件沿長軸方向發生歪曲現象。
5. 欠肉	・模穴於鍛造過程中未能完全填滿所導致缺陷。
6. 終隙	・裂痕或大量聚集非金屬介在物或深夾層經鍛造後形成線形縱向縫隙。
7. 冷夾層	・摺料或流穿缺陷形成時伴有氧化皮及潤滑劑捲入時稱之。
8. 熱撕裂	・由低融點脆性相撕裂造成缺陷。
9. 爆裂	・因急速升溫或降溫導致表裡溫度分佈不均所造成破壞。

鍛造工程在進行時，可能會由於材料選用、鍛造設計或鍛造作業實施的不當，而產生種種缺陷(defect)，進而影響鍛件的品質。鍛件缺陷形態若要細分可多達數十種之多，茲將常見的十種列述如表3-2所述。

3-4　擠伸加工

3-4-1　擠伸的意義與分類

擠伸(extrusion)或稱擠製、擠壓、擠型，係將胚料放置在盛錠器中，然後對胚料施以壓力，迫使材料從模具孔口流出，做前向或後向的塑性流動，使工件形成的斷面形狀與模口斷面相同，此種塑性加工法謂之，如圖3-32所示。

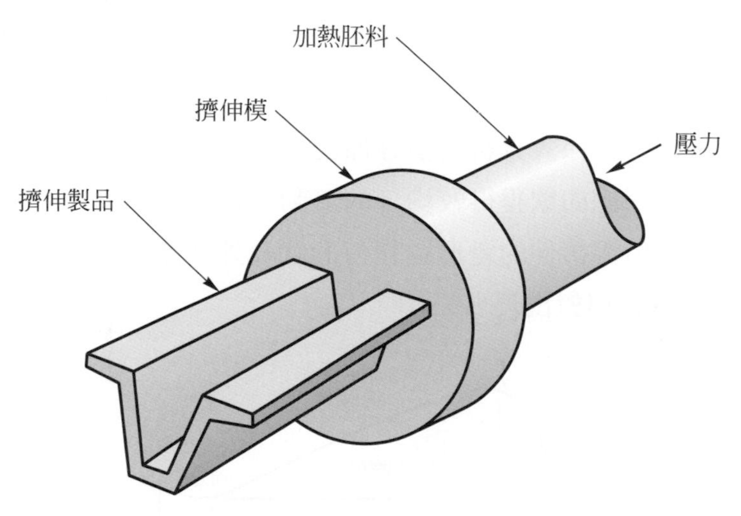

圖3-32　擠伸加工[17]

擠伸適合製造各種斷面形狀的長直製品，譬如市面上各型鋁門窗的框體，其形狀特殊，用其他加工方法很難製，但用擠伸法則相當容易。因此，舉凡各種長直形的桿、管、板、線等，皆可用此法製造，經切取適當長度後直接成爲各種零件，或供下游做爲進一步成形加工的素材。

擠伸的分類方式有許多種，依擠伸溫度的不同分有⑴冷間擠伸(cold extrusion)：於材料再結晶溫度以下進行的擠伸，⑵熱間擠伸(hot extrusion)：於材料再結晶溫度以上進行之擠伸。依擠伸方向的不同分有⑴直接擠伸(direct extrusion)：又稱正向擠伸(forward extrusion)，擠伸時胚料之流動方向與壓力方向相同者，⑵間接擠伸(indirect extrusion)：又稱反向擠伸(backward extrusion)，擠伸時胚料之流動方向與壓力方向相反者。依擠伸施力之不同分有⑴液壓擠伸(hydrostatic extrusion)：利用均勻的壓力推動擠伸胚料的擠伸方式，⑵衝壓擠伸(impact extrusion)：利用瞬間衝擊力來推動擠伸胚料的擠伸方式。

3-4-2 擠伸的流動變形與方法

依金屬流動的特點，擠伸的變形過程一般可分為三個階段：⑴開始擠壓階段、⑵基本擠伸階段、⑶完成擠壓階段，如圖 3-33 所示。擠伸時金屬流動的狀況十分重要，因它與擠伸製品的組織、性質、表面品質、外形尺寸、形狀精確度及模具壽命等，皆有很大的關連性。影響擠伸金屬流動的主要因素有：接觸摩擦、擠伸溫度、胚料特性、模具形狀、變形程度。因此，影響金屬流動的因素可歸納為外在因素：接觸摩擦、擠伸溫度、模具形狀、變形程度及內在因素：合金成份、胚料強度、導熱性、相變化。再深入分析其潛在原因也就是金屬在產生塑性變形時的臨界剪應力或降伏強度，因此如欲獲得較均勻的流動，最根本的對策是使胚料斷面上的變形阻力均勻一致，但因擠伸的變形區幾何形狀及外在摩擦總是存在，因此金屬流動變形的不均勻性也就相對出現。

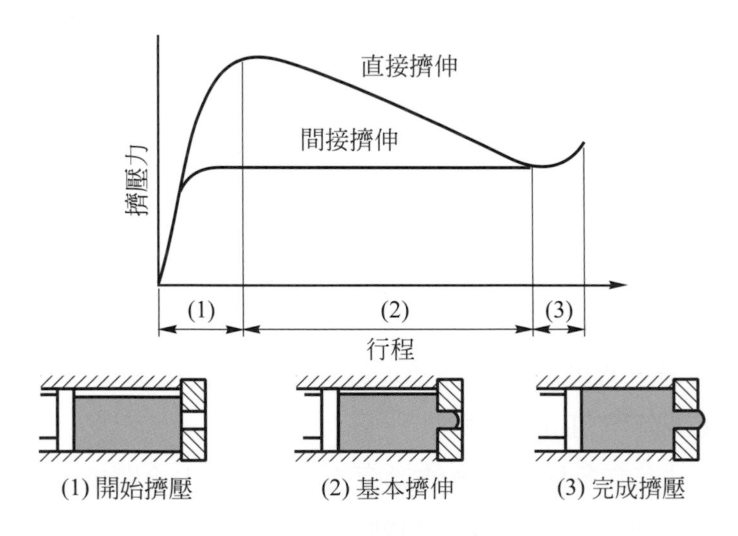

圖 3-33 擠伸的變形[8]

擠伸方法有很多種，直接擠伸法乃是將可塑狀胚料，放置於能承受高壓之模具容器內，利用高壓力之擠壓桿，迫使材料從擠壓桿對面之模孔內擠出，如圖 3-34 所示。間接擠伸法乃是將模具置於空心擠壓桿的前端，在擠伸時，模具和盛錠器作相對運動，使製品由空心擠壓桿擠出，如圖 3-35 所示。液靜壓力擠伸法(hydrostatic extrusion)乃是被擠伸之胚料由工作液所圍繞，並以此液體爲壓力之傳動介質，擠伸壓力即由液體傳輸至胚料而產生擠伸作用，如圖 3-36 所示。覆層擠伸法(sheating extrusion)常用於使電纜或鋼索外加一金屬或非金屬保護層，如圖 3-37 所示。連續擠伸法(continuous extrusion)係將細長型胚料連續送入擠壓變形槽內，經由驅動圓輥，以輥面摩擦所供應之擠伸壓力將胚料咬入而縮減斷面積後由擠伸模具擠出，以製造連續製品的一種方法。爲了避開直接擠伸開始時的壓力峰值，並獲得所需的特定要求或效果，而將二種不同的擠伸方法(例如直接擠伸與間接擠伸)結合成一體，此種謂之複合擠伸法，如圖 3-38 所示。

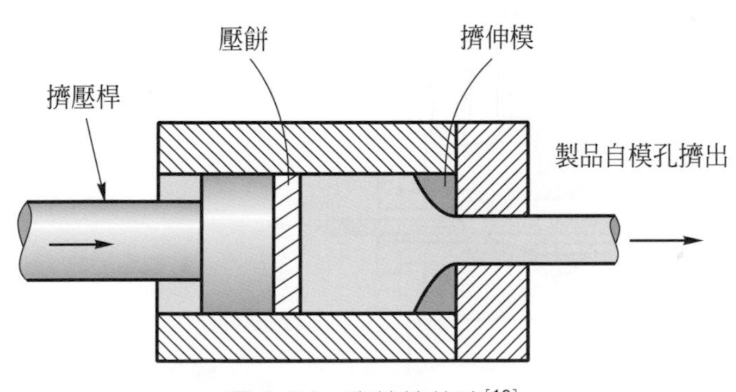

圖 3-34　直接擠伸法[19]

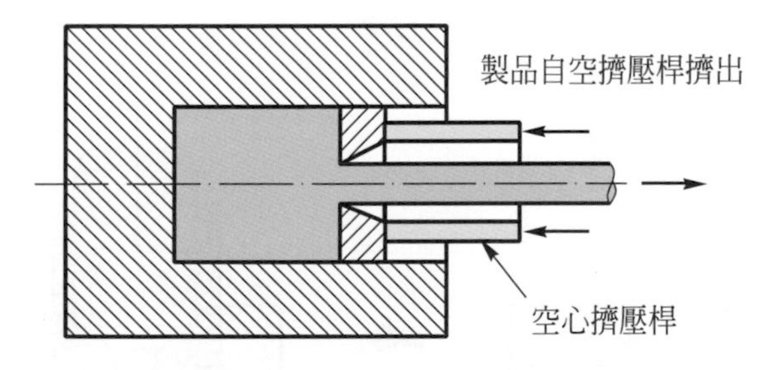

圖 3-35　間接擠伸法[19]

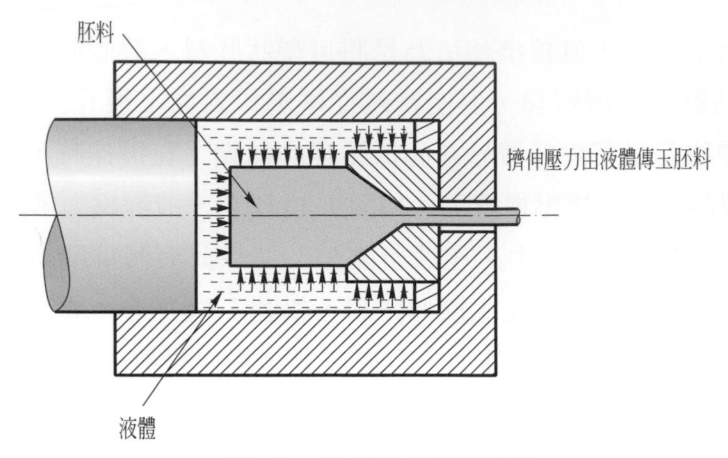

圖 3-36 液靜壓力擠伸法[14]

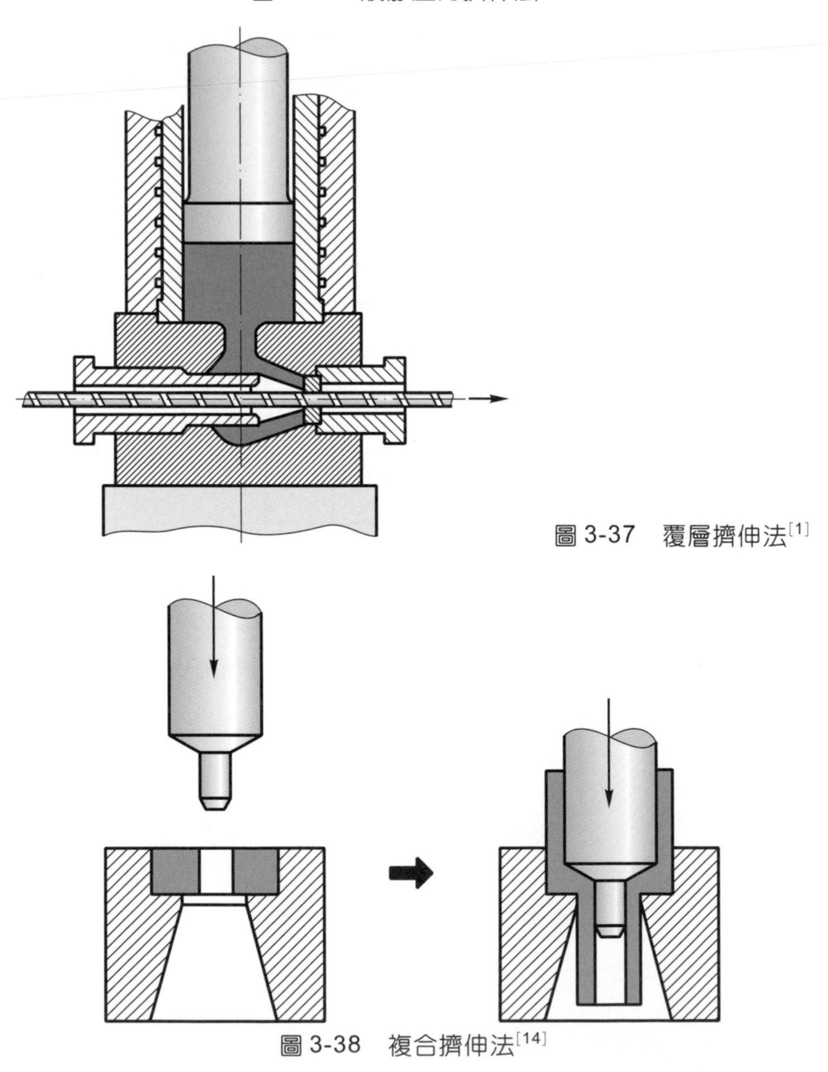

圖 3-37 覆層擠伸法[1]

圖 3-38 複合擠伸法[14]

3-4-3 擠伸機具

擠伸機依動力來源之不同分有機械擠伸機與液壓擠伸機，前者最大特色是擠壓速度快，但因擠壓速度非恒定，對工具壽命及製品性能均勻性非常不利，因此應用有限。目前以液壓擠壓機應用最廣，而液壓擠壓機依其結構型式分有臥式擠伸機與立式擠伸機，其中臥式擠伸機(如圖3-39)目前應用最廣，其操作、監測及維修較方便，它可普遍用於生產各種輕合金棒材、實心型材、空心型材、異形斷面型材、普通管材、異形斷面管材及線材等擠製品。

擠伸工具係由模具組、盛錠器(container)、擠壓桿(stem)及擠壓餅(dummy block)等所構成，如圖 3-40 所示，其中模具組是由模套、擠伸模、背模、墊模及模具組裝置器(tool carrier)所組成。擠伸模一般可分爲實體擠伸模及空心擠伸模。前者係用於擠製實心斷面的擠製品，後者則用於擠伸空心斷面的擠製品。實體擠伸模有平模及錐模兩種。空心擠伸模係在模具內有一熔合室(welding chamber)，實心擠伸胚料分成數個流束，當流束經熔合空時再予熔合，並形成空心製品。空心擠伸模常見有窗口模(porthole)、橋形模(bridge die)及支架模(spider die)三種，如圖3-41所示。

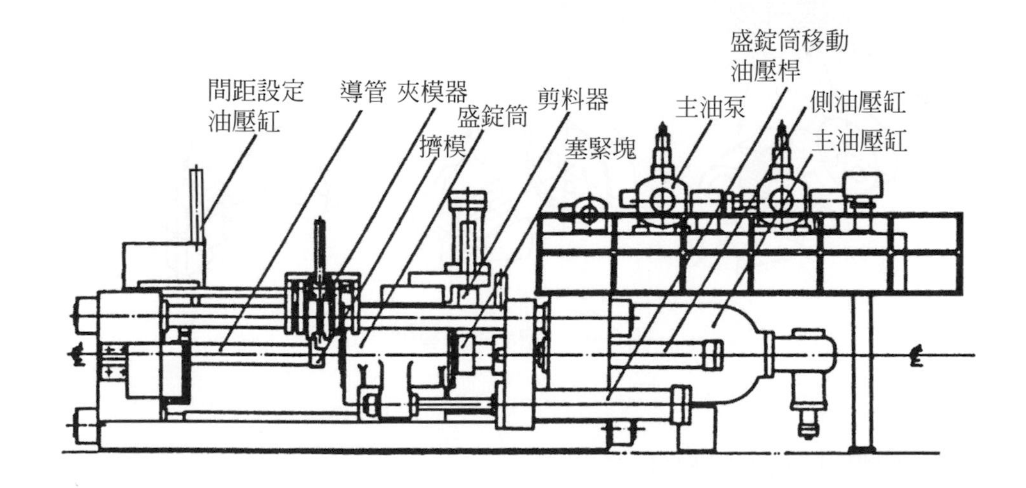

圖 3-39 臥式擠伸機[8]

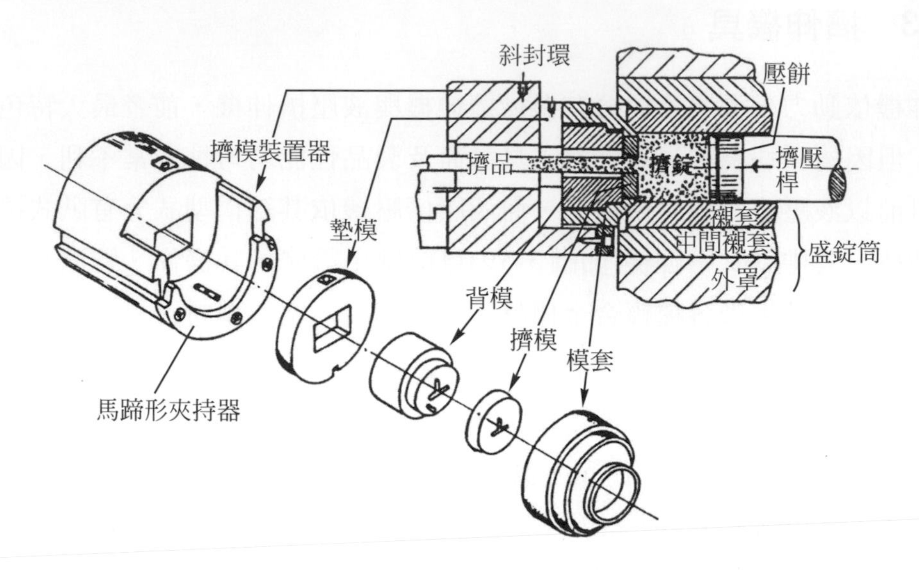

圖 3-40　擠伸工具總成[6]

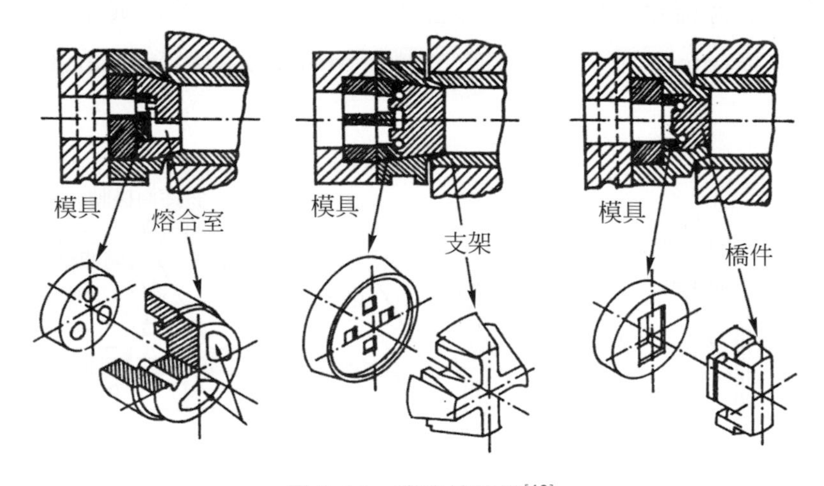

圖 3-41　空心擠伸模[18]

3-4-4 擠伸製程與缺陷

金屬材料的可擠伸性(extrudability)主要是表現在擠伸壓力、擠伸速度、製品品質、模具壽命等方面，而影響的因素則在擠伸胚料、擠伸技術、擠伸模具三方面。要成功完成擠壓加工應考量的主要項目有：正確選擇擠壓方法與擠壓設備、正確選定擠壓製程參數、選擇優良的潤滑方案、選定合理的胚料尺寸、採用最佳設計的模具。

由於胚料性質、製程變數、模具狀況等的差異，在擠伸塑性變形過程各種行爲的綜合作用之下，可能會使擠伸製品產生一些缺陷，因而影響產品的品質。茲將擠伸中常見的缺陷形式再分述如後：(圖3-42)

1. 表面痕裂(surface cracking)：如果擠伸溫度、速度或摩擦阻力太高時，造成材料表面溫度顯著升高，就會產生龜裂缺陷，此種缺陷可藉由降低胚料溫度或減緩擠伸速度來改善。低溫時也會產生表面龜裂，這是因爲擠製品在模孔內形成階段性的黏著現象所造成。當製品與模孔產生黏著時，所需之擠伸壓力增加，隨之製品又向前移動，壓力釋放，如此不斷地循環發生，便在製品表面上形成間斷性的裂縫。
2. 縮管(pipe)：當胚料材質不均及高摩擦時，就容易有表面氧化層及不純物拉向中心處傾向而形成類似一通風管的缺陷。此種缺陷的改善方法是使金屬流動更均勻，例如：控制摩擦現象、減低溫度梯度，或在擠伸前將胚料的表面層切除。
3. 中心破裂(center bust)：此種缺陷主要是擠伸時胚料在模具成形區中心線上形成的液靜拉伸應力所造成，就如同抗拉試驗中試品的頸縮現象。這種中心破裂之傾向隨著模具角度或不純物含量的增加而增加，但隨著擠伸比(extrusion ratio)或摩擦力之增加而減少。

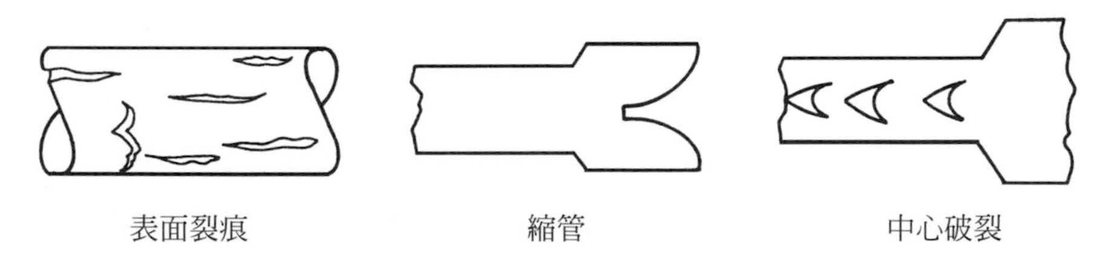

圖3-42　擠伸常見的缺陷[13]

3-5 抽拉加工

3-5-1 抽拉意義

對材料施加拉力，迫使通過模孔，以獲得所需斷面形狀與尺寸的塑性加工法謂之抽拉(drawing)。抽拉加工常用於棒材、線材、管材的生產製造。抽拉加工按製品斷面形狀分有下列二種：

1. 實心抽拉：抽拉胚料爲實心斷面，包括棒材、型材及線材的抽拉。
2. 空心抽拉：抽拉胚料爲空心斷面，包括普通管材及空心異形材的抽拉。如圖 3-43 所示。

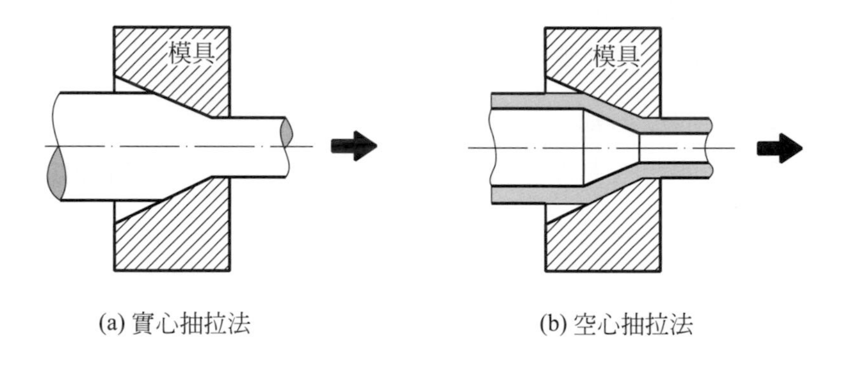

(a) 實心抽拉法　　(b) 空心抽拉法

圖 3-43　抽拉的種類[1]

如圖 3-44 所示，抽拉前軸線上中央部的正方形格子於抽拉後變爲矩形，由此可知，金屬軸線上的變形是沿軸向拉伸，在徑向與周向被壓縮。而在周邊層外周部的正方形格子抽拉後變成平形四邊形，由此可見，周邊層上的金除了受到軸向拉伸、徑向與周向壓縮之外，還產生剪切變形，其原是由於金屬在變形區中受到正壓力與摩擦力得作用，其合力方向產生剪切變形，沿軸向被拉長。又拉伸前網格橫向是直線，但進入變形區後逐漸變成凸向抽拉方向的弧線，而這些弧線的曲率由入口到出口端逐漸增大，到出口端後保持不再變化，此種現象說明在抽拉過程中，外周部的金屬流動速度小於中心部，並且隨模角、摩擦係數增大，這種不均勻流動更加明顯。

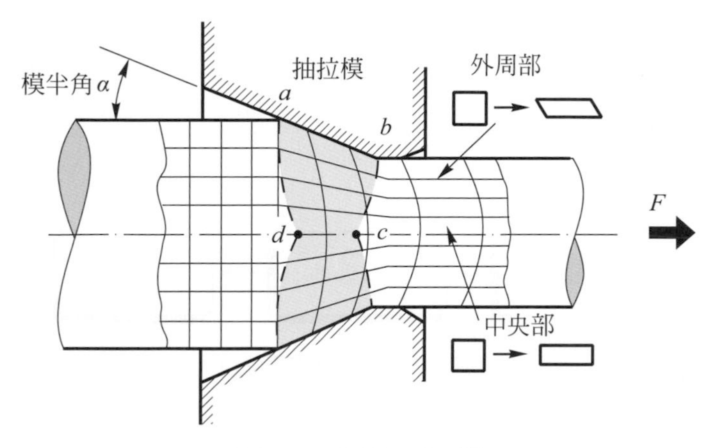

圖 3-44　抽拉的變形[5]

3-5-2　抽拉的製程

抽拉加工通常要進行熱處理、去氧化皮、潤滑處理及抽拉作業等製程，如圖3-45所示爲鋼線的基本製造工程，茲簡述如後：

1. 熱處理：爲使被加工線材有良好的抽拉加工性，成爲使抽拉後的製品有所需的特性，在抽拉加工前、中、後，需進行各種熱處理。如退火(annealing)、鉛淬(patenting)、油淬火及回火(oil quenching and tempering)、發藍(bluing)。
2. 去氧化皮：因氧化皮硬，不利於抽拉，故在抽拉前須完全去除，去氧化皮一般有化學法(如酸洗、鹽浴)及機械法(如反向彎曲、珠擊)二種。
3. 潤滑處理：爲輔助抽拉加工用潤滑劑導入抽線眼模，也爲形成強固的潤滑皮膜，在去氧化皮後的線材表面需實施皮膜化成處理，如磷酸鹽、草酸鹽等皮膜化成處理。
4. 抽拉作業：抽拉作業一般係利用抽線機使線材通過抽線眼模，將其斷面尺寸或形狀逐漸減小或改變。

在整個抽拉工程中，有可能因下列原因而造成抽拉缺陷的產生：抽拉胚料存有缺陷、去氧化皮等前處理不當、抽拉作業條件不適當、收料及搬運不良、製品保存不當。實心抽拉製品的主要缺陷有中心破裂、表面裂痕、異物附著、銹痕、形狀尺寸不佳、機械性質不良等。而空心抽拉製品的主要缺陷有表面傷痕、折疊、偏心、異物附著、斷頭、形狀尺寸不佳、機械性質不良等。

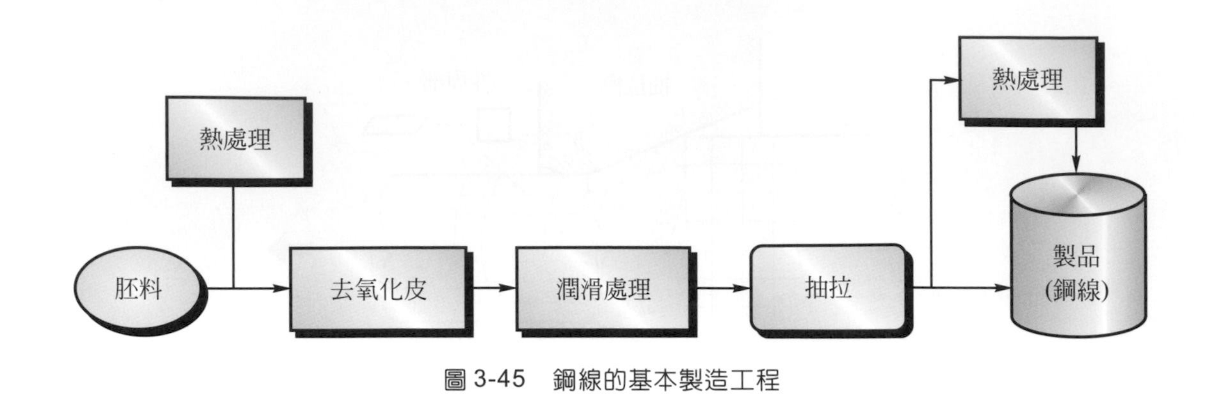

圖 3-45　鋼線的基本製造工程

3-5-3　抽拉機具

使線材、棒材、管材等通過抽拉眼模，以縮小斷面製成所需形狀大小及性質的線、棒、管等機械謂之抽拉機械。抽拉械械一般分爲二類：抽拉機(draw bench)、抽線機(wire drawing machine)，如圖 3-46。抽拉機乃是用於抽拉成直線狀且斷面較大的棒、管等之機械。普通抽拉機依其拉伸力量來源之不同，可爲鏈條式、油壓式、齒條式、鋼索式等。將卷筒(block)施加抽拉力，生產卷線材(coil)的機械稱爲抽線機。抽線機分爲單頭抽線機及連續抽線機，前者係線材經抽線眼模一次即捲取之抽線機，而連續抽線機係由數台單頭抽線機並排組成，線材連續通過數個抽線模，而線以一定圈數纏繞在模具間的卷筒上，以建構應有的抽拉力，以進行斷面逐漸減小的連續抽拉。

普通抽拉模具依模孔斷面形狀之不同可分爲錐形模及圓弧模，如圖 3-47 所示，圓弧模通常僅用於細線的抽拉，而棒、管、型材及粗線則以錐形模較普遍。如圖 3-48 爲普通抽拉錐形模的構造，通常係由四部份有構成：

1. 入口部(entry)：其作用在導入胚料及潤滑劑。
2. 漸近部(approach)：是胚料實際產生塑性變形，並獲得所需形狀與尺寸。
3. 軸承部(bearing)：又稱定徑部，係使製品進一步獲得穩定而精確的形狀與尺寸。
4. 背隙部(back relief)：防止製品拉出模孔時被刮傷及軸承部出口端因受力而引起剝落。

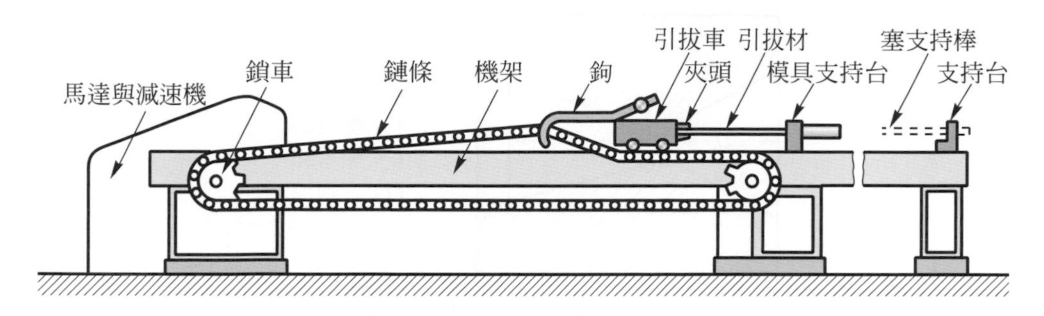

(a) 抽拉機

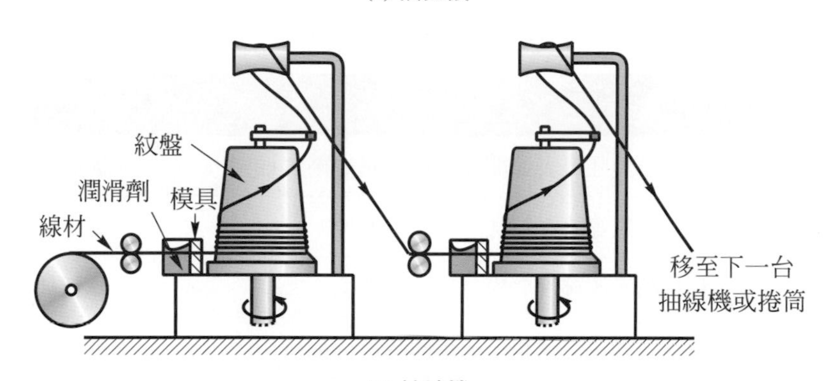

(b) 抽線機

圖 3-46　抽拉機械[5]

在抽拉過程中，模具受到很大的摩擦，尤其是抽線時，因抽拉速度即高，模具的磨損很快，因此，抽拉模的材料要求具有高硬度、高耐磨耗性、足夠的強度。常用的抽拉模材料有：金鋼石、硬質合金、工具鋼、鑄鐵等。

爲針對特殊需要，如硬脆材料及特殊斷面，也爲提高機械性質，增進抽拉加工效率，因而不斷出現新的抽拉方法，如表 3-3。

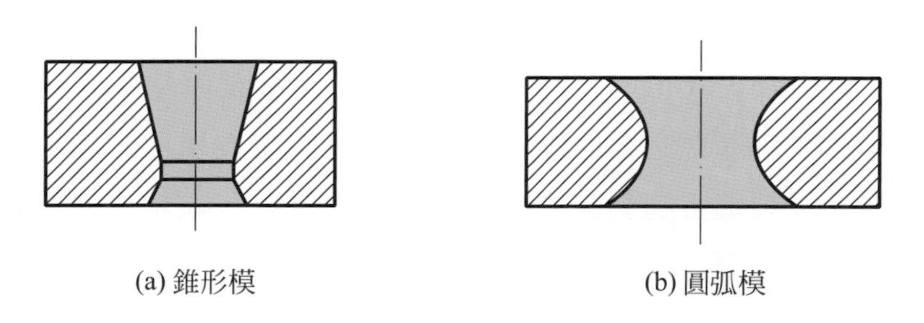

(a) 錐形模　　(b) 圓弧模

圖 3-47　普通抽拉模具

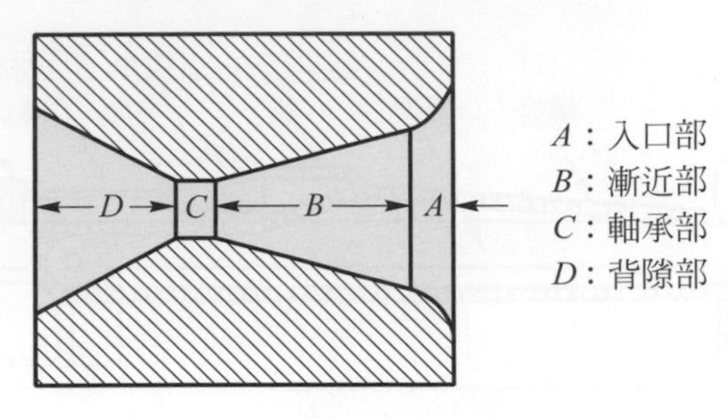

圖 3-48 普通抽拉錐形模的構造[13]

表 3-3 特殊抽拉法[1]

方法	說明	主要目的
1. 強制潤滑抽拉法	在模具與胚料表面間強制供給潤滑劑之抽拉	提高模具壽命
2. 加熱抽拉法	利用電氣等將材料加熱並同時抽拉	提高機械性質
3. 超音波抽拉法	利用超音波施加於模具以進行抽拉	降低抽拉力
4. 成束抽拉法	將線或管以二支以上成束同時進行抽拉	製造特殊形狀製品
5. 無模抽拉法	將胚料局部一邊急速加熱一邊抽拉	無需使用抽拉模具
6. 液靜擠壓抽拉法	將胚料置於高壓容器中施以液靜壓力抽拉	提高道次加工率

3-6 沖壓加工

3-6-1 沖壓加工的意義

沖壓加工(stamping or press working)係利用沖壓設備產生的外力，經由模具的作用，而使材料產生產生必要的應力狀態與對應的塑性變形，因而形成剪切、彎曲及壓延等效應，以製造各種製品的塑性加工法。因此，就基本變形方式而言，沖壓加工可分為下列五種基本型式：(參閱圖 3-49)

1. 沖剪加工(shearing)：沿著封閉或敞開的輪廓，將材料剪切分離。
2. 彎曲加工(bending)：將平的材料作各種形狀的彎曲變形。

3. 引伸加工(drawing)：將平板材料製成任意形狀的空心件，或者將空心件的尺寸作進一步的改變。
4. 壓縮加工(compression)：在材料上施加重壓，使其體積作重新分配，以改進材料的輪廓、外形或厚度。
5. 成形加工(forming)：將零件或材料的形狀作局部的變形。

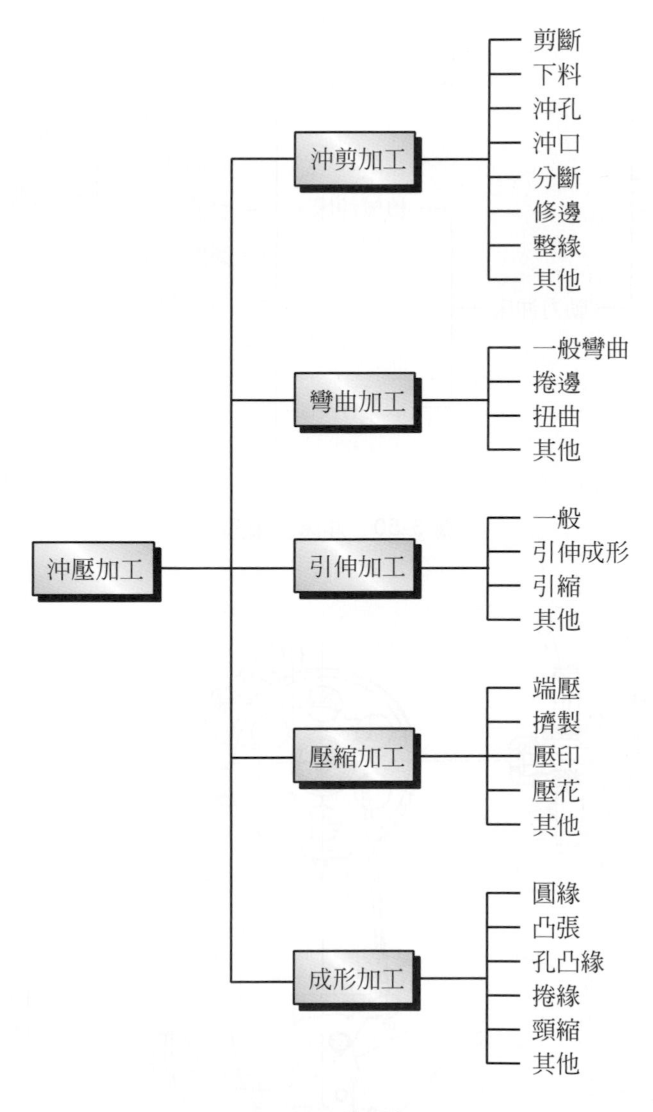

圖 3-49 沖壓加工

沖壓加工所用的機器謂之沖床(press)，亦即在單位時間內產生固定大小、方向與位置之壓力，以進行特定沖壓工作的機器。

在沖壓加工中，爲配合不同加工性質而有不同類型的沖床，依沖床產生動作的方式有人力沖床(man power press)與動力沖床(power press)，依滑塊驅動機構數

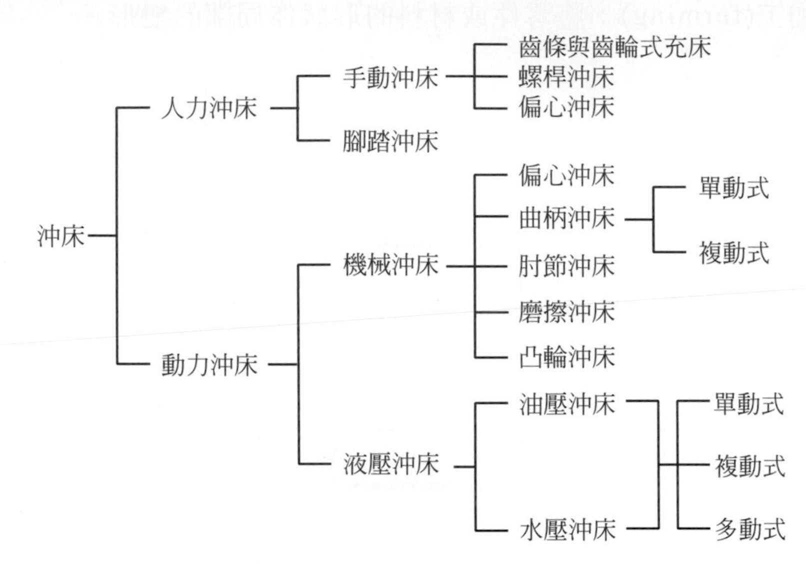

圖 3-50 沖床的種類

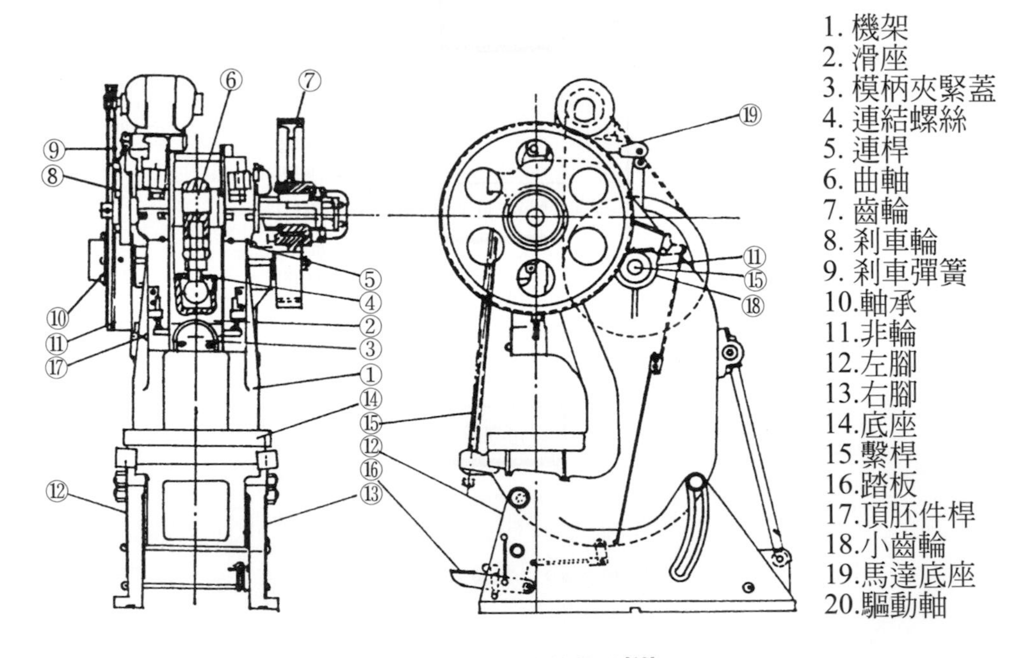

圖 3-51 沖床的構造[13]

量有單動式(single action type)、複動式(double action type)、多動式(multi action type)等，依機架型式分有凹架沖床(或稱 C 型沖床)(C-frame press)、直壁沖床(straight slide press)、四柱沖床(four post press)等，如圖 3-50 及圖 3-51 所示。沖床規格有很多項，其中主要規格有：公稱壓力、工作能量、沖程長度、沖程數、閉合高度、滑塊調整量、滑塊與床台面積等。

3-6-2 沖剪加工

沖剪加工(shearing)是利用模具使板料產生剪斷分離，以得所需形狀及尺寸工件的加工方法。剪切的原理是由模具的壓力迫使材料產生拉伸及壓縮應力，如圖 3-52 所示，當材料受到外加應力作用而超過彈性限度，由彈性變形進入塑性變形而終至斷裂。

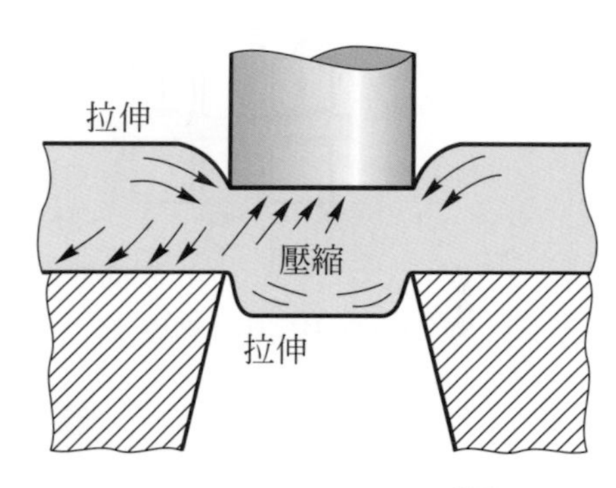

圖 3-52 剪切的原理[12]

沖剪後工件的切斷面可分爲擠壓面(rollover plane)、剪斷面(burnish plane)、撕裂面(fracture plane)及毛邊(burr)四部份，如圖 3-53 所示，這四部份的比例，隨著板料種類、模具利鈍及模具間隙等不同而異。

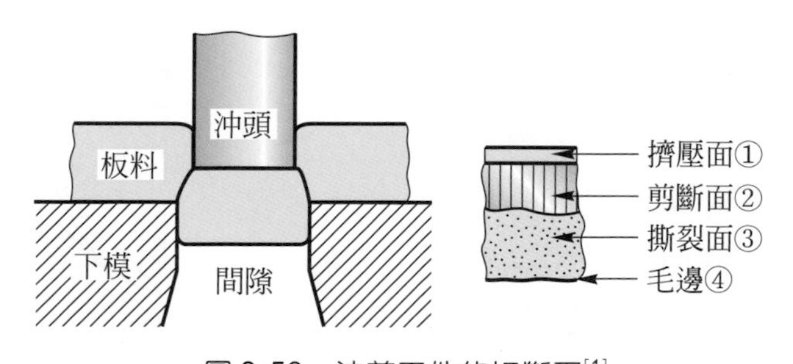

圖 3-53 沖剪工件的切斷面[1]

沖剪加工的操作有很多種：切斷(parting)、下料(blanking)、沖孔(piercing)、沖口(notching)、整緣(trimming)及修邊(shaving)等。普通下料法很難獲得光平整齊的切斷面，因此各種促使切斷面平滑整齊的下料方法也就因應而生，其中以精密下料(fine blanking)最常用。精密下料時，板料承受三種不同壓力：下料力(blanking force)、V環壓力(V-ring force)、對向壓力(counter force)，如圖 3-54 所示。精密下料與普通下料法主要不同點有三：

1. 精密下料係使用三動沖床，以產生下料、V 環壓緊、及對向三個力量。
2. 精密下料的模具間隙很小，約在 0.5%以下或零，如此小的間隙可以防止撕裂發生，而獲得光滑的切斷面。
3. 精密下料模具上有 V 形環，以限制板料的金屬流動，以免產生彎曲。

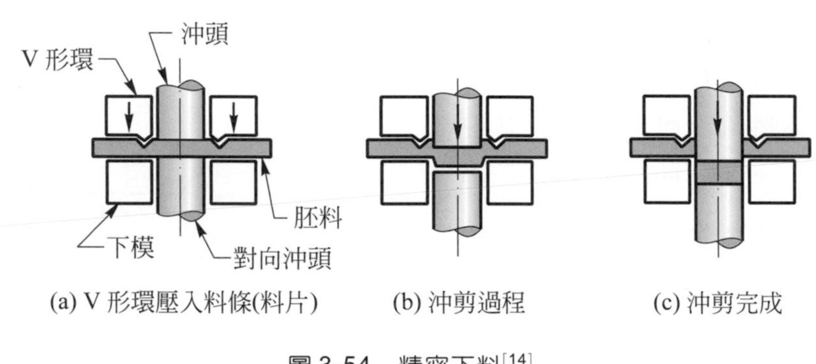

圖 3-54 精密下料[14]

3-6-3 彎曲加工

將板材等胚料彎成一定曲率、角度與形狀的沖壓加工稱之爲彎曲(bending)。彎曲可以是利用模具在沖床進行之沖彎，亦可用滾彎、折彎或拉彎，尤其以沖彎最常用。如圖 3-55 所示爲以 V 形彎曲爲例的彎曲過程，整個彎曲過程可分爲彈性彎曲階段、彈塑性彎曲階段、純塑性彎曲階段。板料彎曲時，板厚斷面內的應力及應變分佈狀況如圖 7-56 所示，中立面(neutral plane)是應變量等於零的一個假想曲面，可稱之爲應變中立面，在中立面外側產生拉伸應力及應變，內側則產生壓縮應力及應變。

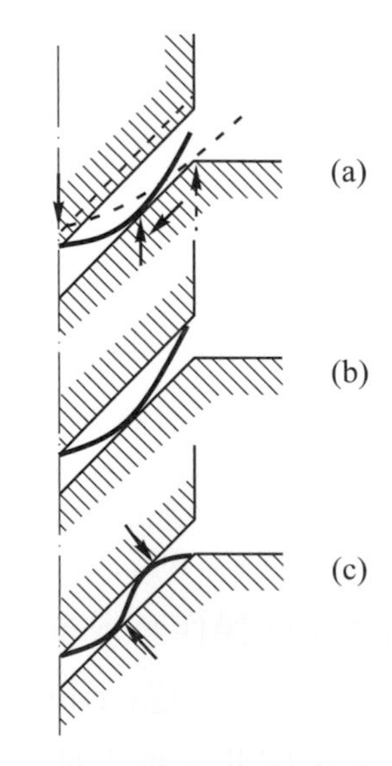

圖 3-55 V 形彎曲過程[11]

彎曲和其他塑性變形過程一樣，總是會伴隨彈性變形，外力去除後，板料產生彈性回復，消除一部份彎曲變形的效果，使彎曲件的形狀和尺寸發生與施力時變形方向相反的變化，這種現象稱爲彈回(spring back)。影響彈回現象的因素有：板料的性質、相對彎曲半徑、彎曲角度、彎曲件的形狀、模具尺寸與間隙、彎曲方式等。

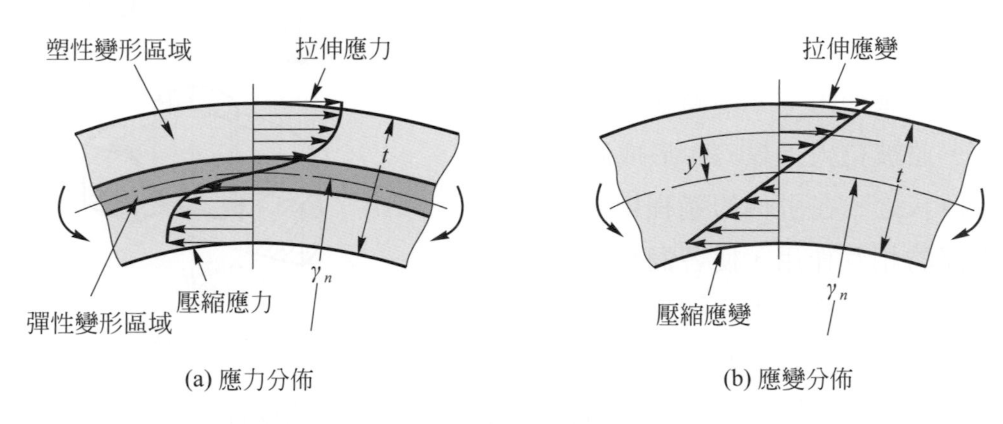

(a) 應力分佈　　(b) 應變分佈

圖 3-56　板料彎曲時的應力及應變分佈狀況[11]

沖壓彎曲中以V形、L形及U形彎曲是三種典型的彎曲法。較寬板料的彎曲，常用摺床(press brake)來彎曲，摺床彎曲可彎曲V形、捲邊……等簡單形狀，亦可做各式盒狀等複雜的彎曲，如圖 3-57。

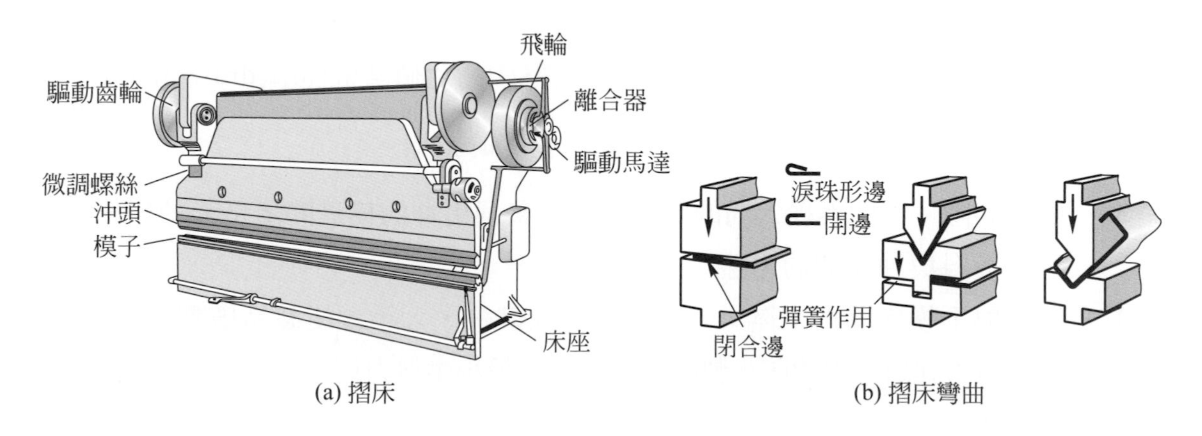

(a) 摺床　　(b) 摺床彎曲

圖 3-57　摺床彎曲[1]

3-6-4 引伸加工

引伸(Drawing)是將板料沖壓成有底空心件的加工方法，用此方法來生產之製品種類繁多，譬如汽車、飛機、鐘錶、電器、及民生用品等領域均有廣泛的應用。如圖 3-58 所示，引伸係將圓形胚料在沖頭的加壓作用下，逐漸在下模間隙間變形，並被拉入下模穴，形成圓筒形零件。換言之，在引伸的過程中，由於板料內部的相互作用，使各個金屬小單元體之間產生了內應力，在徑向產生拉伸應力，圓周方向則產生壓縮應力，在這些應力的共同作用下，邊緣區的材料在發生塑性變形的條件下，不斷地被拉入下模穴內而成爲圓筒形零件。

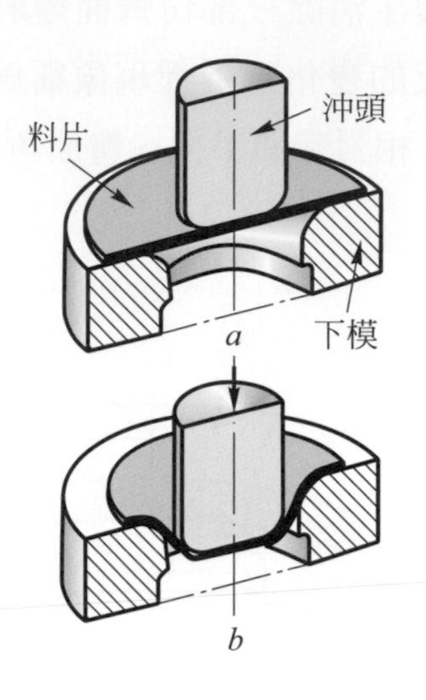

圖 3-58 引伸[11]

以圓筒引伸爲例，其主要變數約有下列數項：

1. 板料的性質：板料的引伸能力可用極限引伸比(limiting drawing ratio，LDR)表示，即板料引伸時不會產生破壞，胚料直徑(D)與沖頭直徑(d)的最大比值，亦即 $\mathrm{LDR}=\frac{D}{d}$。因此，不同材料或板厚在各引伸道次皆有其極限引伸比。
2. 引伸率：引伸後圓筒直徑(d)與胚料直徑(D)的比值謂引伸率(drawing ratio)，即 $m=\frac{d}{D}$，引伸率引伸加工表示變形程度的指標。
3. 模具間隙：沖頭與模穴間的間隙謂之，普通引伸的模具間隙是大於板厚，以減少板料與沖模間的摩擦。
4. 沖頭與下模穴隅角半徑：太大常會造成皺紋，太小會使製品破裂。
5. 壓皺力：在引伸中能防止製品產生皺紋的最小壓料力即爲壓皺力(blank holder force)。

6. 摩擦與潤滑：潤滑在引伸過程的作用是減小板料與模具間的摩擦，降低變形阻力，有助於降低[引伸率及引伸力，防止模具工作表面過快磨損及產生擦痕。故通常潤滑劑係塗在與凹模接觸的板料面上，而不可將其塗在與沖頭接觸的表面上，以防止材料沿沖頭滑動而使板料產生薄化。
7. 沖頭速度：引伸速度應適當，依材質、形狀等因素而異。

反向引伸法(reverse drawing)亦常用於大中形再引伸工程的零件及雙壁的引伸成形。所謂反向引伸是將圓筒內側在引伸過程中翻轉到外側以減縮其直徑並增加高度的方法，如圖 3-59 所示。將沖頭與下模間隙作成與板厚相同或稍小，使引伸後的圓筒壁厚變薄，同時圓筒高度增加的方法稱爲引縮加工(ironing)，如圖 3-60 所示。引伸加工是一種複雜的沖壓加工法，圖 3-59 較常見的引伸製品缺陷—凸緣皺紋、筒壁皺紋、破裂、凸耳、表面刮痕等之圖例。

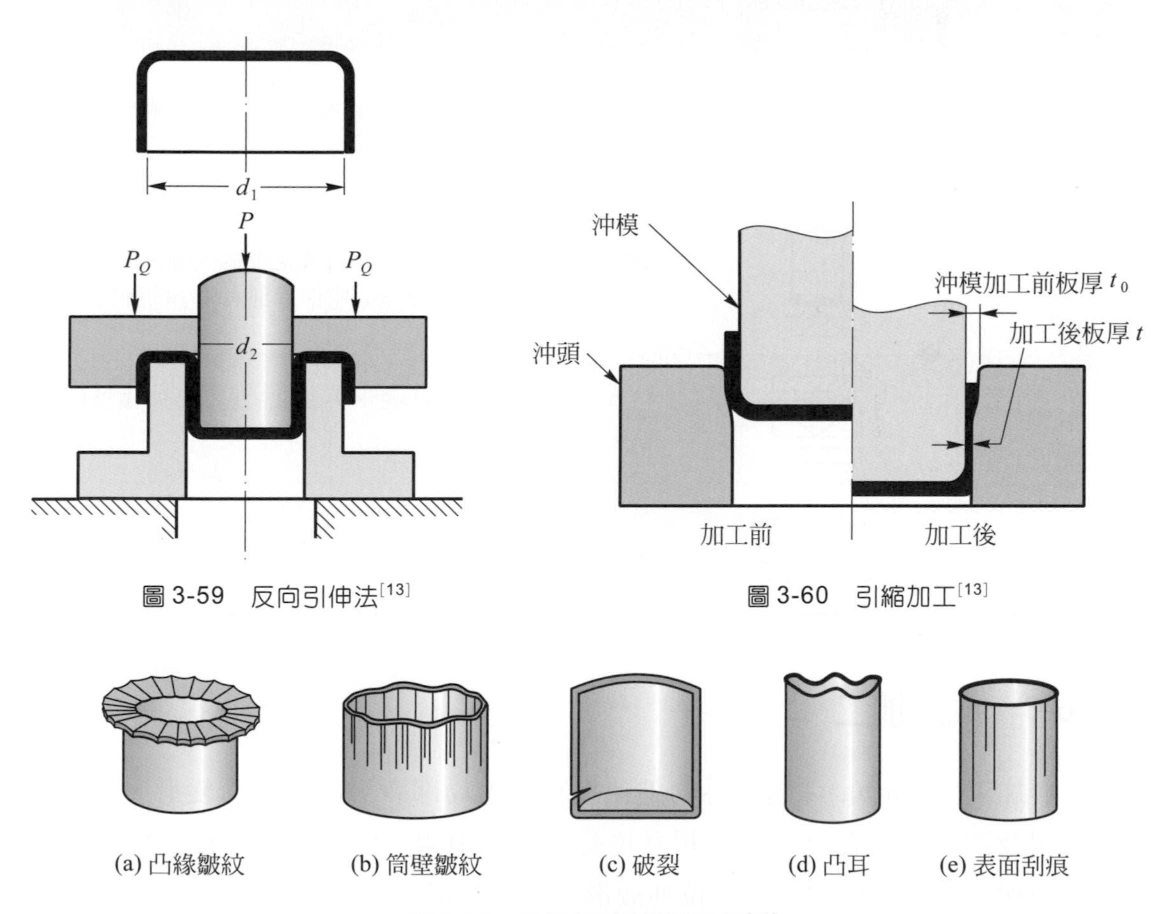

圖 3-59　反向引伸法[13]

圖 3-60　引縮加工[13]

圖 3-61　常見的引伸製品缺陷[13]

3-6-5 壓縮加工

將胚料放在上下模間，施加適當壓力，使其產生塑性變形，體積重新分配以製出凹凸表面的加工稱爲壓縮加工(compression)。壓縮加工因要使胚料成形，所以作用於模具的壓力、機器上所承受的負荷要比板料成形時高得多，模具的破壞和機器的超載常取決於加工的限度。因此在加工前應預先知道加工力和能量的大小。

壓縮加工具有下列特點：材料利用率高、生產率高、可用廉價材料、可加工形狀複雜零件、提高製品的機械性質、表面精度佳。狹義的壓縮加工則指在常溫的二次製品加工，即包括冷問的擠壓、端壓、壓花及壓印加工等，如表 3-4 所示。

表 3-4　各種壓縮加工法[1]

項目	名稱	示意圖	意義
1.	端壓		係將金屬體積作重新分佈，向周圍自由流動的方法，減小胚料高度，而得到立體零件
2.	擠製		係將金屬塑性沖擠到凸模及凹模之間的間隙內的方法，將厚的胚料轉變爲薄壁空心零件或剖面較小的胚料
3.	壓花		係將金屬局部擠走的方法，在零件的表面上形成淺的凹進花樣或符號
4.	壓印		由於改變零件厚度，在表面上得出凸凹的紋路來

3-6-6 成形加工

成形加工(forming)係施加外力迫使板料產生局部或全部流動而變形，以致有局部凸出及凹入，且在材料間有相互拉長及壓縮現象，而形成部份曲面的加工方法。成形加工的基本形式有二：拉伸成形及壓縮成形，如圖 3-62 所示，成形的變形程度可用「邊緣高度/邊緣半徑」表示，其大小受到板料材質、板厚及成形條件等因素的影響。因此，拉伸成形極限乃是依據拉伸成形的邊緣是否發生破裂來確定，而壓縮成形極限乃是依據壓縮成形的邊緣是否發生皺紋來確定。沖剪、彎曲、引伸等沖壓加工之外的成形加工方法有很多，如表 3-5 所示爲普通成形加工法。

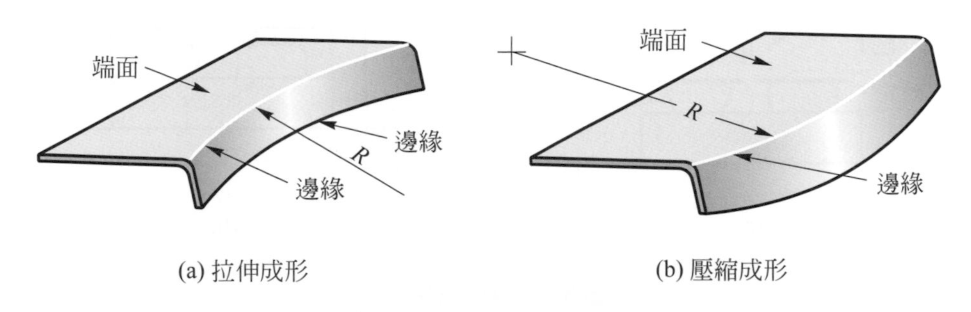

圖 3-62　成形加工的基本形式[14]

表 3-5　普通成形加工法[1]

項目	名稱	示意圖	意義
1.	圓緣		將平板或成形工件的表面製成凹凸形狀供補強或裝飾之用
2.	凸脹		將空心件或管狀胚料以裡面用徑向拉伸的方法加以擴張
3.	孔凸緣		沿原先打好的孔邊或空心件外邊用使材料拉伸的方法形成凸線
4.	捲緣		沿空心件外緣以一定半徑彎曲成環狀圓角
5.	頸縮		將空心件或立體零件的端部使材料由外向內壓縮以減小直徑的收縮方法

3-6-7　特殊沖壓成形

一些特殊的成形方法亦常被採用，譬如屬於撓性模具成形(flexible die forming)的橡皮成形及液壓成形，屬於高能率成形(high energy rate forming)的爆炸成形、電磁成形及電氣液壓成形等。而珠擊成形在飛機蒙皮等大型板件亦被使用，超塑性成形深受重視。如圖 3-63 至圖 3-65 所示。

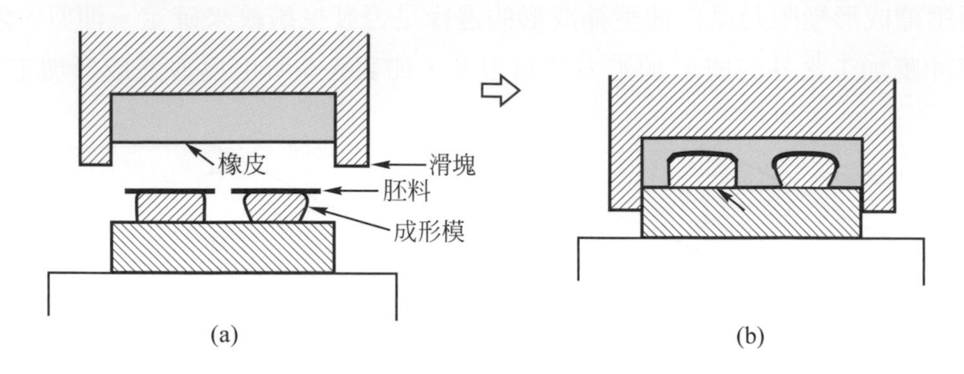

圖 3-63　橡皮成形[19]

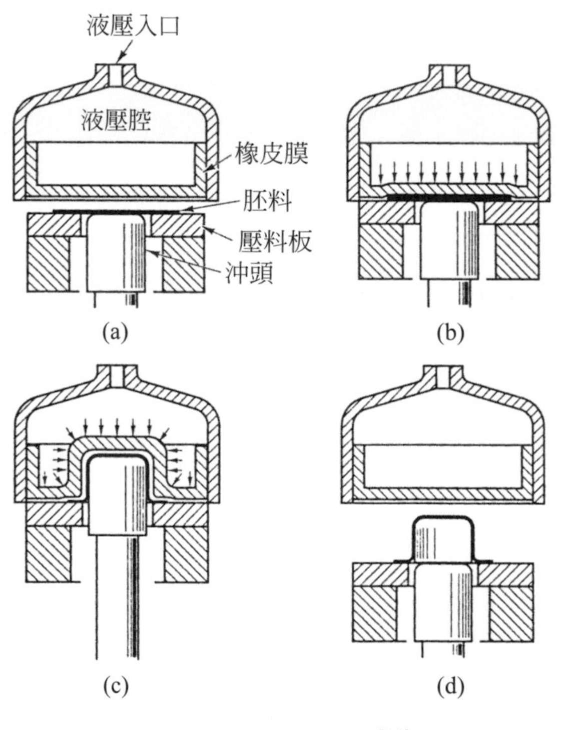

圖 3-64　液壓成形[14]

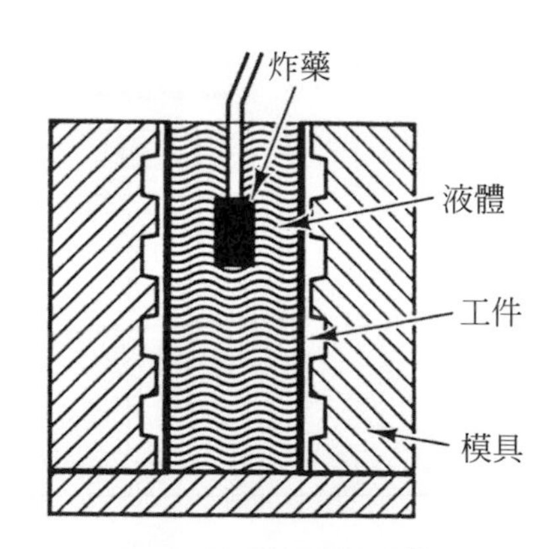

圖 3-65　爆炸成形[19]

習題

1. 何謂塑性加工？如何分類？
2. 塑性加工有何特色？
3. 說明塑性加工的變形方式。
4. 比較熱間變形、冷間變形與溫間變形的差異。
5. 何謂可塑性？影響因素有那些？
6. 何謂滾軋加工？
7. 請定義下列名詞：接觸長度、減縮量、中性點。
8. 簡要說明滾軋機的種類。
9. 說明旋轉管子穿刺法的基本原理。
10. 說明鍛造的目的與分類。
11. 簡要說明鍛造的主要製程。
12. 說明比較落錘鍛造機與壓力鍛造機。
13. 何謂預鍛？主要任務爲何？
14. 比較熱模、恒溫及超塑性鍛造與傳統鍛造的差異。
15. 何謂擠伸加工？影響擠伸金屬流動的因素有那些？
16. 何謂液靜壓力擠伸法？有何特色？
17. 常見的擠伸缺陷有那些？
18. 何謂抽拉？並請說明抽拉的基本製程。
19. 比較抽拉機與抽線機。
20. 何謂沖壓加工？有那五大基本型式？
21. 何謂精密下料？
22. 繪簡圖說明板料彎曲的應力與應變分佈狀況。
23. 圓筒引伸的主要變數有那些？
24. 何謂壓印加工與壓花加工？有何不同？
25. 何謂撓性模具成形與高能率成形？

參考文獻

[1] 許源泉、許坤明，機械製造(上)，台灣復文興業股份有限公司，1999。
[2] 金鍛工業股份有限公司型錄。
[3] 金鍛工業股份有限公司型錄。
[4] 余煥騰、陳適範，金屬塑性加工學，全華科技圖書股份有限公司，1994。
[5] 李榮顯，塑性加工學，三民書局，1986。
[6] 許源泉，鍛造學，三民書4局，1997。
[7] 陳蘭芬，機械工程科技與熱加工工藝，機械工業出版社，1985。
[8] 謝建新，劉靜安，金屬擠壓理論與技術，冶金工業出版社，2001。
[9] 黃重恭，沖剪模設計原理，全華科技圖書股份有限公司，2004。
[10] 游正晃，沖床與沖模，科技圖書股份有限公司，1989。
[11] 蘇貴福，薄板之沖床加工，全華科技圖書股份有限公司，1993。
[12] 戴宜傑，沖壓加工與沖模設計，新陸圖書股份有限公司，1989。
[13] Mill P. Groover, Fundaments of Modern Manufacturing, Prentice-Hall, Inc. 1996.
[14] Sherf D. El Wakil, processes and Design for manufacturing, Prentice-Hall International, Inc. 1989.
[15] Serope Kalpakjian, manufacturing Engineering and Technology, Addison-Wesley Publishing Co. 1992.
[16] Kurt Lange, Handbook of Metal Forming, McGraw-Hill, Inc. 1985.
[17] Roy A. Lindberg, Processes and Materials of Manufacture, Allyn and Baccon, 1990.
[18] Kurt Laue, Helmut Stenger, Extrusion, Processes, Machinery, Tooling, American Society for meyals.
[19] E. Paul Degarmo, J. T. Blavk, Ronald A. Kohser, Materials and Processes in Manufacturing, Prentice-Hall International, Inc. 1997.

第 4 章

接合加工

接合加工是將兩件或兩件以上之工件，加以連接或組合使之接合在一起的加工方法。經由接合加工，所有的零組件才能組合成一部完整的機器，進而產生應有的動作或發揮預定的功能。

4-1 接合加工的分類

接合加工依性質不同可分爲三大類：

1. 機械式接合法(mechanical joining)

   利用機械方式將分離的工件連接在一起，但接合件間並未眞正結合成一體，而只是暫時性的接合，可逆向輕易地加以拆解。常見的機械式接合法有鉚釘接合、螺栓接合、摺縫接合、脹縮接合(干涉配合)以及鍵、銷接合等。如圖 4-1 機械式接合法圖例所示。可適用於相同或不同種類材料的接合，選擇性多樣，但多需將接合件加以鑽孔、開槽或折彎等前置加工。

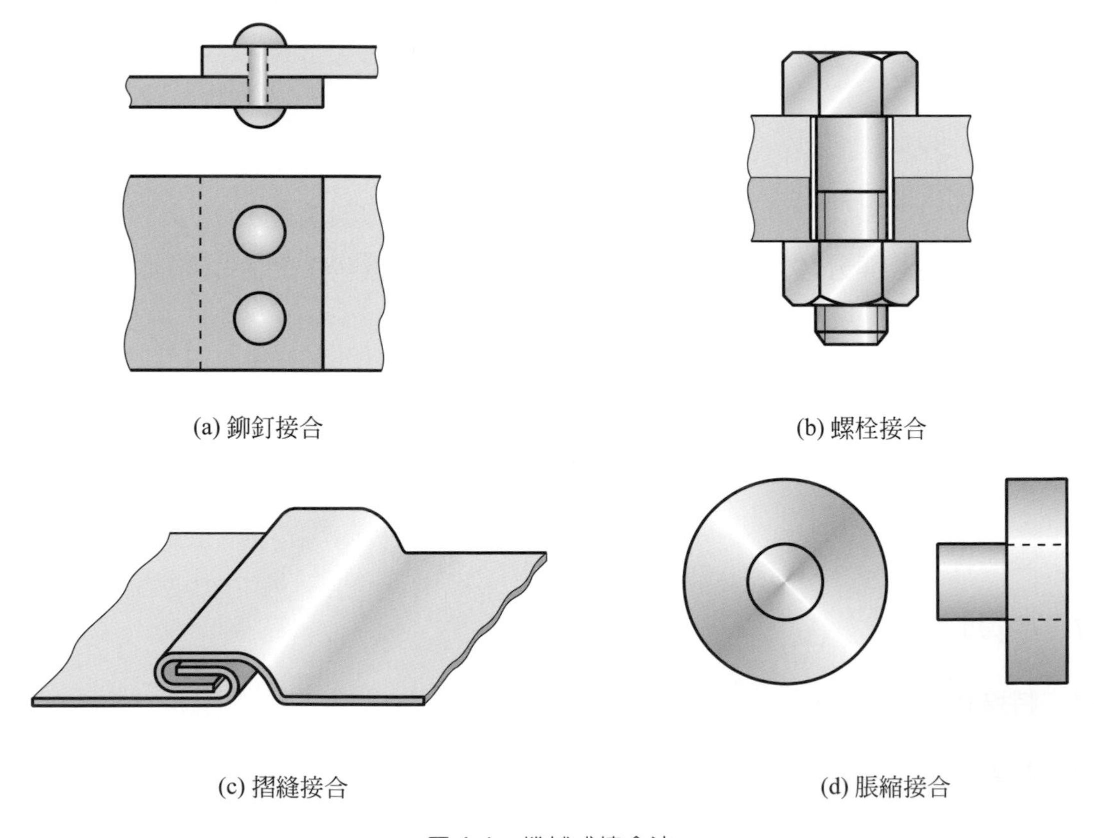

(a) 鉚釘接合　(b) 螺栓接合　(c) 摺縫接合　(d) 脹縮接合

圖 4-1 機械式接合法

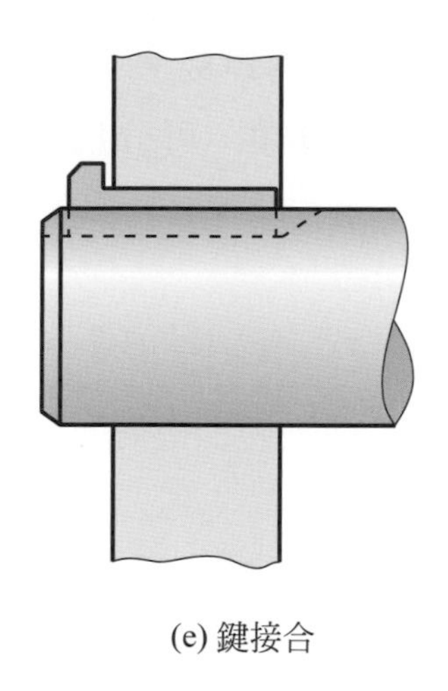

(e) 鍵接合

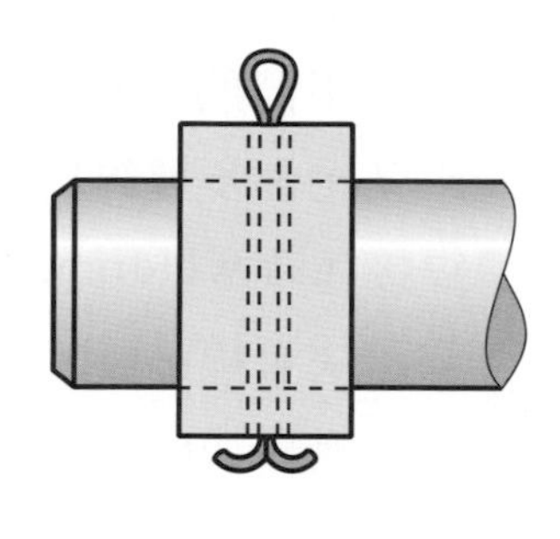

(f) 銷接合

圖 4-1　機械式接合法圖例(續)

2. 冶金式接合法(metallurgical joining)

利用加熱或加壓方式使接合件間非常接近，藉由相鄰的原子或分子間相互吸引所產生的結合力形成冶金鍵結，接合後便結合成一體，除非加以破壞否則無法再分離，適於作爲永久接合，幾乎都用於金屬材料的接合，可得到很高的接合強度。此接合法主要以銲接爲主。

3. 黏著劑接合法(adhesive joining)

利用黏著劑作爲媒介，分別與接合件形成接合而達到將分離的組件結合。適用於各種不同種類材料間的接合，不過接合強度普遍比前兩類接合法爲低。

4-2　銲接的定義與分類

銲接譯自英文的 welding，是使材料(包括金屬與非金屬)接合成一體的一種製造程序，屬於冶金式的接合法。依據世界性銲接權威團體－美國銲接協會(American Welding Society, AWS)對銲接所作的定義：將兩件或兩件以上的金屬或非金屬銲件，在其接合處加熱至適當溫度，使該接合部位之材料徹底熔化，並藉由添加填料或不添加填料，待銲件與填料冷卻凝固後而結合成一體；或者在半熔化狀態施加壓力；或是僅使填料熔化，而銲件本身並不熔化；或在銲件再結晶溫度以下施加壓力，使接合部位相互結合為一體，此種加工方法或程序，稱為銲接。

銲接有多種不同的分類方式，依美國銲接協會所作的分類，可分為下列七大類，每一大類又包含多種銲接法，茲分述如下：

1. 氣體銲接(gas welding, GW)
   (1) 空氣乙炔氣銲法(air acetylene welding, AAW)。
   (2) 氧乙炔氣銲法(oxy acetylene welding, OAW)。
   (3) 氫氧氣銲法(oxy hydrogen welding, OHW)。
   (4) 壓力氣銲法(pressure gas welding, PGW)。
2. 電弧銲(arc welding, AW)
   (1) 碳極電弧銲(carbon arc welding, CAW)。
   (2) 遮蔽金屬電弧銲(shielded metal arc welding, SMAW)。
   (3) 氣體鎢極電弧銲(gas tungsten arc welding, GTAW)。
   (4) 氣體金屬極電弧銲(gas Metal Arc Welding, GMAW)。
   (5) 包藥銲線電弧銲(flux cored arc welding, FCAW)。
   (6) 潛弧銲(submerged arc welding, SAW)。
   (7) 重力式電弧銲(gravity arc welding, GAW)。
   (8) 植釘銲法(stud welding, SW)。
   (9) 原子氫電弧銲(atomic hydrogen arc welding, AHW)。
   (10) 電離氣電弧銲(plasma arc welding, PAW)。
3. 電阻銲(resistance welding, RW)
   (1) 電阻點銲法(resistance spot welding, RSW)。
   (2) 電阻浮凸銲法(resistance projection welding, RPW)。
   (3) 電阻縫銲法(resistance seam welding, RSEW)。
   (4) 閃光銲法(flash welding, FW)。
   (5) 端壓銲法(upset welding, UW)。
   (6) 衝擊銲法(percussion welding, PEW)。
4. 固態銲接 (solid state welding, SSW)
   (1) 摩擦銲接(friction welding, FRW)。
   (2) 爆炸銲接(explosion welding, EXW)。

(3) 超音波銲接(ultrasonic welding, USW)。

(4) 高週波銲接(high frequency welding, HFW)。

(5) 鍛壓銲接(forge welding, FOW)。

(6) 氣體壓銲法(pressure gas welding, PGW)。

(7) 冷壓銲法(cold welding, CW)。

(8) 擴散銲法(diffusion welding, DFW)。

(9) 滾銲法(roll welding, ROW)。

5. 軟銲(soldering)

(1) 銲炬軟銲(torch soldering, TS)。

(2) 電阻軟銲(resistance soldering, RS)。

(3) 爐式軟銲(furnace soldering, FS)。

(4) 感應軟銲(induction soldering, IS)。

(5) 浸式軟銲(dip soldering, DS)。

(6) 紅外線軟銲(infrared soldering, IRS)。

(7) 烙鐵軟銲(iron soldering, INS)。

(8) 波動軟銲(wave soldering, WS)。

6. 硬銲(brazing)

(1) 電弧硬銲(arc brazing, AB)。

(2) 銲炬硬銲(torch brazing, TB)。

(3) 電阻硬銲(resistance brazing, RB)。

(4) 爐式硬銲(furnace brazing, FB)。

(5) 感應硬銲(induction brazing, IB)。

(6) 浸式硬銲(dip brazing, DB)。

(7) 紅外線硬銲(infrared brazing, IRB)。

(8) 擴散硬銲(diffusion brazing, DFB)。

(9) 熱塊硬銲(block brazing, BB)。

(10) 流動硬銲(flow brazing, FLB)。

(11) 雙碳極電弧硬銲(twin carbon arc brazing, TCAB)。

7. 其他銲接法(other welding)

⑴ 雷射光銲接(laser beam welding, LBW)。

⑵ 電子束銲接(electron beam welding, EBW)。

⑶ 電熔渣銲接(electro slag welding, ESW)。

⑷ 電熱氣銲接(electro gas welding, EGW)。

⑸ 鋁熱料銲接(thermit welding, TW)。

以上所列之各種銲接法，又可分爲下列三大類：

1. 熔融銲接法(fusion welding)：藉由銲件接合部位熔化而達成接合者，包括氣體銲接、電弧銲以及其他銲接法三大類。
2. 壓接法(pressure welding)：藉由對銲件接合部位施加壓力而達成接合者，包括電阻銲與固態銲接兩大類。
3. 鑞接法：利用熔點較銲件低的異質材料塡加於銲件接合部位而達成接合者，又稱爲低溫銲接：包括軟銲與硬銲兩類。

4-3 氣體銲接

氣體銲接(gas welding, GW)主要是指氧燃料氣體銲接法(oxy fuel gas welding, OFW)，乃利用可燃氣體與助燃氣體(氧氣爲主)，以適當比例混合後所產生之燃燒火焰來加熱銲件。同時可添加或不添加塡料，可施加或不施加壓力，將銲件加以接合。因燃料及助燃劑均爲氣體，故稱之爲「氣銲」。

氣銲依所使用之可燃氣體及助燃氣不同可分爲下列四種：

1. 空氣乙炔氣銲法(air acetylene welding, AAW)，利用乙炔與空氣混合燃燒所產生的火焰來施銲。此銲法不需施加壓力，塡料則可有可無。因火焰溫度較其他氣銲法都低，所以使用場合受到限制。
2. 氧乙炔氣銲法(oxy acetylene welding, OAW)，利用氧氣和乙炔混合燃燒所產生的高溫火焰來施銲。壓力與塡料都可有可無，其火焰之燃燒溫度可達3200℃。
3. 氫氧氣銲法(oxy hydrogen welding, OHW)，利用氫氣和氧氣混合燃燒所產生的高溫火焰來施銲。此銲法多不需施加壓力，塡料可有可無。其火焰燃燒溫度比氧乙炔氣銲爲低，約達2400℃。

4. 壓力氣銲法(pressure gas welding, PGW)，利用其他的燃料氣體，包括：乙烯、煤氣、苯或是液化石油氣等，與氧氣混合燃燒所產生的高溫火焰來施銲，需要施加壓力，但不需添加填料。

目前有部份的氣銲法已被淘汰，僅有用氫氧氣銲法於鋁合金與鉛製品之銲接，而空氣乙炔氣銲法則用於鉛管工程、銅管之特殊接頭以及軟銲與硬銲之加熱等。由於氧乙炔氣銲法之價格便宜、管理成本低且操作方便，因此目前大部份之氣銲工作均採用氧乙炔氣銲法。

氣銲具有下列之優點：

1. 設備費用低。
2. 設備簡單，移動方便，不需電力供應即可施銲。
3. 可以銲接較薄的工件。
4. 可銲接鑄鐵以及部份有色的金屬，用途很廣。
5. 熱量調節之自由度很大。

氣銲亦有下列之缺點：

1. 熱量較不集中，造成銲件之熱影響區以及變形量較大。
2. 生產效率低且不適用於較厚銲件。
3. 氣體有爆炸的危險，安全顧慮較大。
4. 火焰中的氧和氫等氣體會和熔化的金屬起反應，降低銲接品質。
5. 不易達成自動化。

氧乙炔氣銲法，係利用氧和乙炔混合燃燒，放出大量熱量，加熱接合處的金屬使其熔融後，加入填料銲條(filler rod)或不加銲條，使熔融金屬結合形成銲道，待銲道凝固而接合之。

氣銲之設備如圖4-2所示，主要包括下列四部份：

1. 氣體供應、調整與輸送部份，包括氧氣與乙炔氣鋼瓶、氣體流量調整器，以及輸送氣體之橡皮管。
2. 銲炬部份，包括不同孔徑尺寸的火嘴。
3. 安全防護部份，包括護目鏡、手套、袖套及護裙等。
4. 其他附屬部份，包括點火器、開關板手、火嘴通針等。

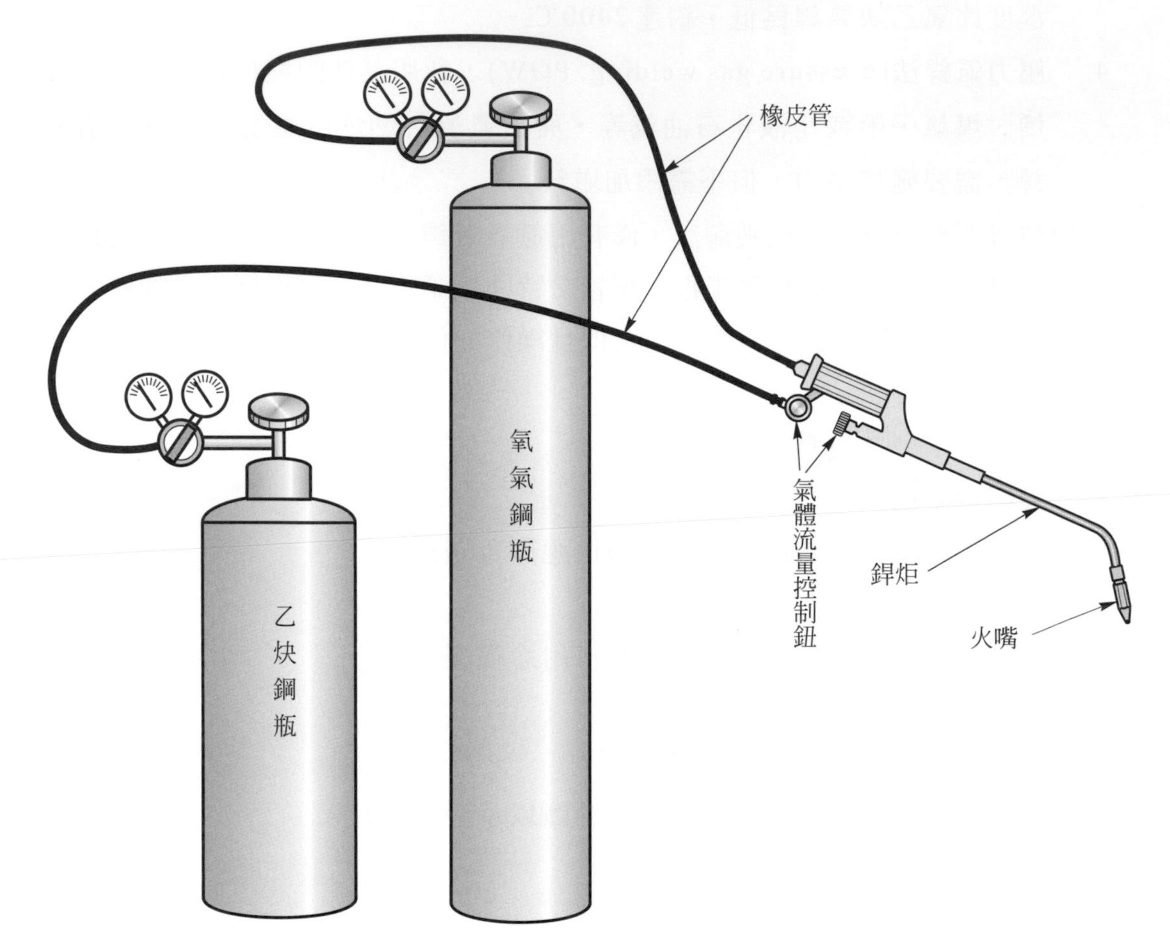

圖 4-2 氧乙炔氣銲之主要設備

氧乙炔氣銲法在發展之初，都是在乙炔產生器內將電石(碳化鈣)投入水中以獲得乙炔氣。由於較為費事，目前乙炔氣和氧氣都由製造廠商直接裝填於鋼瓶中出售供應。

氧乙炔氣銲乃是利用乙炔與氧氣混合燃燒所產生的熱來施銲，其完全燃燒(中性焰時)之化學反應式如下：

$$2C_2H_2 + 5O_2 \rightarrow 4CO_2 + 2\ H_2O + 熱$$

此時氧氣的供應量為乙炔的 2.5 倍。依氧氣和乙炔的供應比例不同，氧乙炔氣銲會產生不同型態的火焰，一般分為純乙炔焰、還原焰(碳化焰)、中性焰和氧化焰等四種，如圖 4-3 所示。四種火焰型態之特徵說明如下：

1. 純乙炔焰：如圖 4-3(a)所示，當只開乙炔而不開氧氣時，乙炔只與空氣中的氧混合燃燒，由於氧氣不足，因此燃燒不完全，溫度很低，顏色呈橙色，且同時會冒出黑煙，此型態火焰無法用於銲接。
2. 還原焰：如圖 4-3(b)所示，乙炔供應量多於氧氣所形成的火焰，呈現火嘴的末端有白色的內焰心，外焰則有乙炔羽狀焰包圍，呈淺橙色。火焰長度隨乙炔供應量增多而增長，長度愈長，還原性愈高。此型態火焰大都用於加熱，適合一般軟銲的加熱以及高碳鋼或非鐵金屬的銲接等。

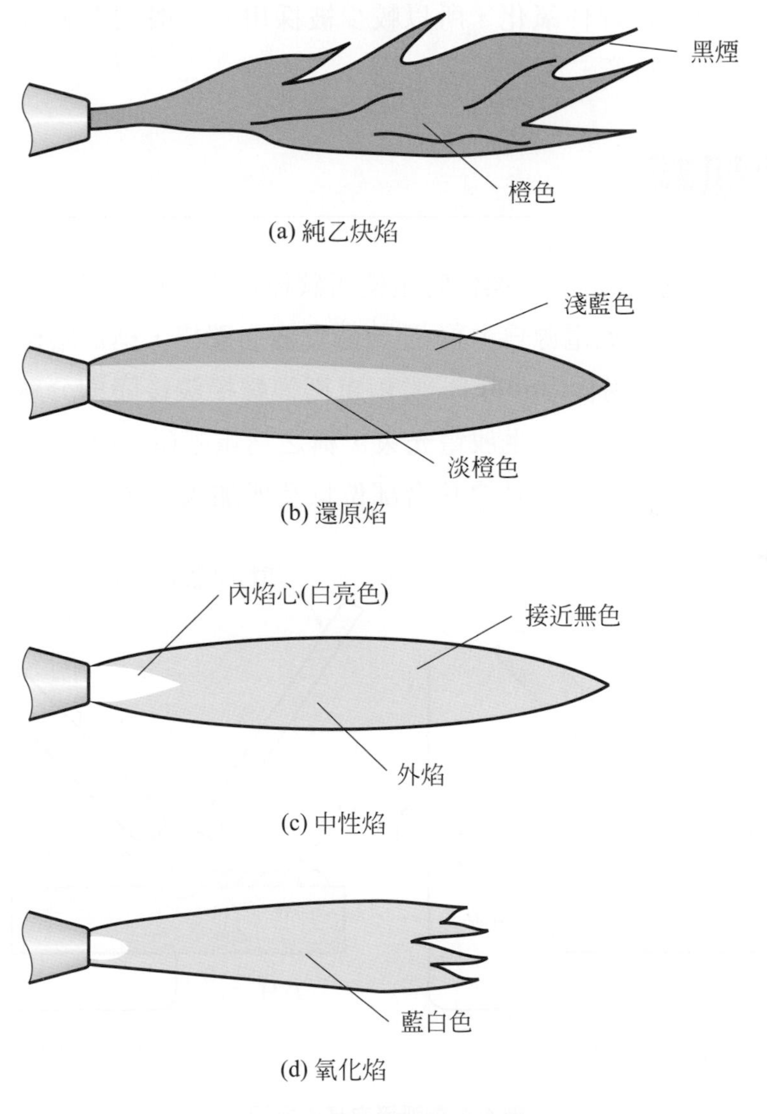

圖 4-3 氧乙炔氣銲之火焰型態

3. 中性焰：如圖 4-3(c)所示，當調節氧氣和乙炔供應剛好達平衡時，氧-乙炔的比例是 2.5：1，其中 1 份由銲炬供應，另外的 1.5 份由周圍的空氣提供。此時乙炔完全燃燒，沒有多餘的氧或乙炔存在，火焰顏色接近無色，在距內焰心約 3mm 處之溫度最高，可達 3100℃。此型態火焰一般用於輕金屬的硬銲與軟銲，以及鑄鋼、鉻鋼與鎳鉻鋼等的銲接。
4. 氧化焰：如圖 4-3(d)所示，若再調大氧氣供應量，使火焰之白色內焰心變短，外焰顏色變為藍白色。為氧氣供應過剩所形成，火焰的溫度最高，可達 3200℃，但易使銲件氧化，所以較少被採用。一般用在較高溫硬銲、黃銅銲接及火焰切割等。

4-4 電弧銲

電弧銲(arc welding)最初在操作時是使用碳棒作爲電極，當二支碳棒以適當的電源接上時(最初是以直流電源爲主)，連接於負極之碳棒，稱爲陰極(cathode)；連接於正極之碳棒則稱爲陽極(anode)。當兩電極輕輕接觸後隨即分離一小段距離，在兩電極間的空氣被電離而產生放電光束，稱之爲電弧(arc)，該電弧的溫度可達到 3000℃ 以上，可用以將兩銲件之接合部位以及所加入之填料予以熔化，當凝固

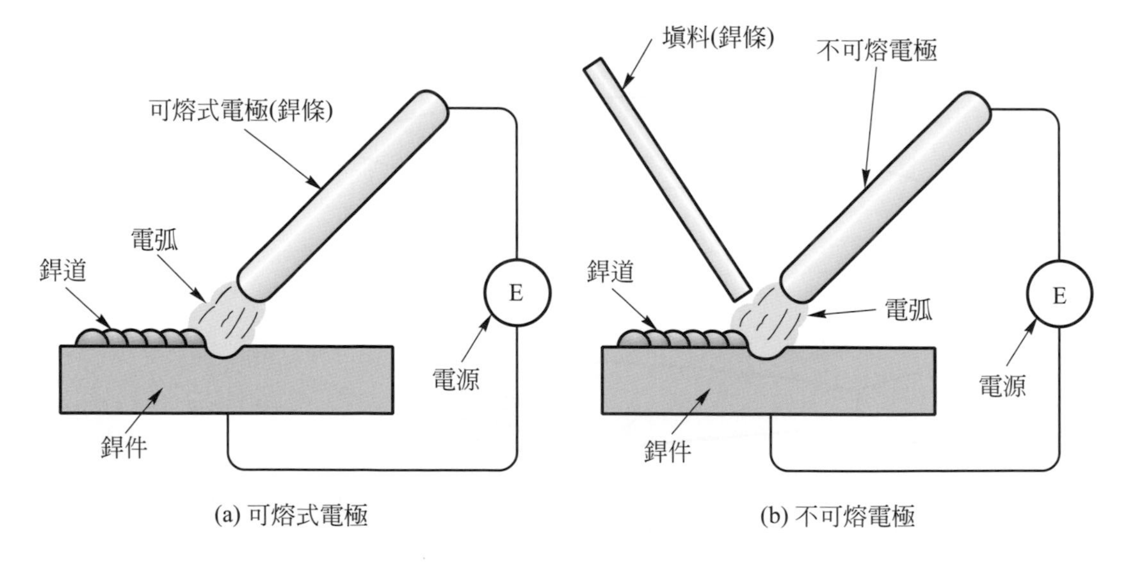

圖 4-4 電弧接之基本原理

後形成銲道而達成接合。此種電弧銲稱之為碳極電弧銲(carbon arc welding, CAW)。後來經不斷的改良而發展出各種不同形式的電弧銲法，然而其所應用的原理都是如此，圖 4-4 為電弧銲基本原理示意圖。

4-4-1 遮蔽金屬電弧銲

遮蔽金屬電弧銲(shielded metal arc welding, SMAW)是一種以包藥銲條作為電極，利用電極與銲件(又稱母材)之間產生電弧，以電弧的高熱將銲件局部熔融成熔池(molten pool)，同時也熔化銲條並以熔滴型態填入熔池中，在凝固後形成銲道而達成接合。由於一般都是以手工操作，因此又稱為手工金屬電弧銲(manual metal arc welding, MMAW)，簡稱手工電銲，或直接稱之為手銲法(manual arc

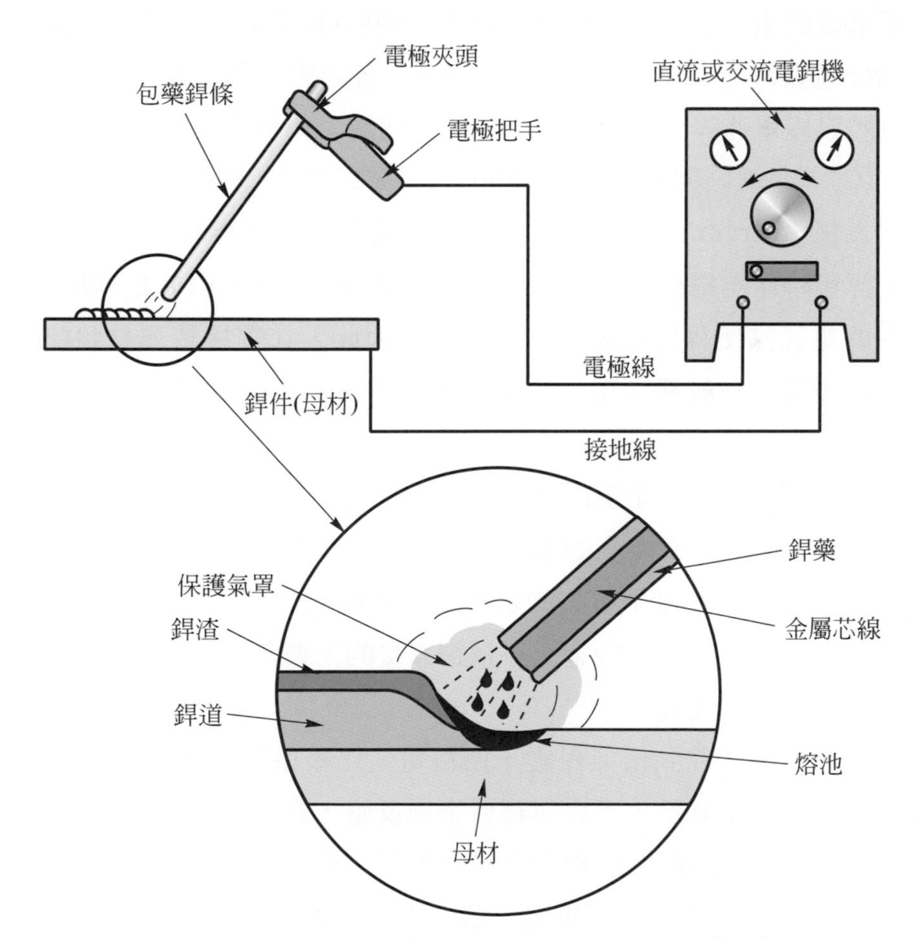

圖 4-5　遮蔽金屬電弧銲(手工電銲)之原理與設備[1,5,6]

welding, MAW)。手工電銲為目前電弧銲中最典型且廣用的一種，故又簡稱為電銲。其原理與設備如圖 4-5 所示，電銲條是以塗料包覆於金屬芯線外層，塗料又稱銲劑或銲藥，當受到電弧加熱而燃燒時，會生成保護氣罩與銲渣(slag)，氣罩可促進電弧之穩定，並與銲渣共同使熔融的金屬與外界空氣隔絕，避免被氧化，因而可獲得較優良的銲道品質。

4-4-2 氣體鎢極電弧銲

氣體鎢極電弧銲(gas tungsten arc welding, GTAW)是一種利用非消耗性的鎢棒作為電極，與銲件之間產生電弧，藉以加熱銲件接合部位。同時於銲槍的噴嘴通出惰氣或惰性混合氣體(如氬、氦等惰性氣體)，以保護熔融狀的熔池避免被氧化，待凝固後即形成銲道。在銲接厚板時，可添加填料(銲條)，而銲接薄板則不需要填料。氣體鎢極電弧銲之原理與設備示於圖 4-6。各國對此銲法所用的名稱不一，美國稱之為氣體鎢極電弧銲，歐洲的英法等國稱為惰氣鎢極電弧銲(tungsten inert gas welding, TIG)，德國則因鎢極為 Wolfgram，所以稱為 WIG。在國內由於其使用的保護氣體以氬氣(argon, Ar)居多，故通稱為氬銲，或直接稱 TIG。

氬銲在銲接時作為電極的鎢棒不熔化，以致不會消耗，由於是利用電極與銲件之間所產生的電弧熱使銲件熔融而形成銲道。因此，在銲接較薄材料(厚度小於 3 mm)或邊緣接頭時，一般都採用不添加銲條的銲法。若銲件厚度超過 3 mm 則再添加銲條。

氬銲在銲接時因電弧所產生的熱量會使電極溫度升高，所以必須於銲槍中通以循環水予以冷卻，因此功率較高的水冷式氬銲機多有著較大的體積。目前功率較小者多已改為氣冷式，隨著電子科技的進步，氬銲機的體積也大幅減小。

氬銲在近年來已是作為鋁合金及不銹鋼銲接的主要銲法。和其它的銲接法比較起來，氬銲具有下列的優點：

1. 起弧容易且電弧受到惰氣保護，所得電弧比較穩定而安靜。
2. 以惰氣作為保護氣體，不會與銲件金屬反應，亦不會溶於銲道中。因此特別適合銲接活性較高的金屬與合金，例如鎂、鋁、鈦等，以及具耐腐蝕性或高熔點難以銲接之材料，例如鈮、鋯、鉬、不銹鋼與超合金等。

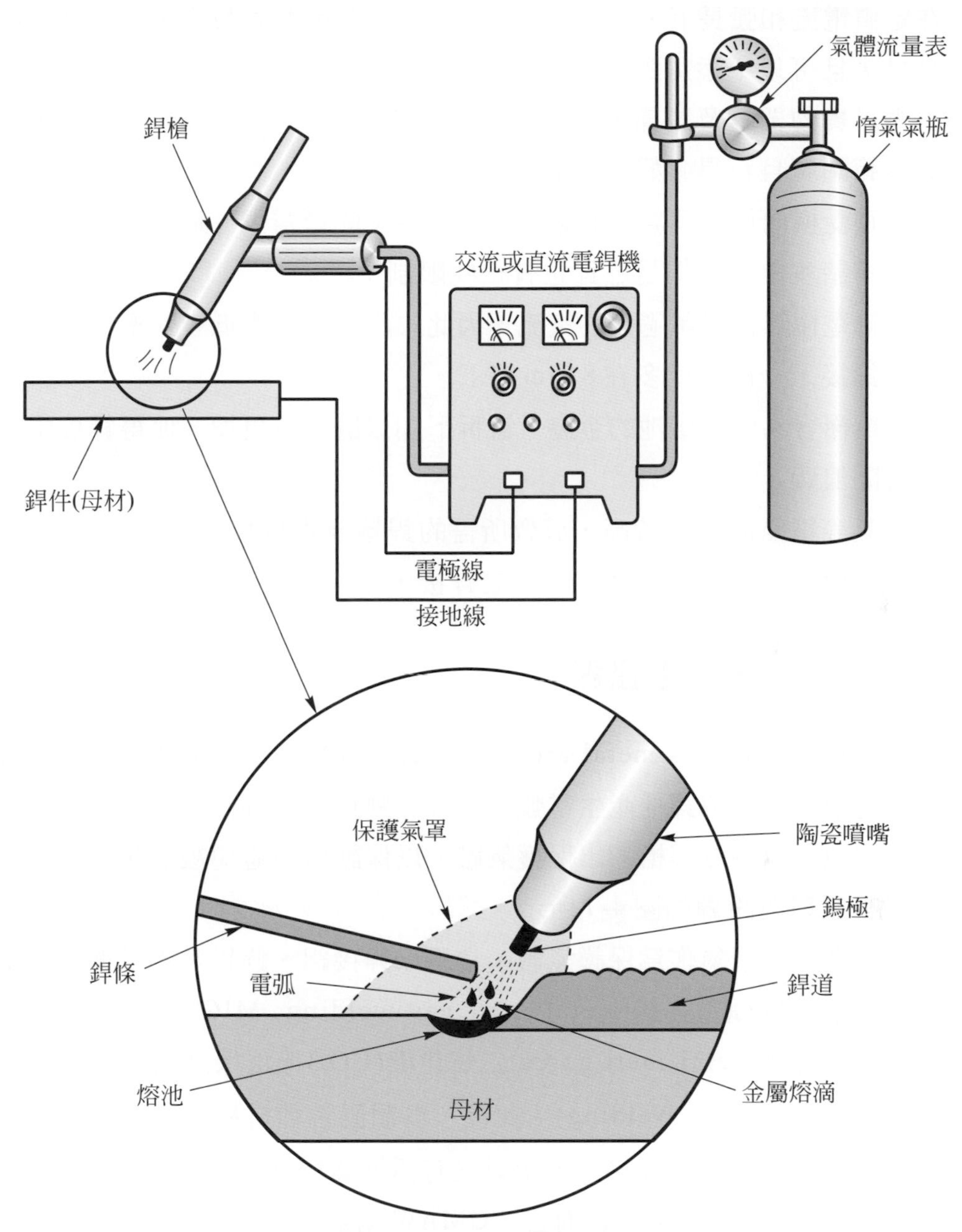

圖 4-6　氣體鎢極電弧銲(氬銲)之原理與設備圖[1,5,6]

3. 不需使用銲藥，不會產生銲渣及噴濺(spattering)，減少銲後的清理作業與處理時間。在施銲時也不會有銲渣的流動，可以清楚看見熔池，並可觀察到銲道情況。

4. 在定值電流和弧長下，電弧電壓較低，所產生的熱量較少，使得熱輸入控制容易，且可以不添加銲條，對薄材料之銲接特別適用。
5. 不需昂貴的器材及設備，設置容易。
6. 適用範圍廣且可得良好銲接品質。
7. 施銲時受橫向風力及氣流的影響小。所產生的煙霧少，造成的環境污染小。

儘管具有諸多優點，但是氬銲也有一些限制：

1. 由於鎢電極無法承載過大的電流，因此，銲接堆積率低且速率慢，不適於厚板的銲接，一般厚度多在 8 mm 以下。
2. 鎢棒電極容易沾上熔池的金屬，需拆下加以磨除或更換，使得銲接中斷而造成時間浪費。
3. 氬、氦等惰氣的價格較高，導致所需的銲接成本也較高。
4. 對於需要添加銲條或是特定位置之銲接，不易達到自動化。

4-4-3 氣體金屬極電弧銲

氣體金屬極電弧銲(gas metal arc welding, GMAW)係利用連續輸送之可消耗性銲線作為電極，使之與銲件產生電弧，藉以加熱銲線與銲件之接合部位，使兩者熔融而形成熔池。同時於銲槍通出保護氣體，以保護熔池避免被氧化，待凝固後即形成銲道，其原理與設備如圖 4-7 所示。

此銲法早期利用惰氣作為保護氣體，常用以銲接鋁、鎂以及不銹鋼等金屬，因此，又稱為惰氣金屬極電弧銲(metal inert gas welding, MIG)，簡稱 MIG。後來發展出以半惰性氣體(semi-inert gases)二氧化碳(CO_2)作為保護氣，來銲接碳鋼，故又稱為二氧化碳銲(CO_2 Welding)。此後，為順應各種材料的銲接，又發展出以各種混合氣體作為保護氣的銲接法，所以又有活性氣體金屬極電弧銲(metal active gas welding, MAG)的名稱。綜合而言，GMAW 涵蓋了 MIG、CO_2銲以及 MAG 等三種銲法。但嚴格來分，MIG 銲法專指以惰氣為保護氣體，適用於鋁、鎂合金的銲接；CO_2銲則專指以CO_2為保護氣體，適用於碳鋼的銲接；而以氬或氦等惰氣含量在 80%以下，CO_2含量在 20% 以上的混合氣為保護氣體的銲法，才稱之為MAG銲法。國內則將 GMAW 習稱為 MIG 或CO_2銲。

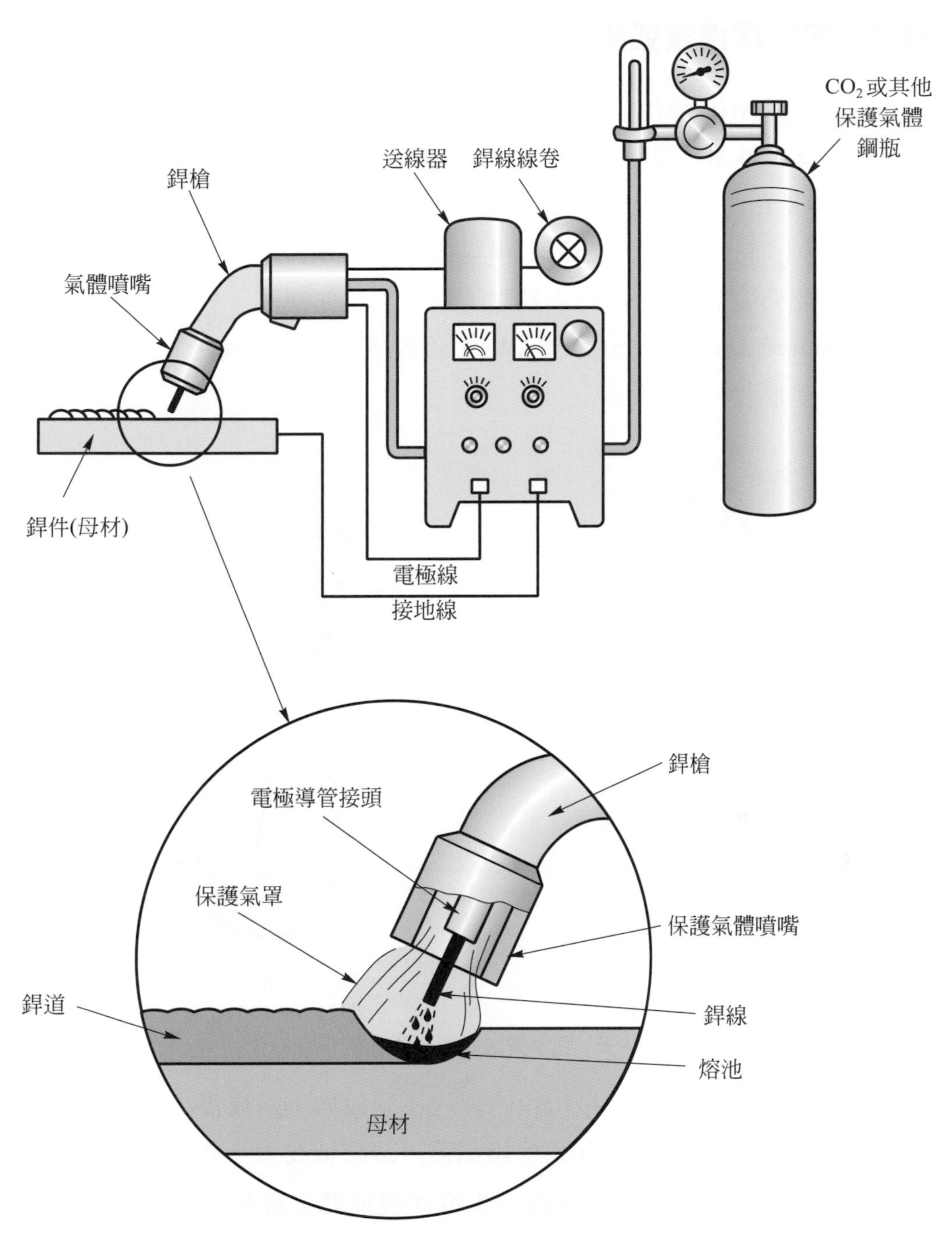

圖 4-7　氣體金屬極電弧銲之原理與設備[1,5,6]

4-4-4 包藥銲線電弧銲

前面所介紹的MIG銲法，所用的銲線是實心裸線(solid wire)，並不如手工電銲所使用的銲條，外面包覆有銲藥，可以在施銲時，銲藥受到電弧加熱而產生保護氣罩。MIG 銲是藉由銲槍所吹出的保護氣體作爲保護氣罩，但是若施銲環境的風速達2m/sec 以上時，銲槍所吹出的保護氣體將會被外界的風吹散，而無法有效達到保護作用，此乃 MIG 銲法的最大缺點。爲了克服此缺失，於是發展出包藥銲線電弧銲(flux cored arc welding, FCAW)，將銲藥包裹於銲線之芯心，圖 4-8 即爲包藥銲線的四種形式。

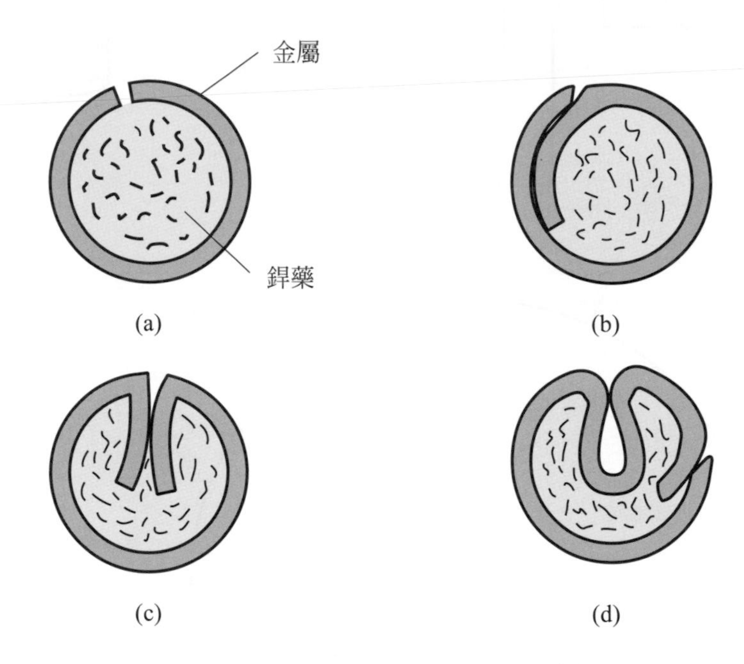

圖 4-8 包藥銲線橫斷面四種型式[1]

FCAW 銲法與 MIG 銲法除了所用的銲線不同以外，兩種銲法所需的設備完全相同。FCAW銲法一般多採用CO_2爲保護氣體，以降低成本。亦有不需使用保護氣體者，此時銲線所包裹之銲藥需採用會生成保護氣體之銲藥。而使用之銲機可爲MIG 銲機，亦可使用省略保護氣體設備的電銲機。

4-4-5 潛弧銲

潛弧銲(submerged arc welding, SAW)是一種將連續輸送的赤裸銲線(或包藥銲線)插入兩銲件之銲縫中，銲線末端與銲件間產生電弧，控制銲線送出的快慢，

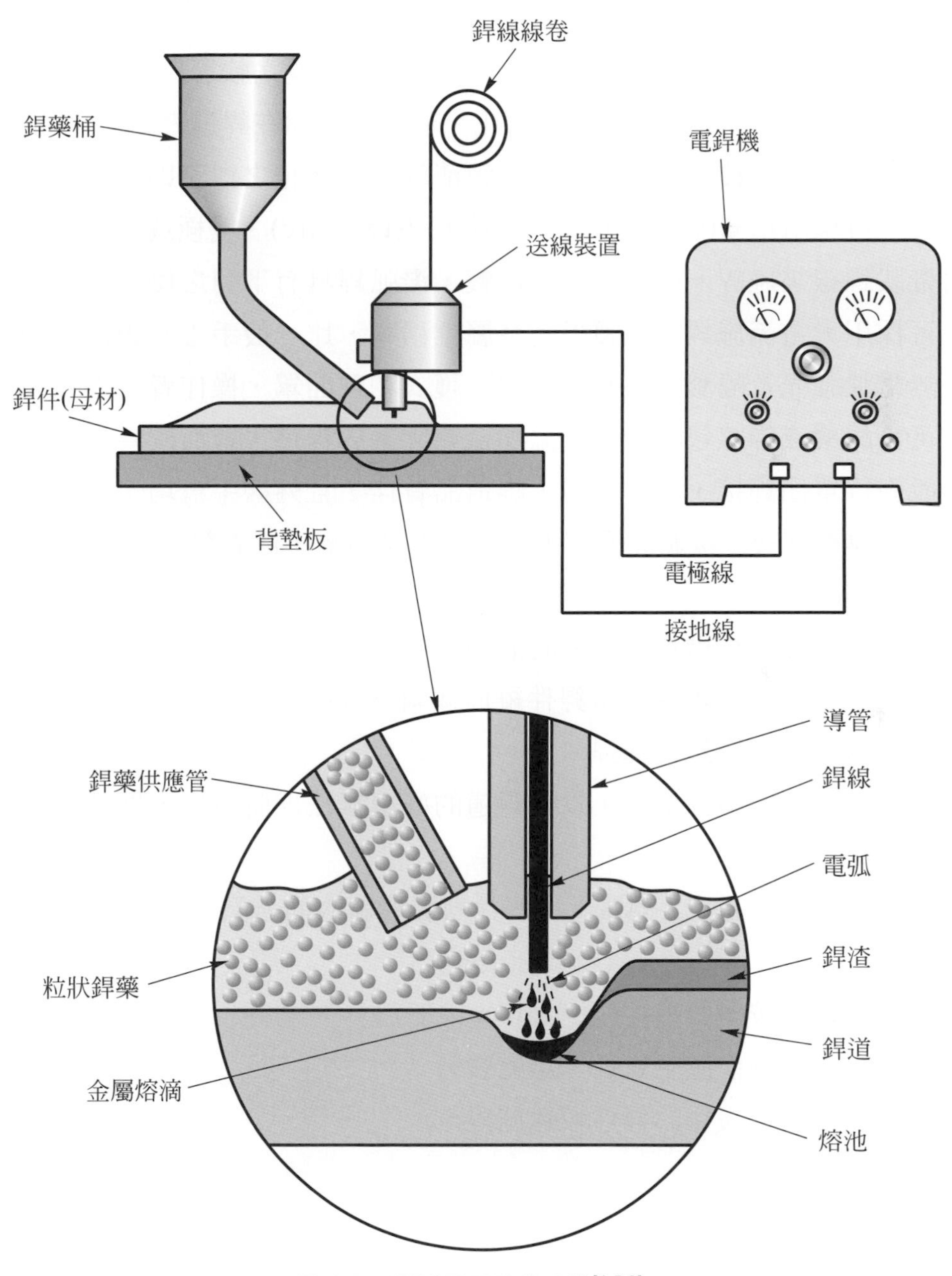

圖 4-9 潛弧銲原理與設備[1,5,6]

使保持一定的進給速度，以維持固定的電弧長度。配合適當的銲接走速使得銲線被電弧熔融並熔化部份的銲件，於凝固後形成銲道。在施銲時以粉粒狀的銲藥(granular flux)覆蓋在銲接部位，因銲藥完全覆蓋住熔池與電弧，所以在銲接進行中，電弧的強光不會外洩，且不會產生噴濺及煙塵，因此稱之爲潛弧銲。圖 4-9 爲潛弧銲的原理與設備圖。

潛弧銲在施銲時除銲線自動進給外，銲藥亦經由輸送軟管自動流下，覆蓋於銲接部位。部份的銲藥受到電弧加熱而熔化，形成銲渣浮在銲道表面，可隔絕高溫之銲道金屬與外界空氣接觸，免於氧化。銲渣外部未熔化之銲藥則可回收再利用。

潛弧銲可採用單極(single arc)、單極雙線(twin arc)、雙極或多極(tandem arc)或使用帶狀銲線來施銲。與手工電銲比較，潛弧銲具有下列之優點：

1. 可採用大電流施銲，以獲得高金屬堆積率，比一般手工電銲高出 10 倍。
2. 無電弧強光及噴濺，因此不需穿防護衣和戴面罩，操作者工作安全性高。
3. 可藉銲藥或銲線包藥方式，添加合金元素於銲道，進而改善銲道品質。
4. 能施行單面銲接，滲透力強，銲道品質佳，且外觀平滑均勻。
5. 適合厚板銲接，接頭開槽較小，甚至不需開槽，節省銲接材料以及開槽所耗費時間。

雖然如此，潛伏銲仍具有以下的缺點：

1. 只限於平銲及平角銲，當銲件縱向傾斜 8°以上時，即無法施銲，因此不能適用於立銲、横銲及仰銲。
2. 施銲時無法觀察到熔池，以致銲道的好壞無法即時察覺，即時進行補救。
3. 設備費用昂貴。
4. 銲接電流密度高，入熱量大，銲件熱影響區內的結晶容易變粗，影響銲件機械性質。
5. 不適合銲接較薄的板件(厚度 6mm 以下)。
6. 銲藥容易受潮而產生氣孔，烘乾費時。
7. 短銲道或構造複雜的銲件較難施銲。

4-4-6 植釘銲法

植釘銲法(stud welding, SW)是電弧銲接中唯一需要施加壓力的一種。此銲法在施銲時以銲槍夾持螺栓，使螺栓之接合端接觸到銲件，並以耐熱陶瓷套圈(ferrule)罩住，通電使螺栓接合端與銲件之間產生電弧，藉以加熱兩者使達熔融狀態，再利用銲槍上的彈簧或壓縮空氣，施壓於螺栓頭，使其與銲件接合。

植釘銲法目前常用於建築業中的鋼鐵結構或樓板需嵌入大量螺栓的場合。適用的材料有碳鋼、不銹鋼以及鋁合金等。植釘銲法一般依電弧產生方式，可分為傳統

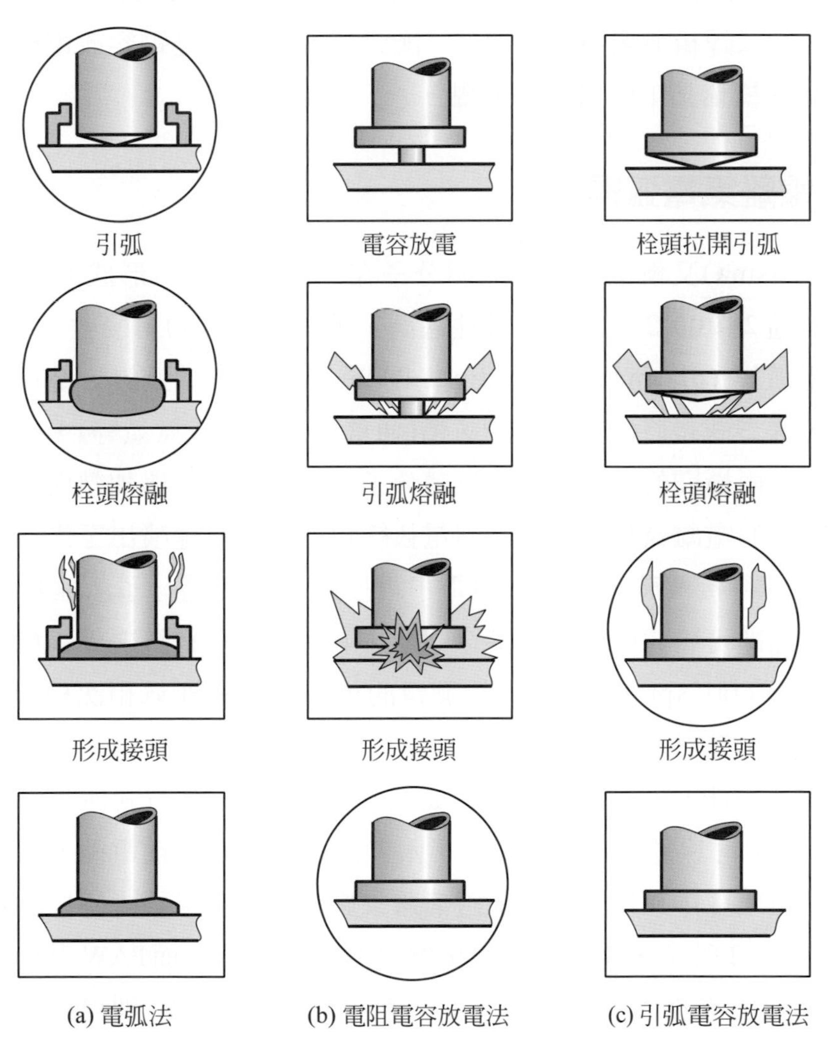

(a) 電弧法　(b) 電阻電容放電法　(c) 引弧電容放電法

圖 4-10　三種不同引弧方式的植釘銲法[4]

電弧法與電容放電法兩種。其中傳統電弧法的產生電弧方式與手工電弧銲類似，如圖 4-10 之(a)所示。將螺栓夾持於銲槍後通入直流電，使螺栓頭於接近銲件時形成電弧而產生高熱，在螺栓頭與銲件熔融時對螺栓施壓而達成接合。此銲法由於功率較高，通常適用於銲接較大尺寸的螺栓。為了防止螺栓在熔融時，金屬液會因受到加壓撞擊而逸散，因此銲槍前端需加裝一陶瓷套圈。

電容放電法則是利用銲機上的電容器瞬間放電，使栓頭與銲件熔融接合。此法又因引弧方式不同而分成電阻電容放電法和引弧電容放電法兩種，如圖 4-10 之(b)與(c)所示。由於使用的功率較小，所以適合銲接尺寸較小的螺栓。而且沒有金屬液逸散之虞，所以銲槍前端不需再加裝一陶瓷套圈，這也是電容放電植釘銲法與電弧植釘銲法在銲槍構造上的最大不同點。

4-4-7 電離氣電弧銲

電離氣(plasma)又稱電漿，是氣體分子在高溫電弧中所形成的一種離子態氣體，其溫度可達 24000℃，且熱傳導性甚高，被視為物質的第四態。

電離氣電弧銲 (plasma arc welding, PAW)又稱電漿電弧銲，是利用電漿作為熱源來施銲，其方式是將能夠電離的氣體(通常為氬、氦或氫氣等)，引導氣體流經銲槍噴嘴內正負兩極間的直流電弧，氣體分子受到電弧的高溫加熱而分裂成帶電的高溫高壓離子態的電離氣和電子，隨同電弧經銲槍噴嘴高速噴出至銲件表面，當電離氣和常溫的銲件接觸時，電離氣與電子再度結合為氣體分子，並釋放大量的熱量，產生的高溫即可將銲件熔融而接合。電離氣除了用於銲接之外，尚可應用於切割、金屬噴銲(metal spraying)、核能發電的核融合、物理氣相沈積(PVD)以及化學氣相沈積(CVD)等製程。

電離氣電弧銲(PAW)之原理與設備如圖 4-11 所示，其方式與氣體鎢極電弧銲(GTAW)很類似，可說是由其演變而來。兩者同樣以鎢棒作為電極，以直流電為電源，且都在大氣環境中以惰氣作為保護氣體來施銲。兩者最大之不同點在於銲槍噴嘴結構，如圖 4-12 所示，GTAW 之鎢極突出於噴嘴之外，而 PAW 之鎢極則在噴嘴之內。GTAW 之噴嘴為直筒形，且只有一道供氣系統；PAW 則為縮口形噴嘴，並使用兩道供氣系統，內層為供給產生電離氣之氣體，外層為供給保護氣體。PAW

經由縮口噴嘴噴出之電漿束(plasma beam)，熱量比GTAW的電弧集中，因此可得較深的滲透效果以及較高的熔化率和銲接速度，且銲道之熱影響區亦較小。

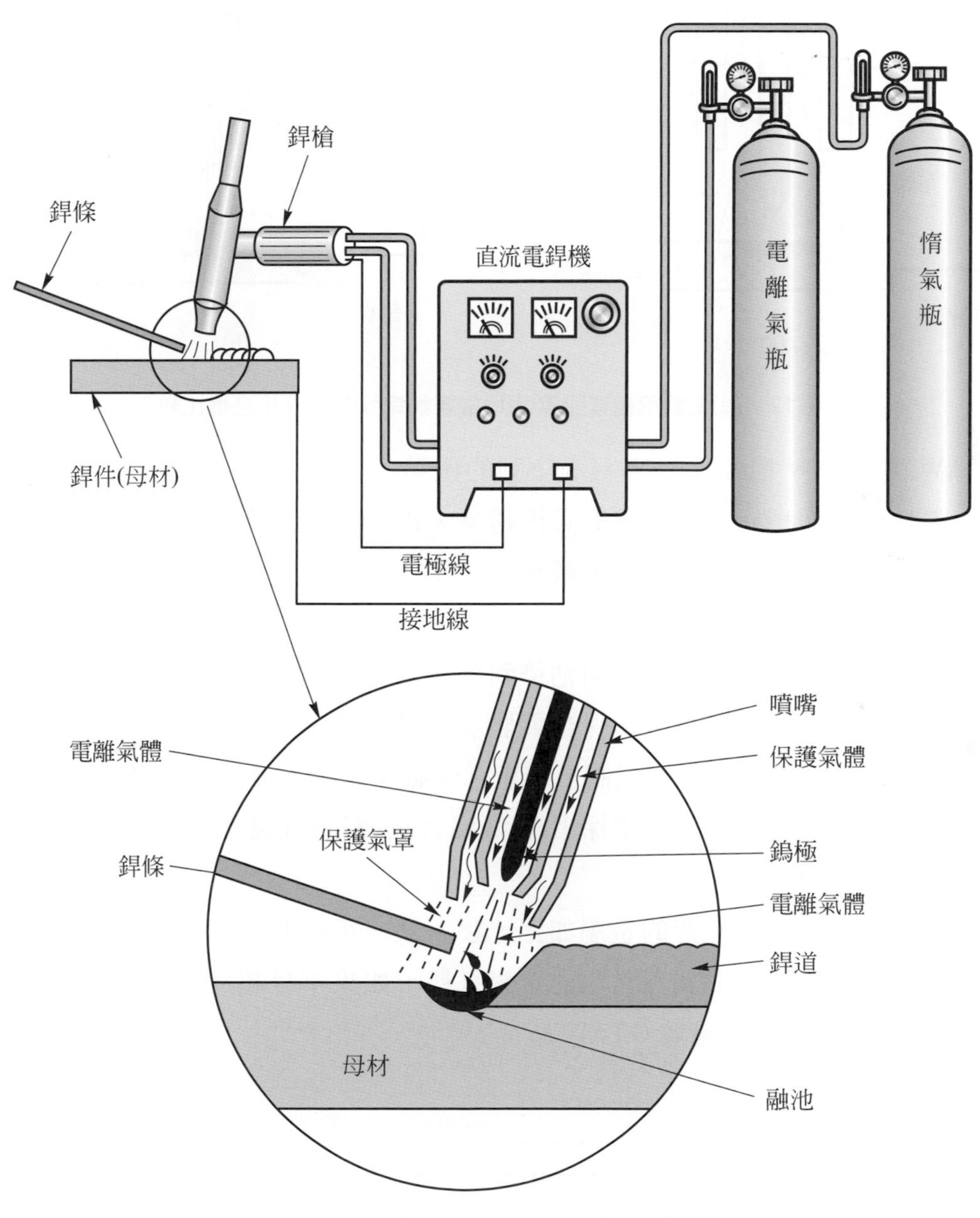

圖 4-11 電離氣電弧銲之原理與設備[1,5,6]

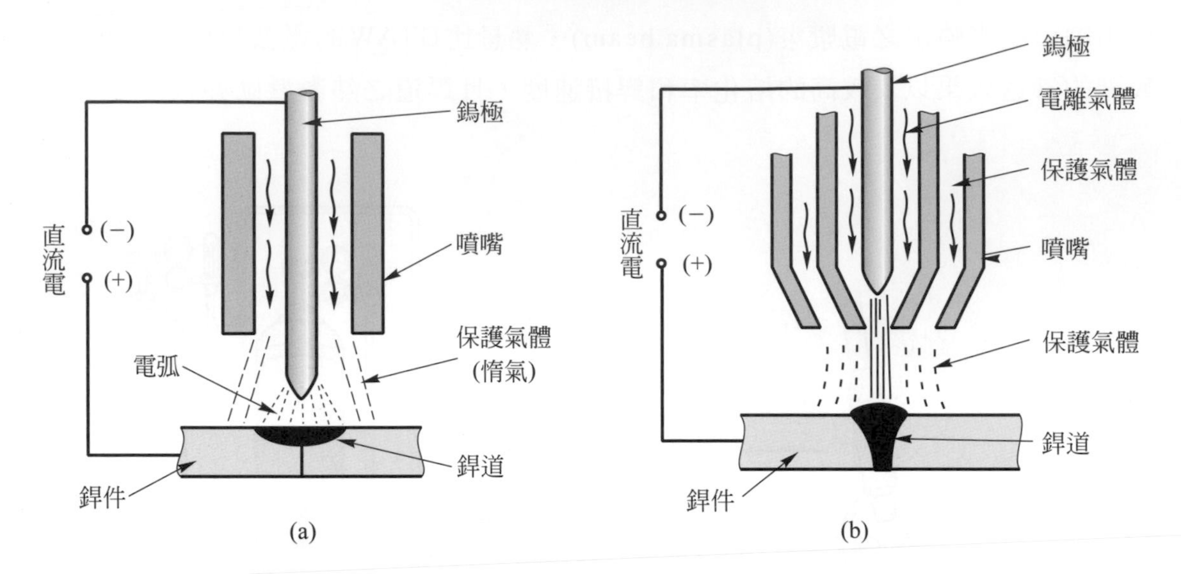

圖 4-12 (a)氣體鎢極電弧銲與(b)電離氣電弧銲之銲槍結構比較[5]

PAW 與 GTAW 相較，PAW 具有下列的優點：

1. 電弧集中而穩定，熱效率高且滲透深，銲件之熱影響區小。
2. 銲道較深且較窄，銲件變形較小。
3. 更適合較薄的銲件。
4. 鎢電極較不易接觸到銲件而沾染到銲件金屬。
5. 電漿束方向可加以控制，保護氣體之效果優良。
6. 供電離之氣體，無任何限制，空氣、氬氣、氦氣、氫氣、氮氣等皆可使用，亦可使用混合氣。一般都採用氬-氫混合氣或氮-氫混合氣，其中氫氣含量約為 10%～35%。

在應用上，各種較難銲的金屬如鋁、鎂、鈦、鉬以及不銹鋼等，PAW 的銲接的效果甚佳，但鋁和不銹鋼等常用的金屬材料，如果不是超薄板，仍以 GTAW 較為經濟，因為 PAW 的設備較 GTAW 昂貴。

4-5 電阻銲

電阻銲(resistance welding, RW)是利用高電流、低電壓之電流(2,000～20,000 安培，2～10 伏特)，經由兩電極通過二金屬銲件之接合面，瞬間產生大量的電阻熱，使銲件接合面處達局部熔化狀態，再利用電極以適當的壓力夾緊銲件，使之接合在一起。電流所產生的熱量乃依焦耳定理(Joule law)來計算，其公式為：

$$H = I^2Rt$$

H：表熱量，單位為瓦特秒

I：是電流，單位為安培

R：為電阻，單位為歐姆

t：為時間，單位為秒

由公式可知熱量(H)與電阻(R)以及時間(t)成正比，亦與電流的平方(I^2)成正比，因此可利用變壓器以得到較大的電流值，進而可得更多的電阻熱，電阻銲之原理示於圖 4-13。

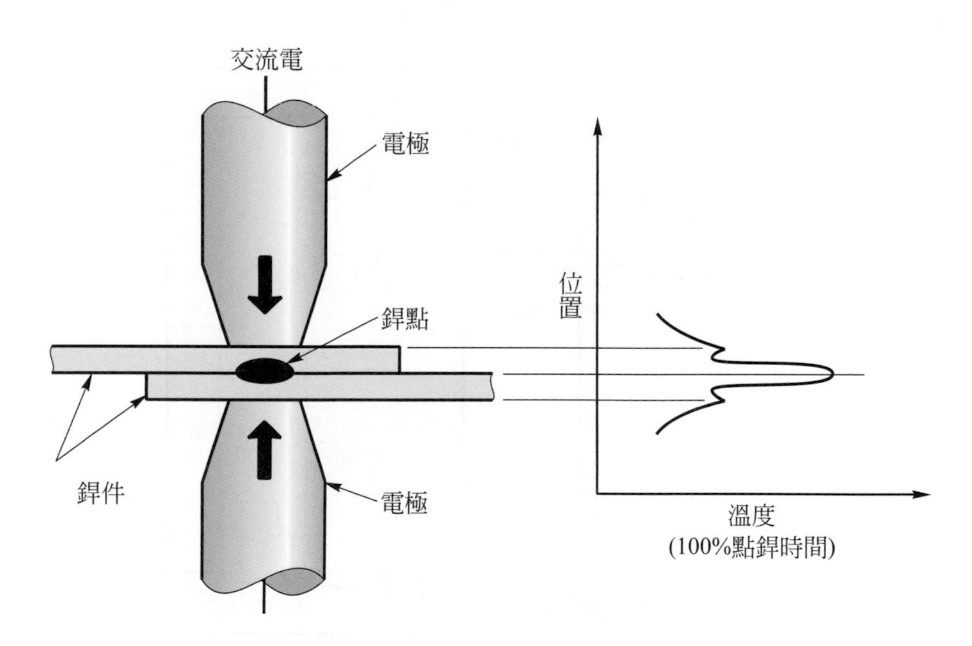

圖 4-13 電阻銲原理示意[5]

和其它的銲接法比較，電阻銲具有下列的優點：

1. 設備簡單且操作容易，適合大量生產製程。
2. 不需添加填料與銲藥。
3. 不會產生電弧和煙塵，較無污染。

4. 銲接速度快，銲件的熱變形與熱影響區均較小。
5. 適用於薄板銲接，尤其板金工作。且銲件精度較易控制。

電阻銲依施銲方式不同約可分爲六種，包括：電阻點銲法、電阻浮凸銲法、電阻縫銲法、端壓銲法、閃光銲法以及衝擊銲法。這些銲法雖然裝置不盡相同，也應用在不同的場合，然而其所利用之原理都是一樣的，其詳細說明如下。

4-5-1 電阻點銲法

電阻點銲法(resistance spot welding, RSW)是電阻銲中最普遍的一種，主要應用在薄板金屬的接合，可取代鉚接、氣銲或其他的銲接方法，電阻點銲法之設備如圖 4-14 所示。

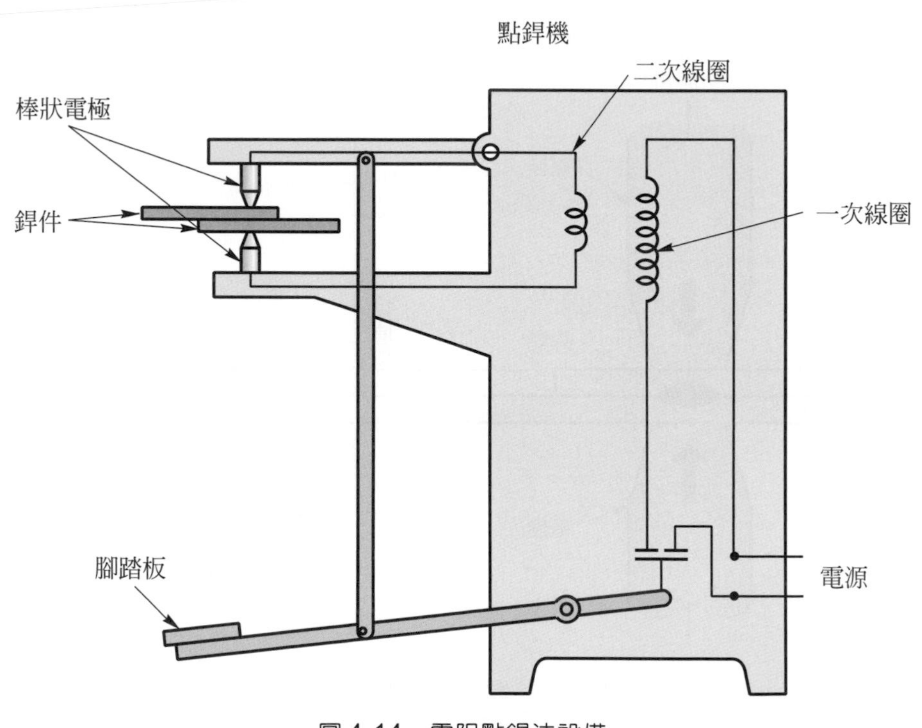

圖 4-14 電阻點銲法設備

電阻點銲法之施銲過程包含下列三個程序：
1. 電極將銲件以搭接方式夾持在一起，在電流尚未導通之前，施以壓力。
2. 通以銲接電流，於電極夾持處之接合面(即點銲處)產生電阻熱，使點銲處之金屬呈局部熔融狀態。

3. 壓力維持時期，此時銲接電流已切斷，但電極繼續施以壓力，待銲件熔合處冷卻爲止。

電阻點銲機依電極數目可分爲單點式(single spot)與多點式(multiple spot)兩種。又依電極移動之方式可分爲搖臂式(rocker-arm)、直壓式(press type)以及可移動式(portable type)三種，其中可移動式又稱爲槍式電阻點銲機。

4-5-2 電阻浮凸銲法

電阻浮凸銲法(resistance projection welding, RPW)又稱凸點銲法，其應用之原理與設備大致與電阻點銲法相同，如圖 4-15 所示，主要不同點在於：

1. 電阻浮凸銲在施銲前必須先將平直銲件之一，以沖床或壓床，利用模具沖壓成具有凸起結構(稱爲凸點)，藉由該凸點的電阻熱達成銲接。
2. 電阻浮凸銲的電極都採用平頭電極，而且直徑比點銲法之電極還要大。

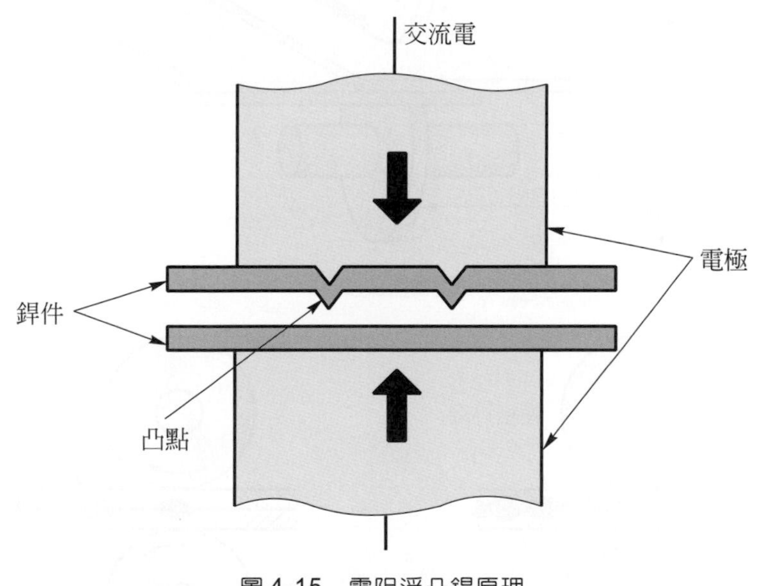

圖 4-15　電阻浮凸銲原理

這些凸點的直徑約和銲件的厚度相等，而凸出的高度約爲材料厚度的 60%，形狀有圓形、方形、長方形、三角形、橢圓形或其它形狀等。銲件所有的凸點必須等高，方可使其均勻地銲接於接觸面上。電阻浮凸銲所需的銲接時間較短，使得銲件受熱較少，因而電極使用壽命增長。並且銲接區域的收縮與變形也減少許多，此爲電阻浮凸銲在許多製程中被採用的主因。

4-5-3 電阻縫銲法

電阻縫銲法(resistance seam welding, RSEW)原理與電阻點銲法相同，只是將點銲法的棒狀電極改為滾輪狀。施銲時將兩銲件夾於兩滾輪間，藉由滾輪轉動，配合通電控制器來控制通電時間與間隔，使銲件上得到一點一點的重疊或不重疊的銲點(稱為銲縫)，若銲縫為連續者，稱為連續銲縫；反之，則稱為間斷銲縫，如圖 4-16 所示。利用間斷通電，可避免銲件因過熱而熔破。當施銲時滾輪電極外圍另以水冷卻，防止滾輪電極過熱。

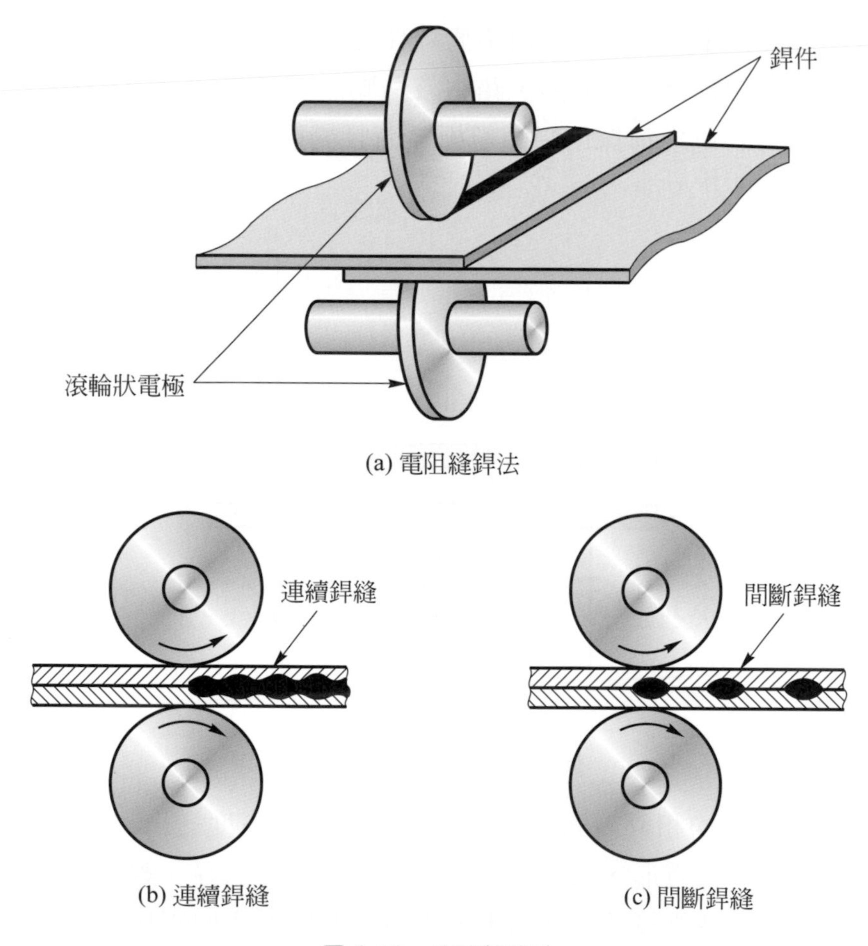

(a) 電阻縫銲法

(b) 連續銲縫

(c) 間斷銲縫

圖 4-16 電阻縫銲法

電阻縫銲法適用於銲接薄而長的密閉接縫銲件，例如：水箱、油箱、汽油桶、有縫管以及金屬容器等，因此多應用於大規模的薄板金屬製品的生產，所具有的優點，包括：設計優美、節省材料、銲件密合以及成本低廉等。

4-5-4　端壓銲法

端壓銲法(resistance upset welding, RUW)又稱對衝銲，是利用兩個夾持式電極，一爲固定，另一爲可移動。將兩銲件夾持並使接合的端面相接觸。先施加壓力後再通電，藉由接觸面的電阻熱，使之加熱達半熔融狀態而接合。在斷電後仍保持壓力一段時間，待凝固後兩銲件即完成接合。端壓銲法適用於對接棒材、管材或型鋼等。圖 4-17 爲端壓銲法原理示意圖。

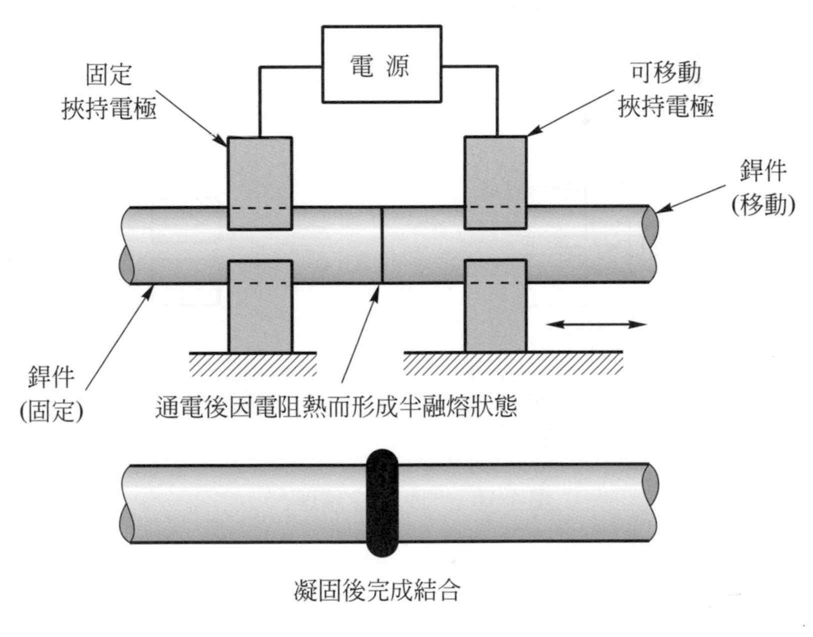

圖 4-17　端壓銲法原理

4-5-5　閃光銲

閃光銲(flash welding, FW)原理示於圖 4-18，與端壓銲類似，不同點在於銲件兩接合端面並未接觸而是留有一間隙，且不施加壓力，當兩端通以電流時，會在端面間隙產生電弧或閃光，形成高溫，並將金屬端面熔融成爲塑性狀。電流隨即切斷，同時施以壓力擠壓，使銲件兩端面接合成一體。由於會產生電弧閃光，所以稱之爲閃光銲。閃光銲與端壓銲一樣多應用於對接棒材、管材或型鋼等。通常小斷面的銲件採用端壓銲，而大斷面的銲件則採用閃光銲。適合的銲接材料爲除了鑄鐵、鉛、錫及鋅合金以外的鐵金屬與非鐵金屬皆可適用。不但能銲接同種金屬，亦能銲接異種金屬。

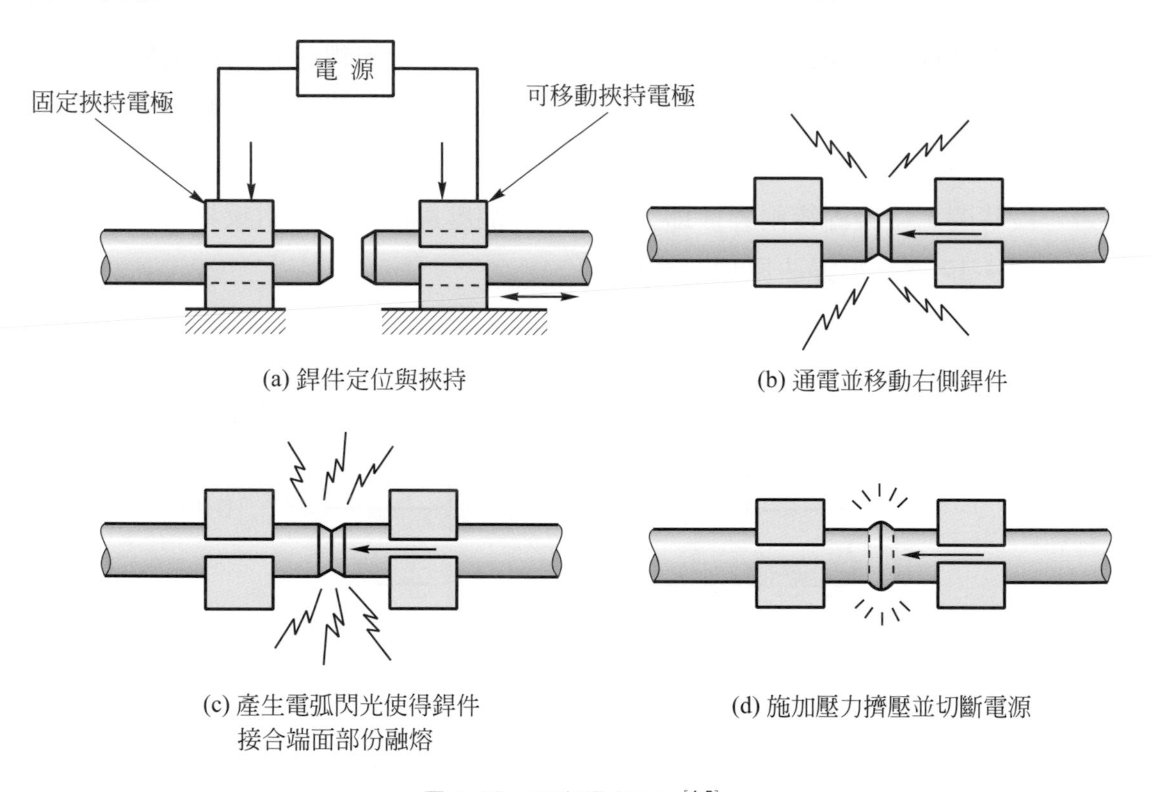

圖 4-18　閃光銲之原理[4,5]

4-5-6　衝擊銲

衝擊銲(percussion welding, PEW)是利用一銲件夾持於固定端，另一銲件夾持於裝有彈射機構的活動夾頭上。施銲時，彈射出活動夾頭，使活動銲件的端面高速衝擊固定銲件的端面。當兩銲件在相距約 1.6 mm 時，通以電流，使銲件接觸端面瞬間發生電弧並隨即相撞擊。由電弧熱產生的高溫加上衝擊力，使銲件銲合，由於施銲過程極爲短暫，僅約 1/10 秒，以致銲件熱影響區很小。其原理與設備如圖 4-19 所示。

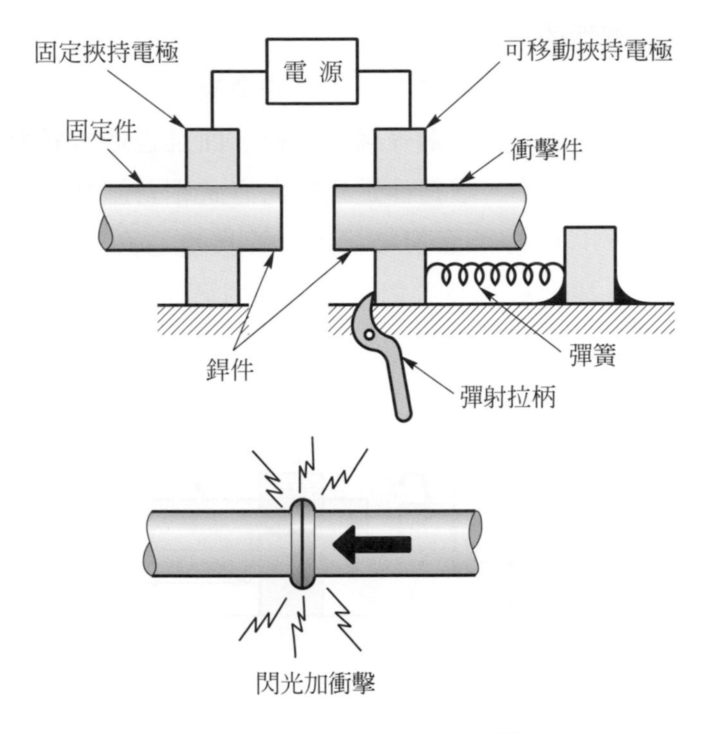

圖 4-19 衝擊銲原理與設備[4]

4-6 固態銲接

固態銲接法(solid state welding, SSW)係指銲接過程中沒有使用電弧、火焰、高能量束或電阻來加熱銲件，此類銲法的銲件是在常溫狀態，或用上述加熱方法以外的其他方法使銲件達到某一溫度，但溫度都未達銲件的熔點。若需加熱也只達到兩銲件能連接在一起的程度，一般都以施加壓力於接合面上，並不需要填料便能使銲件接合。固態銲接約可分爲九種，包括：摩擦銲接、爆炸銲接、超音波銲接、高週波銲接、鍛壓銲接、氣體壓銲接、冷壓銲接、擴散銲接以及滾銲法等。較常用的幾種固態銲接將於以下各小節中介紹。

4-6-1 摩擦銲接

摩擦銲接(friction welding, FRW)之原理如圖 4-20 所示，主要利用銲件接觸面的相對運動所產生的摩擦熱，使接合面達到塑性狀態(但未達到熔點)，立即加以適當壓力，以形成一塑性的擠壓接合。

摩擦銲接適用於可進行熱鍛且磨擦係數大的金屬材料，如鋁、鎂、銅等金屬及其合金，以及碳鋼、工具鋼、合金鋼等鋼鐵材料。而且也適用異種金屬銲接。銲接時不需填料，銲道熱影響區小。唯銲件是以軸向方式相對施轉，對端面加工與對準之精確性要求較嚴格，且限於平面對接。適合銲接實心圓棒或圓管，一般有棒對棒、棒對管、管對管、棒對板以及管對板等五種方式。

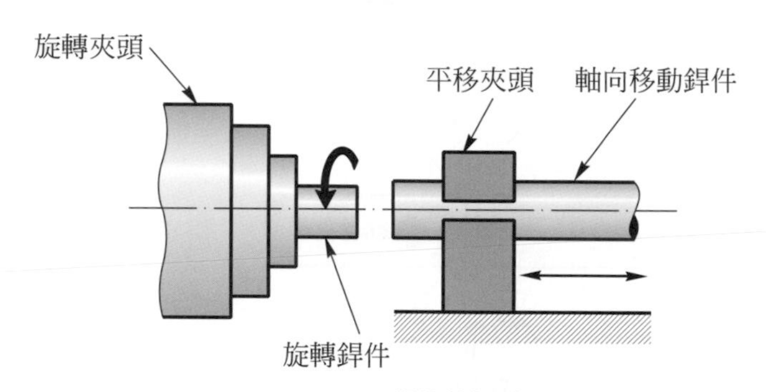

(a) 銲件接觸前

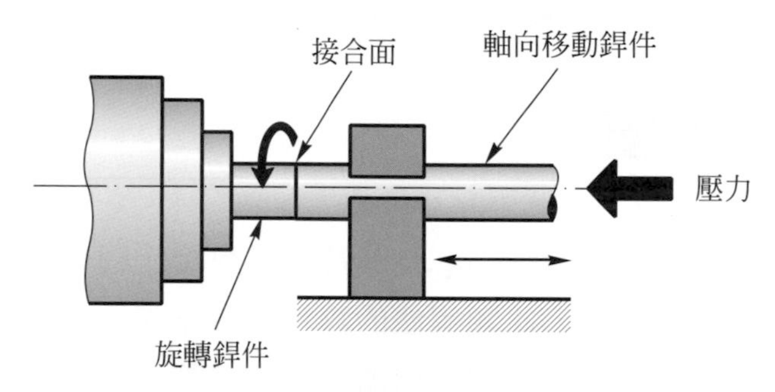

(b) 接觸摩擦產生熱能

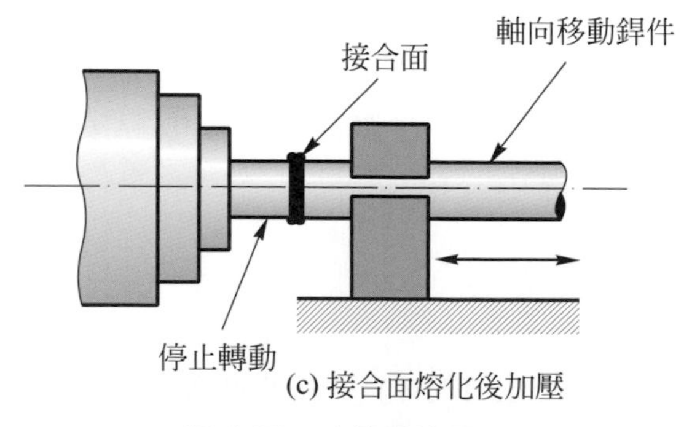

(c) 接合面熔化後加壓

圖 4-20　摩擦銲接原理

4-6-2　爆炸銲接

爆炸銲接(explosion welding, EXW)原理如圖 4-21 所示，將上層的銲件以一定的角度傾斜於下層銲件上方，並在其上方放置緩衝層及炸藥，經引爆炸藥後產生劇烈的衝擊力，並由震波引起熱效應，使二銲件接合面產生波紋狀塑性變形而固相結合。主要應用於大面積板件的重疊或覆面，例如碳鋼表面覆蓋一層不銹鋼而形成覆面鋼板(clad steel)，另外亦有鋁合金板表面重疊一高強度鋼板，可兼具減輕重量和較高強硬度表面之效果。

在施銲時，因炸藥具高危險性，故須由專家操作，而銲接場所亦需特別的安全設計，或利用在水室中進行銲接。

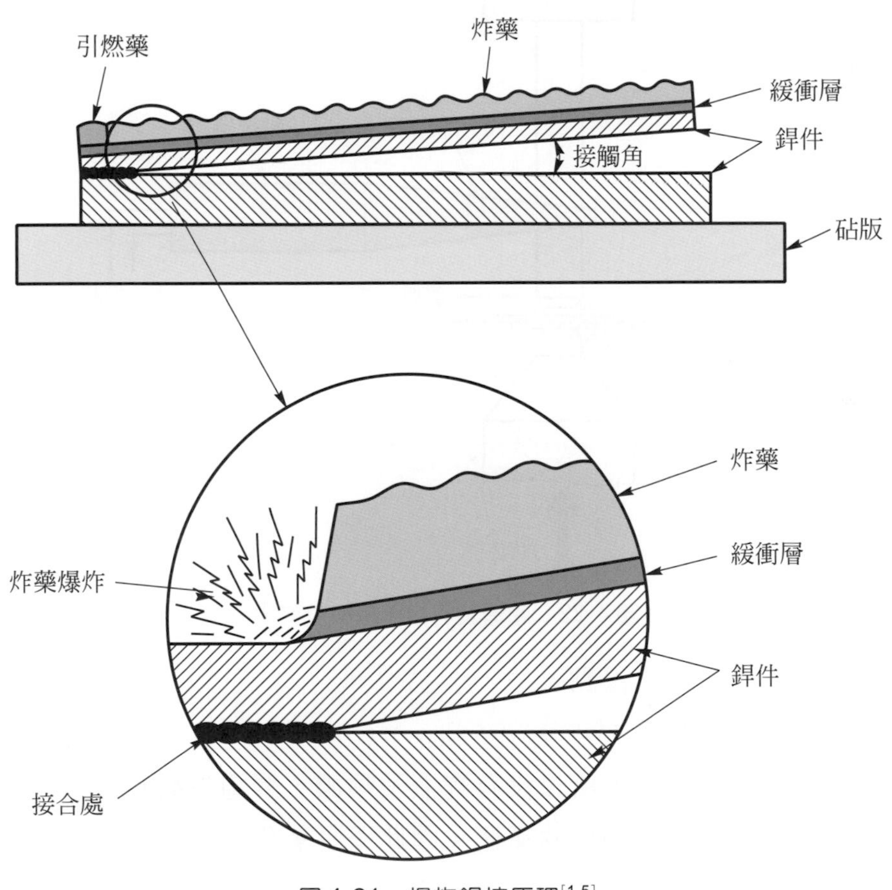

圖 4-21　爆炸銲接原理[1,5]

4-6-3 超音波銲接

超音波銲接(ultrasonic welding, USW)是將銲件夾持在兩音極間，以高頻率的超音波振動能，平行往復作用於銲件接合面。藉著振動所產生的剪應力，可以除去銲件接合面的氧化層，並由乾淨的面與面的滑動作用，形成原子間的變形與吸引，使銲件接合在一起，如圖 4-22 所示。超音波銲接在施銲時每秒鐘有 5000～10000 的週波數，一般多用於超薄銲件的接合。

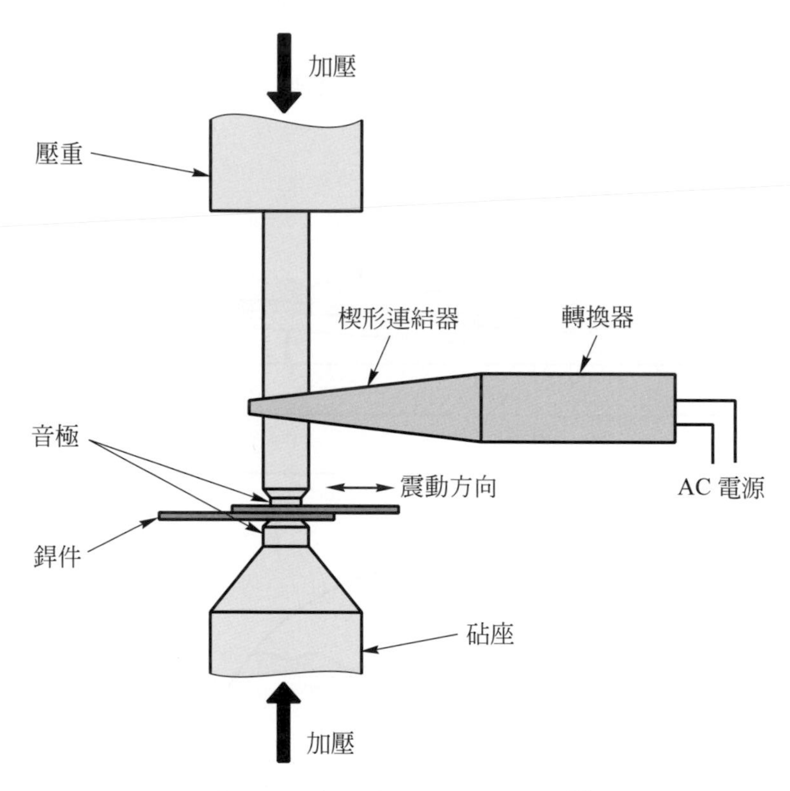

圖 4-22 超音波銲接原理與設備[5]

超音波銲接具有下列之優點：

1. 適用於異種金屬銲接。
2. 不會產生電弧或火花，所以沒有銲渣及噴濺，銲道外觀良好。
3. 銲道不會吸收空氣中的活性氣體，因此不易氧化。
4. 銲接迅速，效率很高。
5. 銲接品質受銲件表面清潔與否的影響不大。

4-6-4 高週波銲接法

高週波銲接(high frequency welding, HFW)是利用高週波電流，於銲件的接合面產生渦電流，加熱使接合面達到銲接溫度，並藉由施加壓力使銲件接合。此銲法之施銲速度快，最常見的用途是有縫鋼管的接縫對接。高週波銲接可分爲高週波電阻銲和高週波感應銲兩種，如圖 4-23 所示。其中高週波電阻銲(圖 4-23(a))係藉由兩滑動電極與銲件接合面接觸，將高週波電流導通，使接合面因電阻熱而達到銲接溫度，再利用兩側滾輪擠壓兩接合面，使之銲合。而高週波感應銲(圖 4-23(b))則是將銲件接合面一起置於感應線圈中，通入高週波電流產生渦電流加熱接合面，當達到適當溫度時同樣利用兩側之滾輪擠壓兩接合面使之接合。

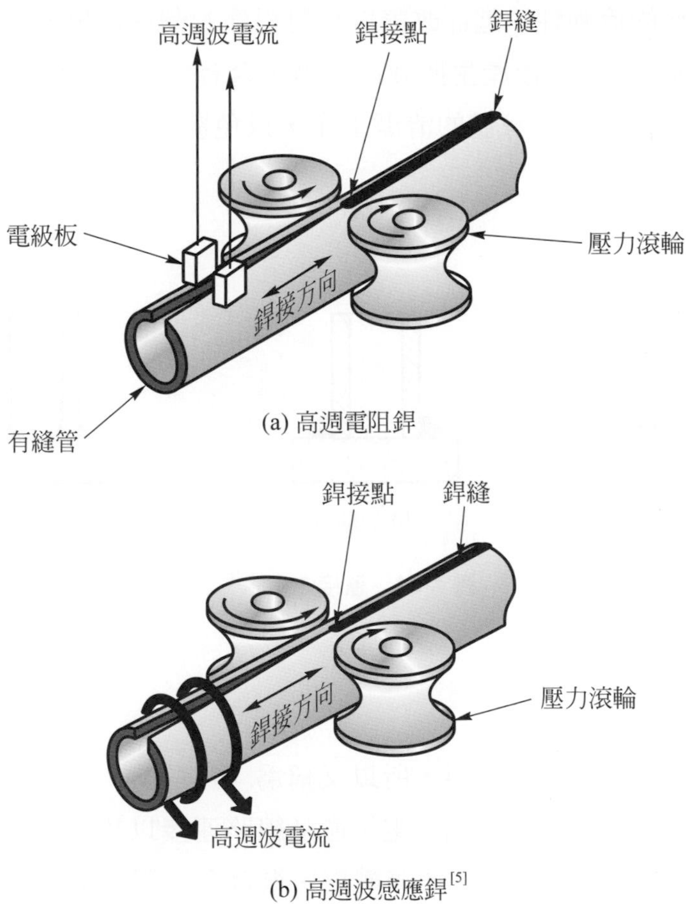

(a) 高週電阻銲

(b) 高週波感應銲[5]

圖 4-23

4-7 軟銲與硬銲

軟銲(soldering)與硬銲(brazing)都是將銲件與塡料同時加熱至低於銲件熔點，但高於塡料熔點的溫度。使塡料熔化成液態，再利用毛細作用，塡入接合面夾縫中，塡料凝固後將銲件接合。施銲過程中只有塡料熔化，而銲件並不熔化，如圖4-24所示。軟銲與硬銲一般統稱爲「鑞接」。

軟銲與硬銲乃以施銲溫度來區分，溫度在 800℉(427℃)以下者，稱爲軟銲；溫度在800℉(427℃)以上者，稱爲硬銲。

軟銲與硬銲在施銲時需做好銲件接合面的清潔處理，以提高銲接之品質。又爲了去除銲件與熔融塡料表面的氧化膜，並保護銲件表面在施銲過程中不再繼續氧化，以及增加塡料的流動性，進而改善塡料對銲件的潤溼作用，一般都會使用銲劑(flux)。但是銲劑會在熔化後產生揮發性氣體，含有毒性，應儘量避免吸入體內，施銲完畢後更應注意銲件與身體的清潔工作，以免影響身體的健康。

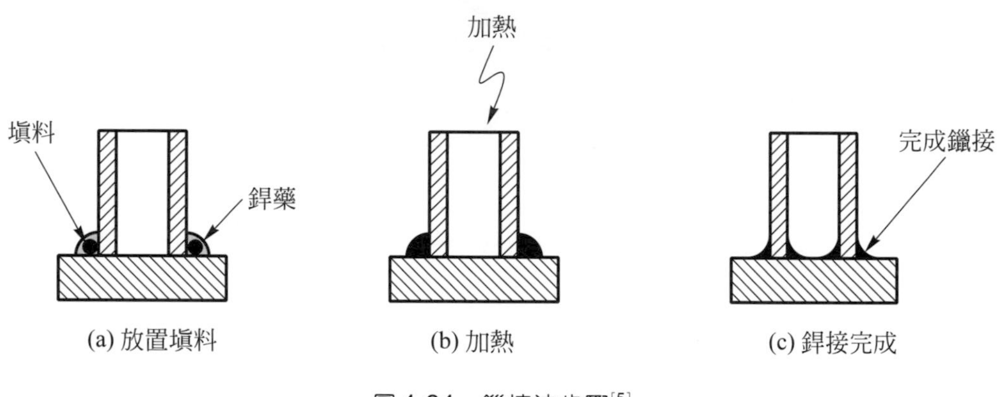

圖 4-24 鑞接法步驟[5]

4-7-1 軟銲

軟銲一般以含錫的合金爲銲料，所以又稱爲「錫銲」，多應用於薄板金製成的日用器具、防漏修補、低電阻接頭、電子產品線路連接以及容器儲槽等。適用的銲件材料以鉛、鍍錫鐵皮(馬口鐵)、鍍鋅鐵皮、銅合金、鋁合金以及不銹鋼等爲主。由於銲接溫度較低，所以銲件較不易變形，且防漏性高，但是銲接強度較弱。

軟銲依提供熱源之不同可分爲八類，包括：銲炬軟銲、電阻軟銲、爐式軟銲、感應軟銲、浸式軟銲、紅外線軟銲、烙鐵軟銲以及波動軟銲等。

軟銲所使用的填料稱爲銲料(solder)，這些銲料都是以錫和鉛爲主要成分，再添加少量的其他金屬如銻、鉍、鎘、銀和鋅等，以因應銲接不同銲件材料的需要。

4-7-2 硬銲

硬銲一般以含銅或含銀的合金爲銲料，所以又稱爲「銅銲」或「銀銲」，其施銲方式與軟銲大致相同，只是操作溫度較高，所得銲件的接合強度亦較軟銲爲高，而且適用的銲件材料更廣，幾乎工業上常用的金屬都能適用，包括銅、鋁、鎂、鑄鐵、低碳鋼、高碳鋼、高速鋼、合金鋼、超合金、碳化物刀具、陶瓷材料、活性金屬鈦和鋯以及高熔點金屬鎢、鉬、鉭和鈮等。

硬銲亦依提供之熱源不同分爲十一類，分別爲：電弧硬銲、銲炬硬銲、電阻硬銲、爐式硬銲、感應硬銲、浸式硬銲、紅外線硬銲、擴散硬銲、熱塊硬銲、流動硬銲以及雙碳極電弧硬銲等。

4-8 特殊銲接法

在第二節的銲接分類中的其他銲接法，因使用的熱源或施銲方式，都較爲特殊，因此，也稱爲特殊銲接法，包括雷射光銲接、電子束銲接、電熔渣銲接、鋁熱料銲接等。

4-8-1 雷射光銲接

雷射(laser)是由英文Light Amplification by Stimulated Emission of Radiation的第一個字母組合而成，意指「以輻射激發放射所引起的光放大作用」。所以，中國大陸將雷射稱爲「激光」。雷射的原理簡單敘述如下：正常狀態下的原子或分子是處於低能階的「基態」，當這些原子或分子受到光源照射或其他能量作用時，其電子會由靠近原子核內層的低能階躍升到外層的高能階上，該原子因受到激發作用而獲得能量，於是稱之爲處於高能階的「受激態」，此過程稱爲「受激吸收」。然而，這些由內層的低能階躍升到外層高能階的電子並無法持續久留，必須降回原來的能階。在降回過程中原來所吸收的能量即會以光子形式釋出，此過程則稱爲「自發輻射」。若一受激態的原子受到一光子作用，由高能階降回低能階，並釋出另一具有相同相位與波長的光子，連同原來的光子，則共有兩個光子，此過程稱爲「受激輻射」。所以受激輻射會造成一個光子變爲兩個光子的光放大作用。如果將此作

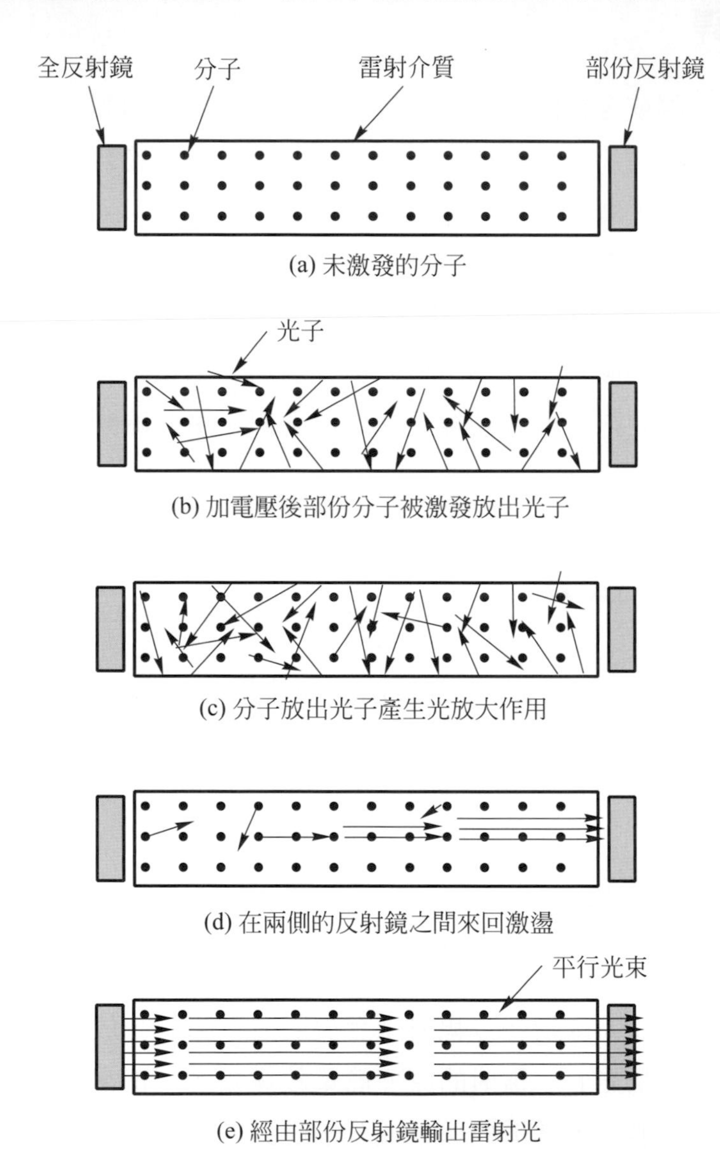

圖 4-25 雷射機共振腔內的氣體激發狀態示意圖[7]

用限制在某一固定範圍內，使原子持續地被激發、然後放出光子，再激發其他已被激發的原子放出更多的光子，於是光子數目呈倍數地增加。這些波長與相位皆相同的光以平行的方式射出，即爲雷射光。如圖 4-25 爲雷射機共振腔內的氣體激發狀態示意圖。

由雷射的產生原理可瞭解到雷射具有的特性包括：單一的相位與波長、很好的指向性(平行度)以及很高的能量密度等，因此非常適合作爲銲接的加熱源。

雷射光銲接(laser beam welding, LBW)就是利用雷射光產生器產生的雷射光，經聚焦鏡加以聚焦成能量密度極高的光束，將銲件置於光束之焦點上，藉由材料吸收光能再轉成熱能來加熱銲件以施行銲接。

雷射光銲接具有以下的優點：

1. 利用光束加熱銲件，製程很乾淨，不會產生煙塵，也不會有噴濺的情形。並可在大氣中施銲。
2. 很適用於異種金屬銲接，尤其能銲接兩種物理特性相差很大的金屬。
3. 銲炬不用接觸到銲件，甚至雷射光束可以投射到相當遠的距離，能量不易因距離較遠而有所損失。
4. 銲接速度快，使得銲件吸熱量少，造成銲件的變形量與熱影響區小，較不會破壞材料的機械性質。
5. 可銲微小以及薄的銲件。
6. 不需添加填料，直接由銲件接合面熔融接合。
7. 可精確定位，容易銲接自動化。

雷射光銲接雖然具有諸多優點，但仍有以下的限制：

1. 銲件需要良好的密合，以致前置加工非常重要。
2. 因雷射光的能量很高，若工件的熱傳導性不佳，則過多的能量累積會使銲件表面蒸發或造成熱衝擊，形成銲接的缺陷。並使銲件的最大厚度受到限制。
3. 設備非常昂貴，且耗材費用高。
4. 雷射光多爲不可見光，必須注意工作環境的安全維護，否則容易造成人員與周邊儀器設備的傷害。
5. 不適用於銲接對雷射光反射率高的金屬，如金、銀、銅以及鋁等。

目前雷射銲接大多應用於太空、國防和電子工業等。施銲時雷射光束雖然沒有傷害性，但操作人員必須配戴可過濾雷射光線的特製護目鏡以保護眼睛。同時，不可將身體的任何部位暴露於施銲時所放射出來具高熱量的雷射光束。

4-8-2 電子束銲接

電子束銲接(electron beam welding, EBW)是在眞空室中以一鎢或鉭製成的陰極燈絲，經通電後藉由電阻加熱至 2500℃，甚至更高溫度後，放出熱電子，再受到與陽極之間附加的高電壓(通常為30～200kV)所形成的電場，加速成能量高且速度快的電子流，再藉電磁聚焦線圈(electromagnetic focusing coil，或稱“磁透鏡”magnetic lens)的收束，以及電磁偏向線圈(magnetic deflection coils)的偏向作用，使成爲直徑0.1～1.0 mm的高能量密度電子束，當電子束撞擊銲件表面時，將動能急速轉成熱能，使材料熔融甚至汽化而達成接合。電子束銲接設備示意圖如圖 4-26。

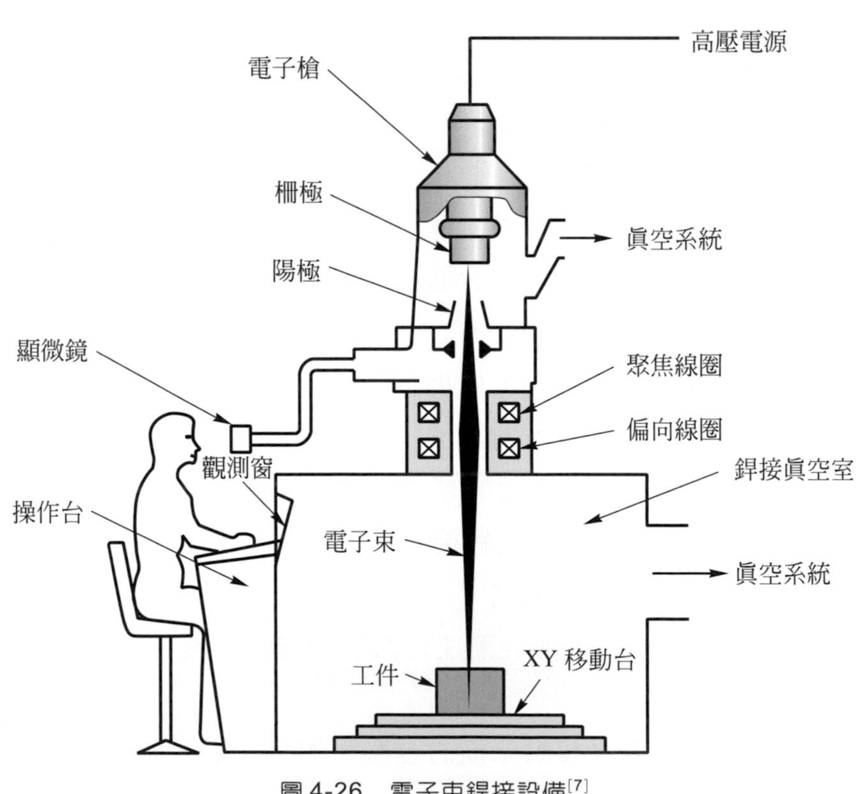

圖 4-26 電子束銲接設備[7]

在施銲過程中，電子束會先在銲件上形成匙孔(key hole)，當電子束沿著銲件接合面前進時，藉由同時發生的三種作用而形成銲道。

1. 匙孔前緣上的金屬汽化，然後在匙孔後緣凝結成熔融金屬。
2. 匙孔前緣的熔融金屬流向匙孔的周圍及後緣。
3. 當電子束往前移時，不斷形成的熔融金屬塡進匙孔內而後凝固。

電子束銲接之最大特點是熔透特性，亦即深入貫穿的效果，與傳統銲接的最大不同就是能夠銲得很深，且銲道很窄，使得銲件的熱影響區也相對地變窄，可獲得較佳的銲接品質。圖 4-27 爲電子束銲接、雷射銲接以及電弧銲所得銲道橫切面的比較圖。圖 4-28 是電子束銲接之銲道的實際熔透情形，從這些比較我們了解到，電弧銲所得的銲道深-寬比大約是 1：1，而電子束銲接的銲道深-寬比則可達 40：1。

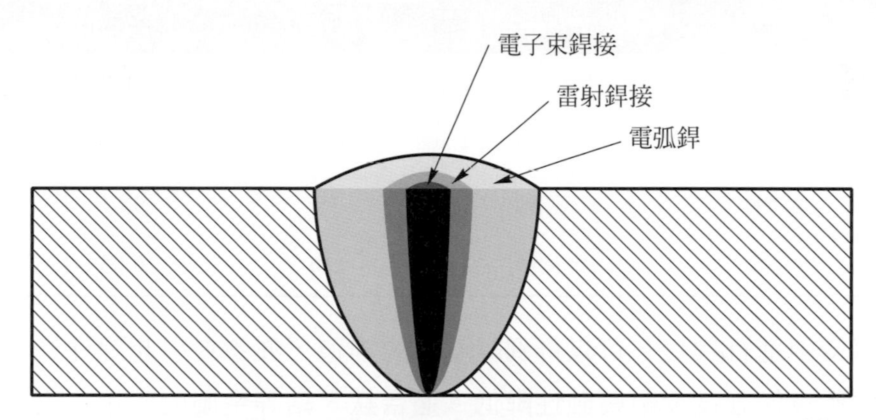

圖 4-27　電子束銲接、雷射銲接以及電弧銲所得銲道橫切面的比較[8]

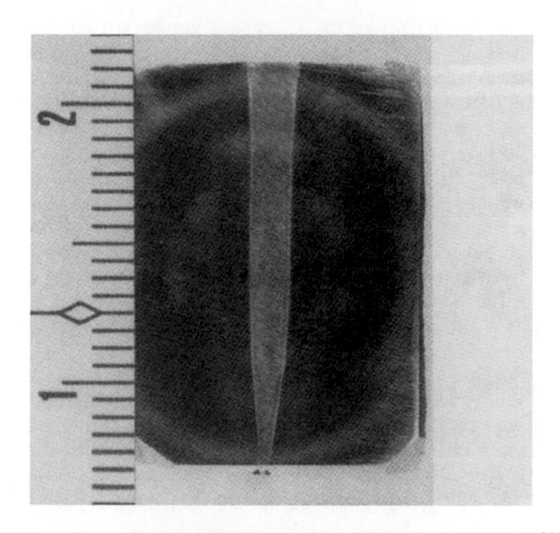

圖 4-28　電子束銲接之銲道的實際熔透情形[6]

電子束銲接的另一個重要特點是能量密度(power density)相當高，表4-1爲各種銲接法的熱源能量密度比較表，由表中可知電子束的能量密度在10^4～10^7 W/cm^2，而且連續最大輸出功率還比雷射光高出近10倍以上，使得電子束的應用範圍更加廣泛。

電子束銲接具有以下之優點：

1. 能量密度高，熱量集中，使得銲道寬度窄而且滲透深。產生的銲接熱影響區、殘留應力以及變形量都很小。
2. 不需添加填料，直接由銲件接合面熔融後即可接合。

表4-1 各種銲接之能量密度比較表[7]

熱源	能量密度 (W/cm^2)	連續最大輸出功率 (kW)	熱源直徑 (cm)
電弧	10^4左右	30	0.2～2
電漿	10^4～10^5	100	0.5～2
雷射	10^3～10^6	15	0.01～1
電子束	10^4～10^7	120	0.03～1

3. 在眞空中進行銲接，可以得到純度高的銲道，亦不會引起銲件氧化或氮化，因此不會使強度或耐腐蝕性降低。適合鈦、鋯等金屬的銲接。也適用高熔點金屬，如鉭、鎢及鉬等。
4. 熱傳導率良好材料，如鋁和鎂等，不需預熱即可局部銲接。
5. 由於穿透深又尖銳且能夠調整並控制輸出，因此可適用於極薄板乃至於厚板的高速銲接(厚度：0.05mm～50mm)。
6. 由於銲件變形量小，因此銲件可先經精密加工後再施銲，而仍可保有良好的精密度。
7. 可適用於異種金屬銲接。
8. 對於形狀複雜或深部的接合銲件仍可施銲。

電子束銲接雖有上述多項優點，但仍有以下的限制：

1. 設備費用高昂，汎用機種的生產效率低，而專用機又無法適用於各種工作。

2. 由於眞空室的容量有限，使得銲件的大小、形狀與銲接位置，以及銲條的供應等都受到限制。
3. 接合面的定位精度要求嚴格，偏位量不可超過銲道寬度的十分之一。
4. 對銲道開槽精度與接合面間隙一致性的要求很高。
5. 就入熱量而言，電流、電壓、銲速以及焦點位置均需加以控制。
6. 銲件接頭必須脫脂清洗完全。銲接室以及夾具等需要加以防銹處理，否則容易使眞空系統遭受污染。
7. 由於在完全隔離下施銲，銲接速度又快，以致銲接過程中無法立即修正。
8. 若銲件或夾治具有磁場，電子束即被偏向。因此需要預先加以消磁。
9. 不適用在眞空中容易蒸發的金屬，例如鋅(Zn)、鎘(Cd)等。

電子束銲接依眞空室的眞空度高低可分爲三種型式：

1. 高眞空式：眞空室的眞空度在10^{-3} torr以上。由於眞空中電子束不易散熱，能量較爲集中，所得銲道之滲透最深，熱影響區最小。
2. 低眞空式：眞空室之眞空度在25 torr～10^{-3} torr間。電子束能量集中度次於高眞空式，所得銲道滲透較淺。
3. 非眞空式：其電子鎗仍在眞空室內，但銲件放置在大氣中施銲。與前兩種方式相較，此方式的能量集中度最低，滲透也最淺，但適用於無法置於眞空室內的大型工件。施銲時仍需藉助一移動式的簡易眞空吸口，隨著電子束移動而一直貼近銲道以進行銲接，銲接品質較前兩方式爲差。

高眞空式與低眞空式在施銲時需透過光學觀測系統來觀看施銲情形。高眞空式一般用來銲接活性大的金屬；低眞空式則用來銲接鋼鐵材料；非眞空式則應用在無法放入眞空室之零件。

4-8-3　電熔渣銲接與電熱氣銲接

電熔渣銲接(electro slag welding, ESW)是一種銲件垂直銲接的銲法，故又稱爲「自動立銲」。其原理是利用兩直立銲件留有一直立縫隙，兩側以銅擋板(需通冷卻水)罩住，並於底部裝置墊板。施銲時先將銲劑塡入銲縫，由上方送入可消耗式銲線作爲電極，在起銲後電極產生電弧，並將銲劑熔成熔渣，而後電流仍流經熔渣，並藉由熔渣之電阻熱進一步熔化銲線與母材，銲線持續地送入並熔化。金屬熔液從底部往上開始凝固，銅擋板隨之向上移動，達到銲件頂部後便完成銲接。圖4-29所示爲電熔渣銲接之原理與設備圖。

電熱氣銲接(electro gas welding, EGW)之原理與電熔渣銲接大致相同，不同點僅在於電熱氣銲接是利用二氧化碳作爲保護氣體，其銲線可爲實心或包藥銲線。

這兩種銲接法適用於較厚的銲件，經過一道銲接後，就可完成銲接工件。廣泛地應用於鍋爐製造、造船工業以及重鋼構業等的厚板件銲接。

此兩種銲法可單銲條填充，也可多銲條填充，它具有下列之優點：

1. 金屬堆積率高，可一次完成厚材料之銲接。
2. 對接合面之加工要求低，從切割面至銑削面均可施銲。
3. 屬自動化銲接，技術簡單操作容易。
4. 銲件水平方向及垂直方向之變形均小。

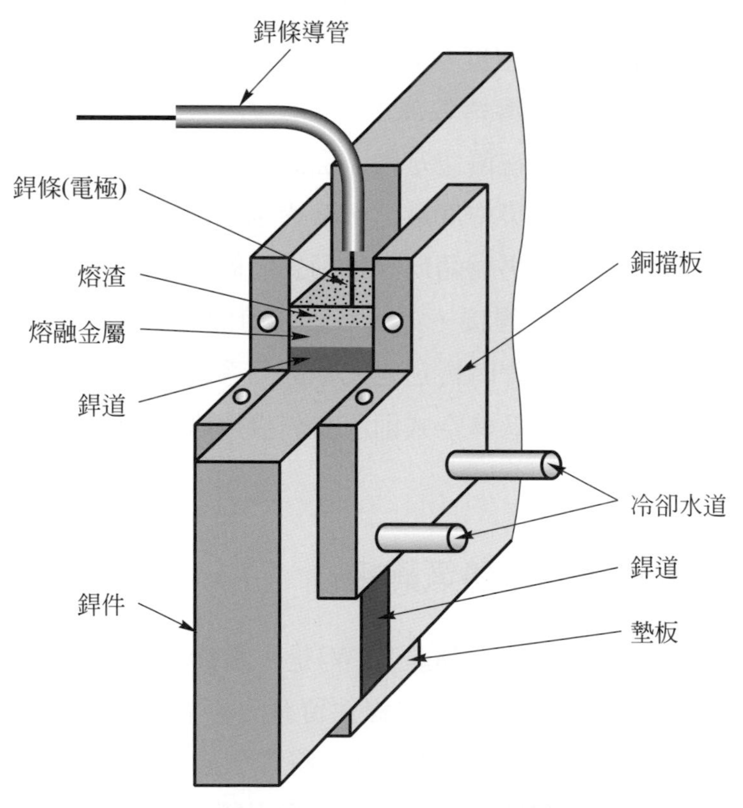

圖 4-29　電熔渣銲接之原理與設備[5]

5. 銲接缺陷少，銲接品質高。

此類銲法亦有以下之限制：

1. 只適合於立銲，其它位置銲法無法使用。
2. 施銲時必須一次完成，若中途停止再起動將造成施工困難。
3. 不適於銲接鋁合金及不銹鋼等金屬，因銲道品質不佳。

4-8-4 鋁熱料銲接

鋁熱料銲接(thermit welding, TW)係利用熱料(通常為鋁粉)與金屬氧化物(通常為氧化鐵)在發生化學反應時，放熱並產生過熱金屬液，再將其填入銲件接縫中，達成接合目的。在施銲時先點燃鎂粉或含氧化鋇之發火劑，當溫度達到1090℃～1370℃時，熱料就會與金屬氧化物開始起化學反應，其反應式如下：

$$8Al + 3Fe_3O_4 \rightarrow 9Fe + 4Al_2O_3 + 熱$$

此反應可產生大量的熱能，所以反應時之溫度可高達 3593℃，但因被坩鍋吸收以及輻射損失於大氣中，所以溫度僅達2500℃左右。反應後所形成的Al_2O_3浮渣懸浮於鐵液上方，可保護鐵液避免與空氣接觸而氧化。將熔融鐵液注入至銲件接縫

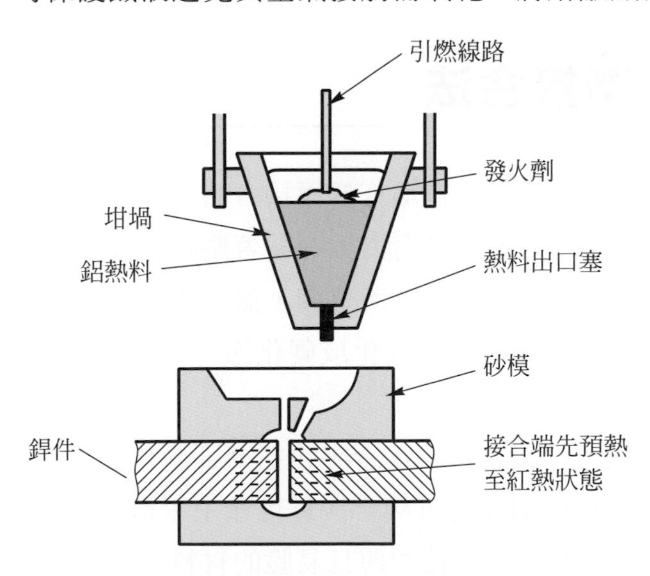

(a) 引燃發火劑，促使鋁熱料起化學反應

圖 4-30 鋁熱料銲接裝置與步驟[5]

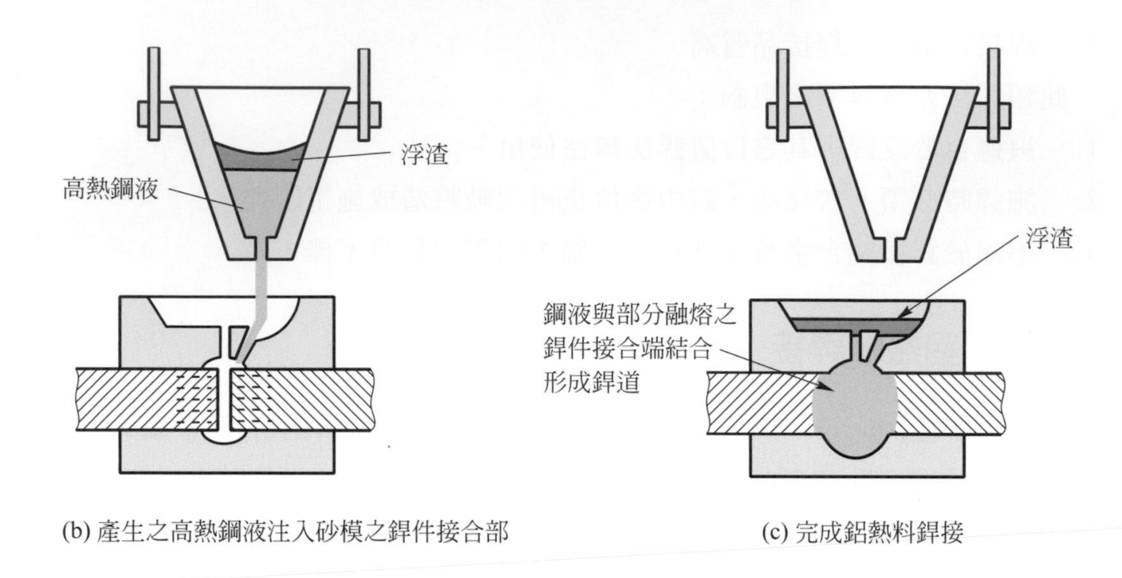

(b) 產生之高熱鋼液注入砂模之銲件接合部

(c) 完成鋁熱料銲接

圖 4-30 鋁熱料銲接裝置與步驟[5](續)

中，待凝固後接合爲一體形成銲道。銲道旁之模具需設有通氣孔與冒口，使鐵液在凝固時氣體得以釋出，避免爆炸或生成氣孔。圖 4-30 所示爲鋁熱料銲接之裝置圖。

鋁熱料銲接大都用於銲接或修補軸件、齒輪、鐵軌以及鋼筋等，有時銲件需加以預熱。

4-9 黏著劑接合法

黏著劑接合法是將液體黏著劑塡充於兩接合面之間，利用液體與接觸之固體表面間的分子產生阻止界面分離之結合力，在黏著劑固化後即達成接合目的。固化通常藉由加熱作用、或施加壓力或觸媒所引發，而產生物理或化學反應，如冷凝，聚合或硫化等，而造成黏著劑轉換成固化或硬化態。

黏著劑接合法具有以下之優點：

1. 適用於同類或不同類材料的接合，包括熱膨脹係數顯著差異之材料。
2. 所有尺寸與外形的組件均可接合。且可產生平滑及曲線接合面。
3. 對於無法以機械接合或銲接的薄且易脆的材料，亦可適用。並可接合厚板。

4. 受力時應力均勻分佈於工件接合面上，可減少接合部位的應力集中所造成的破壞。
5. 接合面可達密封效果以防洩漏，亦可使熱傳趨緩，以及減低電解腐蝕。
6. 可吸收震動或產生彈性接合，提高疲勞壽命與抵抗衝擊。
7. 多在常溫下施工，可避免高溫造成材料性質受損。
8. 成本較其他接合方法爲低。
9. 黏著劑之重量明顯較輕。接合面設計較簡單。
10. 可產生特殊性質，黏著劑可提供接合件之間的電子絕緣，傳導或半導體特性。

黏著劑接合仍有以下的限制：

1. 不適合高溫與高負荷環境下使用。
2. 接合面需做好去除灰塵與油污等清潔工作，否則會降低接合效果。
3. 有時需加以熱壓或需要相當長的固化期。
4. 接合件要定位精準，因此常需要額外的夾治具。
5. 接合面之缺陷不易以非破壞性檢測方式測得。
6. 不似機械接合般可任意拆解。

黏著劑廣泛應用於各種工業上。如汽車工業、航太工業、建築業以及包裝業等。此外還包括製鞋、服飾、家具、裝訂、電子、鐵路、造船及醫學工業等。

黏著劑有三種主要的類別：

1. 天然原料黏著劑(natural adhesive)：包括樹膠、樹脂、樹漿、瀝青、糊精、酪蛋白、黃豆粉以及動物性產品如血液和骨膠等。此類原料所製成的黏著劑，因接合強度不高，通常只在低應力的場合中使用。
2. 有機系黏著劑(organic adhesive)：包括熱塑性塑膠：聚乙烯聚合物、苯乙烯聚合物、飽和多脂、壓克力、多烯烴以及尼龍等。熱固性塑膠：丙烯酸聚合物、酚甲醛樹脂、尿素甲醛樹脂、環氧樹脂、聚胺樹脂以及矽膠等。此類黏著劑接合強度強，廣泛用於木材、玻璃、塑膠與金屬的接合。
3. 無機系黏著劑(inorganic adhesive)：包括可以和水反應而硬化的水泥類與石膏類；可以產生化學反應而硬化的磷酸鹽類、矽酸鹽類和矽膠類；以及低熔點玻璃(水玻璃)等。此類黏著劑接合強度有些很強，有些則較低。可依不同的需求選用不同的黏著劑。

習題

1. 說明材料接合的方法。
2. 試述銲接的定義與分類。
3. 試述氣銲的定義與分類。
4. 說明氣銲所具之優、缺點。
5. 氧乙炔氣銲的火焰型態可分為那幾種？各自的應用為何？
6. 試述電弧銲的基本原理與種類。
7. 繪圖並說明遮蔽金屬電弧銲的銲接原理。
8. 試述氣體鎢極電弧銲(氬銲)的原理與特性。
9. 試述氣體金屬極電弧銲(CO_2銲)的原理與特性。
10. 試比較氣體鎢極電弧銲與氣體金屬極電弧銲。
11. 說明包藥銲線電弧銲的原理與特性。
12. 說明潛伏銲的原理、應用與優、缺點。
13. 試述植釘銲的原理、應用與分類。
14. 說明電離氣電弧銲的原理與應用。
15. 試比較氣體鎢極電弧銲與電離氣電弧銲。
16. 說明電阻銲的原理、分類與優、缺點。
17. 試述電阻點銲法施銲過程中所包含的三個程序。
18. 試比較電阻點銲法與電阻浮凸銲法。
19. 說明電阻縫銲法的原理與應用。
20. 繪圖並說明端壓銲、閃光銲以及衝擊銲原理。
21. 說明固態銲接的原理與分類。
22. 說明摩擦銲接的原理與應用。
23. 說明爆炸銲接的原理與應用。
24. 說明超音波銲接的原理與特性。
25. 說明高週波銲接的原理與分類。
26. 說明鑞接法的原理與分類。

27. 試述軟銲的原理、應用與分類。
28. 試述硬銲的原理、應用與分類。
29. 說明雷射銲接的原理與優、缺點。
30. 說明電子束銲接的原理、特性與優、缺點。
31. 試述電子束銲接過程中的key holing，以及銲道形成的過程。
32. 說明電熔渣銲接與電熱氣銲接的原理與應用。
33. 說明鋁熱料銲接的原理與應用。
34. 說明黏著劑接合法的原理、分類與優、缺點。
35. 試列舉你認爲目前最具發展潛力的銲接方法，並說明原因。

參考文獻

[1] 周長彬、蔡丕椿、郭央諶編著，銲接學，全華科技圖書公司，民國八十二年。
[2] 李隆盛編著，銲接實習，全華科技圖書公司，民國七十四年。
[3] 王振欽編著，銲接學，登文書局，民國七十五年。
[4] 陳志鵬編著，銲接學，全華科技圖書公司，民國九十一年。
[5] R. L. O'Brien: Welding Handbook, Vol. 2, 8th ed., American Welding Society, 1991.
[6] H. B. Cary: Modern Welding Technology, 4th ed., Prentice-Hall, Inc.,1998.
[7] A. D. Althouse and W. A. Bowditch: Modern Welding,Goodheart-Willcox Co., Inc., 1976.
[8] L. F. Jeffus and H. V. Johnson: Welding Principles and Applications,2nd ed., Delmar Publishers Inc., 1988.

第 5 章

切削加工

5-1 緒論

切削加工是爲了獲得工件尺寸與表面精度，而將工件表面多餘的材料切除的方法。例如利用車床、銑床、鑽床等工作母機做車削、銑切、鑽切等加工製程，即爲切削加工。切削加工也可更廣泛包括用磨床對工件做研磨加工。切削加工比較其他機械製造方法是較高效率且低成本，可達成工件尺寸與精度的加工法。一般切削加工的切削方法如圖 5-1。圖 5-1 所示的切削方法其刀具與工件相對運動方式說明如下：圖 5-1(a)對圓形工件做切削加工，工件旋轉，刀具可做兩方向移動加工，一般即爲車削加工，圖 5-1(b)刀具做旋轉且上下移動，而工件做平面運動，此爲銑削加工，圖 5-1(c)刀具做旋轉且上下移動，而工件不動，此爲鑽削加工。

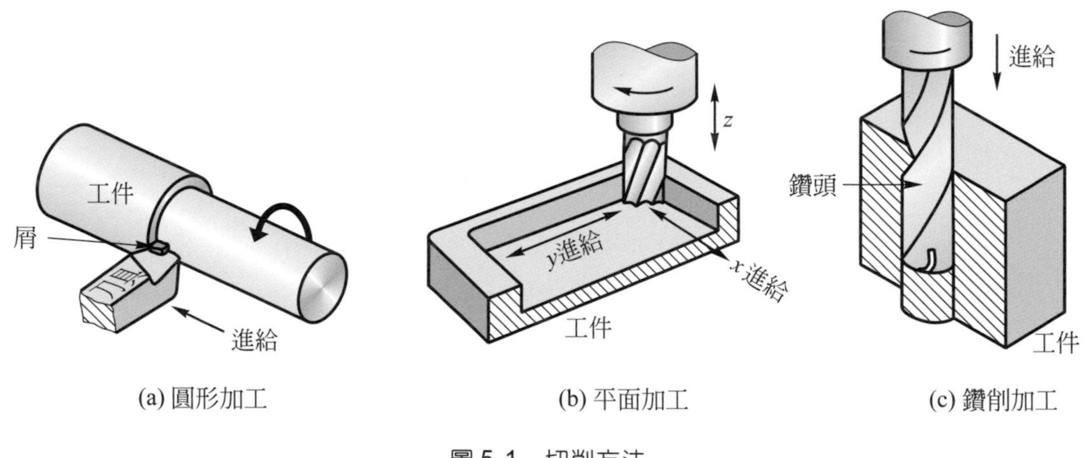

(a) 圓形加工　(b) 平面加工　(c) 鑽削加工

圖 5-1　切削方法

實際切削加工過程中，影響加工品質的主要因素有切削條件(切削速度、進給、切深)、刀具材料、刀具幾何形狀、工件材料、工具機性能。

5-2 切削力學與能量

爲了解析基本金屬的切削力學，首先定義切削的維度關係，當刀具切刃口與工件和刀具間相對運動的方向相垂直者爲 2 維切削，即爲正切削。而刀具的切刃口與工件和刀具間相對運動方向不相垂直者爲 3 維切削，便是斜切削。如圖 5-2，實際的切削加工過程是屬3維切削，但是解析基本的切削力學時，2維切削模型是實用的基礎。如圖5-3所示乃是有關於連續式切屑形成的理想模型。最早使用此模型的學者爲Ernst和Merchant，他們利用剪切平面(shear plane)來表示切削過程中主要變形的剪切區(shear zone)，而剪切平面與切削方向的夾角爲剪切角(shear angle)ϕ。

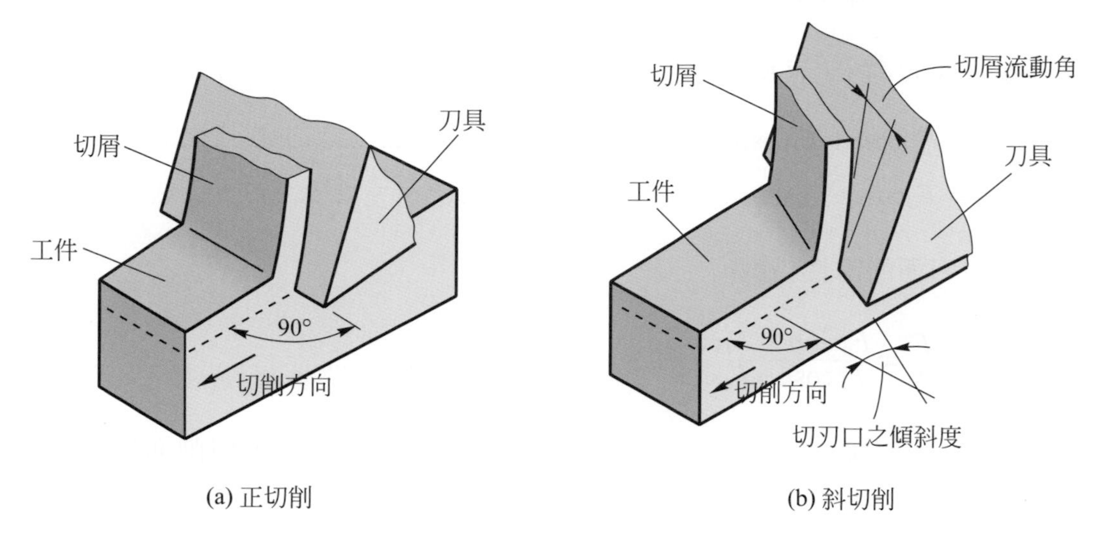

圖5-2 正切削與斜切削

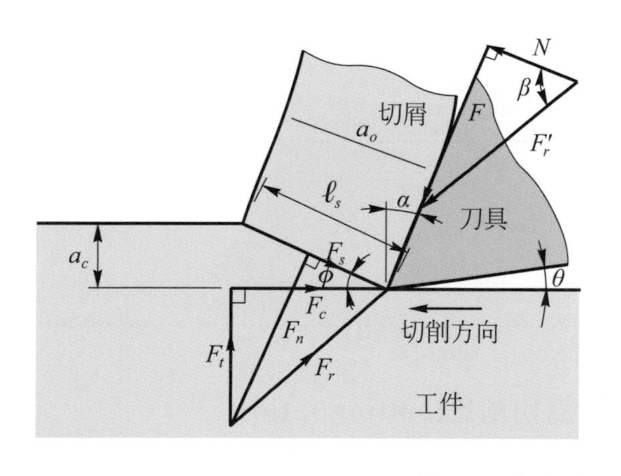

a_o：切屑厚度
a_c：切削深度
ℓ_s：剪切面厚度
ϕ：剪切角
θ：餘隙角
α：傾斜角
F_s：剪切面上的剪切力
F_n：剪切面上的垂直力
F_c：切削力
F_t：切削推力
F_r：作用在刀具上的切削合力
F'_r：刀具作用在切削的切削合力

圖5-3 切削力學2維模型

由圖5-3所示，F_r與F'_r分別爲作用力與反作用力，從力的平衡關係此兩力必須相等

$$F_r = F'_r \quad \cdots\cdots (1)$$

剪切面上的剪切力F_s與垂直力F_n，可以由切削力F_c與切削推力F_t表示，而F_c、F_t通常是藉切削動力計配合擷取系統測量得到

$$F_s = F_c\cos\phi - F_t\sin\phi \quad (2)$$

$$F_n = F_t\cos\phi + F_c\sin\phi \quad (3)$$

同理刀面的水平F與垂直分力N，也可以由F_c、F_t表示

$$F = F_c\sin\alpha + F_t\cos\alpha \quad (4)$$

$$N = F_c\cos\alpha - F_t\sin\alpha \quad (5)$$

切屑與刀面的摩擦係數μ

$$\mu = \frac{F}{N} = \frac{F_c\sin\alpha + F_t\cos\alpha}{F_c\cos\alpha - F_t\sin\alpha} \quad (6)$$

剪切面的平均剪應力τ_s，平均垂直應力σ_n，剪面的面積A_s，切削面積A_c，切削寬度b

$$A_s = l_s\, b = a_c\, b/\sin\phi = A_c/\sin\phi \quad (7)$$

$$\tau_s = \frac{F_s}{A_s}$$

$$= \frac{(F_c\cos\phi - F_t\sin\phi)\sin\phi}{a_c\, b} \quad (8)$$

$$\sigma_n = \frac{F_N}{A_s}$$

$$= \frac{(F_t\cos\phi + F_c\sin\phi)\sin\phi}{a_c\, b} \quad (9)$$

切削深度a_c與切削厚度a_0的比值，稱爲切削比(cutting ratio)

$$r = \frac{a_c}{a_0} \quad (10)$$

由圖 5-4 的ϕ與r的幾何關係，可得

$$r=\frac{a_c}{a_0}=\frac{\overline{AB}\sin\phi}{\overline{AB}\cos(\phi-\alpha)}\text{..........}(11)$$

由(11)式得

$$\tan\phi=\frac{r\cos\alpha}{1-r\sin\alpha}\text{..........}(12)$$

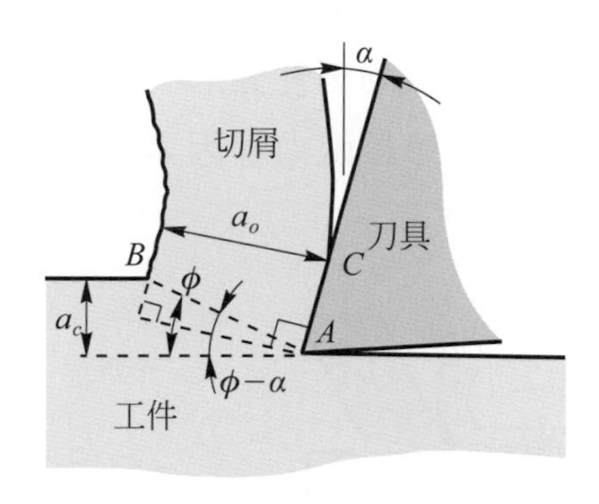

圖 5-4　剪切角ϕ與切削比r的關係

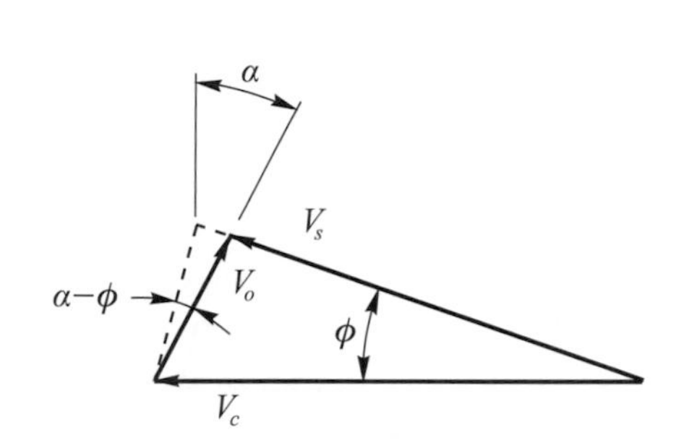

圖 5-5　切削時V_c、V_0、V_s關係

在整個切削過程中有 3 個重要的速度，為切削速度V_c、切屑流速度V_0、剪切速度V_s。切削速度V_c是指刀具與工件的相對移動速度，方向與切削力F_c平行。切屑流速度V_0為切屑沿著刀具的移動速度，其方向是沿著刀面，剪切速度V_s是切屑在剪切面上的移動速度，方向沿著剪切平面。根據運動學的原理，此三個速度向量必須構成一封閉的速度圖，如圖 5-5 所示。

從圖 5-5 與三角幾何關係可知

$$V_0=\frac{\sin\phi}{\cos(\phi-\alpha)}V_c=rV_c\text{..........}(13)$$

$$V_s=\frac{\cos\alpha}{\cos(\phi-\alpha)}V_c\text{..........}(14)$$

切削過程中，單位時間內所消耗的總能量為

$$U=F_c\,V_c\text{..........}(15)$$

因此移除單位體積材料的總能量(U)為

$$u=\frac{U}{V_c A_c}=\frac{F_c V_c}{V_c a_c b}=\frac{F_c}{a_c b} \quad \cdots\cdots (16)$$

5-3 切屑的型態

切削過程中，工件與刀具作相對運動，使得工件材料上一層材料變形與破壞且分離，此分離移除的材料稱爲切屑(ship)，切屑的化學成份與工件材料相同，但是物理性質有極大變化，而切屑的產生必定經過急速而很大的塑性變形，由於塑性變形程度的不同，切屑內應力的大小，以及刀面對切屑之摩擦阻力等因素的影響，使切屑產生以下幾種形態。

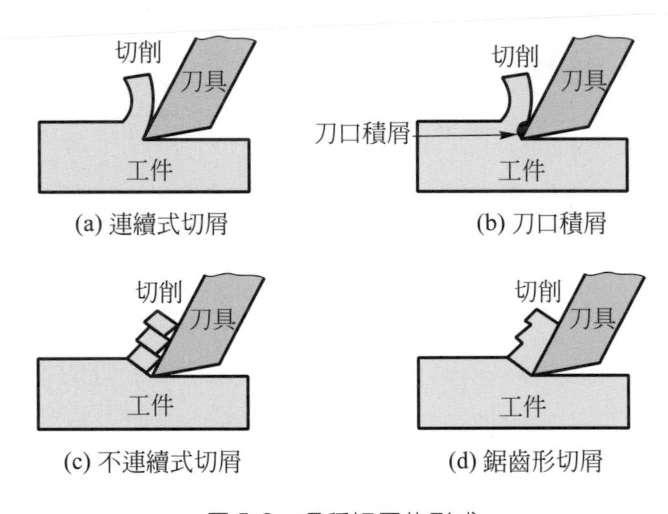

圖 5-6 各種切屑的形成

5-3-1 連續式切屑

切削延性工件材料時，切屑之內應力小，而刀面對切屑的摩擦阻力小，切屑在刀面上連續不斷的變形與流動且不間斷，此種切屑型態稱爲連續切屑(Continuous chip)。當連續式切屑產生，變形狀態經常一定，切削力幾乎不變且振動小，因此切削加工後工件表面平滑且刀具不易缺損，基本上是屬於最佳切削狀態。而爲了避免連續不斷的長條切屑造成切削加工時的困擾，必須在刀具上磨出或安裝斷屑器來處理，圖 5-6(a)所示爲此形式切屑。形成連續式切屑的主要因素有延性工件材料、進刀量小、切削深度淺、法向角(Rake angle)大、刀具硬度高且刀面摩擦係數小等。

5-3-2　具有加積屑的連續式切屑

刀口積屑(BUE，Built-up Edge)又稱爲組合切刃，主要是切削富有延性的工件材料，如純鋁、純銅與橡膠等。當刀具切削此類型材料時，由於很高的摩擦阻力與切屑間的壓力，以致有若干微粒黏結在刀面上，此種黏結物隨著切削繼續進行而愈積愈多，當堆積至適當高度後，此 BUE 會脫離刀尖而流失，然後又在刀尖重新產生黏結物，如此循環不已，是爲具有加積屑的連續式切屑(Continuous chip with Built-up Edge)，如圖 5-7 所示的刀口積屑產生過程。

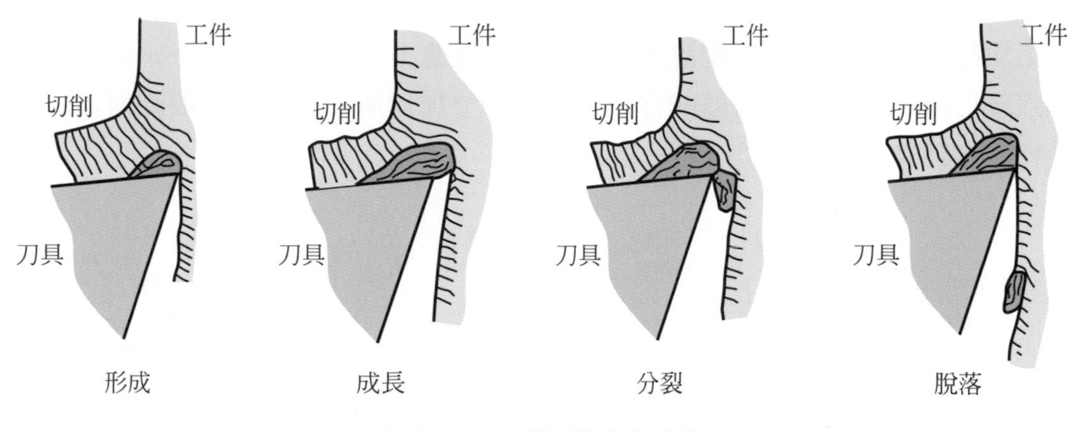

圖 5-7　刀口積屑的產生過程

BUE會導致刀面快速磨損，且使加工表面變得粗糙不堪，爲最差的切屑形態。其造成的主要因素有高延展性的工件材料、刀具與工件之材質親和力高者、法向角(Rake angle)小、進刀量大、切削深度大等。

5-3-3　不連續式切屑

當切削脆性材料時，切屑在剪切面附近的基本變形區中即會發生碎斷，所以切屑僅能形成一部份而以不連續情況流出刀面，此爲不連續式切屑(Discontinuous chip)型態，圖 5-6(c)爲其示意圖。形成此型態切屑的主要因素有脆性工件材料，或以低切削速度及高進刀量切削延性材料。

5-3-4 鋸齒形切屑

鋸齒形切屑(Serrated chip)是一種半連續狀的切屑，是在切屑區域剪切面小而切屑剪應變大的情形下所產生的不均勻切屑，如切削鈦，容易產生這種切屑，如圖5-6(d)所示。

5-3-5 斷屑器

在切削加工，產生連續切屑是屬於最理想的切削狀態，但是長且連續的切屑會糾纏及干擾切削過程，使得切削加工變得不安全，所以需利用斷屑器(Chip breakers)裝置，將切屑適度折斷。

切屑捲曲時，內側產生壓應力，外側產生拉應力，當應力大到一定限度時，切屑自然會切斷，所以折斷切屑的方法就是設法增加切屑的應力。一般斷屑器的形式有階梯式與溝槽式，如圖 5-8 所示。

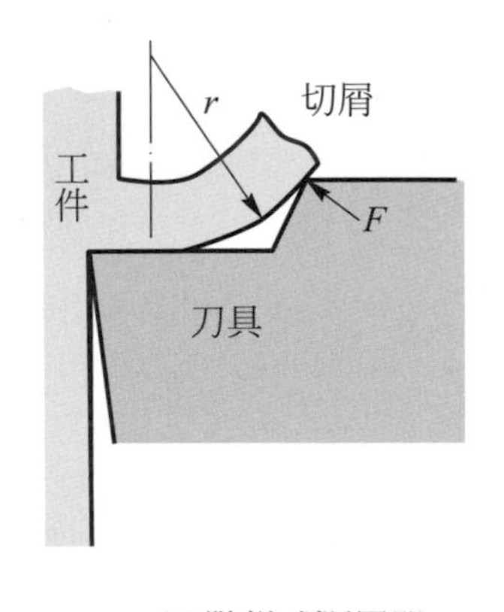

(a) 階梯式斷屑器

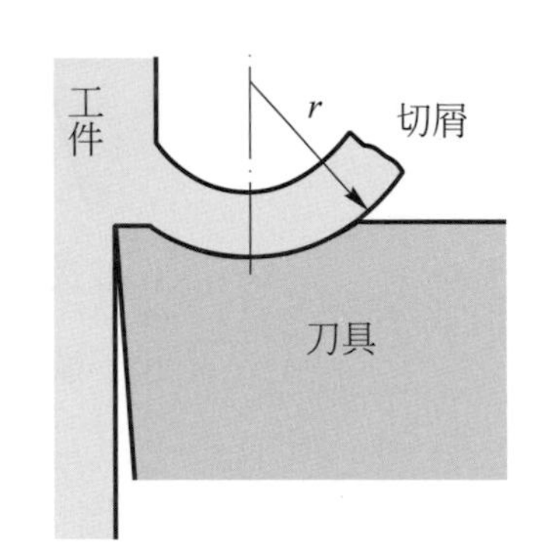

(b) 溝槽式斷屑器

圖 5-8 斷屑器裝置

5-4 切削溫度

在金屬切削加工過程中，刀具切刃口區域常會產生高溫，此溫度對於刀具磨耗率有決定性的影響，故欲控制刀具的磨耗，必須先能判斷出切削加工過程中，刀具、切屑與工件的溫度變化。

被切削加工工件材料產生彈性變形時，而切削過程中所需要的能量，將會以應變能的型態儲存在於材料中，所以此種切削加工過程中，熱不會產生。但是切削加工過程中，被加工工件作塑性變形，則其加工中所需的應變能，大部份將會轉變成熱。在實際金屬切削加工過程中，工件材料所承受應變非常大，且工件材料的彈性變形只占全部變形量的很微小比例而已，所以可假設在金屬切削加中，所有的能量由變能均將轉變成熱能，因此造成刀具、切屑、工件在切削加工過程中溫度昇高。

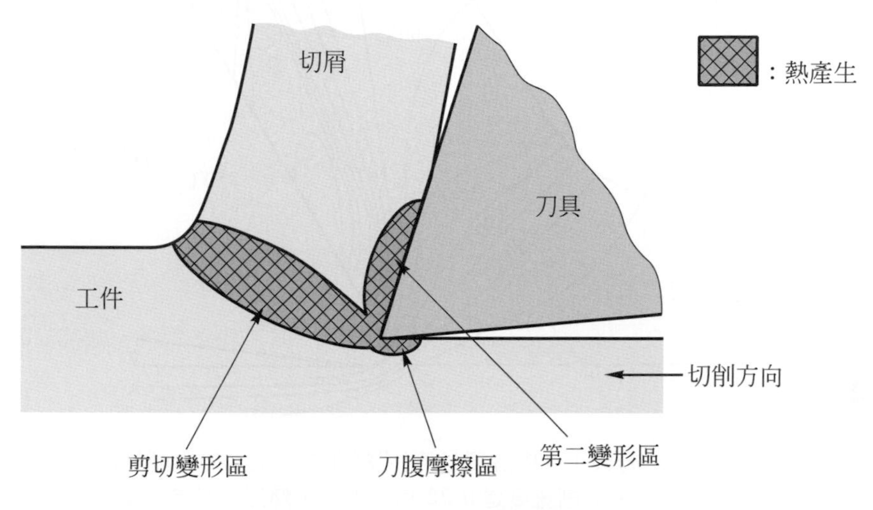

圖 5-9　切削過程中熱量產生位置

在金屬切削過程中，切削所需切削能轉變成熱的過程，將只發生在工件材料的兩個主要塑性變形區，一爲剪切平面附近區域，稱剪切變形區，另一爲第二變形區。而在實際切削過程中，刀具並非完全地銳利，定有一定量的刀腹磨耗，此部份磨耗會造成刀腹與加工完的工件表面做接觸，而產生磨擦，並產生熱，但此熱非常地微小，故可忽略不計。

$$P_m = P_s + P_f \qquad (17)$$

P_m爲切削過程中產生的總熱量發生率，P_s爲剪切變形區中之熱量發生率，P_f爲第二變形區中的熱量發生率。而P_f可以FV表示，F爲刀面上所受的摩擦力，V爲切屑的流動速度。

量測切削溫度的技術，有利用紅外線輻射及攝影技術照出紅外線相片，可判讀出表面溫度，圖 5-10 爲利用此法得到之溫度分佈。也可以在工件和刀具埋入熱電偶來測量切削區內的溫度及其分佈。

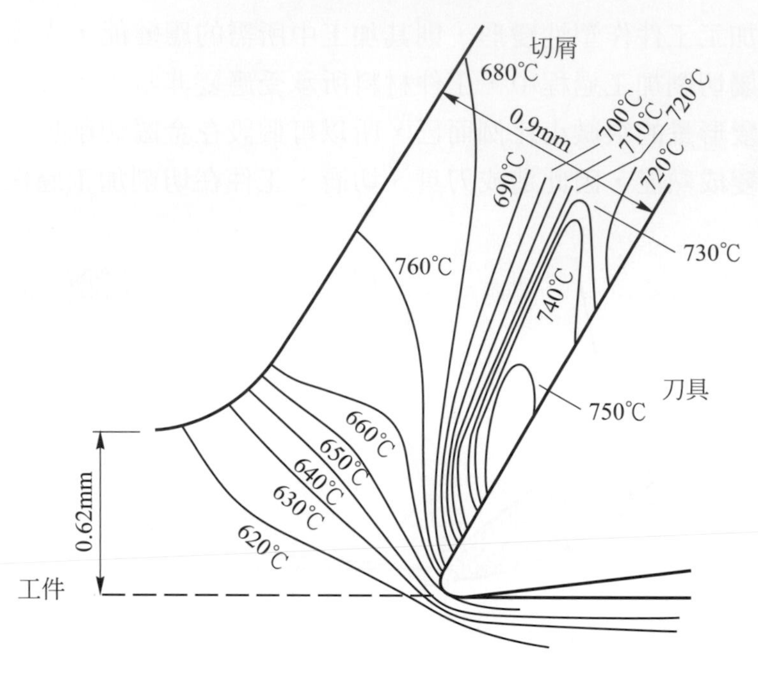

圖 5-10 切削加工之切屑與工件內溫度分佈(切削條件：工件為易削軟鋼，切削速度為 75 ft/min，切削寬度是 0.25 in，工件預熱溫度是 610℃，法向角為 30°，餘隙角為 8°)

5-5 刀具壽命

5-5-1 刀具的基本幾何角度

金屬切削刀具依不同的加工需要而有不同的設計，若以刀口數來分，可分爲單鋒刀具與多鋒刀具兩種。單鋒刀具有車刀、鉋刀、以及搪孔刀，多鋒刀具有銑刀、鑽頭、鉸刀及拉刀等。

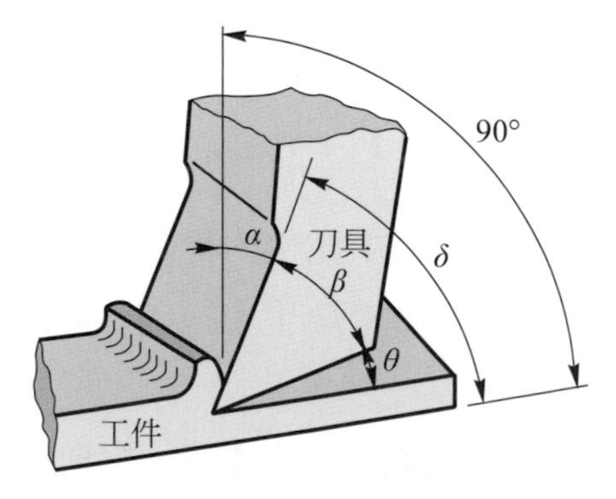

圖 5-11 切削刀具的基本角度

切削刀具必須依工件材料與工作需要，研磨成適當的角度，才能發揮最大的切削效果，其基本角度，如圖 5-11 所示，α爲法向角(Rake angle)，θ爲餘隙角(clearance angle)，β爲刀刃角(point angle)，δ爲切削角(cutting angle)。

在切削過程中，刀具的幾何角度以法向角及餘隙角最重要。法向角主要作用爲控制切屑的流動，角度可以由正值變化至負值，正法向角可使排屑順暢，切削力小，但太大的法向角會造成刀具強度不足，容易摩損或崩裂。負法向角具有較強的切刃，刀口刃口強度大，適合切削高強度的工件材料，但是切屑排除不順，切削力大。餘隙角位於刀腹面上，主要避免刀腹與加工完成的工件表面產生摩擦而影響切削加工，餘隙角一定是正值，大的餘隙角使刀刃尖銳，但刃口強度低，小的餘隙角容易與工件表面摩擦。一般而言，工件材料硬度高、刀具硬而脆者，法向角與餘隙角都應該要小。

5-5-2　刀具的磨耗形式

刀具的磨耗情形，基本上會因不同的切削條件而有所不同，但是在金屬切削過程中，則刀具的磨耗主要是以下列的方式進行：黏附式磨耗(adhesion wear)、摩擦式磨耗(abrasion wear)及擴散式磨耗(diffusion wear)。

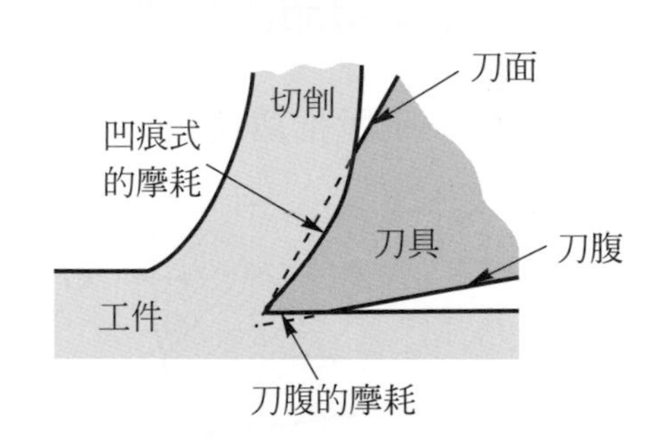

圖 5-12　刀具的磨耗區

刀具在切削加工過程中，漸進式磨耗主要發生刀具磨耗的區域如圖 5-12 所示。由圖 5-12 可得知，刀具磨耗有刀面與刀腹兩位置的磨耗，切屑流過刀面所造成的凹痕(crater)，造成刀面的磨耗稱凹痕性磨耗，而由於刀具與加工完表面的摩擦作用的刀腹磨耗區稱爲刀腹磨耗。凹痕性磨耗(crater wear)會使切刃口強度在切削加工中逐漸削弱以致於崩裂，而刀腹磨耗(flank wear)量達到某一定量會影響加工件表面的表面品質與精度。圖 5-13 表示在切削加工進行中，刀具磨耗量V_B變化情形，此一曲線可分作三點討論：

1. P_0P_1段：尖銳的切刃口會快速磨損。
2. P_1P_2段：刀腹磨耗是以均勻的速度發展。
3. P_2P_3段：刀腹磨耗是以較快速磨損。

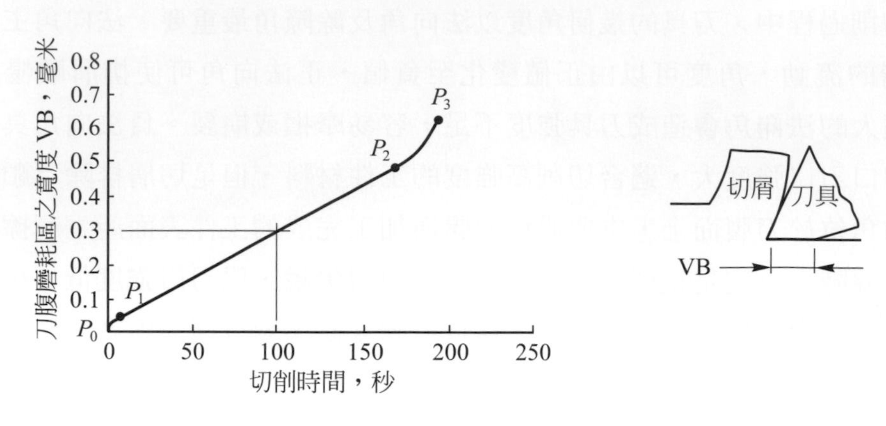

圖 5-13 刀腹磨耗量*VB*發展情形

5-5-3 刀具壽命的標準

ISO 標準系統所推薦使用刀具壽命標準，配合圖 5-14，說明如下：

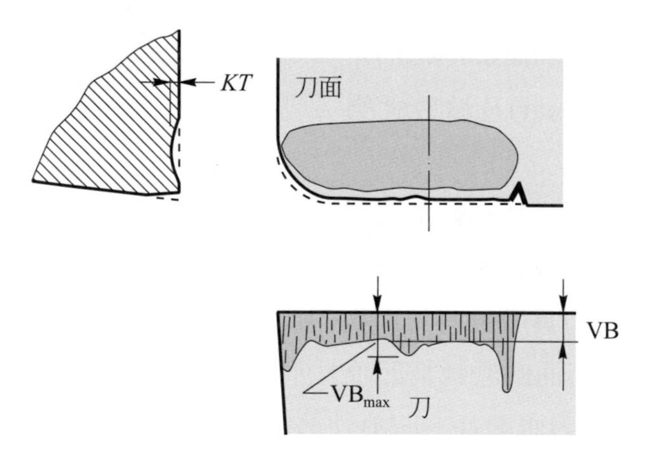

圖 5-14 切削加工中，單刃刀具磨耗時所具有的特徵

高速鋼與陶瓷材料刀具刀具壽命標準：

1. 刀具產生大的崩裂
2. $VB = 0.3$ mm
3. $VB_{max} = 0.6$ mm 且非均勻磨耗

燒結碳化物刀具壽命標準：

1. $VB = 0.3$ mm

2. $VB_{max} = 0.6$ mm 且非均勻磨耗
3. $KT = 0.06 + 0.3f$，f= 進給量

※高速切削用刀具的刀具壽命標準(ISO 3002/1)：

$VB \leq 0.2$ mm

5-5-4 刀具壽命

刀具壽命之定義爲切削加工時，新的刀具從開始切削至刀具壽命標準，所經過的切削加工時間。影響刀具壽命的因素有刀具材料、工件材料、刀具幾何形狀(法向角、餘隙角……)、切削條件(切削速度、進給、切深)等等，而其影響刀具壽命最主要的因素爲切削速度大小，曾有泰勒氏(Taylor)對此深入研究，並推導出一經驗公式：

$$\frac{V}{V_c} = \left(\frac{T_c}{T}\right)^n \quad (18)$$

n= 常數

V= 切削速度

T= 刀具壽命

V_c= 刀具壽命爲 T_c 時之切削速度

5-6 表面粗糙度

切削加工完成後，工件材料表面會留下一條條凹凸的切削刀痕，此種凹凸不平的現象，亦即爲工件切削加工後之表面粗糙度(Surface Roughness)。經過實際切削加工後，工件最後的表面粗糙度可視爲理想表面粗糙度與自然表面粗糙度的組合。

1. 理想表面粗糙度

只依據刀具的幾何形狀及進給等條件，依理論所推導出的表面粗糙度，此爲一種理想狀態粗糙度，以下就圓弧形刃口與尖形刃口做切削時所形成的表面粗糙度說明如下：

⑴ 圓弧形刃口(圖 5-15)

$$R_{max} = H \doteqdot \frac{f^2}{8r} \quad \text{(19)}$$

$$R_a = \frac{0.0321 f^2}{r} \quad \text{(20)}$$

f：進給量(mm/rev)

r：刀鼻半徑(mm)

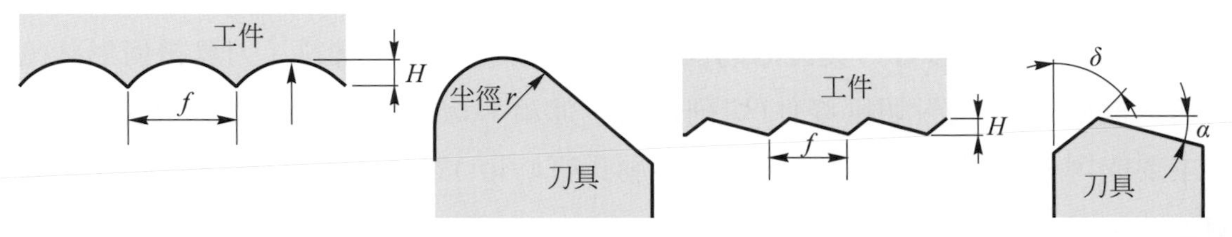

圖 5-15 圓弧形刃口與工作表面粗糙度粗糙度的關係　圖 5-16 尖形刃口與工件表面粗糙度的關係

⑵ 尖形刃口(圖 5-16)

$$R_{max} = H \doteqdot \frac{f}{\tan\delta + \cot\alpha} \quad \text{(21)}$$

$$R_a = \frac{f}{4(\cot\delta + \cot\alpha)} \quad \text{(22)}$$

f：進給量(mm/rev)

δ：邊切角(Side Cutting Edge Angle)

α：端切角(End Cutting Edge Angle)

2. 自然表面粗糙度

在實際切削加工中，所形成的表面粗糙度必大於理想粗糙度，此乃因爲切削過程中存在許多不規格狀況(如BUE、工具機顫震、工具機精度、切屑損傷工件……)所導致。

吾人在切削研究中，發現選定工具、工件材料及切削條件後，進行切削加工實驗可得工件表面粗糙度的歷程變化，如圖 5-17 所示。R_a值隨著切削時間變化，先變小再變大，當R_a值等於初始的R_a值時，刀具的刀腹磨耗已接近其刀具壽命標準。

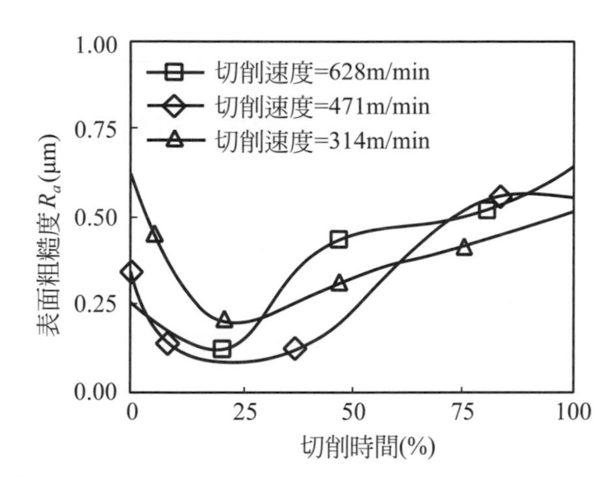

圖 5-17　工件表面粗糙度在高速切削過程的歷程變化(進給速率＝ 6000 mm/min，軸向切削深度a_p＝ 1.5 mm)

圖 5-18 表示做完車削實驗後，將表面粗糙度與切削時間做無因次化處理，表面粗糙度無因次化爲切削歷程表面粗糙度／刀尖表面粗糙度，而切削時間無因此化爲切削時間／刀具壽命。從圖 5-18 可得進給小時R_a隨著切削時間變大，而進給大時，R_a隨著切削時間先變小。

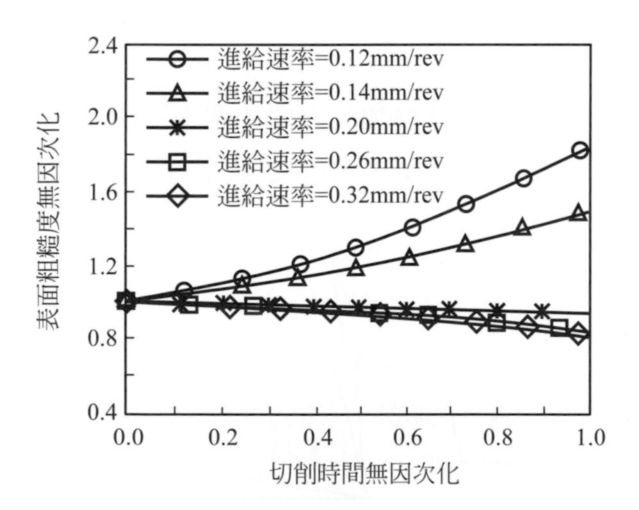

圖 5-18　表面粗糙度和切削時間無因次化

5-7 切削劑

金屬切削過程中會產生大量塑性變形和摩擦，這些塑性變形和摩擦大部份均轉換成熱量，而使切刃口、切屑、工件的溫度提高，造成刀具切刃口退火軟化影響刀具壽命，工件材料產生熱脹現象，對尺寸精度的控制很不利。為改善上述的不利因素，通常在切削加工噴注切削劑。

切削劑對切削加工過程中的作用有冷卻與潤滑的效果，所以具有下列功能：

1. 降低刀具與工件的溫度
2. 改善排屑
3. 降低切屑與刀面，刀腹與工件等間的摩擦
4. 改善加工後工件表面品質
5. 改善刀具壽命

切削劑必須具備下列性質：不易揮發、不起泡沫、燃點高、熱傳導好、潤滑性好、不侵蝕機件、不侵害人體健康。

切削劑可分為固體、氣體、液體三種型態，固體切削劑通常存在材料組織內，如鑄鐵中的石墨。氣體切削劑以油霧、水氣、二氧化碳及壓縮空氣等方式進行，在高速加工中常使用油霧與壓縮空氣，如果強調綠色製造，則只使用壓縮空氣。液體切削劑在一般切削加工使用最廣，有油基與水基兩種，而油基的潤滑效果好，水基的冷卻作用佳。

切削加工中切削液(氣)，可能施加的方向如圖 5-19 所示，切削液(氣)施加方向的最佳方法似乎沒有一個唯一的答案，切削液(氣)由方向*A*施加時，對切屑的捲曲、

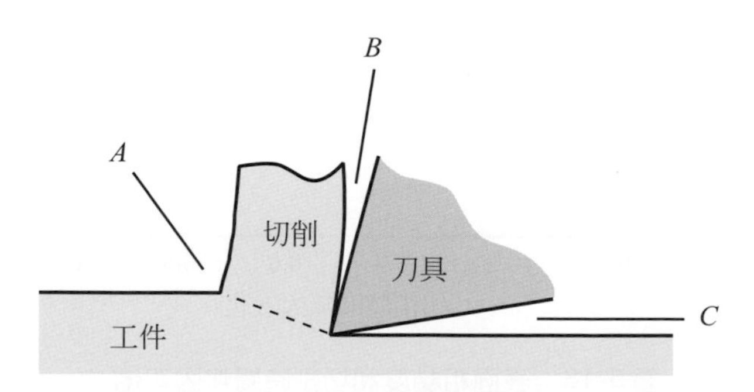

圖 5-19 切削加工時，可供加切削液(氣)的方向

刀面和切屑接觸長度及最大溫度點與切刃的相對位置等均有重大的影響，必須避免造成切屑過度捲曲，而使刀具的最高溫度太靠近切刃，產生切刃弱化現象，切削液(氣)若由*C*方向施加進去的話，可以增加刀具壽命。而*B*方向施加切削液(氣)時，因與切屑流動方向相反，較難浸入至切屑與刀面的接觸面上。

5-8 刀具材料

切削加工所用刀具，其材料特性必須考慮三個重要的因素如下：高溫時的物理與化學穩定性、磨耗阻抗、脆性破壞阻抗等。刀具材料基本上無法同時具備此三種材料特性，即材料做得比較耐高溫的話，就會變得比較脆，而如果比較耐磨耗的話，也會比較脆。

切削加工技術演進過程中，爲了提高金屬的移除率，使加工效率提高，必須增加刀具材料的高溫穩定性，因此刀具材料由 HSS→碳化鎢→碳化鈦→陶瓷一直不斷地在演進。但是仍然有許多切削加工，並不適合新的耐高溫而脆的刀具使用的場合，因此 HSS 仍然在切削加工中非常有需要。切削不同的工件材料，所需求最佳的刀具材料不盡相同。

一般而言，當刀具材料是屬較脆性時，應避免在容易形成 BUE 的低切速範圍下操作，即切削像軟鋼等容易形成 BUE 的延性材料，必須使用高速鋼而不能使用碳化鎢或陶瓷刀具材料，否則將會產生切刃的缺損(Ripping)。

Taylor 和 White 在 1901 年製造出能大大增加穩定度的刀具，而此刀具可用在約 60 fpm 左右的切削速率，因此此種刀具材料便被稱爲高速鋼(HSS，high speed steel)。實際上此種刀具材料在當時並非是新的鋼種，而是 Taylor 和 White 發現，將刀具快速加熱至 845 與 930℃的脆化溫度範圍而達到非常接近鋼的熔點溫度時，然後再進行淬火，將增進鋼的熱硬性，而在較高的回火溫度實施回火時，也可以增進此刀具的性能。高速鋼可分爲兩個型態：T 型與 M 型，T 型系列包含 18%以上的鎢(W)、鉻(Cr)、釩(V)和鈷(Co)當作合金元素，T-1 的 HSS 爲 18%鎢、4%鉻、1%釩，這就是 18-4-1 的 HSS，M 型系列包含 5%以上的鉬(Mo)、鉻(Cr)、釩(V)、鎢(W)和鈷(Co)當作合金元素。

燒結碳化鎢(cemented tungsten carbide)在 1928 年由德國傳入美國，此刀具是將微小的碳化鎢顆粒以鈷黏結劑結合而燒結完成。ISO 系統將所有的碳化物切削刀具等級分為三類：P 型式(切削鐵金屬)、K 型式(切削灰鑄鐵、非鐵金屬)、M 型式(切削延性鐵材、硬鋼及高溫合金)。鑄鐵型式的碳化鎢刀具是由 WC 晶體及以 3 到 12%之鈷為黏結劑燒結而成的，切削鋼鐵等級的碳化鎢刀具則是有一部份WC為TiC、TaC或NbC所取代，具有較大的刀面凹坑阻抗。鈷的含量多少對碳化物刀具有很大的影響，當鈷含量增加時，則WC的強度、硬度和耐磨抵抗會減少，但是韌性會增加。

陶瓷(Ceramic)刀具發展於 1950 年代，主要是將微細的高純度氧化鋁粉直接燒結而成，並不加黏結劑或其他添加劑。陶瓷刀具比碳化鎢刀具耐高溫且硬，但是較脆。切削鑄鐵時，會在切屑表面上形成一層低剪強度石墨，而不會在刀面上產生凹坑。切削硬鋼時，切屑與刀面間的熔著面積會很小，所以切削加工時在刀面上產生凹坑的情形比碳化鎢刀具少。由於陶瓷刀具的脆性，做不連續切削加工時，很容易產生剝離(chipping)現象。

立方體氮化硼(cubic boron nitride)簡稱 CBN，它是將一層很薄的多結晶立體氮化硼在高壓下燒結在碳化物的基材上。碳化物提供振動阻抗，而 CBN 層則提供強的磨耗阻抗和刀刃口的強度。CBN 的硬度僅次於鑽石，熱傳導率高，熱膨脹率低，在 1600°K 也不氧化，在切削硬鋼材(HRC 60 以上)時有好的切削性能，但是 CBN 刀具很脆，故工具機的結構剛性是相當重要。

鑽石(diamond)的硬度在地球上所有物質最高，熱傳導率高，熱膨脹係數小，作刀具材料是最為理想。鑽石刀具具有低摩擦、低磨耗、保持切刃口銳利的能力。如需要有很好的表面光度和尺寸精度，可以使用此種刀具材料，尤其是非鐵合金和具有磨耗性的非金屬材料更是適合，但價昂在使用上受到很大限制。

5-9 切削方法

5-9-1 車削

圖 5-20 所示為傳統車床，車削(turning)加工時工件作旋轉運動，車刀作平面運動，使工件的被切削面與車刀的刀刃口間有相對運動，將多餘的圓形工件材料切除，如圖 5-21 所示。

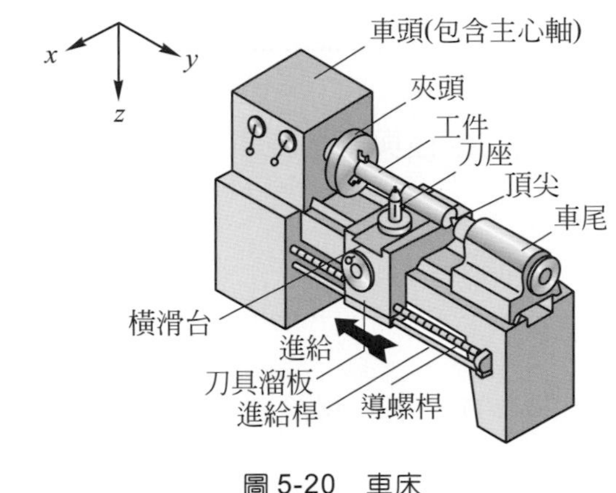

圖 5-20　車床

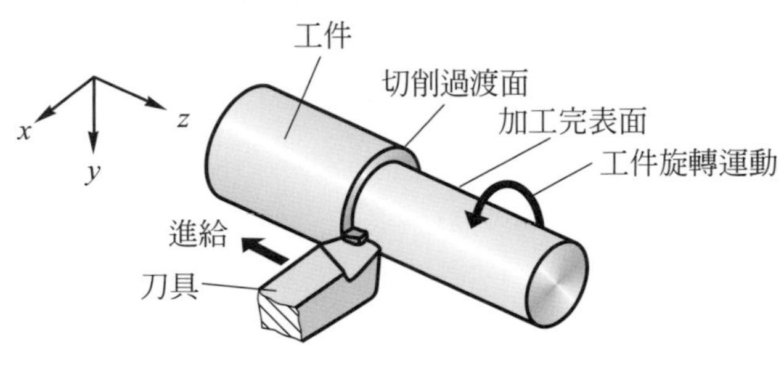

圖 5-21　車削圓柱面

在車削加工時，工件材料與刀具確定後，必須決定的是切削條件：切削速度、進給、切深，切削速度是工件與刀刃口在z方向上的相對運動速度，刀鼻角的切削速度為$\pi d_m n_w$，n_w為工件的旋轉速率(rpm)，d_m為工件經車削加工後的直徑，而車刀最外側(x方向)是最大的車削速度為$\pi d_w n_w$，其中d_w為工件未經車削加工的直徑。由此可知在車刀切口的平均切削速度值應為：

$$V_{av} = \frac{\pi n_w (d_w + d_m)}{2} \tag{23}$$

在車削上的進刀運動是稱為進給速率f，是以工件每旋轉一周，刀具移動的距離來設定，其單位為mm/rev，方向在圖 5-21 上為$-y$的方向，因此欲切削工件的總長度為l_w之圓柱面，則工件的總旋轉數為l_w/f，所以所需車削加工的時間t_m為：

$$t_m = \frac{l_w}{f\,n_w} \quad \text{......(24)}$$

切削深度為工件未經車削加工的半徑與工件經車削加工後的半徑相減，故車削的切削深度a_p為

$$a_p = \frac{(d_w - d_m)}{2} \quad \text{......(25)}$$

a_p的方向是在圖 5-21 所示的$-x$方向上。移除車削工件材料的橫截面(x-y平面)面積A_c為：

$$A_c = f\,a_p \quad \text{......(26)}$$

則車削時工件材料的移除速率為z_w

$$\begin{aligned} z_w &= A_c\,V_{av} \\ &= f\,a_p\,V_{av} \\ &= \frac{\pi f\,a_p\,n_w(d_w + d_m)}{2} \quad \text{......(27)} \end{aligned}$$

在車削加工時所使用的車刀為單刃切削刀具，如圖 5-22 所示，車刀的幾何外形(圖 5-23 所示)在切削加工中每個位置(角度)都有其使用功能，法向角(rake angles)

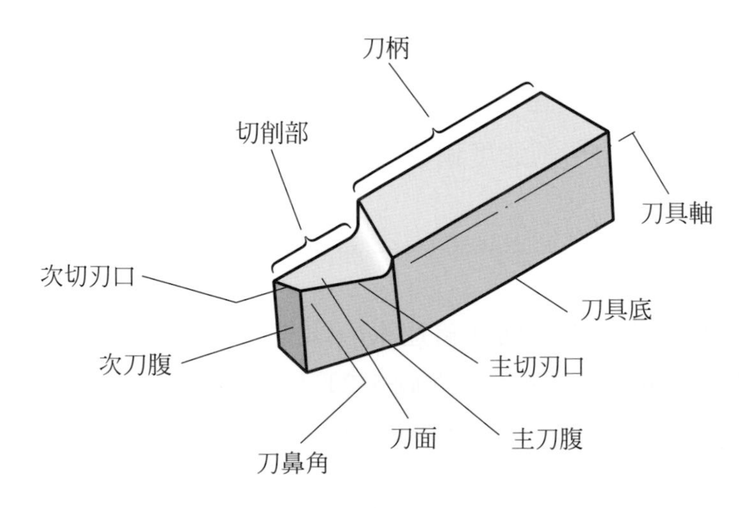

圖 5-22　典型的單刃切削刀具

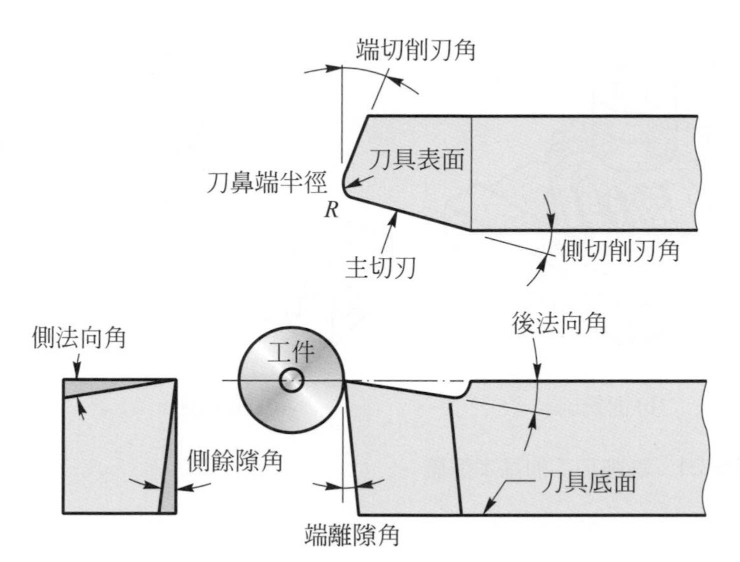

端切削刃角：End cutting-edge angle
側切削刃角：Side cutting-edge angle
刀鼻端半徑：Nose radius
後法向角：Back rake angle
端離隙角：Side relief angle
側法向角：Side rake angle
側餘隙角：Side clearance angle

圖 5-23　車刀的幾何外形

是控制切屑流動方向和刀刃強度的重要角度，離隙角(relief angle)是控制刀腹和工件表面間的干涉和摩擦，並影響刀刃的強度，刀鼻端半徑(Nose radius)會影響到工件表面的粗糙度和刀尖的強度。

5-9-2　銑削加工

銑床(milling machine)的加工型式有臥式與立式兩種，此主要是由機器主軸所處的方向來分類，因此銑削加工的基本型態有平面銑削(slab-milling)、面銑削(face milling)、端銑(end milling)，如圖 5-24 所示，不管是哪一種型態的銑削加工，基本上銑刀與工件的運動模式是刀具旋轉，而工件在床台上做平面運動。

銑削加工時，銑刀與工件的相對運動方向的不同，其銑削的效果也有所不同，因此有逆銑削(conventional milling)與順銑削(climb milling)之分，如圖 5-25 所示。

逆銑削法又稱爲上銑削法，切屑由薄逐漸變厚形成，因此切削力是由小變大，容易產生震動，而工件(素材)表面的狀況(污物或鱗片)不會影響到刀具壽命。順銑削法又稱爲下銑削法，切屑是由厚逐漸變薄形成，因此切削刀是由大變小，刀刃口易受衝擊而崩裂，不容易產生震動現象，但是工件表面的狀況會對刀具壽命產生很大影響，切屑排除較不容易。一般在作銑削加工所用的方法爲逆銑削法。

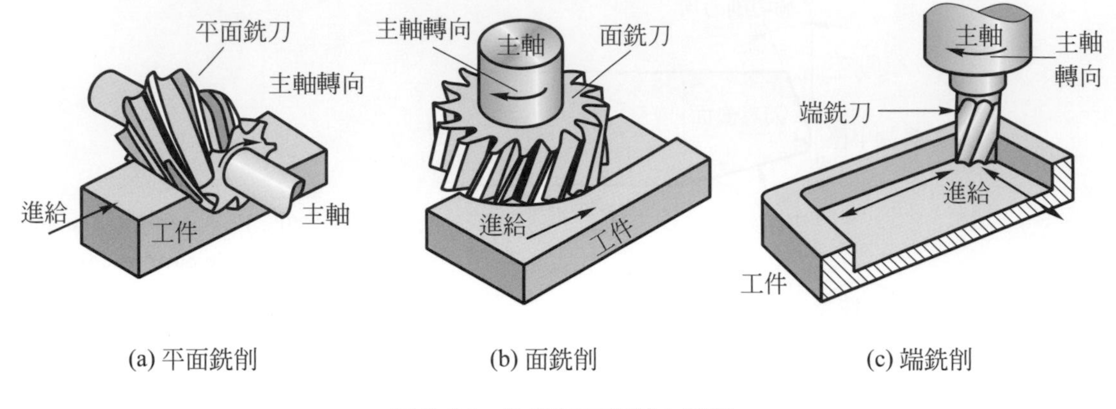

(a) 平面銑削 (b) 面銑削 (c) 端銑削

圖 5-24 銑削加工的基本型態

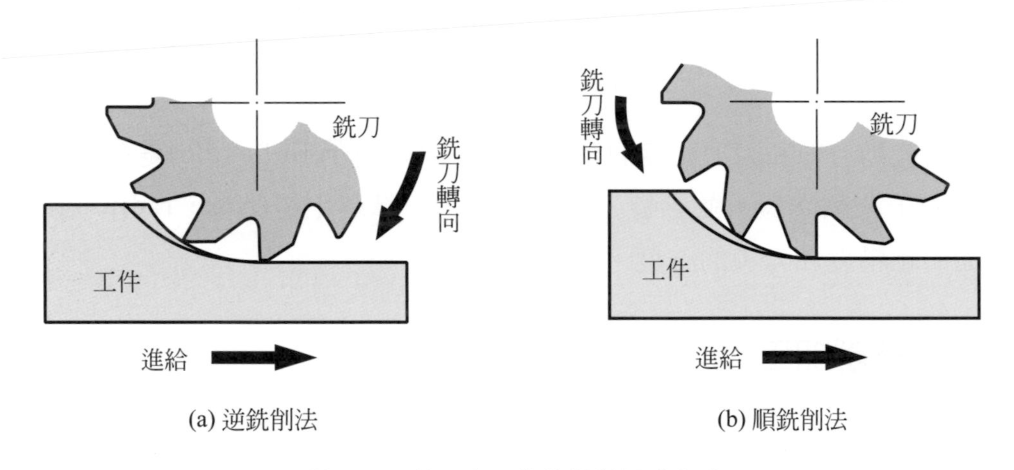

(a) 逆銑削法 (b) 順銑削法

圖 5-25 銑刀與工件的相對運動方式

逆銑削法銑削加工時刀刃切除工件材料示意如圖 5-26 所示，其進給率f爲刀具旋轉一周時，工件沿進給方向所移動的距離，單位爲 mm/rev，

$$f=\frac{V_t}{n_t} \quad (28)$$

(28)式中V_t爲工件的進給速度mm/min，n_t爲刀具的轉速rpm，而每一刃的進給量a_f爲單一刀刃所切削切屑厚度(沿著進給方向量取)，可以以f/T表示，T爲銑刀的刀刃數。

銑削時的切削速度V，可表示爲

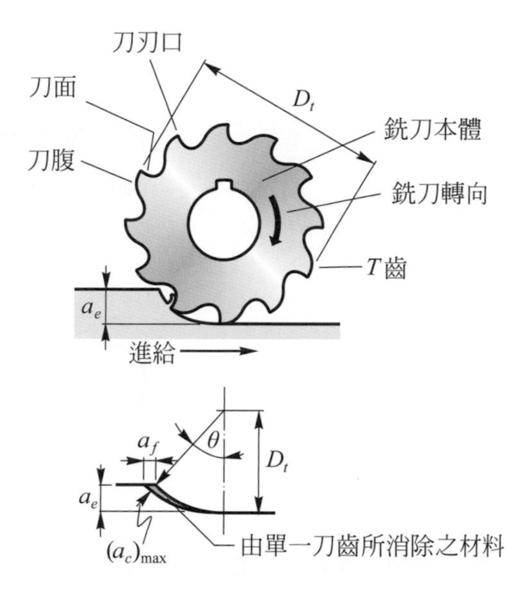

圖 5-26　銑刀切除工件材料

$$V = \pi D_t n_t \qquad (29)$$

銑削時最大未變形之切屑厚度$(a_c)_{\max}$，沿著刀刃之徑向方向量取為

$$(a_c)_{\max} = a_f \sin\theta$$
$$\doteq 2a_f\sqrt{\frac{a_e}{D_t}} \qquad (30)$$

平面銑削時，欲估算其切削時間t時，必須考慮到刀具行經的距離，其行經的距離為$l+2\sqrt{a_e(D_t-a_e)}$，l為工件的長度，

$$t = \frac{l+2\sqrt{a_e(D_t-a_e)}}{V_t} \qquad (31)$$

面銑削或端銑削時，估算銑削加工所需的時間t時，必須考慮刀具軸是否在工件的上方，如圖 5-28 所示，圖 5-28(a)刀具軸行經工件上方時，必須考慮的刀具總行經距離為$(l+D_t)$，

$$t = \frac{l+D_t}{V_t} \qquad (32)$$

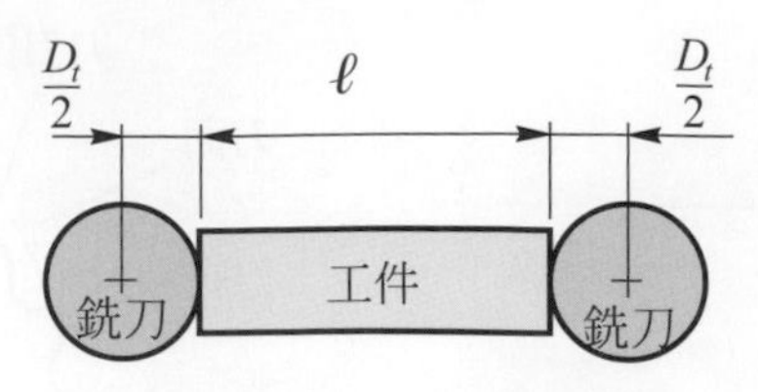

(a) 刀具軸行經工件上方

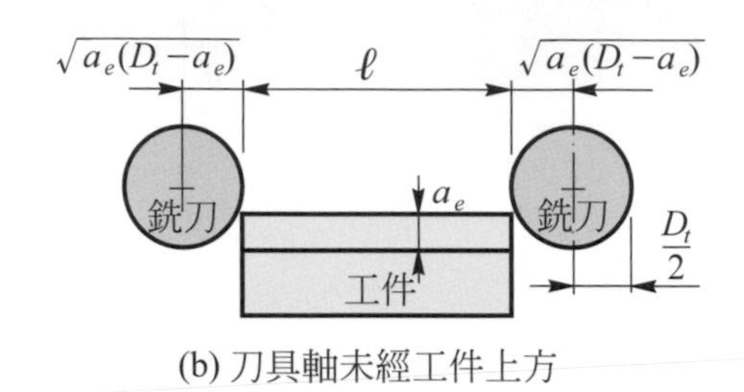

(b) 刀具軸未經工件上方

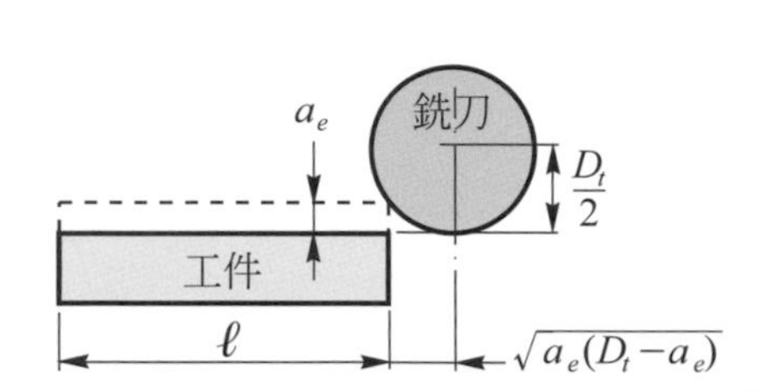

圖 5-27 平面銑削時，銑刀從開始銑削工件到完全離開

圖 5-28 面銑削或端銑削時，銑刀從開始銑削工件到完全離開

若如圖 5-28(b)所示刀具軸未行經工件上方時，則刀具總行經距離爲$l+2\sqrt{a_e(D_t-a_e)}$

$$t=\frac{l+2\sqrt{a_e(D_t-a_e)}}{v_t} \quad\cdots\cdots(33)$$

銑削加工時，工件材料移除速率z_w爲被銑削材料之截面積乘上進給速度，a_b爲軸向切削深度。

$$z_w=a_e\,a_b\,V_t \quad\cdots\cdots(34)$$

銑削加工所用刀具爲多刃刀具，圖 5-29 爲平面銑刀與面銑刀示意，銑刀的幾何外形較複雜爲端銑刀。

端銑刀有右旋刀刃與左旋刀刃兩種，如圖 5-30 所示，而一般加工使用者爲右刃右旋轉之端銑刀。在銑削加工時，切屑會順切刃向上排出，有利切削加工進行。端銑刀的幾何外形如圖 5-31 所示，銑刀的各部位角度影響刀具的切削性能，不同的材料銑削加工時，最佳的刀具幾何外形也不一樣，但是各部位角度的功能與車刀相同，可是對銑刀而言，因爲銑削加工是不連續切削，刀刃口部份會承受相當嚴重的震動，所以離隙角要小。

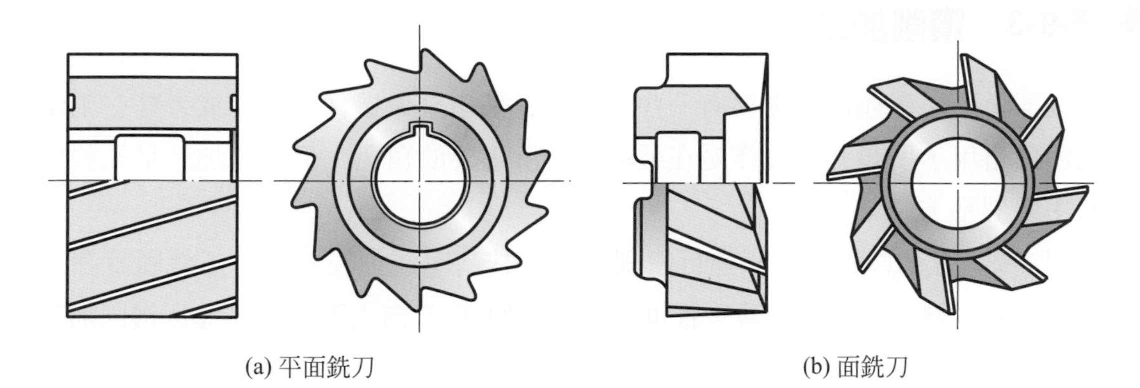

圖 5-29　平面銑刀與面銑刀

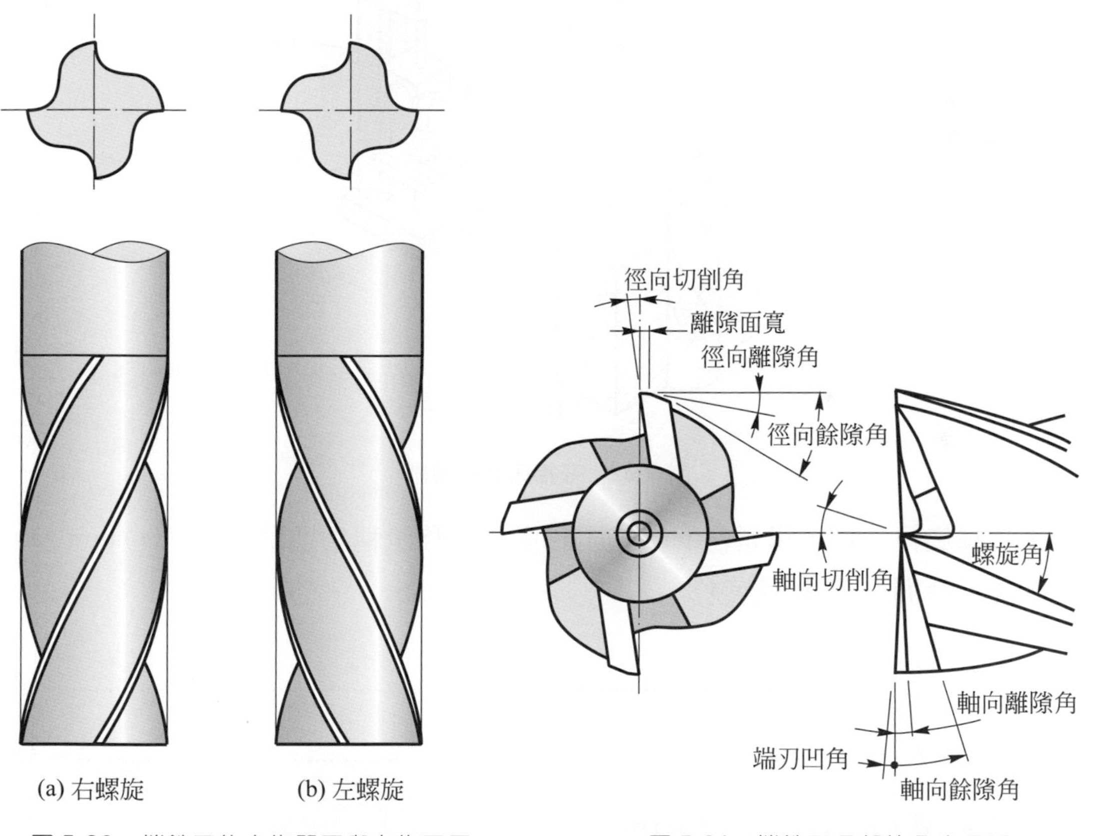

圖 5-30　端銑刀的右旋單刃與左旋刀刃

圖 5-31　端銑刀各部位角度名稱

5-9-3 鑽削加工

大部份的工業產品都需要有一些孔，而孔是用來做機件的組合或者是在工件內部做爲通路用，所以孔的製作是在製造中扮演重要的角色，但鑽削加工是孔製作過程的主要製造方法之一。

圖 5-32 所示爲利用鑽床進行鑽削加工，其基本運動模式爲將工件固定在工作檯上，主軸旋轉帶動鑽頭旋轉，且可控制使主軸往z方向上下移動，進行鑽削加工。

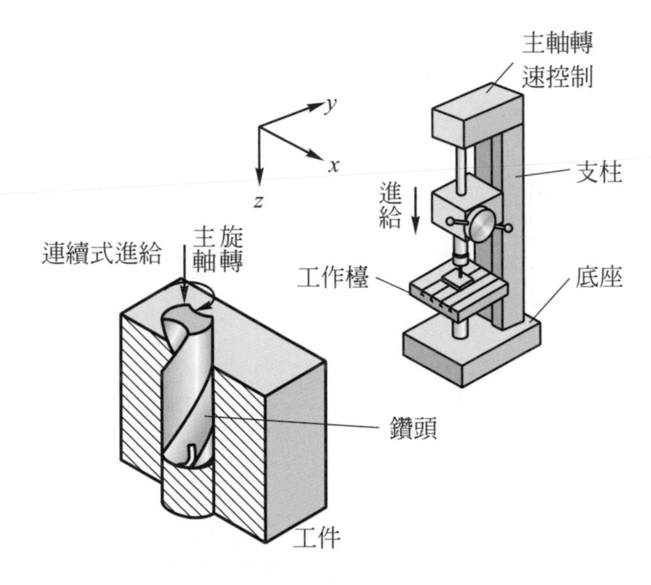

圖 5-32　在鑽床進行鑽削

主軸每旋轉一週，鑽頭往下(z方向)移動的位移量稱爲進給量f，單位mm/rev，而鑽削加工時間t，進給速度V_f

$$t=\frac{l}{f n_t}=\frac{e}{V_f} \quad (35)$$

$$V_f=f n_t \quad (36)$$

l爲鑽削之孔深，n_t爲鑽頭之轉速 rpm。

整個鑽削過程中，工件材料移除率z_w爲欲鑽孔之孔截面積與鑽頭進給速度V_f的乘積

$$z_w=\frac{\pi}{4}d^2\, V_f=\frac{\pi f n_t d^2}{4} \quad (37)$$

d 為欲鑽孔之直徑。

鑽頭的形式有很多種，最常見是麻花鑽頭(twist drill)，其部位幾何外形如圖 5-33 所示。各部位角度基本上隨著工件材料而有所不同，所以針對麻花鑽頭的幾何外形設計，主要是為了產生精確的孔徑與孔位，減少鑽削所需的推力(thrust force)與扭力，及得到最佳的刀具壽命，最大工件材料移除率。

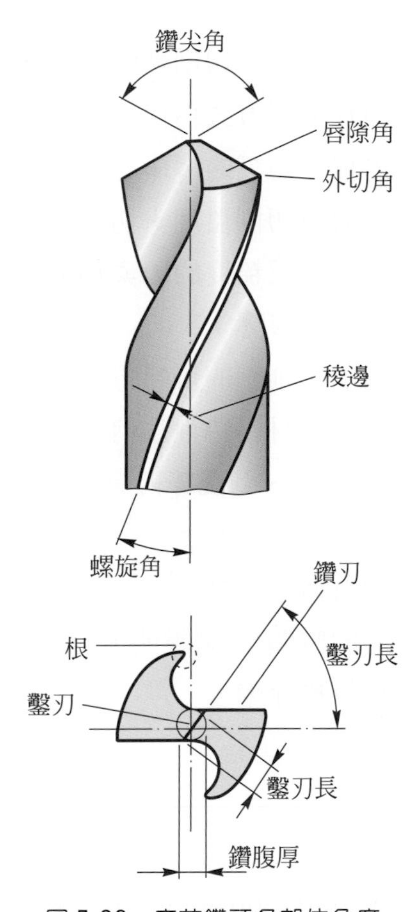

圖 5-33　麻花鑽頭各部位角度

習題

1. 何謂正切削與斜切削。
2. 何謂切削加工。

3. 當進行正切削加工時，切削條件爲切削深度 0.15mm，切削寬度 3mm，切削速度 150mm，刀具的法向角 8°時產生切屑厚度 0.22mm，切削力 550N，切削推力 220N，試求剪切剪切面上的剪切力與垂直力，消耗剪切平面的能量佔總消耗能量的百分比。
4. 請說明BUE產生原因及對切削加工的影響。
5. 請說明斷屑器的功用及型態。
6. 請說在切削加工過程，主要產生切削熱的區域，爲什麼？
7. 在切削加工，刀具的磨耗進行方式爲何？
8. 如何判斷在切削加工過程，刀具的壽命達到。
9. 在切削加工中，刀具壽命與切削溫度、切削條件的關係爲何？
10. 影響切削加工後的工件表面粗糙度的因素爲何，爲什麼？
11. 請說明切削劑對切削加工的影響。
12. 請說明在切削加工中施加切削劑的可能方向及其效果爲何？
13. 請說明切削加工所用刀具其材料特性爲何？
14. 試說明HSS、碳化鎢、CBN、陶瓷等刀具材料的使用場合與性能。
15. 試推導出車削加工的材料移除率Z_w。
16. 請說明逆銑削與順銑削有何不同？
17. 如何估算銑削加工所需的時間t，請說明。
18. 請推導出鑽削加工的材料移除率。

參考文獻

[1] SEROP KALPAKJIAN, Manufacturing Engineering and Technology, Addison-Wesleg Publishing Company.

[2] 劉偉均，切削加工學，東華書局，1989年。

[3] 許彥夫，楊純智，金屬切削原理與工具機，復文書局，1983年。

[4] 林維新、紀松水，切削理論，全華圖書，1983年。

[5] 李炳寅、阮信、蔡銘焜，SKD61模具鋼高速切削性能分析，技術學刊第十七卷，第三期，PP.381-386，2002。

[6] 李炳寅、阮信、林萬益，車削製程中表面粗糙度動態變化評估模式，技術學刊，第十七卷，第一期，PP.31-36，2002。

第6章

非傳統與微細加工

6-1 放電加工簡介

最近幾年來由於半導體加工、精密加工業、光電產業、生物科技、微奈米機電技術以及奈米材料科技的蓬勃發展，各國無不積極卯足全力，投注於相關加工技術研發工作進行。而國內微奈米系統的研究發展仍處在起步階段，故微機械及微零件的製造就顯得相當重要，產品的輕、薄、短、小化已成爲一種趨勢；要達到這個目標,就需要一些特殊的加工法及新的加工觀念。非傳統加工方法由於獨樹一格的加工方式特色，在微機械及微零件的製造方面有非常優異的潛力。

放電加工(electrical-discharge machining, EDM)，是在介電液中以一端當作電極工具，另一端當作被加工的工件，兩端在保持微小的間隙中產生放電行爲。藉由放電所引發的熱作用(電離、熔融、蒸發)及力學作用(放電、爆發力)以達到加工的目的。由於其主要加工依賴電能，因此在電極與加工工件皆以導電材料爲主。

放電加工中所使用的電極材料大多數以石墨、銅及其合金或是銀、鎢及其合金爲主，特殊場合亦有使用鈍金或鉑電極。在放電加工時會因加工材料與電極材料之材料特性不同而需要改變不同的放電加工參數。加工參數的修改除參考各工具機所附的操作手冊附錄外，最好能先實際加工後視實際加工狀況參考放電火花與聲響做適度之調整。

6-1-1 放電加工基本原理

放電加工的方法是將工件和工具同時浸於介電液中，其工件和電極分別接於正、負極上。電極與工件由伺服機構控制而維持一小間隙，稱爲放電間隙，當放電間隙接近數μm距離時，首先在距離最短之處，因介電液之絕緣破壞而發生火花。放電加工就是利用火花的能量除去材料而在工件表面造成一小凹陷。而加工部位被介電液冷卻而溫度降低，放電的間隙也同時恢復絕緣。如此重複放電的結果會在工件上形成電極的反形。

6-1-2　加工參數的選取

放電電流與電流密度

在加工時可直接於放電加工機上設定放電電流 IP 之值，其爲影響放電加工結果的主要因素之一。放電電流一般所表示的爲平均電流，放電電流增大時，加工速度增加、加工面粗糙度變大，依據加工要求，不同材料有不同加工參數設定。

$$電流密度I_p = 放電電流(A)/工作面積(mm^2)$$

由於電流密度會影響輸入熱量的大小 ，且隨著極性的不同而影響加工移除率、被加工物的表面粗糙度以及相對電極消耗率。

工作電壓

工作電壓爲實際放電的電壓值，因爲由伺服控制的間隙直接參考工作電壓而調整距離，一般加工電壓設定 40-50 V，深孔加工約 100 V，電壓大加工速度快表面粗度值大。本實驗電壓設定爲 50V 定值。

鋁粉濃度

依據日本以及國內學者研究，鋁粉的添加可以有效改善工件表面粗度及加工速度。

加工極性

因加工極性(polarity)的不同所產生不同的加工結果，稱爲極性效應(polarity effect)，是由於兩極上的能量重新分配所致，因輸入的能量不同也會導致電極與被加工物表面所產生深淺不同的熔融層。

當被加工物接電源正極，電極接負極時稱爲正極性加工。因爲電子流流動的方向是由負極流向正極，因此造成被加工物上的電流密度較小且輸入熱量亦較低，電痕跡較寬且淺，表面粗度較佳。但加工速度較慢，且因電極承受的熱量較大而有較大的相對電極消耗。

當被加工物接電源負極，電極接正極時稱為負極性加工。因電子流流動方向是由正極流向負極，所以此時負極上的被加工物承受較大的熱量及電流密度，造成其表面的電痕跡較深，使得加工速度較快，也因此得到較差的表面粗度。不過因電極所承受的熱量較小而有較小的相對電極消耗率。

脈衝

脈衝大小τ_p為放電的時間長度，脈衝愈大加工速度越快，表面粗度愈大。

電極轉速

旋轉電極的方法可以減少積碳的情形，改善加工的進行，改善加工速度及工件加工表面情況，深孔加工建議使用旋轉機構。

放電加工性能

放電加工性能，一般以加工速度、表面粗糙度、放電間隙、及電極消耗比來評估，而放電加工參數是決定放電加工性能的重要因素。

加工速度

加工速度為單位時間內之加工量，一般以 g/min 或 mm^3/min 表示之。I_p、τ_p愈大，則加工速度愈快。

表面粗糙度

工件表面粗糙度係表示加工後工件表面情形，一般以Ra來表示粗糙度的大小。而粗糙度的大小與電極材料及電極表面、放電輸入參數有關, 當τ_p，τ_r愈大，則加工面愈粗糙。

放電間隙

放電間隙(GAP)為加工後工件孔徑減去電極尺寸亦即擴孔量或過切量。一般加工電流愈大、電極消耗大、電源電壓愈高及加工液較混濁時放電間隙較大。又加工深度及電極較長時，會產生二次放電易使間隙加大。

電極消耗

電極消耗為電極加工前後消耗量，通常以體積或重量來表示之，一般若使用石墨電極加工時，因易被加工中的油浸入，導致重量測定不確實，得以消耗長度與加工深度之比來表示。微細加工時電極消耗以損耗長度表示。

6-1-3 線切割放電加工機

線切割放電加工機(wire electrical-discharge machine, WEDM)是以細鎢鋼線或銅線爲電極，採正極性加工方式。藉由著線軸不斷的捲動將剛放電結束造成電極尺寸發生變化的線帶離加工區，使得放電區域不斷保持在標準線徑的電極線上加工。目前此類加工機多爲CNC控制方式，有著加工精度高又可加工較爲複雜外廓之工件。

影響加工因素：

1. 電氣條件：加工的電壓、電流直接影響加工速度。但是過大的放電能量卻容易致使斷線發生。
2. 加工液之噴射壓力：較大之噴射壓力可有效帶走放線切割後所產生的材料細屑，其次也能迅速冷卻材料。但過大的壓力沖擊加工電極線會導致其振動，除會影響加工的精度外也會加大斷線機率的產生。
3. 線材種類：一般常用之線切割電極線雖以黃銅線爲主，但應該不同的加工材料對應不同材質的電極線有助於加工速度與品質的提升。
4. 線張力與送線速度：較高的線張力可減少切割時線材所產生的振動現象，同時較快的送線速度可以減低斷線機率的發生。但過高的線張力亦會增加斷線率，過快的轉速會造成線材的浪費並增加切削成本。
5. 其它：導線間的距離及上下眼模的尺寸。

6-1-4 微放電與陣列加工

微放電加工泛指對於微小工件或需要微小量切削及微小能量的加工。一般加工電壓約在30V以下，加工電流需小於0.5A。

微放電加工(micro electrical-discharge machining, WEDM)的難點在於微電極的製造，曾澤研究室(1985)研發的放電研磨(wire electrical-discharge grinching, WEDG)技術[2]，而(1989)Rowe提出無心研磨法亦可加工各種硬質及軟質電極材料，此法將電極置於控制輪和研磨輪之間，此研磨法具有高度準確性，且可以有效避免中心誤差，此二種加工法可以克服電極的製造問題。在前述WEDG系統中使用放電研磨方法將電極研磨至微小尺寸，而直接對工件加工如圖6-1，此種橫向放電加工方式有利排渣，並可提高加工速率及表面品質，唯電極無法移動至其他機台加工；放電加工法的另一個問題是低的材料移除率，加工速度慢且難以批造加工，作者提出多電極的微小孔放電加工方式，以及高細長比電及進行陣列孔的放電加工方法，期望微零件放電批造加工成爲可能。電極選取碳化鎢爲電極材料，使用無心研磨方式加工電極至所需尺寸，以便在金屬片(不銹鋼)工件上進行微細孔及微細槽加工；而多電極加工是在線切割放電加工機上進行，使用自行研發的電極旋轉機構來加工多電極，以此微細多電極進行批造放電加工，一次完成多個孔或多槽以及各種形狀的製作。選取碳化鎢做爲電極是因爲其具有耐高溫，低損耗的特性，其高強度與剛性使其易於被加工至微小尺寸不變形，且具有超大深徑比(L/D 100以上)。

陣列加工(矩陣形式多電極加工)方式可以增進放電加工效率[6]，亦是光電產業主要加工技術之一，但在微電極製作部份需要多費心思，如此則放電加工方法成爲批造加工技術是相當令人期待的！

6-1-5 多電極的加工

多電極的加工可在線切割機上進行；使用自行研發的旋轉機構，將直徑3.0mm的碳化鎢圓棒於線切割機加工成所希望電極數目的微細多電極，可分別爲4支(2×2)、9支(3×3)、16支(4×4)、25支(5×5)、36支(6×6)等；此旋轉機構可用於加工三角形、六邊形……等多邊形電極的加工製作。加工方形電極時，第一次加工後，旋轉工件90度，按原加工路徑再加工一次。加工三角形電極時，第一次加工後，旋轉工件120度，按原加工路徑再加工一次，之後重複此步驟再作一次，即可加工成爲三角形多電極。加工六邊形電極時方法與三角形相同，但加工路徑每邊多一道次。

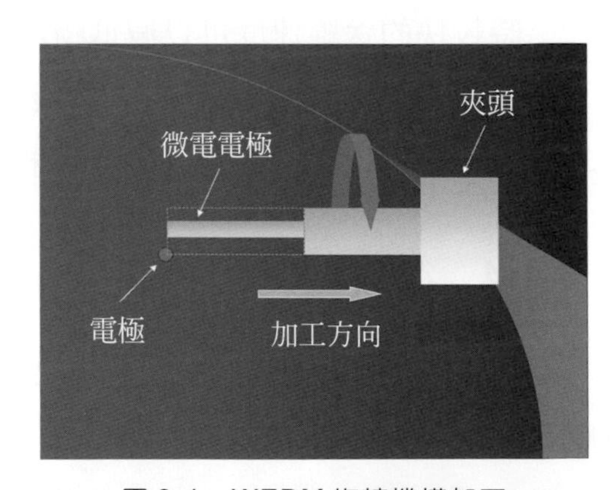

圖6-1 WEDM旋轉機構加工

6-1-6 線切割放電研磨

1985 日本東京大學增澤隆久教授所發展之加工法。其主要原理爲利用線切割放電加工機搭配一旋轉夾持機構進行旋轉放電加工如圖 6-1。線切割放電研磨(wire electrical discharge grinding, WEDG)加工方式其加工方式與車床主軸上旋轉的工作原理類似，線電極的作用類似於車床上的車刀，線切割放電研磨加工示意圖如圖 6-2 所示，利用線導軌進行張力控制調整，可避免斷線、過切現象，使微電極加工穩定[2]。圖 6-3 則爲二個線切割複合放電研磨加工系統，可直接進行更微細化的元件加工。

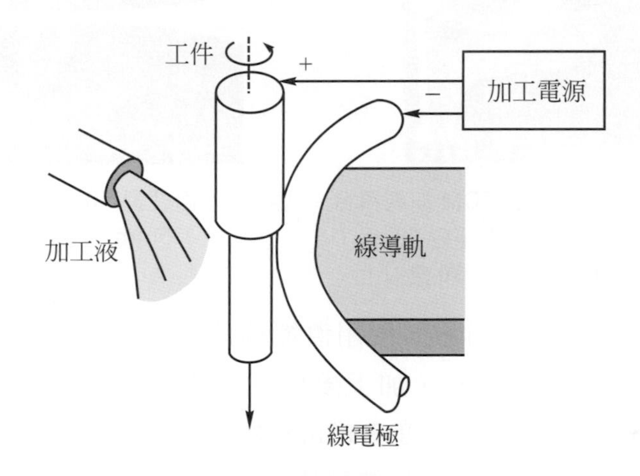

圖 6-2　線切割放電研磨加工

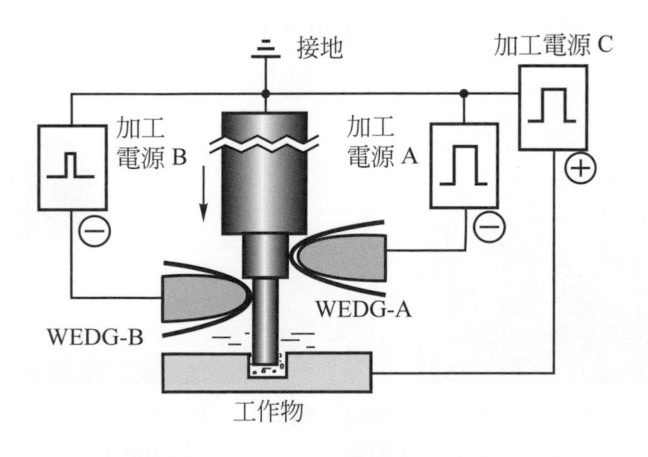

圖 6-3　複合線切割放電研磨加工系統

6-1-7 放電微細加工應用實例

放電加工除了雕模放電、線切割、放電研磨之外，尚可進行鑽孔加工以及銑切加工。以下 SEM 圖爲一些放電加工基本工應用，提供參考。圖 6-4 利用線切割放電研磨以及 EDM 研磨複合加工所得圓形銅電極，其直徑約 18μm，長度 600μm，電極深寬比達 30 倍以上。圖 6-5 所示直徑爲 50μm 碳化鎢電極圓棒，長度爲 1.5mm。

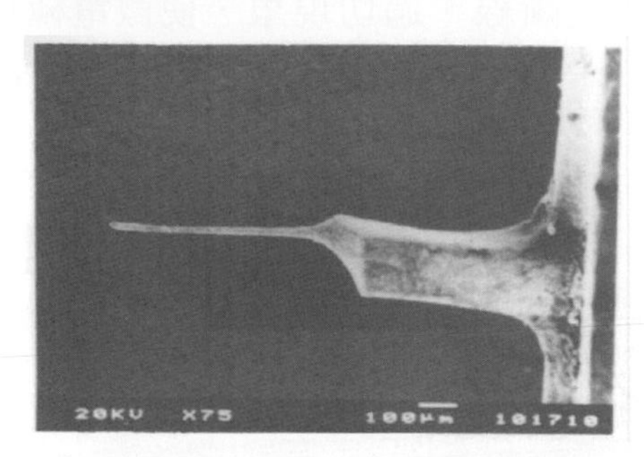

圖 6-4 利用線切割放電研磨以及 EDM 研磨複合加工所得圓形銅電極，其直徑約 18μm，長度 600μm，電極深寬比達 30 倍以上

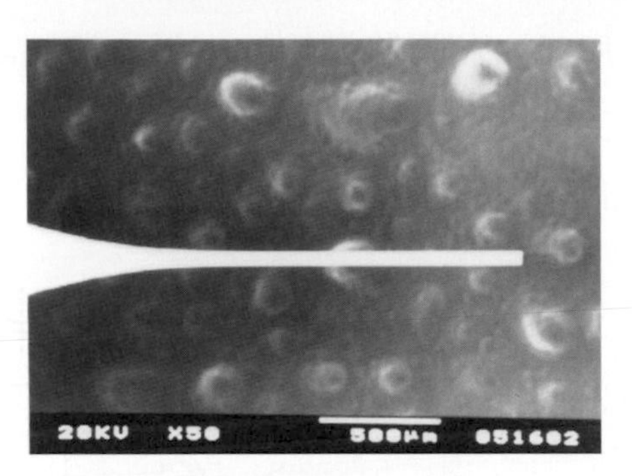

圖 6-5 直徑為 50μm 碳化鎢電極圓棒，長度為 1.5mm

放電鑽孔實例如圖 6-6 所示，使用直徑爲 50μm 碳化鎢電極圓棒，加工厚度 0.15mm 不銹鋼片所得之微細孔，加工後孔直徑爲 60μm。圖 6-7 所示，使用直徑爲 50μm 碳化鎢電極圓棒，加工厚度 0.15mm 銅片所得之微細孔，孔直徑爲 60μm。圖 6-7 所示，使用直徑爲 50μm 碳化鎢電極，加工厚度 0.15mm 不銹鋼片所得之微細孔，孔直徑爲 60μm。圖 6-8 所示，使用直徑爲 30μm 碳化鎢電極，加工厚度 0.15mm 銅片所得之微細孔，孔直徑爲 40μm。

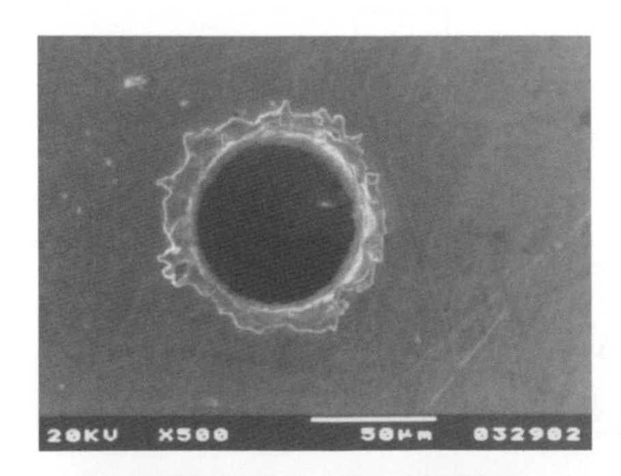

圖 6-6 使用直徑為 50μm 碳化鎢電極，加工厚度 0.15mm 不銹鋼片所得之微細孔，孔直徑約為 60μm

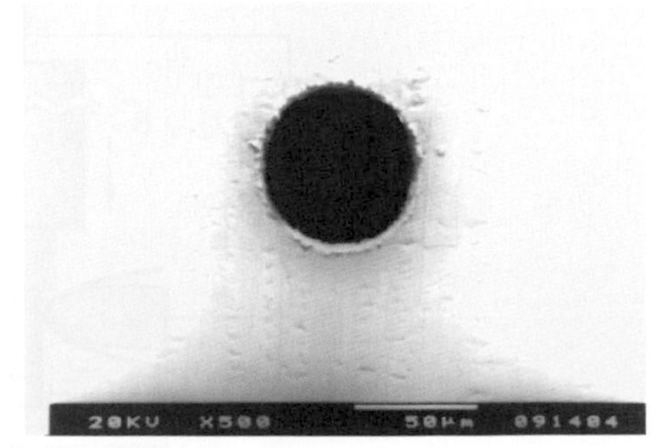

圖 6-7 使用直徑為 50μm 碳化鎢電極，加工厚度 0.15mm 不銹鋼片所得之微細孔，孔直徑為 60μm

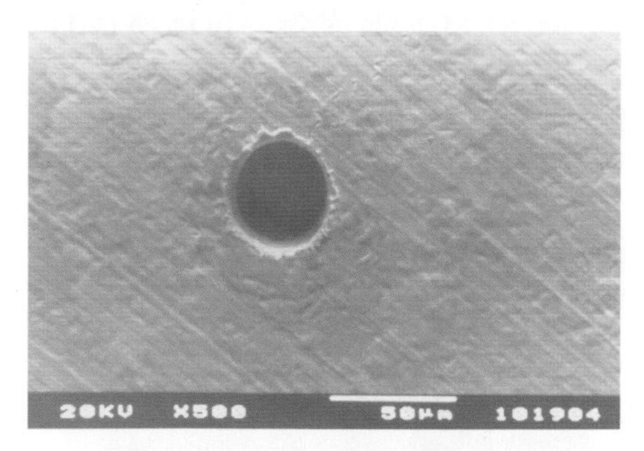

圖 6-8　使用直徑為 30μm 碳化鎢電極，加工厚度 0.15mm 銅片所得之微細孔，孔直徑約為 40μm

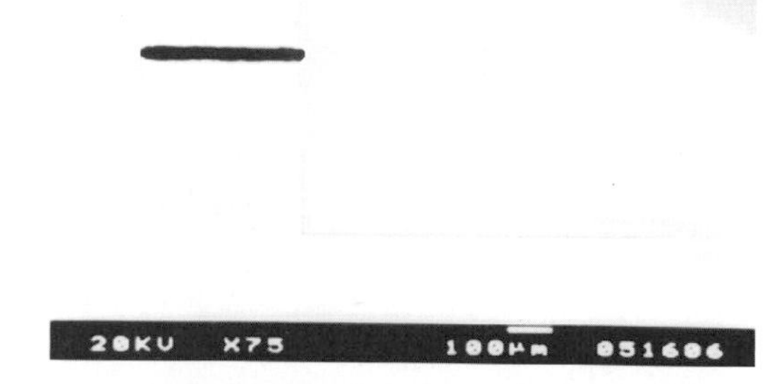

圖 6-9　使用直徑為 50μm 碳化鎢電極，加工厚度 0.15mm 銅片所得之"一"字型微細槽

放電銑切實例如圖 6-9 所示，使用直徑爲 50μm 碳化鎢電極圓棒，銑切加工厚度 0.15mm 銅片所得之"一"字型微細槽。圖 6-10 所示，使用直徑爲 100μm 碳化鎢電極圓棒，銑切加工厚度 0.15mm 銅片所得之"M"字型微細槽，字體大小約 0.4mm。。圖 6-11 所示爲使用直徑 100μm 碳化鎢單電極，以正極性加工方式，進行正六邊形形軌跡銑切加工。

圖 6-10　所示，使用直徑為 100μm 碳化鎢電極圓棒，銑切加工厚度 0.15mm 銅片所得之"M"字型微細槽，字體大小約 0.4mm

圖 6-11　所示為使用直徑 100μm 碳化鎢單電極，以正極性加工方式，進行正六邊形形軌跡銑切加工

多電極的加工實例如圖 6-12 所示，使用旋轉機構，將直徑 3.0mm 的碳化鎢圓棒於線切割機加工成所希望電極數目的微細多電極，圖 6-12 所示爲 9 支(3*3 正方形陣列)微電極 SEM 照片，每一電極邊長 100μm，電極長度 5mm。圖 6-13 所示陣列微細孔 SEM 照片爲使用 9 支陣列式碳化鎢多電極加工厚度爲 0.15mm 不銹鋼工

件。圖 6-14 所示爲 16 支(4*4 正方形陣列)微電極 SEM 照片，每一電極邊長 100μm，電極長度 5mm。圖 6-15 所示陣列微細孔 SEM 照片爲使用 16 支陣列式碳化鎢多電極加工厚度爲 0.15mm 不銹鋼工件。

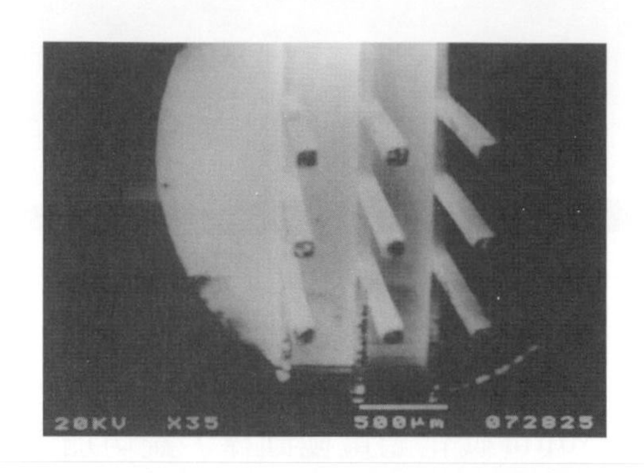

圖 6-12 正方形陣列 3*3 碳化鎢微電極 SEM 照片，每一電極邊長 100μm，電極長度 5mm

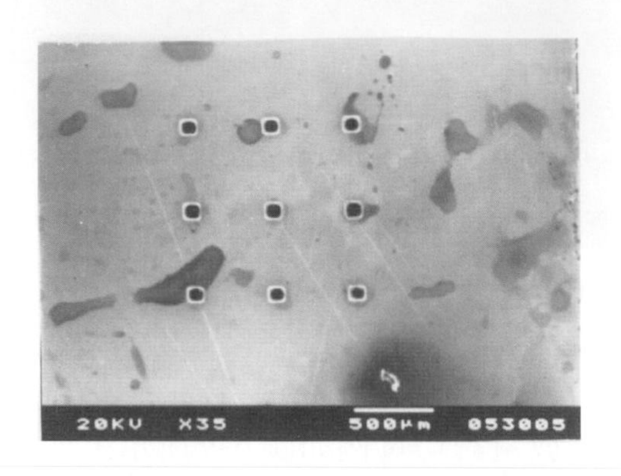

圖 6-13 陣列微細孔 SEM 照片，為使用 9 支陣列式碳化鎢多電極加工厚度為 0.15mm 不銹鋼工件所得

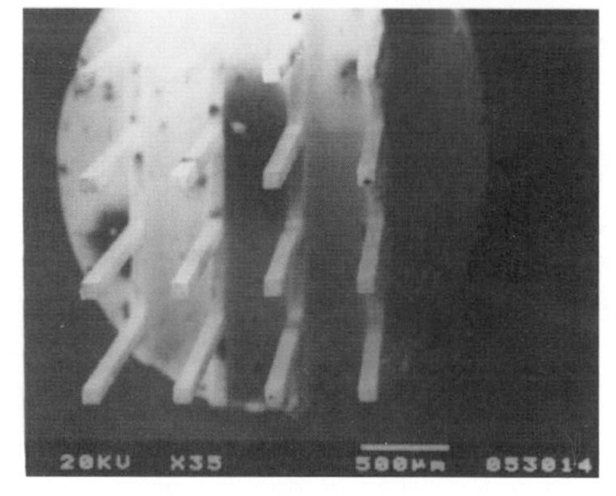

圖 6-14 正方形陣列 4*4 碳化鎢微電極 SEM 照片，每一電極邊長 100μm，電極長度 5mm

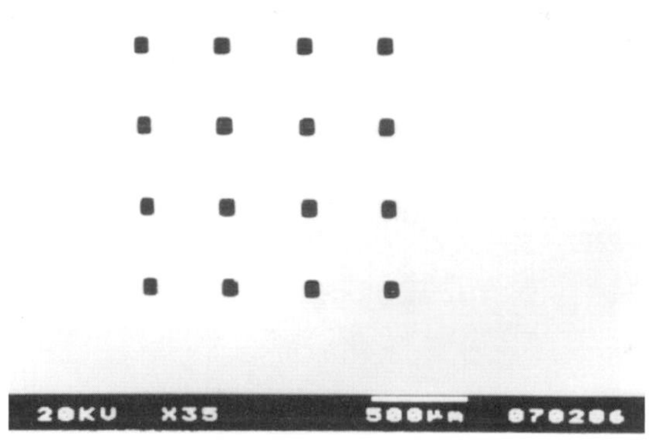

圖 6-15 陣列微細孔 SEM 照片，為使用 16 支陣列式碳化鎢多電極加工厚度為 0.15mm 不銹鋼工件所得

圖 6-16 所示爲 36 支(6*6 正方形陣列)微電極 SEM 照片，每一電極邊長 100μm，電極長度 5mm。圖 6-17 所示陣列微細孔 SEM 照片爲使用 36 支陣列式碳化鎢多電極加工厚度爲 0.15mm 不銹鋼工件。圖 6-18 所示陣列微細孔 SEM 照片爲使用 35 支陣列式碳化鎢多電極加工厚度爲 0.4mm 矽晶片。

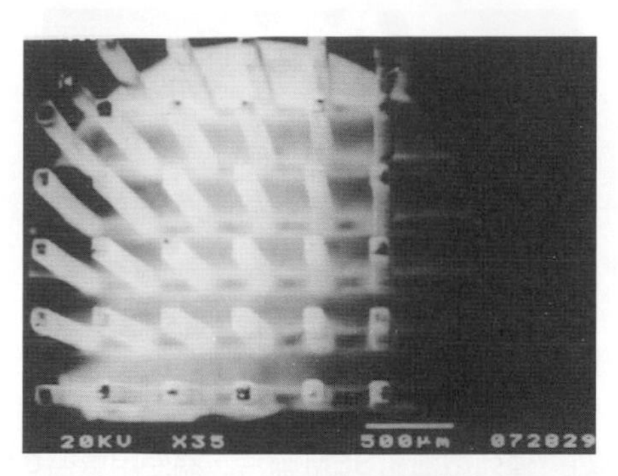

圖6-16 正方形陣列 6*6 碳化鎢微電極 SEM 照片，每一電極邊長100μm，電極長度5mm

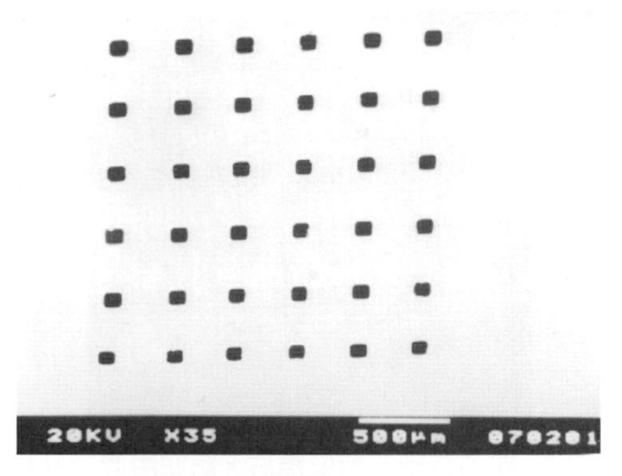

圖6-17 陣列微細孔 SEM 照片，為使用 9 支陣列式碳化鎢多電極加工厚度為 0.15mm 不銹鋼工件所得

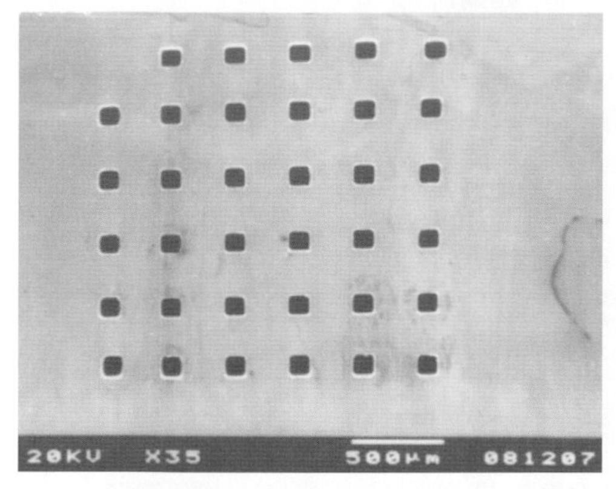

圖6-18 陣列微細孔 SEM 照片，為使用 35 支陣列式碳化鎢多電極加工厚度為 0.4mm 矽晶片工件

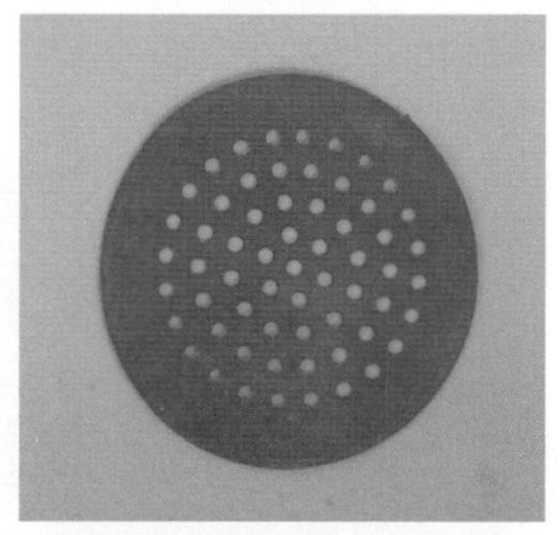

圖6-19 陣列微細孔數位照片，為使用直徑 0.5mm 石墨單電極，在CNC 放電加工機進行同軸式陣列微孔加工，加工孔數共 61 孔，一次完成加工，工件為厚度為 0.15mm 銅片

圖 6-19 所示陣列微細孔 SEM 照片，爲使用直徑 0.5mm 石墨單電極，在 CNC 放電加工機進行同軸式陣列微孔加工，加工孔數共 61 孔，一次完成加工，工件爲厚度爲 0.15mm 銅片。圖 6-20 所示陣列微細孔 SEM 照片，爲使用直徑 0.5mm 石墨單電極，在CNC 放電加工機進行同軸式陣列微孔加工，加工孔數共 61 孔，一次完成加工，工件爲厚度爲 0.15mm 鋁片。圖 6-21 所示陣列微細孔 SEM 照片，爲同一方式加工所得，厚度爲 0.15mm 鋁片工件。圖 6-22 所示陣列微細孔 SEM 照片，爲同一方式加工所得，厚度爲 0.3mm 矽晶片。

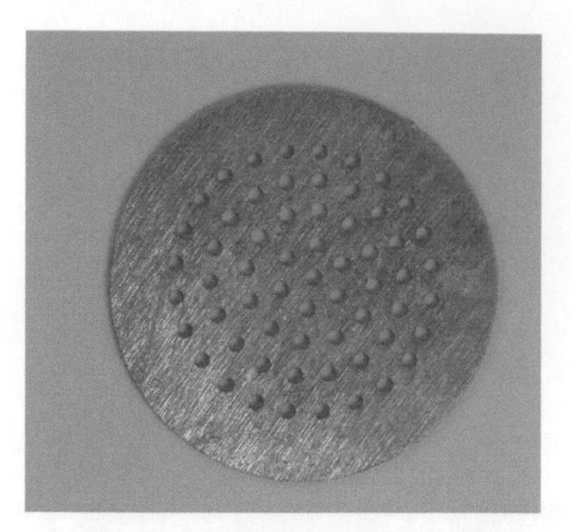

圖 6-20 陣列微細孔數位照片，為使用直徑 0.5mm 石墨單電極，在CNC 放電加工機進行同軸式陣列微孔加工，加工孔數共 61 孔，一次完成加工，工件為厚度為 0.15mm 鋁片

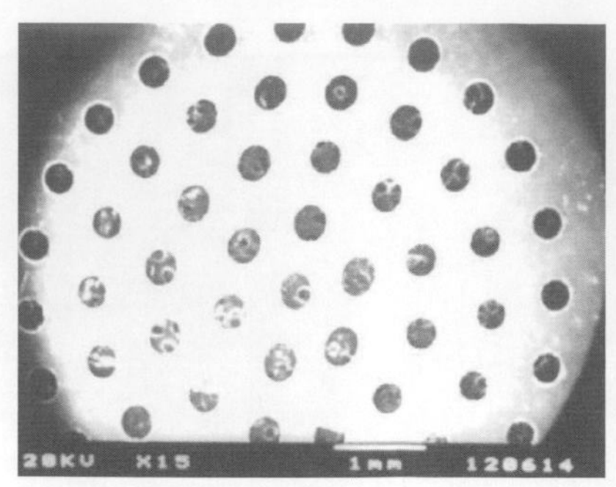

圖 6-21 陣列微細孔 SEM 照片，為使用直徑 0.5mm 石墨單電極，在CNC 放電加工機進行同軸式陣列微孔加工，加工孔數共 61 孔，一次完成加工，工件為厚度為 0.15mm 不銹鋼片

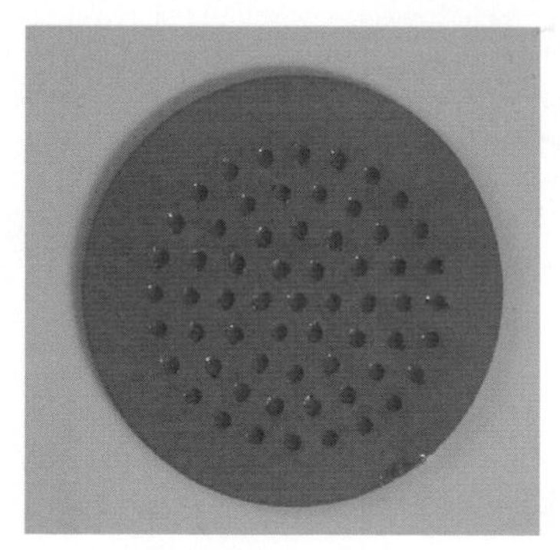

圖 6-22 陣列微細孔數位照片，為使用直徑 0.5mm 石墨單電極，在 CNC 放電加工機進行同軸式陣列微孔加工，加工孔數共 61 孔，一次完成加工，工件為厚度為 0.3mm 矽晶片

6-2 精密無心研磨

無心研磨 1987Rowe研發之方法，由於不需頂心夾持工件故名之[3－5]。研磨時使用一組模輪，一爲控制輪(主動)，一爲可調整位置研磨輪(從動)；兩輪之間有一支撐座平面，被加工物即放置於控制輪和研磨輪之間支撐座上，當研磨輪轉動即可進行加工。此種加工方法可加工各種硬質及軟質電極材料，無心研磨法具有高度準

確性，且可以有效避免中心誤差，加工尺寸與眞圓度佳。無心研磨優點甚多，可用於內、外徑研磨加工，結合 CNC 以及高度自動化程式控制操作，不需頂心夾持，精度高，且可以適合大量生產。精密無心研磨技術可將碳化鎢材料研磨至各種微小尺寸，供應作爲微小衝頭、放電加工用微小電極以及各種微米級鑽、銑刀具等場合之使用。圖 6-23 所示爲無心研磨加工之碳化鎢微電極 SEM 照片，直徑約 10μm，長度 0.4mm[7]。

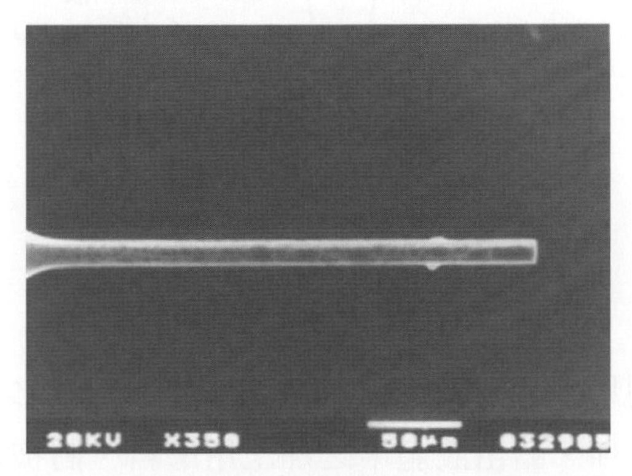

圖 6-23　無心研磨加工之碳化鎢微電極 SEM 照片，直徑約 10μm，長度 0.4mm
*本電極由協銳刀具股份有限公司提供

6-3　超音波加工

音波是一個彈性媒介中的機械振動，一般我們可聽見的音波振動頻率大約是 20Hz～18,000Hz的振動頻率，稱爲次音波；如果音波的振動頻率高於 20,000Hz，即稱爲超音波(ultra sonic machining, USM)。超音波加工在機械加工的領域上並非罕見的加工法，一般可在焊接與振動切削領域上接觸到超音波加工。

超音波輔助加工被廣泛應用在傳統與非傳統的加工場合。例如：車削、銑削、鑽孔、研磨、拋光、放電加工……等。超音波輔助加工擁有高震動頻率，可提供良好的加工結果。在高移除率的情況下，可減低切削力，且表面粗度與刀具磨耗量都有一定程度的改善[8－11]。而在微細加工的領域中超音波的特性亦被導入應用。利用超音波振盪，搭配充滿微細研磨粒的液體即可對高硬度之脆性材料諸如：玻璃、陶瓷、矽基材料上進行加工動作。超音波加工原理如圖 6-24 所示：

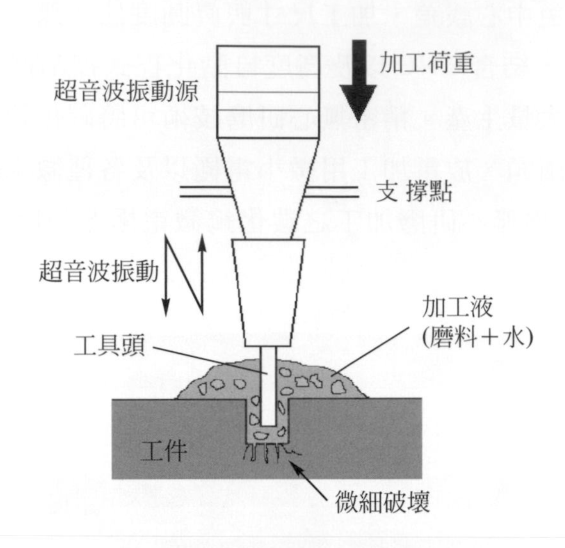

圖 6-24　超音波加工

超音波加工法是利用超音波產生器振動分佈於加工區之含磨料液體，利用振動時以超音波工具抵住工件，藉由液體中之加工用磨料，將被加工物表層破壞，使工具端面的形狀轉映到工件上的方法。

超音波加工適用於其它加工法難以加工之材料上使用。因為超音波加工會將加工工具的形狀完整的複製到被加工物上除微細孔穴加工應用外，我們也可以利用超音波的振動特性施加於微細電化學加工中。藉由超音波的輔助能明顯提升電鍍陽極(電解端)之解離效率，同時改善電解端與電鍍端之表面粗度。對於LIGA製程或是一般電解電鍍皆能有效提升品質；預期在大深寬比(aspect-ratio)、微小孔徑情況下，可以改善孔穴無法填滿的電鑄加工情形。

6-3-1　超音波輔助電鑄

隨著電子元件等的微小化的觀念也同樣直接影響機械元件的製造與設計。然而，選擇單一製造處理方法時，由於精度和加工的能力的局限性, 一些顯微架構製造方面經常遭遇困難和種種限制，故需思考結合兩種以上的不同製程，以突破上述的種種問題，此種結合兩種以上的不同製程加工概念，稱為"複合加工"。

高效率的電化學微細加工，廣泛地被應用於電子製造業和精密製造工業上。配合高振動頻率，超音波輔助加工則提供了極好的切削性能，可]提升移除效率，同時降低切削力，加工表面粗度和工具磨耗能夠被改善。而提高電鑄的效率，是當前的重要課題因此，故此研究將結合超音波和電鑄加工，且藉由超音波的震盪形成較好的流動擴散和傳遞效果，來改善電鑄加工的性能。

6-3-2 電解與電鑄原理

電鍍原理簡單來講，就是將兩個電極放入電解液中，通以直流電，金屬離子會由正極解離，而電鍍到負極上。因此，利用電化學加工可將導體材料經由陽極的分解而去除，上述過程和機械能和熱能無關，而是利用電能和化學能的作用。最常見的電解與電鍍加工是純銅電解精製。銅硫酸銅溶液中純銅當陰極，陽極則使用粗煉銅，電解後陰極可得鈍金屬銅片。此類加工中金屬離子流過溶液，鍍在陰極物體表面，達成我們所希望的美觀、保護、工程應用效應。

電鍍是附著電極版的金屬塗層沉積，其以不同於金屬基版的表面性質或尺寸安全爲目的。而電鍍對製造自由站立結構的描素，則稱爲電鑄。電鑄是利用電鍍過程去沉積金屬或以模體爲背景產生金屬物體，此金屬物體能像裝飾品似的與模體分離的實體，此功能就是電鍍與電鑄的不同，電鑄的製程用於微結構加工，例如LIGA。

電鍍液經攪拌後可使其濃度均勻，並使陰極處可沉積之金屬離子濃度增加。溫度對電沉積之影響和攪拌相似，因增加溫度是加速離子之動能，因而增加陰極處之金屬離子濃度，而使沉積粒子粗大。因此當電流密度小時不宜增高溫度，否則易使沉積層有斑點或粗糙，並且易加速某些電鍍液之成分的分解，故一般電鍍時，溫度不得超過40～55℃，但也不得低於18℃，因溫度太低則離子之活動性降低，並增加陰極上氫氣之吸附，而使鍍膜易於碎裂。

在電鍍液中加入少量塡加劑(如0.01%)有機物質，如膠、糊精、明膠、及其他膠體等均可改良金屬鍍層之物理結構及緊密性。由於膠體之塡加物會使陰極產生暫時極化，使金屬粒子更緻密地沉積在陰極表面上，同時可以減少氫氣在陰極上形成，故使鍍層更緊密、均勻、堅硬、甚至發亮。pH 值的控制對電沉積層的影響也甚重要，pH值的控制對電鍍層之外觀、應力、電極效率均有影響。若電鍍液之pH值太低，則加速氫氣的放出並降低陰極效率，使鍍層的硬度、應力及附著性減少。同時 pH 值也影響陽極金屬的溶解效率，即影響陽極效率。

電鍍製程中可回收再利用或循環使用之資源主要有原物料中之重金屬及水資源二項。重金屬回收方式係由貯存於靜止水洗槽內之帶出液或水洗水中，以蒸發濃縮法、電解法、離子交換法、過濾法及逆滲透法等進行回收工作。水資源回收利用則是將處理過之處理水回收使用[13－16]。

6-3-3 電鍍實驗

實驗主要步驟敘述：

1. 先將銅片放在5%硫酸中1分鐘酸洗，然後在的純水中清潔1分鐘。
2. 將銅試片先行秤重作業，以待實驗。
3. 酸洗試片浸入電解液裡，分別連接正極和負極，硫酸銅電解液是濃度爲240g/L的硫酸銅、硫酸30g/L。
4. 電鑄實驗時間設定了2小時，起始電流10.00mA，0.4V、適當電流密度。
5. 把正極和負極上的銅試片在實驗後以超音波震盪陽極進行水洗作業，後將試片烘乾，使用精密電子磅秤秤重。
6. 掃瞄式電子顯微鏡用來進行表面觀察與攝影。

實驗結果顯示在電鑄時，陰極連接超音波振動時，鍍著速度有微小幅度增加(如表6-1)，且鍍層表面比沒有使用超音波振盪者佳(圖6-25，圖6-26)。由表6-3電解與電鑄表面粗糙度結果比較表，可看出超音波電鑄陰極試片表面粗度，優於無超音波電鑄表面粗度。

表6-1 超音波電鑄陰極沉積速率比較

	陰極沉積速率(g/hr)
無超音波	0.0119
陰極超音波震動	0.0120
陽極超音波震動	0.01155
(陰極＋電解槽)超音波震動	0.0116
(陽極＋電解槽)超音波震動	0.0114

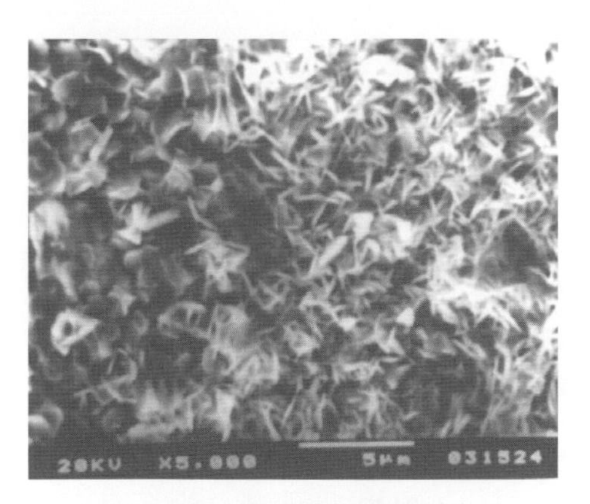

圖6-25　無超音波陰極試片

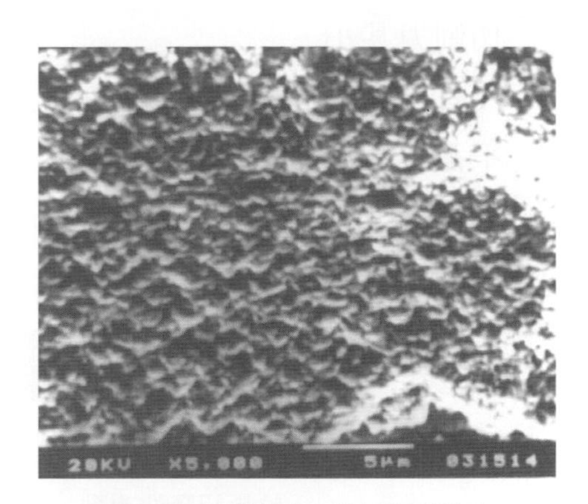

圖6-26　陰極超音波陰極試片

6-4　超音波輔助電解

近年來微機電系統(micro electro mechanical system, MEMS)相關領域的研究與應用越來越受重視，構成微機電系統所需的微形零件，特別是微孔、微細槽等之高效率、高精度製作技術也就成爲重要的研究課題。有關微細加工方面的技術目前主要有雷射加工、超音波振動加工、微放電加工及應用於半導體製程的蝕刻、LIGA等。這些加工方法雖然都各具有其優點，但亦皆有難以克服的缺點。其中微放電加工法則因具有設備費用低廉、工件之深寬比大、微孔形狀非常良好，3D 形狀之工件加工容易等優點，而且微放電加工法亦可在線上結合超音波振動、電解等不同方法，組合成各種複合加工製程，大大減少了加工時間與費用，是一種非常值得大力發展的方法。在硫酸銅溶液中電解，金屬薄片可從100μm加工至10μm厚度大小[17]。

藉由超音波的輔助下陽極可得到較爲快速的金屬電解效率，其陽極移除率大幅增加(如表 6-2 所示)，由表 6-3 電解與電鑄表面粗糙度結果比較表可發現銅電解的陽極表面粗度，使用超音波輔助者效果甚優於無超音波，請參看比較圖 6-27 無超音波陽極試片，與圖 6-28 超音波陽極震盪陽極試片。

電解加工的優點

1. 可加工硬質以及軟質導電材料。

2. 切削力甚小。
3. 沒有因高溫而引起的金相變化及熱應力。
4. 不需人工清除毛邊。
5. 可進行微、奈米級程度之微細加工。

表 6-2 超音波電解陽極解離速率比較表

	陽極解離速率(g/hr)
無超音波	−0.01265
陰極超音波震動	−0.0142
陽極超音波震動	−0.0158
(陽極＋電解液)超音波震動	−0.01735

圖 6-29 所示掃瞄式電子顯微鏡(surface scanning electron microscope, SEM)照片爲電解加工後之銅電極，前端電極直徑 10μm，平均電極直徑 15μm[18]。而圖 6-30 所示SEM照片爲直徑 50μm碳化鎢電極，在硫酸銅溶液中解離至 20μm，電極兩側解離物尚未脫離電極本體，此表面解離物質可藉超音波震動使其與電極母材分開。圖 6-31 中之 SEM 照片使用直徑 50μm 碳化鎢電極在硫酸銅溶液中進行電解加工，成品尺寸直徑約 5μm 以下。圖 6-32 中之SEM照片爲使用 50μm 碳化鎢電極在硫酸銅溶液中電解加工，電極尖端尺寸可達約 1μm。使用碳化鎢材料，以電解加工方式進行加工，在微、奈米加工上應用方面，有相當強之潛力。

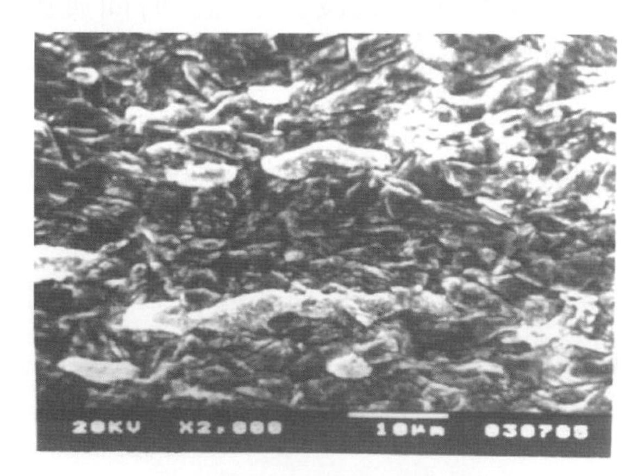

圖 6-27 無超音波陽極試片

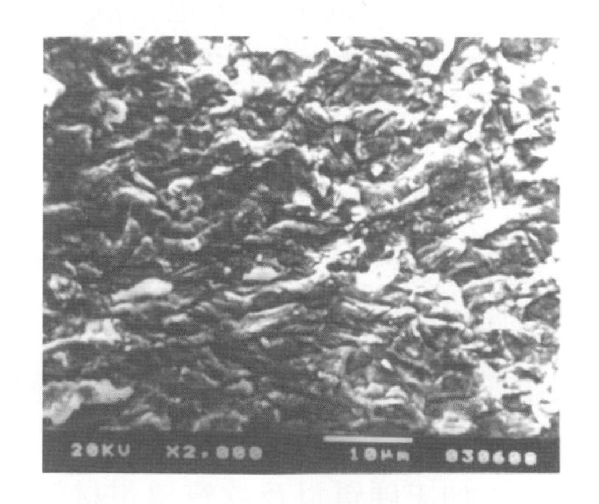

圖 6-28 超音波陽極震盪陽極試片

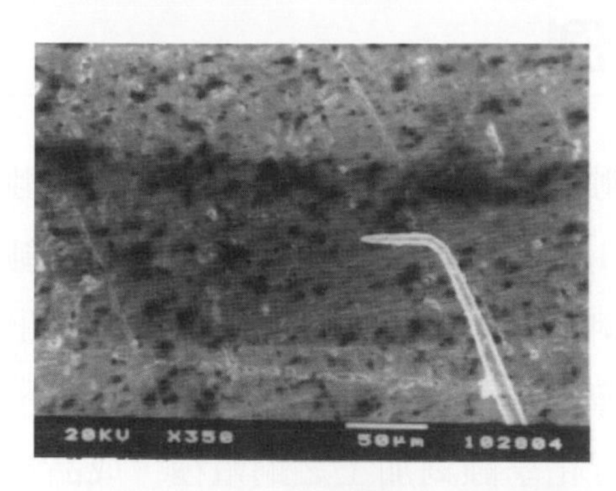

圖 6-29　電解加工後之銅電極，前端電極直徑 10μm，平均電極直徑 15μm

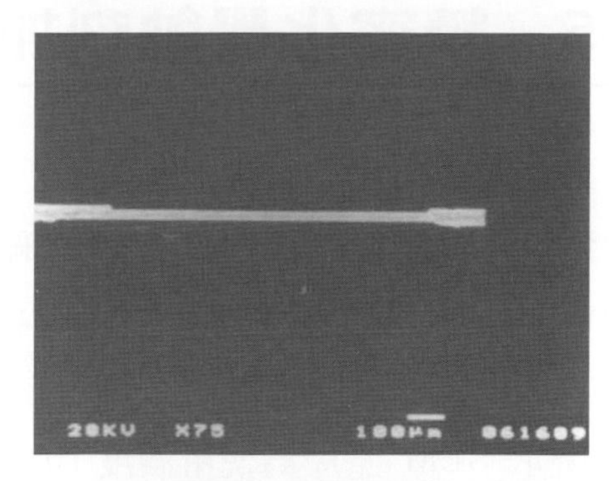

圖 6-30　碳化鎢電極在硫酸銅溶液中解離至 20μm，電極兩側解離物尚未脫離電極本體

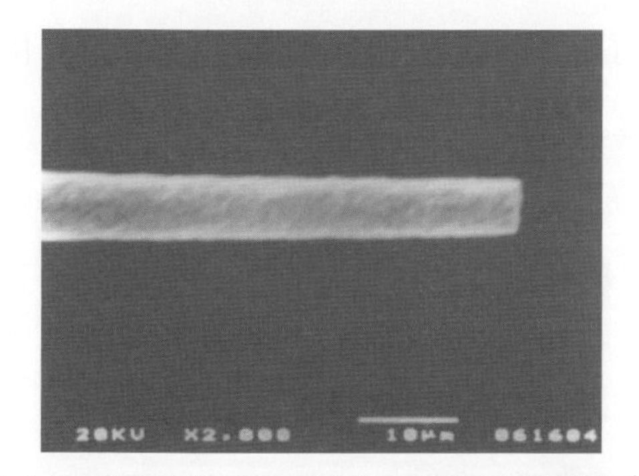

圖 6-31　使用直徑 50μm 碳化鎢電極在硫酸銅溶液中電解加工進行電解蝕刻加工，成品尺寸直徑約 4μm

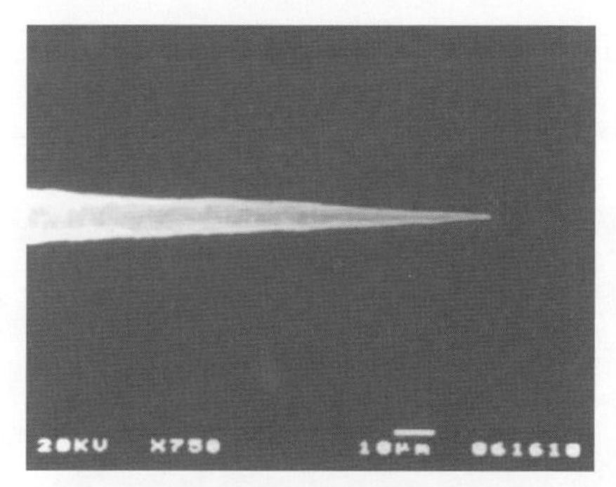

圖 6-32　使用 50μm 碳化鎢電極在硫酸銅溶液中電解加工，電極尖端尺寸可達約 1μm

表 6-3　電解與電鑄表面粗糙度結果比較表

	無超音波		超音波液槽震動	
	正極粗糙度 Ra	負極粗糙度 Ra	正極粗糙度 Ra	負極粗糙度 Ra
電解	2.51μm		1.67μm	
電鑄		1.73μm		1.18μm

6-5 精密化學蝕刻加工實例

鈦金屬表面可被硫酸(H_2SO4)以一穩定的蝕刻速率蝕刻，蝕刻速率會隨著蝕刻液的體積莫耳濃度成比例增減[19]。銅可被$FeCl_3$或是$CuCl_2$蝕刻，其中以$FeCl_3$蝕刻速率較高。化學蝕刻添加液中又可發現氯化鉀(KCl)會增加蝕刻速率，但氯化鈉(NaCl)卻會降低蝕刻速率[20－21]。依經驗，化學蝕刻加工之加工表面粗度較差，圖6-33所示 SEM 照片爲使用濃度10%$FeCl_3$進行化學蝕刻加工之銅電極，成品尺寸直徑約20μm，外觀有鋸齒狀，加工前直徑0.1mm。圖6-34中所示SEM照片爲4×2的陣列型銅電極，加工前每根電極直徑爲 0.1mm，加工後每根電極直徑約爲 30μm，長度約爲 5mm。此多電極加工方式採用了化學蝕刻及超音波複合加工，化學蝕刻液爲5%$FeCl_3$水溶液。

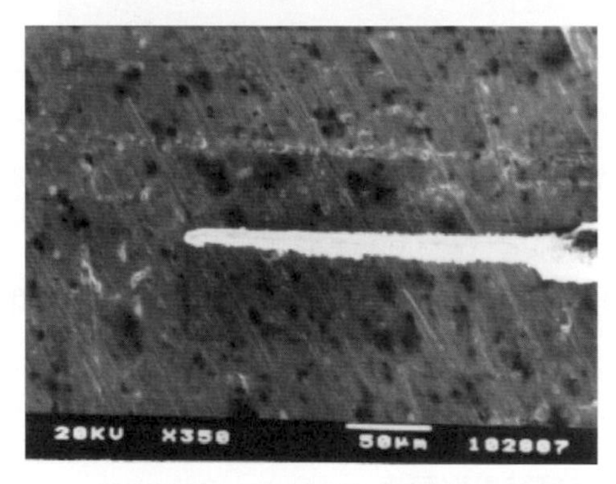

圖 6-33 使用濃度 10%$FeCl_3$進行化學蝕刻加工之銅電極，成品尺寸約 20μm，外觀有鋸齒狀

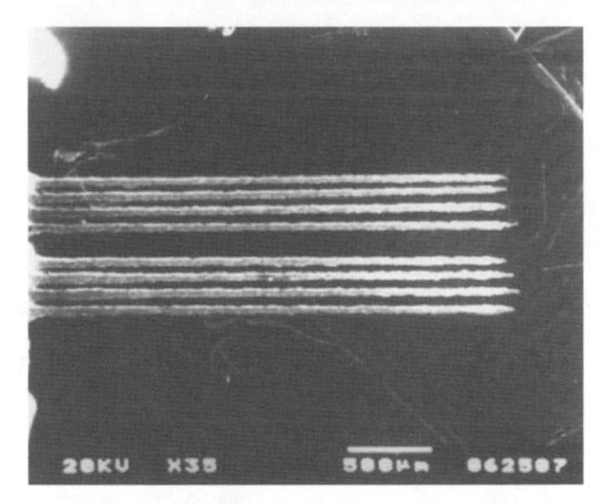

圖 6-34 陣列型銅電極 SEM 照片，加工前每根電極直徑為 0.1mm，4*2 陣列，加工後每根電極直徑約為 30μm，長度約為 5mm

6-6 雷射加工與準分子雷射的應用

雷射(LASER)又稱激光，是由 light amplification by stimulated emission of radiation 的字首所組成。雷射在某些應用上被當作光源放大器，其主要用途如同光學振盪器或轉換器，將電能轉變成高度平行的光電磁波束。雷射放出的光能具有許多與其他光源所不同的特性。

1. 光譜純度(spectral purity)：－雷射所發射出來的光是單色的(monochromatic)。此光線能以簡單的光學設備予以聚焦(不需要使用濾色鏡)。
2. 指向性(directivity)：－雷射光是一種高度平行的光束，其一般發散角大約在10^{-2}～10^{-4}弧度之間。
3. 高功率密度－由於光束發散角很小，因此可利用簡單的光學設備將雷射光束能量聚在一個很小的區域上。

雷射產生非常平行的光束，且由於它的高方向性(directionality)，使得它能聚集雷射光束，以高效率的方式將光束傳到局部的面積上。因爲光束幾乎是平行的，故即使雷射光束經過很長的距離時，傳輸能量也不會有太大的損失，其發散角度很小，故可以應用於測距、定位等工程應用上[22]。在醫療上，小功率雷射被用來作爲病理掃描、疤痕及刺青移除、物理治療等方面使用。

基於雷射光束的特性：單色性(monochromatic)、指向性(directionality)與同調性(coherence)，雷射光束可被光學透鏡聚焦至數十微米以下，並在欲加工之工件表面上產生高達數百萬瓦每平方公分以上的功率密度。因爲功率密度可隨光學鏡片的搭配而任意調整，因此雷射光束之基本加工原理爲將工件表面加熱、熔化或蒸發。

“準分子”這個名詞源自英文的“excited dimer”，意思就是受激狀態的雙原子分子，並且此種分子只存在於受激狀態，意即在基態時此種分子並不存在；因此，準分子可說是最理想的雷射介質，只要準分子一旦形成，分佈反轉(polulation inversion)的情況也就自動建立。應用於雷射最重要的準分子爲稀有氣體之鹵化物，如F2、ArF、KrCl、KrF、XeCl及XeF，其波長從157奈米至350奈米。

爲了促進能量移轉之動力，以及避免產生放電電弧，通常會先以紫外線、放電、X光、電子束或微波將雷射氣體預離子化(pre-ionization)，然後再以高電壓脈衝促使稀有氣體原子與鹵素氣體分子激發到激態，基於彼此間的吸引力而形成準分子(此時準分子處於激態)[23]。當準分子的量子能階由激態降到基態時，會釋放出紫外線，由於準分子內之原子間作用力變成斥力，準分子因而潰散形成二個原子，此最簡化的能階轉變如圖6-35所示。

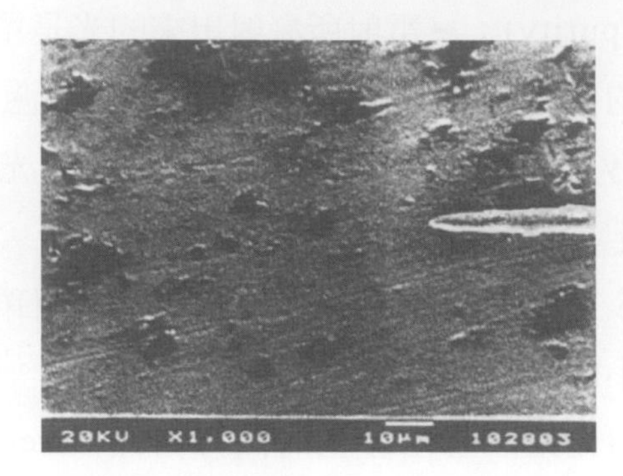

圖 6-35 所示為 0.1mm 銅電極經 10%以及 5% $FeCl_3$溶液蝕刻各 10 分鐘後，直徑小於 10μm 經 10%以及 5% $FeCl_3$溶液蝕刻 10 分鐘後的銅電極，直徑小於 10μm

6-6-1 特殊結構加工方法簡述

在半導體產業的圖案轉移(從光罩轉印至矽晶原圓的光阻層)主要借助於光微影(photolithography)製程，雖然其光阻上結構的深寬比可達 2 至 3，但厚度通常小於 2 微米，因此半導體製程為一「平面製程」；此外，由於半導體產業的光微影製程的結構深度通常為「0 與 1」之型態，因此無法製做出複雜的三度空間之幾合結構。

在微機械元件和結構的製作領域內，由於微機械元件和結構需要的厚度較大(數十微米至數毫米)，無法以半導體產業的光微影製程完成，因此德國的Karlsruhe 核能研究中心發展出以 X-光為曝光光源的光刻模造(lithography electroforming micro molding, LIGA)製程，其概略流程如圖 6-36 所示[24]。LIGA 製程的步驟如下所述：

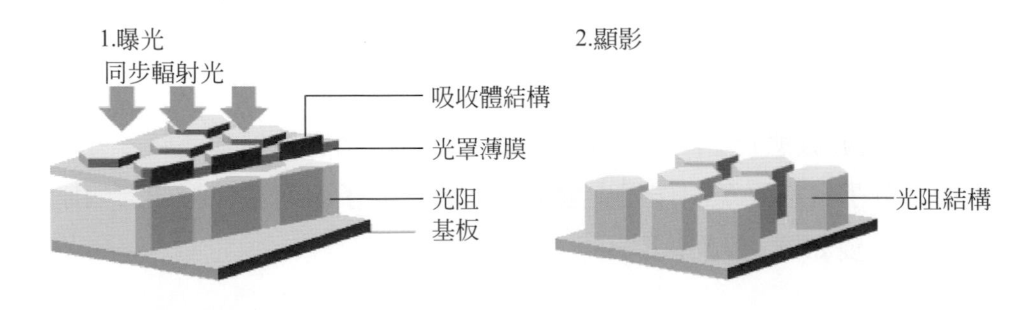

圖 6-36 LIGA 流程簡介

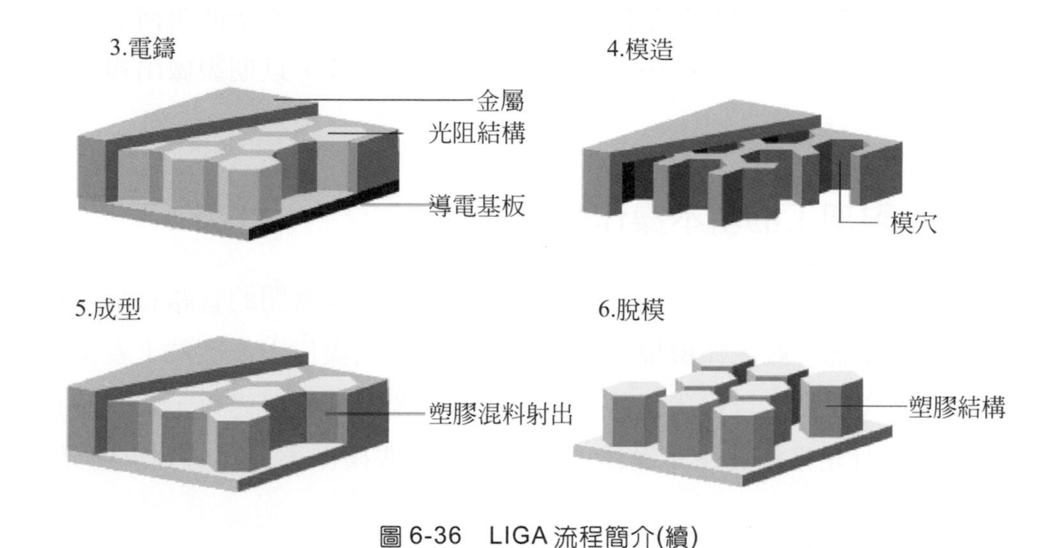

圖 6-36　LIGA 流程簡介(續)

1. 曝光：首先將聚甲基丙烯酸甲酯(polymethyl methacrylate resin, PMMA)厚膜黏貼或旋轉塗佈在帶有導電層的基板上，再以 X-光對其曝光，目的在於將 PMMA 的分子鏈打斷，形成分子量較小的 PMMA，此時 PMMA 的分子量在曝光與未曝光處將有極大的差異。
2. 顯影：利用某種有機溶劑對 PMMA 進行溶解，此時此溶劑僅會溶解低分子量的PMMA，但對於高分子量的PMMA則不產生溶解作用，如此將可產生所需的結構。
3. 電鑄：以電鍍方式塡滿PMMA 被溶解的區域，形成金屬模仁結構。
4. 模造：將未曝光的PMMA 以某有機溶液溶除，形成所需的金屬模仁。
5. 成型：使用上述的金屬模仁，再以熱壓成型或射出成型方法，大量翻製塑膠或陶瓷材質之微機械結構。
6. 脫模：將微機械結構脫離金屬模仁，此時即完成微機械結構的翻製。

雖然由LIGA製程可完成厚度達 2 毫米以上的微機械結構，但是由於X-光光罩製作不易、耗時、成本高，並且光源取得不易，加上僅能製做出單一層次結構(若是製做多層結構則程序複雜)，因此極度限制其普遍的應用。因此，以紫外光爲曝光光源的LIGA-like製程便應運而生，然而，此製程僅僅解決LIGA製程光源取得不易的困境，對於三度空間幾何形狀或多層結構的製作，則無任何助益。

由於以準分子雷射深刻高分子厚模可以製造出任意之三度空間幾何形狀或多層結構，因此，本報告嘗試探討和研究準分子雷射深科技術，以期製做出複雜的三度空間幾何形狀之結構。

6-6-2 雷射加工的基本操作概念

使用準分子雷射時，首先得注意雷射光束是否在安全密閉的管路和加工機臺內行進，假如有必要在一般工作環境中使用雷射光束，則操作人員應戴上安全護目鏡和穿著長袖上衣與長褲，以避免眼睛及皮膚暴露或照射到雷射光束，並且應以適當的屏幕，阻隔雷射光束和其餘非操作人員，以避免非操作人員照射到雷射光束。

6-6-3 技術特性

由於準分子雷射加工機之工件與光罩移動平台的精確度與誤差測量，需要極精密和極複雜的量測工具與方法來驗證，因此，在準分子雷射加工機的功能測試方面，主要針對五種不同的加工模式加以驗證：步進與重複(step and repeat)、光罩步進(mask stepping)、光罩和工件掃描(mask and workpiece scanning)、步進和掃描(step and scan)、樣式拖曳(pattern dragging)。這五種加工模式之操作，簡單地敘述如下。

1. 步進與重複：使用單一的光罩圖案，在工件上重複地步進光刻出眾多的相同圖案。如圖一的加工成果展示步進與重複操作模式的加工能力，圖 6-37(a)為在工件表面上，重複地光刻出許多相同的圖案，圖 6-37(b)則為單一圖案的放大圖，使用的工件為 Kapton 聚亞醯胺薄板。由此結果可知：準分子雷射加工機具有步進與重複操作模式的加工能力，並且功能正常。
2. 光罩步進：使用不同的光罩圖案，在工件上相同的位置上，重複地步進光刻出複雜的 3-D 結構。如圖 6-38 的加工成果展示光罩步進複操作模式的加工能力，圖 6-38 (a)為使用不同的光罩圖案，在 Kapton 聚亞醯胺薄板上光刻出 3-D 結構，圖 6-38 (b)則為圖 6-38 (a)的局部放大。由此結果可知：準分子雷射加工機具有光罩步進操作模式的加工能力，並且功能正常。

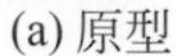
(a) 原型

(b) 局部放大

圖 6-37　在步進與重複的加工模式下的圖案，其中(b)為(a)之局部放大

3. 光罩和工件掃描：藉由光罩與工件準確地同步移動，將大面積的光罩圖案轉光刻到工件上。如圖 6-39 的加工成果展示光罩和工件掃描操作模式的加工能力，圖 6-39(a)爲使用大面積的光罩圖案在Kapton聚亞醯胺薄板上光刻出平面線圈圖案，圖 6-39(b)則爲圖 6-39(a)的局部放大。由此結果可知：準分子雷射加工機具有光罩和工件掃描操作模式的加工能力，並且功能正常。
4. 步進和掃描：使用掃描模式，在工件上重複地光刻出許多相同的大面積圖案。步進和掃描操作模式係結合光罩和工件掃描、步進與重複二種操作模式，在實際的操作上，準分子雷射加工機具有步進和掃描操作模式的加工能力，並且功能正常。

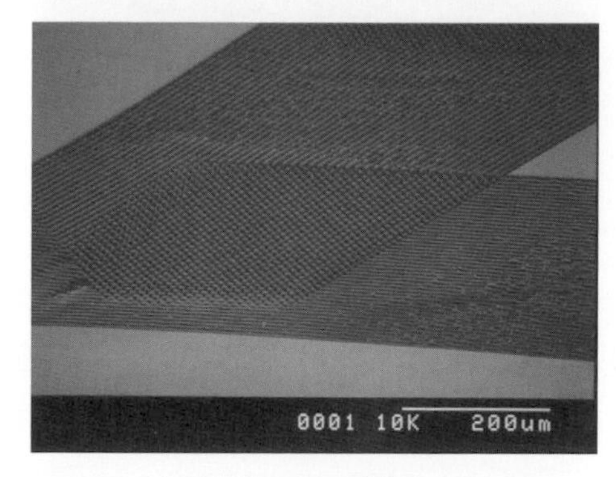

(a) 原型

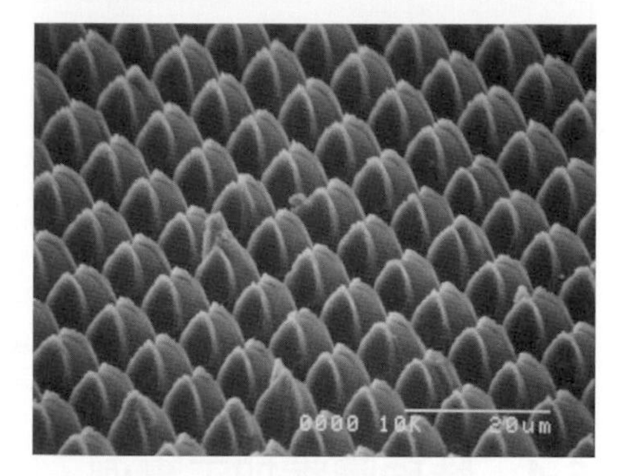

(b) 局部放大

圖 6-38　在光罩步進的加工模式下的圖案，其中(b)為(a)的局部放大

(a) 原型

(b) 局部放大

圖 6-39　在光罩和工件掃描的加工模式下的圖案，其中(b)為(a)的局部放大

5. 樣式拖曳：透過簡單的光罩圖案，以減速、等速、加速移動或轉動工件，或者是移動或轉動光罩，以加工出 V 形、區面或其他複雜的 3-D 結構。如圖 6-40 的加工成果展示樣式拖曳操作模式的加工能力，圖 6-40 (a)爲使用長方形的光罩圖案在 Kapton 聚亞醯胺薄板上光刻出 3-D 曲面結構，圖 6-40 (b)則爲圖 6-40 (a)的局部放大。此結果可知準分子雷射加工機具有樣式拖曳操作模式的加工能力，並且功能正常。

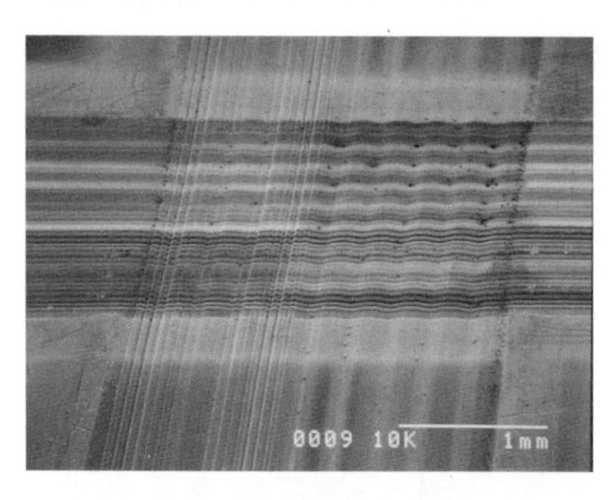

(a) 原圖

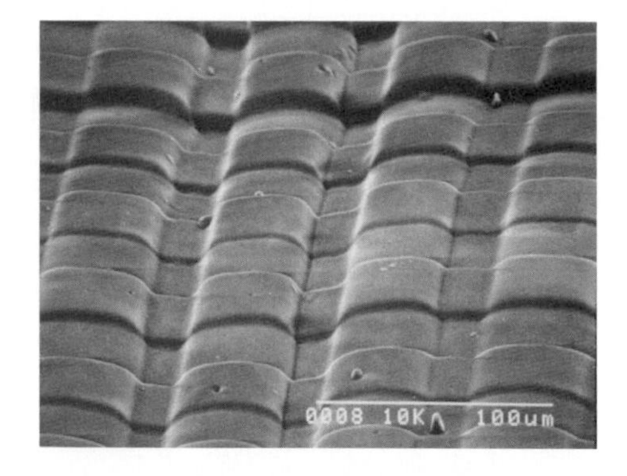

(b) 局部放大

圖 6-40　在樣式拖曳加工模式下的加工圖案，其中(b)為(a)局部放大

6-6-4　特殊圖案加工實例

加工重點放在圓柱、圓孔、齒輪和十字溝槽等圖案：圖 6-13 展示了齒輪、圓柱和圓孔、十字等經由準分子雷射加工機光刻出來的微結構，由此可見準分子雷射

加工機用於光刻圖案的多樣性。齒輪圖案在展示準分子雷射加工機在步進與重複操作模式下，加工試片之能力。圓柱和圓孔圖案在展示準分子雷射加工機在光罩和工件掃描操作模式下，加工工件之表面輪廓。十字圖案在展示準分子雷射加工機在展示準分子雷射加工機在步進與重複操作模式下，加工工件之深度與工件表面輪廓。

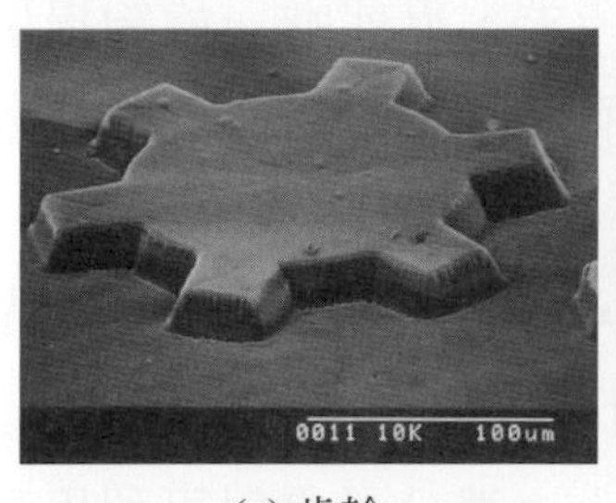

(a) 齒輪

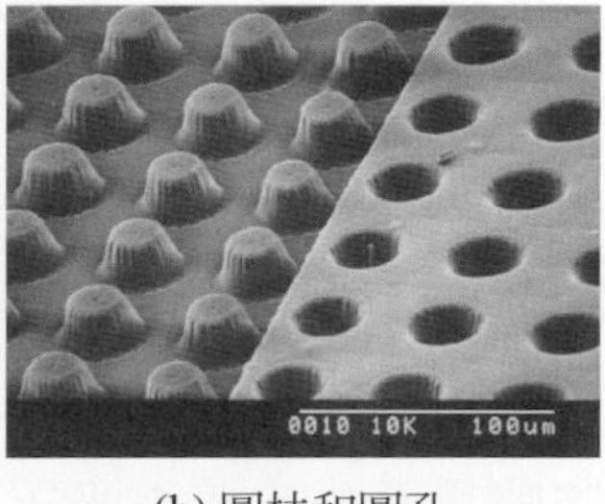

(b) 圓柱和圓孔

(c) 十字

圖 6-41 準分子雷射光刻 Kapton 聚亞醯胺薄板所得的圖案

結果可以知道，準分子雷射加工機的功能測試與特殊圖案加工能力測試均符合規格，並且準分子雷射加工機可結合各種不同的操作模式，使得加工圖案達到極爲複雜的 3-D 結構，因此此加工機的加工特性符合多樣性、多變性與可撓性。

6-6-5 微細加工應用

準分子雷射由於其波長短，因此被半導體工業用來做深次微米的曝光工具，其定義圖形的能力可達到0.1micron的地步。但如果直接用在加工上，雖然無法達到 1 個 microns 以下的加工能力，但在適當的光學工具輔助下，其解析度亦可達到 2microns 甚至更小，而且品質亦相當優異。準分子雷射微細加工應用的領域包括微鑽孔(micro-drilling)、微雕刻(micro-marking)、微流道製作(micro-channel)、3D圖形製作(patterning)等等。以下便簡單介紹準分子雷射微鑽孔一個重要應用：噴墨片鑽孔。

噴墨式印表機由於價格低廉，使用方便，及其經濟的彩色列印能力，已經變成目前家用列印市場的主流，而其中尤以美國惠普公司(HP)所使用的熱氣泡式噴墨技術爲市場佔有率最高。熱氣泡式噴墨頭技術是將油墨經加熱膨脹後，由噴墨孔中噴出至列印材料上，爲達成高速列印及細緻的圖案，必須將噴墨孔的大小限制在 50microns甚至更小的直徑，並由數十個甚至上百個噴墨孔依特定的位置關係排列後，由外加電路控制各個孔油墨之噴出與否，形成高速列印的機制。其中，一個關鍵性技術就是如何製作這些噴墨孔(inkjet nozzle)。

早期在解析度需求較低(300 dpi)，孔徑較大時，利用電化學的電鑄技術(electroforming)可以用來大量生產這種噴墨片，材質主要爲鎳。但在解析度向上提昇(600dpi以上)，孔徑越來越小，電鑄技術便無法達到所求，目前唯一能夠提供工業化量產及品質需求的技術便只有利用準分子雷射的鑽孔技術。之所以利用準分子雷射加工技術的原因在於：

1. 如果利用polyimide的高分子材料作爲噴墨板，則準分子雷射的紫外光波段剛好可和這種材料形成完美的加工搭配，得到高品質的加工效果。
2. 利用光學修整技術，先將噴墨孔先定義在光罩上，準分子雷射可利用高精度的光學投影技術，將一整排的噴墨片直接同時在高分子材料上鑽出，使所有噴墨孔的相對位置得到最精準的配合。
3. 利用光學路徑的控制，使噴墨孔的喇叭口傾斜角度可依程式控制，得到特定角度的噴嘴結構。
4. 準分子雷射鑽孔技術爲一乾淨，安全及簡單的製程。不似電鑄製程，製造過程中需使用大量化學藥劑，在工安及廢液處理上造成極大的困擾及成本。

利用準分子雷射的技術，還可同時將原本製作在矽晶片上的微流道及墨水腔等等同時在高分子材料上製作出來，節省大量IC製作的成本。

除鑽孔的應用外，一些薄膜定義圖形的應用也非常適合準分子雷射加工的應用。如在光電產業應用非常廣的氧化銦錫導電膜(ITO, Indium Tin Oxide)，爲運用在各種應用上，這層導電膜必須再被去除以形成特定的圖案，準分子雷射便可以很精準的去除這層導電膜，其解析度甚至可以達到10microns甚至更小的地步，基板不論是玻璃、石英甚至是塑膠(PET、PC)等等，都可以達到相同的效果。

準分子雷射亦可用來直接製作電路元件，其技術除了可利用雷射乾蝕刻的方式將所需的電路圖案刻出(direct patterning)，亦可利用薄膜技術製作1micron以下厚度的薄膜，利用低劑量的準分子雷射便可以加以圖案話，然後再利用電鍍技術將膜長至所需的厚度。配合精準的光罩定位及運動控制，準分子雷射甚至可製作出三維的圖案，對一些特殊的設計或應用來說，有很大的運用空間。

習題

1. 說明放電加工的基本原理。
2. 多電極放電加工有何優點？
3. 雷射LASER是由那些英文字首縮寫而成？
4. 何謂放電研磨(wire electrical discharge grinding)？
5. 超音波輔助加工有何優點？

參考文獻

[1] S. J. Martin, A. J. Lissaman. Principles of Engineering Production. Ed.2. (1982)289-291.

[2] T. Masuzawa, M. Fujino, K. Kobayashi, T. Suzuki, Wire Electro-Discharge Grinding for micro machining, Ann CIRP 34(1), 1985, pp. 431-434.

[3] W. B. Rowe., M., Miyashita., W. Koenig., "Centreless Grinding Research and its Application in Advanced Manufacturing Technology". Annals of the CIRP Vol. 38/2 1989. Pp617-625.

[4] Rowe,W.B. Barash, M.M.,Kenigsberger, F., "Some roundness characteristics of centreless grinding", Int.Jol. MTDR, 5, (1965) pp203-215.

[5] Rowe,W.B. Richards, D. L, "Geometric stability charts for the centreless grinding process", Jnl Mech. Eng. Science, 14/2, (1972) pp155-158.

[6] Feng-Tsai Weng and Ming-Guo Her, "Study on the Batch Production of Micro Parts Using EDM Process", The international journal of advanced manufacturing technology. No. 973, Vol. 19, No. 4, 2002, pp. 266-270.

[7] 協銳刀具股份有限公司：台中縣大里市工業11路130號，電話：(04)-2966000

[8] Z. J. Pei, P. M. Ferreira, S. G. Kapoor, M. Hasekorn, "Rotary ultrasonic machining for face milling of ceramics", Int. J. Tools Manufact. Vol. 35 No. 7 pp. 1033-0146.

[9] J. H. Zhang, T. C. Lee, C. L. Wu, C. Y. Tang, "Surface integrity and modiication of electro-discharge machined alumina-based ceramic composite", Joumal of Materials processing Technology. 123, 2002, pp. 75-79.

[10] Q. H. Zhang, J. H. Zhang, Z. X. Jia, J. L. Sun, "Material Removal-Rate analysis in the ultrasonic machining of engineering ceramics", Jornal of Materials processing Technology. 88, 1999, pp. 180-184.

[11] B. H. Yan, A. C. Wang, C. Y. Hang, F. Y. Huang, "Study of precision micro-holes in borosiicate glass using micro EDM combined with micro ultrasonic vibration machining". International Journal of Machine Tools & Manufacture", 42, 2002, pp. 1105-1112.

[12] 江頭快：超音波加工による微細穴加工，機械技術，51，2(2003)pp. 24～27

[13] 電化學基本原理與應用 田福助編

[14] http://www.wa-water.com/theory2.htm

[15] http://www.sz-sunshine.com/jishutiandi/20020322-1.htm

[16] http://www.etdc.org.tw/tyets/html/Tech/a04a02-02.htm

[17] J. Krysa, R. Mraz, I. Rousar, "Corrosion rate of Titanium in H_2SO4", Matels Chemistry and Physics 48, 1997, pp. 64-67.

[18] F. T. Weng, C. S. Hsu, R. F. Shyu, C. T. Ho, "Manufacturing of micro electrodes using ultrasonic aided electrochemical machining", Proceeding, Design, Test, Integration & Packaging of MEMS/MOEMS, 2003, pp. 399-401.g.

[19] Z. Z. Chen, S. K. Wu, "Chemicl Machined Thin Foils of TiNi Shape Memory Alloy", Materials Chemistry and Physics, 58, 1999, pp. 162-165.

[20] Cai Jian,Ma Jusheng,Wang Gangqiang,Tang Xiangyun, "Effects on etching rates of copper in ferric chloride solutions", IEMT/IMC Symposium, 1998 , 15-17 April 1998 pp.144-148.

[21] Liang-Tau Chang, "Studies on Cupric Chioride Etching Solution", Jourmal of Technology, Vol. 9, No. 3, 1994, pp. 291-297.

[22] 非傳統加工/[魏勒]E. J. Weller 編著; 張瑞慶譯

[23] 微機械加工概論 楊錫杭編著

[24] IMM網路資料

[25] Feng-Tsai Weng, R. F. Shyu and Chen-Siang Hsu, Fabrication of micro-electrodes by multi-EDM grinding process", Journal of Materials Processing Technology. Volume 140, Issues 1-3, Pages 332-334. 2003. SCI期刊.

[26] Feng-Tsai Weng and Ming-Guo Her., Study on the Batch Production of Micro parts using EDM Process". The international Journal of advanced manufacturing technology. No.973, Vol 19, No 4, pp 226-270. 2002.SCI期刊.

[27] Ming-Guo Her and Feng-Tsai Weng., Micro-hole Machining of Copper Using the Electro-discharge process with a Tungsten Carbide Electrode Compared with a Copper Electrode"... The international journal of advanced manufacturing technology. Volume 17, pp 715-719, (2001).SCI期刊.

[28] Feng-Tsai Weng and Ming-Guo Her., Micro Machining by EDM Proccess of Stainless Stell With Tungsten Carbide Electrode".中國機械工程學刊，第22期，第2卷，pp 171-175, 2001。

[29] 翁豐在，博士論文。

[30] Feng-Tsai Weng. EDM machining of coaxial array micro holes using a graphite-copper electrode". The international journal of advanced manufacturing technology. (2004.6接受).SCI期刊.

[31] Feng-Tsai Weng, Astudy of supersonic Aided Electrolysis"... The international journal of advanced manufacturing technology.(2003.7接受).SCI期刊.

[32] 研討會論文DTIP2003, ISBN:0-7803-7066-X/03 2003 Design, Test, Integration & Packaging of MEMS/MOEMS.

[33] Feng-Tsai Weng. Fabrication of microelectrodes for EDM machining by a combined etching process", Journal of Micromechanics and Microengineering., volume 14, issue 5, pp N1-N4.

[34] 微機械加工概論，楊錫杭，全華圖書。

第 7 章

粉末冶金

7-1 粉末冶金的特徵

7-2 粉末冶金法的製程

7-3 燒結機構

7-4 粉末冶金法的種類

7-5 粉末冶金用模具的基本結構

7-6 粉末冶金成形機的種類與構造

7-7 壓縮成形用模具

7-8 粉末冶金成形實例

7-1 粉末冶金的特徵

所謂粉末冶金，就是加壓成形金屬粉末，接著在金屬熔點以下的高溫，進行加熱燒結，以獲得各種金屬製品的加工方法。

粉末冶金有其獨特優點，可實現其它方法所不能做到的魅力。現就其特徵列舉如下：

1. 可製造高熔點且高純度的金屬製品

   例如傳統坩堝不能熔解的高熔點金屬，透過製成粉末、成形、燒結，成爲材料，目前所用電燈泡裏面的鎢絲(鎢的熔點爲3410℃)，即是一例。

2. 可製成金屬與非金屬的複合材料

   傳統上的熔解鑄造法，是無法把金屬與非金屬這兩者製成任意比例的複合材料。複合材料的代表爲超硬合金，係混合碳化鎢(WC)粉末與少量鈷(Co)粉末，經成形而燒結成爲一體。另外像離合器、剎車器等所用的磨擦材，也是複合材料。

3. 可製成彼此不相互熔的金屬材料

   這種材料乃爲粉末冶金獨特之處，其代表是燒結電氣接點與雕模式放電加工用電極，例如W-Cu、W-Ag等之例。

   一般高負荷遮斷器，常會在開或關時發生電弧，且需承受強烈機械性衝擊。接觸部位因盡可能減少電阻，雖用Au、Ag、Cu，但不耐電弧而致的損害或衝擊。所以組合鎢成分，以滿足電氣與機械的負荷條件。

4. 可製造多孔性製品

   一般燒結金屬，除超硬合金等部分外，整體大都分布既細且多的空孔，無法達到理論上的100％密度。此空孔就材料而言，雖是個缺點，但反向利用此點，來製造含油軸承、各種汙水、濁氣、雜質等的過濾器。

5. 具經濟性高精度零件

   爲達量產、省略機械加工、減少大量切屑等目的而減低成本的燒結製品，除了燒結機械零件外，還有Alnico永久磁石、軟磁材。

此外，在施行粉末冶金成形時，需注意密度的差異，否則在進行燒結時，會因收縮不一而導致彎翹，甚至破裂。亦即粉末在模具內加壓成形當中，粉末(在此成形稱爲粉體)本屬微細固體與氣體的混合物，一旦如圖 7-1 (a)所示，由模具上方向下施加壓力，此壓力愈靠近模具下方，粉體受到的壓力，便會愈小。因此成形完後的生胚(或壓胚)上下兩端之間，便出現不同密度差異，而密度小的部位在燒結時收縮大，容易造成燒結後整體變形。圖 7-1(b)顯示上下同時加壓，結果造成上下端密度大而中間部分密度小。

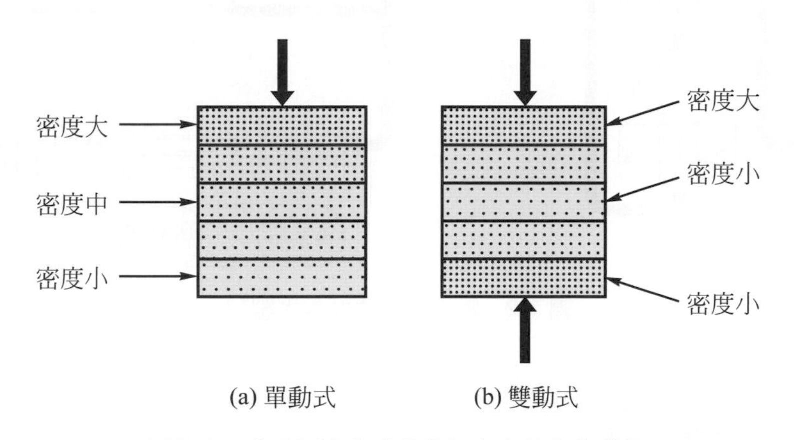

圖 7-1　成形壓縮方式與生胚密度分佈的差異

造成生胚密度差之原因，係粉粒與模壁、粉粒與粉粒之間的磨擦，使得作用粉體的壓力受到減損。所以在考慮這些問題之後，如何達到密度均一化與增大壓縮效果，乃必須在成形機與模具結構上，下功夫。

7-2　粉末冶金法的製程

圖 7-2 爲一般粉末冶金法的基本製程[1]，先依均勻混合原料粉末、成形、燒結、矯正、後處理之順序而成爲製品。至於模具有關的工程，只有成形與矯正。在這些製程當中，製品能否成功獲得所需強度的關鍵，在於燒結，而成功的燒結，在於粉粒之間長出健全的頸部現象。圖中的「精整」，表示燒結件加壓成所要尺寸精度，而「整形」，則加壓所希望的形狀。下一節，就燒結機構予以說明。

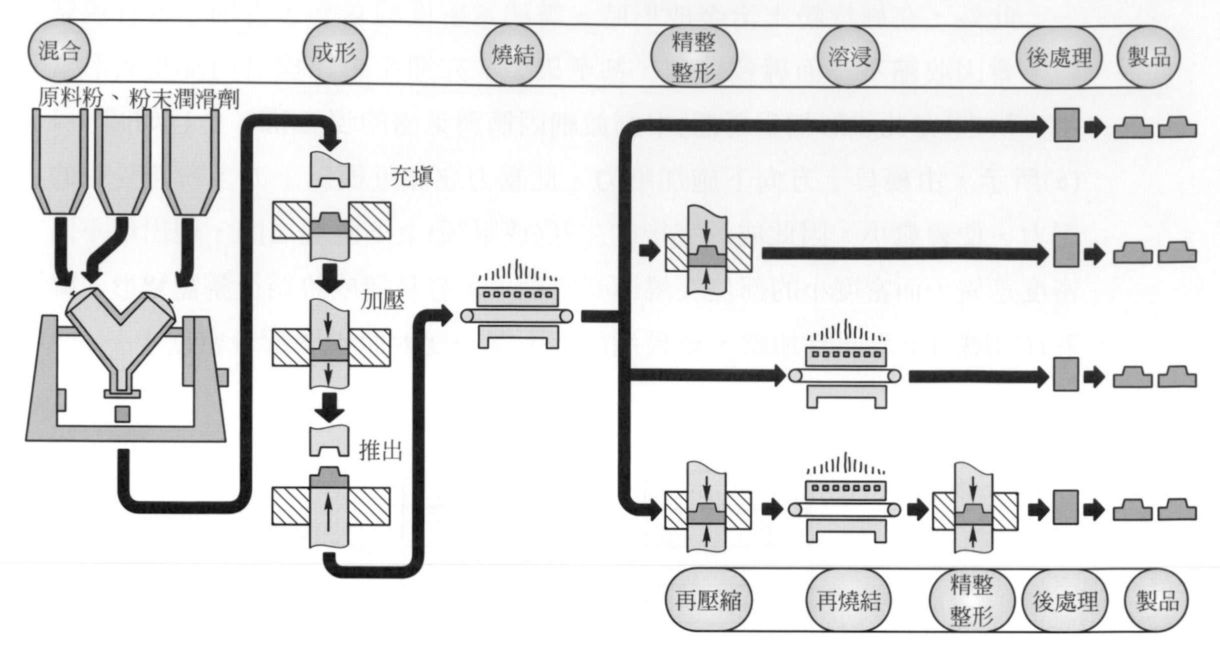

圖 7-2 粉末冶金法的基本製程

7-3 燒結機構

圖 7-3 是燒結機構。首先經加壓成形，使粉粒間變成面接觸，再施予燒結促使在粉粒接觸部位，形成頸部現象，使得所有粉粒黏結成一體，但也留下空孔。至於什麼原因造成此頸部成長現象，則如圖 7-4 所示，有四種可能[2]。

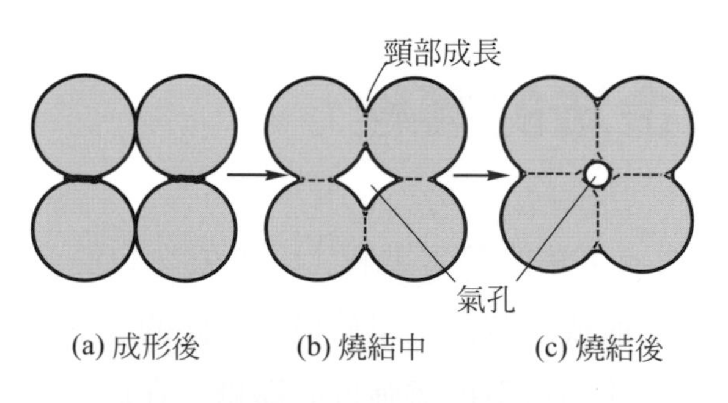

圖 7-3 燒結機構形成頸部成長現象

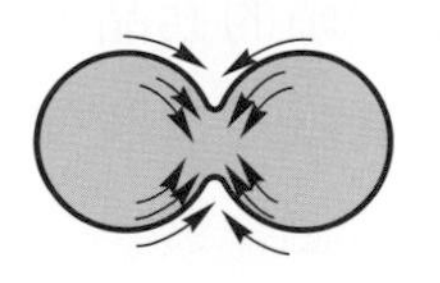
(a) 黏性流動

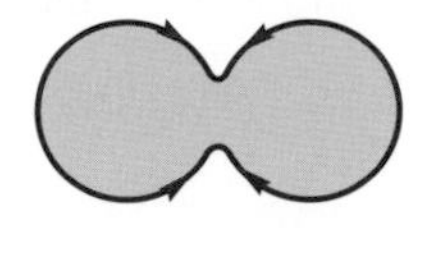
(b) 表面擴散

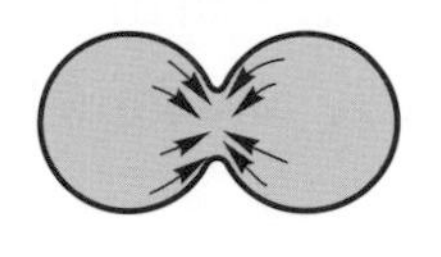
(c) 內部擴散

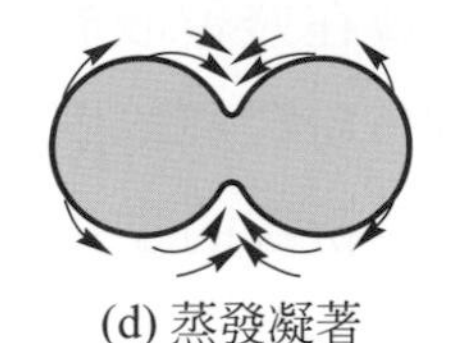
(d) 蒸發凝著

圖 7-4 燒結的可能四種機構

第一種的可能是圖(a)的黏性流動，係因張力與壓力而生剪斷力，促使原子朝彼此接觸部位移動，此與塑性流動不同，並非因差排移動而流動，是屬於原子或分子的流動。

第二種的可能是圖(b)的表面擴散，此乃原子沿粉粒表面移動至接觸部位，形成頸部成長現象。只要粉粒夠細或燒結初期較低溫度燒結，即易引起這種機構。

第三種的內部擴散(圖(c))，是原子通過粉粒內部，直接移動到接觸部位，一般認爲有較多結晶質的粉粒較易產生此機構。

而第四種的蒸發凝著(圖(d))，乃是粉粒因凸面蒸氣壓較凹面爲高，導致在凸面蒸發的粉粒分子通過空間，逐漸朝凹面(即接觸部位)凝著。

針對超硬合金的燒結方式，是採行液相燒結，如圖 7-5 所示超硬合金代表——94 wt% WC − 6 wt% Co 系平衡態圖[3]來看，由室溫加熱至燒結溫度 1400℃時，就會在 1280℃的共晶溫度出現液體。此液體量隨溫度的提升而增加，逐漸填滿固體間的空隙。當溫度逐漸冷卻時，液相中的WC溶解度會依平衡圖的變化而減少，

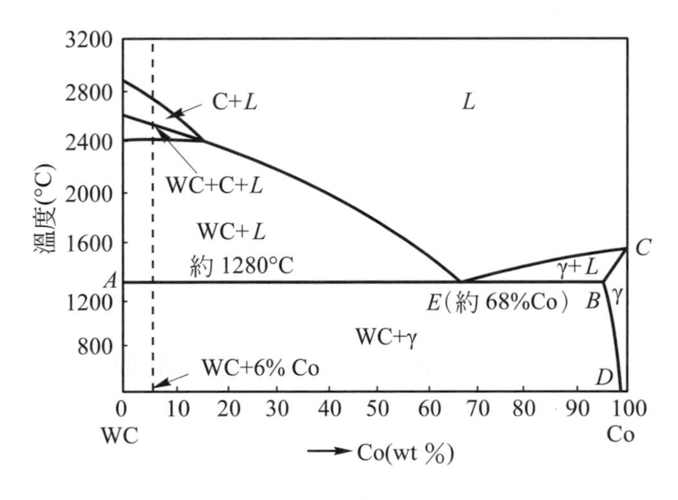

圖 7-5 WC-Co 系平衡圖

最後會在殘留液體的WC粒上，析出三角形結晶的WC，而填滿空隙的共晶，則變為WC粉粒與約固溶1 wt% WC的γ相混合物。這種γ固溶體，實就是扮演強固粘著WC粉粒的主角。

7-4 粉末冶金法的種類

粉末冶金法的種類，大致上可分為壓縮成形法、無加壓成形法、高溫成形法、擠出成形法、均壓成形法等多種，其中壓縮成形法最為廣用，將在下節詳述，此外僅就其它四種先作簡要概述。

7-4-1 無加壓成形法

利用壓縮成形法的粉末冶金模具，原本就因為只能上下加壓緣故，致使製品大小或形成，甚至個數(成本)亦有所限制。尤其是近年來呈現多品種少量生產趨勢，因此量小，也就採用無形狀或大小限制的無加壓成形方法。

此法分為一般所熟知的鑄漿成形法(slip casting)與冷凍成形法(freeze casting)兩種。前者主要是使加水成泥漿狀的粉末，注入含有無數小孔的石膏模內，並讓其乾燥、成形的方法，目前廣為陶瓷窯業界採用。

7-4-2 高溫成形法

高溫成形法又稱熱壓法(hot-pressing)，是專門製造超硬合金或瓷金(cermet)的利器。

7-4-3 擠出成形法

此法是先施加呈液體狀的可塑材料，使之成為粘土狀原料，再透過擠出模口，予以擠出成形的方法，像日常所用的日光燈、電燈泡內的燈絲，就是該法所成形的。

7-4-4　均壓成形法

此法又分爲靜水壓加壓法與均壓加壓法，而均壓加壓法，再區分爲使用水作壓力媒介的冷均壓(cold isostatic pressing，CIP)與採用氬氣作壓力媒介的熱均壓(hot isostatic pressing，HIP)兩種。這兩種共同目的，都是使粉體或生胚內部無氣孔，達到 100％緻密度。

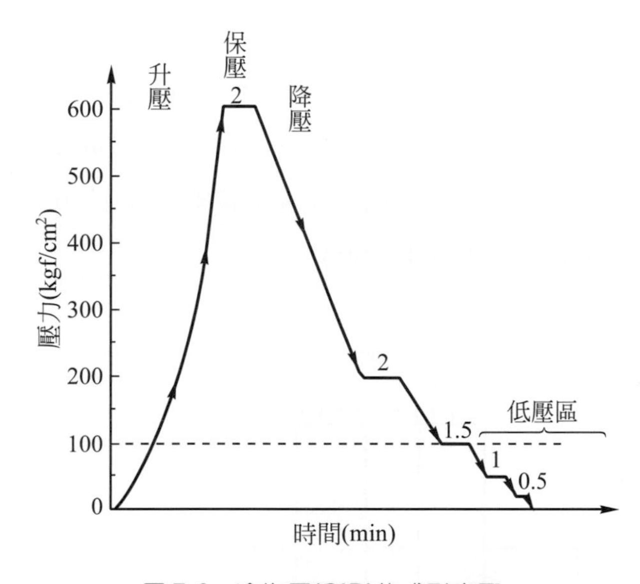

圖 7-6　冷均壓(CIP)的成形步驟

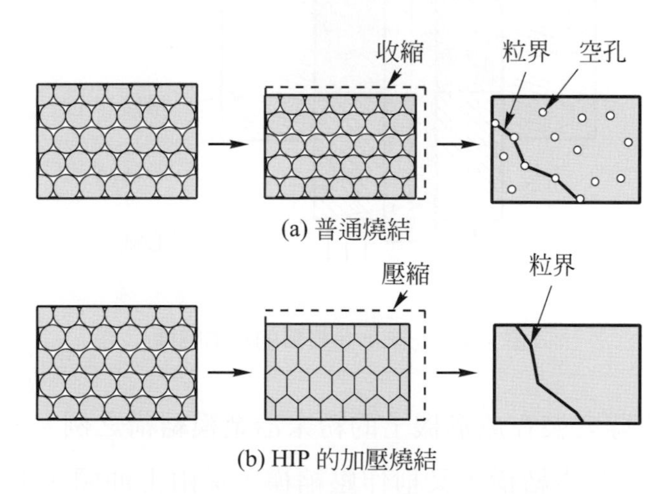

圖 7-7　熱均壓(HIP)清除空孔的過程

圖 7-6 及圖 7-7[4]分別爲 CIP 成形粗大筒狀或環狀工件的詳細過程之例。HIP 可完全消滅生胚內部存在的許多空孔，特別應用在諸如切削用刀刃上，免於變成多孔質脆性材料。

7-5 粉末冶金用模具的基本結構

本節就壓縮成形用模具，予以說明，圖 7-8 即爲其模具基本結構之例。爲執行壓縮成形，機器本身使用一般的沖壓機(成形機)。可是誠如前述爲保持粉體均一密度，有必要減少磨擦力，以因應各種目的而安裝整套工具(tool set)，亦即包括模具、夾持器(tool-holder)及接頭(adapter)。

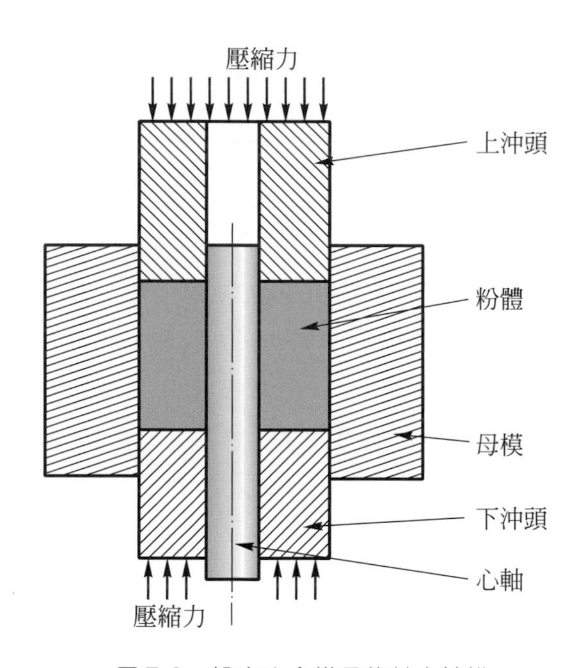

圖 7-8 粉末冶金模具的基本結構

圖 7-9[5]即爲實際安裝在成形機上的粉末冶金模結構之例。

有關粉末冶金用基本結構，又稱作壓縮模，係由上沖頭、下沖頭、心軸(core rod)，以及叫做外模或中模的母模(die)所組成的。

母模是爲製造出生胚(或壓胚)輪廓(外形形狀)的工具，而沖頭則是直接施予生胚或燒結體一定壓力的工具，因上方、下方加壓，所以再分爲上沖頭、下沖頭。上沖頭相對母模位置在上方，就固定在成形機的上沖盤(ram)，而與此沖盤同動。下沖頭亦因相對母模位置下方，鎖定在成形機下面的可動沖盤上。心軸是爲了在壓縮方向製作有孔的生胚而設的工具，以螺絲鎖入承座(holder)方式連結。至於母模則固定在成形機的工作台(table)上。

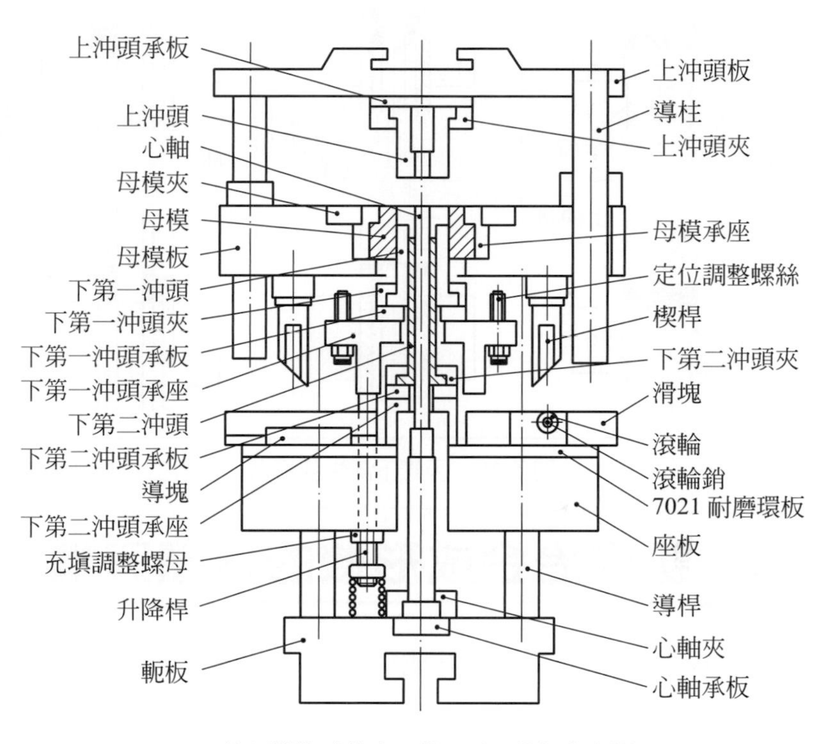

(a) 有凸緣的生胚　　(b) 使用模降式的上一段、下二段設定之例

圖 7-9　實際粉末冶金用模具的設定狀態

圖 7-10 顯示因應成形品(生胚)不同形狀而分別設計的基本模具結構[6]。

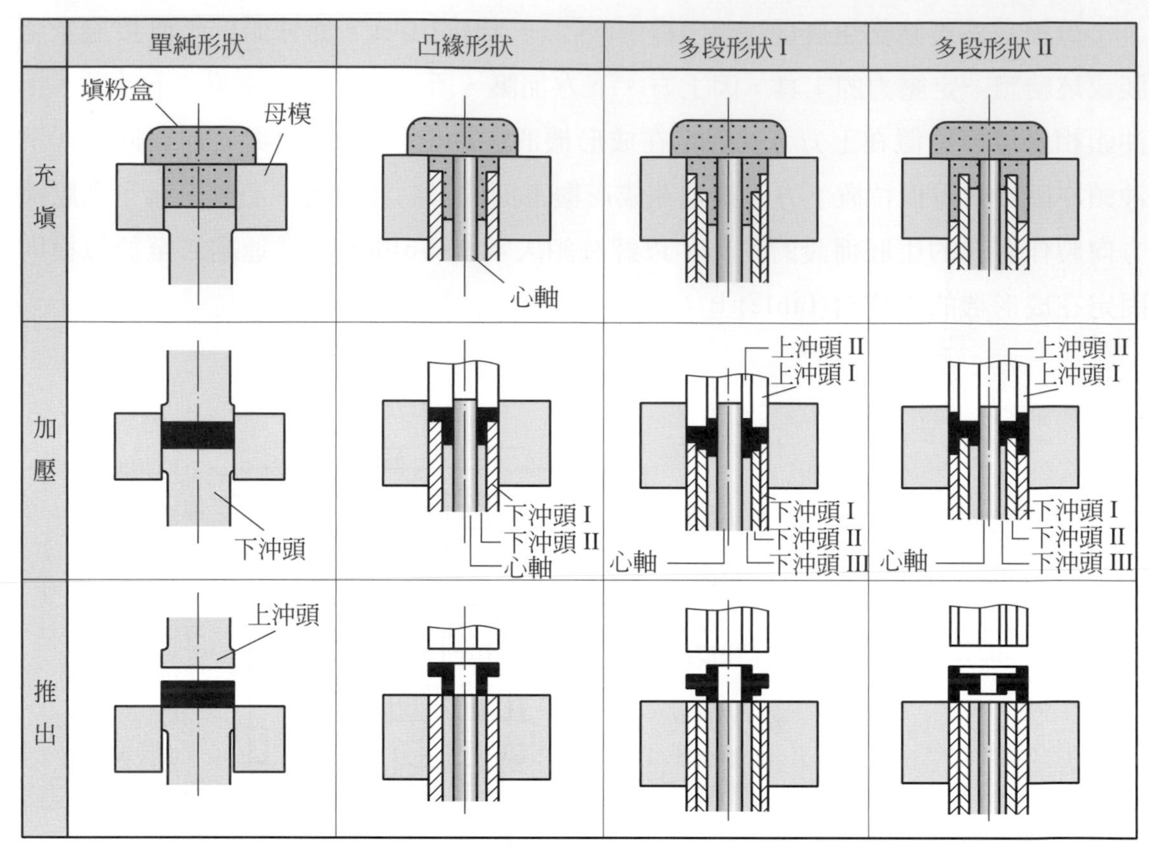

圖 7-10 因應不同生胚形狀而設計的模具結構差異

7-6 粉末冶金成形機的種類與構造

由於成形方式大都爲壓縮成形，故成形機也大半屬沖壓機。沖壓機的種類，大致上分爲機械式沖壓機與油壓式沖壓機。然而，最近機械式沖壓機具有先天維修的方便等的理由，漸有使用增多的趨勢。而機械式沖壓機又細分爲肘節式、凸輪式、曲軸式等多種。

沖壓機的基本規格，主要有：最大加壓力、最大推出力、上下沖盤沖程、最大粉末充填深度等項目，但依所需成形品來決定規格較宜。目前沖壓機大小爲 500 kg～100 ton 之內，而充填深度則在 10～300 mm 之間。

圖 7-11 爲上下可加壓粉體的雙動式沖壓機內部詳細結構。此機加壓動作採用凸輪機構，最大加壓力爲 20 ton，充填深度定在 100 mm，具有 10～40 件／分的成形能力。

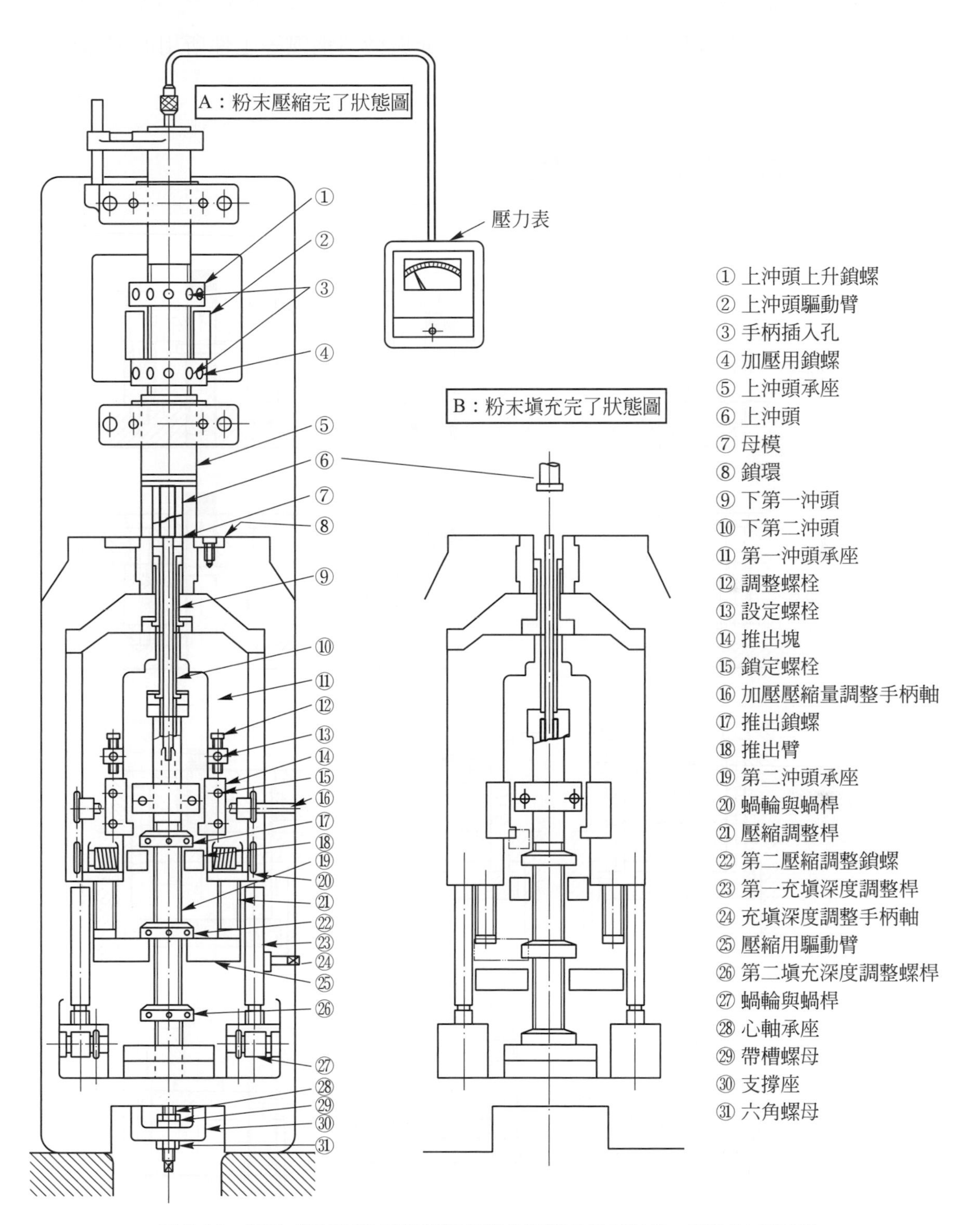

圖 7-11　雙動式沖壓機內部結構(台灣吉塚精工公司提供，PCMH-20SU)

以上所述的粉末成形用沖壓機的結構，並非與鍛造鋼鐵等工件所用的鍛床或一般沖床同樣，完全不同。

7-7 壓縮成形用模具

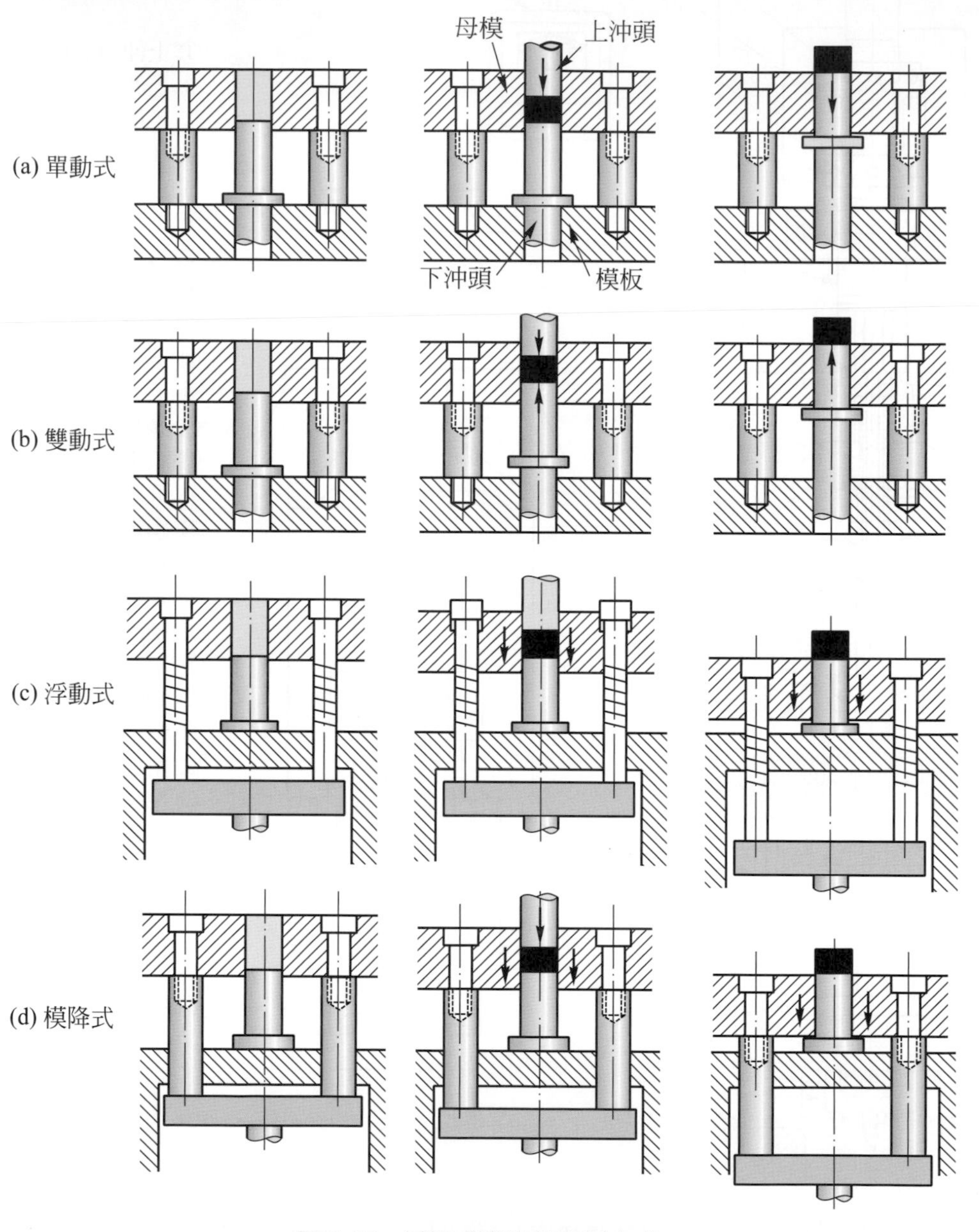

圖 7-12 壓縮成形法的四種方式

如圖 7-12 所示，壓縮成形用模具分爲單動、雙動、浮動及模降四種方式[7]。圖(a)的下沖頭與母模爲固定狀態，只有上沖頭可以動。因此加壓壓力的產生來自上沖頭，再由下沖頭把生胚推出母模外。如此的生胚上方與下方密度，容易發生大的差異，除了製作像墊圈之類厚度薄的零件外，很難被採用。

圖(b)方式爲雙動式，母模呈固定狀態，允許上沖頭與下沖頭兩者運動。加壓一旦開始，上沖頭馬上下降，接著下沖頭上升，藉由上下兩方加壓來壓縮粉體，可使生胚密度均一，廣受一般採用。

圖(c)所示爲浮動式，先以彈簧支撐母模，呈懸空狀態，當上沖頭下降，開始壓縮粉體的同時，粉粒與模壁之間，便會產生磨擦，一旦此磨擦力大於支撐母模的力，母模隨即同上沖頭一起下降。這個動作，其實是下沖頭上升來壓縮粉體。壓縮的效果，與前述雙動式同樣，皆可獲得均一密度的生胚。此方式特別適用在複雜形狀生胚的製作。

至於圖(d)是模降式，由於母模是透過連結桿連結到沖壓機上，所以在加壓時，便與上沖頭一起下降。壓縮一旦完成，母模再次下降，以推出生胚。這種方式，可說是浮動式的改良，與雙動式一樣，皆可適用複雜形狀，特別是在壓縮方向剖面變化較多的生胚上。

上述四種方式，實際上以雙動式與浮動式兩種，較爲常用。

7-8　粉末冶金成形實例

本節舉超硬合金材質製作成三角形車刀刀片的例子，作爲說明。圖 7-13 是此製品的基本製程，以下就實際在製作的過程，詳細如下說明。

如圖 7-14 爲所要製作的三角形超硬合金刀片尺寸圖，外觀尺寸爲$26^{l} \times 25^{W} \times 10^{t}$，每件爲 65 gf，共需製作 200 件，材質是 ISO M20，頂面與底面各有 3 個刀刃，每刃都有近菱形的斷屑槽，以斷絕連續型切屑，但此斷屑槽形狀，可依圖形大約製作。以下即爲製作此刀片所需模具設計、製造及粉末燒結、研磨的步驟。

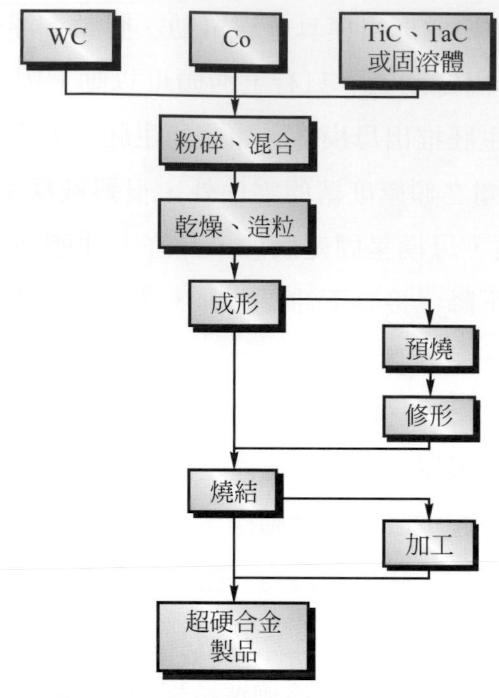

圖 7-13 三角形車刀刀片的基本製程

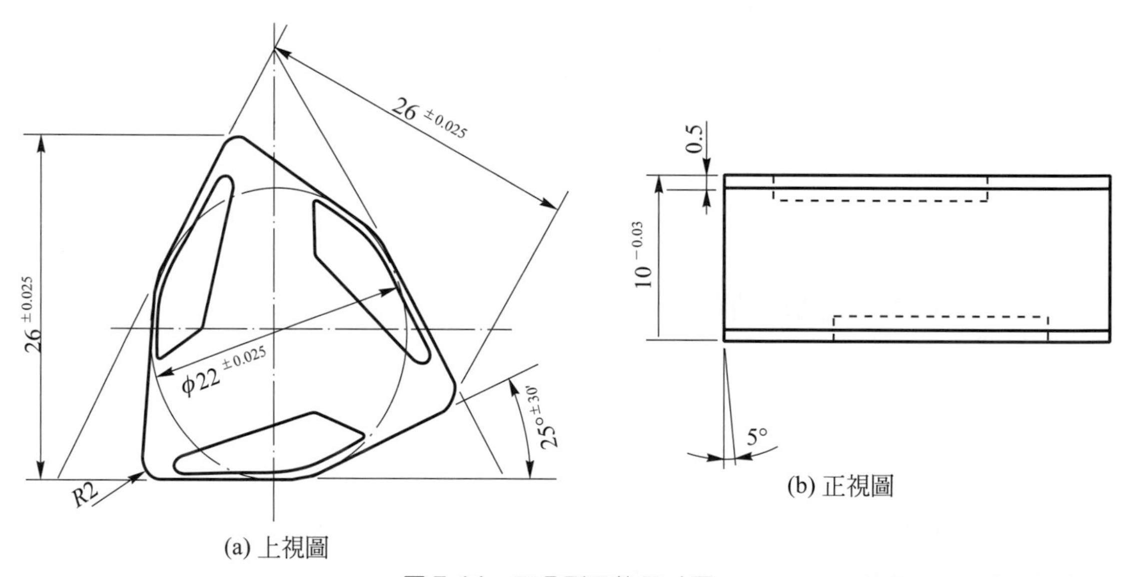

(a) 上視圖

(b) 正視圖

圖 7-14 三角形刀片尺寸圖

1. 設計製作粉末冶金模具

圖 7-15、圖 7-16 及圖 7-17 分別為上沖頭、母模及下沖頭之分件圖。三件的作用部位，皆使用超硬合金材料，其餘支撐部位亦以 SKD11 輔助。超

材質：SKD11　　註：1) 平行度、直角度 0.01mm 以內
硬度：HRC56~60　　2) 與母模對合間隙 0.01~0.02mm
單位：mm

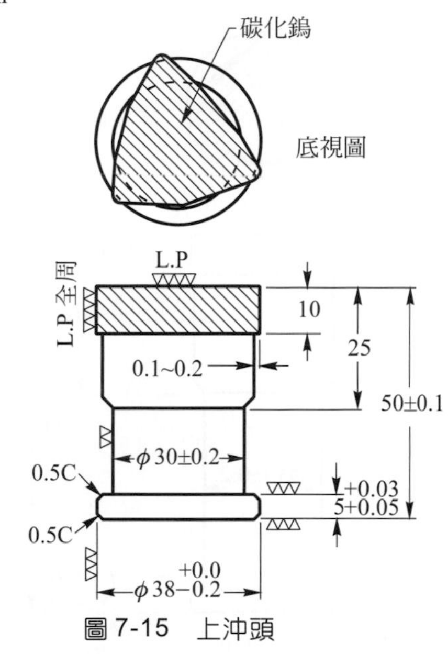

圖 7-15　上沖頭

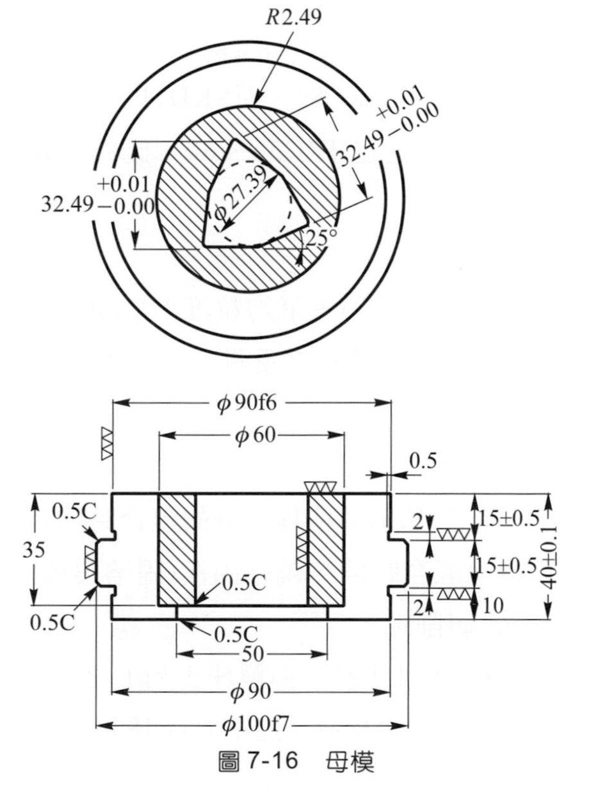

圖 7-16　母模

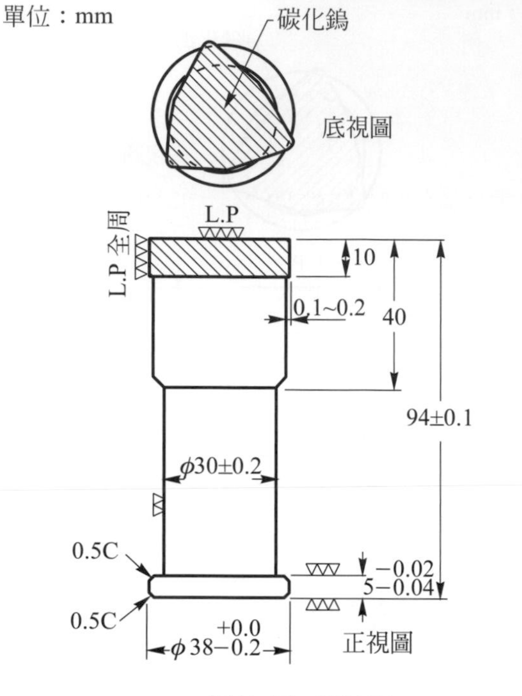

圖 7-17 下沖頭

硬合金的硬度爲HRA90，約HRC80，而SKD11的硬度，除母模是HRC46～48外，其餘上沖頭或下沖頭定在HRC56～60。此外，超硬合金質與SKD11質的接合，以銀銲爲之。

2. 配方

採300目粒度的6 wt％Co＋平均粒度1.5 μm的12 wt％(TaC＋TiC)＋平均粒度1.5 μm的80 wt％WC之重量百分比例，配成合乎ISO M20的材質規範。

3. 濕式混合

由於TiC比重輕，對於前述四種成分的混合時間較長，如能用(W，Ta，Ti)C 的原料，可縮短混合時間，燒結固溶(固溶溫度約在1600℃)良好，有助於改善超硬合金的切削性。

混合時，可安排原料1 kgf、鎢鋼珠3 kgf 之重量比例，使用正己烷之類溶劑，置於水平式圓筒混合機內，連續混合48 hr(而在鋼珠的場合需72 hr)。

鎢鋼珠與鋼珠的差別是鎢鋼珠較鋼珠磨耗少，加上比重重(比鋼珠重 3 倍)，體積小，混合效果較好；可是鋼珠經磨耗的鐵粉一旦混入粉末內，必會降低超硬合金的抗折力、韌性等機械性質。

4. 珠粉分離

5. 乾燥

經分離出的粉末，置於攪拌機內，設定加熱至溫度為 80℃，葉片一面以 60 rpm 的轉數迴轉，一面乾燥。此時可添加重量比 3 %的石蠟進去，以進行造粒。加蠟的目的，除可順利製造出所需粒度外，還可助於後續的成形。

6. 造粒

使用篩選機，篩出 40～100 目大小的粉粒。

7. 人工筒裝

8. 自動成形

採用 15 ton 自動成形機，成形出每件厚度為 12.5 mm。

此係以原圖厚度 10 mm 乘以 1.25 倍，作為生胚厚度，而考慮燒結線性收縮率為 25 %。至於每件重量計算得知為 65 gf，但需試燒後看多重，再調整加壓位置。

在試壓及試燒時，要得出此成品正確的燒結收縮率 x，亦即 x 大於 25 %，成形壓力要增大；若 x 小於 25 %，成形壓力要減輕。總之，成形壓力與重量是燒結收縮率的變數。

9. 預燒

預燒的目的，在於脫蠟。脫蠟升溫係以 6 ℃/min 進行，升至 250℃時，約需 1～3 hr，而保溫階段，則施予 500℃×0.5～1 hr。

10. 燒結

為節省熱循環時間與能源，一般以真空燒結爐把預燒及燒結同爐進行，而生胚裝在有底的圓筒形或長方形石墨盒內，底面敷上 Al_2O_3 的離型粉粒。此外生胚與生胚之間，或生胚與石墨盒側面、頂面，需保持適當距離。

在真空度 0.5～1 torr 氣氛下，再升溫至 1450℃(6℃/min)，保溫為 1450℃×1 hr，而爐冷則先以 2℃/min 速率降至 1100℃，接著再以 10℃/min 速率，冷卻至室溫。

此處採眞空燒結而不用氫氣燒結的原因，是此超硬合金內的TiC一旦碰到H_2，會把C還原出來，造成CO、CO_2、H_2O氣氛，產生脫碳現象。

11. 熱均壓(HIP)

使用氬氣(Ar)，採取升溫先行型模式，先升溫至1380℃，以6℃/min升溫速率約需 4 hr，接著升壓至 1000 kgf/cm^2，而以此溫保溫 1 hr，最後以6℃/min速率爐冷至室溫。由此HIP之後的燒結密度，幾近100％。因爲刀片邊緣的刀刃處在嚴苛的切削環境中，刀刃內部要求零空孔存在，否則易崩刃。

12. 檢測

⑴ 檢查製品外觀尺寸、形狀。

⑵ 檢測內部：

① 觀察組織是否呈健全相：TaC在6.22 wt％，TiC在20.5 wt％，而WC爲6.12 wt％之值；有否游離碳相、缺碳相。

② HRA91？

③ 抗折力爲260 kgf/mm^2？

13. 二次加工

把製品頂面與底面，施予平面鑽石研磨，至圖面厚度$10^{-0.03}$ mm尺寸。然後針對26±0.025×26±0.025×ϕ22±0.025 mm的三個部位、6個斷屑槽及角度25±5°，選用光學輪廓磨床研磨。

在進行斷屑槽研磨時，要注意斷屑槽邊緣與切刃之間的距離要一樣。

14. 外觀尺寸檢驗

15. 試車

以實際ISO M20材質適用材料，試車看看，若符合切削切屑形態與使用壽命的話，就算完成了。

16. 包裝

最好以眞空包裝，逐件定位密封，以防碰傷。還要嚴禁任何水份滲入或淋到。一般超硬合金遇水易呈黑色斑痕，係一層保護薄膜，促使銹層不在往內發展。論其變化原因，係水份與 Co 起化學反應，使結合相 Co 生銹(氧化)，外表首先產生紫黃色，再變化成爲最後的黑色。

17. 交貨
18. 驗收

習題

1. 解釋下列名詞：
   (1) 粉末冶金
   (2) 軟磁材
   (3) 頸部現象
   (4) 精整
   (5) 整形
   (6) 表面擴散
   (7) 液相燒結
   (8) 鑄漿成形法
   (9) ISO M20
   (10) 雙動式模具
2. 粉末冶金的特徵爲何？
3. 生胚密度不一在燒結時會產生何結果？
4. 頸部現象如何形成？
5. 試問CIP與HIP成形上有何異同？

參考文獻

[1] 武藤一夫、高松英次；いろいろな粉末冶金用金型を知っておこう，型技術，Vol.5，No.6，pp.98，1990。
[2] 日本粉末冶金工業會；燒結機械部品——その設計と製造，技術書院，pp.47，1987。
[3] 田村　博；溶融加工，森北出版社，pp.197，1982。
[4] 複合加工研究會；複合加工技術；產業圖書株式會社，pp.105，1982。

[5] JPMA4-1987。

[6] 同[1]，pp.99及pp.100。

[7] 日本粉末冶金株式會社技術資料。

第8章

表面處理

8-1 表面概說

8-2 表面改質概說

8-3 機械法

8-4 化學法

8-5 冶金法

8-6 金屬被覆法

8-7 無機被覆法

8-8 有機被覆法

應用表面處理技術不但能使產品品質和外觀達到美觀、新穎及耐用，而且對於有特殊要求的工業零組件還能獲致修復及賦於特殊功能的效果。尤其是外表常曝露在外在環境中的製品，因直接受到外力、溫度、化學物質等作用，自然也就直接或間接影響整個製品的外觀與性質，因此透過各種表面處理方法，獲得良好的改質效果，是機械製造工業上不可或缺的技術。

8-1 表面概說

8-1-1 表面的構成與影響

表面(surface)乃是指介於材料本體與外在環境之間的薄層。金屬表面組成可概分爲外表面層(outer surface layer)及內表面層(inside surface layer)。外表面層包括三部份：

1. 污染層(contaminant layer)：外界水分、油脂等污染物吸附在表面而形成。
2. 氣體吸附層(absorbed gas layer)：氣體吸附在表面及其裂縫而形成。
3. 氧化層(oxide layer)：表面材質和空氣中氧化作用而形成。

內表面層則由二部份構成：

1. 加工硬化層(work-hardened layer)：又稱變形層(deformed layer)，乃是金屬表面在加工過程中受到加工應力而形成。
2. 金屬本體(substrate)：即金屬本身的基材。金屬零件表面的構成如圖 8-1 所示。

雖然工件材料的機械性質大都是受本體主宰，但材料的表面特性卻直接與下列特性有關：

1. 工件加工或零件使用接觸時的摩擦與磨耗。
2. 工件加工與零件使用時的潤滑能力。
3. 零件之外觀、特徵與其塗裝、銲接等後續處理的功能性。
4. 表面缺陷導致零件強度的弱化及過早損壞。
5. 接觸零件間的導熱度與導電度等特性。

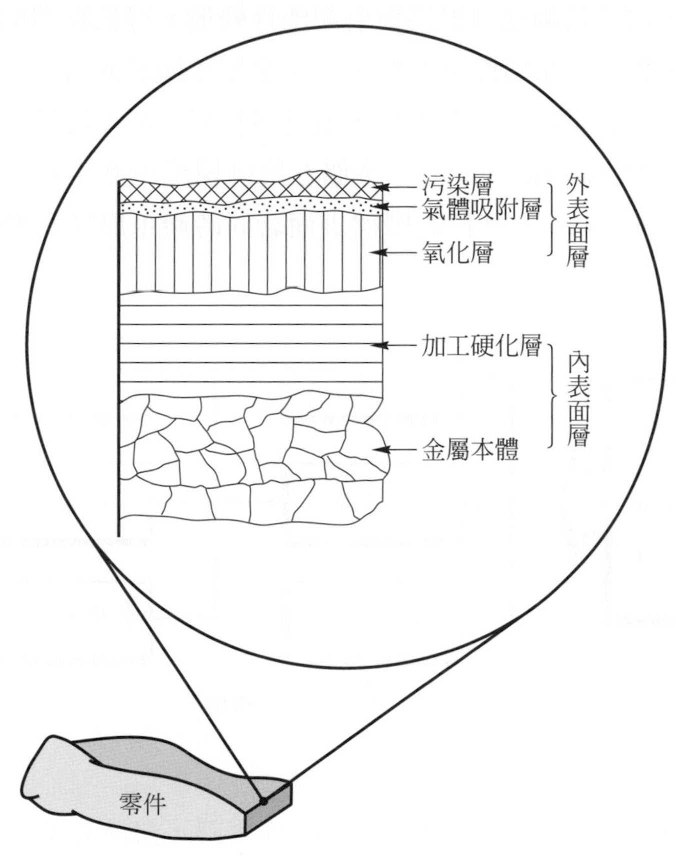

圖 8-1　金屬零件表面的構成[1][2]

8-1-2　表面失效

零件在使用時因某些原因而喪失原有功能的現象稱爲失效或稱損壞(Failure)。失效可分爲破裂失效(Fracture failure)、變形失效(Deformed failure)及表面失效(Surface failure)。常見的表面失效有磨耗失效、疲勞失效、腐蝕失效三種類型，如圖 8-2 所示。

一、磨耗失效

兩個相對接觸運動的物體，由於摩擦作用而使物體間的表面物質不斷損耗或產生殘餘變形的現象稱之爲磨耗(Wear)。磨耗的種類很多，磨粒磨耗(Abrasive wear)是由於兩個相對運動的物體接觸時，滑動表面高低不平，凸出的硬質點將較軟的接觸面剖出凹槽而產生的損失。黏著磨耗(Adhesive wear)則是指在兩個相對運動的物體直接接觸時，由於接觸應力很高而引起塑性變形，導致物體的接觸部位溫度升高，並發生黏著、銲合現象而產生的損失。又金屬接觸表面若在長期應力反覆作用下，其表面層的薄弱處將產生疲勞裂紋，並逐步擴展，最後導致小片金屬剝落，此種現象稱爲疲勞磨耗(fatigue wear)。金屬在腐蝕環境中產生的一種磨損則稱之爲腐蝕磨耗(corrosion wear)。材料的摩擦表面若同時產生腐蝕和磨耗，其危害性可說相當大。

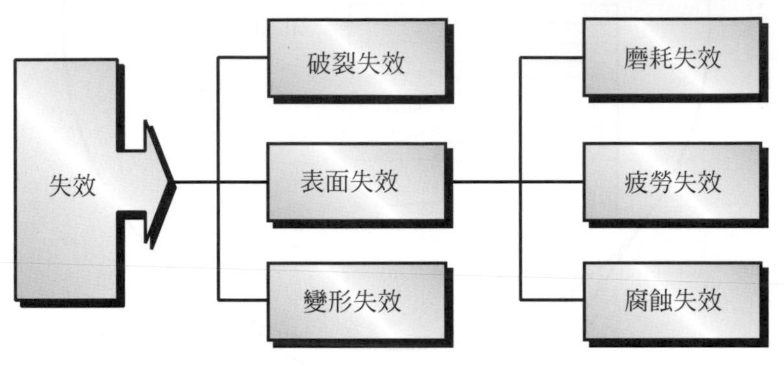

圖 8-2 機件失效的種類

二、疲勞失效

工件承受重復或交變應力(cyclic stress)作用時，雖然它的應力値遠小於降伏強度，但也會造成突然斷裂，這種現象稱爲疲勞失效(fatigue failure)。疲勞所承受的反覆應力可能是外加力，也可能是溫差所引起的熱應力，前者之疲勞謂之機械疲勞(mechanical fatigue)，後者稱爲熱疲勞(thermal fatigue)。疲勞破斷的過程可分爲裂隙萌生(crack initition)、裂隙擴展(crack propagation)及最終破斷(final fracture)三階段。裂隙通常萌生於材料表面，然後沿著垂直應力方向擴展，至達到臨界長度後，發生最後破斷。

三、腐蝕失效

所謂腐蝕(corrosion)乃是指金屬表面與周圍介質發生化學與電化學作用而產生破壞的現象。因此，金屬腐蝕可分爲二種：⑴化學腐蝕－金屬表面僅與介質發生化學作用而引起的破壞。⑵電化學腐蝕－金屬表面與介質產生電化學作用，形成腐蝕電池，使陽極物質受到破壞因而產生腐蝕。金屬表面在一定條件下除了能產生上述的腐蝕之外，還能在其它條件共同作用時產生破壞現象。如在應力與腐蝕環境共同作用下產生的應力腐蝕，在疲勞應力與腐蝕環境作用下的腐蝕疲勞，以及在腐蝕與磨耗作用下的腐蝕磨耗等，這些現象都可能造成金屬表面的腐蝕失效。

8-2　表面改質概說

8-2-1　表面改質的意義與目標

機械零件的的失效，大都是表面失效所形成，換言之，大多數機件的破壞是從表面或表面層開始的。其主要原因是因表面性能不高或表面存在缺陷所致。因此，爲了提高零組件的使用壽命，參照使用情況及主要失效形式，在製造時對工件表面進行改質處理，是機械製造中相當重要的製程。

將機件材料以物理或化學的方法，使材料表面或本體進行改造而變化外觀或內質，稱爲表面改質。所謂物理化學的應用，例如：光線、熱能、磁場、波動、溫度、壓力、蒸發、擴散、氣壓、還原、電解和藥物反應等。而所謂外觀內質者，例如：色澤深淺、粗糙分佈、顆粒排列、晶粒間隙、雜質植入、和結晶異位等。

表面改質的目標隨著工業發展及科技研發而有所改變，從單純的表面機械性質的改善到近幾年來的表面電子特性及功能之應用目標。無論如何，改質目標可歸納如圖 8-2 所示，茲簡述如後：

1. 機械特性：硬度、耐磨、潤滑和脫模特性，使用電鍍、化成處理和塗裝等方法，應用於活塞環、汽缸、模具和壓製成型物等。

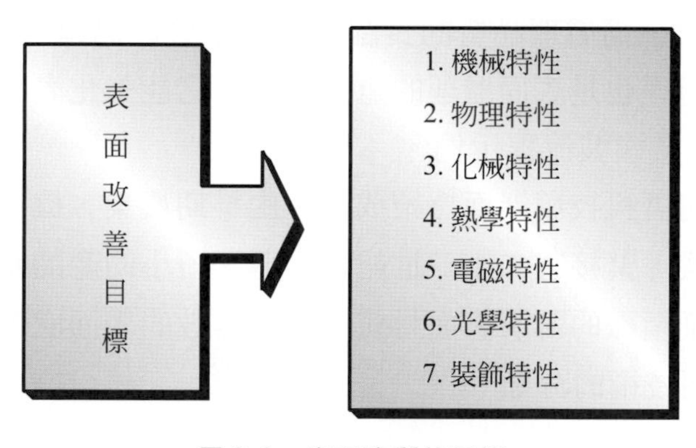

圖 8-3　表面改質的目標

2. 物理特性：銲接、黏著和多孔特性，使用電鍍、塗裝等方法，應用於半導體元件、染色製品和薄膜等。
3. 化學特性：耐蝕、防污和殺菌特性，使用電鍍、化成處理和眞空鍍金等方法，應用於化工機械，和醫療器械等。
4. 熱學特性：耐熱、熱吸收、熱導和熱反射特性，使用電鍍和眞空鍍金等方法，應用於散熱板和發動機零件等。
5. 電磁特性：導電、高頻、和低接觸電阻特性，使用化學電鍍和眞空鍍金等方法，應用於電子零件、導波管、端子和記憶體等。
6. 光學特性：防反射、光選擇吸收、和耐候等特性，使用研磨塑膠電鍍和陽極氧化處理等方法，應用於汽機車零件和反射鏡等。
7. 裝飾特性：色彩、光澤度、和防護特性，使用電鍍、燙金等方法，應用於五金物件照相機、眼鏡架及各類飾品等。

8-2-2 表面改質的過程與方法

表面改質處理的基本過程可分爲三個步驟：前處理、中間處理及後處理。

1. 前處理：零件在實施表面處理之前，常會殘留一些毛邊、油污或銹蝕，必須先清理乾淨，才能容易且有效地進行表面改質處理。前處理的方法主要有機械清潔處理法(物理法)及化學清潔處理法(化學法)二種，噴砂、珠擊等屬於前者，酸洗則屬於後者。
2. 中間處理：中間處理階段是表面處理的核心，主要在於使處理的零件具有預期的改質效果，而處理品質的良窳，主要繫於此過程。
3. 後處理：後處理也是表面處理的重要過程，它能強化表面處理的效果。如圖 8-4 所示爲工業塗裝流程示例。

表面改質技術隨著科技發展而持續成長，由早期農業、機械、石化工業到近年來的高科技電子工業，緊接著二十一世紀輕、薄、短小的產品潮流。從實實在在的粗曠自然材質到微細精緻的薄層表面材質。其間無數的表面處理技術被開發應用，如圖 8-5 所示爲整個技術的分類。

1. 前處理
塗料調製
2. 中間處理
機 件
脫 脂
脫 油
除 銹
打底處理
塗 裝
化成處理
檢 查
乾 燥
3. 後處理
製 品

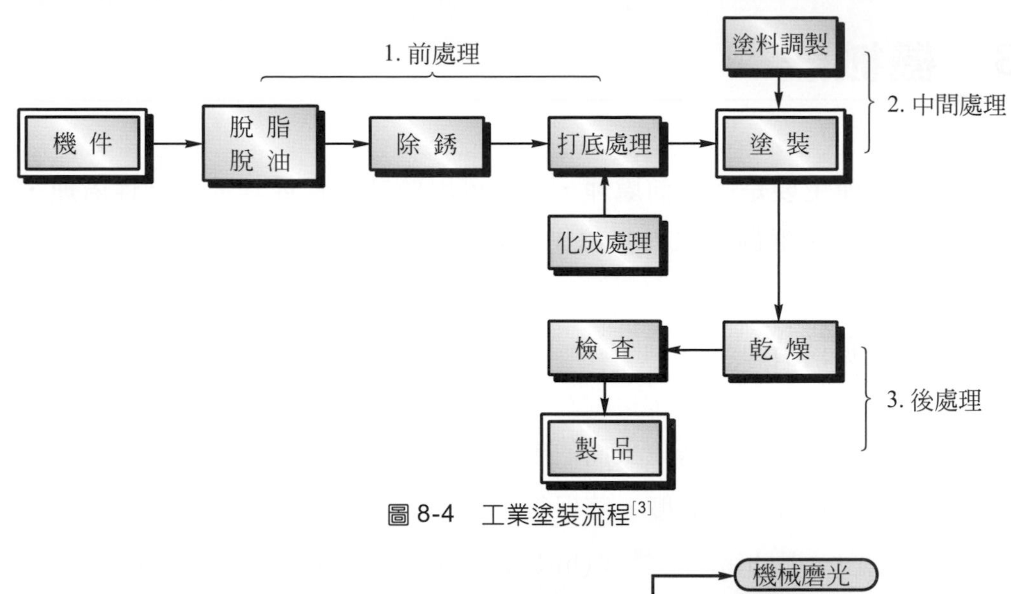

圖 8-4　工業塗裝流程[3]

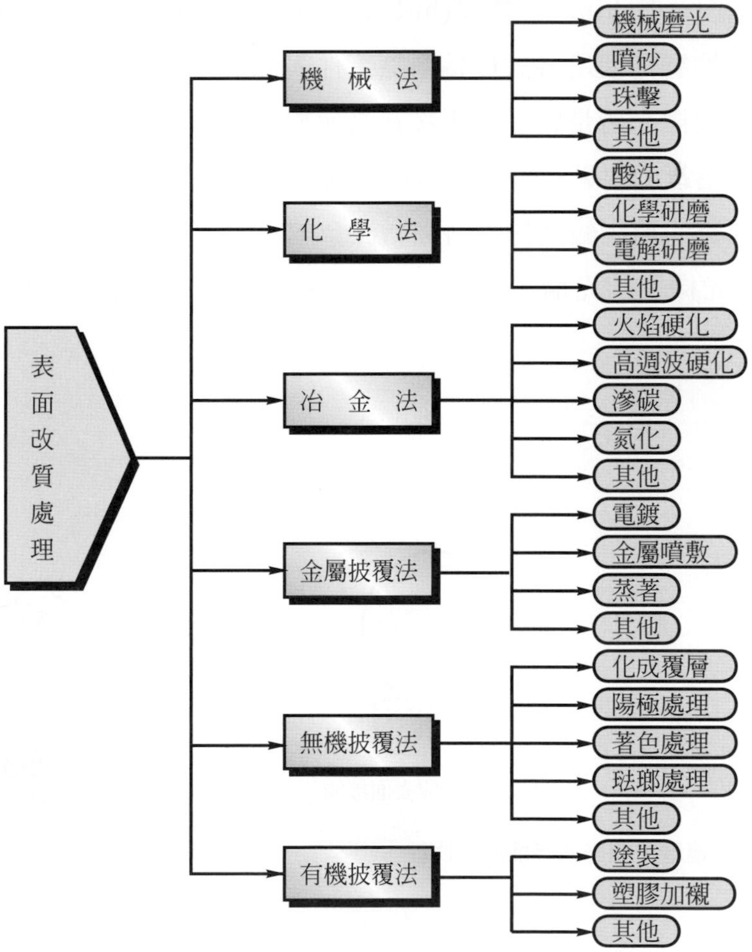

表面改質處理
機 械 法
機械磨光
噴砂
珠擊
其他
化 學 法
酸洗
化學研磨
電解研磨
其他
冶 金 法
火焰硬化
高週波硬化
滲碳
氮化
其他
金屬披覆法
電鍍
金屬噴敷
蒸著
其他
無機披覆法
化成覆層
陽極處理
著色處理
琺瑯處理
其他
有機披覆法
塗裝
塑膠加襯
其他

圖 8-5　表面處理的分類

8-3 機械法

機械法的處理主要是用於前處理，但亦可用於裝飾性或其他功能性處理，常見的方法有機械磨光、噴砂、珠擊及擠光等。

8-3-1 機械磨光

機械磨光係利用磨料來磨除表面的毛邊、銲疤、刮痕、氧化皮及其他缺陷，以提高表面的平整度及降低粗糙度，確保後續表面裝飾的品質。機械磨光主要有輪磨(grinding)、拋光(polishing)、擦光(buffing)等方法，圖 8-6 所示為輪磨與擦光的接觸狀況比較。輪磨是使用各式砂輪磨除工件表面層，如圖 8-7 所示為手提砂輪的輪磨作業。拋光與擦光皆是將工件壓按在高速旋轉的擦(拋)光輪來進行表面微量的研磨，而拋光係指以磨料黏附在布類或氈類製成的拋光輪用以磨除工件表面，擦光則是以毛質或棉質的擦光輪塗抹磨料油脂混合劑與工件摩擦而得較光細的表面。如圖 8-7 所示為擦光機及擦光輪。機械磨光的效果與品質主要取決於所用磨料和圓輪的剛性與轉速。

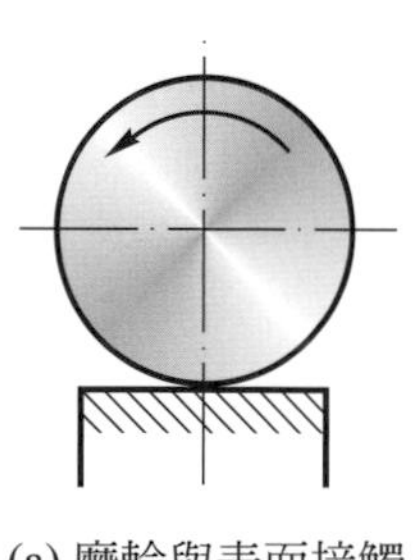

(a) 磨輪與表面接觸

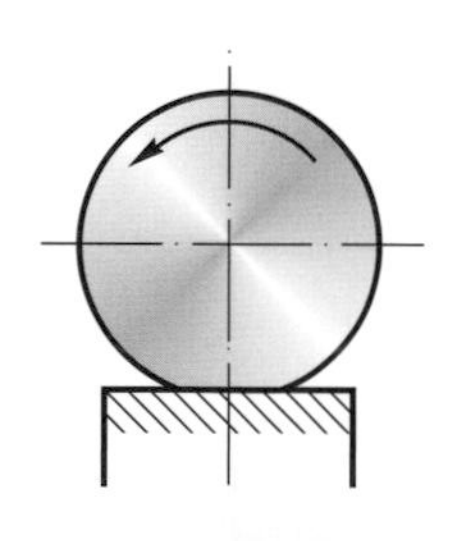

(b) 擦光輪與表面接觸

圖 8-6 輪磨與擦光的接觸狀況比較[2]

圖 8-7 手提砂輪的輪磨作業[2]

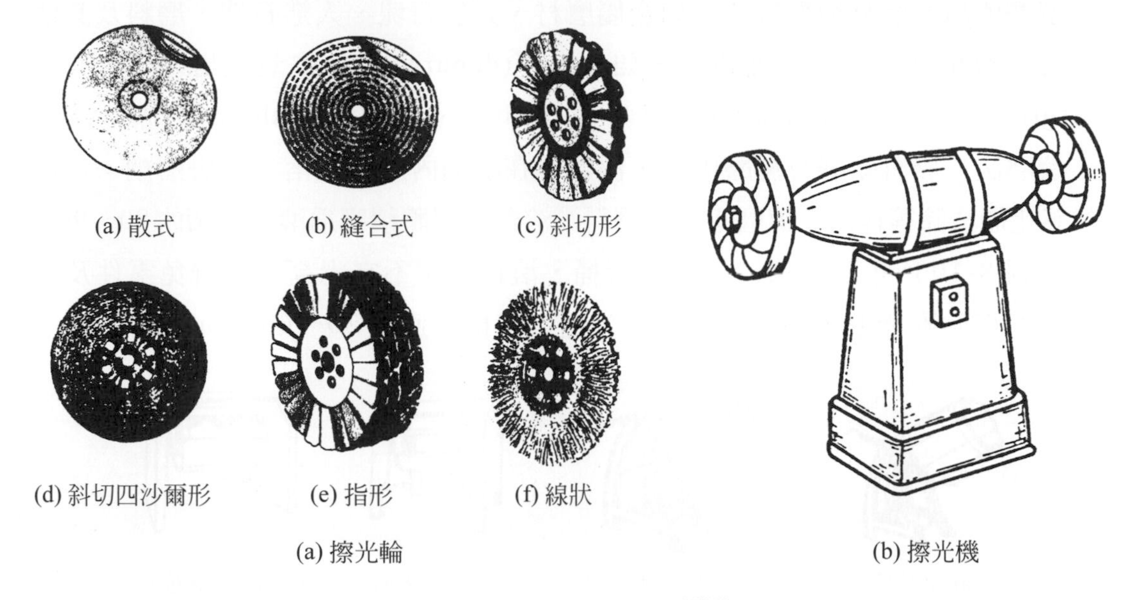

圖 8-8　擦光機及擦光輪[1][4]

8-3-2　滾磨法

滾磨(Tumbling)係將待處理的工件放在可旋轉的滾桶(Tumbler)中，桶內並放一些磨料或小鋼球等磨材，當滾桶旋轉時，桶內之工件與磨材，或工件與工件間互相碰擊研磨，即可達到去除工件表面氧化層或毛邊凸出物的作用，甚至可使工件表面光滑或增進其機械性質，如圖 8-9 所示。

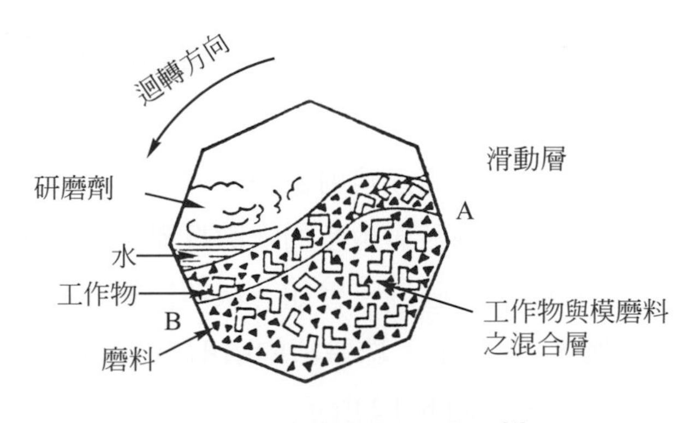

圖 8-9　滾磨法的研磨作用[4]

滾磨所用的磨材種類很多，如金屬磨材、天然石塊、人造石塊、磨料及其他成形物等，可依其主要作用而選用，如去毛邊(deburring)、去氧化層(descaling)、研磨(grinding)、粗磨(roughing)、磨光(polishing)、光澤(burnishing)及乾燥(drying)等。滾磨法一般有乾磨及濕磨兩種，濕磨可在滾桶內加入酸溶液等研磨劑，以增進工件氧化層清除等作用。滾磨零件及磨料、溶劑等總體積應爲滾桶容積的 80～90%。

如圖 8-10 所示爲滾磨法所用之滾桶，滾桶轉速不宜過高，以避免零件及磨料因離心力而貼附桶壁，降低滾磨效果，通常滾桶轉速約 20～60m/min。

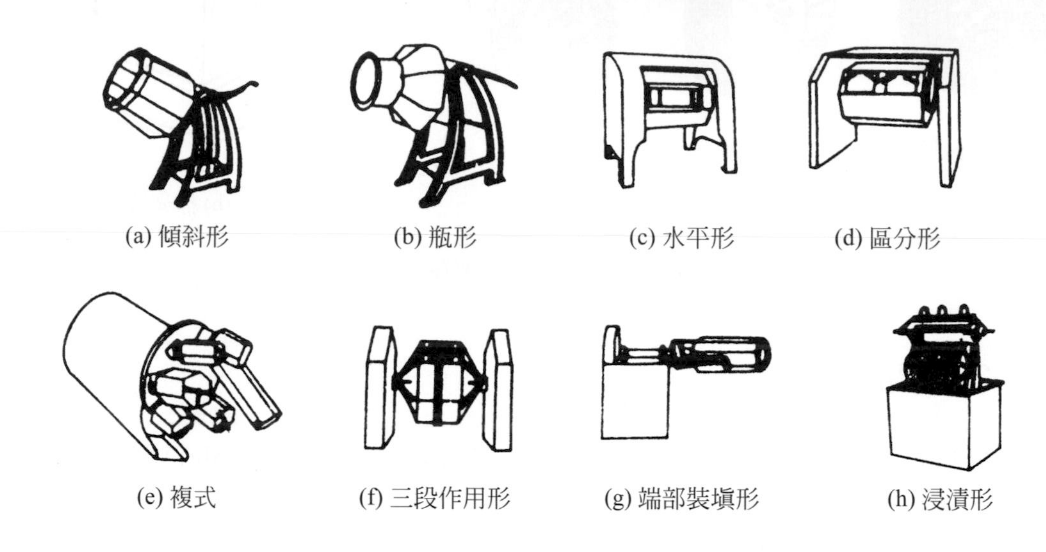

圖 8-10 滾磨法所用滾桶[9]

8-3-3 噴擊法

噴擊法是有效的表面清潔法，珠擊法(shot peening)及噴砂法(sand blasting)是兩種常用的方法。

珠擊法係利用硬化的小鋼珠，高速噴射衝擊工件表面，以除去氧化層。由於此法等於是用多量高速小鋼珠，以每秒無數多的次數打擊到工件的表面上，故有冷加工的作用，因而提高了工件的疲勞強度，譬如，沃斯田鐵不銹鋼經珠擊強化後，疲勞強度可增加 80%，如圖 8-11 所示。珠擊法的噴射方式有使用壓縮空氣的鼓風式及利用離心力的離心式兩種，如圖 8-12 所示。

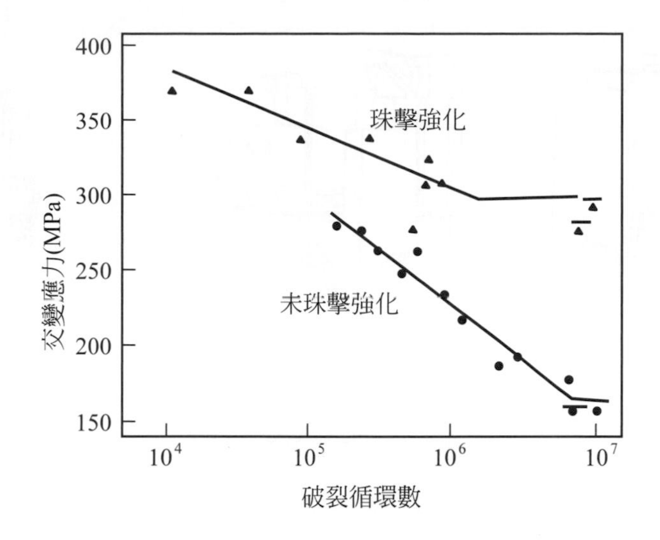

圖 8-11　珠擊強化效果[5]

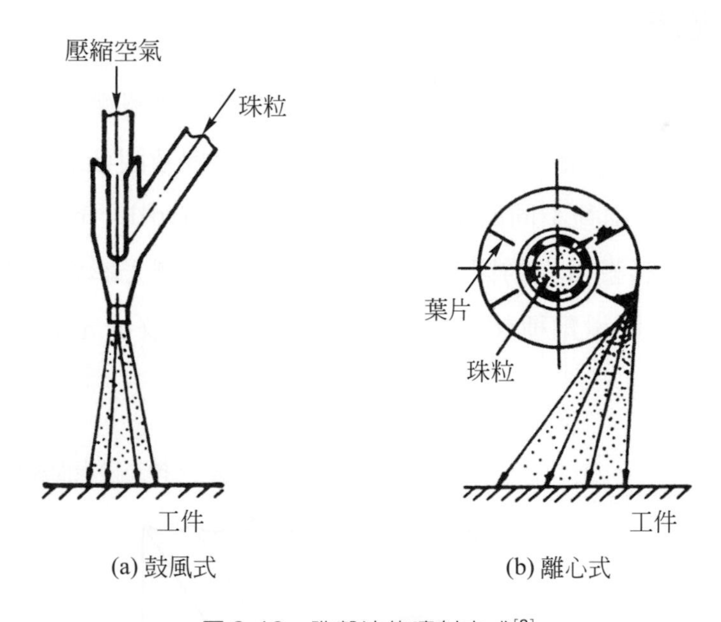

圖 8-12　珠擊法的噴射方式[2]

噴砂法的原理與珠擊法類似，一般係以 2～5kg/cm^{2}的高壓縮空氣，將矽砂、白雲石、重碳酸鈉，甚至 A 磨料及 C 磨料噴向工件，衝撞工件表面來達到清潔的目的，如圖 8-13 所示爲噴砂機的外觀。噴砂除一般之乾式噴砂之外，亦可爲濕式噴砂，係將磨料混合水或藥液成稀漿狀，再用壓縮空氣將其噴射至工件表面，此種方法又稱液體搪磨(liquid honing)。

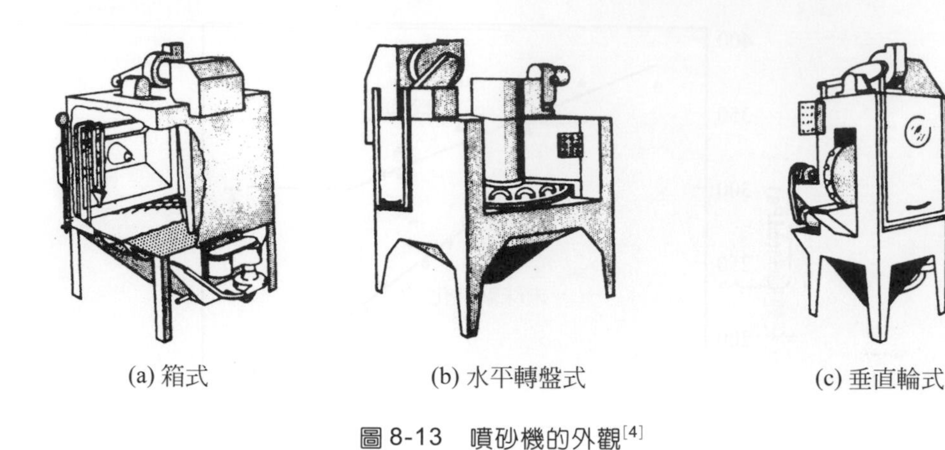

(a) 箱式　(b) 水平轉盤式　(c) 垂直輪式

圖 8-13　噴砂機的外觀[4]

8-3-4 擠光法

擠光(burnishing)是使用鋼球或滾柱在零件的表面連續緩慢均勻的擠壓材料，使其形成一定的塑性變形層，以改善表面粗糙度、硬度及耐疲勞性能的加法，如圖8-14所示。圖8-15爲兩種不同的擠光方式：滾柱擠光(roller-burnishing)及球擠光(ball-burnishing)。影響擠光的因素有很多，譬如，球擠光影響工件表面粗糙度的因素有：鋼球材質、潤滑劑種類、擠光深度、擠光速度及擠光進給等。

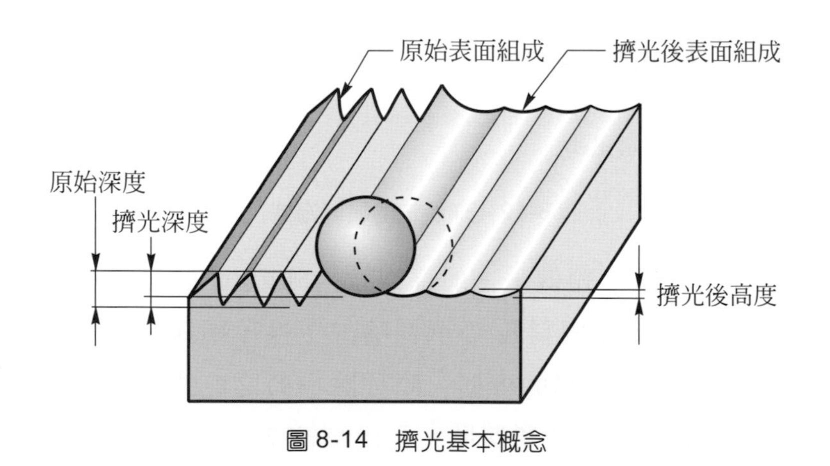

圖 8-14　擠光基本概念

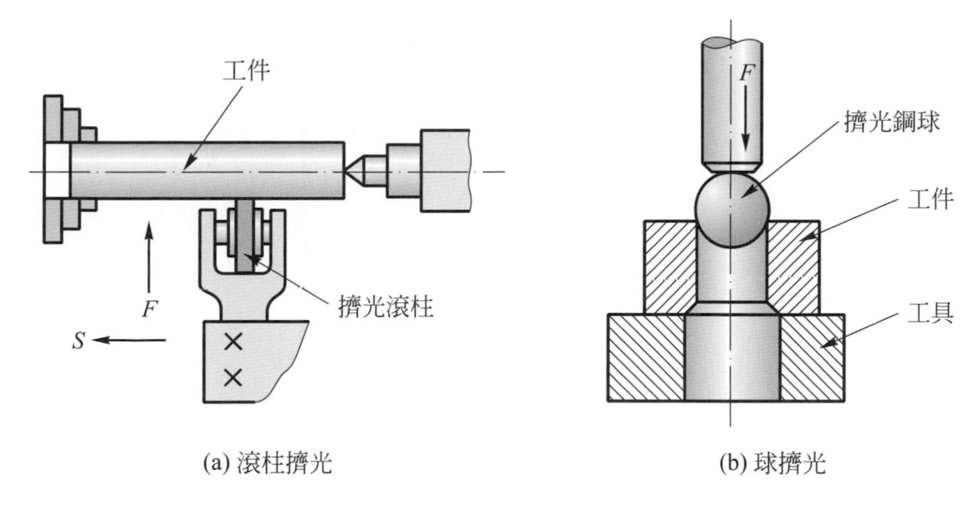

(a) 滾柱擠光　　(b) 球擠光

圖 8-15　擠光方式[15]

8-4　化學法

化學法係使金屬零件表面產生化學反應而獲得光潔平整或強化表面特性的方法，常見的方法有酸洗、電解研磨、化學研磨等。

8-4-1　酸洗

利用酸溶液與金屬表面產生化學反應，而使附著油脂或氧化層溶解和剝離的方法謂之酸洗(picking)。酸洗常用的溶液爲硫酸、鹽酸，一般使用硫酸可在較高溫下操作；但採用鹽酸則須在較低溫下進行，此乃因鹽酸容易揮發之故。此兩類酸大都用於鐵金屬的除銹。而硝酸、氫氟酸、鉻酸等則常用於非鐵金屬及若干特殊合金的除銹作業。

酸洗的主要參數是濃度、溫度及時間，如圖 8-16 所示爲硫酸對鋼材的酸洗效果，通常酸溶液的濃度、溫度增高、其浸蝕速度也上升，而浸蝕時間則依表面氧化層的多寡而定，表 8-1 爲常用金屬的酸洗作業條件。

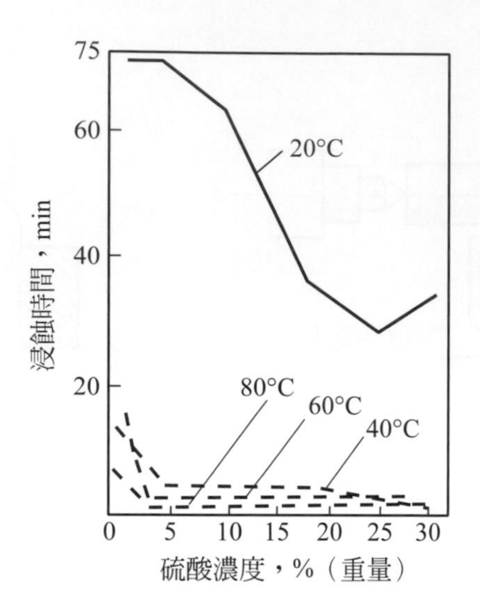

圖 8-16 硫酸對鋼材的酸洗效果[6]

表 8-1 常用金屬的酸洗作業條件[6]

成分與參數(密度，g/cm³)	鋼鐵	銅及其合金	鋁及其合金
鹽酸，HCL(1.19) 硫酸，H_2SO_4(1.84) 鉻酐，CRO_3	150～400	 100	 350 65
溫度T，℃ 時間t，min	室溫 1～5	40～50	60～70 0.5～2

8-4-2 電解研磨

電解研磨係於強酸和強鹼的電解溶液中，以工件為陽極，修磨工具為陰極，當通以電流經電解反應後，使工件表面溶解生成氧化薄膜，再受修磨工具之磨料刮除作用，因而得到光平的表面，如圖 8-17 所示。譬如以銅片為陽極，將其浸於每升含 400 克磷酸的電解溶液中，控制溫度為 15～20℃，在適度電流密度及安排陽極於特定位置等條件之嚴格控制下，經電解反應後即可將銅片研磨得極為平滑。

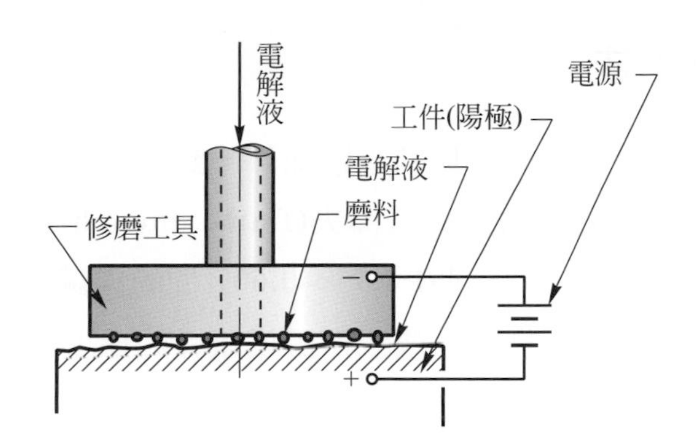

圖 8-17　電解研磨的原理[9]

電解研磨不但可以使工件表面光平，而且還可增進工件的耐腐蝕性，主要是因爲它可改進工件的微觀均勻性，去除物件表面的變形結構及除去表面層上造成腐蝕的異物。此外，因在工件表面形成鈍性層(passive film)故可增強耐蝕能力。影響電解研磨的主要因素有磨料粒度、脈衝波形電流及電解時間等。

8-4-3　化學研磨

將工件浸漬於溶液中，使其與化學藥品產生化學反應而獲得表面研磨效果的方法稱爲化學研磨。化學研磨主要是用於鋁製品的發光處理，通常係將磷酸及硝酸混合液盛裝於不銹鋼槽中，並利用不銹鋼製圓管通以蒸汽以便加熱混合酸液，然後將待研磨工件浸入即可。化學研磨所使用的研磨溶液與電解研磨所使用的大同小異，只是溶液中不通電流。

8-5　冶金法

冶金法可分爲二類：一是表面化學成分不變，包括火焰硬化法(flame hardening)及高週波硬化(induction hardening)等，此乃利用鋼材本身中、高含碳量，於表層產生淬火效果而硬化。二是表面化學成分改變者包括滲碳法(carburization hardening)及氮化法(nitriding)等此法係利用擴散現象使 C、N 等原子滲透進入金屬表層，並與鐵原子作用而產生硬化層。

8-5-1 火焰硬化法

利用高溫火焰吹向工件表面，使其急速加熱，到達淬火溫度時瞬間冷卻，以使表面硬化的方法稱爲火焰硬化法或火燄淬火(flame quenching)。

適用此種硬化法的鋼材爲含碳量在0.35～0.60%間的碳鋼及含碳量在0.3～0.50%間的低合金鋼。硬化深度則隨被加熱成沃斯田鐵組織的深度而定，故硬化深度受火燄強度、加熱速度、燃燒器移動速度等因素影響。一般而言，火燄強度一定時，加熱速度愈快則硬化深度愈淺；加熱速度一定時，火燄強度愈高則硬化深度愈深；其他條件相同時，燃燒器移動速度愈慢硬化也就愈深。而且O_2對C_2H_2之比愈高則加熱速度愈大，只是火燄愈不安定且表面易氧化。而爲獲得良好的硬化品質，通常需進行預熱處理，且工件表面要仔細清理、檢查，淬火後也要實施200℃左右的低溫回火。如圖 8-18 所示爲火焰硬化法的四種操作方式：固定法、前進法、迴轉法、組合法。

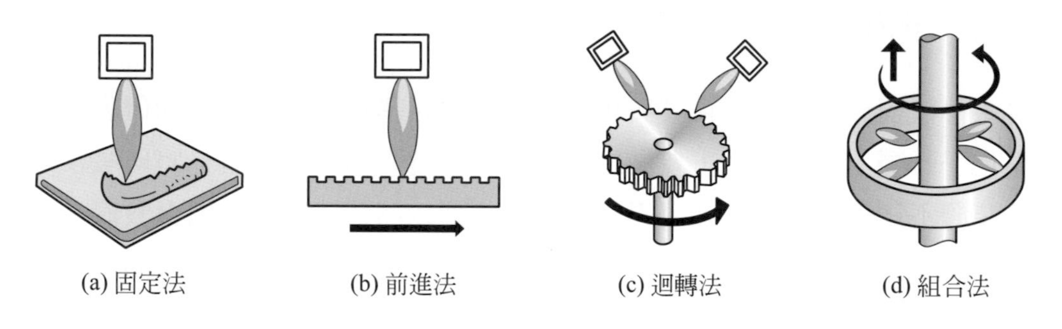

圖 8-18 火焰硬化法的操作方式[10]

8-5-2 高週波硬化法

利用電磁感應原理使工件表面快速加熱或急冷的表面熱處理法稱爲感應硬化(induction hardening)，高週波硬化法即應用高週波感應所生渦電流，急速加熱鋼之表面，然後以水冷卻，使表層硬化的方法，如圖 8-19 所示。其原理係由通高週波電流於感應線圈時，在其內外產生磁束，若將鋼料置於其中時，磁束便貫通鋼料，而由於電磁感應作用在鋼料內部誘起與線圈內之一次回路電流相反方向之電流，一般稱為渦電流(eddy current)。二種電流反向流通時，高週波愈高，則愈有相接近的傾向(近接效果)，而使渦電流集中於鋼料表面，一般稱為表皮作用(skin effect)。當然因渦電流而發熱的部份也只限於表皮，若以電氣回路表示時則成為等價回路，鋼料可視為二次回路中的電阻，由於一次回路中之高週波電流之電磁感應作用，而在二次回路中產生感應電流而使鋼料表面加熱。

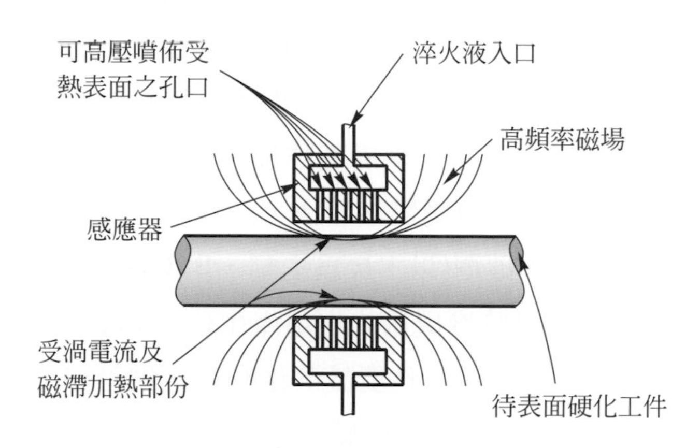

圖 8-19　高週波硬化法的基本原理[10]

感應加熱的溫度一般係根據工件材質種類、原始組織及相變區的加熱速度來確定，而其冷卻介質及製程則應依據材料工件形狀大小加熱方式及硬化層深度等因素綜合考量，如表 8-2 所示為一些零件之高週波硬化之製程條件示例。

表 8-2　幾種零件之高週波硬化製程條件示例[6]

零件	材料	加熱方法	冷卻方法	冷卻介質
軸、桿、銷子等	40Cr	同時或連續	噴射	水
鍵槽軸	45 40Cr	同時或連續 同時 連續	噴射 噴射或浸淬 噴射	水或 0.05%聚乙烯醇水溶液 油或 0.3%聚乙烯醇水溶液或 10%乳化液 水或 0.05%聚乙烯醇水溶液
凸輪軸	50Mn	同時	噴射或浸淬	透平油或 20 號機械油
曲軸	45	同時或連續	噴射	水或 0.05%聚乙烯醇水溶液
	40Cr	同時 連續	噴射 噴射	0.3%聚乙烯醇水溶液或 10%乳化液 水或 0.05%聚乙烯醇水溶液
	50CrMoA	同時	噴油或埋油	油

8-5-3 滲碳法

滲碳法(carburizing)係將鋼料工件放置在滲碳劑加熱，藉滲碳劑分解得到初生態碳(nascent carbon)滲入工件表面，並逐漸擴散至次表面，然後施以熱處理而達到表面硬化的效果。初生態碳係由CO或CH_4氣體分解而得，CO可由CO氣體或固體滲碳劑分解而來，而CH_4則由甲烷或其化合物分裂獲得。低碳鋼滲碳後，上表層可獲得高硬度高耐磨耗性及疲勞強度，而心部則仍保持足夠的強度及韌性，因此滲碳法是目前機械製造業中應用最廣的熱處理技術。

滲碳法依滲碳劑型態不同而有固體滲碳法、液體滲碳法、氣體滲碳法及特殊滲碳等。固體滲碳法係以固體滲碳劑(以木炭爲主劑，$BaCO_3$，或Na_2CO_3爲促進劑)將工件填緊於滲碳箱內，在高溫時滲碳劑的作用產生CO氣體滲入鋼料工件，而達到表面硬化的目的。液體滲碳法係將工件置於溶化的氰化鈉等浴槽內，加熱以使碳及部份氮分子滲入鋼中，NaCN分解生成的碳、氮同時滲入工件中而擴散，而得硬化的目的，因而此法又稱滲碳氮化法。氣體滲碳法係利用煤氣中含多量之H_2、CH_4及較少量之高級碳化氫與不飽和碳氫等，此複雜的碳化氫在滲碳溫度可分裂爲H_4及H_2，而產生滲碳作用，達到表面硬化目的。特殊滲碳係在特殊物理條件下進行的處理方法，如在眞空條件下的眞空滲碳、電解放電條件下的電解滲碳等。

8-5-4 氮化法

氮化法(nitriding)係將鋼的表面滲入氮氣，使其表面產生硬化效果的方法。此法係將表面清淨的鋼料製品置於氮化爐內，在氨氣(NH_3)氣流中加熱至500℃～550℃保持20～100小時，使表面層生成氮化物而硬化，如圖8-20爲某一鋼材之氮化法單程滲氮示例。

氮化法與滲碳法不同的是其硬化層僅滲入氮氣，而滲後不需經熱處理，因此無變形之虞。同時處理溫度低，鋼料中心部份之結晶粒不會成長或脆化，所得表面的硬度也較高。因此，經氮化處理後的零件具有高硬度、耐磨性、疲勞強度、赤硬性、耐蝕性、變形小等優點，但製程周期長、成本高及效率低等是其缺點。

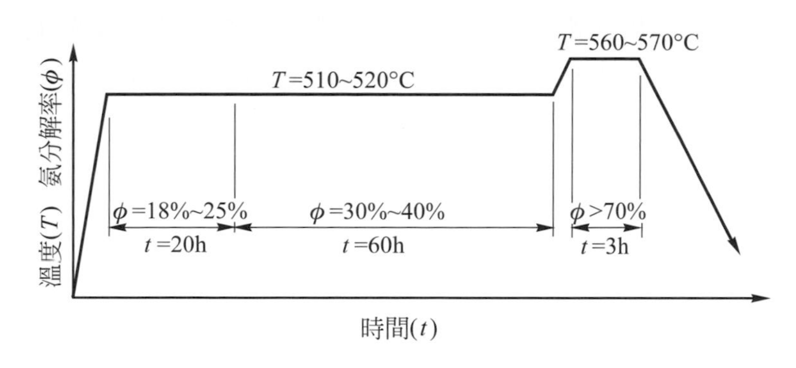

圖 8-20　氮化法單程滲氮示例[6]

8-6　金屬被覆法

金屬被覆(metallic coating)係將某種金屬物質以黏著方式或以化學方法塗附於金屬或非金屬的表面，藉以達到改善外觀、防銹、防蝕或耐磨耗等功能。常見的金屬被覆法有電鍍、金屬噴敷及蒸著法等。

8-6-1　電鍍

電鍍(Electroplating)是將溶液中的金屬離子還原析出於被鍍之工件表面形成金屬膜。電鍍的一般程序爲：研磨、脫脂、水洗、酸洗、水洗、電鍍、水洗、乾燥、整修。其中研磨係以裝有布輪或刷輪的擦光研磨機，沾附適當研磨劑將工件表面的銹去除。脫脂是利用四氯乙烯等化學物質將工件表面附著的油脂及染物去除。水洗係以冷水洗淨工件表面殘存之化學物質。酸洗乃是利用適當種類及濃度的酸液洗去工件表面氧化膜。電鍍則以適當吊架裝置工件，並連接於陰極與陽極板對置，通以電流進行電解沉積。

電鍍的方法有很多，常見的有普通電鍍、化學電鍍、浸漬電鍍、複合電鍍等，其中以第一種方法最常見。

一、普通電鍍

普通電鍍係藉外部電力電解析出的電鍍，此法是將欲鍍金屬掛在陽極，被鍍工件掛在陰極，共同置於由槽裝盛的電鍍液中，通以直流電源，陽極欲鍍金屬由於受到電位影響產生氧化作用而電解溶解成離子狀態，此離子流入電解液中補充溶液中離子濃度。陰極被鍍工件則是提供電子，將電解液中的金屬離子還原成金屬而析出在工件表面形成金屬薄膜，如圖 8-21 所示。

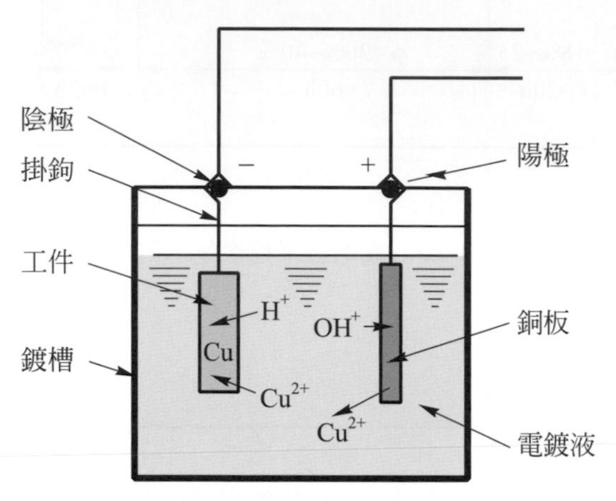

圖 8-21　普通電鍍的基本原理

二、無電電鍍

化學電鍍(chemical plating) 又稱無電電鍍(electroless plating)，係以化學藥品爲還原劑將溶液中金屬離子還原成金屬而析出在被鍍工件表面。化學電度具有頗多特色，與普通電度比較，化學鍍鎳的特點是：對本體的保護能力高、鍍層孔隙少、鍍層硬度高、對鋼本體之疲勞性能影響少、導電性及光亮度則較差。因而在石油、化工、航空、汽車、印刷及模具等已得到廣泛的應用。

三、浸漬電鍍

浸漬電鍍(immersion plating)係指將工件浸入鍍液中，而工件中若干基礎金屬溶入鍍浴內，同時鍍浴中有等量金屬析出而鍍著於工件上。它是一種置換電鍍方式，即以電鍍液中的金屬離子與被鍍工件表面之金屬做離子交換而在被鍍工件表面析出金屬，其所需條件是被鍍物金屬應比電鍍液中的金屬離子更容易氧化形成離子。譬如將一鋼鐵工件浸入硫酸銅溶液，則鋼鐵中部分鐵會溶入鍍浴中，而鍍浴中等量的銅離子則會析出鍍著於鋼鐵表面。一般而言，此法僅可得甚薄的鍍層，當底材全部被鍍層被覆時，反應即停止。

四、複合電鍍

在普通電鍍或化學電鍍中，加入高硬度、高降摩擦能力等功能的碳化物、氧化物、金屬微粒，經共沉積作用而獲得鍍層的方法稱之爲複合電鍍(compound plating)。

金屬電鍍的種類很多，茲簡述數種如後：

1. 鍍銅：鍍銅爲最古老的實用電鍍，在十九世紀前半已經開始用硫酸銅浴鍍銅。鍍銅主要是作爲多種電鍍作業前的底鍍，以防止自然置換而確保鍍層的密著性，並提高工件表面的導電性及促進主要鍍層的均勻性。鍍銅浴則有酸性鍍液及鹼性鍍液之分。
2. 鍍鉻：經過鍍鉻的工件其硬度高、耐磨耗、磨擦係數小、反射能力好、耐常溫及高溫腐蝕，故在多鍍層電鍍中，常以鍍鉻爲最後一道手續。現行鍍鉻的電鍍浴有下列數種：鉻酸一硫酸鍍浴、氟化物鍍浴、鉻酸鈉鍍浴、硫酸鉻鍍浴、黑色鉻浴。
3. 鍍鋅：鋅爲易腐蝕金屬，但與鐵結合時，鋅具有電化學陽極效果，故鋼鐵鍍鋅可以防銹。電鍍鋅的電鍍浴有氨浴、硫酸浴、氯化浴、氟化浴胺浴、焦磷酸浴、鋅酸　浴等。但目前常用的方法則是將工件浸入熔融鋅液中，使工件表面附一層鋅，或是用滲鋅或噴佈方式鍍鋅。
4. 鍍錫：錫在空氣中可保持光澤外表，也不易被食物中所含有機酸腐蝕，故可應用於餐具，另外由於銲接性、潤滑性相當良好、電阻亦小，故亦可用在機械零件及電子業。鍍錫可用硫酸浴、硼氟化浴等酸性電鍍液，或錫酸壇浴鹼性鍍浴。
5. 鍍鎳：鎳耐蝕性好、質硬而韌、耐磨性大，可應用於機械零件的再生、電鑄等用途。但工件若只鍍鎳時，在空氣中會變成氧化膜而呈黑色，因此通常要再做一次不變色電鍍，例如鍍鉻。目前工業界鍍鎳以瓦特浴爲主，另外亦有用光澤浴、複塭浴、高硫酸塭浴及高氯化物浴等多種形式的電鍍浴。
6. 其他金屬電鍍
   (1) 鍍黃金：主要用於裝飾品、電器接點、印刷配線等。
   (2) 鍍銀：主要用於餐具、藝術品等。
   (3) 鍍鉛：主要用於耐酸之裝盛器具。
7. 非導體的電鍍：非導體由於不導電，故不能直接電鍍，須要再進行導電化處理，其方式可使用導電性塗料直接塗在工件上形成導電層；或是採用銀鏡反應方式，將銀液及還原液直接噴向工件，在工件表面形成一層可導電之銀膜後再行電鍍。塑膠類之高分子工件可直接浸入鉻酸溶液中，取出再放入銅或鎳之電鍍液內即可直接進行電鍍。

8-6-2 金屬噴敷

金屬噴敷(metal spraying)又稱爲金屬噴焊，係利用電弧、電漿等熱源將粉末狀或絲狀金屬或非金屬之噴塗材料加熱熔化成液態後，以壓縮空氣將熔液吹成霧狀而噴附在工件的表面，形成金屬塗層的加工方式。由於它幾乎可噴塗所有的固體材料，如陶瓷、硬質合金、石墨等，因此能形成耐磨、耐蝕、隔熱、抗氧化、絕緣等塗層，使零件具有一些特定功能。例如，當引擎之曲軸磨損或零件加工錯誤需要加以修補，模具表面需有一層極硬耐磨面時均可利用此種方法進行處理。

雖然只要能熔解的金屬、合金或陶瓷均可用來做噴敷加工，但通常均以低熔點金屬譬如鋅、鋁及其合金等較爲常用。

金屬噴敷的特點是可以在現場進行加工，但由於噴敷的金屬層與工件間係以栓結作用(keying action)連結在一起，而不是靠擴散作用，因此工件表面需先加以粗化、除銹、除油、去氧化層等手續再進行噴敷加工。噴敷的主要裝置如圖 8-22 所示。

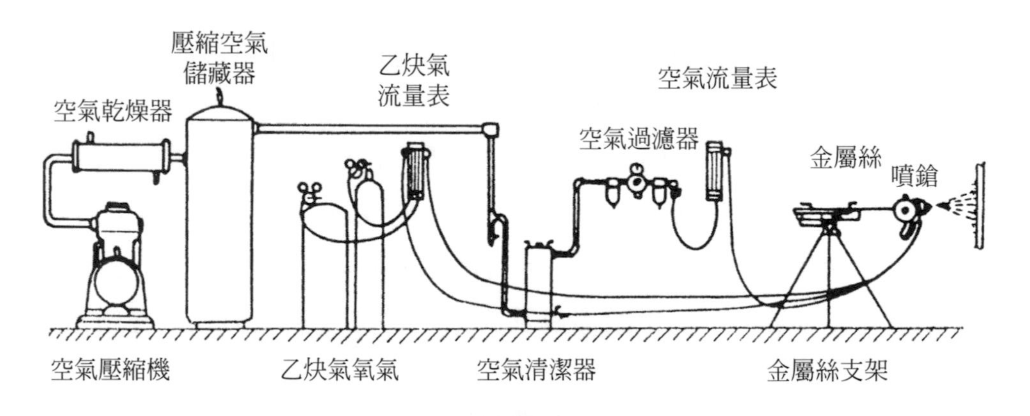

圖 8-22 金屬噴敷的主要設備[11]

金屬噴敷因加熱源的不同而可分爲火焰噴敷(flame spraying)、電弧噴(electric arc spraying)及電漿噴敷(plasma spraying)三種，因噴敷材料形狀之差異而有金屬線噴敷及金屬粉噴敷兩種。

1. 火焰噴敷：係利用高溫(可達 3000℃)氧乙炔火焰熔化加熱噴塗粉末或線材使之熔化，經由溶液噴嘴流入空氣腔再被壓縮空氣吹出噴槍噴嘴而噴向工件表面，如圖 8-23。火焰噴敷除可噴塗各種材料外，其使用設備簡單、價格較其他噴敷法低，是目前使用較廣泛的技術。

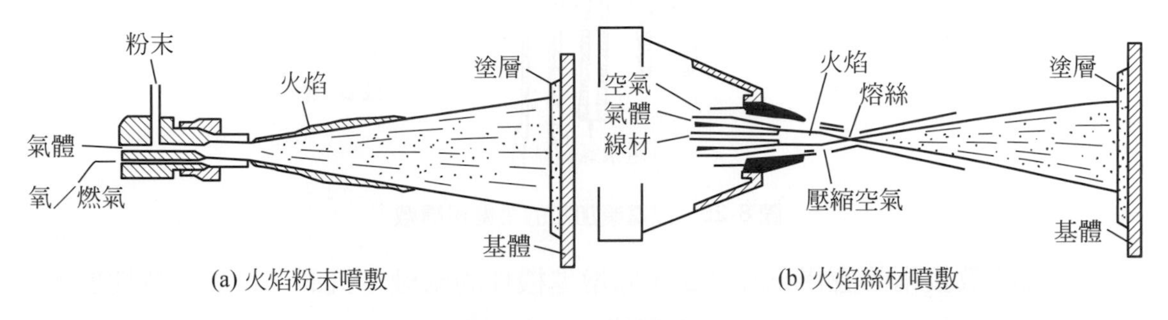

圖 8-23　火焰噴敷[6]

2. 電弧噴敷：係將兩條金屬線分別接上正負電極，同時以滾輪進給至噴槍內，並使其逐漸靠近，藉著兩金屬線間的電位差引發電弧，產生高熱(可達 5000℃)而將金屬熔化，再用高壓氣體將熔融金屬吹向工件，完成噴敷工作，如圖 8-24。由於電弧能引發極高的溫度，可產生高溫液滴，所以本法所產生的披覆層黏著性最佳。另外材料爲線狀又以電弧加熱，故成本亦較低廉。

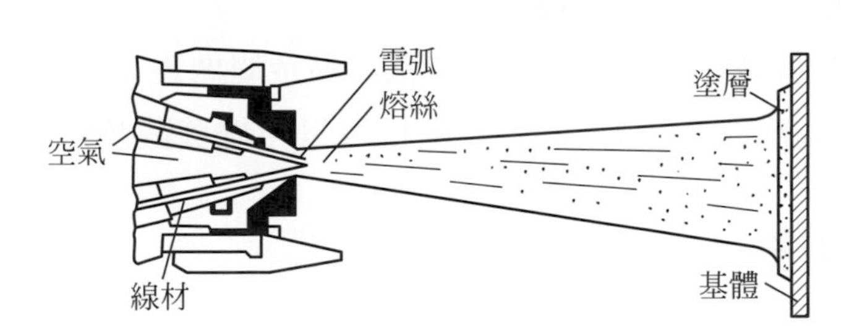

圖 8-24　電弧噴敷[6]

3. 電漿噴敷：係以純氬氣或氮氫、氬氫混合氣體通過由正負電極引發的電弧，此時氣體因高溫而產生離子化形成電漿，其溫度可高達 17000℃ 以上，金屬粉末由噴嘴上方的輸送管以空氣送入，遇此高溫隨即熔化噴附在工件表面，圖 8-25 所示，這種方法特別適用於高溫或耐火陶瓷的噴敷。

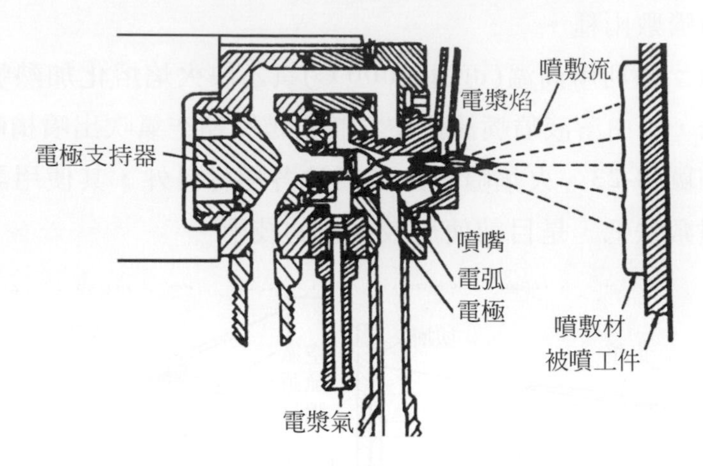

圖 8-25 以電漿加熱的金屬粉噴敷[1]

金屬噴敷技術的應用已漸廣泛，除增進機件的耐蝕、抗磨、抗熱等特性外，在塑膠、木製品等之表面亦能噴上金屬膜以增加美觀。應用實例如：

1. 抗磨：在閥桿、渦輪機的磨損上以金屬噴敷翻修，噴上一層耐磨材料，不但經濟迅速，且品質比新件更耐用。
2. 防銹：鋼鐵上噴陰極電位較大的鋅鋁金屬做陽極防蝕，或正電位較大的黃銅、鎳等金屬進行陽極覆蓋。
3. 耐熱：在飛彈、火箭、噴射機上有很多零件須噴敷一層耐高溫的氧化鋁或氧化鈷等以耐高溫及防止腐蝕。
4. 美觀：在塑膠或木料上先噴敷一層低熔點金屬做為基底，而且具延展性，再噴上較高高熔點的金屬，經過打磨後可以獲得美觀及耐用成品。

8-6-3 蒸著法

蒸著法或稱蒸鍍法(vapor deposition)或稱氣相沈積法，係將工件置於含有化學反應材料的氣體內，使其產生化學反應，並使反應物沈積在工件表面的方法。因之，蒸著法的主要過程有三：⑴蒸著源的產生，⑵將蒸著源傳送至工件表面，⑶在工件表面沈積形成薄膜。蒸著法的應用範圍頗為廣泛，蒸著的反應材料可以是金屬、合金、碳化物、氮化物、硼化物、陶瓷或各樣氧化物，而工件材料可以是金屬、塑膠、玻璃或紙等。常用來被覆切削刀具、鑽頭、鉸刀、銑刀、衝頭、模具及須磨耗的表面。蒸著法主要有二類：物理蒸著法(physical vapor deposition，簡稱PVD)與化學蒸著法(chemical vapor deposition，簡稱CVD)。

一、物理蒸著法

所謂物理蒸著法乃是在眞空中將反應材料氣化成原子或分子，或者使其離子化成離子，直接沈積到工件表面的方法。常見的物理蒸著法有眞空蒸著(vacuum evaporation)、濺射(sputtering)及離子被覆(ion plating)三類，如圖8-26及表8-3所示。

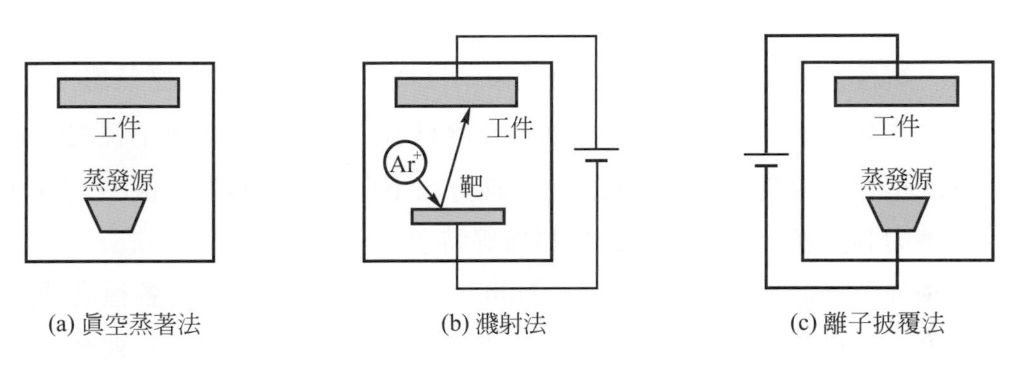

圖8-26 物理蒸著法的種類[12]

表8-3 三種物理蒸著法的比較[14]

比較項目＼方法	真空蒸著	濺射	離子被覆
1. 被覆的物質	金屬、某種化合物	金屬、合金、化合物、金屬陶瓷陶瓷	金屬、合金、某種化合物
2. 蒸著速度(μm/min)	非常快3～75	慢0.01～1	非常快50
3. 鍍層性質	不大均勻	高密度、氣孔少	高密度、氣孔極少
4. 邊界層	如果不進行熱擴處理，則基板和鍍膜邊界分明	分明	有中間擴散
5. 附著性	稍差	良	優
6. 被覆範圍	只限於蒸發正面的面	所有面完全鍍覆	所有的面完全鍍覆
7. 工件種類	金屬、玻璃陶瓷、塑料	金屬、玻璃陶瓷、塑料	金屬、玻璃陶瓷、塑料
8. 鍍前工件的表面處理	在眞空中加熱脫氣或利用輝光放電清理	在眞空中加熱脫氣或濺蝕	濺蝕在加工程中同時進行

1. 眞空蒸著：在10^{-5}Torr以下的高眞空中，將鍍層材料加熱變成蒸發原子，蒸發原子沈積附著於工件表面，而形成薄膜鍍層。而蒸發加熱則可利用電阻、電子束、高週波感應、電弧及雷射等加熱。
2. 濺射：因離子射擊靶材使其表面原子飛逸出來的現象稱爲濺射。當在10^{-2} Torr左右的眞空中通以Ar氣並加以高電壓時，陰極附近的Ar氣離子化後變成Ar^+與陰極相撞擊，被Ar^+離子所撞擊飛出的分子或原子撞上工件表面而堆積形成薄膜。
3. 離子被覆：在10^{-3}Torr左右的眞空中，以惰性氣體(Ar)和反應氣體(O_2、H_2、CH_4)作媒介質，利用氣體放電而使反應材料產生離子化，離子經電場加速，而沈積在帶負電的工件表面上。此種方法不但兼具前兩者之優點，尙有薄膜附著力強、繞射性強、可鍍材料廣等特色。

普通物理蒸著的鍍層厚度約在2～5μm之間，但由於鍍層具有各種高硬度、高耐蝕性，因此提供母材良好的保護效果。表8-4爲目前國內外常用的鍍層種類，其中氮化鈦(TiN)鍍層俗稱鍍鈦，由於色系屬金黃色，兼具裝飾及保護的效果，因而應用範圍最廣。

表8-4　常用物理蒸著之鍍層種類[12]

鍍層種類	色調	硬度(Hv)	摩擦係數(μ)
TiN	金色	2000～2400	0.45
ZrN	淺金色	2000～2200	0.45
CiN	銀白色	2000～2200	0.30
TiC	銀白色	3200～3800	0.10
TiCN	紫羅蘭～灰	3000～3500	0.15
TiAlN	紫羅蘭～黑	2300～2500	0.40
Al_2O_2	透明～灰色	2200～2400	0.15
DLC	灰色～黑色	3000～5000	0.10

二、化學蒸著法

所謂化學蒸著法乃是將二種或多種反應氣體通入加熱的反應室內，使其產生熱分解、合成等化學反應，因而在工件表面形成鍍層薄膜的方法，目前在金屬表面蒸著的硬質鍍層最普遍的是TiN、TiC、TiCN、Al_2O_3等，如表8-5爲其化學反應式。

表8-5　化學蒸著法的化學反應式[12]

TiC	$TiCl_4(g) + CH_4(g) \xrightarrow[950\sim1050^\circ C]{H_2} TiC(s) + 4HCl(g)$
TiN	$TiCl_4(g) + 1/2N_2(g) \xrightarrow[900\sim1000^\circ C]{H_2} TiN(s) + 4HCl(g)$
TiCN	$TiCl_4(g) + CH_4(g) + 1/2N_2(g) \xrightarrow[900\sim1050^\circ C]{H_2} TiN(s) + 4HCl(g)$
Al_2O_3	$2AlCl_3(g) + 3H_2O(g) \xrightarrow[1100^\circ C]{H_2} Al_2O_3(s) + 6HCl(g)$

圖8-27係利用CVD在切削刀具鍍以氮化鈦(TIN)鍍層的例子，一般係將此刀具放置在石墨盤上，並在惰性氣氛及大氣壓力下加熱到950～1050℃。然後將四氯化鈦、氫氣及氮氣導入反應室內，經化學反應而在刀具表面形成氮化鈦。CVD所產生的鍍層通常較PVD法所得的鍍層厚。使用氣體的流動速率、時間與溫度是影響鍍層厚度的主要因素。

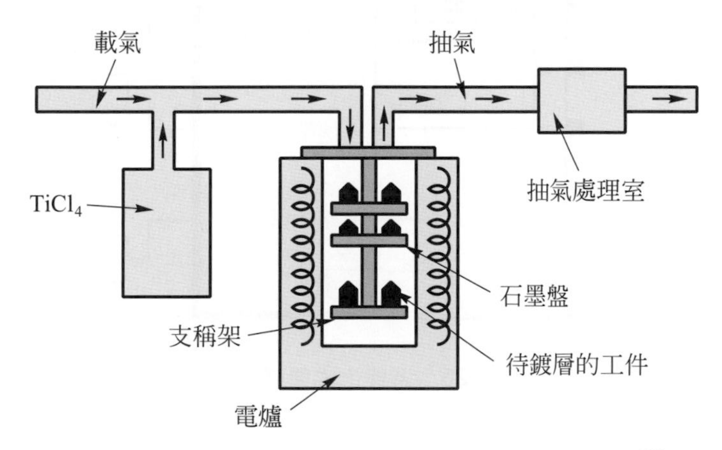

圖8-27　化學蒸著法在切削刀具鍍著氮化鈦鍍層實例[1]

8-7 無機被覆法

無機被覆法常見的有化成覆層、陽極處理、著色處理及琺瑯處理等。

8-7-1 化成覆層

化成覆層(conversion coating)乃是利用化學或電化學方式，使金屬表面生成含有此種金屬成份的化合物表面層的表面處理法。化成覆層依化學構造可分爲兩大類：氧化物型及其它類型，所謂其它類型通常係由底材金屬的氧化物與其鉻酸鹽、磷酸鹽、硼酸鹽、氟化物、矽酸鹽、或其它組合所構成。至於利用電化學處理所得的氧化物化成覆層實例，最常見的是鋁的陽極處理(即陽極氧化)。如圖 8-28 爲各種化成覆層方法。

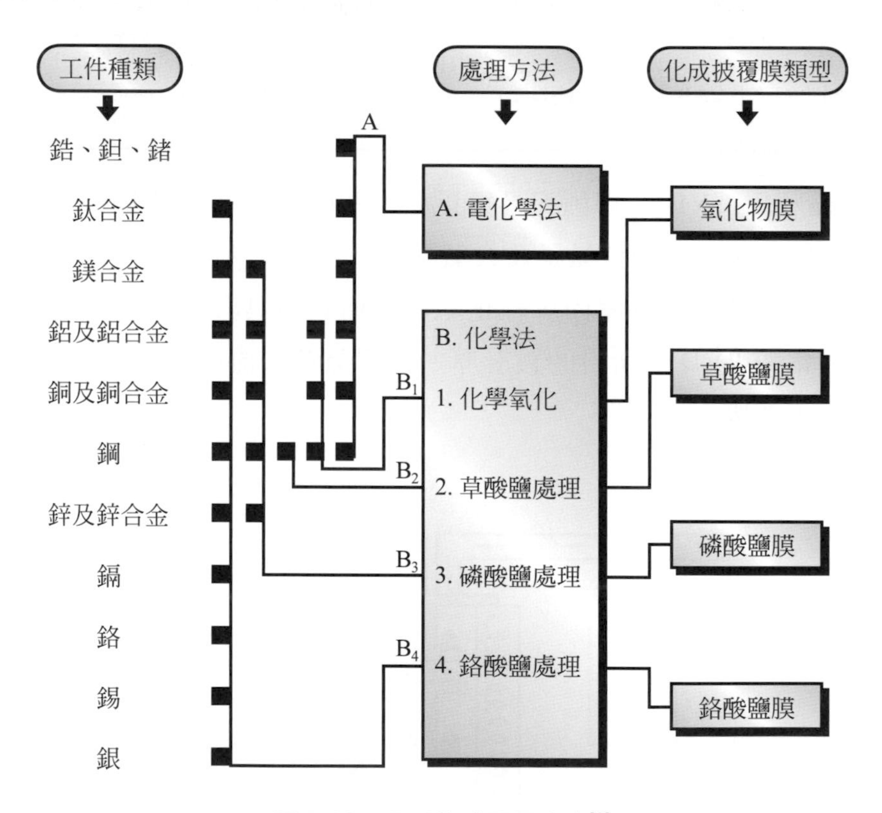

圖 8-28 各種化成覆層方法[6]

表面的化成覆層處理方式可為浸漬法、陽極化法、噴淋法、刷塗法等，如表8-6所示。許多金屬工件皆可利用各種方法製得化成覆層，譬如Zn、Cu、Ni的磷酸鹽化成覆層；Fe、Co的氧化物化成覆層；Cu、Ag、Au的鉻酸鹽化成覆層。而將鋁合金浸漬在鉻酸或重鉻酸鹽溶液中可形成粗糙多孔性化成覆層。茲以磷酸鹽與鋼材作用生成的磷酸鹽化成覆層原理說明：磷酸鹽處理液的主要成份為亞磷酸鋅$Zn(H_2PO_4)_2$、磷酸H_3PO_4及少量之氧化劑。鋼材經脫脂洗淨表面後放入處理液，鋼材與處理液之磷酸首先發生腐蝕作用，使鋼材表面磷酸含量減少，接著亞磷酸鋅生成不溶性之磷酸鋅及磷酸，所生成的磷酸鋅附著於腐蝕表面，其反應式為$3Zn(H_2PO_4)_2 \rightarrow Zn_3(PO_4)_2 + 4H_3PO_4$，而形成磷酸鹽之結晶性皮膜。

表8-6 化成覆層處理方式[6]

方法	特點	適用範圍
浸漬法	作業簡單容易控制，由預處理-化成處理-後處理等組成；成本較低，生產率較低，不易自動化	可處理各類零組件，尤適於幾何形狀複雜零件，常用於鋼鐵氧化或磷化、鋅材鈍化等
陽極化法	陽極氧化膜性能一般比化學氧化膜更優越；需外加電源設備；電磷化有加速成膜作用	適用於鋁及鋁合金陽氧化；可獲得多種性能的化成膜層
噴淋法	易實現機械人或自動化作業，生產率高，化成處理週期短、成本低，但設備投資大	適用於幾何形狀簡單、表面銹蝕程度較輕的大批量零件
刷塗法	無需專用處理設備、投資最省；作業簡便、生產率低；化成膜性能較差、品質不易保證	適用於大尺寸工件局部處理，或小批零件，以及化成膜局部修補

8-7-2 陽極處理

利用電化學原理，將工件做為陽極，施以電解氧化處理，使形成具有密著性氧化層於工件表面的方法謂之陽極處理(Anodizing or Anodic oxidation)。換言之，陽極處理主要包括：電子由工件移出、水中之氧以化學吸附於工件表面這二個步驟。

陽極處理乃是針對鋁及鋁合金而發展出來的表面處理技術，如圖8-29為陽極處理槽，處理的過程是以鋁工件為陽極，使用硫酸、草酸和鉻酸等為電解液，通電時，則其表面上會有氧氣生成，其中部分氧會吸附在鋁的表面上而與鋁作用，並形成氧化鋁Al_2O_3，若此氧化鋁不溶於所用的電解質溶液(譬如硼酸電解液)時，則會在鋁的表面漸漸形成密緻的氧化鋁膜。假如所用電解質溶液(譬如硫酸、磷酸、鉻酸、草酸的溶液)和膜之間有溶劑效應存在，則所得的膜為具有微細胞孔(microcellular)的構造。總之，陽極處理所得的氧化物層可分成：⑴極薄非多孔性層(厚度約0.01～0.1μm)，⑵外圍多孔性層(厚度約 10～100μm)兩類。影響氧化物層的主要變數是：電解質組成，溶液pH值，溫度、電流密度、作用電壓及工件特性。陽極處理所得之氧化層，是與工件結為一體的永久性薄膜，硬度高而具有多孔性，可增美觀而有助於有機物及顏料的黏著、染色的鋁杯及水壺即為典型的例子。

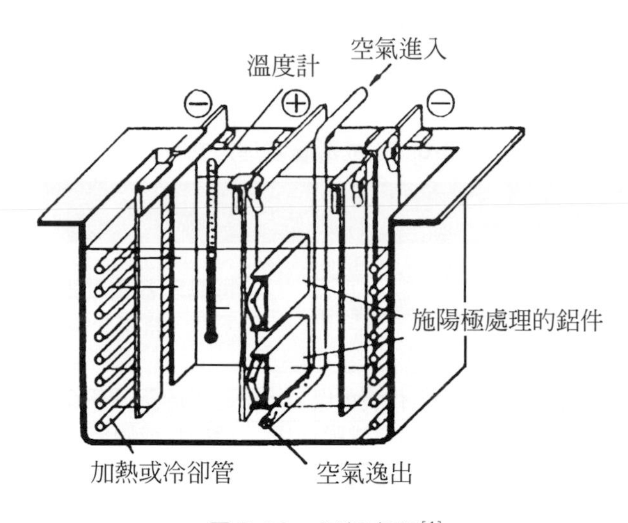

圖 8-29 陽極處理[1]

8-7-3 著色處理

著色處理(coloring)乃是利用特定的處理方法，使金屬表面具有異於原始金屬的顏色，並能保持相當光澤的表面處理法。這類技術雖然歷史已久，但目前大都用於金屬製品的表面裝飾，以改善金屬製品的外觀，增進價值感。

常見的金屬著色處理法有下列數種：

1. 化學法：將工件浸入溶液內，或用該溶液揩擦或噴涂於工件表面，使金屬表面生成其氧化物、硫化物等有特定顏色的化合物。
2. 熱處理法：將工件置於空氣介質或其它氣氛中加熱至一定溫度進行加熱處理，金屬表面形成具有適當結構和外表的有色氧化薄膜。

3. 置換法：將工件浸入在電化序中比該金屬電位較正的金屬盤溶液內，引起化學置換反應，使溶液中的金屬離子置換並沉積在工件金屬表面，形成一層膜層。該膜層的色澤和金屬特徵，取決於置換膜層的結構和特色。
4. 電解法：將工件浸入於特定電解液中進行電解處理，使工件金屬形成多孔、無色的薄氧化膜，然後施予著色或染色而獲得不同色彩的薄膜。

爲增加製品的耐用性和使用效果，金屬製品經著色處理後，通常表面需用清漆等塗覆一層透明的保護層。如薄膜層具有多孔性時，也可在著色後進行浸油或上臘處理，以提高著色薄膜層的性能。雖然如此，經著色處理的製品，一般僅應用於室內使用的裝飾性產品，諸如：燈具、工藝品以及日用五金製品等，而不適宜於惡劣環境中使用或經常受摩擦的產品。只有少數著色層表面硬度較高(如鋼鐵上用熱處理法或某種化學法獲得的著色薄膜)，不易磨損而用於工具類的產品上。

8-7-4 琺瑯處理

利用玻璃質在金屬製品鍍層的方法謂琺瑯處理，因玻璃質係化學性質非常安定的材料，若將其溶著於金屬基材上，將可使耐蝕性與機械強度具有互補效果。主要的琺瑯處理有下列三種：

1. 玻璃加襯(glass lining)：係將玻璃溶解，使其成形爲所定形狀並嵌入需要加襯的金屬容器，然後用熱處理使兩者溶著，因此多施用於簡單的容器之裏層，厚度普通都相當厚。玻璃加襯的容器類，多用於處理化學藥品的工業範圍，所以必須要耐蝕性和耐熱性大的玻璃。
2. 搪瓷鍍層(porcelain enameling)：係將玻璃質的物質粉碎後(即琺瑯粉)，用水混合成爲泥漿狀，將金屬工件浸爐中溶燒，使附著於金屬表面的玻璃質溶著。此法可以自由施用於形狀相當複雜的金屬表面。搪瓷的起源相當早，在埃及和義大利的古代藝術品中，就已經有以金、銀等爲素底金屬的搪瓷，亦即所謂景泰藍。目前從化學機器、各種裝置類、酒精工業、釀造工業的槽桶類等大形製品一直到我們身邊的電冰箱、洗衣機等電化用品類等皆可看見搪瓷鍍層的應用。
3. 陶瓷鍍層(ceramic coating)：係在金屬基材上施以特殊組成的釉藥(glaze)，因較普通的搪瓷，具有下列之優點：

(1) 因熱膨脹率小細微結晶的產生，故耐熱性大，軟化溫度可達到1300℃。
(2) 因產生微細的結晶，所以可獲得沒有細孔和間隙的製品。
(3) 硬度、抗彎強度等機械性質佳。
(4) 電絕緣性優越。
(5) 耐酸性及其他的耐藥品性很強。

故可以用作噴射飛機引擎的耐熱部分，原動機之排氣管等，此外原子爐材料、化學裝置、建築材料等亦都逐漸採用此種陶瓷鍍電。

8-8 有機被覆法

8-8-1 塗裝

塗裝(painting)係將塗料附著在工件表面，使具有防蝕及美觀等功能的處理方法。塗料係由顏料(pigments)、展色料(vehide)、溶劑(solvents)及添加劑(additives)等所組成，其中展色料主要在使顏料分散，並形成塗膜，一般採用乾性油(指在空氣中乾燥而固化之物質，主要有黃豆油、亞麻仁油、魚油等動植物油、松香等天然樹脂、乙烯樹脂、酚樹脂、尿素樹等合成樹脂)。因而塗料可分爲兩類：

1. 清漆(vanish)：又稱假漆，係不加顏料之單純展色料，塗裝後的塗膜爲透明冰見的清漆有油清漆、揮發性清漆、合成樹脂清漆、揮發性假清漆等。
2. 油漆(paint)：係由展色料與顏料混合製成的塗料，主要有油性油漆(oil paint)、琺瑯質油漆(enamel paint)、合成樹脂塗料等。

如圖 8-30 爲工業化的塗裝工程，爲確保塗裝品質，在塗裝前的事前處理及事後的乾燥皆是不可忽視的作業。

塗裝的方法有很多種，「鬃刷塗裝」係利用各種毛刷以人工塗刷。「浸漬塗裝」是將工件浸入裝滿塗料的容器中。「噴敷塗裝」則是利用高壓空氣將塗料噴霧於工件表面。「靜電塗裝」乃是使工件具有靜電，塗料噴敷時因靜電而吸附。如圖 8-31 所示爲汽車施以浸漬塗裝的實例。

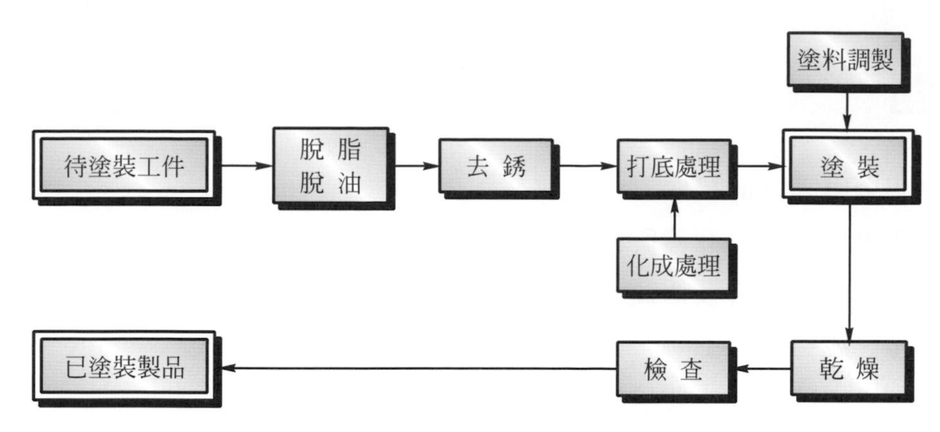

圖 8-30　工業化的塗裝工程[3]

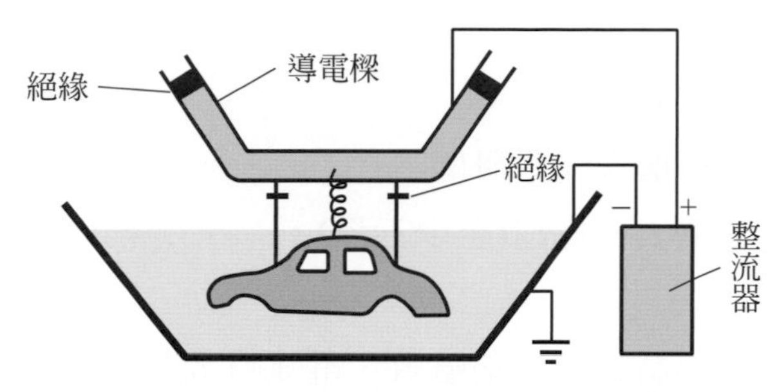

圖 8-31　汽車施以浸漬塗裝的實例[8]

8-8-2　塑膠加襯

加襯(lining)乃是利用橡膠、合成樹脂等在工件表面製成較厚皮膜的處理方法。通常被覆厚度在 0.5mm 以下者稱爲覆層(coating)，而厚度較厚者即稱爲加襯，有些甚至達 10mm以上。用來做爲加襯的材料有很多，如表 8-7 所示。塑膠加襯的方法有很多種，但以黏合法及螺釘固定法較常見。

表 8-7　加襯材料[1]

無機質材料	金屬材料	鉛等耐蝕金屬
	非金屬材料	玻璃、石英玻璃
有機質材料	橡膠類材料	天然橡膠、合成橡膠
	樹脂類材料	乙烯、聚乙烯、酚、聚酯、氟系樹脂、尼龍等

習題

1. 說明金屬表面的構成。
2. 說明機件失效的意義與種類。
3. 說明磨耗的意義及種類。
4. 解釋「疲勞失效」。
5. 何謂表面改質？主要目標有那些？
6. 簡述表面改質處理的基本過程與方法。
7. 何謂滾磨法、珠擊法、噴砂法、擠光法？
8. 簡述酸洗法及其主要參數。
9. 請分別說明電解研磨與化學研磨。
10. 簡要說明冶金法的表面處理(至少三種)。
11. 詳述各種電鍍法。
12. 何謂金屬噴敷？另請比較火焰噴敷、電弧噴敷及電漿噴敷。
13. 說明金屬噴敷法的應用實例。
14. 簡要說明蒸著法的主要過程。
15. 比較說明 PVD 及 CVD？
16. 比較說明眞空蒸著、濺射及離子被覆等 PVD 法。
17. 說明如何在切削刀具上鍍著氮化鈦？
18. 說明化成覆層？
19. 說明陽極處理法。
20. 如何進行金屬著色處理？
21. 何謂琺瑯處理？有那幾種？
22. 何謂塗裝？簡要說明塗裝工程與方法。
23. 說明何謂塑膠加襯？。

參考文獻

[1] 許源泉、許坤明，機械製造(下)，台灣復文興業股份有限公司，1999
[2] 許源泉，鍛造學，三民書局，1990
[3] 正文書局編譯委員會，表面處理法，正文書局有限公司，1992
[4] 林益昌，鑄後加工，全華科技圖書股份有限公司，1986
[5] 朱維翰、趙平順、陳榮仙，金屬材料表面強化技術的新進展，兵器工業出版社，1992
[6] 曲敬信、汪泓宏，表面工程手冊，化學工業出版社，1998
[7] 模具實用技術叢書編委會，模具精飾加工及表面強化技術，機械工業出版社，1999
[8] 表面處理工藝手冊編審委員會，表面處理工藝手冊，上海科學技術出版社，1993
[9] 賴耿陽，精密加工新技術全集，復漢出版社，1983
[10] 余煥騰，鋼之熱處理技術，六合出版社，1980
[11] 鄭新有、黃聖賢，機械加工法，復文書局，1991
[12] 張森景，金屬模具之熱處理及表面硬化技術，全華科技圖書股份有限公司，1991
[13] 張繼世、劉江，金屬表面工藝，機械工業出版社，1995
[14] 蔡盛祺，鍛造模具設計手冊，金屬工業發展中心，1998
[15] 陸幸福，談金屬零牛的冷擠壓加工，機械月刊，18 卷 1 期，1992。
[16] Serope Kalpakjian, Manufacturing Engineering and Technology, Addison-Wesley Publishing Company, 1995.
[17] MikellP. Groover, Fundamentals of Modern Manufacturing, Prentice-Hall International Inc. 1996.
[18] E. Paul Degarmo, Jt. Black, Ronald A. Kohser, Materials and Processes in Manufacturing, Prentice-Hall International, Inc. 1997.

第9章

非金屬成形

9-1 前言

9-2 塑膠成形

9-3 複合材料的成形

9-4 玻璃的成形

9-5 陶瓷成形

9-1 前言

除了金屬成形之外，非金屬材料的成形方式，亦具多采多姿，千變萬化。本章主要著重在塑膠、複合材料、玻璃及陶瓷，予以簡要介紹。

談及塑膠因加熱呈熔液狀或軟化狀，再以金屬製模具成形出所要形狀，可獲得小至晶片、手機，大至電視外框等的製品，其中的射出成形更是日常生活不可或缺的量產方法。這是因爲塑膠本身擁有可塑性，故可成形出變化多樣的形狀。

要製造較粗大形狀，如浴缸、飛彈彈箱、波浪形遮陽(雨)棚、遊樂園的玩樂器材、造景等，不也是複合材料成形嗎？

玻璃只要加熱，亦可成形多種多樣形狀，除窗門玻璃、鏡子、照明燈外，其它如電視機的映像管、眼鏡鏡片、相機的透鏡、裝飾品等等，早已造福人類社會了。若把玻璃抽成線絲，可作爲玻璃纖維，增加製品強度，像自行車車架一體成形，以及如棒球棒、高爾夫球桿、釣魚桿，全部採用玻璃纖維而變得更輕巧了。

至於陶瓷脆但具耐磨耗性、耐熱性，現已發展成熟實用的製品，如假牙、骨頭關節、切削刀具用刀片、料理用菜刀、水果刀等多方面。

9-2 塑膠成形

9-2-1 塑膠的優缺點

任何材料皆有優缺點，塑膠也不例外。塑膠優點[1]如下：

⑴ 質輕，化學穩定較佳，常溫不易氧化(生銹)。

⑵ 耐衝擊，掉落地面也不易破裂。

⑶ 導電、傳熱困難。

⑷ 成形性與著色性俱佳，後續加工成本小。

⑸ 其中亦有透明、耐磨耗者。

塑膠缺點[2]，則有：

⑴ 耐熱性較差，高溫時的物性低落，且熱膨脹大。

⑵ 低溫多脆弱。

⑶　常溫予以負荷，也會引起潛變(變形)。

⑷　與金屬(鐵)比較，韌性小，延性差。

⑸　較易溶於溶劑，一旦吸水，尺寸即膨脹變化。

⑹　紫外線照射，易劣化，且較易燃燒。

9-2-2　常用的成形法

1.　壓縮成形法

壓縮成形法(compression molding)是塑膠成形法的基本方法，歷史悠久，也是如PF、PDAP等熱固性樹脂(thermosetting resin)中最具代表的成形法，又稱為直壓成形法。

圖9-1為壓縮成形法的基本操作。首先，把粒狀或粉末狀成形材料，經過秤重，再放入已加熱狀態的母模內[圖(a)]。其次，上模逐漸往下模關上，並對成形材料施加一定的壓力。此時材料慢慢熔解，呈現流動狀態，並受壓力作用而充填模穴各個角落。如此高溫、高壓模穴內材料之下[圖(b)]，保持一定的成形時間，促使材料化學反應(固化反應)，一旦充分固化，隨即打開上模，再經脫料板，從上模脫除成形品，最後把成形品拿出模具外側[圖(c)]。

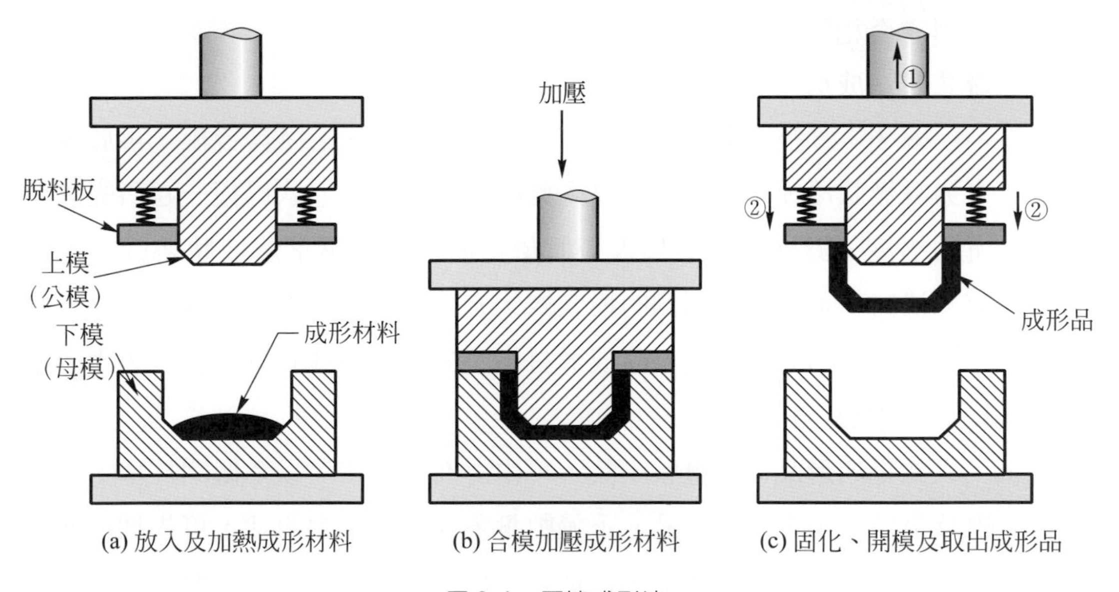

圖9-1　壓縮成形法

壓縮成形法最重要因子是成形溫度、成形壓力及成形時間(固化時間)，其它還有合模速度(加壓速度)，以及模穴內發生氣體，如何有效排出等等，關係著成形品的外觀，不可忽視。

固化時間是左右成形效率的主角，因此爲了縮短此時間，通常成形材料未放入模穴前，都使用高頻預熱機或加熱爐，給予一定時間的預熱。

壓縮成形法的特徵，若與傳送成形法、射出成形法比較，有以下5點：

⑴ 成形壓力較低，相對於相同投影面積而言，可使用小型的成形機。

⑵ 成形操作簡單，因此成形機及模具的費用較便宜。

⑶ 所用成形材料種類，幾無限制，故可製作出機械強度高的成形品。

⑷ 成形壓力對模穴各個角落充分加壓，因此成形收縮率較其它成形法來得小。

⑸ 充填材排向性的影響較其它成形法小，故較少發生彎翹、扭曲等的缺陷。

以上雖爲此成形法的優點，但亦有難以全自動成形的障礙，特別與射出成形法比較，生產性格外低落，是爲此法的最大缺點。

2. 傳送成形法

傳送成形法(transfer molding)雖分爲直接利用壓縮成形機的壺式傳送成形法，與在壓縮成形機上加裝輔助缸的柱塞式傳送成形法兩種，但其成形原理則完全相同。

⑴ 壺式傳送成形

圖9-2爲壺式傳送成形法的原理。此法係先把模具合模，再於模具上方另設壺狀母模，成形材料投入此模，而模具與壺狀母模一起事先加熱到所需溫度。其次，柱塞伸入壺狀母模內，並加壓呈熔液狀熔膠，再由錐道、澆口，進入左右兩側的模穴內，充分充填後，即進行固化反應。模穴是製造所要形狀的空間；而成形材料事先壓成圓柱狀，然後放入壺內，予以高頻預熱。

如果成形品的數量較少時，可由上而下，依序以手搬開柱塞、壺狀母模及上模，來取出成形品。不過數量多或成形品大的話，可先把柱塞固定在壓縮成形機的固定盤下，再把壺狀母模安裝在懸掛固定盤下方的中板，接著使模穴部位固定在可動盤之上，此種稱爲浮動盤方式。

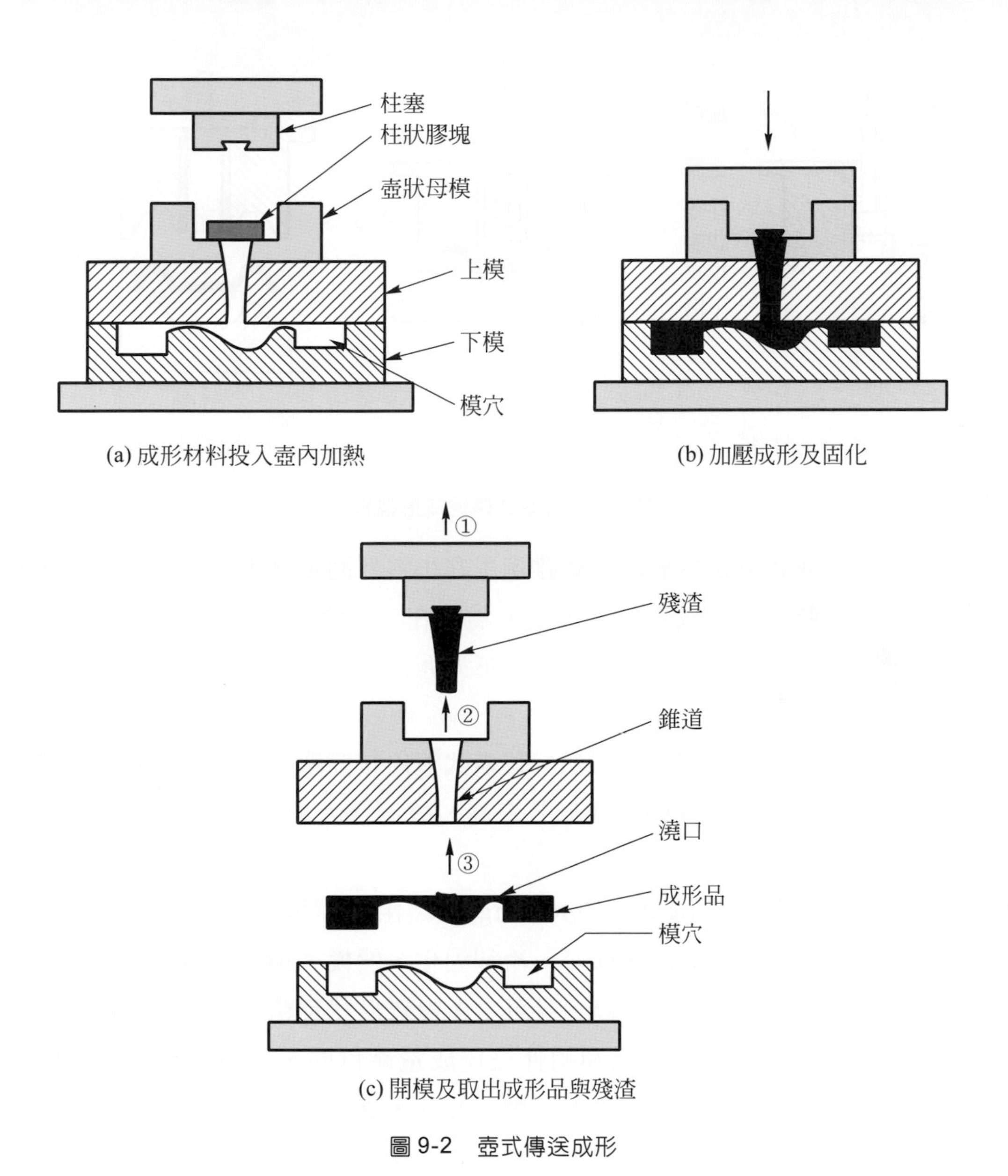

(a) 成形材料投入壺內加熱

(b) 加壓成形及固化

(c) 開模及取出成形品與殘渣

圖 9-2　壺式傳送成形

⑵　柱塞式傳送成形

圖 9-3 顯示柱塞式傳送成形的過程。此方式的模具開閉及鎖模，全由傳送成形機的主壓塊(ram)施行，而在壺內的成形材料，則由另外的輔助壓塊，藉著輔助缸與柱塞加壓。至於其它的動作，一如壺式傳送成形。

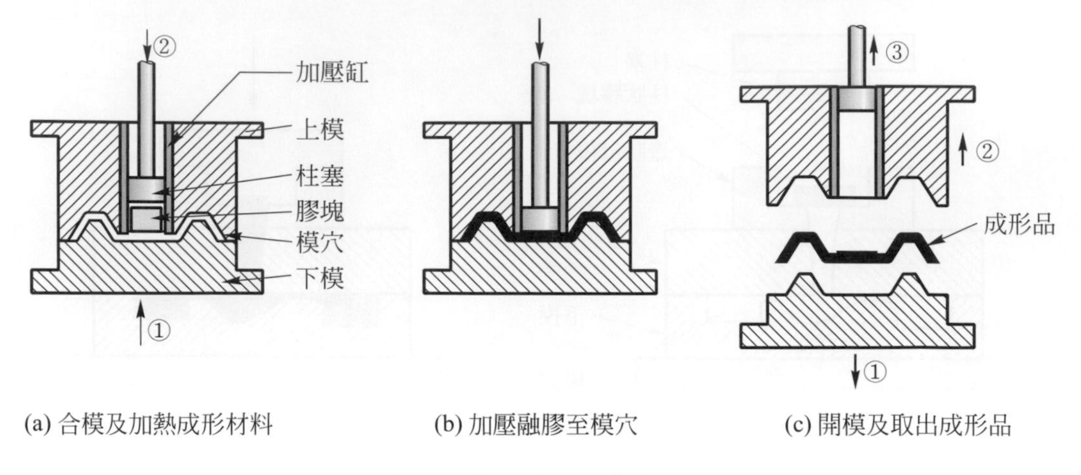

(a) 合模及加熱成形材料　(b) 加壓融膠至模穴　(c) 開模及取出成形品

圖 9-3　柱塞式傳送成形過程

柱塞式傳送成形法一般雖適用在小零件的量產上，不過現今已被熱固化性樹脂用射出成形法所取代。然而在二極體、電晶體、IC 等極小電子零件的封裝成形，就是採用成形壓力非常小的柱塞式傳送成形法，目前正廣泛應用著。

綜觀這兩種傳送成形法，以壺式運用較簡單，主要應用在多品種少量生產上，而柱塞式則因成形效率高，故適合大量生產。

⑶ 射出成形法

射出成形法(injection molding)是經由清潔模穴關模、成形材料的秤重、可塑化混煉、射出、保壓、冷卻固化、開模、頂出、取出的一循環過程(one cycle)，因此生產性高，且可生產複雜形狀及精密尺寸的塑膠製品，目前最廣為採用。同時，為利用此法達成量產目的，亦有各種塑膠被開發出來，而且各自有其多種用途的品牌。此外，應用塑膠的成形品、模具、成形機也有各種各樣，所以要指定某種塑膠的適當成形條件，並非容易。目前，大量利用在熱塑性樹脂上，但熱固性樹脂也正擴大採用此法。

圖 9-4 為一模 4 件的射出成形示意圖。首先由料斗投入綠豆大小的膠粒，再由料筒內的螺桿導入、加熱、混煉成均質液體狀態。料筒外周裝置 3 個加熱環，彼此溫差一般為 50℃，由低而高，逐漸升溫加熱。導入、混煉是螺桿以一定轉數迴轉，當要進行射出時，螺桿隨即停止迴轉而由料筒前端的噴嘴射出熔液，經錐道、流道、澆口的流道系統，進入模穴充滿。

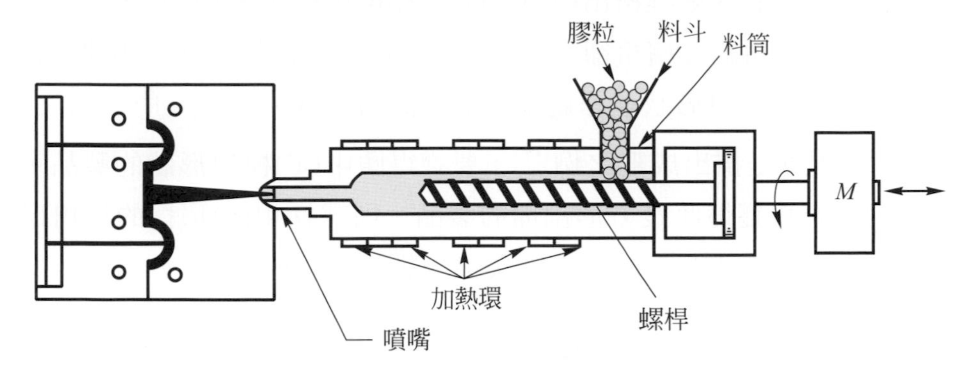

(a) 閉模射入熔膠

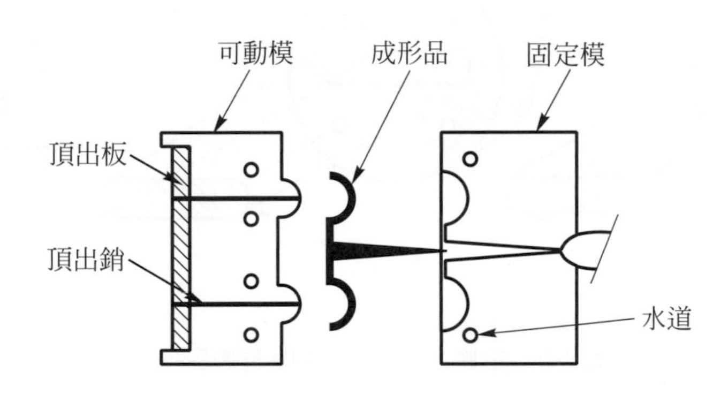

(b) 開模取出成品

圖 9-4　射出成形法

充滿模穴的當中，爲恐熔膠不足或冷卻收縮而再給予二次加壓(保壓)，以保證熔膠確實到達模穴的每一角落。爲快速使熔膠內的熱量帶走而變爲固態，故模穴周圍設有水道系統。快速冷卻熔膠的時間，佔了每一循環的大部份時間，因此如何減少冷卻時間是生產上的重要課題。

(4)　擠出成形法

擠出成形法(extrusion molding)基本上與射出成形法類似，不同處只有螺桿的前端設有止回閥，以免熔膠充填後回流，且在後端置有栓槽，與傳動馬達作緊密連結。所用模具可作各種不同形狀的出口，熱可塑性樹脂經加壓軟化呈液態被擠壓出口，可連續生產管、桿、異形材、片、膜、單絲纖維、層製品、披覆電線等的製品，再經定形冷卻、托拉、切斷、堆積綑綁而完成。

由於熔膠在被推擠出模口瞬間，因擠出壓力突然釋放，造成製品剖面形狀變形，再經後續冷卻水冷卻固定，已非模口的形狀。因此，在擠出成形上，擠出模口形狀並非就是製品剖面的形狀。

圖 9-5 是擠出成形之例[11]。要獲得圖中(a')模口形狀的製品，是不可能的。若想獲得此長方形剖面的製品，則需採用(a)那樣的模口形狀。同樣地，欲製造(b')或(c')剖面的製品，則要改爲(b)或(c)如此形狀的模口。

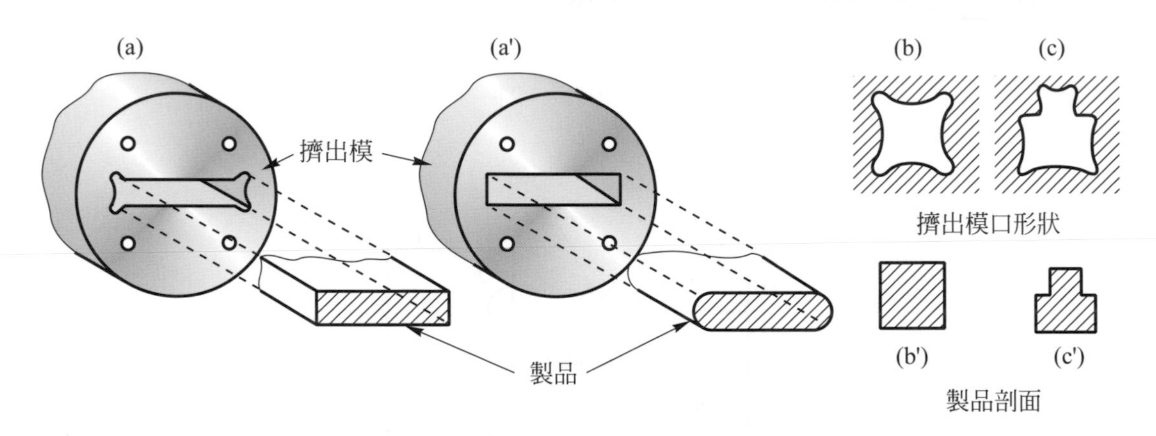

圖 9-5　由擠出模口出來的 3 種製品形狀

由此可知，設計擠出模口形狀，並無規則可循，只有多次嘗試，才能得到所希望剖面形狀的製品。

⑸　吹氣成形法

吹氣成形法(blow molding)又稱爲中空成形法，是專門製造瓶罐的方法，最近又拓展到汽車用排氣管、燃料筒、中空保險桿等製品應用[2]。

其成形原理如圖 9-6 所示，首先以擠出成形法製的軟胚伸入模穴中，接著在軟胚內吹入壓縮空氣，迫使軟胚沿著模穴壁面輪廓膨脹伏貼，同時被壓縮空氣冷卻固化而成形。

⑹　眞空成形法

眞空成形法(vacuum forming)大量採用在置放餅乾、禮餅、小東西等用完即丟容器的方法。如圖 9-7 所見，首先使用加熱器加熱軟化事先已被夾定四周的薄片，而此薄片置於母模上，接著在薄片與母模間，抽眞空，迫使軟化的薄片沿著母模輪廓伏貼，待其冷卻而成形所要的凹洞。

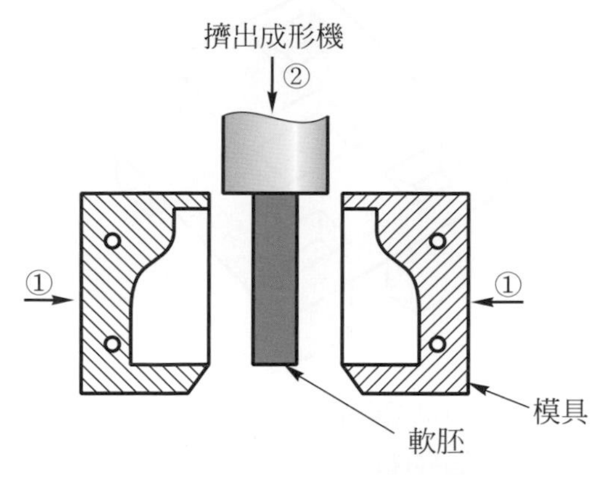

(a) 閉模及擠入軟胚至模穴內

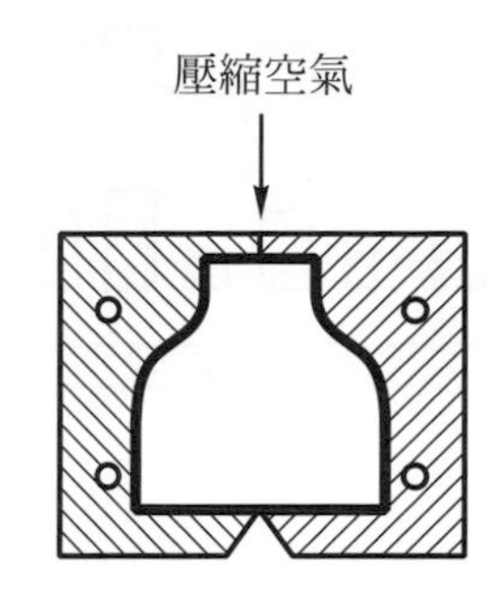

(b) 軟胚吹入壓縮空氣並伏貼模穴輪廓

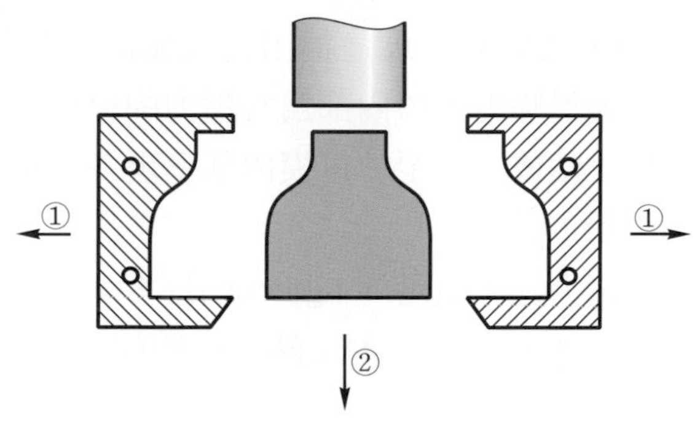

(c) 開模取出瓶製品

圖 9-6　吹氣成形法製瓶過程

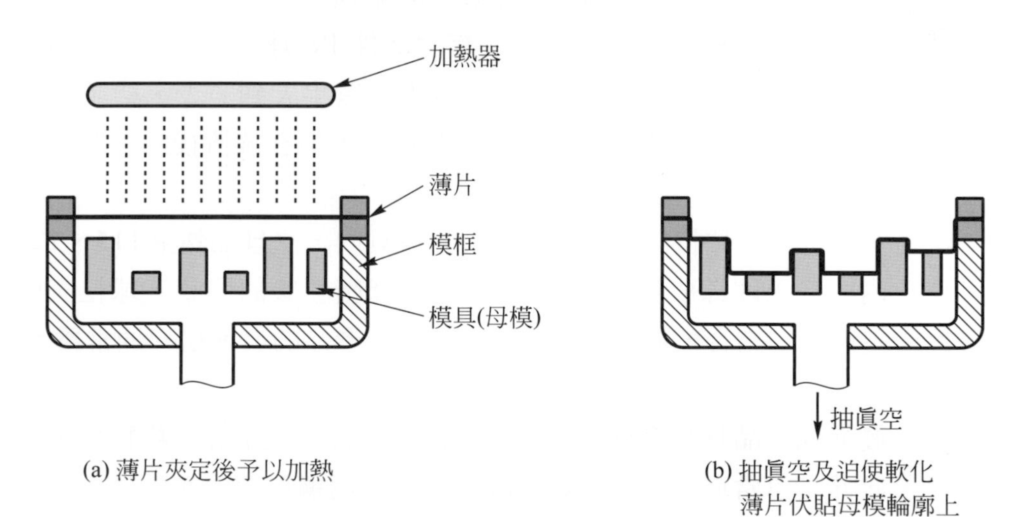

(a) 薄片夾定後予以加熱

(b) 抽眞空及迫使軟化薄片伏貼母模輪廓上

圖 9-7　真空成形餅乾盒製造過程

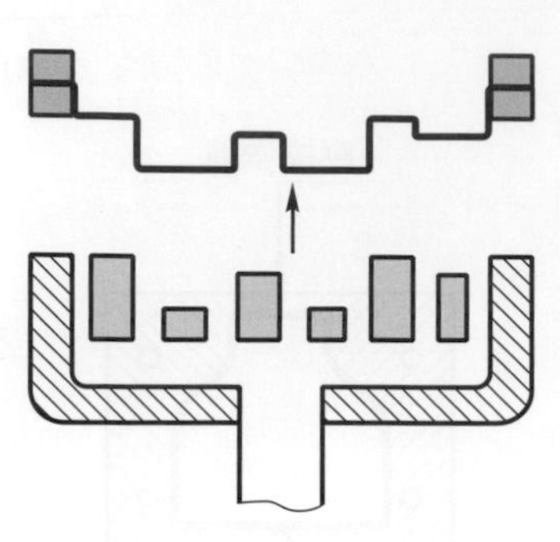

(c) 固化定形後即拉上成形品

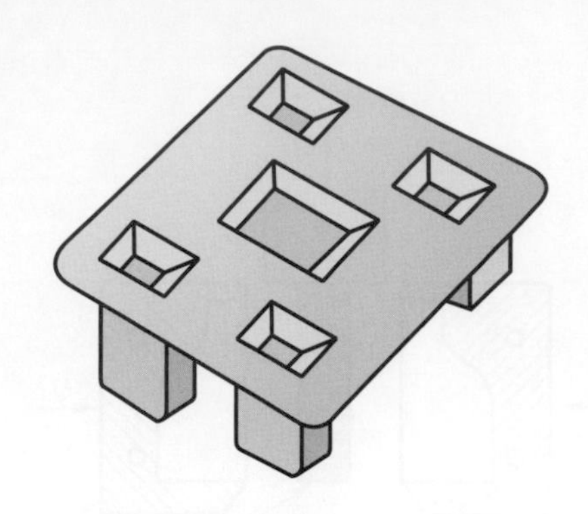

(d) 成形品(餅乾盒)之外觀

圖 9-7 真空成形餅乾盒製造過程(續)

這邊要注意的是，讓薄片服貼的的吸力與抽眞空的間隙。首先在薄片與母模間的空間，透過眞空馬達抽出仍殘留的空氣後，即幾呈無壓力狀態，亦即靠周圍大氣壓力大於內部為零壓力的原理，來強迫薄片依循母模凹凸輪廓，予以伏貼成形。至於母模內部呈現多道垂直狀間隙，就是專為殘存空氣排出而設的通道。

眞空成形的壓力在大氣壓(1 kgf/cm²)以下，很小，故母模所用材料除金屬以外，亦可採用石膏、硬木及熱固性塑膠等。

(7) 高發泡成形法

高發泡成形法(high ratio expansion molding)分為高發泡聚苯乙烯成形(PS)與聚氨基甲酸乙酯發泡成形(PUR)兩種。圖 9-8 為高發泡PS成形示意圖，分為兩階段成形。首先，具有發泡性 PS 球粒，預先在 100℃熱氣內，予以 30～50 倍的預備發泡，之後再放置半天到一天，給予成熟。由於在預備發泡階段，球粒內部幾無氣體存在，但在放置後的一段時間，空氣即滲透入內。

其次，再把球粒放入鋁或鑄鐵製的模具內，一旦加熱至 115～120℃，球粒內的空氣隨即成為發泡劑，PS 進而繼續膨脹的同時，球粒表面間彼此受熱而熔融結合，最後變為成形品。而成形品的發泡倍率通常為 50～70 倍之間。

發泡成形品具有質輕、隔熱、吸震、隔音、吸水等多樣特性，用途廣泛。此外又可當填充材，例如[3]電冰箱外殼為鋼板而內殼為眞空成形體，其中夾層則可灌入 PUR 發泡球粒，不但可發揮優異的隔熱效果，又可增強箱體結構。

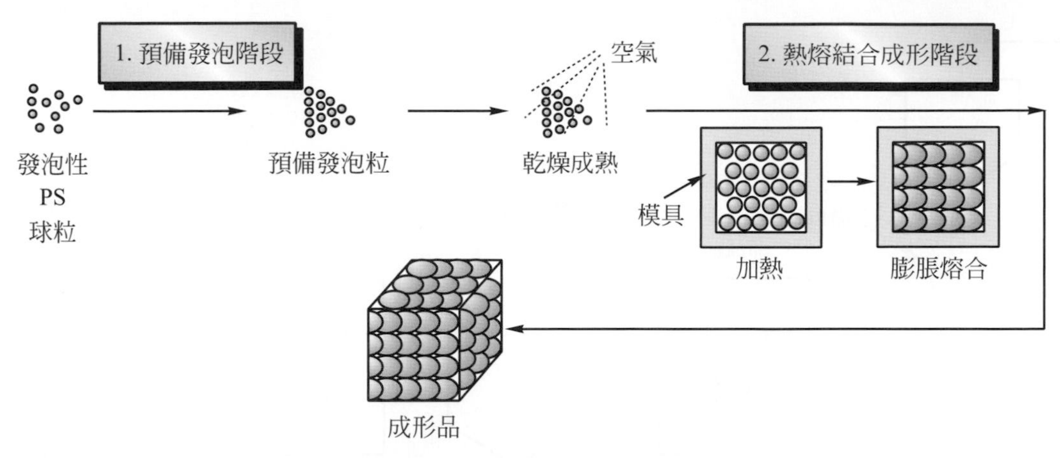

圖 9-8　高發泡 PS 成形過程

另外，常見的例子是鋁門框與磚牆間的間隙，可定位又可充填間隙空間，即是以 PUR 發泡成形法達成。

⑻　粉末成形法

粉末成形法(powder molding)多依加工塑膠成粉末命名，亦有依所用裝置不同命名，如迴轉成形裝置、流動浸漬裝置、熔射裝置、靜電塗裝置等。原料主要採用聚乙烯(PE)，但聚苯乙烯(PS)、ABS、聚碳酸酯(PC)、聚醯胺(PA)、氟樹脂等粉末。

圖 9-9 顯示 Engel 氏的粉末成形法過程[4]。首先在具有良好導熱性鋼板所製成的模具中，充填粉末，然後整個模具放入加熱爐內，加熱模具外周。加熱中，與模具接觸的粉末一旦熔融至所定厚度，隨即由爐內取出模具，並把剩餘未溶解粉末倒出後，再次把模具放入加熱爐內加熱。再度加熱，促使未接觸模具的另一面平滑，接著冷卻、收縮，取出成形品。由於設備便宜，但作業繁雜，僅適用大型成形品。

⑼　滾壓成形法

滾壓成形法(calendering)係將滾壓橡膠加工方法，廣泛應用在 PVC (聚氯乙烯)樹脂的成形法。

首先在 PVC 粉粒內混入可塑劑、安定劑、充填劑、潤滑劑等成分，然後使用 Banbur 氏混煉機予以充分混合，緊接著以混煉滾輪攪拌，最後供應至滾筒上。滾筒與滾筒間的間隙，僅打開所需厚度，而經此間隙所滾壓過的材料，依序由上而下滾動，而形成薄片狀或薄板狀。

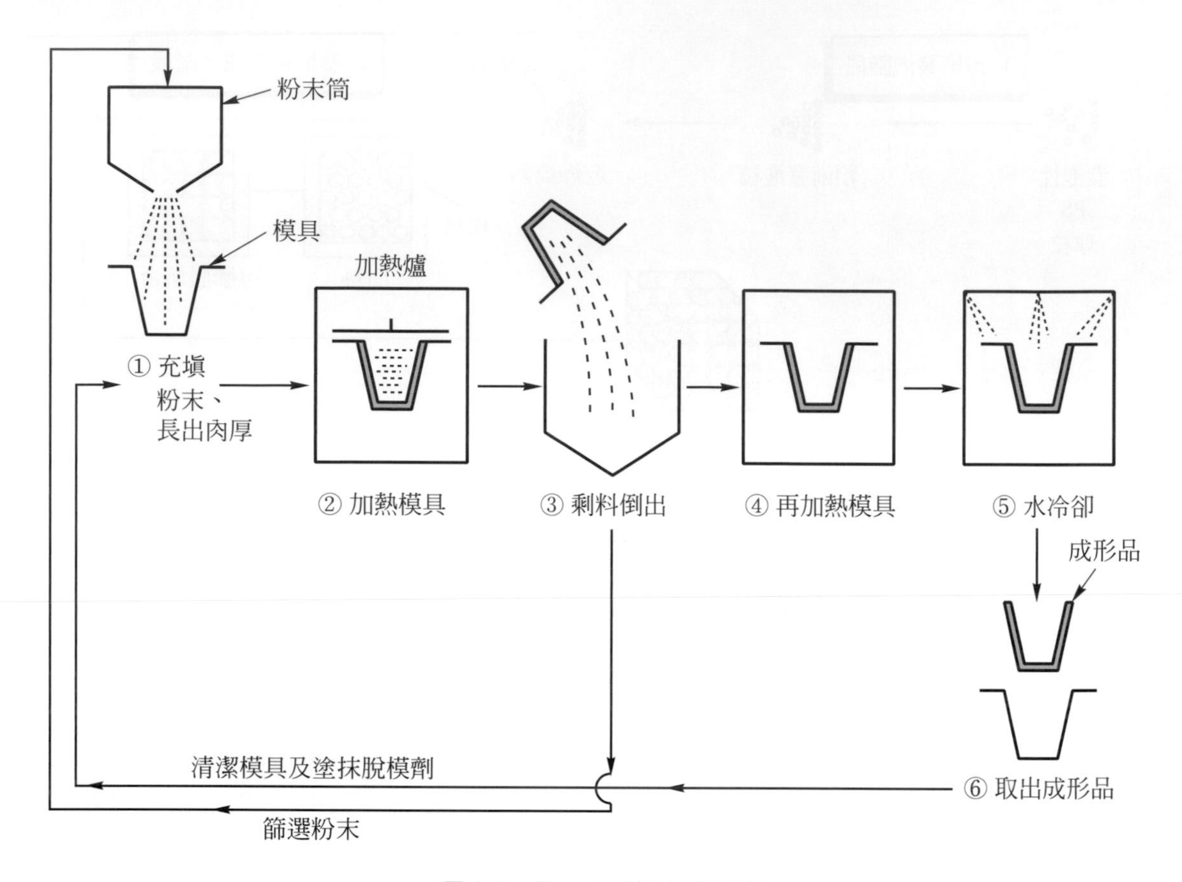

圖 9-9 Engel 氏粉末成形法

經滾壓成形完後，隨即再經滾花筒滾壓，亦可獲得具有圖案或花紋的製品。如果再供給布料，即能製成人造皮。

滾壓成形法通常由 4 根滾筒組成，每個滾筒內部可由油或蒸氣作媒介，來調節溫度。4 根滾筒的配置，可有反 L 形與 Z 形兩種形式，各具特徵。圖 9-10(a)爲反 L 形滾壓形式，專製造薄片(0.2 mm以下厚度)，而(b)爲 Z 形滾壓形式，則以製造人造皮爲主。

⑽ 反應成形法

所謂反應成形(reaction injection molding, RIM)係使用兩種低分子量、低粘度液體(普通爲異氰酸酯與多元醇)，在一定壓力下，通過混合室，然後以高壓射入密閉模穴空間的方法。

液體的成分必須擁有高度化學活性，在模穴內引起反應，產生具有彈性或剛性，可在表面上獲有表層的聚胺甲酸酯成形品。

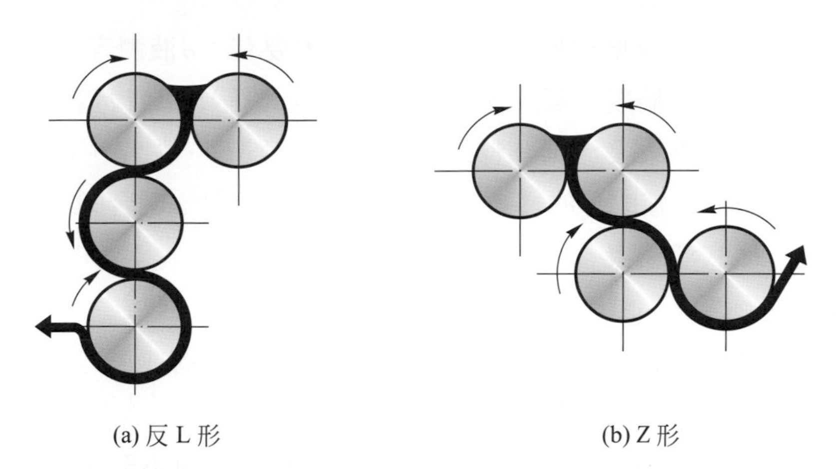

圖 9-10 滾壓成形的形式

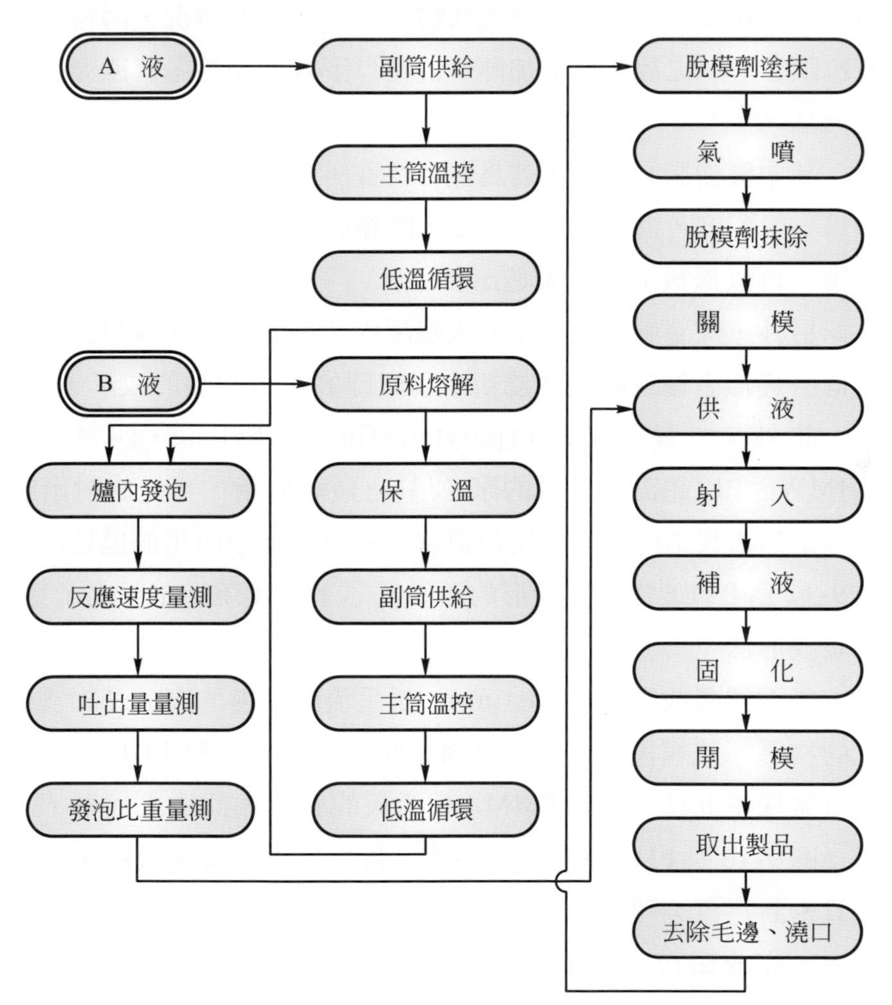

圖 9-11 反應成形法製程

圖 9-11 爲反應成形的製造工程[5]，主要有：*A*液體容器(混入多元醇、鎖延長劑、架橋劑、觸媒、發泡劑、整泡劑等)，*B*液體容器(異氰酸酯，有時視需要摻入發泡劑、整泡劑等)、原料貯藏・調和・供給設備用的溫度調節器、各種成分的秤重裝置、高壓射入裝置、混合頭、模穴以及鎖模裝置、模穴溫控機。

⑾ 燒結成形法

這是金屬的粉末冶金技術，應用在塑膠領域的成形方式，大都採用在難以一般成形的聚醯胺(PA)、氟樹脂上。

所謂燒結(sintering)，基本上是粉末材料加熱不至完全熔解的程度，而僅讓粉粒間熔融結合成爲塊狀物，但在塑膠的情況，因需在模具內加壓粉粒賦予形狀之故，只需加熱至熔點以下或部分熔融狀態溫度，即可製造成形品。

其中氟樹脂的情形，若爲配方特殊，可用射出成形、擠出成形；不過倘爲一般配方，則以一般成形法，斷難製成。因此，在以燒結成形塊狀物之後，再以機械加工，製造出製品。

另外，像金屬粉粒大量混入塑膠內使用的情況，採用此法較簡便；對於低磨耗性金屬或磁性金屬粉末與塑膠的複合製品的成形，亦可選用。

此外，一般如 PTFE(polytetrafluoroethylene，四氟化聚乙烯)、UHMW・PE(超高分子量的聚乙烯)之類的樹脂，普通的射出成形或擠出成形是無法製造的，需使用類似窯業、粉末冶金所用的燒結成形法才行。圖 9-12 爲 PTFE 經壓縮成形的預備成形工程及燒結工程之示意圖。

⑿ 鑄漿成形法

所謂鑄漿成形(slip casting)，是呈流動狀態的高分子物質或可高分子化的物質，流經模穴內而使其固化的成形法。一般 PUR 的預聚體、己內醯胺雖採用此法，但以 PMMA 樹脂板的製造爲此法之代表。

圖 9-13 爲 PMMA 板的製程[6]。首先以兩片玻璃板所製成的殼間，鑄入且密封已混合甲基丙烯(單體)液體與觸媒，接著在 100～125℃的聚合浴中，完成聚合，待其冷卻即脫模。脫模後，再以 90～110℃，予以退火，即爲製品。

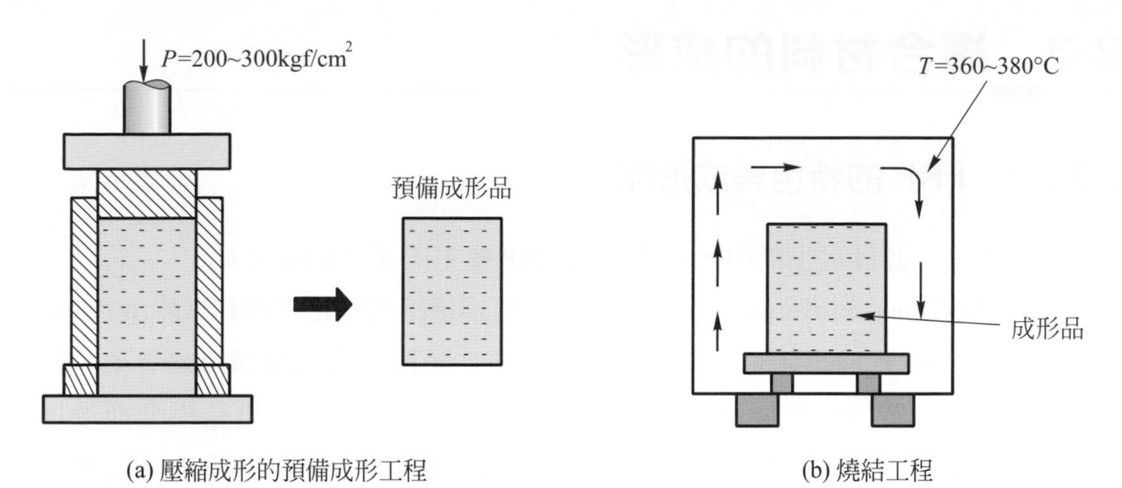

圖 9-12　PTFE 的燒結成形法

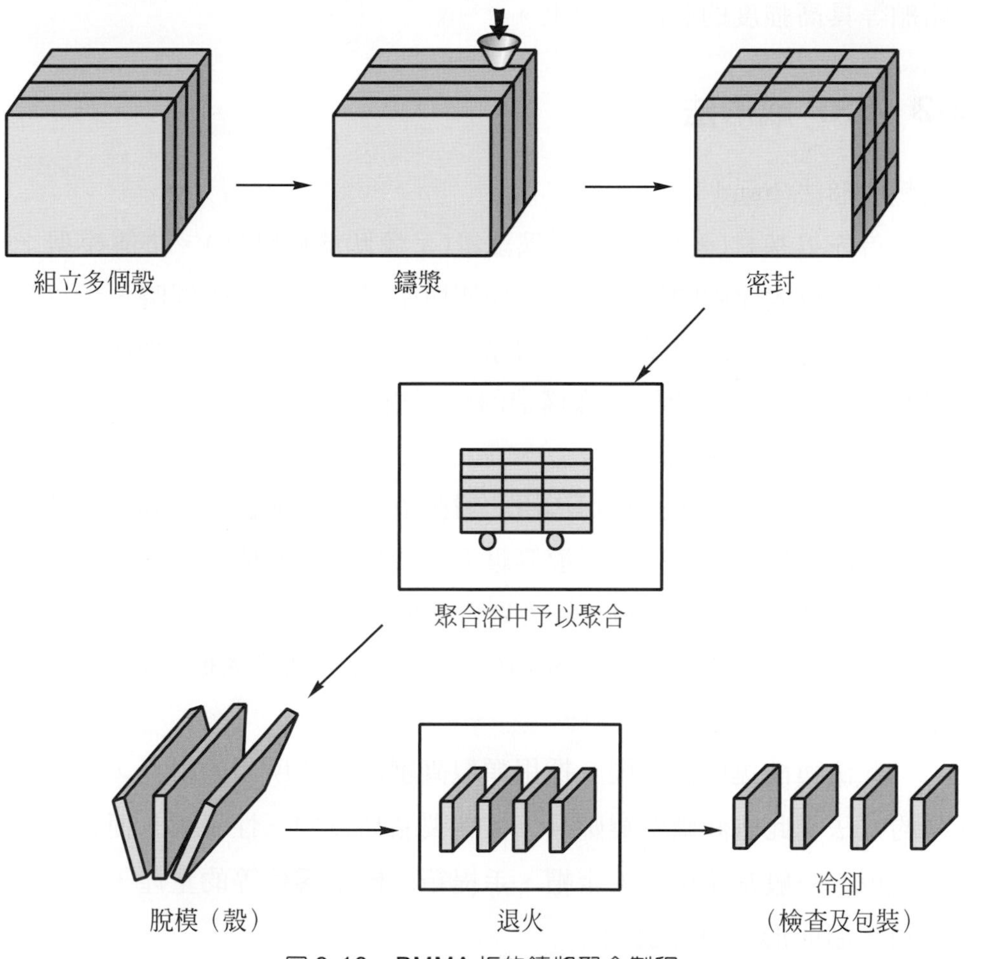

圖 9-13　PMMA 板的鑄漿聚合製程

9-3 複合材料的成形

9-3-1 FRP 的特色與成形品

複合材料，就日常生活中，最常見的FRP爲主，予以簡要介紹。

所謂FRP(fiber-reinforced plastics)是指以玻璃纖維來強化不飽和聚酯(polyester)的總稱。一般 FRP 成形，是使用液體狀樹脂灌注於模具內的玻璃纖維骨架，經加壓凝固後成形。而樹脂與玻璃纖維兩者的組合，有多種形態，供給模型而予以成形，是爲其特色。同時，成形壓力亦極低，所採用的模型形式，也與普通的壓縮成形不同。就 FRP 成形品而言，小如安全帽爲代表，但也廣泛應用在大如浴缸、冷卻塔、船舶等具高強度的製品成形上。

9-3-2 FRP 成形法

1. 手疊成形法(hand lay-up)

   首先以基材(強化材)的玻璃纖維(呈簇狀或碎斷狀)，排置模型上，其上再使用可吸入樹脂的特殊滾筒，迫使樹脂浸入基材內的同時，予以平滑加工的方式，一直到成形品所要求的厚度爲止，重複以上這些動作。另外，對於樹脂浸入上，亦可使用特殊構造的噴灑槍。

2. 噴疊成形法(spray-up)

   與前法稍類似，是採用專用的噴灑槍，把液態樹脂與碎斷的玻璃纖維，同時噴向模型上，之後再以滾筒壓平，待無泡沫的成形方式。玻璃纖維是以成束(指長纖維捲成一束)，當捲到噴灑槍處，即被切斷，與液態樹脂一起被吹出而附著在模型上；或者先切好纖維，再供應噴灑槍方式亦可。

3. 金屬模法(metal die)

   此法與前述兩法不同，採用類似直壓成形法所用的模具，經沖床加壓材料的方法。此法設備費雖嫌高，但其製品品質均一性優異，而且生量產高爲其特色。一般常使用在安全帽、手提箱、機車零件等的量產，但在小船等較大的製品成形，也在應用。

就此成形而言，採行碎斷的玻璃纖維，預先成形出靠近成形品的形狀，即稱之爲預塑型(preform)。圖 9-14 是製作預塑型方法之一例[7]，碎斷玻璃纖維被吹到裝有相近成形品形狀預塑型的網板上，而此預塑型內部被抽呈眞空狀，同時以噴灑槍噴出樹脂型粘結劑，固定預塑型的形狀。

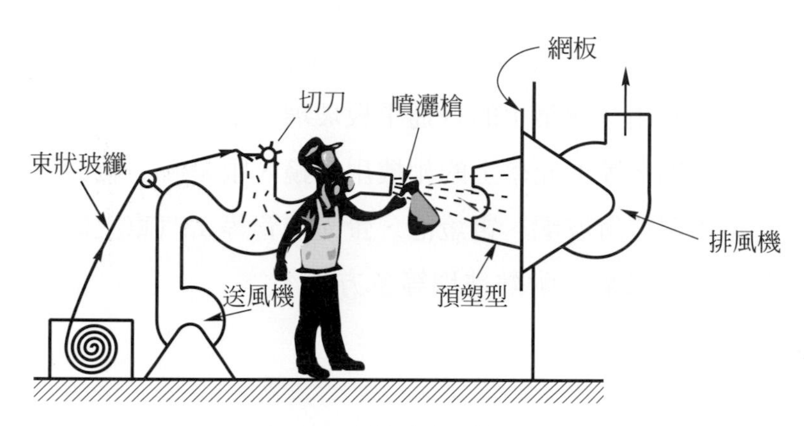

圖 9-14　開放式的預塑型操作

其次，再把此預塑型放入模具內的母模內，注入液態樹脂，並加熱加壓成形。普通，模具溫度保持 120℃左右，成形壓力約在 5～20 kgf/cm^2，液態樹脂的固化時間，定在 1～3 分鐘內，而成形品，可找出露在模外的玻璃纖維，予以拉出即可。

4.　冷壓法(cold press)

冷壓法，雖類似金屬模法，不過原則上，模具不需加熱，純粹是靠樹脂與固化劑的組合所生的反應熱(自己發熱)，促使樹脂固化的成形法。因爲是自己發熱，所以模具材質要選導熱不良者，而模型的表面材質，則選用聚酯(polyester)或環氧樹脂(epoxy)的 FRP，有如混凝土那樣低的導熱物，當墊底。成形固然使用沖床，但成形壓力只要 1 kgf/cm^{2}就已足夠。

9-4 玻璃的成形

9-4-1 玻璃的特徵及用途

玻璃的特徵，計有：①無色透明，②等方性，③化學安定，④空氣、液體無法穿透，⑤脆性固體，⑥高電氣絕緣性，⑦耐熱性，⑧耐氧化等。

充分利用以上這些特徵，製造出日常生活到處可見的多種多樣玻璃製品。

玻璃製品，主要應用在建築上的普通平板玻璃、毛玻璃；家庭上的飲料瓶、食料用罐、藥用瓶、玻璃杯等；光學上的相機用透鏡、眼鏡、三稜鏡等；電氣上的映像管用玻璃、高壓水銀燈用玻璃、電燈泡、螢光燈管等；汽車上的強化玻璃、導電印刷玻璃等；產業上的玻璃、耐熱玻璃等多方面。

9-4-2 玻璃成形法

玻璃的成形法，主要端視玻璃毛胚是否採取人爲或機械而分爲人工成形法與機械成形法兩種。

人工成形法係指人直接吹拉或伴隨手操作的成形法，適合機械成形困難、量少、特別創作的成形場合。而機械成形法是使用機器自動供給玻璃毛胚，予以成形的方法，大量生產瓶罐、平板玻璃等的製造上。至於供給玻璃毛胚的方式，又分成毛胚由上落下模穴內的毛胚供給式，以及從熔液狀玻璃，直接吸上進入模穴內的拉上式兩類。

以下就機械成形法採用毛胚供給式，來介紹目前製造瓶罐、食器等的製法。

9-4-3 玻璃瓶的製程

一般製瓶中，從原料開始的各工程，可如圖 9-15 所示。亦即從原料的調配與混合、熔融、成形、徐冷、檢查而成爲製品的一連串製程[8]。

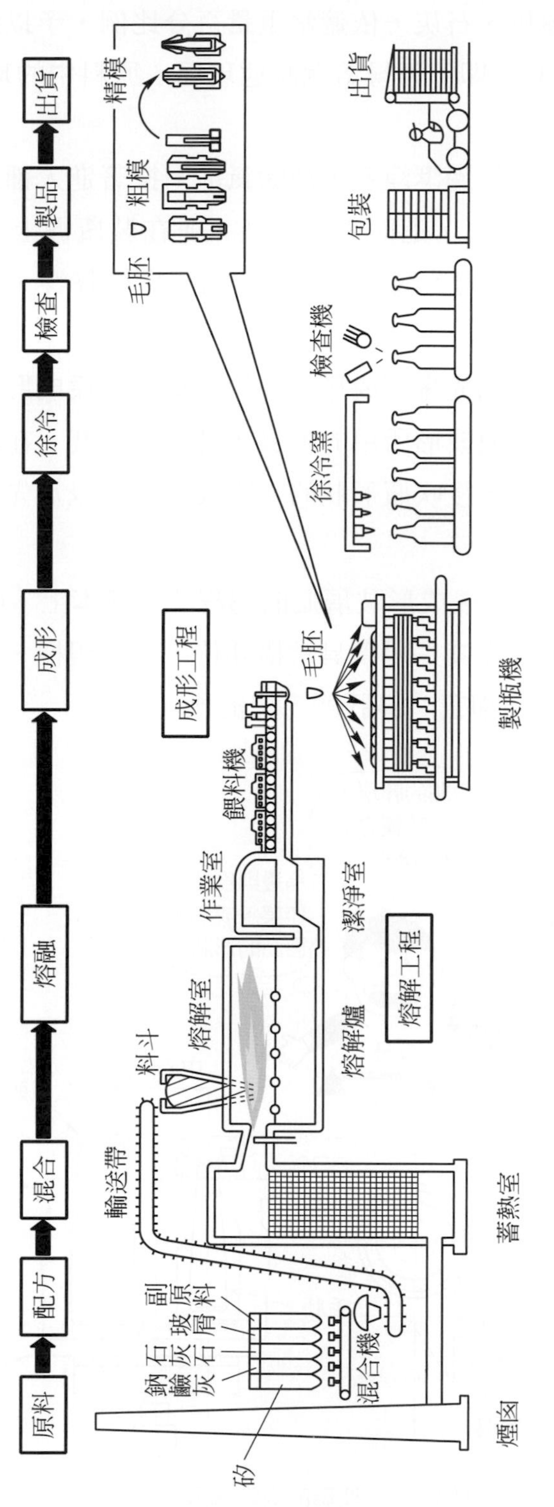

圖 9-15　玻璃瓶的製造過程

原料選用矽砂、鈉鹼灰、石灰，依適當重量百分比例，予以混合，並在熔解爐內，加熱至1300～1400℃，即可獲得熔融狀態玻璃。原料中的玻屑(cullet)，是爲使原料較易熔解。

高溫狀態的玻璃液體，經過潔淨室，消除氣泡。接著進入細長窯室的前室，調整到可以成形狀態的最佳溫度，進而製成毛胚，並在裝瓶機上，予以成形。此時600℃的瓶子，被送入徐冷窯內，緩慢冷卻至常溫，再經聲響、目視等檢查合格，成爲製品。

就玻璃瓶成形而言，分爲先專門成形毛胚的，稱爲粗模成形，與後成形出製品形狀的精模成形。因此，製瓶成形所用的模具，需要有兩套。在此，成形毛胚方式的不同，又分成先吹出毛胚，後吹瓶形狀的吹吹成形法，以及先沖壓毛胚，再吹瓶形狀的沖吹成形法兩種。

圖 9-16 是吹吹成形法前後成形玻璃瓶的過程[9]。基本上，吹吹成形法與沖吹成形法所用模具結構類似，而其主要模具結構部位，分爲粗模、精模、底模、吹氣頭、口模、導環、柱塞、冷卻管、導胚頭、對心頭。

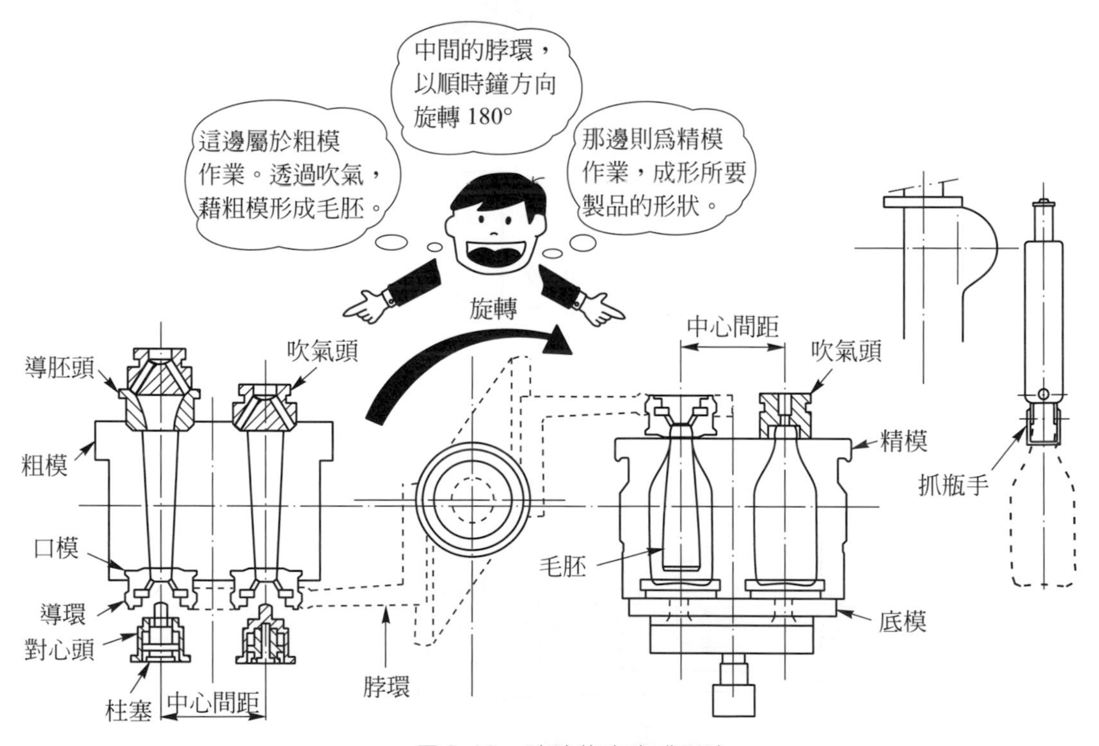

圖 9-16 玻璃的吹吹成形法

精模與底模兩者在吹氣至毛胚內，迫使毛胚沿此兩者的模穴形狀複印出來。吹氣頭是爲成形口部而形成可吹氣通路的零件。口模即爲成形製品的口部。導環乃爲成形製品口部上緣部位的零件。冷卻管是冷卻柱塞。導胚頭是爲順利導引毛胚至粗模模穴內的零件，而對心頭，則是使柱塞與口模的中心一致。

圖 9-17 顯示採用吹吹成形法在成形毛胚及玻璃瓶形狀過程[8]。

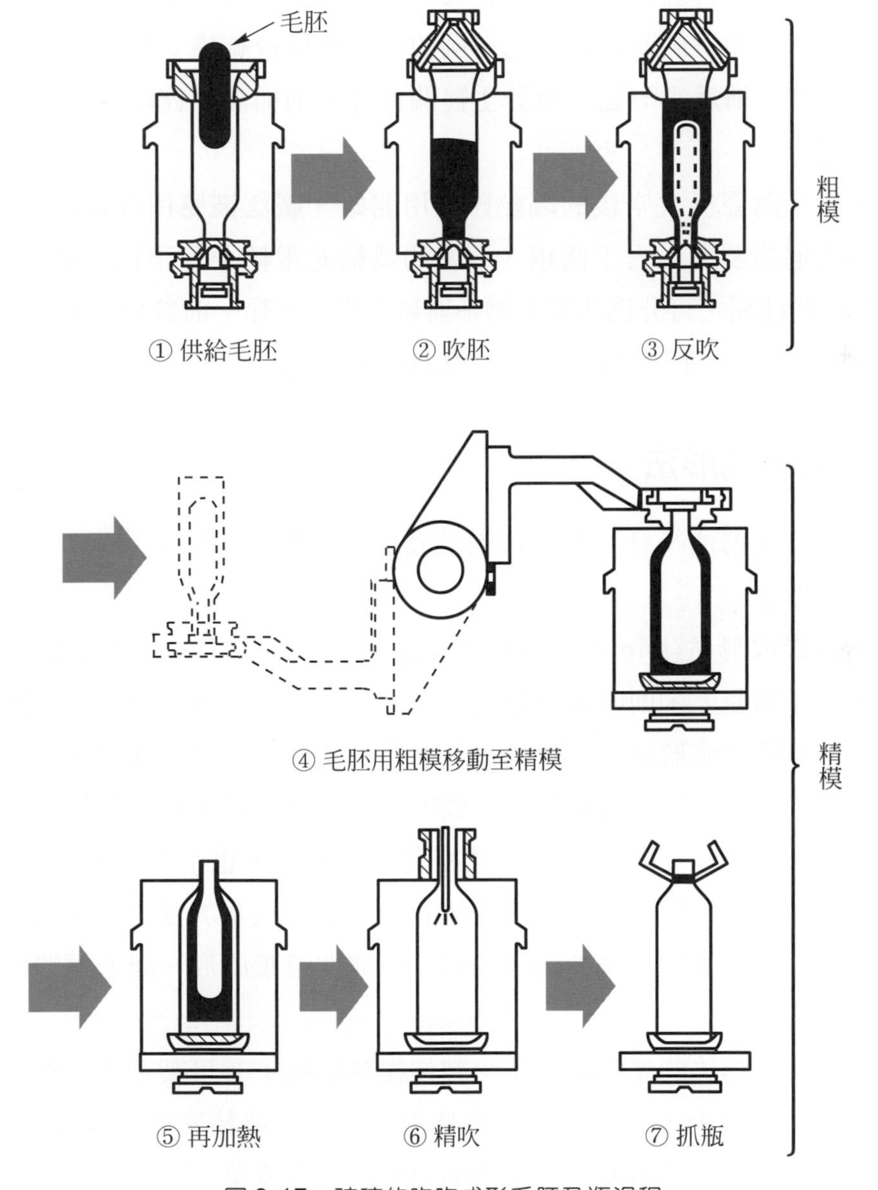

圖 9-17　玻璃的吹吹成形毛胚及瓶過程

9-5 陶瓷成形

9-5-1 陶瓷

一般所謂的陶瓷，是指窯業上的陶磁器，屬於非金屬的無機質固體材料。特別在工業材料來講，素材經化學處理或合成成爲高純度陶瓷，稱爲精密陶瓷。精密陶瓷又因所使用領域的不同而各自命名。例如用在機械或結構零件相關，叫做工程陶瓷；電子相關者，稱爲電陶瓷；至於生醫關係者，則稱爲生醫陶瓷。其中電子相關者就佔了8成。

近幾年來，陶瓷從太空梭的隔熱磚使用開始，廣泛被應用在電腦的IC或其基板、生啤酒的過濾裝置、人工齒根、引擎的渦輪充電轉子等不同領域。

精密陶瓷的種類，可分爲非氧化物系與氧化物系兩類，前者可由氮化矽(Si_3N_4)、碳化矽(SiC)爲代表，而後者以二氧化鋯(ZrO_2)爲代表。

9-5-2 陶瓷成形法

常用的陶瓷成形法，計有鑄漿成形法及射出成形法兩種。

1. 鑄漿成形法

   鑄漿成形法(slip casting)在金屬上稱爲鑄造法，塑膠上稱作注型成形法，而在陶瓷上，則叫做鑄漿成形法。而鑄漿成形法，又分爲熔融鑄漿成形法與泥漿鑄漿成形法，一般稱後者爲鑄漿成形法。鑄漿成形法原本就是陶瓷的傳統手法，不需昂貴設備，可成形出較複雜形狀，獲得均質質地，適合現今多品種少量生產，近年來的精密陶瓷成形法，也不得不對它另眼相看。

   現在所用的陶瓷成形法，利用石膏模具的成形方法，有多達9種，其中包括壓力鑄漿成形、振動鑄漿成形、自硬性鑄漿成形、離心鑄漿成形、濕式沖壓成形。

   鑄漿成形法的優點有：①可製作複雜形狀；②可製造大型件；③結合劑等的添加量較少，生胚密度或燒結密度變高。燒結密度可達理論密度的99%以上。④模具費用便宜；⑤多品種少量生產或單一大量生產皆可。不過其缺點亦有：①小件或單純形狀的製品，成本偏高；②石膏模具較易磨耗，使用壽命有限(30～500次)；③中子使用困難，內模或模穴精度較差。

圖 9-18 為鑄漿成形法的過程[9]：①先混入適當重量百分比例的原料粉末與溶媒；②添加少量的分散劑，促使前項在攪拌時更均勻；③均勻攪拌與分散；④成為泥漿；⑤泥漿灌至石膏模穴內成形；(6)大部分溶媒排出模外後，脫模；⑦在適當流通空氣中，陰乾生胚；⑧預燒生胚，徹底排除殘餘溶媒；⑨正式燒結生胚；⑩完成製品。

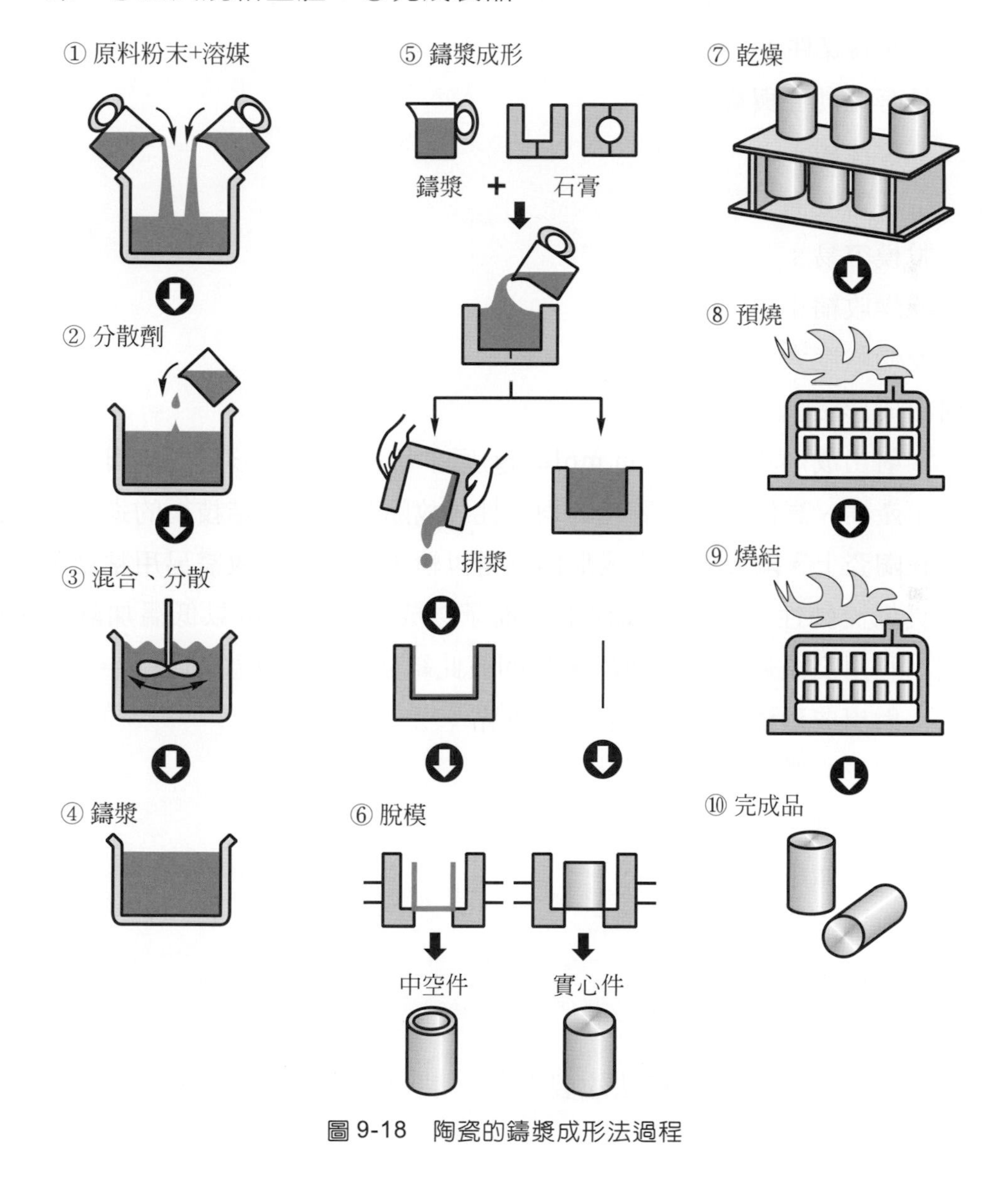

圖 9-18　陶瓷的鑄漿成形法過程

其中第8項的預燒，考慮生胚經燒結後，已稍具強度，此時可視需要進行機械加工，如鉆孔、攻牙或車錐形、銑端面等等，必須在此完成最後的形狀；一旦在第9項正式燒結完成後，因燒結硬度、密度極高，若要局部更改形狀，非常困難。

鑄漿成形使用有無數毛細孔通道(0.1 μm)的石膏模，其理由是利用其內的毛細管作用力與過濾作用，以提高固體含量濃度，使漿料固著在模穴壁面。

在進行此法成形之前，選用良好的泥漿，很重要。所謂良好的泥漿，有下列6個條件：

(1) 具有流動性與排氣性；
(2) 不會沈澱；
(3) 生胚密度高；
(4) 脫模容易；
(5) 乾燥收縮小；
(6) 乾燥強度大。

2. 射出成形法

射出成形法(injection molding)原本用在塑膠成形上，但因其具有優越的生產性、高精度及成形體的均一性，故隨著粉末燒結技術的進步，便被利用在陶瓷上。陶瓷的射出成形因爲是以粉末當原料，故需另用粘結劑，使粉末具備流動性、賦形性及保形性而予以成形，之後再以低溫加熱去除粘結劑，利用高溫燒結，促使粉末粒間彼此結合，便是所要的製品。

射出成形法的特徵，有下列6點：

(1) 可成形立體狀的複雜形狀；
(2) 尺寸精確；
(3) 可成形微細零件；
(4) 具有高密度且密度均一；
(5) 強度高；
(6) 生產性高。

圖9-19爲射出成形法的製程[10]。製程中的各項工程順序如下：

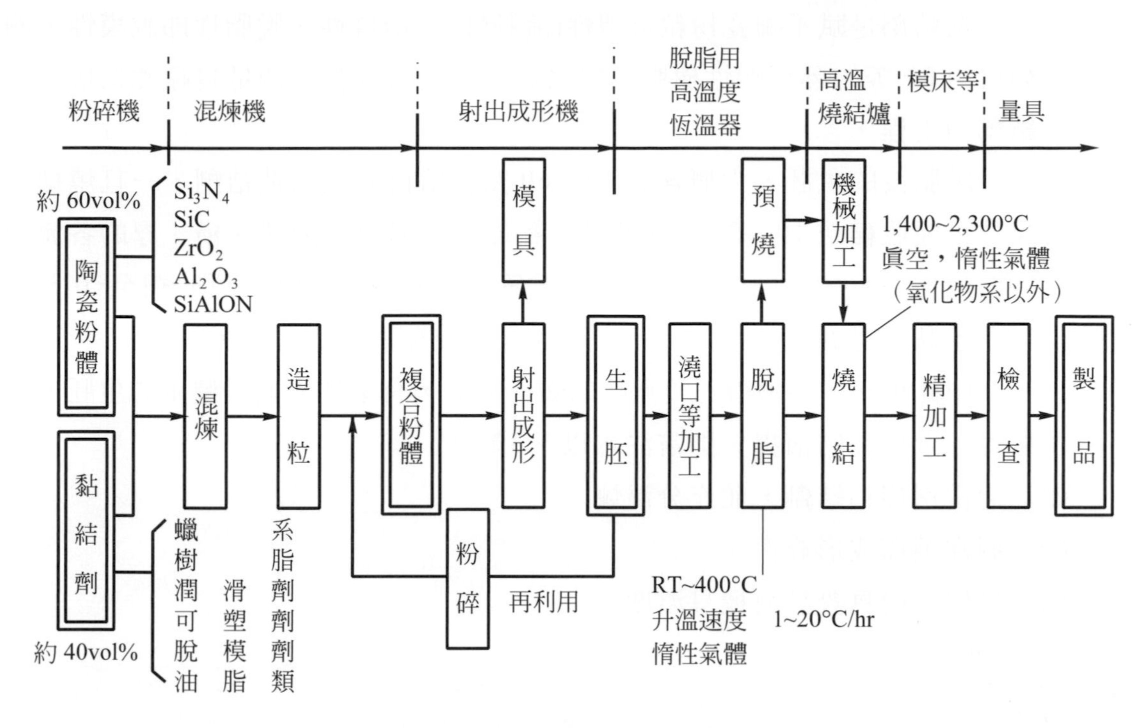

圖 9-19　陶瓷的射出成形法製程

(1) 陶瓷粉末約取 60 %體積，粉末種類有：Si_3N_4、SiC、ZrO_2、Al_2O_3、SiAlON 等多種，而粘結劑則有：蠟系、樹脂、潤滑劑、可塑劑、脫模劑、油脂類等多種，約佔 40 %體積。這兩者經適當的配方後，即予混煉。
(2) 混煉好的混合物，再經粉碎成所需的粒度，此工程稱爲造粒。
(3) 粉粒摻入少量失敗的生胚，攪拌成爲陶瓷複合粉體。
(4) 經射出成形機成形生胚。
(5) 生胚經脫脂爐脫除固體有機物。
(6) 燒結，使粉粒間經加熱後而彼此原子擴散，牢固連結在一起，產生頸部成長現象。這是關鍵的工程。
(7) 再次研磨或拉磨，予以精加工至所需尺寸、形狀。
(8) 經檢查合格，即爲製品。

陶瓷粉粒一般選用 0.1～100 μm之粒徑。不過在射出成形上爲容易供應起見，使用混煉機混煉陶瓷粉粒與粘結劑，製成丸粒狀。

粘結劑是賦予陶瓷粉粒可塑性(流動性)、結合性、脫脂性即脫模性，例如可用PE等的熱可塑性樹脂或蠟之類。上述的脫脂，即是脫除此低熔點粘結劑的工程。

脫脂後的生胚，大概含有40～60％容積百分比的粘結劑，一旦燒結，尺寸可能收縮至10～20％。此項收縮端視成形條件或縱、橫、厚的各流動方向變化而有所不同。不過複合粉體確實做好管控的話，可收縮至±0.3％以下，甚至可到±0.1％以下，可確保尺寸收縮率的重現性。

由此可知，爲獲得完美無缺的陶瓷製品，有必要先取得健全的生胚，而取得健全生胚的前提，則需注意以下3點：

⑴ 適當選擇粘結劑，並充分混煉。

⑵ 適當選擇成形條件。

⑶ 最佳的模具設計與模具溫度。

習題

1. 解釋名詞：
   ⑴ 固化反應
   ⑵ 脫料板
   ⑶ 一模4件
   ⑷ 流道系統
   ⑸ 二次加壓
   ⑹ 抽眞空
   ⑺ 預塑型
   ⑻ 玻屑
   ⑼ 預燒
   ⑽ 造粒
2. 每天用的手機外殼是採用射出成形法製作出來的，請問其一循環過程爲何？
3. 扼要說明600毫升礦泉水塑膠(PET)瓶如何成形。
4. 禮餅內的塑膠製餅乾盒如何製作？

5. 常看到包裝物品用的白色保麗龍是如何製造的？
6. 夏天暢飲的啤酒玻璃瓶若以吹吹成形法製造，其製造爲何？

參考文獻

[1] プラスチックス編輯部；プラスチック活用ノート，工業調查會，pp.4～5，1982。

[2] 日本合成樹脂技術協會；プラスチック金型ハンドブック，日刊工業新聞社，pp.35，1989。

[3] 黃子坤；產品設計與材料(塑膠篇)，中華民國工業設計協會，pp.38，1996。

[4] 全日本プラスチック成形工業連合會；初步のプラスチック，三光出版社，1972。

[5] 飯田　惇；プラスチック機械と合理化機器，三光出版社，pp.79，1983。

[6] プラスチック加工技術便覽編輯委員會；プラスチック加工技術便覽，日刊工業新聞社，pp.585，1969。

[7] 飯田　惇；やさしいプラスチック機械と合理化機器，三光出版社，pp.35，1983。

[8] 奧村明弘；ガラスびんの成形技術と金型，日本硝子製品工業會，pp.12～13，1989。

[9] 香蘭公司；型錄及資料。

[10] 武藤一夫、高松英次；いろいろなセラミックス用金型を知っておこう，型技術，Vol.5，No.12，pp.92，1990。

[11] 廣惠章利、本吉正信；プラスチック成形加工入門，日刊工業新聞社，pp.84，1995。

第10章

自動化製造

科技文明的進步，帶動經濟繁榮，消費型態隨之改變，產品的生命週期縮短，如何因應此種劇變，降低成本、提高品質、縮短生產時間是大家努力的方向，自動化製造技術即是解決上述問題的重要方法。本章從電腦輔助設計(computer aided design; CAD)、電腦輔助製造(computer aided manufacture; CAM)、電腦輔助檢測(computer aided inspection; CAI)、彈性製造系統(flexible manufacture system)、電腦整合製造(computer integrate manufacture; CIM)、虛擬製造(virtual manufacture)，有系統地介紹自動化製造技術，並建立自動化製造技術的觀念與基礎。自動化製造雖然可提高生產率、降低成本並改善產品品質，但在實施自動化製造計畫之前，宜作下列各項評估，以提升計畫成功率：

1. 現有製程與產品的標準化。
2. 採用何種自動化製造技術。
3. 員工是否有自動化製造的準備。

10-1 電腦輔助設計

在電腦尚未普及與電腦計算能力不足之前，繪製三維立體圖誠屬不易，因此製造工程圖均以二維的投影平面三視圖爲主，技術人員再依據三視圖構思出工件的立體形狀，將零件加工完成，這種過程有點本末倒置。在電腦普及化與電腦具有強大的計算能力之後，使用電腦繪製三維立體圖，在轉爲NC加工程式，將工件加工完成。電腦輔助設計在設計過程中，可進行幾何造型、工程分析、設計審核與評估、自動繪圖等工作如圖10-1所示。因此使用電腦輔助設計具有下列實質效益：

1. 增加設計者的生產力。
2. 改進設計品質。
3. 改善設計文件報表。
4. 產生製造資料庫。

電腦輔助設計在幾何造型上的應用可分爲二維與三維(2D/3D)，在二維系統中又可分爲規則曲線與不規則曲線，規則曲線可用特定方程式來表示，如直線、圓、橢圓、雙曲線等，不規則曲線則可用三次曲線(cubic spline)、Bezier 曲線(Bezier spline)、B 曲線(B spline)等方式來表示。不規則曲線是幾何造型的重要基礎，各種不規則曲線具有其特性與用途，必須確實了解才能正確使用。

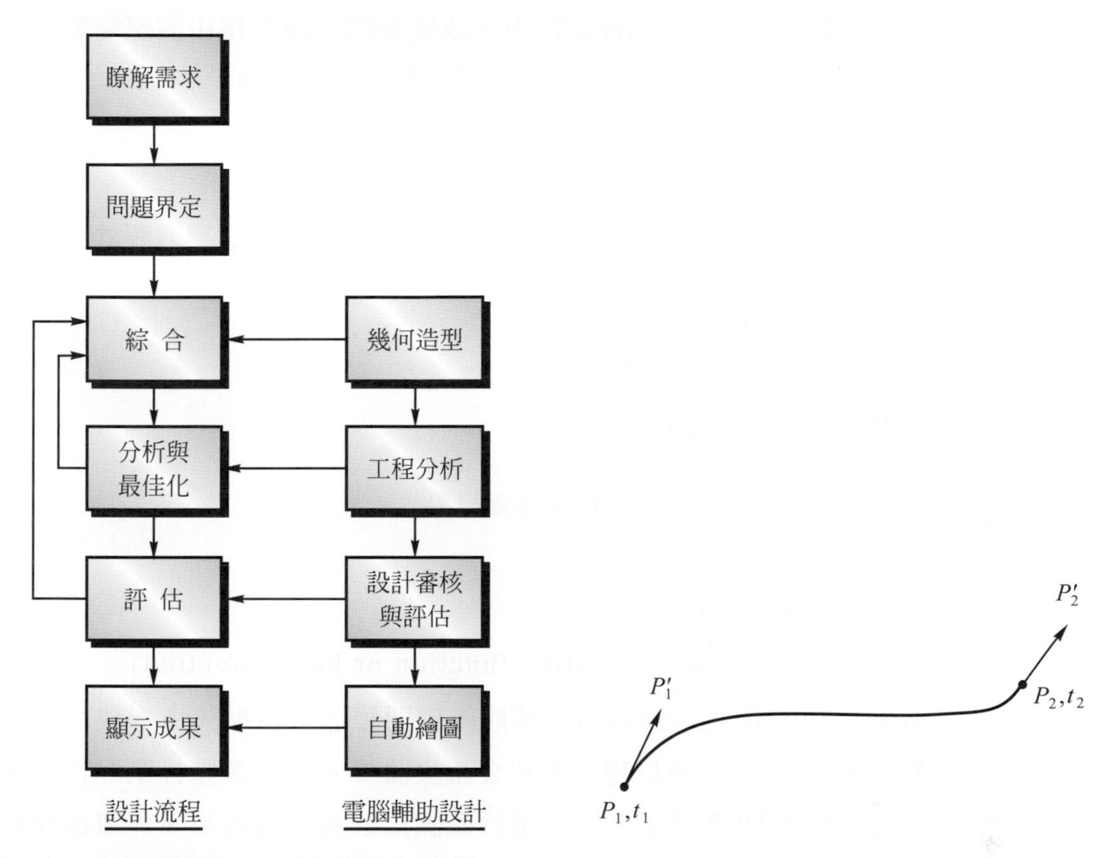

圖 10-1 電腦輔助設計在設計過程中可執行的工作

圖 10-2 三次曲線的特點

一條曲線可由片段曲線連接而成，而各種不規則曲線，其基本要件需具有：⑴連續性，⑵控制能力。連續性是指各片段曲線端點的連續性，至少須有二階以上的連續性，以確保反曲點的一致性，至於控制能力是指改變片段曲現形狀的能力，曲線的控制包括兩方面：⑴整體控制(global control)，⑵局部控制(local control)。

三次曲線之數學方程式爲：

$$P(t)=\sum_{t=1}^{4} B_i t^{i-1}，0 \le t \le t_1$$

此處 $P(t)=[x(t) \quad y(t) \quad z(t)]$，空間資料點

t：參數

B_i：係數

三次曲線具有下列特點：

1. 具有整體控制能力，沒有局部控制能力，改變整體曲線需藉由調整端點切線的角度如圖 10-2 所示，因此對於微小的調整較不易掌控。
2. 曲線通過所有資料點，所形成的曲線較不圓滑(smooth)。
3. 能夠在空間扭曲具有一次反曲點的最低空間曲線。

Bezier曲線爲法國Renault汽車公司工程師Bezier所提出，其數學方程式如下：

$$P(t)=\sum_{t=0}^{n} P_iF_i(t)，0\le t\le 1$$

$$F_i(t)=B(n,i)=\frac{n!}{i!(n-i)!}$$

此處$P(t)=[x(t)\quad y(t)\quad z(t)]$，空間資料點

t：參數

P_i：控制點(control point)

F_i：調和函數或基底函數(blending function or basis function)

Bezier 曲線首尾端點會通過資料點，其他位置則接近資料點，所形成的曲線較圓滑，因此 Bezier 曲線是一種以趨近方式來產生曲線，同時調整控制點位置，即可控制整個曲線，如圖 10-3 所示，因此進行微調比三次曲線容易，但無法控制局部曲線。

B spline 曲線也是一種近似曲線，其數學方程式如下：

$$P(t)=\sum_{i=0}^{n} B_iN_{i,k}(t)，0\le t\le 1$$

$$N_{i,k}(r)=\begin{cases}1，當\le t\le x_{i+1}\\0，其他\end{cases}$$

$$N_{i,k}(t)=\frac{(t-x_i)N_{i,k-1}(t)}{x_{i+k-1}-x_i}+\frac{(x_{i+k}-t)N_{i+1,k-1}(t)}{x_{i+k}-x_{i+1}}$$

此處$P(t)=[x(t)\quad y(t)\quad z(t)]$，空間資料點

B_i：控制多邊形(control polygon)

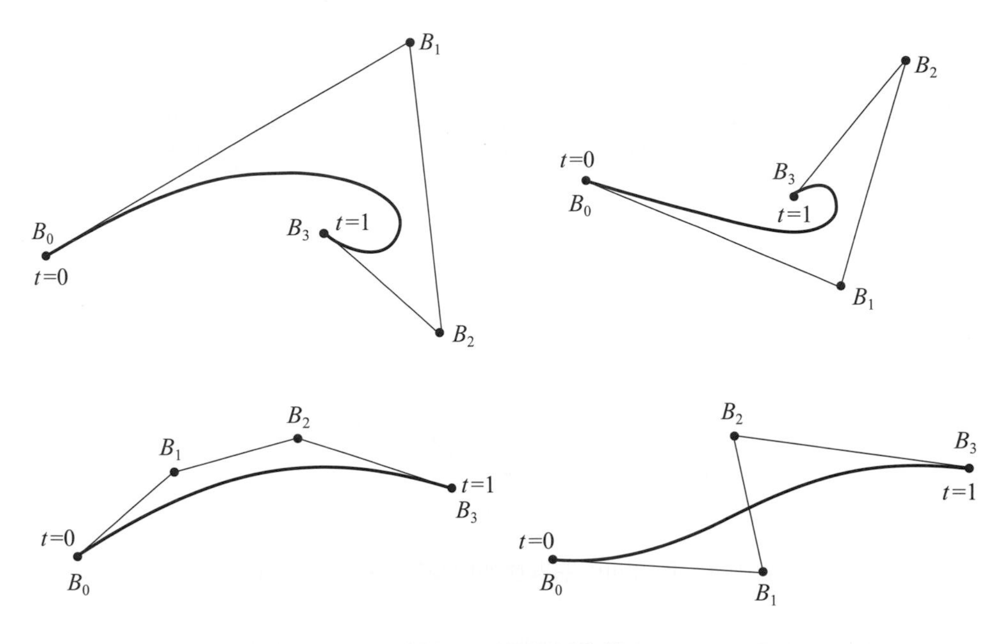

圖 10-3　Bezier 曲線

k：曲線段的次數；$k-1$次方

t：參數

x：節點向量

N_i：調和函數或基底函數(blending function or basis function)

n：$n+1$ control point的數目

B spline 曲線的特性：

1. 具有整體與局部控制曲線的能力，如圖 10-4 所示，因此在做局部微調時，十分有用。
2. $k=n$時，B spline 曲線即成爲Bezier spline 曲線，因此Bezier spline 曲線實爲B spline 曲線的特例。
3. 調整控制多邊形上任意點時，最多只會影響到相鄰k個曲線段。

線模型(wire model)是利用線條架構的模式來描述三維物體，如圖 10-5 所示，所描述的物體僅有線條與端點的資料結構，無法完整表現物體空間任意點的座標點，也無法由CAD 模型，直接轉爲數控工具機加工程式進行機械加工。

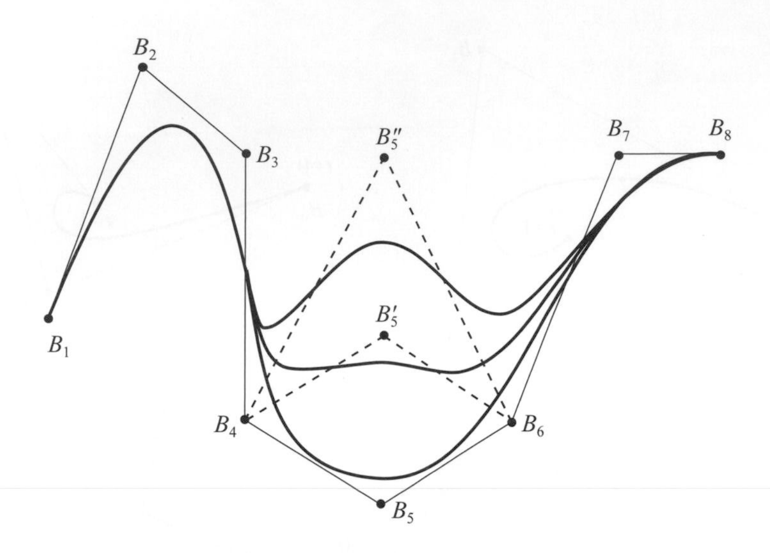

圖 10-4 B spline 曲線整體與局部控制曲線的能力

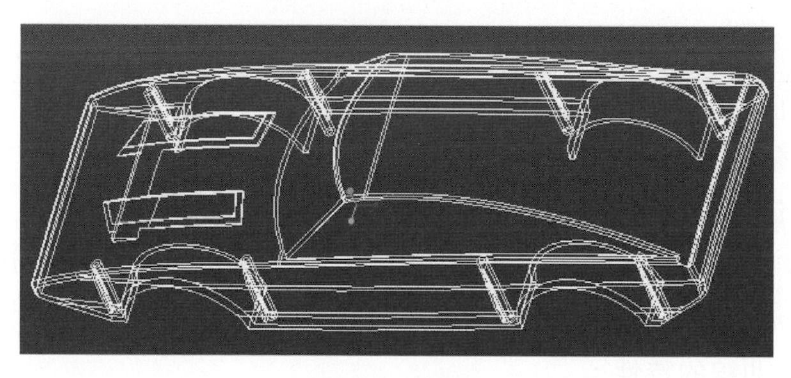

圖 10-5 線模型

面模型(surface model)所描述的物體除了線條與端點的資料之外，物體在空間表面上任意點的座標點均可充分表達，如圖 10-6 所示，常見的曲面模型有：雙線性曲面(Bilinear surface)、規則曲面(Rule surface)、線性昆氏曲面(Linear Coons surface)、雙三次曲面(Bicubic surface) 、Berzier 曲面(Bezier surface)、B 曲面(B surface)等。由於面模型在空間表面上任意點的座標點均可充分表達，因此對於適合表面切削加工，可以將CAD模型直接轉爲數控工具機加工程式，進行機械加工。

體模型(solid model)架構除了描述物體在空間表面上任意點資料之外，同時包括內部結構，也就是有厚度的質感如圖 10-7 所示，因此對於適合表面切削加工之外，還可以將 CAD 模型進行切層(layer)，提供快速成型(rapid prototype；RP)所需的圖檔。常見的實體模型建構方式有：實體元素複製、單元分解、微格組合、輪廓掃描、實體幾何建立、輪廓邊界表示法等。

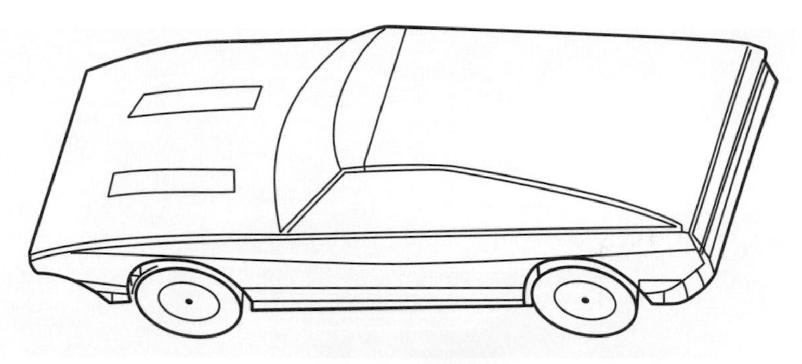
圖 10-6　面模型

圖 10-7　體模型

完成幾何圖形建構之後，可進行工程分析，目前市售軟體如：Pro/E、UG、IDEAS、CATIA 等，均有提供相關的工程分析，如：有限元素分析、機構模擬、質量特性分析等功能，可了解零件受力後應力與應變的分佈、零組件機構運動情形以及物體的質心位置等資料，如圖 10-8 所示，在設計過程中十分有用。

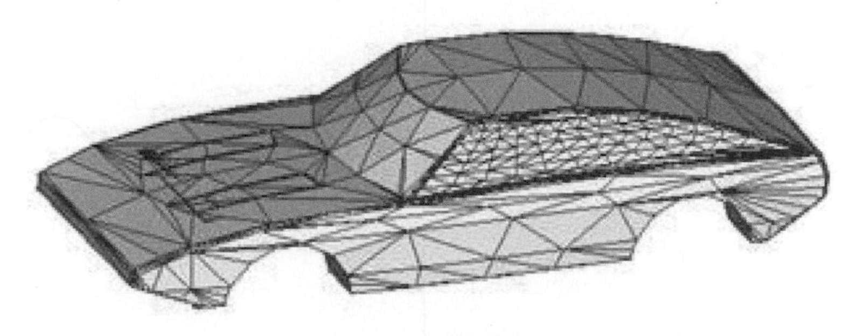
圖 10-8　有限元素分析

在完成幾何圖形建構之後，亦可進行設計評估與審核，其中包括：自動尺寸標示、零組件干涉檢查等，如圖 10-9 所示。

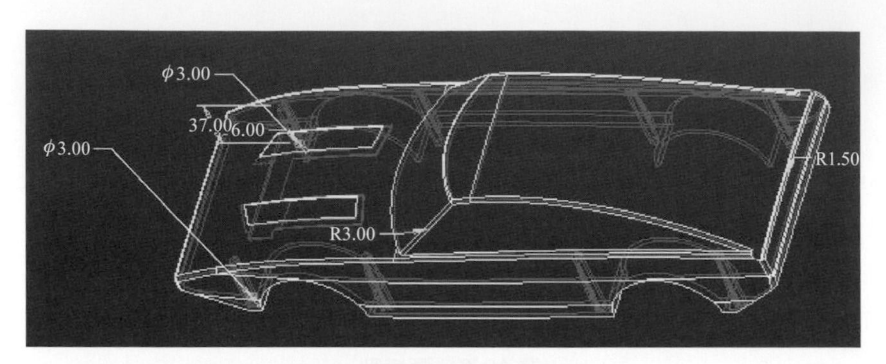

圖 10-9　自動尺寸標示

10-2　電腦輔助製造

數位控制(NC)加工程產生之前必須先行刀具路徑規劃，刀具路徑規劃包括正確刀具的選擇與切削平面的決定，同時爲提高加工效率與加工品質，將加工路徑區分爲粗切削、中切削與精切削。

粗切削主要目的是將材料迅速移除，因此刀具選擇、路徑規劃均以此爲訴求，一般以端銑刀作等高切削如圖 10-10 所示，此方法最大的優點是能夠以最快速度移除材料，也是一般粗切削最常用的切製方法。

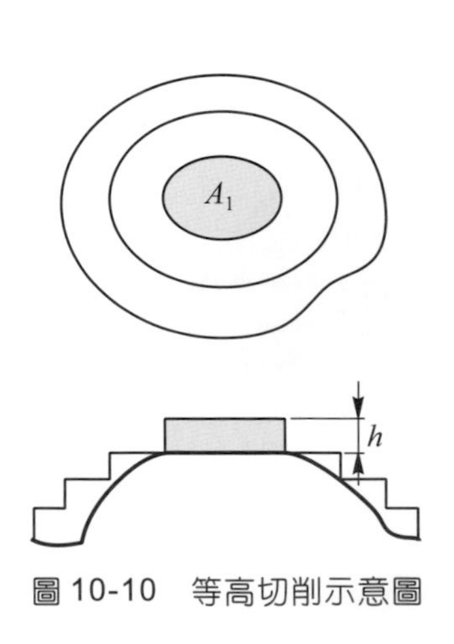

圖 10-10　等高切削示意圖

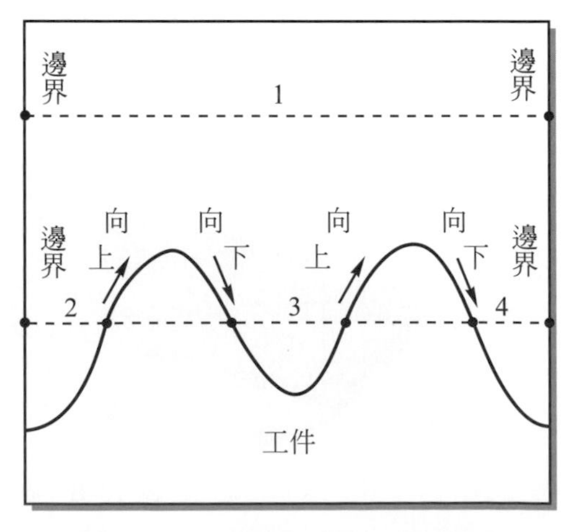

圖 10-11　切削區的交點走向變化

CAD 幾何圖與等高切削所形成的交點，其走向變化可定義出該區域是否爲切削區，如圖 10-11 所示，當走向爲邊界到邊界、邊界到向上、向下到向上、向下到邊界等四種情況均爲可切削區域。

素材以等高切削方式加工經粗切削大量移除材料，使素材接近工件雛形，但兩等高面與工件之間仍留有許多階梯狀的材料，若直接進行精切削將是一件十分費時的工程，因此在粗切削與精切削之間再加入中切削工程，其主要目的是將粗切削後所餘留下來階梯狀的材料切削除，使材料更接近工件表面。中切削的刀具路徑以逼近工件幾何輪廓爲原則，可採用逆向位移的方式來建立刀具路徑如圖 10-12 所示，將刀具中心沿著刀具輪廓行走，則刀具邊緣所形成的軌跡，即爲切削時刀具中心的軌跡。

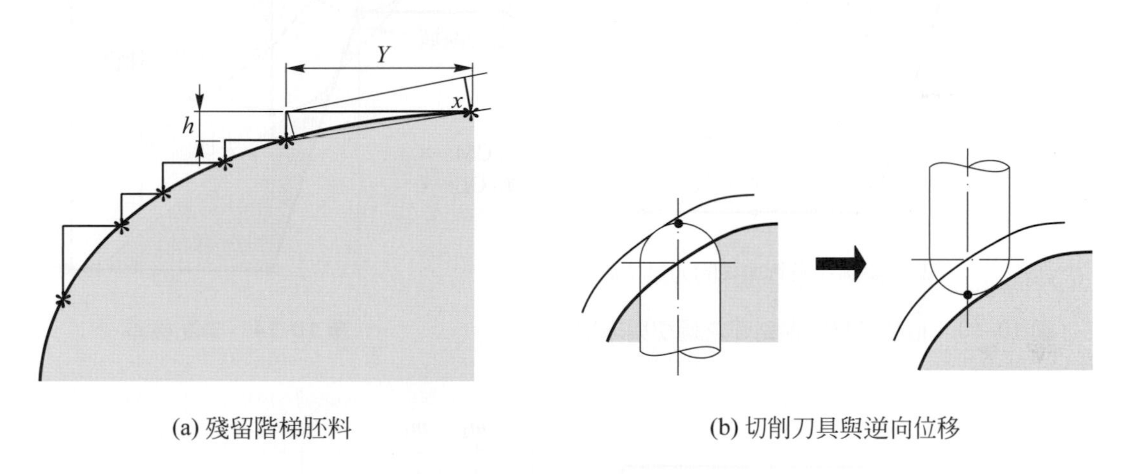

(a) 殘留階梯胚料　　(b) 切削刀具與逆向位移

圖 10-12　中切削刀具路徑

精切削是NC加工的最後工程，因此其結果對於成品的正確尺寸、表面精度等有著直接的影響，爲了要達到曲面的正確尺寸，刀具的尺寸必須盡可能地等於曲面的最小曲率半徑，才有可能切削出正確的曲面，這是精切削刀具選擇的基本原則。精切削與中切削均以工件輪廓作爲刀具路徑規劃之依據，以獲得精確的工件外形及良好的表面精度，而精切削刀具選擇是以點資料凹處最小的曲率半徑爲依據，因此其刀具半徑較小。同時需注易產生過切。檢查過切的方式可考慮：中點檢測與側向檢測。

中點檢測法：這項檢測是防止因縮減刀具中心點列所造成的過切，圖 10-13 即是縮減刀具中心點列所造成的過切與未切的情形，以圖 10-14 爲例，第 1 個刀具路徑點爲l_1，第 2 個刀具路徑點爲l_2，l_1與l_2的中點爲m_1，e爲m_1至l_1與l_2連線的距離，若e在容許範圍內則m_1可不計，否則m_1點應予補上，經中點檢測後所產生的刀具路徑如圖 10-15 所示。

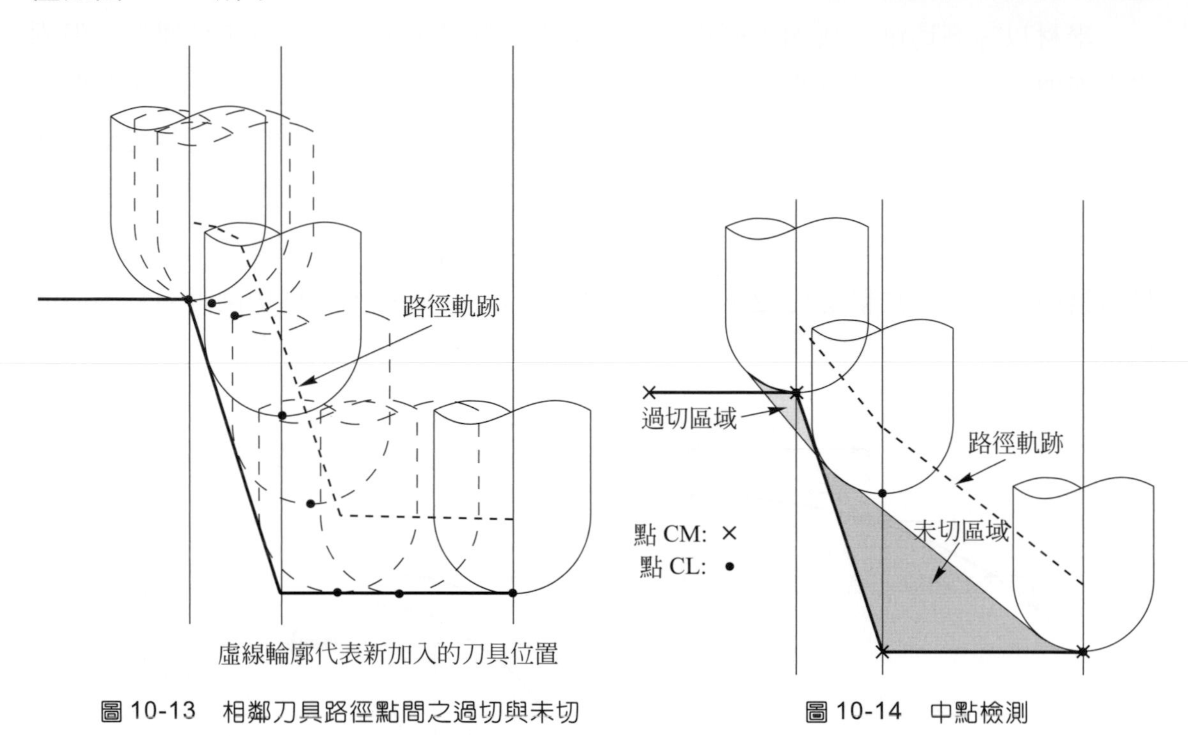

圖 10-13 相鄰刀具路徑點間之過切與未切

圖 10-14 中點檢測

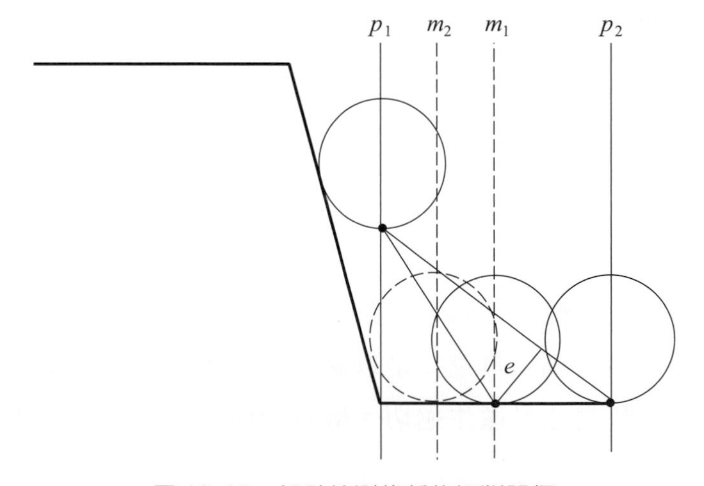

圖 10-15 終點檢測後新的切削路徑

側向檢測：側向檢測的目的是防止切削刀具中心兩側所造成的過切如圖 10-16 所示，因此在切削過程中必須對切削方向左、右兩側進行檢查如圖 10-17 中的黑點，有過切現象時及提高刀具至新的刀具中心點處。

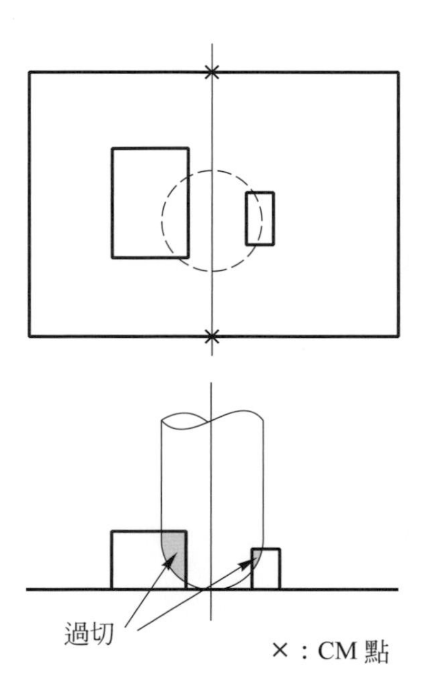

圖 10-16 刀具行進時的過切現象

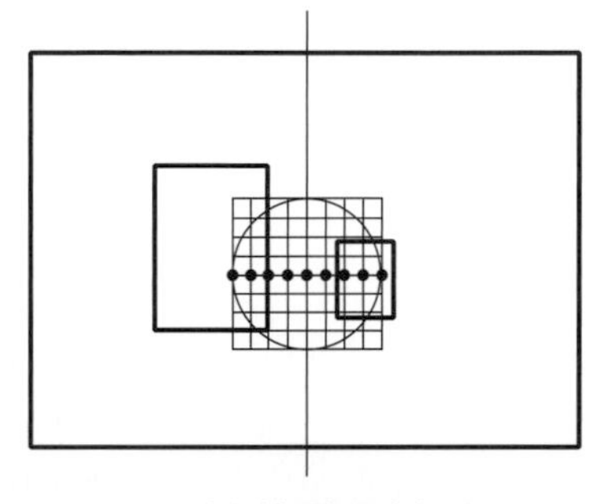

(a) 測向檢測黑點部分

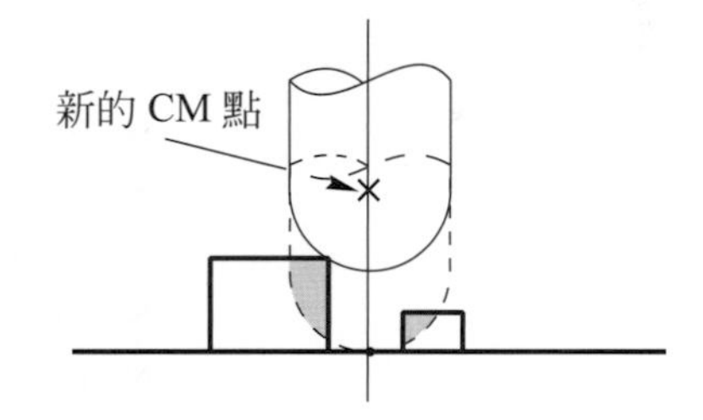

(b) 檢測後新的刀具中心點位置

圖 10-17 切削方向之側向檢測

刀具路徑規劃完成之後，必須配合CNC工具機的控制器將刀具路徑轉換爲NC程式碼，以正確地驅動機具完成加工，不同的控制器其指令略有不同，以Funac21M爲例作NC程式規劃。

NC 程式碼系由位址字元，功能編碼及尺寸與非尺寸指令所組成。如：N00 G00X00.Y00.Z50.F50.M03 S1000，其中X、Y、Z由刀具路徑產生F50(進給量)，S1000(主軸轉速)由參數設定，G00(快速定位，M03(主軸正轉則爲控制器指令功能需由程式設定。鐳射量測資料經雜訊過濾、補點、Z-map等處理後，所獲得之刀具路徑點資料，點與點之間距很小，因此在產生 NC 程式碼時可用 G01 來處理,即 N_G01 X_Y_Z_F_一完整的 NC 程式尚需在程式前端加入一些準備開始的預備工作，即所謂的程式頭，同樣地在程式結束前亦需加入一些準備結束的工作，即所謂的程式尾。程式頭包括補正取消、循環取消、換刀點、換刀、程式原點、刀長補正及主軸轉速設定，程式尾則包括刀具庫與記憶復原等，如表 10-1 所示。

表10-1 NC程式

```
N000 G40 G80
N004 G91 G28 Z0
N006 M06 T01
N008 G90 G00 G54 X0.Y0.
N010 G43 H01 Z50
N012 M3 S1500
..............................
..............................
N100 G91 G28 Z0. M5
N0102 M06 T02
N104 G90 G00 G54 X0.Y0.
N106 G43 H02 Z54.
N108 M3 S2000
..................
..................
N200 G91 G28 Z0.M5
N202 M06 T03
N204 G90 G00 G54 X0.Y0
N206 G43 H03 Z57.
N208 M3 S3000.
.....................
.....................
N300 G00 Z10.454
N304 G91 G28 Y0.Z0.M5
N306 M06 T04
N308 M30
```

10-3 彈性製造系統

彈性製造系統結合群組技術、自動倉儲系統、搬運系統、製造單元與電腦控制單元等觀念與技術所組成。具體而言彈性製造系統是將各工作站間，藉由自動搬運系統，自動儲存系統的聯繫以及電腦控制單元，完成系統間工件的運輸、加工與儲存，可藉由變更其作業方法，以改變所生產的產品如圖10-18所示。

圖10-18 彈性製造系統

10-3-1 自動化儲存系統

以模具自動倉儲爲例，自動倉儲系統包括：模具標準化系統、機械系統、全電器伺服控制系統、倉儲管理系統四大部分，其系統架構如圖10-18所示：

1. 模具標準化系統

   模具標準化是模具自動倉儲的首要工作，公司可依其本身的特性建立標準化，例如採用群組技術系Opitz系統，建立模具標準化系統，先由沖模著手，並與CAD/CAM沖模軟體整合，以形成模具標準化、自動化系統。

2. 機械系統

   機械系統包括水平軸機構設計、垂直軸機構設計、抓取機構設計、傳動系統由AC伺服馬達經減速機，滾珠導螺桿等所組成，以確保定位準確。

3. 全電器伺服系統

   倉儲系統可採用液氣壓式、全電氣式或混合式。液壓式力量大但環境較不易維護，全電氣伺服控制噪音敬小，同時工作環境較整潔，其主要動力源爲控制驅動AC伺服馬達。

4. 倉儲管理系統

倉儲管理系統包括兩方面：模具資料管理系統與模具存取管理系統，前者與模具標準化結合，儲存模具基本資料、存放的時間、存放的位置，後者用來控制伺服機構以正確地取得或存放模具。

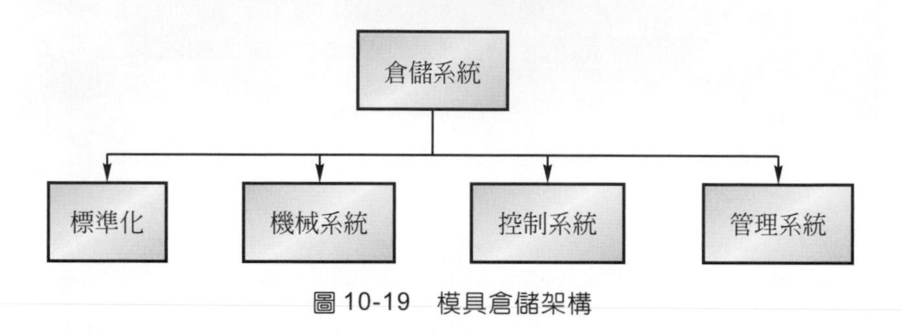

圖 10-19 模具倉儲架構

倉儲系統機電系統設計包含水平方向機電設計，垂直方向機電設計及抓取機電設計三大部份如圖 10-20 所示，每一部份均須對其運動機構，滾珠導螺桿及 AC 伺服馬達等元件加以分析，才能選擇出正確的元件。

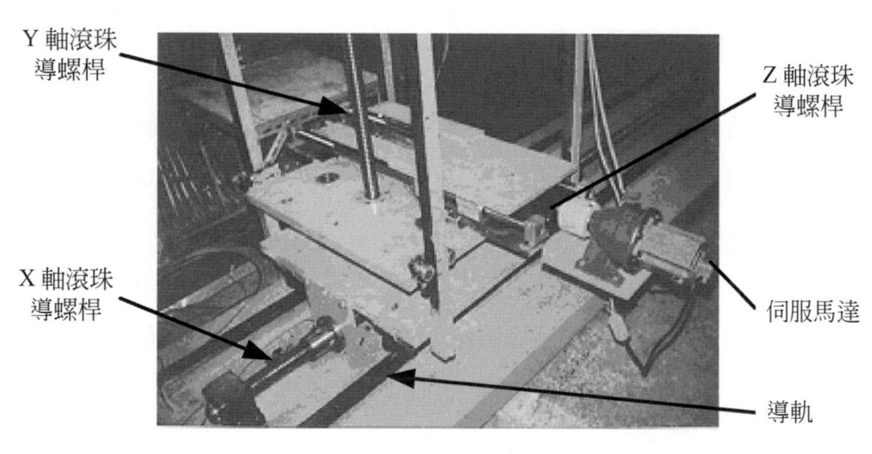

圖 10-20 機電結構

全電氣伺服控制系統架構如圖 10-21 所示，三相 220V 經無熔絲開關(NFB)，電磁接觸器(NC)，AC 電抗器，AC 伺服驅動器，再將 220V 送入 AC 伺服馬達，其中回生電阻係爲防止逆向電流的產生，至於控制器則用於產生所須的脈波。圖 10-22 爲模具自動倉儲的實景。

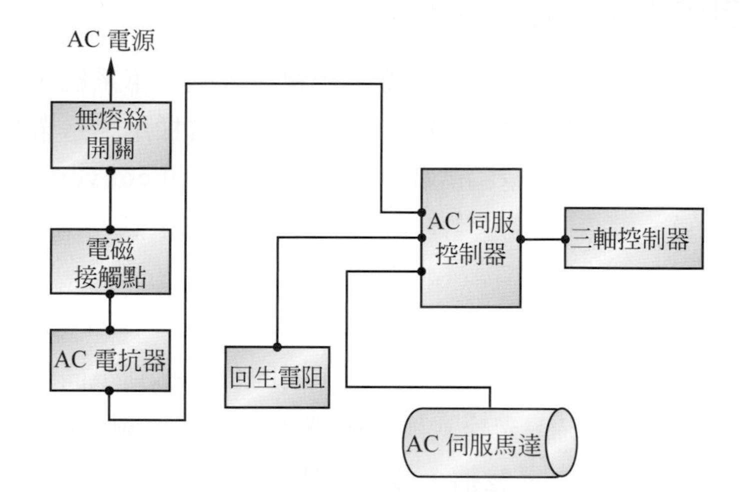

圖 10-21 機電控制

圖 10-22 模具自動倉儲

10-3-2 自動化物料搬運系統

自動化物料搬運系統常見的有輸送帶系統與無人搬運車系統，當物料搬運路線固定，且在某一特定位置以相當大量的方式移動時，常採用輸送帶類型如下：滾筒式輸送帶(roller conveyors)、滑輪式輸送帶(skate-wheel conveyors)、帶狀式輸送帶(belt conveyors)、鏈條式輸送帶(chain conveyors)、懸吊式輸送帶(overhead trolley conveyors)等。

無人搬運車系統(automated guided vehicle system； AGVS)廣用於自動化物料搬運系統，可以獨立搬運不同的物料，自不同的負荷點到不同的卸貨點，因此非常適合應用於彈性製造系統。光學式無人搬運車的構造如圖 10-23、10-24 所示，規格項目如表 10-2 所示，主要包括：機械結構、電氣結構、感應器等部份。

圖 10-23　光學式無人搬運車構造示意圖

圖 10-24　光學式無人搬運車實物圖

表 10-2 無人搬運車規格舉例

規格 ＼ 型號	KAV
總載重量	70 公斤
走行方向	前進式
走行速度	30m/m
迴轉半徑	0.5m
迴轉系統	驅動輪迴轉
驅動馬達	60W
停止精度	±50mm
電池	24V/24AH
操作時間	8 hours
交換系統	電池交換式
車體自重	50 公斤
導引方式	光學式/磁氣式

無人搬運車系統(AGV)具有下列功能：

1. 多種不同路徑程式設定功能，以因應各不同場合之需。
2. 路徑編修功能。
3. 速度設定功能。
4. 出軌逾時(約 1.5 秒)，無人搬運車自動停止。
5. 遇障礙物自動停止，障礙排除後自動繼續前進。
6. 保險桿碰撞到障礙物時，無人搬運車會停止。
7. 當沒有電源供應時，無人搬運車會利用省電裝置，儲存目前進行指令，待電源恢復供應時，再繼續走型未完成指令。

利用無人搬運車的功能，可規劃出各種行走路線，如圖 10-25 無人搬運車將從A點以速度 3 出發，經B點、C點回到A點完成第一個循環(01)，再從A點經B點、D點、E點、G點回到A點完成第二個循環(02)，再從A點經B點、D點、E點、H點回到A點完成第三個循環(03)，然後再從第一個循環開始，如此週而復始地行走。

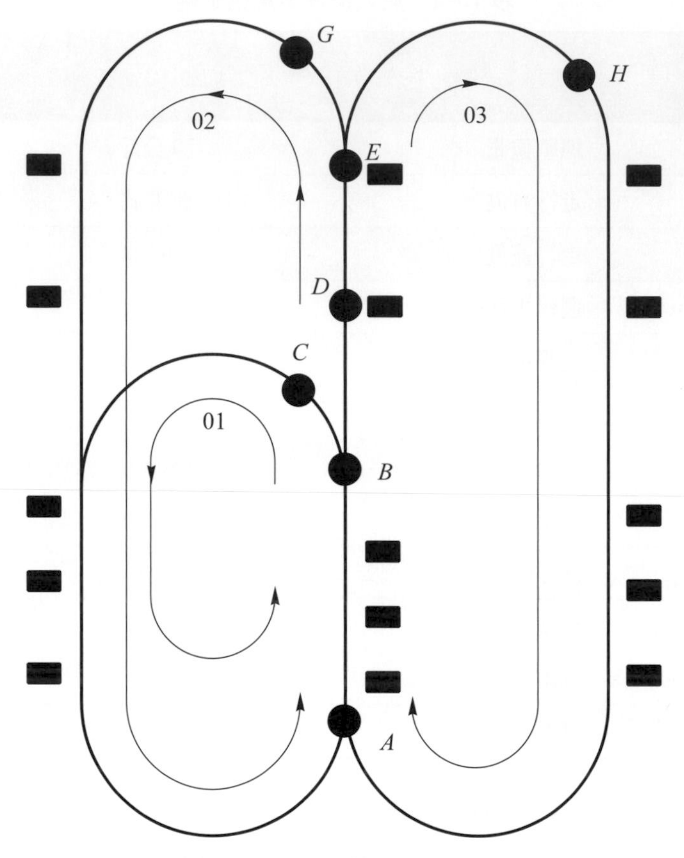

圖 10-25　無人搬運車路徑設計

10-3-2 自動化物料搬運系統

工業機器人(industrial robot)的定義是具有許多自由度，並具有多功能且可用程式控制的機器，即可預先設計程式來控制該機器，從事搬運物料、零組件或其他物件，以執行各種不同的工作，在彈性製造系統中廣爲使用。機器人的構造如圖 10-26、10-27 所示，包括致動器(actuator)、動力供給裝置(power supply)、控制器(controller)、手臂(arm)、手部(端致器)(end effect)等。

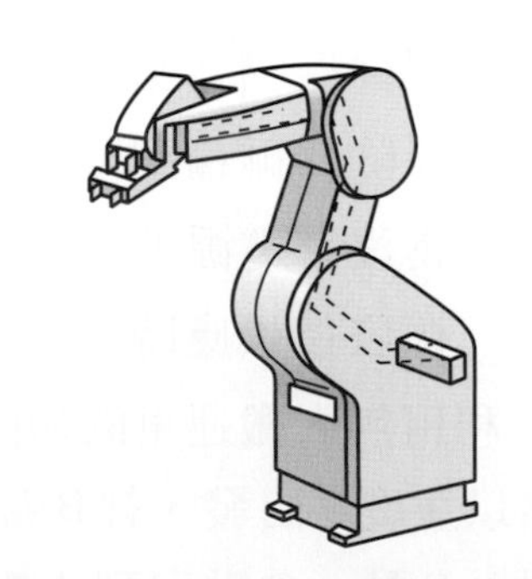

圖 10-26　機器人構造示意圖

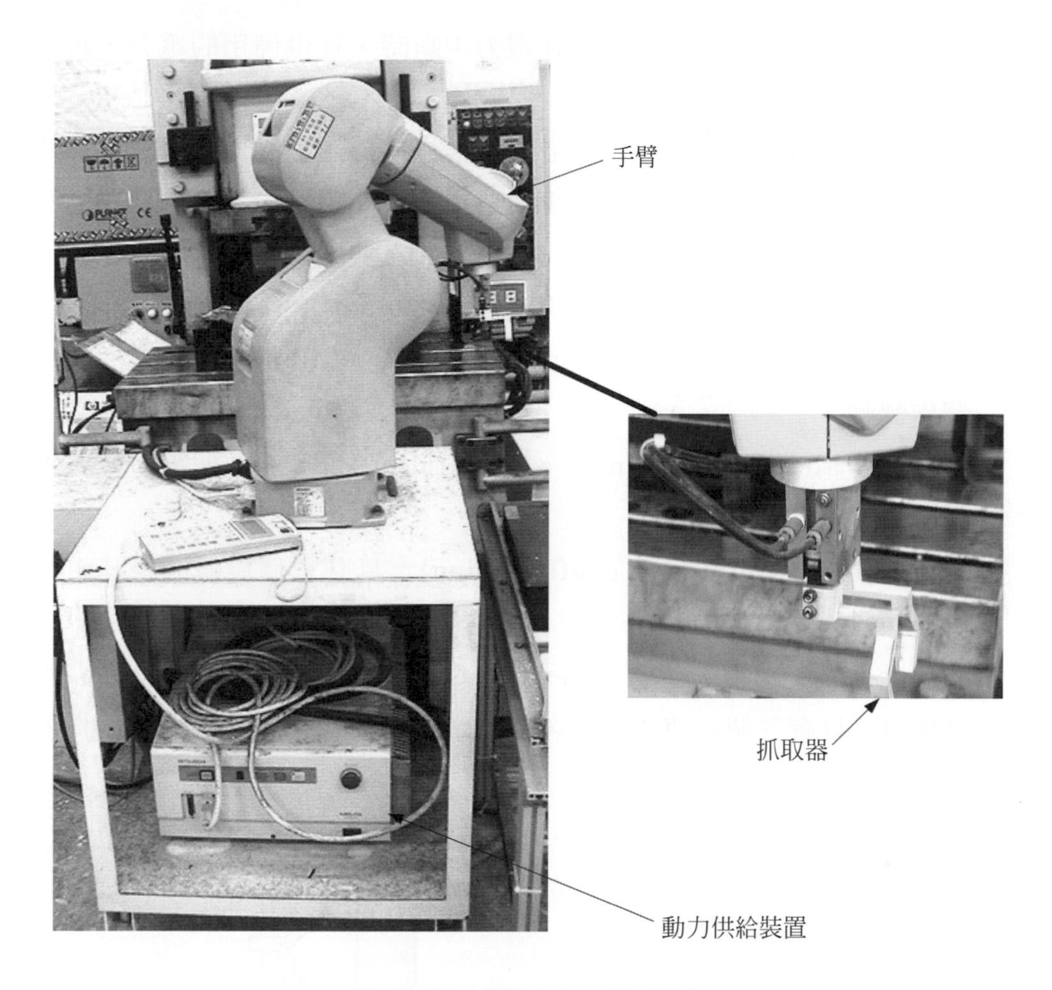

圖 10-27 機器人的主要零組件

致動器是機器人的動力源，大多數爲電力馬達，可採用閉迴路伺服控制，新一代直接驅動式機器人使用無刷直流馬達(brushless DC motors)，並且不使用傳動裝置，其他亦有使用氣壓式致動器或油壓式致動器。

機器人的手臂包含各類的轉動軸與滑動軸，由電力式或流體式致動器驅動，而且各種皆內建有位置感測器。

手部是機器人直接與工作物接觸的部位，通常依使用者之需來設計製作，常用有抓取器(gripper)、手部(端致器)(end effect)、手臂夾具末端(end of arm fixture)等。

動力供給裝置主要目的在於調節可用的動力以提供機器人使用，而動力供給器必須能夠過濾不穩定的動力脈衝，並能在電力中斷時，提供備用的電力，將交流電整流並調節，以供應電腦使用。

控制器中的數位電腦是機器人的核心，包括了使機器人動作的所有先進技術。

機器人可依其各主要的軸之自由度來組合出不同的結構，常見的基本結構有五種，如圖 10-28 所示：

1. 直角座標式結構(Cartesian coordinate configuration)：具有三個線型軸。
2. 圓柱座標式結構(cylindrical coordinate configuration)：具有二個線型軸與一個旋轉軸。
3. 極座標式結構(polar coordinate configuration)：具有一個線型軸與兩個旋轉軸。
4. 關節手臂式結構(joint-arm configuration)：具有三個旋轉軸，其中一個爲垂直旋轉軸。
5. 選擇性順從裝配機器人手臂 (Selective Compliance Assembly Robot Arm；SCARA)：具有三個垂直旋轉軸，同時容錯能力較佳，是最成功的機器人。

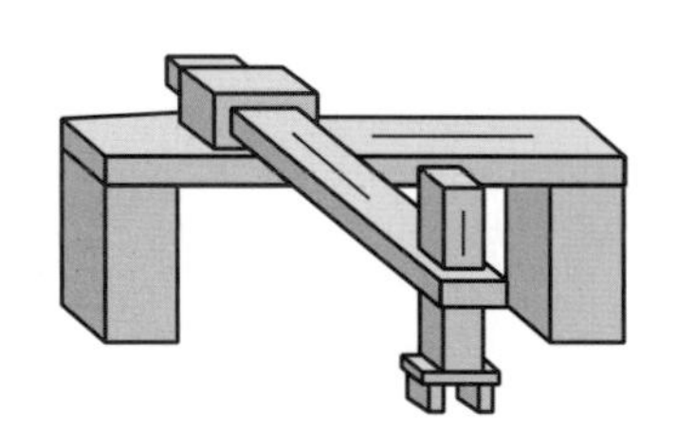

直角座標式

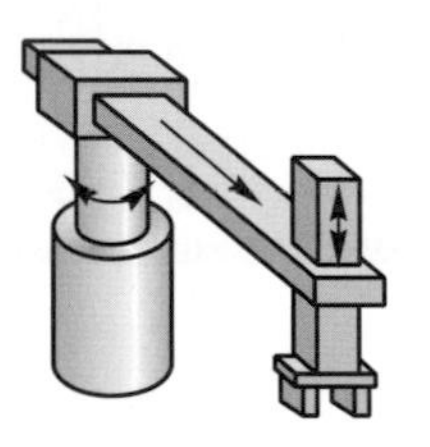

圓柱座標式

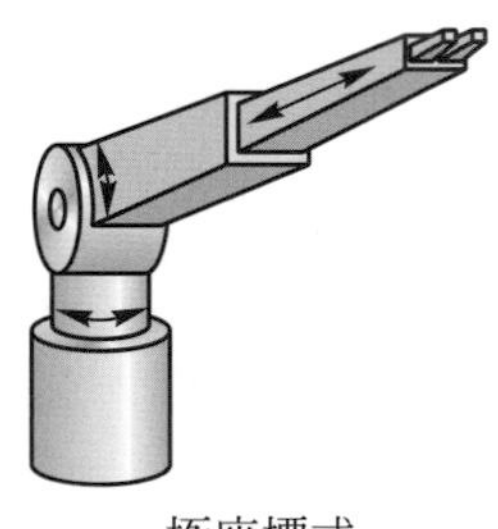

極座標式

關節手臂式

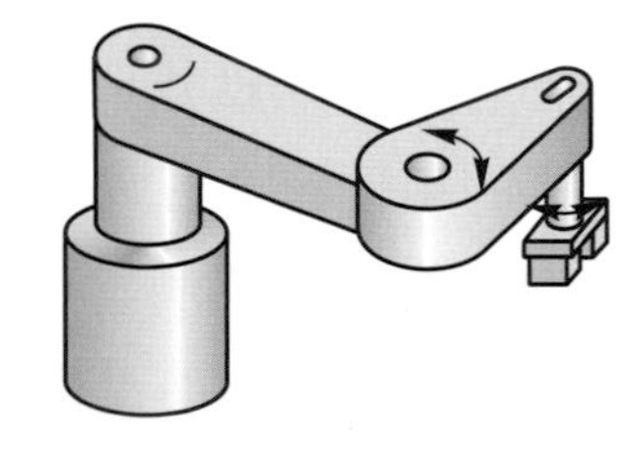

選擇性順從裝配機器人手臂(SCARA)

圖 10-28 常見的機器人基本結構

機器人的程式語言類似高階語言，其中最大不同在於包含「移動(Move)」的指令。機器人動作，其程式設計流程與程式語言如圖10-29所示。

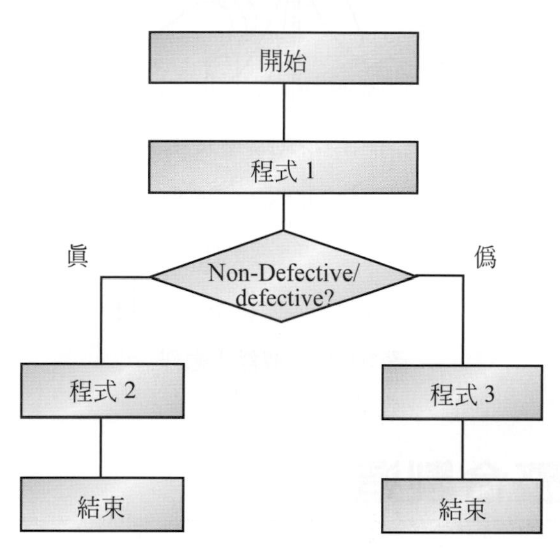

圖10-29 機器人動作與程式設計流程

機器人的功能依路徑控制可分爲點至點機器人(point to point robots)、控制路徑機器人(controlled path robots)與連續路徑機器人(continuous path robots)。圖10-30爲常見的機器人路徑控制，未座標化的機器人每次下達指令時，各主軸驅動最大位移至新位置，有些軸會先完成動作，已座標化的機器人則各軸會同時開始運動，也同時完成動作，因此運動過程成平順、穩定，未座標化的控制方式已很少使用，圖10-31爲機器人的動作。

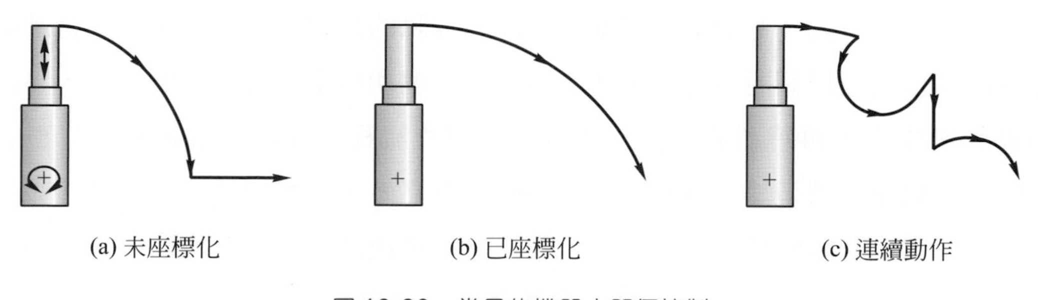

圖10-30 常見的機器人路徑控制

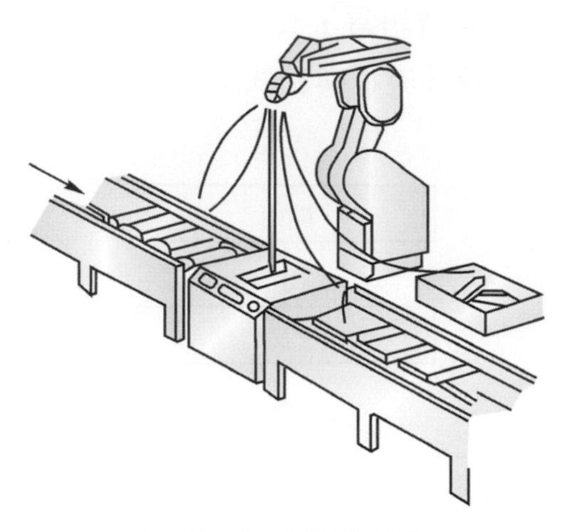

圖 10-31 機器人動作

10-4 電腦整合製造

電腦整合製造包括電腦輔助設計、電腦輔助製造規劃、電腦輔助製造控制與企業功能。 電腦輔助設計則涵蓋了幾何造型、工程分析、自動繪圖、設計審核與評估。在電腦輔助製造規劃方面則有成本估計、電腦輔助製程規劃(CAPP)、電腦數值控制(CNC)。電腦輔助製造控制的內容爲：製程控制、製程監控、工廠現場控制與電腦輔助檢驗。企業功能方面則是以電腦化系統來執行訂單輸入、會計、帳單與顧客訂單等企業管理事務如圖 10-32 所示。

電腦整合製造所涵蓋的範圍比 CAD/CAM 廣，它包括了 CAD/CAM 與企業功能，其基本理念是將公司中所有與生產相關的作業，納入在一整合的電腦系統中，藉著電腦資訊的傳遞，協助解決並擴充各部門資訊的聯繫。理想的電腦整合製造系統是將電腦技術運用到所有的作業功能與資訊處理功能上，首先接收訂單，將訂單透過設計與生產，再將產品送出，在這一系列的流程均採用電腦系統加以整合管理。因此電腦整合製造除了具有工程相關軟硬體之外，亦包括了企業管理，尤其強調資訊的傳遞。網路的建立在電腦整合製造是不可或缺的，藉著網路的無遠弗屆能力，將生產相關部門整合起來，有效率地發揮生產自動化的功能。

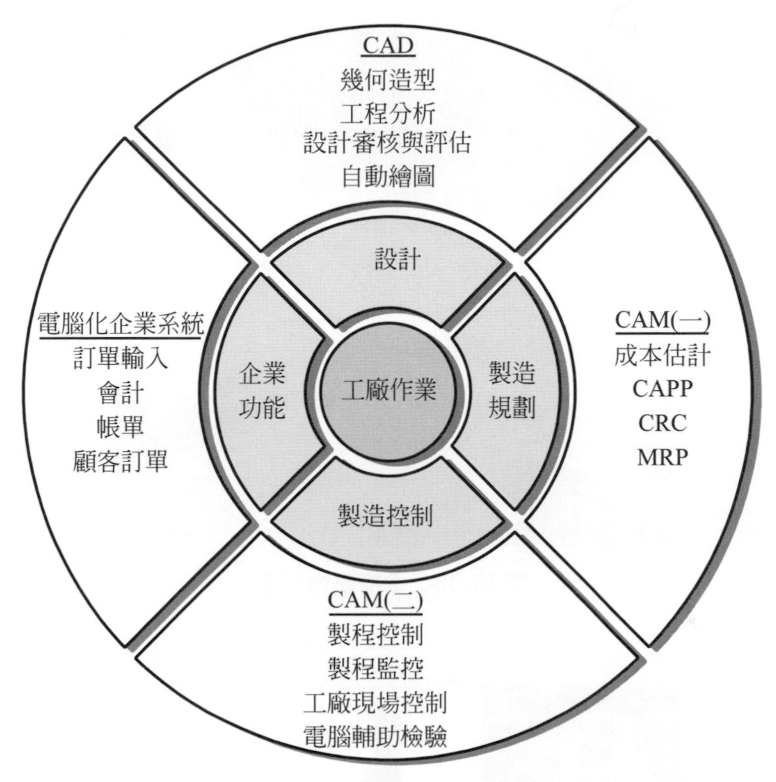

圖 10-32　電腦整合製造系統

10-5　虛擬製造

電腦科技的蓬勃發展，運算能力的提升，促使 3D 電腦繪圖技術迅速地發展起來。虛擬實境(virtual reality)所運用的技術之一就是 3D 電腦繪圖，讓人如親臨電腦所模擬的環境，猶如在眞實的環境之中，虛擬實境可應用的領域很廣，如星際爭霸戰。

此種技術在製造自動化亦十分有用，可應用在零件的組裝，及早發現有無干涉問題，亦可用於生產製程的模擬，圖 10-33，爲虛擬點焊加工的情形模擬機械手臂在點焊加工時的情形。圖 10-34 則是模擬快速成形(rapid prototype)加工過程，每一堆積層的情形，可預先了解整個製程。

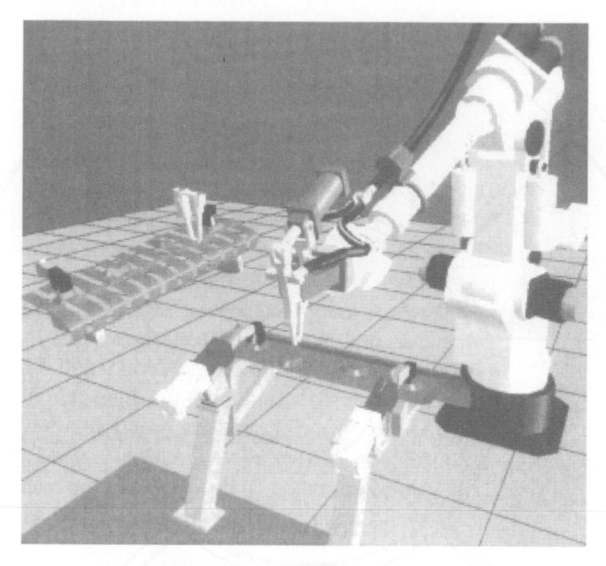

圖 10-33 虛擬點焊加工

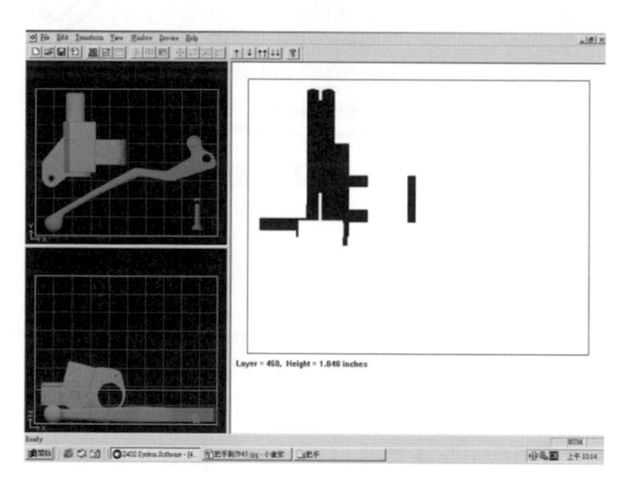

圖 10-34 虛擬快速成形

習題

1. 實施製造自動化前應考慮那些因素？
2. 電腦輔助設計在設計過程中可執行的工作有那些？
3. 三次曲線(cubic spline)、Bezier 曲線(Bezier spline)、B 曲線(B spline)各有那些特點？

4. 試說明CAD Model的種類與其用途。
5. 試說明電腦輔助製造中切削的種類及其切削路徑如何決定。
6. 試說明彈性製造系統。
7. 試說明電腦整合製造。
8. 試舉例說明虛擬實境在自動化製造過程中的應用。

第11章

快速成形及快速模具技術

- 11-1 緒論
- 11-2 快速原型技術
- 11-3 快速原型加工原理
- 11-4 快速原型加工程序

11-1 緒論

快速成形是1980年後一種高規格的新技術產品，主要應用的技術層次有較具有高水平與高精度標準。其精密技術包括有電腦輔助設計(CAD)、CNC 技術、電腦輔助製造(CAM)、新材料技術、激光技術、精密伺服馬達驅動技術等集合而成。依據CAD上的三維圖形，並依據機器的控制精密度，對其進行分層切片，以得到二維的平面切層平面圖。並依機器所使用疊層材料選擇黏著劑，或將金屬融解及固化聯結，以形成各截面形狀，並依順序逐漸堆疊成爲三維的工件。

快速成形技術徹底顚覆傳統的有屑加工法缺點，利用逐漸增厚的方法得到三維立體的工件。因此它不需要採用傳統加工機械，並不需要特別的治具與夾具，故加工時間只需傳統的 10%～30%，而材料成本只需要傳統加工的 20～35%，就能直接製造出成品或者模具。如圖 11-1 所示爲快速成形與傳統加工的比較。故快速成形具有上述優點，所以近年來發展迅速，已成爲現代製造技術發展重要的一項頂尖技術，實現現行工程(concurrent engineering，簡稱CE工程)之不可或缺工具。

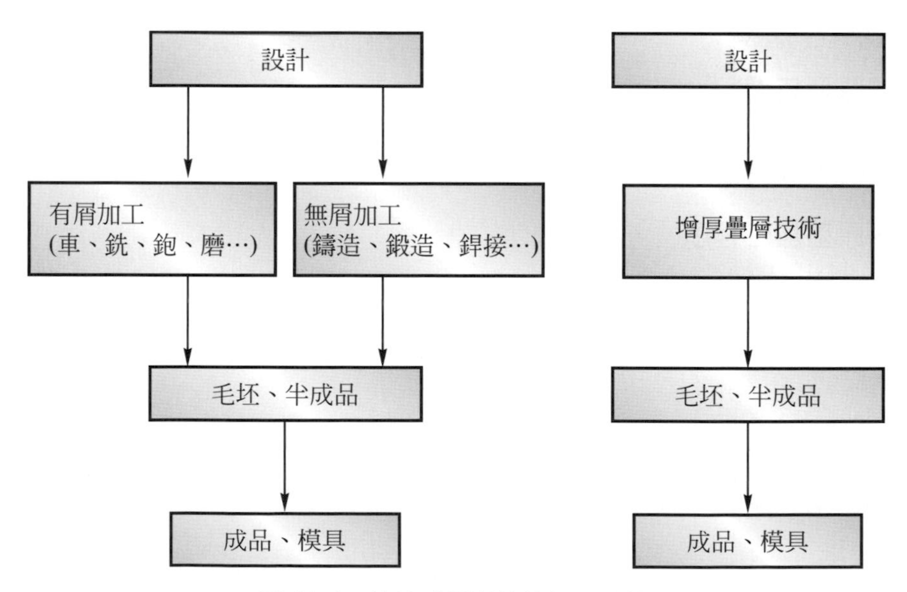

圖 11-1 快速成形與傳統加工比較

11-2　快速原型技術

快速原型技術(rapid profotyping technology)的發展在 1940 年，Perear 首先提出在硬紙板上切割輪廓線，然後將這些紙板黏結成三維地形圖形。50 年代後，如雨後春筍，出現幾百個有關快速成形的專利，其中Zang(1964 年)、Richard Meyer (1970 年)和 Gaskin(1973)等沿襲 Perear 理論提出另外一系列利用三維輪廓概念成形，如圖 11-2 爲三維疊層地形模型成形概念。1976 年 Paul L Dimatteo 在美國專利(#3932923)中，進一步明確提出利用仿傚機器，將三維物體轉換成許多二維輪廓薄片(圖 11-3)，然後利用雷射光切割使這些薄片成形，再利用銷子或螺絲將一系列之薄片連接成爲一個三維的成品。1979 年，日本東京大學的 Nakagawa 教授開始利用疊層技術製造實際的模具，如沖孔模、擠製模及射出成型模。

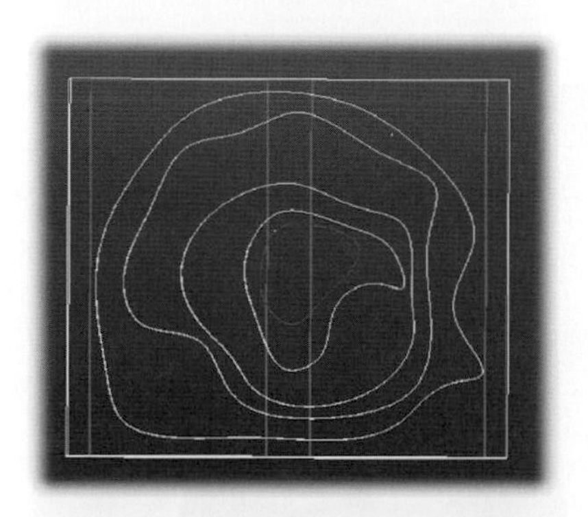

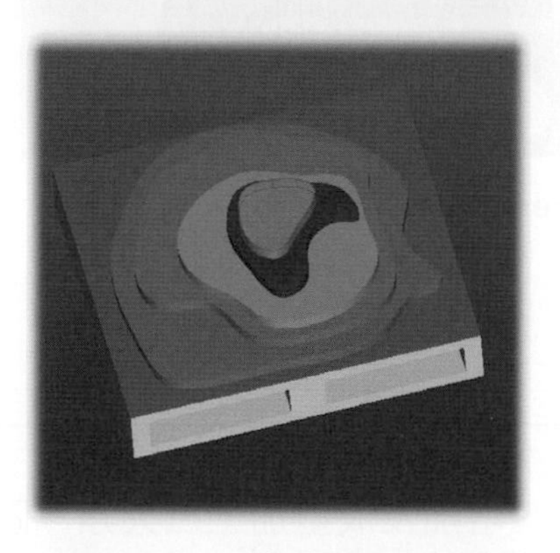

圖 11-2　三維疊層地形模型

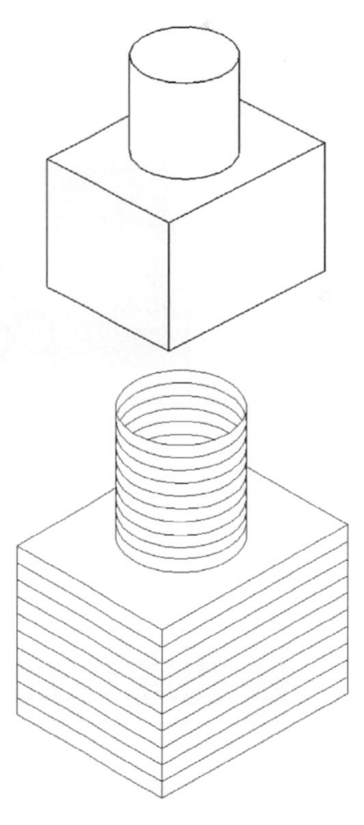

圖 11-3　Paul 的分層堆疊成形

在上述的各種專利法中，對於快速成型法只是提出基本的構想而已。80 年代之後，快速成型有了根本的發展，出現更多專利，在 1982 年，Carlo Baese 在他的美國專利(#774 549)中，提出第一代快速成形技術，"立體平板成形印刷術"(Stereo Lithography, STL技術)的初使構想，利用光敏聚合物製造塑料成形。之後1986～1998年之間在美國註冊之專利就有274個。而在1986年 Charles W Hull 的美國專利(#4 575 330)中，提出利用雷射光融化光敏樹脂，以此分層堆疊半固態樹脂製做三維物體，成爲現代快速成形的最可行方案。隨之，美國3D System公司據此專利，于1988年生產了第一台快速成機——SLA-250(液態光敏數脂選擇性固化成型機)，開創快速成形發展之新紀元。此後10年內，出現10種以上不同型態的快速成形技術及相對應的快速成形機，如金屬粉末材料燒結(SLS)、絲狀材料融覆(FDM)及薄形材料切割(LOM)、臘材料成形(Therom-Jet)(圖11-4 3D-System Co. Thermo-Jet 2.0,2000 生產)等，並且實際應用於工業、醫療及其它有有關產業。不僅如此，並且還繁衍另外新的領域——快速模具製造(rapid tooling)，並使快速成形爲現代工業不可缺少技術。

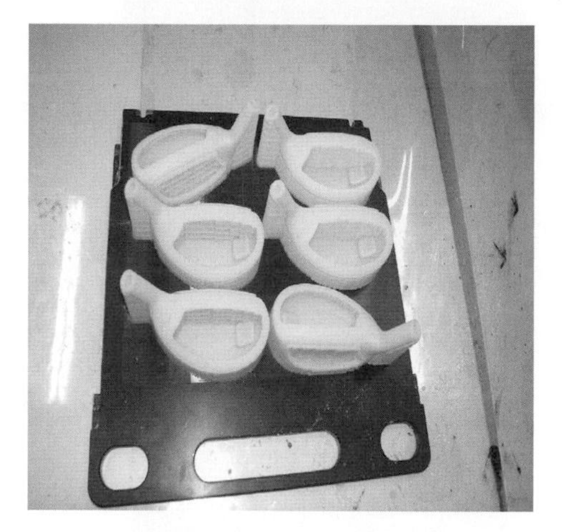

圖11-4　3D-System 公司 Thermo-Jet 2.0

11-3　快速原型加工原理

綜觀機械的基本製造程序，可分爲材料去除、增加及成型加工三大類。圖11-5爲機械基本製造程序示意圖，各類製程舉例說明如下：

1. 除料方式加工：如車削、銑削、刨削、EDM……等。

2. 增料方式加工：快速原型加工、電鑄成型……等。
3. 成型方式加工：彎曲、鍛造、電磁成型、射出……等。

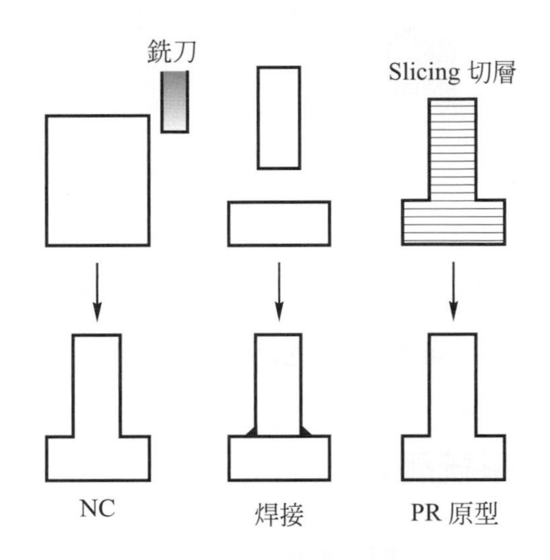

圖 11-5　機械基本製造程序

其中快速原型加工爲近十年來掘起的增料方式加工製程，其原理爲利用單純的 2D 物體，堆疊出複雜的 3D 實體。在快速原型層加工概念下，結合了逆向工程(reverse engineer)、CAD、CAM、電腦輔助工程(computer aided engineer)……等，形成一個自動化製程鏈。

快速原型系統可製作出任意複雜形狀或具細微結構原型，完全擺脫切削加工的限制，並克服模型易失眞的缺陷，對製造加工而言，無異是一項重大的突破。快速原型的原理是利用層加工概念，將電腦設計的3D物體，沿著某一軸將其切成一片片的薄片，有如2D 的物體；反過來說，若能製造出此2D 物體，將其堆疊起來就可產生3D的實體。

11-4　快速原型加工程序

快速原型加工的程序如圖 11-6 所示，首先設計利用3D CAD 軟體設計出產品的實體或封閉曲面模型，然後再將此模型依不同的RP機種需要轉換成所需的檔案格式，一般來說此檔案格式通常爲STL(stereo lithography file)檔，將此檔案經過

Slicing 軟體計算將 STL 檔轉產生 2D 加工路徑資料，有了加工路徑資料以後即可傳入快速原型機，一層一層加工製造出設計產品原型。

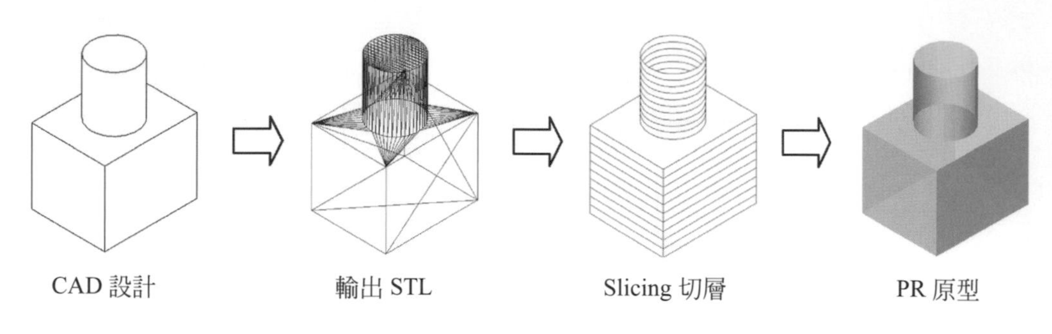

圖 11-6　快速原型加工程序

11-4-1　快速原型系統簡介

1988 年 3D 公司推出第一台 RP 商業機器以來，目前已有數十種的 RP 機型相繼上市，其製造廠商也由美國增加爲日本、德國、以色列延伸至新加坡、中國等，國內對於快速原型系統研發工作，在台灣科技大學鄭正元教授積極研究與發展下，已成功研發出第一部“光罩式快速原型系統”，值得國人掌聲及期待：快速原型經過多年的研究與發展，成型的方式也由原來的光硬化樹脂雷射照射硬化的液態方式發展爲金屬粉末、陶瓷粉末、蠟、紙等各種材質原型製作方式，本文將快速原型系統分爲液態、半液態、粉末、固態等機種進行討論。

1、液態法

此方法是以液態光硬化樹脂(photocurable resin)爲基本材料，藉由雷射光或紫外光的照射使樹脂材料硬化，達到成型的目的。商業化的產品以 3D System 的 stereo lithography apparatus(SLA)、Cubital 的 solid ground curing(SGC)系統爲代表。

SLA 快速原型機是由 3D System 公司所研發成功的，爲目前最早商業化(1988)的 RP 機器，也是全世界銷售最佳機型。圖 11-7 爲 SLA 快速原型系統加工原理，其工作原理是以 He-Cd 或 Argon 紫外線(UV)雷射光掃瞄(scan)光硬化樹脂液面，使欲成型位置的樹脂硬化成薄薄一層(約 0.025-0.1mm，最新報告可達 0.025mm)，然後升降台先降再上升，使欲加工位置的表面上再覆蓋一層樹脂，接著以刮板

(recoater blade)將液面刮平後等待其呈水平，再以雷射光掃瞄，並使此層與上一層能緊密結合，如此步驟一直循環直到完成三維工件，其完成的工件完全浸在樹脂中，使升降台升上後再取出工件，因爲樹脂略有化學性，需在酒精或有機溶劑中清洗，然後再放到處理箱中加熱，使其完全硬化；此外，3D 系統公司一直非常重視並進行耐溫樹脂原型及快速模具技術如 3D Keltool 之研究，完成可生產超過百萬件射出成型模具。

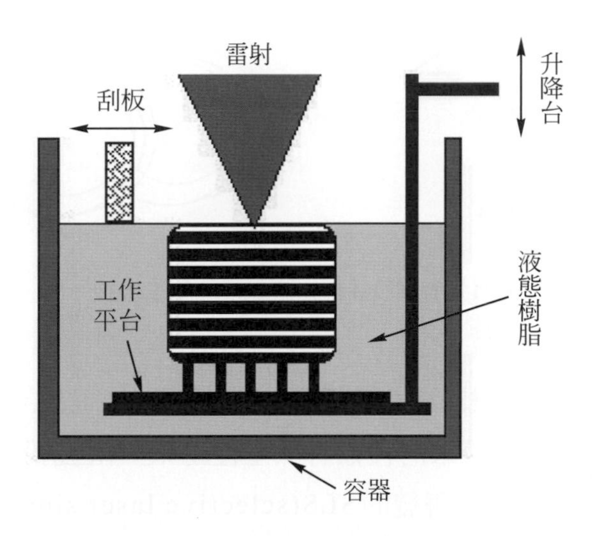

圖 11-7　SLA 快速原型系統加工原理

2 、半液態法

此法以 Stratasys 公司 FDM(fused deposition modeling)系統爲代表，圖 11-8 爲 FDM 快速原型系統加工原理，其工作原理十分類似擠牙膏的方式，以加熱頭熔化線狀(直徑約 1.25mm)熱塑性材料，將其加熱至熔點溫度上方約 1℃，當材料熔化被擠出後，立刻凝固並黏結在所要處，如此一層一層地堆疊直到整個工件完成，此機器之加工頭是由 X-Y 軸移動的機器手臂所控制，而材料的供給是以兩滾輪來送進，由於工件是建立在海綿狀的物體上，所以取下工件非常容易，因此沒有SLA 製程必須將工件由升降平台小心翼翼地分離問題。

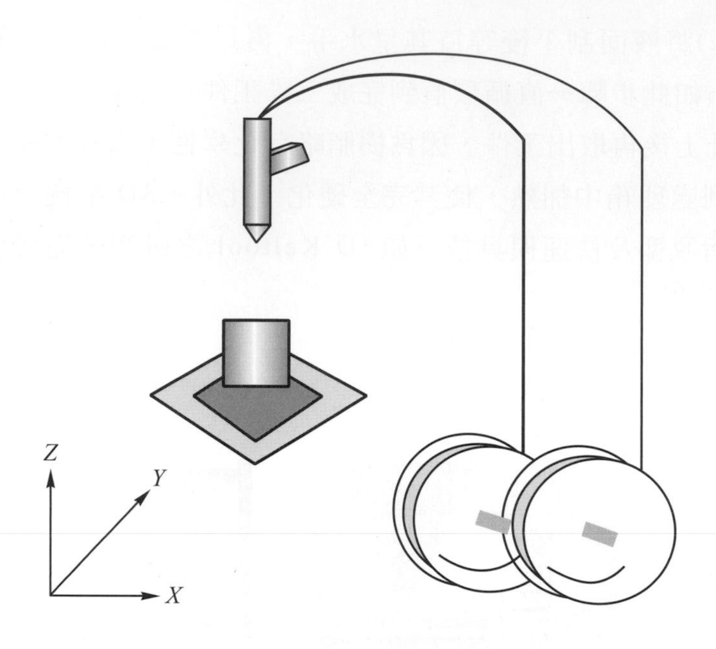

圖 11-8 FDM 快速原型系統加工原理

3、粉末法

此法是以雷射照射於粉末，被雷射照射處粉末與粉末黏結成型，一層完成後再照射下一層直到工件完成，粉末的種類有熱塑性粉末、陶瓷粉末與金屬粉末，代表機型有德州大學奧斯丁分校所研發的SLS(selective laser sintering)、EOS(electro optical system)公司 EOS-S、EOS-P、EOS-M、麻省理工學院所發展 3D Printing 技術轉移Soligen 公司之DSPC(direct shell production casting)以及Z-Corporation 的 Z402 快速原型系統。

SLS快速原型機爲美國德州大學奧斯丁分校所研發的製程，最後技術再轉移至 DTM 公司生產銷售。SLS 所採用的是CO_2二氧化碳的雷射光，雷射光在充滿氮氣的工作平台區內，依其所需成型輪廓及外型照射在已經預熱的粉末上，使其鍵結在一起，即完成一層，之後成型平台便下降一層厚度，接著送粉機構上升而將所需要粉末量經由滾筒而均勻鋪在成型平台上。如此一層一層地來回照射在材料粉末上，使其燒結固定，未被雷射光照到的部分遍佈凝固，經過一層一層掃瞄後，便可產生所需之原型，因所完成工件是埋在粉末內，完成後將原型取出，以刷子或空氣槍清除多餘粉末後，即可得到細緻的原型成品，圖 11-9 爲SLS快速原型系統加工原理。

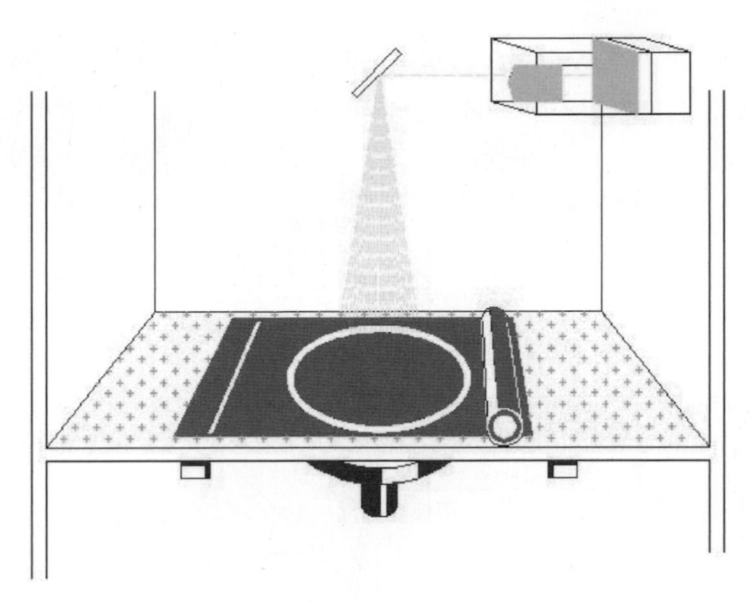

圖 11-9　SLS 快速原型系統加工原理

4 、固態法

此成型方式是以雷射或切割刀切割工件外輪廓於被覆有熱熔性黏結劑(heat-activated adhesive)薄片材料上，外輪廓切好後，經熱壓黏結於上一層已切割好薄片上，如此循環直到工件完成，此成形方法以具有專利的Helisys laminated object manufacturing (LOM)及日本KIRA(selective adhsive and hot press)系統爲代表，圖 11-10 爲 LOM 快速原型系統加工原理。

LOM快速原型機目前有兩種機型，使用CO_2雷射，依據工件截面的外圍輪廓，切割薄片材料，以左右兩個滾筒來傳遞材料，一個滾筒供給材料，另一滾筒收集餘料，當滾筒滾至正確位置時，另有一個加熱滾筒滾過材料表面，使材料下方之熱熔性膠體熔化並黏結於上一層，再以雷射來切割所要剖面之輪廓，並且將輪廓以外之材料切割成棋盤狀，以利後處理，如此一層一層地循環著直到工件完成，工件完成時是整個包在加工材料裡面，將切成棋盤狀之餘料剝離即可得到成品。

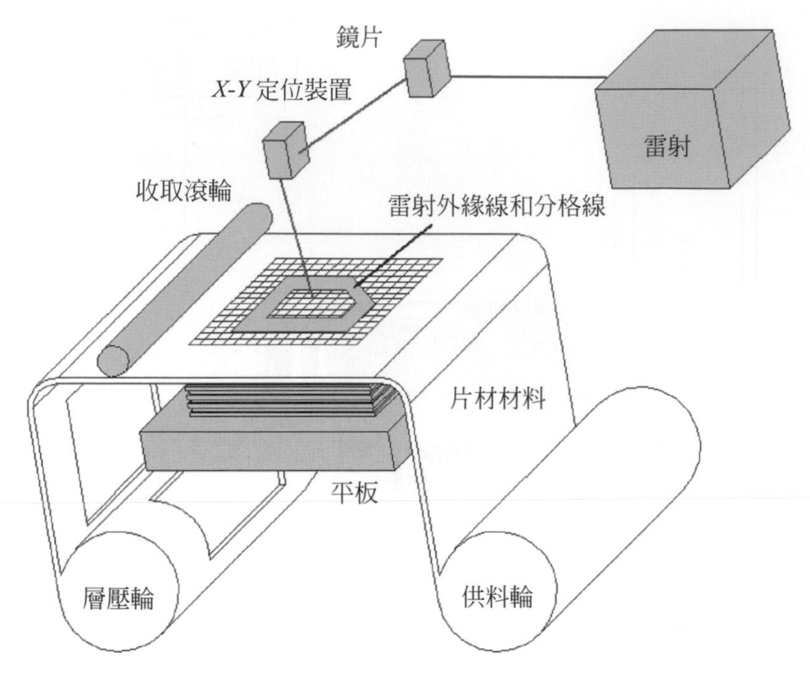

圖 11-10 LOM 快速原型系統加工原理

5 、桌上型快速原型機

近年來有多家公司致力於桌上型 RP 機器之發展，例如 3D Thermojet 快速成型系統、Sanders Prototype, Inc.的 Model Maker MM-6B或BPM System (Ballistic Particle Manufacturing)，主要共同點爲系統價格低，噪音小、無污染適合辦公室環境下工作。

Sanders' Model Maker MM-6B爲美國Sander Prototype 公司生產之快速原型系統，其加工原理如圖 11-11 所示，爲FDM與3D列印的組合，此系統使用兩組可於 X-Y 軸上移動的噴嘴進行加工，一個噴嘴供給較高熔點熱塑性材料製作原型，另一噴嘴供給較低熔點臘製作支撐；每加工一層後，銑刀銑平工件最上層表面，工作平台再往下移一層的厚度，進行下一層加工；當整個工件完成後，必需將支撐溶除，才能得到所需要原型。

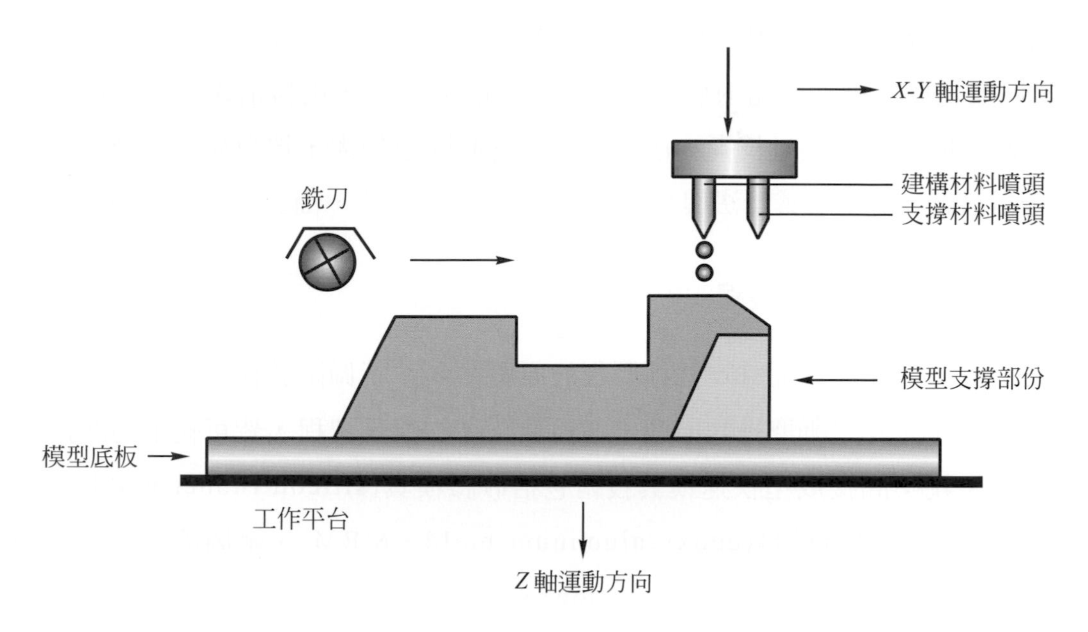

圖 11-11　Sanders Model Maker MM-6B 快速原型機加工原理

11-4-2　快速模具技術

狹義快速模具是指藉由快速原型機直接製作模具或藉由快速原型系統製作模具原型所翻製出的模具，但就廣義的快速模具而言，舉凡所有較傳統製模速度快的製模方法或製程，皆可稱爲快速模具，快速模具的發展可以分爲直接成型與間接成型兩方面，以下針對此兩方面進行概略介紹。

1 、直接成型快速模具製程

直接成型快速模具多由粉末類快速原型系統直接製出公、母模具，其成形特性爲利用掃瞄式CO_2雷射，掃瞄欲成形部分的粉末，使其互相結合，利用積層造形的方法製造模具或原型。其中以DTM公司的SLS製程最具代表，其原理爲利用特製金屬粉末，由SLS快速原型系統直接將公、母模個別製造出來，成品稱爲“green part (粗胚)”，然後將green part放入furnace(火爐)將binder(黏結劑)融出，所得到的成品稱爲“brown part”，最後將brown part在高溫爐中滲銅，待其冷卻凝固後，即可得高密度模具，其製作時間只需2～3週，可射出生產50000件以上成品。而LENS則是使用高功率雷射將銅金屬粉末熔解而成形，由目前國內應用情形可以發現，直接成型快速模具技術，由於精度及變形問題仍大，技術尚未十分成熟，且其價格相當高，加上品質無法與NC或放電加工模具相比，商業應用情況仍不普遍。

2 、間接成型快速模具製程

就廣義的快速模具而言，此種製程的原型件，並不侷限於快速原型機所製作的原型，而是任何方式所取得的原型，進而翻製出的模具製程，皆可統稱為間接成型快速模具系統；間接成型快速模具技術包括矽膠模具(silicon rubber mold)、精密鑄造模具、金屬樹脂模具(epoxy-aluminum mold，MRM)、金屬噴塗模具(metal spraying)、電鑄模具(electrode position)、Keltool……等。

近年來快速模具漸受重視，其製造方法之研究愈來愈多，如美國Dawn Roberta White與Daniel Edward Wilkosz兩人所研發電鍍鎳層包覆陶瓷粉末經熱均壓之快速模具製程、Steven D.Pratt等人所研發嵌入式快速模具、Bo Yang和Ming C. Leu於原型上電鍍鎳層而翻製的快速模具……等。

(1) 矽膠模與真空注型

真空注型(vacuum casting)為適合少量生產或樣品製作製程技術，以矽膠樹脂為材料的暫待模具，每組模具約可生產15-30個工件，產品平均誤差約為 5%，真空注型作業流程包括矽膠暫待模具製作及樹脂真空脫泡、混合、注入模具兩階段，由於整個作業過程均在真空室中完成，可得到品質良好且無氣泡的產品，有關真空注型作業程序如圖 11-12 所示，其中圖(a)至圖(d)為矽膠模製作方法及流程，圖(e)至圖(h)為實際真空注型作業方法及流程，說明如下：

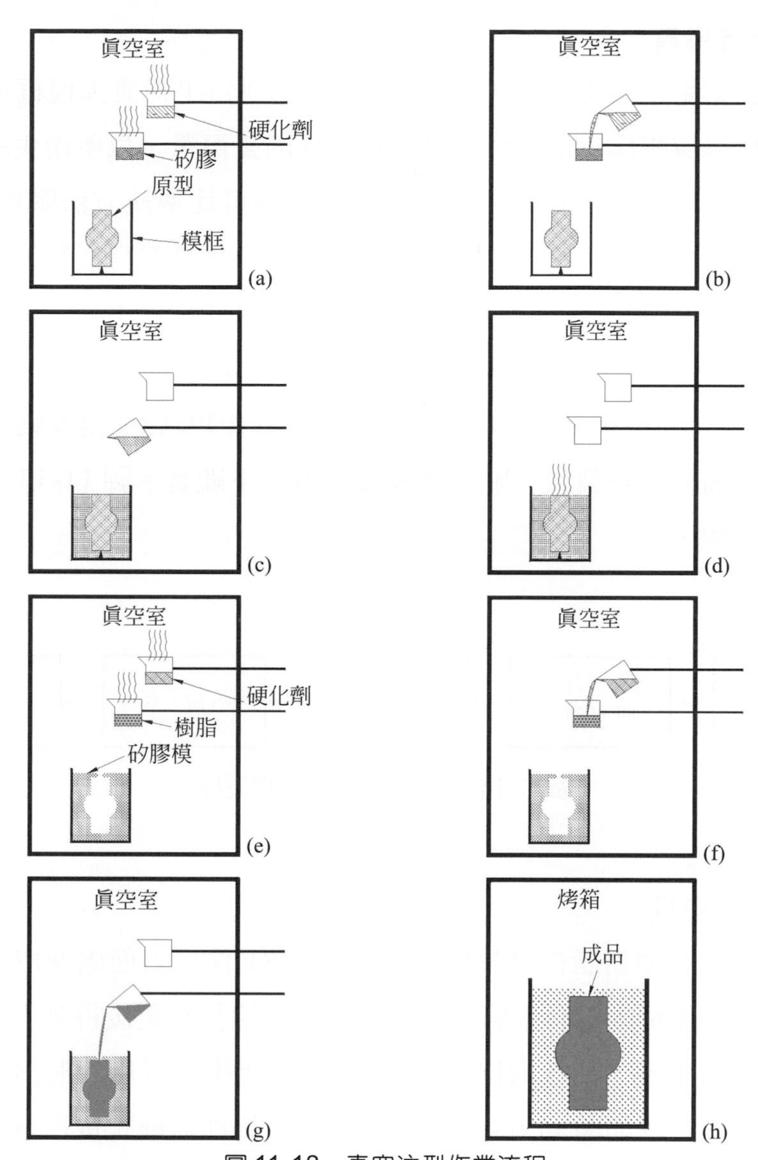

圖 11-12　真空注型作業流程

圖(a)：前處理程序，包括注口及模框處理並放置於眞空注型機內，並將矽膠硬化劑及主劑至於眞空注型機脫泡。

圖(b)：將硬化劑倒在矽膠容器中攪拌。

圖(c)：將攪拌均勻之混合劑倒入模框。

圖(d)：繼續進行脫泡，去除混合或澆注過程中所可能產生的氣泡。
接著將模框取出，待固化後根據原型形狀利用手工刀具將矽膠模切成二或更多塊以利順利取出原型。

圖(e)：矽膠模及樹脂置於眞空注型機內進行脫泡。

圖(f)：硬化劑與樹脂混合攪拌均勻。

圖(g)：將混合劑注入模具。

圖(h)：取出矽膠暫待模，置於烤箱加熱，經適當時間硬化後，拆除矽膠模取出工件。

(2) 精密鑄造模具

精密鑄造法製造金屬模具的步驟包括：將RP件置入模框內後倒入矽膠樹脂，再以矽膠樹脂爲母模而倒入石膏或陶瓷泥漿，以所產生的石膏或陶模再翻製出一金屬射出模具。以此法製作模具可比傳統方法降低 20～50%費用，並可快速得到金屬模具；精密鑄造快速模具雖然具有製模快速且成本低廉優點，但高溫鑄造造成嚴重變形及收縮，尺寸掌控不易，加上石膏或陶模導熱率差，灌注的金屬結晶顆粒大、強度較差，其尺寸變化率約爲0.254mm～0.508mm，此類快速模具多用於如PU發泡模或輪胎橡膠模等精度要求不高的模具製作，附加價值及效用並不顯著。圖 11-13 爲精密鑄造模具製作流程。

圖 11-13　精密鑄造模具製作流程

(3) 金屬樹脂模具

傳統的金屬樹脂模具製作方法也是將RP件經表面處理取出分模線後，置入模框內後倒入摻有金屬粉末耐溫樹脂，待其硬化後得到上模，然後翻面再繼續製作下模，最後取出RP件，重新組合後即可用於射出成型機或射臘機，其製作流程如圖 11-14 所示。此種材料特性爲硬化後性質有如金屬，強度可達 18kg/mm^2，所製作之模具由於射出件及金屬樹脂材料不同，可供生產 1000～5000 個產品，是一種產量介於眞空注型法與金屬模具的方法；不過傳統金屬樹脂模具存在部分缺點，例如分模面處理必須仰賴經過長期學徒的老師傅完成，技術性高但分模面處理效果並不佳，射出成品往往存在明顯的分模線。

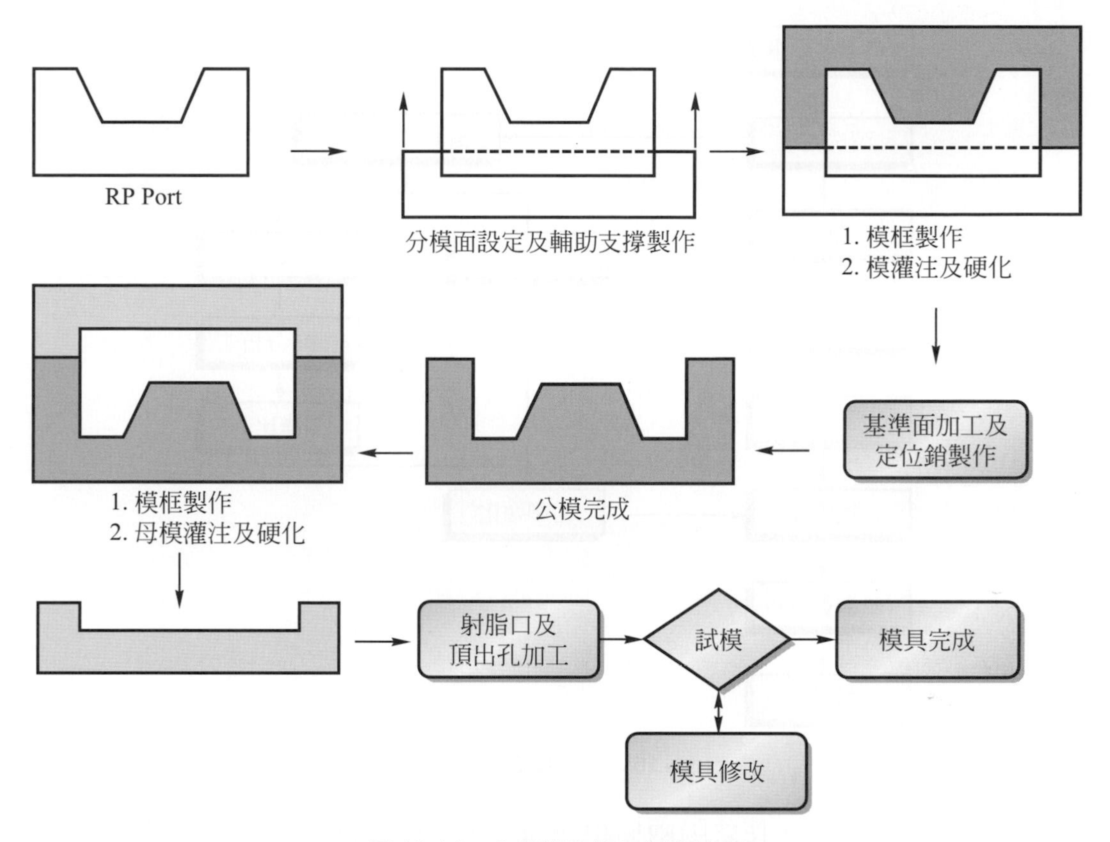

圖 11-14　金屬樹脂模具製作流程

(4) 精密電鑄電鑄模具

電鑄(electroforming)是以電解析出的金屬作成其他物品的仿造品，用於製成活字的鑄模(字母)時特別稱爲電模(electrotyping)，其電解操作方法與電鍍法相似，但電鑄法則常在物體上施行厚層電鍍，然後剝離，以複製物體表面的凹凸模樣，所以底面與電著層不需結著力，但兩者的接觸面需詳細嚴密表現底面的模樣，圖 11-15 爲微模具電鑄加工流程示意圖。

電鑄之基本原理與電鍍相同，是將電鍍液中金屬離子還原而沉積(deposition)在另一物件上，但一般電鍍乃是將異質金屬鍍於底材表面以達到耐蝕、耐磨、美觀目的，而電鑄則是將電著金屬自底材剝離，使用電著金屬本身，所以電著金屬的物理及機械性質會格外的被賦予考慮。而電鑄液成份、電鑄時的溫度、攪拌、電解液之PH值、電流密度及添加劑等對電鑄結果均有影響。

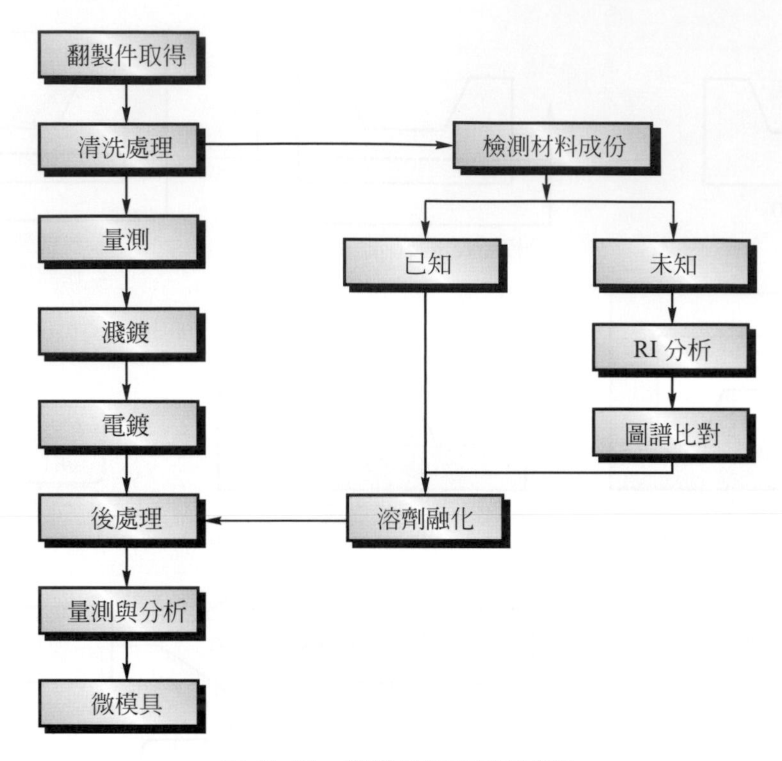

圖 11-15　微模具電鑄加工流程

在電解液中，使陰陽兩極相向通電，陽極不會發生電解溶出，這可用於電解研磨、電解研削、電解加工等電化學除去加工。反之，在陰極不發生金屬離子放電而電著，利用此現象的是屬於電化學附著加工的電鍍(electroplating)及電鑄(electroforming)。

電解液是適當溶媒(通常爲水)中的酸、鹽基、鹽溶液，在其溶液中，溶質以某種解離度解離爲離子，例如在硫酸桶的水溶液，如$CuSO_4 \rightarrow Cu^{2+} + SO_4^{2-}$解離，同時，溶媒的水也如$H_2O \rightarrow H^+ + OH^-$解離，只是程度輕微。在硫酸銅溶液中，電荷的移動是隨 Cu，SO_4，H，OH，離子的移動而發生，亦即，電解液電導的電荷導體是離子而不是電子，這是電解電導異於金屬中電導之處，因而，電解液中的電流流通常伴有物質(離子)的移動。

對陰陽兩極間施加電壓時，所產生電解液中的電場會使離子移動，帶負電的離子(陰離子，anion)移往陽極(anode)，帶正電的離子(陽離子，cation)移往陰極(cathode)，陰陽離子雙方的移動產生電流，以陽離子的移動方向爲電流的正方向。電解槽的陽極及陰極名稱是以電流流往電解液的電極爲陽極，以從電解液流入電流的電極爲陰極。

陰極比陽極低電位(電子過剩的狀態)，到達此處的陽離子結合此過剩電子(離子放電)，還原爲中性金屬。在陽極藉電解溶出生成的電子在電流方向的反方向經導線移往陰極，穩定持續陰極的還原方應，如此在陰極表面發生金屬離子(陽離子)的放電。電著現象包括此種離子放電的過程與如此所生金屬原子配列於解晶格子的過程(結晶成長過程)。

到達陰極表面的金屬離子經放電與結晶成長兩過程，形成金屬皮膜(鍍層)時，到達的離子被陰極全表面吸著。被吸著的離子在陰極全表面並非一樣容易放電。主要在陰極表面中的活性點發生放電。此活性點也成爲結晶的格子點，放電過程與結晶成長過程幾乎同時發生，以模式示此狀況，吸著離子移到活性點需要能量，此能量成爲金屬析出的過電壓(overvoltage)(爲析出金屬，若不施加比理論所需電壓大的電壓，不會引起實際析出，此差稱爲析出過電壓)。

電鑄加工是把電著層增厚某種程度，作成與原膜或母膜相反形狀的製品，在母膜表面析出所要厚度的金屬層，從母膜剝離此電著層，可得與母膜完全相反形狀的電鑄品(稱爲negative或master)，此電鑄品有時直接用爲製品，若在此電鑄品表面析出所要厚度的金屬而剝離，可得與母膜完全相同形狀的電鑄品(稱爲positive或mold)，此操作反覆數次後，可製得多個有與母膜完全同尺寸的複製品。電鑄則是從母膜的素地剝下電著層，用電著層本身爲製品，圖 11-16 爲電鑄加工過程。

電鑄能製造某些難以用一般機械加工方法製造的特殊形狀的零件其主要優點：

① 通過合理的蕊模設計，選用恰當的操作條件，可以製造出表面粗糙度、低高精確的零件。

② 能夠使較難實現的內型面加工轉變成較易實現的外型面加工。

③ 易複製，能很準確的複製出表面形貌，爲其他機械加工技術難以比擬。

④ 容易得到由不同材料組成的多層結構零件。

⑤ 可用電鑄法連接某一些不能銲接的特殊材料。

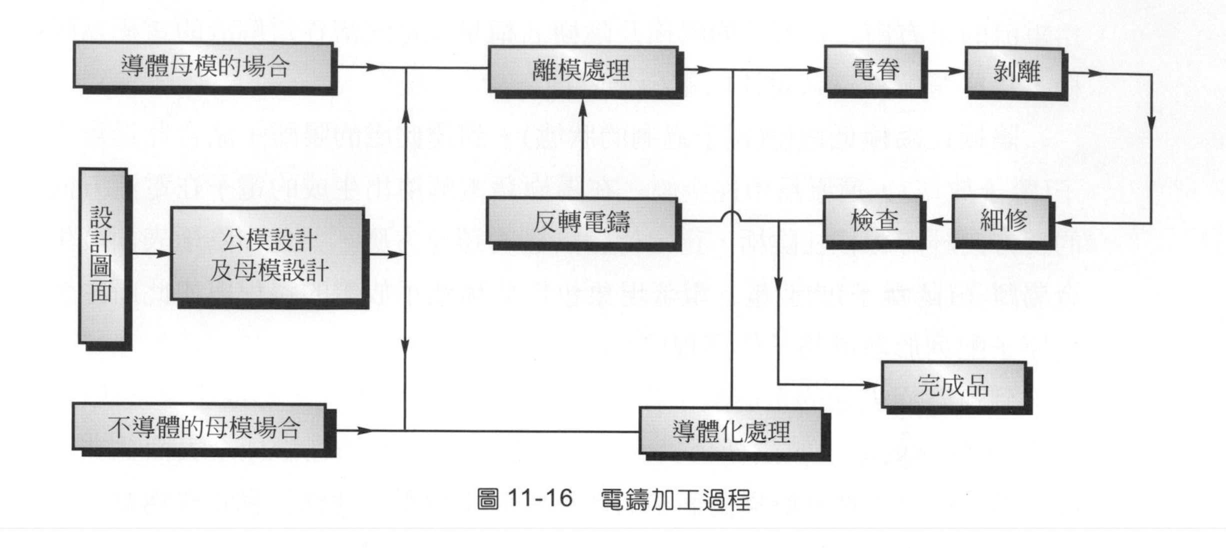

圖 11-16 電鑄加工過程

⑥ 電鑄層的厚度，原則上沒有限制，有幾微米厚的箔材，亦有幾十毫米厚的結構零件。

缺點則爲：

① 在複雜的蕊模表面難以得到均勻的電鑄層。

② 生產效率低，一般速度爲：銅 0.04～0.05mm/h，鎳 0.02～0.5mm/h。

11-4-3 快速成型技術應用實例

1、真空注型技術應用於塑膠零件快速開發

眞空注型技術最大特色包括製模時間短(12 小時)、成本低廉(約金屬模具 20%)、產品品質優良(收縮率約 0.1-0.6%)並可製作仿各種塑膠材質如 ABS、Nylon、橡膠、PP、壓克力等塑膠零件，缺點方面則包括每一組模具僅能生產約 30 件產品、單一零件製作時間長(1-2 小時)及生產零件並非量產時的射出材質，有時無法滿足需要材質認證檢驗；圖 11-17 爲眞空注型技術應用流程，圖 11-18、圖 11-19 爲眞空注型機與應用眞空注型技術完成廠商所開發的氣動手工具、高級防震鞋、自行車、空壓機等新產品。

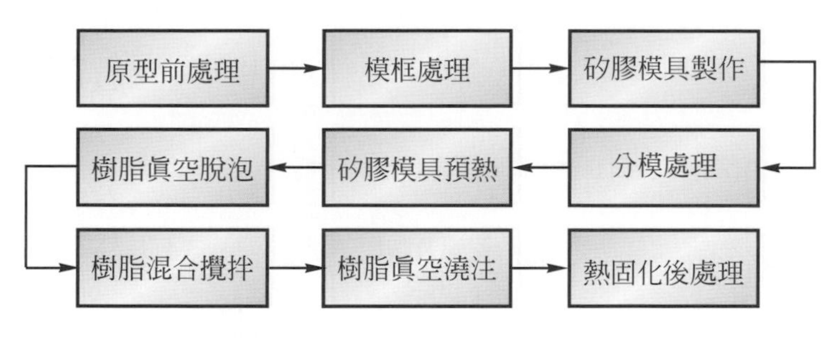

圖 11-17　真空注型技術應用流程

圖 11-18　型真空注型機

圖 11-19　應用真空注型技術完成合作企業的新產品研發

2 、真空注型技術應用於金屬零件快速開發

眞空注型技術不僅廣用於塑膠零件開發，藉由眞空注型機設備改良亦可應用於製作精密蠟型再配合精密脫蠟製程完成金屬零件快速開發，且整個開發時程僅需10天，應用此一製程技術須考慮因素包括 CAD 設計之初即需考慮蠟型收縮量(約1.2%)、鑄造金屬收縮量(鋁合金約爲 1.2%、鋼材約 1.5%)與配合面加工裕量，圖11-20 爲眞空注型技術應用於金屬零件快速開發流程，圖 11-21 爲應用此一製程完成的蠟型。

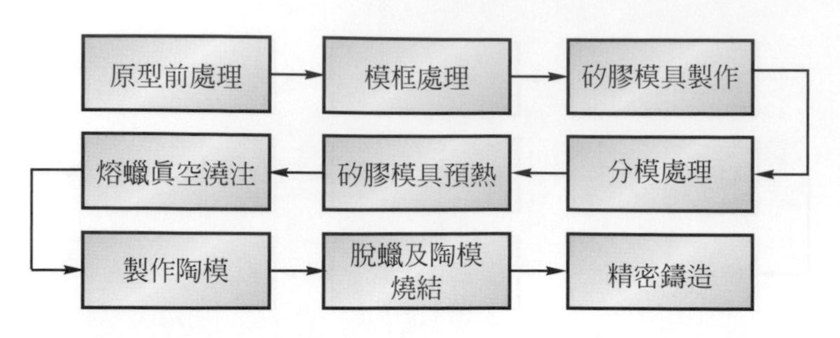

圖 11-20 真空注型技術應用於金屬零件快速開發流程

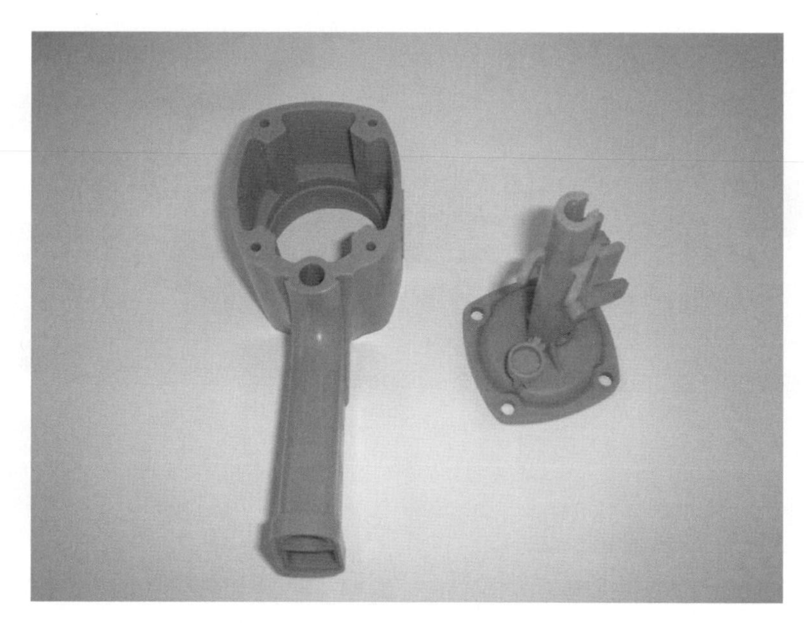

圖 11-21 應用真空注型技術完成的蠟型

3 、模具反向原型製作技術應用

前兩項眞空注型技術應用爲直接利用原型製作矽膠暫代模具再配合眞空注型技術進行塑膠或蠟型零件快速開發，其缺點包括應用原型製作矽膠模具必須採用手術刀進行模具分模處理，容易造成合模部位產生較大毛邊或錯位瑕疵，實驗過程發現，產品設計確認後先應用模具設計原理，完成公母模具設計並加入模具反向處理，直接製作反向公母模具原型並複製矽膠暫代模具可有效解決毛邊及合模瑕疵問題，圖 11-22 爲模具反向製程技術流程，圖 11-23 至圖 11-24 模具反向製程應用於手機殼開發實作過程，本項製程技術除可應用於矽膠模具製作外，更可延伸應用於金屬樹脂模具及電鑄模具製作。

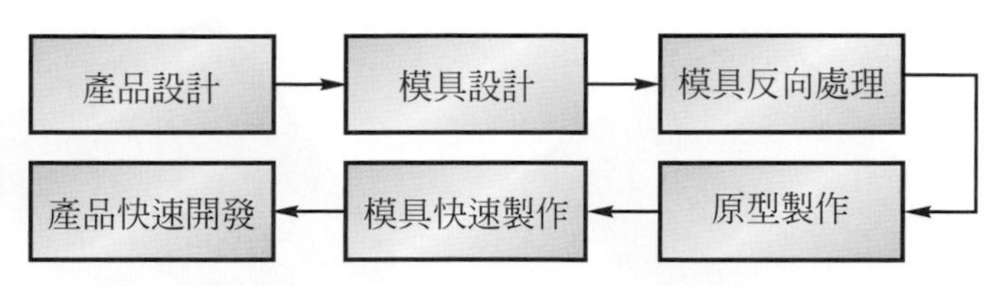

圖 11-22　模具反向製程技術流程

圖 11-23　ACER 手機殼 3D 設計

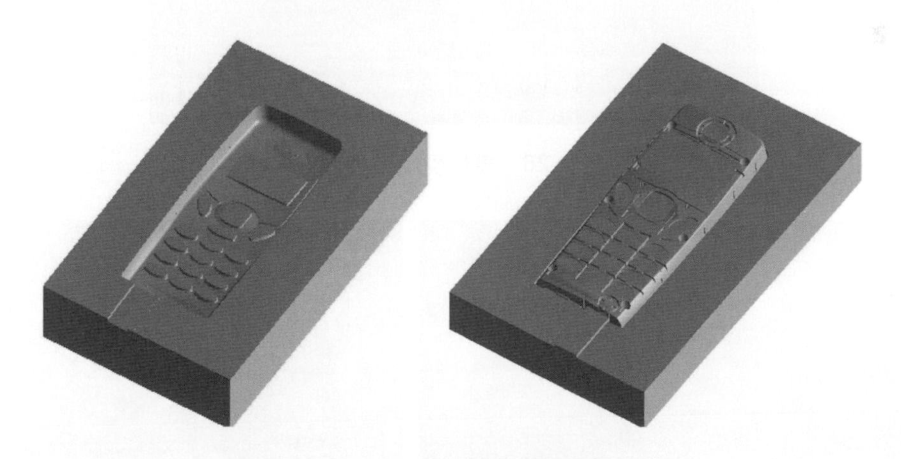

圖 11-24　電腦輔助模具設計

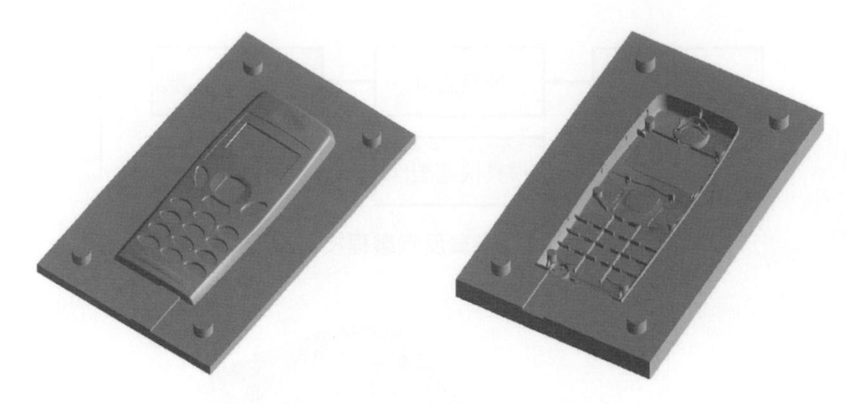

圖 11-25　電腦輔助模具反向設計

圖 11-26　模具反向原型製作

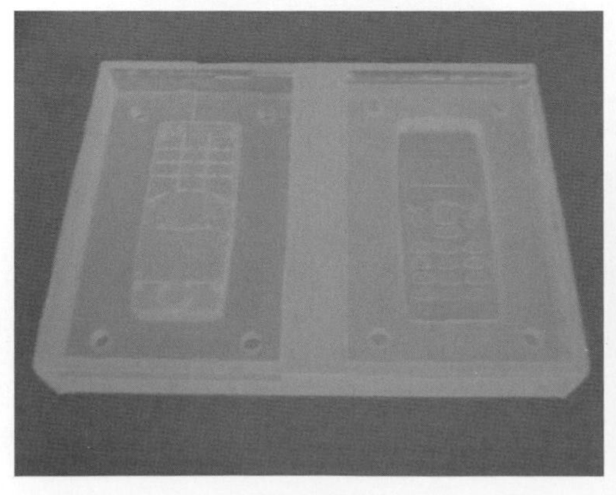

圖 11-27　模具製作與產品快速開發

4 、應用產品原型製作金屬樹脂模具

直接應用產品原型製作金屬樹脂模具最常面臨的問題爲模具複製後無法順利取出，尤其樹脂類原型與金屬樹脂屬於同質基材結合性過高，即使使用大量液態或固態離型劑失敗率依舊偏高，圖 11-28 爲經過實驗所發展之金屬樹脂模具間接複製流程，圖 11-29 至圖 11-32 爲本製程技術應用於具倒勾特徵的鞋模製作過程。

本項製程最大特色爲先以瑞士 CIBA 公司 6414 樹脂與 Al2O3 陶瓷粉末混合製作反向公母模，再進行金屬樹脂模具複製，包括產品具有倒勾特徵及脫模問題皆可完全解決且PU基與環氧樹脂基樹脂結合性不高，離型劑使用量可降至最低，模具表面品質更加提昇，模具製作時間方面，應用本製程進行模具製作約需 5 天。

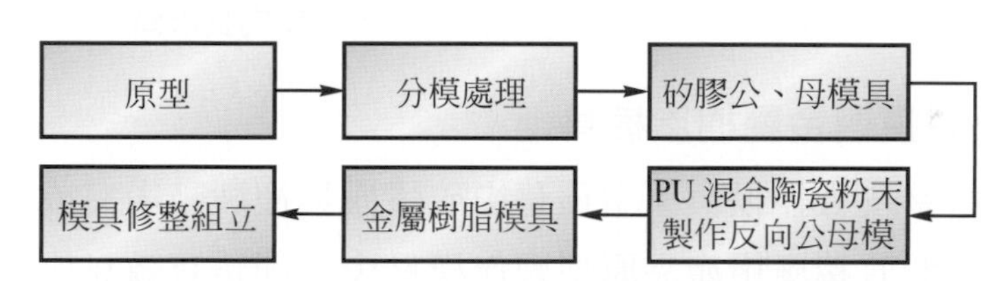

圖 11-28　直接應用原型複製金屬樹脂模具流程

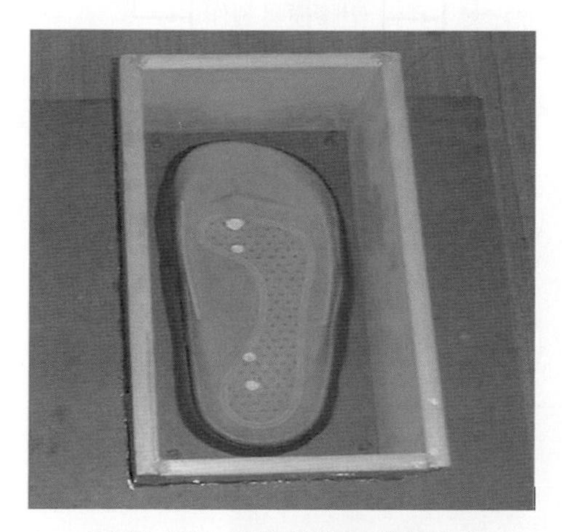

圖 11-29　原型分模及模框處理

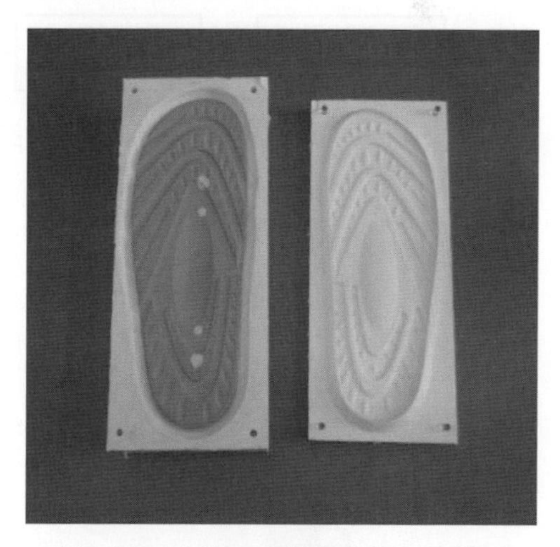

圖 11-30　定位及分模完成的矽膠模具

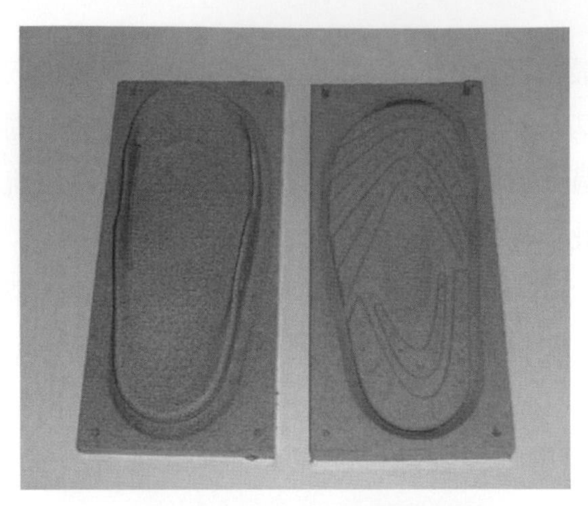

圖 11-31 矽膠公母模具進行

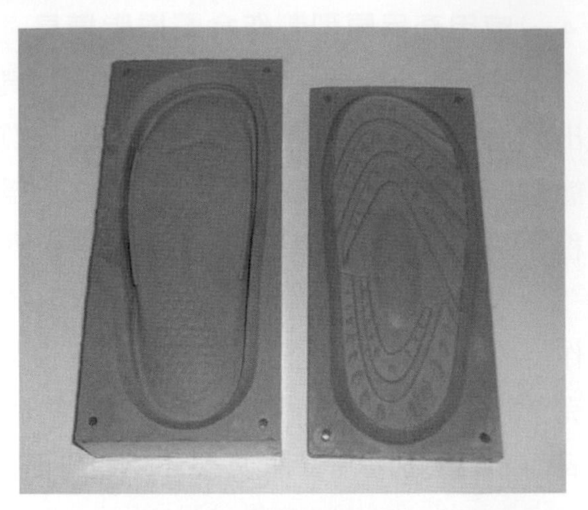

圖 11-32 完成之金屬樹脂鞋模複製含粉末 PU 反向公母模

5 、應用模具原型複製金屬樹脂模具

應用快速成型系統製作模具原型再藉由矽膠模具複製技術完成金屬樹脂模具製作雖然體積及成本較直接應用產品原型製作模具少，卻是有效克服技術人力養成不

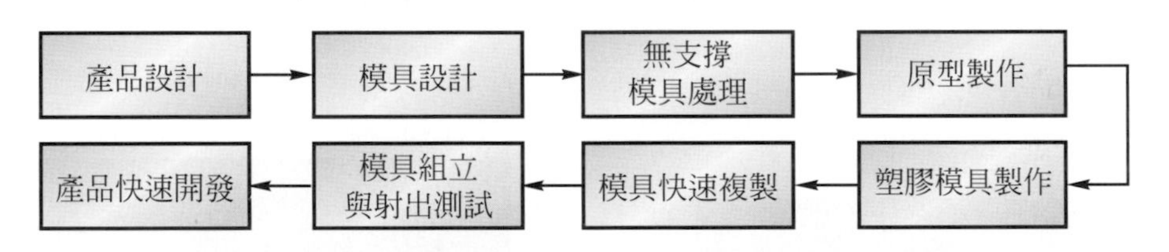

圖 11-33 RP 技術於釘槍座金屬樹脂模具製作流程圖

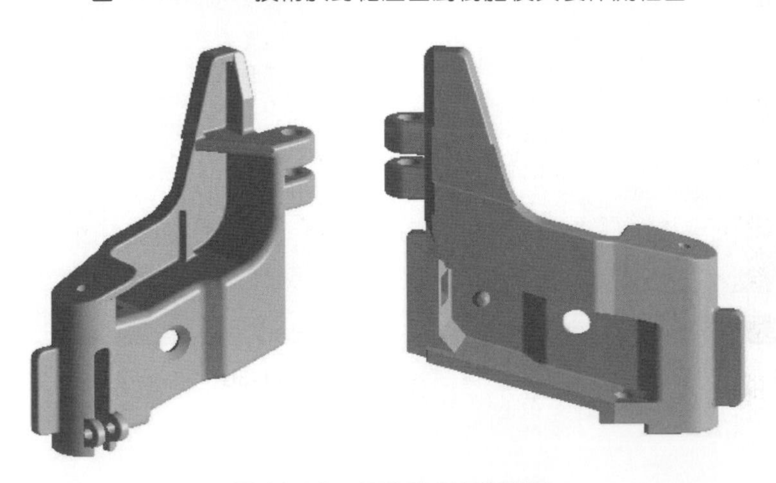

圖 11-34 釘槍座 3D 設計圖

易及失敗率過高問題，圖 11-33 爲 RP 技術於釘槍座金屬樹脂模具製作流程圖，圖 11-34～圖 11-36 爲利用 Thermojet 快速成型系統快速製作釘槍座金屬樹脂模具的流程，實驗發現細長比過高模具特徵應用金屬樹脂原料製作容易產生脆裂破壞現象(如圖 11-37 所示)，實驗結果發現應用金屬心軸或型體預埋及眞空、熱壓複合製程，可有效克服(如圖 11-38 所示)，圖 11-39～圖 11-40 爲完成模具、射出蠟型及精密鑄造鎳鉻鉬鋼零件。

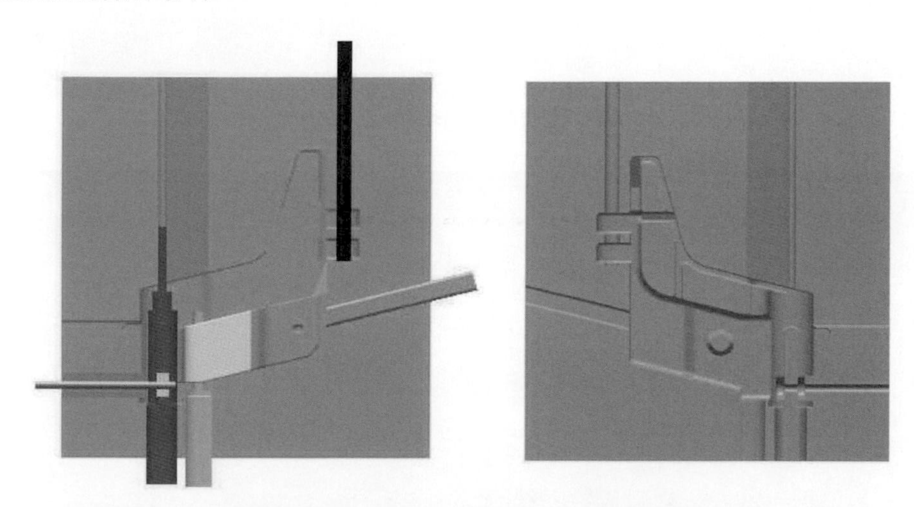

圖 11-35　釘槍座電腦輔助模具設計圖

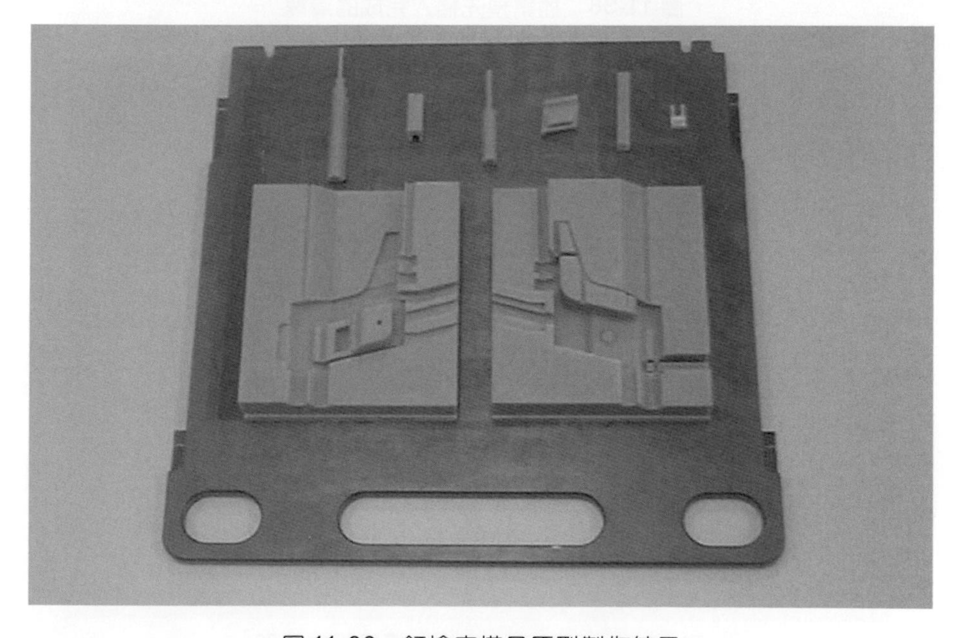

圖 11-36　釘槍座模具原型製作結果

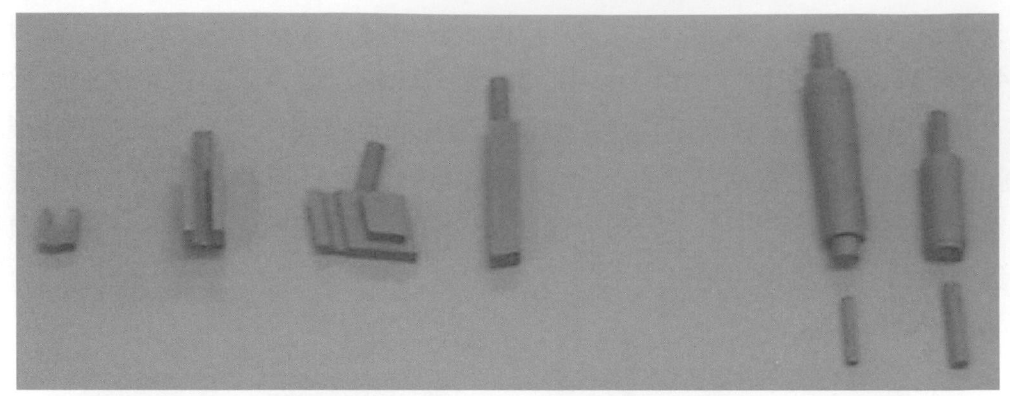

圖 11-37　滑塊心軸因特徵細微發生斷裂

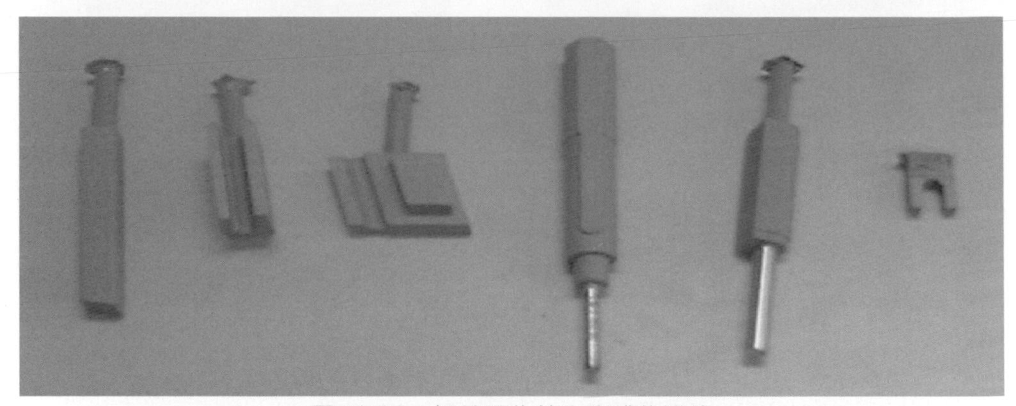

圖 11-38　插銷預先植入完成的滑塊

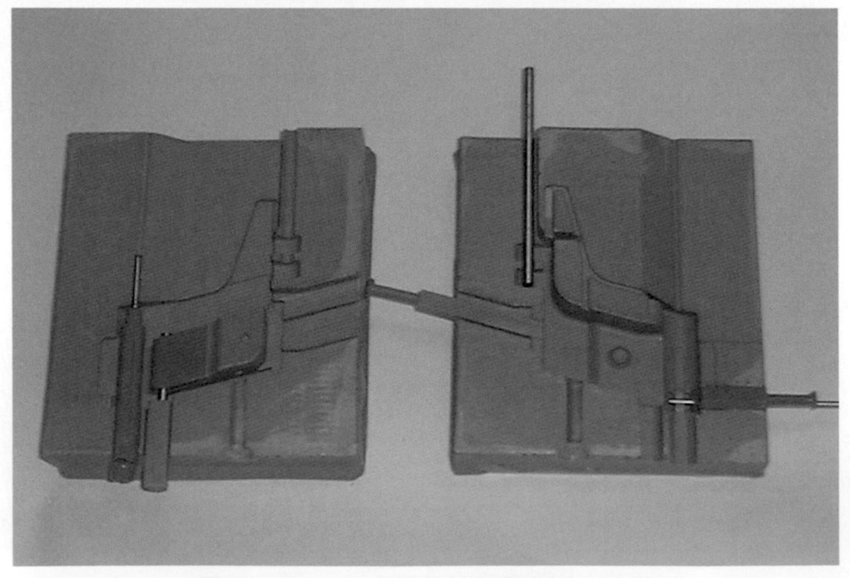

圖 11-39　釘槍座金屬樹脂模具組立情形

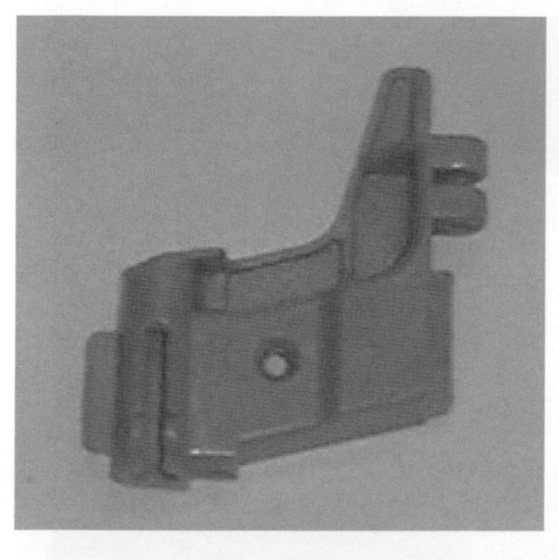
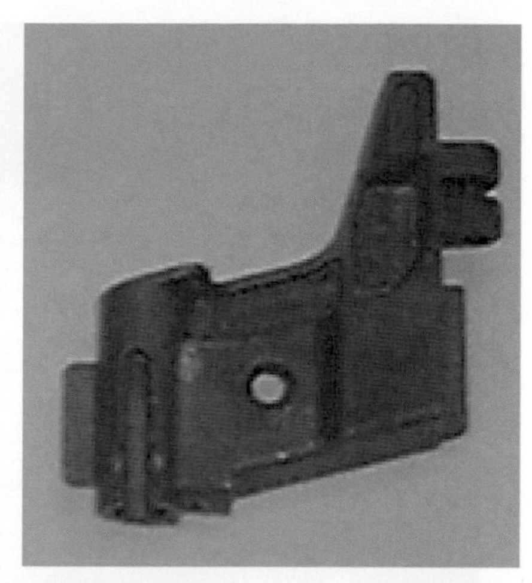

圖 11-40　釘槍座蠟型及鎳鉻鉬鋼零件

6 、電鑄技術應用於模具快速製作

(1) 實驗使用器材

電鑄機(如圖 11-41 所示)、光著劑、硫酸、銅粉、松香水、蒸餾水、比重計、銅線、銅塊。

圖 11-41　電鑄加工機

圖 11-42 矽膠模成品

(2) 銅電鑄製程

將完成的矽膠模(如圖 11-42 所示)，加入洗潔劑，並用牙刷清洗模表面的油質，並置於烤箱中 15 分鐘後，取出並漆銅粉溶液，均勻塗抹後將鞋模用清水沖洗使得多餘銅粉脫落(如圖 11-43)，並利用噴槍將清洗乾淨過後的矽膠模具噴乾。

檢查模面的銅粉是否均勻塗抹並挑選不影響電鑄成品模面，穿上銅線(如圖 11-44 所示)。

在置入電鑄前，檢查硫酸銅溶液的比重，(20～22 之間)，如低於比重20時加入硫酸，使比重增加，如高於比重20時，加入蒸餾水，降低比重(在電鑄銅極的過程中需隨時注意硫酸銅溶液的比重；並注意銅極是否產生珊瑚狀，如果產生珊瑚狀時需加入適量的光著劑)；將電鑄機之空氣幫浦打開，打氣一小時(使其硫酸銅溶液均勻混合)，將電流量調至 2.5 安培，並加先加入光著劑，使得模面光亮。確認以上步驟後置入模具，如圖 11-45，並將空氣空氣幫浦關掉，靜待一小時過後，再將空氣幫浦打開。

後交由電鑄機加工，等約一星期時間拿出成品之前二小時加入光著劑，於兩小時後從電鑄機中拿出銅極成品。

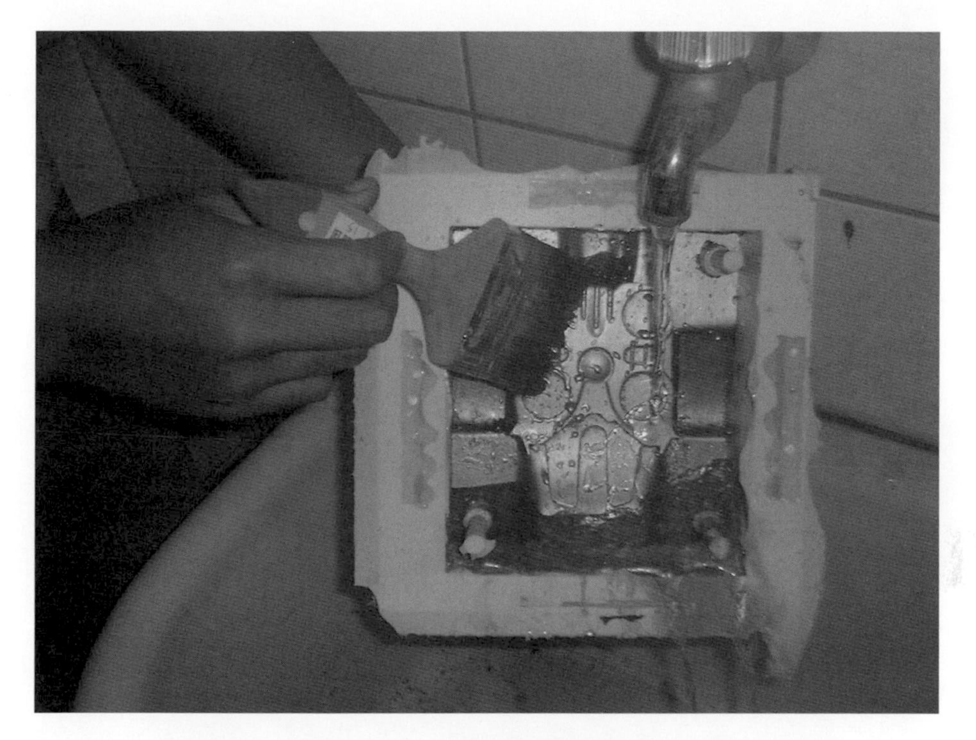

圖 11-43　塗抹後利用清水沖洗

圖 11-44　穿上銅線的矽膠模

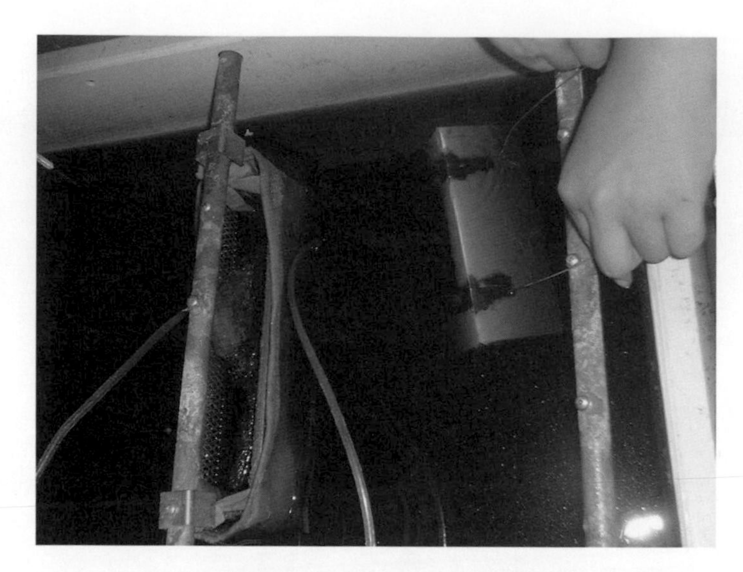

圖 11-45　置入電鑄機電鑄

(3) 電鑄失敗的原因與預防對策

電鑄失敗的原因與預防對策如下：

電鑄失敗的原因		預防對策
電鑄層太粗糙	1. 固狀浮游物混入。 2. 母模不良、前處理不良。 3. 陽極不純。 4. 鉛的混入。	1. 過濾電鑄液。 2. 整修母模。 3. 更換陽極。
電鑄完成銅極遭還原	1. 銅線與母模導電化不確實。 2. 與母模連接的銅線經常滑動，或與母模導電層不接觸。	確認導電是否確實。
光亮度不良 平滑度不足	1. 光著劑不足。 2. 空氣幫浦攪拌弱。 3. 硫酸銅溶液溫度上升。 4. 氯離子不足。 5. 不純物混入。 6. 硫酸銅溶液組成不均衡。	1. 調整補給。 2. 均勻攪拌。 3. 增加蒸餾水冷卻。
珊瑚增多	1. 硫酸銅溶液的硫酸濃度不足。 2. 電鑄溶液變質。	加入硫酸(試藥級)。

(續前表)

電鑄失敗的原因		預防對策
氣孔產生	1. 電流量過大。 2. 光著劑分解生成物。 3. 不純物混入。 4. 母模不良、前處理不良。	1. 調整至正常電流。 2. 母模製造粗糙，注意電鑄過程。
銅液無法附著於矽膠模	銅液調配過程使用其他液體。	所需調配溶液必須是松香水。
銅極脆化	1. 因過濾網附著雜質使銅離子分解後無法均勻附著於矽膠模具上。 2. 光著劑添加劑量不適當。	1. 更換濾網。 2. 改變光著劑添加劑量。

(4) 電鑄加工時應注意事項

(1) 用銅線穿過母模時必須牢固。

(2) 電鑄槽的體積必須是模型的體積 2～3 倍以上。

(3) 放母模到電鑄槽時，要小心一點，不要刮傷表面的導電層。

(4) 母模的表面不要接觸到陽極袋，以免母模因電鑄而黏附在陽極袋上。

(5) 不可以用太細的銅線，以免電鑄到一半，銅線因電流太大而被燒斷。

(6) 若是用漆包銅線時，與母模接觸的地方和陰極連接的地方皆要把漆刮掉，否則將不會導電。

(7) 定電壓或定電流時，不能將開關轉到最大，否則機器會壞掉。

(8) 黏在母模的銅線不可太長，以免和陽極接觸，造成短路，燒毀銅線，甚至會引起火災。

7、電極快速製作研究

(1) 製作 RP 原型過程

快速原型加工的程序，首先設計利用 3D CAD 軟體設計出需要的實體或封閉曲面模型。(如圖 11-46 與 11-47 所示)

圖 11-46　設計圖正面

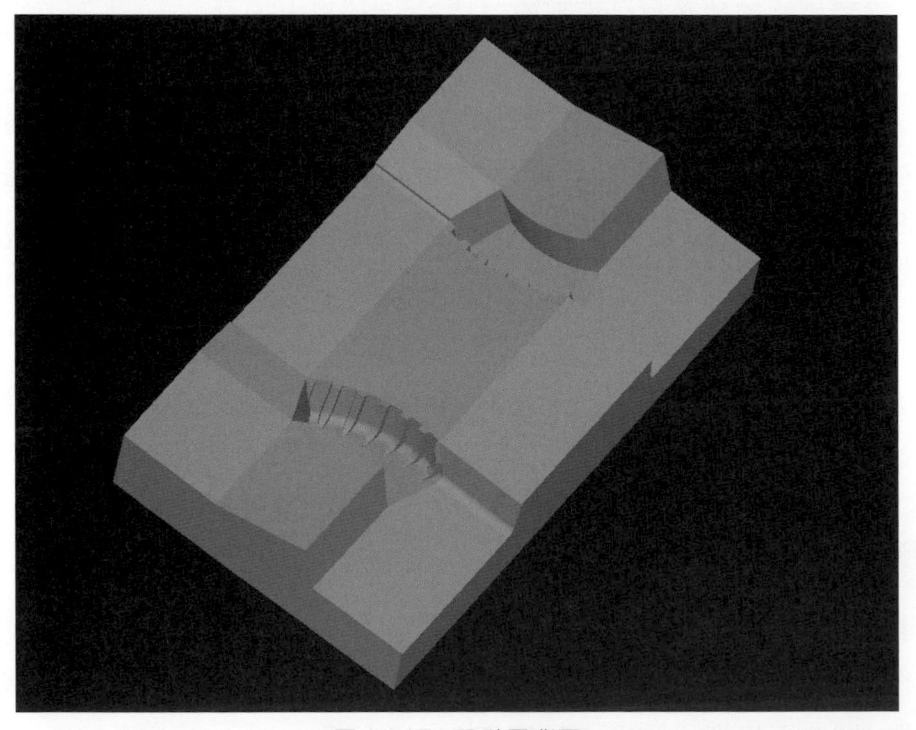

圖 11-47　設計圖背面

然後再將此模型依不同的RP機種需要轉換成所需的檔案格式，一般來說此檔案格式通常爲STL(Stereo lithography File)檔，將此檔經過Slicing軟體計算將STL檔轉產生2D加工路徑資料，有了加工路徑資料以後即可傳入快速原型機，一層一層加工製造出設計實體之原型，如圖11-48與即完成RP實體原型。

圖 11-48　完成 RP 實體原型正面

(2) 製作矽膠模

開始進行矽膠模之製作，其步驟如下：

① 取出實體RP原型。

② 經計算結果得所需矽膠模具容量約爲500克，所以取 500克矽膠及50克硬化劑。
③ 將A、B混合並攪拌均勻。
④ 將攪拌完成的矽膠置入眞空注型機進行眞空脫泡約 15 分鐘，藉此去除因攪拌時所產生的氣泡。
⑤ 破眞空並取出矽膠容器。
⑥ 將矽膠緩緩倒入模框中，以避免產生氣泡。
⑦ 將整個矽膠暫代模置入眞空注型機內進行第二次眞空脫泡。
⑧ 破眞空並取出矽膠暫代模。
⑨ 將矽膠暫代模置於長溫下硬化，若要加快硬化速度則可將模框至於烤箱中加熱。
⑩ 拆除模框取出矽膠模具。
⑪ 以奇異筆劃出適當分模線後，持手術刀沿分模線切開，通常會在外部切成波浪型做定位的功用，以避免合模時不精確的狀況。
⑫ 將原型取出，即可得到所需要的模穴。

(3) 製作電鑄銅極

將完成之矽膠模，加人洗潔劑，且用牙刷清洗模表面的油質，並置於烤箱中 15 分鐘，後取出並漆銅粉溶液，且均勻塗抹後將鞋模用清水沖洗使得多餘的銅粉脫落，並利用空氣噴槍將清洗乾淨過後的矽膠模具噴乾。

噴乾後，開始塗抹銅粉溶液，塗抹過後在將多餘的銅粉利用清水清洗乾淨(如圖 11-49 所示)。

並檢查模面銅粉是否均勻塗抹挑選不影響電鑄成品的模面，穿上銅線。在置入電鑄前，檢查硫酸銅溶液的比重，(20～22 之間)，如低於比重 20 時加入硫酸，使比重增加，如高於比重 20 時，加入蒸餾水，降低比重(在電鑄銅極的過程中需隨時注意硫酸銅溶液的比重；並注意銅極是否產生珊瑚狀，如果產生珊瑚狀時需加入適量的光著劑)；將電鑄機的空氣幫浦打開，打氣一小時(使其硫酸銅溶液均勻混合)，將電流量調至 1.5 安培，並加先加入光著劑，使得模面光亮。確認以上步驟後置入模具，並將空氣空氣幫浦關掉，靜待一小時過後，再將空氣幫浦打開(如圖 11-50)。

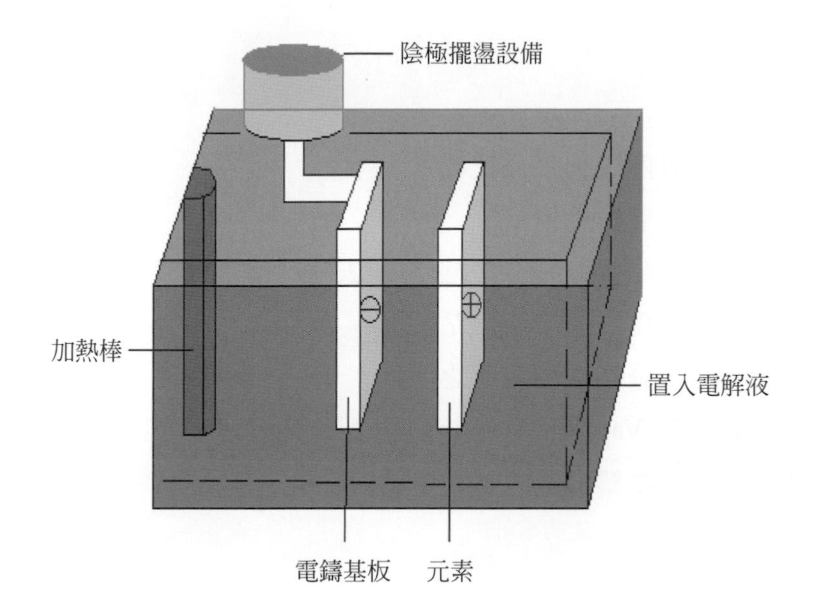

圖 11-49　塗抹後利用清水沖洗

後交由電鑄機加工，等約四天時間拿出成品之前二小時加入光著劑，於兩小時後從電鑄機中拿出銅極成品。

最後將銅極拿到水槽中清洗乾淨，再利用空氣槍噴乾，然後小心翼翼的取出銅極成品。(如圖 11-50 與所示)

圖 11-50　完成的實體銅電極(背面)

習題

1. 說明快速成型與傳統加工之比較？
2. 快速原型技術之沿格爲何？
3. 綜觀機械的基本製造程序，可分爲材料去除、增加及成型加工三大類說明之。
4. 快速原型系統分爲幾種說明之？
5. 何謂快速模具？分爲幾種說明之？
6. 試說明眞空注型(Vacuum Casting)之製作製程技術？
7. 試說明精密電鑄電鑄模具之過程？

第12章 工具材料選用

機械零件的加工，基本上分為有屑切削加工與無屑成形加工兩類。切削加工時，要依據工件材料性質、工件尺寸及表面精度、工具機剛性及生產批量、交貨期等選擇合適刀具材料。成形加工時，則要依據加工方式、工件材料性質等選擇合適模具材料。在加工過程中，工具材料的正確選用，對生產效率的提昇，加工品質的確保，具有關鍵性影響。為了能夠正確選用工具材料，首先必須深入瞭解各種工具材料的特性，然後才能夠依據工件材料性質，選擇合適的工具材料，以加工出符合顧客需求的產品。本章將針對切削加工用刀具材料及成形加工用模具材料進行探討。

12-1 切削加工用刀具材料

基本上，切削加工是利用較硬刀具材料對較軟的工件材料進行加工，經由剪切作用而使工件材料發生破裂，將多餘而不必要部分去除，以得到所要求形狀及尺寸工件。在切削過程中，刀具材料與工件材料間的相對運動、相互摩擦，會使刀具切刃發生磨損、磨耗；剪切作用所產生的熱量會使刀具材料軟化、刀具強度降低，使刃口磨損加速；而切削過程中機器振動或工件材料中的硬點，都有可能使刀具斷裂。為了獲得穩定而持久的切削，刀具材料必須具有高強度、高韌性、耐衝擊、耐磨耗等特性，接下來說明刀具材料必須具備的基本性質。

12-1-1 刀具材料必須具備的基本性質

切削加工用刀具材料，必須具備的基本性質為

1. 常溫硬度或稱冷硬度

   冷硬度(cold hardness)係指刀具材料在常溫時的硬度，硬度愈高時，刀具耐磨耗性愈佳，刀具愈不容易磨耗；也就是說切削效率會愈佳。而且刀具材料與工件材料硬度相差愈大時，其效應會愈明顯。

2. 高溫硬度或稱熱硬度

   熱硬度(hot hardness)係指刀具材料在高溫時的硬度，不管是刀具材料或工件材料，其硬度與強度皆會隨著溫度昇高而降低。在切削過程中，由於摩擦及剪切作用所產生的熱量，會使刀尖位置溫度昇高；如果刀具材料在高

溫狀況下，無法具有足夠高硬度的話，切刃便會快速地磨損而無法繼續切削。一般來講，刀具材料常溫硬度愈高時，其高溫硬度亦愈高，愈能夠從事於高速切削及重切削。各種不同刀具材料的熱硬度變化如圖 12-1 所示。

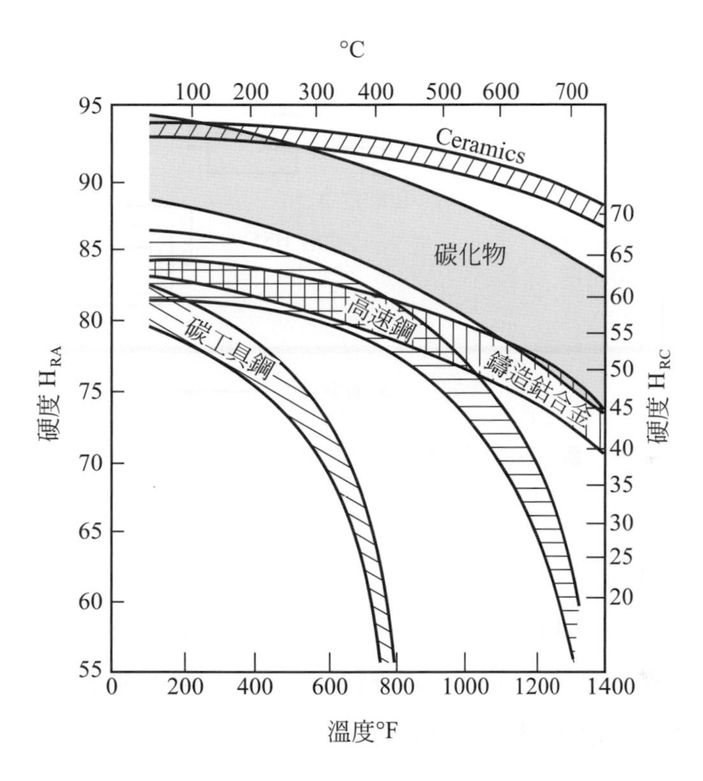

圖 12-1　各種不同刀具材料的熱硬度變化[2,6]

3.　韌性

切削加工時，刀尖常會受到來自於工件的衝擊負荷作用，尤其是間歇切削或重切削；如果刀具材料韌性(toughness)不足，可能會造成刀尖斷裂。刀具材料韌性決定於其衝擊強度，衝擊強度愈高，代表其韌性愈佳，承受衝擊之能力愈高，愈適合使用於間歇切削或重切削。韌性較高的高速鋼，可使用 Izod 衝擊試驗法測量其衝擊強度；韌性較低的燒結碳化物材料或陶瓷刀具材料，則應使用橫向破壞強度測試法(tranverse rupture strength test)進行測試。一般來講，刀具材料硬度較高時，其韌性會較低，各種不同刀具材料的韌性比較如圖 12-2 所示。

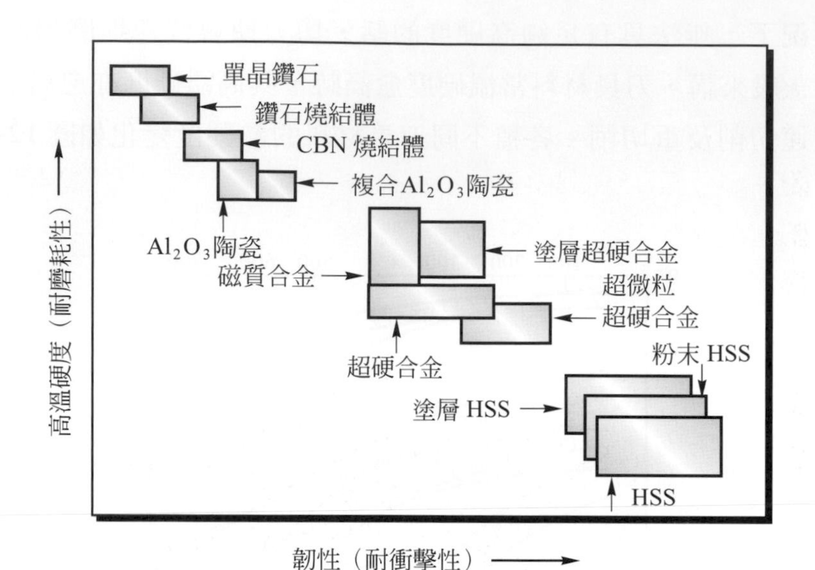

圖 12-2　各種切削刀具材料之韌性比較[4]

4. 高溫耐氧化性

刀具材料在 1000℃以上高溫時，很容易產生氧化反應，在刀具表面產生鱗皮，阻礙切屑在刀具表面的滑動；而且刀具材料強度會改變，氧化磨耗會急速地產生，因此刀具材料必須具有很高的高溫耐氧化能力。

5. 高溫耐擴散性

刀具材料和工件材料的組合原子，在高溫高壓下很容易互相擴散而粘結在一起；尤其是切削延展性較佳且會形成連續切屑的工件材料，當其切屑滑移通過刀具斜面時，很容易因爲原子相互擴散而造成凹坑磨耗(crater waer)。因此，爲了減緩凹坑磨耗速率，刀具材料必須具有相當高的高溫耐擴散性。

6. 熱傳導係數

刀具切刃損傷大多是切削時所產生的熱量所造成，如果刀具材料具有相當高的熱傳導係數的話，切削時所產生熱量便可以快速散逸而不會蓄積於刀尖位置，使刀尖軟化，強度降低而快速磨耗。各種不同刀具材料之熱傳導係數如表 12-1 所示。

表 12-1　各種刀具材料之特性[4]

特性＼刀具材料	超硬合金		TiCN 系瓷質合金	陶瓷			CBN 燒結體	鑽石燒結體
	WC-Co	WC-TiC TaC-Co		Al_2I_3	Al_2I_3-TiC	Si_3N_4		
密度(g/cm^3)	14.9	12.5	6.9	3.9	4.3	3.3	3.8	3.8
硬度(Hv) (HRA)	1650 92.0	1500 90.5	1650 92.5	2000 93.0	2200 94.0	2000 93.0	4300 –	7000 –
彎曲強度(kg/cm^2)	200	200	160	50	80	100	–	–
楊氏係數(10^4 kg/cm^2)	6.4	5.3	4.5	3.5	4.0	3.2	6.6	9.0
熱膨脹率(10^{-6}/℃)	4.6	5.5	7.7	8.0	7.8	3.5	4.6	3.8
熱傳導係數(cal/cm·sec·C)	0.19	0.09	0.07	0.07	0.07	0.07	0.25	0.3

以上所述爲刀具材料必須具備的基本性質，但由於材料組成關係，並不是每一種刀具材料都具備上述所有性質，因此進行選用時，必須依據工件材料特性、切削條件及工件精度要求等，選擇合適刀具材料。

12-1-2　主要刀具材料演變及選用原則

隨著社會環境之種類，新工件材料的陸續開發，工具機剛性的不斷提高；爲了配合生產效率，高金屬移除率要求，刀具材料亦不斷地演進。由圖 12-3 可看出，其演變過程是由碳工具鋼→高速鋼→燒結碳化物→陶瓷→鑽石及 CBN。接下來將介紹各種刀具材料特性及種類。

1. 高碳工具鋼

　　切削刀具用碳鋼爲含碳量約 0.9～1.5 ％高碳工具鋼(high carbon tool steel)，經由淬火硬化處理，使其硬度達到HRC60左右。其特性爲未硬化處理前加工成形性佳，具有良好韌性，切削時可承受較大衝擊負荷。但缺點則爲高溫硬度低，受熱時易於軟化，因此不適合使用於高速及重負荷切削，僅適合使用於軟材料切削及低速切削。車刀已甚少採用此材料製造，高碳工具鋼一般均用於製造鑽頭、銑刀、鋸條及木工刀具等，其化學成分如表 12-2 所示。

年代	各種不同刀具材料的開發	工業產品發展及社會環境變化
	自然材料（木材、骨頭、石頭）	
	銅	
	鐵	
	鋼	
1900	高速鋼	
1910	鑄造合金	汽車裝備
1920	超級 HSS(T-15)	一次世界大戰
1930	燒結 WC-（K-型式）	飛機
1940	燒結 WC-（P-型式） 夾緊式碳化物刀片 可更換型"捨棄式"刀片	二次世界大戰 化學工業（石油化學&聚合體）
1950	M-40 系列 HSS 陶瓷 合成鑽石	核能工業 工具機改良-數值控制
1960	TIC 改良型燒結 WC 燒結磁金 碳化物塗層	噴射引擎製造 太空計劃
1970	多結晶 D 及 CBN P/M 高速鋼胚料 改良型嵌刃 P/M 高速鋼嵌刃及複合刀具	人力成本增加 環境成本增加 能量成本及可用性增加 資本的成本（利息）增加 材料成本及可用性增加
1980		國家保護

圖 12-3　刀具材料開發與工業發展的相關性[2]

表 12-2　高碳工具鋼化學成分[8]　(JIS 規格)

記號	種類	化學成分%					用途實例
		C	Si	Mn	P	S	
1 種	SK1	1.30～1.50	0.35 以下	0.50 以下	0.030 以下	0.030 以下	硬質車刀、銑刀、剃刀、銼刀等。
2 種	SK2	1.10～1.30	0.35 以下	0.50 以下	0.030 以下	0.030 以下	車刀、銑刀、鑽頭、小形衝頭、剃刀、鐵匠銼刀。
3 種	SK3	1.00～1.10	0.35 以下	0.50 以下	0.030 以下	0.030 以下	弓鋸、鏨、螺絲攻、剃刀、整緣模。
4 種	SK4	0.90～1.00	0.35 以下	0.50 以下	0.030 以下	0.030 以下	木工用錐、斧、鏨、大型剃刀、帶鋸、整緣模。
5 種	SK5	0.80～0.90	0.35 以下	0.50 以下	0.030 以下	0.030 以下	刻印工具、鉚釘頭模、鍛造用模型、帶鋸、線鋸、帶鋸、油印鋼板、手工鋸。
6 種	SK6	0.70～0.80	0.35 以下	0.50 以下	0.030 以下	0.030 以下	刻印工具、鉚釘頭模、圓鋸、油印鋼板。
7 種	SK7	0.60～0.70	0.35 以下	0.50 以下	0.030 以下	0.030 以下	刻印工具、鉚釘頭模、鍛造用模型、小刀。

2.　合金工具鋼

切削用合金工具鋼(high carbon alloy steel)一般是在高碳工具鋼中添加鉻(Cr)、鎢(W)、鉬(Mo)、釩(V)、錳(Mn)等合金元素，以改善高碳工具鋼之缺點。這些合金元素可以增加工具鋼之硬化能及回火軟化抵抗；並經由特殊碳化物析出，以增加刀具的耐磨耗性，一般均用於螺絲攻、鋸條、銼刀等切削刀具之製造，其化學成份如表 12-3 所示。

表 12-3　合金工具鋼之種類和化學成分[6,8]

種類	記號	化學成分%									用途實例
		C	Si	Mn	P	S	Ni	Cr	W	V	
S1 種	SKS1	1.30～1.40	0.35 以下	0.50 以下	0.030 以下	0.030 以下	－	0.50～1.00	4.00～5.00	－	車刀、冷拉模
S11 種	SKS11	1.20～1.30	0.35 以下	0.50 以下	0.030 以下	0.030 以下	－	0.20～0.50	3.00～4.00	0.10～0.30	車刀、冷拉模
S2 種	SKS2	1.00～1.10	0.35 以下	0.50 以下	0.030 以下	0.030 以下	－	0.50～1.00	1.00～1.50	－	螺絲攻、鑽頭、銑刀、弓鋸、整緣模
S21 種	SKS21	1.00～1.10	0.35 以下	0.50 以下	0.030 以下	0.030 以下	－	0.20～0.50	0.50～1.00	0.10～0.25	螺絲攻、鑽頭、銑刀、弓鋸、整緣模
S5 種	SKS5	0.75～0.85	0.35 以下	0.50 以下	0.030 以下	0.030 以下	0.70～1.30	0.20～0.50	－	－	圓鋸、帶鋸
S51 種	SKS51	0.75～0.85	0.35 以下	0.50 以下	0.030 以下	0.030 以下	1.30～2.00	0.20～0.50	－	－	圓鋸、帶鋸
S7 種	SKS7	1.10～1.20	0.35 以下	0.50 以下	0.030 以下	0.030 以下	－	0.20～0.50	2.00～2.50	－	弓鋸
S8 種	SKS8	1.30～1.50	0.35 以下	0.50 以下	0.030 以下	0.030 以下	－	0.20～0.50	－	－	刃用銼、整套銼刀

(1)雜質不得超過 Ni0.25 %(但不包括 SKS5 及 51)Cu 0.25 %
(2)對於 SKS1，2 及 SKS7 可添加 V 0.20 %以下。

3.　高速鋼

高速鋼(high speed steel, HSS)是鎢、鉬、釩、鈷及鉻含量比較多的合金工具鋼，這些合金元素中，鎢可以提高刀具高溫硬度，增加耐磨耗性，提高切削性能；鉬可以與碳結合，形成多數之微細碳化物，以提高刀具韌性；釩可以使麻田散鐵及沃斯田鐵之晶粒微細化，以提高刀具強度及熱硬度；鈷雖不會生成碳化物，但卻可以使高速鋼具有二次硬化(如圖 12-4 所示)效應，使高速鋼適合使用於高速切削及重切削加工。高速鋼之主要化學成分及特性如表 12-4。

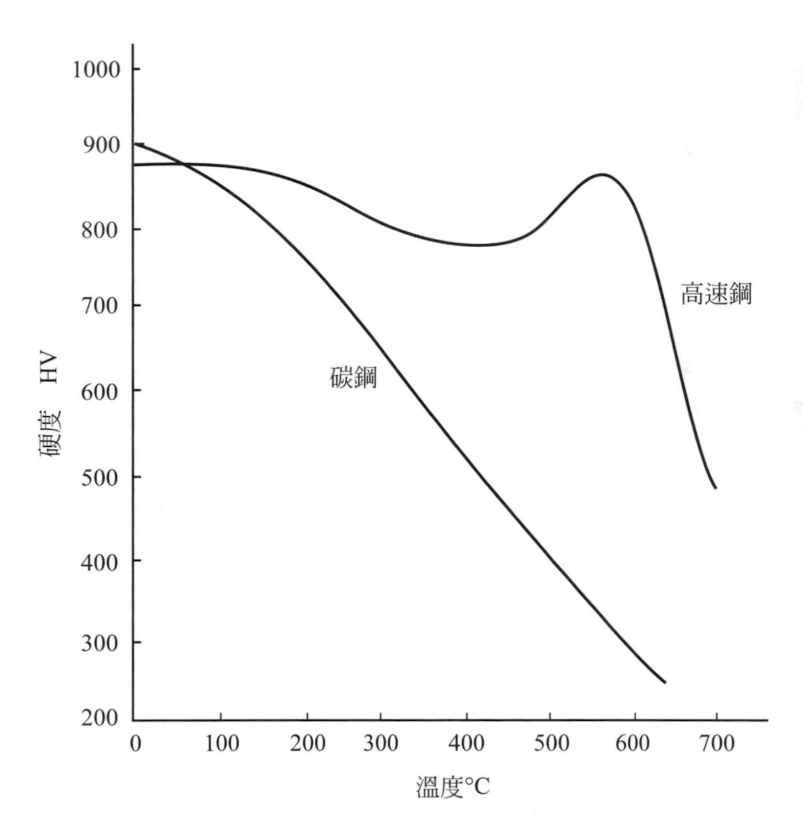

圖 12-4　碳鋼與高速鋼回火曲線比較[1,9,10]

表 12-4　典型之高速鋼特性[1,6,7,8]

種類	JIS	AISI	主要化學成分(%)						特性比較				主要用途
			C	W	Mo	Cr	V	Co	耐磨耗性	紅熱硬度	韌性	輪磨性	
W系	SKH2	T1	0.80	18.00	–	4.00	1.00	–	1	1	3	5	一般切削工具
	SKH3	T4	0.80	18.00	–	4.00	1.00	5.00	1	2	2	4	需要有耐熱性之切削刀具
	SKH10	T15	1.50	12.00	1.00	4.00	5.00	5.00	5	3	1	1	特別需要有耐磨耗性之高難削材切削用刀具
Mo系	–	M1	0.80	1.50	8.00	4.00	1.00	–	1	1	5	5	被輪磨性特別良好之一般切削用刀具
	SKH51	M2	0.85	6.00	5.00	4.00	2.00	–	2	1	4	4	需要有韌性之一般切削刀具
	SKH52	M3	1.05	6.00	5.00	4.00	2.50	–	2	2	3	3	需要比較有韌性之硬質材料切削用刀具
	SKH58	M7	1.00	2.00	9.00	4.00	2.00	–	2	2	4	3	需要有耐磨耗性及韌性之一般切削刀具
高Co，高V高Co系	–	–	1.00	10.00	3.00	4.00	2.75	5.00	4	3	3	2	需要有比較高之耐磨耗性與耐熱性之高速重切削用刀具
	SKH55	M35	0.85	6.00	5.00	4.00	2.00	5.00	3	2	3	3	需要有耐熱性及韌性之高性能切削刀具
	SKH56	M36	1.00	6.00	5.00	4.00	2.00	8.00	3	3	2	3	高速重切削用刀具
	–	M34	0.90	2.00	8.00	4.00	2.00	8.00	3	3	2	3	高速重切削用刀具
	SKH59	M42	1.05	1.50	9.50	3.75	1.25	8.00	3	4	2	3	高難削材切削用刀具
	SKH57	–	1.25	10.00	3.50	4.00	3.50	10.00	5	5	2	2	特別需要有耐磨耗性之高難削材切削用刀具
粉末	–	–	粉末高速鋼						5	5	3	3	被輪磨性良好而特別需要有耐磨耗性之超難削材切削用

1：差，2：梢差，3：中，4：佳，5：極佳

雖然燒結碳化物已大量使用在刀具上面，但由於高速鋼具有加工容易及韌性特強的優點，因此在工業界仍被大量使用。近年來，粉末加工技術之進步，像滾齒刀、螺絲攻等形狀較複雜的複合刀具，利用粉末加工方法製造，可以大量減少能量及製造上的損失，改善高速鋼研磨困難問題，而且可以增加刀具韌性而不會降低其硬度。

4. 燒結碳化物

燒結碳化物(comerted carbide)又稱爲超硬合金，係將碳化鎢(WC)、碳化鈦(TiC)及碳化鉭(TaC)等碳化物粉末，以鈷爲結合劑，予以混合後，置入模具中加壓成形，然後置於1400℃左右燒結爐中加熱燒結成形。由圖12-1可看出，其常溫及高溫硬度皆很高，因此相當適合當作刀具材料。

依照國際標準(ISO)，當做刀具材料使用的燒結碳化物，依據其成分及適用範圍可分爲*P*(鋼切削等級)、*K*(鑄鐵切削等級)及*M*(延性鐵材、硬鋼及高溫合金的間斷切削等級)三類。其主要成分及適用範圍如表12-5所示，接下來說明燒結碳化物的主要性質。

(1) *K*類燒結碳化物

*K*類燒結碳化物爲碳化鎢(WC)結合鈷(Co)所形成的單元碳化合物，具有極佳硬度和耐磨耗性，適合使用於會形成不連續切屑的鑄鐵、鑄鋼材料，以及非鐵金屬材料、非金屬材料的切削加工。若以*K*類燒結碳化物刀具切削會產生連續切屑鋼材的話，當切削溫度高達800℃以上時，WC中之C便會分解出來，與Fe結合而形成多元碳化合物，跑到工件或切屑中，使得WC結合力減弱，結果造成急速之凹坑磨耗。因此若欲以*K*類碳化物刀具切削鋼材的話，必須在低速及輕切削狀況使用，而不適合使用於高速切削或重切削加工，以避免碳在高溫狀態下發生擴散氧化現象而造成切刃快速磨耗。

(2) *P*類燒結碳化物

爲解決*K*類燒結碳化物高溫擴散氧化問題，在*K*類燒結碳化物中添加碳化鈦(TiC)和碳化鉭(TaC)，以阻止碳在800℃以上高溫時被分解，阻止凹坑磨耗的發生。因此*P*類碳化物刀具材料適合於切削會產生連續切屑的鐵金屬材料。

表 12-5　碳化物之成分和切削狀況[4,6,7,8]

ISO 分類	記號	化學成分(%)					硬度(HRA)	彎曲強度 (kg/cm^2)	工件材料	加工條件
		W	Co	Ti	Ta	C				
P	P01	30～78	4～8	10～40	0～25	7～13	91.5 以上	70 以上	鋼、鑄鋼	高切削速率，小切屑片段，尺寸精確，表面良好，無振動操作下之精車搪孔。
	P10	50～80	4～9	8～20	0～20	7～10	91 以上	90 以上	鋼、鑄鋼	小或中切屑片段之車削、仿削、砧削和高切削速率銑削
	P20	60～83	5～10	5～15	0～15	6～9	90 以上	110 以上	鋼、鑄鋼，具有長切屑之展性鑄鐵	中切削速率和切屑片段之車削、仿削、銑削及小切屑片段之鉋削
	P30	70～84	6～12	3～12	0～12	6～8	89 以上	130 以上	鋼、鑄鋼，具有長切屑之展性鑄鐵	中或低切削速度，中或大切屑片段以及切削條件不理想之車削、鑽削和鉋削
	P40	65～85	7～15	2～10	0～10	6～8	88 以上	150 以上	鋼，具有砂孔和雜質之鑄鋼	低切削速率和大切屑片段之車削，銑削和鉋削，切削條件不理想時，儘可能增大切削角而且最好後在自動化機器上操作。
	P50	60～83	9～20	2～8	0～8	5～7	87 以上	170 以上	鋼，具有砂孔和雜質之中、低抗拉強度鑄鋼	需要具有極佳韌性碳化物之車削、銑削、鉋削、插削，切削條件不理想時，儘可能增大切削角，並在自動化機器上操作。
M	M10	70～86	4～9	3～11	0～11	6～8	91 以上	100 以上	鋼、鑄鋼、錳鋼、灰鑄鐵、合金鑄鐵	車削，中或高切削速率，小或中切屑片段
	M20	70～86	5～11	2～10	0～10	5～8	90 以上	110 以上	鋼、鑄鋼、沃斯田鐵或錳鋼、灰鑄鋼	車削、銑削、中切削速度和切屑片段
	M30	70～86	6～18	2～9	0～9	5～8	89 以上	130 以上	鋼、鑄鋼、沃斯田鐵鋼、灰鑄鋼、高溫阻抗合金	中切削速度，中或大切屑片段之車削、銑削、鉋削
	M40	65～85	8～20	1～7	0～7	5～7	87 以上	160 以上	易削鋼、低強度鋼 非鐵金屬和輕合金	車削、切削、特別是在自動機器上使用
K	K01	83～91	3～6	0～2	0～3	5～7	91.5 以上	100 以上	極硬灰鑄鐵、硬度超過 HS85 以上之冷激鑄鐵、高矽鋁合金、硬化鋼、高耐磨塑膠、硬卡紙板、陶瓷	車削、精車搪孔、銑削、刮削
	K10	84～90	4～7	0～1	0～2	5～6	89 以上	140 以上	硬度超過 HRB220 之灰鑄鐵，具有短切屑之展性鑄鐵、硬化鋼、矽鋁合金、銅合金、塑膠、玻璃、硬卡紙板、硬橡膠、磁器、石頭	車削、銑削、鑽削、搪孔拉削、刮削
	K20	81～88	6～11	0～1	0～2	5～6	88 以上	150 以上	硬度超過 HRB220 之鑄鐵、非鐵金屬、銅、錫、鋁	車削、銑削、鉋削、搪孔、拉削，需要極佳韌性之碳化物
	K30	81～88	6～11	0～1	0～2	5～6	88 以上	150 以上	低硬度灰鑄鐵、低強度鋼、合板	車削、銑削、鉋削、插削，在不理想情況之切削，儘可能增大切削角
	K40	79～87	7～16	—	—	5～6	87 以上	160 以上	軟木或硬木，非鐵金屬	車削、銑削、鉋削、插削，在不理想情況之切削，儘可能增大切削角

(3) *M*類燒結碳化物

雖然碳化鈦具有極佳耐凹坑磨耗性，但也會降低碳化物刀具韌性和耐刀腹磨耗阻抗。碳化鉭也具有耐凹坑磨耗性，但對於衝擊強度的損失則會比使用碳化鈦時少。因此，便將*P*類碳化物中TiC含量減少而將TaC含量增加，此便爲*M*類碳化物材料，其性質介於*P*類與*K*類之間，適合使用於具有長或短切屑鐵金屬材料的切削及非鐵金屬材料的切削。

5. 瓷質合金

瓷質合金(cermet)爲硬度像陶瓷(ceramic)而強度像金屬(metal)的刀具材料，係TiC或TiN以Ni或Co予以混合、壓製、燒結而成，其物理性質如表12-1所示。瓷質合金之主要成分爲TiC；TiC具有極爲優越的高溫耐磨耗性及耐擴散性，但缺點爲韌性較差；因此藉由添加TiN、TiCN、TaC及WC等來提高其韌性，使得其應用範圍已擴大到*P*類和*K*類超硬合金領域，也就是說已逐漸取代超硬合金。其特性爲

(1) 不管是鋼鐵或鑄鐵皆可以切削。
(2) 由於耐擴散性很高，因此可使用於易產生凹坑磨耗之軟鋼等切削。
(3) 由於不容易產生刃口積屑緣(built-up Edge, BUF)，可得到非常良好之加工面。因此可使用於鋼、鑄鐵之精切削加工。
(4) 比超硬合金更適合於高速切削，在相同切削速度下，其刀具壽命會比超硬合金延長數倍。

但是，目前仍有瓷質合金不適合使用之狀況，其爲

(1) 受到熱衝擊很容易產生裂縫之耐熱合金、高硬度材料等難削材切削及高進給速率、大切削深度、斷續切削等。
(2) 很容易發生剝離之鑄鐵的黑皮切削及粗切削。

6. 陶瓷

陶瓷(ceramic)是氧化鋁(Al_2O_3)或氮化矽(Si_3N_4)粉末結合其他金屬予以燒結而成的刀具材料，具有極佳熱硬度、高溫化學穩定性，不易與工件材料發生化學反應，非常適合於鑄鐵及硬化鋼材切削。

陶瓷刀具材料基本上可分爲氧化鋁系和氮化矽系兩類，其分類如表12-6所示，接下來說明其特性。

表 12-6 陶瓷的分類

種類	密度(g/cm^3)	硬度 HRA	彎曲強度(kgf/mm^3)	特徵
純Al_2O_3系	3.9～4.0	92～93	30～0	‧白色陶瓷 ‧耐磨耗性佳 ‧適合於鑄鐵之切削
Al_2O_3-TiC 系	4.2～4.3	93.5～94	70～100	‧黑色陶瓷 ‧耐磨耗性比純Al_2O_3低 ‧強度和硬度非常優越 ‧顆粒比純Al_2O_3微細 ‧適合於鑄鐵之粗切削及硬化鋼材之切削
$Al_2O_3-ZrO_2$系	4.2～4.3	91～92	50～60	添加ZrO_2，以增強韌性，適合於鑄鐵及硬化鋼材之切削。
Si_3N_4系	3.2	91.5～93	80～120	‧韌性比氧化鋁系優越 ‧適合於鑄鐵之粗切削 ‧適合銑削加工 ‧耐磨耗性較氧化鋁系差 ‧價格比較昂貴

⑴ 氧化鋁系陶瓷

純氧化鋁(Al_2O_3)製陶瓷刀具材料，其硬度約與燒結碳化物材料接近，但彎曲強度僅約為燒結碳化物材料之四分之一左右，再加上熱傳導係數低，受到熱衝擊作用時，很容易發生剝離現象，因此用途受到限制。

為了提高陶瓷材料韌性，在氧化鋁中添加 Zr 元素或者是 TiC，結果不僅韌性提高，耐磨耗性亦跟著提高，因此更適合於鑄鐵高速切削。

⑵ 氮化矽系陶瓷

以氮化矽(Si_3N_4)粉末為主，結合部分氧化鋁粉末予以壓製、燒結而成，具有高硬度(HV 2000 左右)、低熱膨脹係數(3.2×10^{-6})及極佳熱衝擊阻抗，適合使用於鑄鐵之高速進給切削；切削灰鑄鐵時，在 0.25 mm/rev 之進給速率下，切削速度可達 600 m/min。陶瓷刀具與碳化鎢刀具切削性能比較如表 12-7 所示。

表 12-7　陶瓷刀具與碳化鎢刀具之切削性能比較[1,9,10]

切削狀況	工件材料	硬度	切削速度 (m/min)		進給速度 (mm/rev)		切削深度 (mm)	切削時間，分	
			碳化鎢	陶瓷	碳化鎢	陶瓷		碳化鎢	陶瓷
精車	AISI 1053 鍛鋼	RC32	168	366	0.25	0.25	0.51	17	55
粗車	灰鑄鐵	179-241 BHN	198	1524	0.64	0.51	4.75	21	18
粗車	鍛鋼	200 BHN	213	549	0.46	0.41	6.35	28	15
粗車	灰鑄鐵	179-241 BHN	198	671	0.51	0.41	4.75	33	23
精車	鍛鋼	RC32	152	610	0.25	0.25	0.51	36	63

7.　立方晶氮化硼

立方晶氮化硼(cubic boron nitride)CBN是將硼(B)和氮(N)的化合物結晶，以陶瓷和鈷為結合材料，在高溫高壓下予以燒結而成的刀具材料。CBN為目前硬度僅次於鑽石的刀具材料，由於熱傳導效應，切削熱不易聚集於切刃位置，再加上對鐵金屬化學穩定性很高，因此非常適合使用於硬化鋼材、燒結合金、冷激鑄鐵等切削。CBN刀具材料建議切削數據如表 12-8 所示。

表 12-8　CBN 刀具的建議切削條件[1,9,10]

工件材料	RC	切削狀況	切削速度 (m/min)	切削深度 (mm)	進給速率 (mm/rev)
碳鋼、碳工具鋼、合金鋼 軸承鋼和構造用鋼	45～68	車削、搪孔、銑削等	100～200 100～200	0.498 0.498	0.198 0.150
高速鋼和模具鋼	45～68	車削、搪孔、銑削等	50～100 50～100	0.498 0.498	0.198 0.150
冷激鑄鐵和延性鑄鐵 鑄鋼和鍛鋼	50～75 75～85	車削 車削	70～150 40～80	2.499 2.499	1.50 0.798

CBN 刀具材料在使用時必須注意

⑴ CBN 必須使用於硬度超過 HRC 48 以上工件材料，工件材料太軟時，反而會產生過度磨耗，也就是說工件愈硬，刀具磨耗愈少。

⑵ 工具機和刀柄必須具有足夠剛性，以避免切削時產生顫動而造成刀具破裂。

⑶ 中高切削速率而極低進給速率爲 CBN 刀具材料最佳切削條件。

⑷ 若無法噴到足夠切削劑時，最好採取乾切削加工，以避免發生熱裂現象。

8. 多晶鑽石燒結體

將鑽石粉末以鈷爲結合劑，在高溫、高壓下予以燒結而成，具有極佳耐磨耗性，非常適合於鋁合金、銅合金的高速切削，但不可應用於鋼材的切削；且由於很脆，因此工具機和刀具都必須具有足夠剛性，且切削狀況非常穩定才可以，其建議切削條件如表 12-9 所示。

表 12-9 多晶鑽石刀具材料之建議切削條件實例[1,9,10]

工件材料	切削狀況	切削度速 (m/min)	進給速率 (mm/rev)	切削深度 (mm)
鋁合金(13～16 % Si)活塞	車削	890	0.15	0.35
鋁合金(16～18 % Si)活塞	搪孔	1098	0.125	0.38
鋁合金(20 % Si)汽缸	車削和搪孔	430	0.03	0.5
銅交換器滑環	車削	457	0.15	0.25
銅馬達整流	車削	418	0.05	0.46
青銅合金軸承	搪孔	275	0.05	0.025
巴氏合金軸承裏襯	搪孔	394	0.06	0.4～0.8
預燒結 WC(6 % Co)汽缸	車削和搪孔	90	0.020	0.2～2.5
燒結 WC(13 % Co)汽缸	車削	30	0.15～0.25	0.1～0.5
電木輪圈	修平面	270	0.03～0.1	0.2～0.5

12-2　成形加工用模具材料

成形加工具有效率高、品質穩定、節省原料及降低成本等優點，尤其是大批量生產加工。成形加工必須利用模具，進行沖壓、鍛造、壓鑄或射出成形等操作，以得到所要求形狀及精度的產品。爲了確保模具性能，模具材料的正確選用爲非常重要的因素。

沒有任何一種材料可同時滿足耐磨耗性佳、韌性良好、高溫硬度佳等成形加工所必須具備的模具材料性質。一般來說，影響模具材料選用因素包括：

1. 所欲成形零件的複雜程度、操作溫度及潤滑劑的使用狀況等。
2. 工件材料性質、工件厚度及體積大小。
3. 生產速率及精度要求。
4. 成形加工設備種類、廠牌及操作條件。
5. 模具材料的耐疲勞性、耐磨耗性及加工性等。

爲使模具材料特性得以充分發揮，選擇模具材料時，必須多方蒐集資料，並加以仔細評估。接下來將分別說明各種成形加工用模具材料必須具備之性能及選用要領。

12-3　衝壓模具用材料

衝壓加工是利用衝壓模具進行板料剪斷及成形加工，依據板料厚度不同，衝壓模具可分爲薄板衝壓模具(板厚在 1.5 mm 以下)及厚板衝壓模具(板厚大於 1.5 mm)兩類，薄板衝壓模具的損壞主要是由於磨耗所造成，因此其模具材料的選用以耐磨耗性爲主。厚板衝壓模具的損壞，除磨耗以外，還可能發生刃口崩裂及斷裂等，因此其模具材料的選用，除考慮耐磨耗性以外，還要考慮其韌性。

常使用於衝壓加工的模具材料有：

12-3-1 碳工具鋼

成形加工用碳鋼爲含碳量 0.6～1.3 %之碳工具鋼，雖然耐磨耗性較差，淬火變形量大，但由於價格較低廉，因此對於精度及使用壽命要求不高之小量加工，仍有人使用；不過碳工具鋼已幾乎不使用在量產用模具，常用做模具材料的碳工具鋼爲 SK3、SK4 及 SK5，其化學成分如表 12-2 所示。

12-3-2 合金工具鋼

在碳工具鋼中添加 Cr、V、W 或 Ni 等合金元素時，可以提昇鋼材耐磨耗性及淬火性能，常使用爲衝壓模具材料的合金工具鋼如表 12-12 所示，其中以 SKD11 的使用最爲普遍。

表 12-12　常用於衝模的合金工具鋼[11,12]

種類符號	化學成分(%)								
	C	Si	Mn	P	S	Cr	Mo	W	V
SK2	1.00～1.10	0.35 以下	0.5 以下	0.030 以下	0.030 以下	0.50～1.00	–	1.00～1.50	0.20 以下
SK3	0.90～1.00	0.35 以下	0.90 以下	0.030 以下	0.030 以下	0.50～1.00	–	0.50～1.00	–
SKD1	1.80～2.40	0.40 以下	0.60 以下	0.030 以下	0.030 以下	1.20～15.00	–	–	(2)
SKD11	1.40～1.60	0.40 以下	0.60 以下	0.030 以下	0.030 以下	11.00～13.00	0.80～1.20	–	0.20～0.50
SKD12	0.95～1.05	0.40 以下	0.60～0.90	0.030 以下	0.030 以下	0.45～5.50	0.80～1.20	–	0.20～0.50

12-3-3 高速鋼

使用於衝壓模具的高速鋼以鈷系高速鋼爲主，其具有高硬度、高抗壓強度、極高耐磨耗阻抗，因此常用於重負荷、硬材料加工衝壓模具。常使用於衝壓模具高速鋼爲 SKH51、SKH55 及 SKH57，其化學成分及物理特性如表 12-4 所示。

12-3-4　燒結碳化物或超硬合金

超硬合金係在 WC 粉末中添加 TiC、TaC、TiN、V 等合金元素，以 Co 爲結合劑，予以壓製、燒結而成，由於具有高硬度、高耐磨耗性、高抗壓強度及常溫塑性變形小等優點，在精密電子零件之高精密模具領域，其使用已愈來愈普遍。

各種衝壓用模具材料之性質如表 12-13 所示，選用時必須依據工件材料種類、形狀、尺寸及生產數量等進行評估、比較，表 12-14 所示爲衝壓模具用材料的選擇實例。

12-4　壓鑄模具用材料

壓鑄模具是在高壓下將熔融金屬予以壓鑄成形。在成形過程中，模具要週期性地受到加熱和冷卻的交互作用，而且還要受到熔融金屬衝擊和腐蝕。因此，模具材料要具有較高的耐熱疲勞性、耐腐蝕性、高熱傳導性、低熱膨脹係數、高溫強度及回火軟化抵抗能力。

壓鑄模具材料之選用，主要依據澆鑄金屬溫度及澆鑄金屬種類而定；一般建議使用熱作模具用鋼，但仍以SKD61 使用最多。熱作模具用鋼的化學成分如表 12-15 所示。

表 12-13　衝壓模具用鋼材性質[11,12]

種類	鋼種 JIS	性質					
		耐磨耗性	韌性	淬火性	熱處理變形	被加工性	
						研削性	切削性
碳工具鋼	SK3	2	4	1	1	9	8
	SK4	2	5	1	1	9	8
合金工具鋼	SKS43	2	5	1	1	9	8
	SKS44	2	6	1	1	9	8
	SKS2	4	3	2	2	7	6

表 12-13 衝壓模具用鋼材性質[11,12](續)

種類	鋼種 JIS	性質					
		耐磨耗性	韌性	淬火性	熱處理變形	被加工性	
						研削性	切削性
合金工具鋼	SKS3	3	3	2	2	8	7
	SKS4	2	7	2	1	8	7
	SKS41	3	7	2	2	7	7
	SKD1	7	1	3	3	5	2
	SKD2	7	1	3	3	5	2
	SKD5	3	6	3	2	5	5
	SKD6	2	8	3	3	6	7
	SKD11	7	2	3	3	5	3
	SKD12	5	4	3	3	6	7
	SKD61	2	8	3	3	6	7
高速鋼	SKH9	6	3	3	2	4	5

數值愈大，特性愈良好。

表 12-14 模具鋼材的選擇實例[11,12]

被加工料	生產量(個)				
	10^3	10^4	10^5	10^6	10^7
低碳鋼板	SK3，SK4	SK3，SK4，SKS2，SKS3	SKS2，SKS3，SKD12	SKD11	超硬合金
SUS 27	SK3，SK4	SKS2，SKS3，SKD12	SKD11，SKD12	SKD2	超硬合金
矽鋼板	SK3，SK4，SKD12	SKS2，SKS3，SKD12	SKD11，SKD12	SKD2	超硬合金

表 12-15　熱作模具鋼符號及其化學成份[11,12,15]

種類符號	化學成分%									
	C	Si	Mn	P	S	Ni	Cr	Mo	W	V	Co
SKD4	25～0.35	0.40 以下	0.60 以下	0.030 以下	0.030 以下	–	2.00～3.00	–	5.00～6.00	0.30～0.50	–
SKD5	0.25～0.35	0.40 以下	0.60 以下	0.030 以下	0.030 以下	–	2.00～3.00	–	9.00～10.00	0.30～0.50	–
SKD6	0.32～0.42	0.80～1.20	0.50 以下	0.030 以下	0.030 以下	–	4.50～5.50	1.00～1.50	–	0.30～0.50	–
SKD61	0.32～0.42	0.80～1.20	0.50 以下	0.030 以下	0.030 以下	–	4.50～5.50	1.00～1.50	–	0.80～1.20	–
SKD62	0.32～0.42	0.80～1.20	0.50 以下	0.030 以下	0.030 以下	–	4.50～5.50	1.00～1.50	1.00～1.50	0.20～0.60	–
SKD7	0.28～0.38	0.50 以下	0.60 以下	0.030 以下	0.030 以下	–	2.50～3.50	2.50～3.00	–	0.40～0.70	–
SKD8	0.35～0.45	0.50 以下	0.60 以下	0.030 以下	0.030 以下	–	4.00～4.70	0.30～0.50	3.80～4.50	1.70～2.20	3.80～4.50
SKT3	0.50～0.60	0.35 以下	0.60～1.00	0.030 以下	0.030 以下	0.25～0.60	0.90～1.20	0.30～0.50	–	0.20 以下	–
SKT4	0.50～0.60	0.35 以下	0.60～1.00	0.030 以下	0.030 以下	1.30～2.00	0.70～1.00	0.20～0.50	–	0.20 以下	–

12-5　塑膠模具用材料

塑膠模具材料選用，必須配合產品及產量的需求，以達到最經濟有效為目的。由於塑膠模具之基本破壞模式為表面磨損、變形及斷裂，因此選擇塑膠模具材料時，必須考慮材料鏡面加工性、切削性、耐蝕性、耐磨耗性及硬度分佈均勻性等。

12-5-1　選用原則

1. 依據工作條件及性能要求，選用能滿足要求的材料。

2. 選用冶金品質好、性能可靠、貨源取得容易的材料。
3. 選用加工性良好、品質可靠、使用壽命長的材料。
4. 選用鏡面加工性良好、精度持久的材料。

塑膠模具材料可分爲預硬鋼材、淬火回火鋼材、時效處理鋼材及非鐵金屬材料(銅合金、鋁合金等)四類，不同的塑膠模具材料要配合不同的製程使用，各種模具鋼材之特性比較如表12-16所示。

12-5-2 塑膠模具材料特性及用途

1. 預硬鋼

   預硬鋼是鋼材在出廠前已預先熱處理完畢，其組織及硬度均勻，模具製作完成便可以直接使用，可縮短製程、減少變形。預硬鋼中之S55C，雖然硬度不高，但由於加工容易、成本低廉，因此常用於小批量生產的熱塑性塑膠製品用模具材料。SCM440系鋼材之硬度可達 HRC33，硬度均勻，耐熱性能良好，適合使用於50萬件以下生產批量的熱塑性塑膠模具。SKD61鋼材爲預硬鋼中具有最佳耐磨耗性鋼材，硬度達 HRC40，可作爲熱塑性強化塑膠模具使用。

2. 淬火回火鋼

   由於考慮到切削性，預硬鋼硬度僅能達到 HRC40，如果模具要求具有更佳耐磨耗性的話，其硬度必須達到HRC50以上才可以，此時便必須選用淬火回火鋼材。淬火回火鋼材是鋼材在出廠時爲退火狀態，具有極佳之切削性；模具製成完成後，再實施淬火、回火處理，以大幅提昇其硬度，增加其耐磨耗性，使模具使用壽命可達百萬模次以上。

3. 時效處理鋼

   時效處理鋼雖然是需要熱處理的鋼材，但處理溫度低、沒有嚴重變形問題，而且硬度可達 HRC50，因此可同時滿足到磨耗性及尺寸精度控制的問題。麻時效鋼可用於生產批量50萬件以上之一般熱塑性塑膠模具，磁性鋼則可用爲具磁性塑膠製品用模具材料。

表 12-16　塑膠模具鋼材特性比較表[11,12]

分類	硬度 (HRC)	鋼材種類	被削性	鏡面性	放電性	銲接性	韌性	熱處理	耐蝕性	耐磨耗	非磁性
壓延鋼材	13	S50C S55C	3	1	2	2	3	—	1	1	—
	28	SCM440	3	2	2	2	3	—	2	1	—
預硬鋼材	13	S50C S55C	3	1	2	2	3	—	1	1	—
	28	SCM440	3	2	2	2	3	—	2	2	—
	33	AISI P20	3	2	2	2	3	—	2	2	—
	33	13 Cr	1	3	2	2	3	—	3	2	—
	35	SUS630	1	3	2	2	3	—	3	2	—
	40	SKD61	3	2	1	2	3	—	2	2	—
		AISI P21 SNCM									
淬火回火鋼材	60	SKD11	2	3	3	1	2	2	2	3	—
	57	SUS 440C	1	3	3	2	3	3	3	3	—
	52	SUS 420J2	1	3	1	2	3	3	3	3	—
時效處理鋼材	53	18Ni	2	3	3	3	3	3	2	3	—
	43	Hi-Mn	1	2	1	1	2	2	2	2	3

數値愈大特性愈良好

4. 銅合金及鋁合金

銅合金及鋁合金被大量使用在塑膠模具上，是因爲其熱傳導性極佳，可以縮短循環時間，簡化模具設計，延長模具壽命；而且形狀極複雜產品亦可生產。

12-6 鍛造模具用材料

鍛造是利用工具或模具將工件材料一部分或全部予以鍛打，在不改變材料重量與成分情形下，得到所要求形狀工件之加工。

12-6-1 鍛造模具具備條件

在鍛造成形過程中，模具必須承受很大壓力，因此鍛造模具必須具備

1. 足夠韌性與抗壓能力，以承受鍛造時所產生之衝擊應力。
2. 高溫硬度與耐磨耗性良好。
3. 切削性良好，模穴容易加工。
4. 材質非常均勻。
5. 熱傳導性良好。
6. 高抗氧化能力。
7. 耐熱疲勞性佳，不易發生熱裂。

12-6-2 鍛造模具材料選用

鍛造加工基本上分爲熱鍛、溫鍛及冷鍛，鍛造溫度不同時，模具材料所必須具備特性亦有差異，接下來分別就三種不同鍛造方式模具材料選用予以說明。

1. 熱鍛模具材料

   熱鍛是胚料於再結晶溫度以上加工，其胚料溫度約在 1200℃左右，因此模具材料要求特性爲韌性、回火軟化抵抗能力及高溫強度。各種熱鍛模具材料的特性比較如表 12-17 所示，SKD6、SKD61 及 SKD62 淬火性佳，高溫強度與韌性良好，主要使用在壓床鍛模，尤其是 SKD61 使用最多；SKD7 之Mo含量較高，具有較佳高溫強度，但淬火性比SKD61 差，因此僅限於小型模具方面。SKD4、SKD5 及 SKD8 雖然具有最佳高溫強度，但由於韌性很低，再加上價格昂貴，因此僅於某些特殊用途使用。SKT4 高溫強度雖然很低，但韌性很高，加上價格便宜，因此主要使用於落錘式鍛造及大型壓床的鍛造模具。

表 12-17　熱鍛模具材料的特性比較[11,12]

鋼種	被削性	銲接性	淬火性	熱處理變形	氮化性	研削性	耐磨耗性	耐衝擊性	耐軟化抵抗性	耐熱裂性
SKD4	2	1	2	2	1	3	2	2	2	1
SKD5	1	1	2	2	1	3	2	2	2	1
SKD6	2	2	3	3	3	3	1	2	2	2
SKD61	2	2	3	3	3	3	1	2	2	2
SKD62	2	2	3	3	3	3	1	2	2	2
SKD7	2	1	2	2	2	3	1	2	2	2
SKD8	1	1	2	2	2	3	2	2	2	2
SKT4	1	1	2	1	2	2	1	3	1	1

註：3 非常好，2 良好，1 普通

2. 冷鍛模具材料

冷鍛是使胚料在常溫加工，成形時所需壓力最大，因此冷鍛模具材料必須具有很大的抗壓強度，良好的耐磨耗性、足夠的硬度和韌性。目前最常用之冷作模具材料爲合金工具鋼及高速鋼，其基本性質如表 12-18 所示。

3. 溫鍛模具材料

溫鍛之操作溫度是在室溫以上，再結晶溫度以下範圍，其目的是希望能夠兼具冷鍛與熱鍛之優點；但相對地，模具材料也必須兼具冷鍛與熱鍛模具材料的性能，結果卻很難面面俱到。對溫鍛模具而言，一般熱作模具鋼之耐壓強度不足，而一般高速鋼之耐熱衝擊性又不夠，此爲早期溫鍛技術無法突破之處。

近年來，日本已有數家工具鋼廠開發出新的鋼材，像日立金屬所開發出之 YXR 33 鋼材，其韌性優於高速鋼，而硬度則比 SKD61 高，因此非常適合作爲溫鍛模具材料。不二越所開發出高速鋼MDS1，亦非常適合作爲溫鍛模具材料，其硬度約爲HRC56，高溫強度、耐磨耗性及耐氧化性皆極爲優異。

表 12-18 代表性冷鍛模具鋼的基本性質[11,12,15]

鋼種	特性	淬火性	抗壓強度	韌性	耐磨耗性	耐熱軟化性	熱處理變形	被研削性	銲接性
碳素工具鋼	SK3	1	1	1	1	1	1	3	3
合金工具鋼	SKS3	1	1	2	1	1	2	2	2
	SKS31	1	1	2	1	1	2	2	2
	SKD93	1	1	1	1	1	1	3	3
	SKD1	2	3	1	3	2	2	1	1
	SKD11	3	2	1	3	2	3	1	1
	SKD12	3	2	3	2	2	3	1	1
高速鋼	SKH51	2	3	3	3	3	1	2	1
	SKH57	2	3	1	3	3	1	1	1
	基質高速鋼	2	3	3	3	3	1	1	1
	粉末高速鋼	1	3	2	3	3	1	2	1

註：3：非常好，2：良好，1：普通

習題

1. 說明刀具材料必須具備的主要性質？
2. 說明燒結碳化物刀具材料的使用限制？
3. 何謂瓷質合金？其特性爲何？
4. 比較瓷質合金與陶瓷刀具材料的差異？
5. 說明 CBN 刀具材料的特性？
6. 爲何鑽石刀具材料不適合使用於鋼鐵材料的切削？
7. 何謂塗層刀具？
8. 說明衝壓模具材料的選用要領。

9. 說明塑膠模具材料的選用要領。
10. 為何溫鍛模具材料很難決定？
11. 說明熱鍛模具材料的選用要領。
12. 說明冷鍛模具材料的選用要領。

參考文獻

[1] E.M. Trent and P.K.Wright, "Metal cutting", 4ed, Butterworth-Heinemann Pub, 2000.

[2] 林維新，紀松水編譯，“切削理論”，全華科技圖書公司，民國76年12月。

[3] 賴耿陽譯，“機械材料選用技術”，復漢出版社，民國66年12月。

[4] 城谷俊一，“機械加工時間計算法”，第三版，日刊工業新聞社，1989年5月。

[5] 林維新編譯，“精密銑削專輯”，松祿出版社，民國80年7月。

[6] 傅光華編，“切削刀具學”，高立圖書公司，民國86年12月。

[7] 洪良德編，“切削刀具學”，全華圖書有限公司，民國82年10月。

[8] 李阿卻編，“切削刀具學”，全華圖書有限公司，民國73年12月。

[9] D.A. Stephenson and J.S. Agapion, "Metal Cutting Theory and Practice", Marcel Pekker, Inc., 1997.

[10] Sandvik, "Modern Metal cutting", Sandvik Coroment, Technical Editorial dept., 1994.

[11] 邱松茂，“模具處理手冊”，金屬工業研究發展中心，民國87年6月。

[12] 模具實用技術叢書編輯委員會，“模具材料與使用壽命”，機械工業出版社，2000年。

[13] 宋放之等，“現代模具製造技術”，機械工業出版社，2000年。

[14] 李波，“模具技術便覽——塑模篇”，松祿文化事業股份有限公司，1995年。

[15] 小栗富士雄編“機械設計圖表便覽”，台隆書局，民國75年8月。

第13章

齒輪與凸輪的製造

13-1 齒輪與凸輪製造現狀及發展趨勢

13-2 齒輪的加工

13-3 圓柱齒輪的製造加工

13-4 齒輪的塑性加工

13-5 蝸桿組加工方法

13-6 傘齒輪加工方法

13-7 齒輪檢測

13-8 凸輪加工方法

13-1 齒輪與凸輪製造現狀及發展趨勢

齒輪(gear)與凸輪(cam)傳動具有承載能力大、效率高、壽命長、可靠性高、結構緊湊等優點，廣泛用於各種機械設備和儀器儀表中。齒輪與凸輪是機器的基礎元件，其品質、性能、壽命將直接影響整體機械的技術水準，由於其形狀複雜、技術問題多，製造難度較大，所以齒輪製造水準可以大概的反應出一個國家機械工業的水準。

13-1-1 齒輪加工技術的現狀

齒輪與凸輪製造技術是獲得優質齒輪的關鍵。齒輪加工的技術，因齒輪結構形狀、精度等級、生產條件可採用不同的方案，概括起來有齒胚加工、齒形加工、熱處理和熱處理後加工四個階段。齒胚加工必須保證加工基準面精度。熱處理直接決定齒輪的內在品質，齒形加工和熱處理後的精加工則是製造的關鍵，也反映了齒輪製造的水準。

在齒輪加工技術上，對軟齒面和中硬齒面齒輪(300～400HBS)，一般加工方法為調質後滾齒(hobbing)或鉋齒(shaping)。對大模數齒輪則採用粗滾齒－調質－精滾齒。對汽機車、農用機械、拖車、卡車、工具機等齒輪，由於數量大，要求精度高，因此採用滾齒或鉋齒後，再進行刮齒(shaving)或搪齒(honing)。齒面感應淬火的齒輪(42～52HRC)，其加工技術為滾齒或鉋齒、刮齒、感應淬火，再刮齒或搪齒。對於硬齒面齒輪，一般先滾齒或鉋齒，有時還刮齒，熱處理後精修基準面，若齒輪變形大，則進行磨齒(grinding)或使用負刀具角的硬齒面滾齒刀(skiving)滾齒。若熱處理變形較小，且精度要求不高的齒輪，熱處理後可採用搪齒或研齒(lapping)。若要求精度高且負荷不太大，且要求硬齒面的齒輪，則可採用經滾齒後離子滲氮技術。

13-1-2 齒輪設計製造的發展

設計合理的齒輪其性能除了材料因素外，主要取決於齒輪製造水準，其製造技術的發展，大致表現在精度等級與生產效率的提高兩方面；近年來，隨著齒輪裝置朝向小型化、高速化、低噪音、高穩定性發展，硬齒面齒輪製造技術也日益顯示出其重要性。高生產率的超硬切削技術，如高效率和高精度的立方氮化硼(CBN)砂輪磨齒及硬齒面滾齒(skiving)技術等新技術之開發與應用；與硬齒面加工技術相配合，齒輪的熱處理技術越來越顯重要，例如齒輪滲碳採用氣體滲碳法，尤其是採用離子眞空滲碳法，對齒輪進行深層滲碳並且減少變形，縮短滲碳時間。

13-2　齒輪的加工

13-2-1　齒輪的精度

齒輪的加工常可由一種或多種加工機及刀具所製造，不同機具所製造的齒輪精度不盡相同，爲因應不同行業所要求的齒輪精度，因此制定一套機具加工的精度標準可供查詢便成爲一項重要的工作，制定標準大致可根據所要求的齒輪種類、材料、熱處理及精度的要求來取決，以保證齒輪產品的性能及可靠性，愈好的齒輪所要求的強度及精度也就越嚴格。

精度等級選用標準一般可區分下列三種情況說明：

1. 較低精度等級：對加工機床、刀具和切削齒輪的操作沒有特殊需求，一般狀況下都能達到的精度等級。
2. 中間精度等級：要求加工機床、刀具和切削齒輪操作等均是最佳狀態，才能達到的精度等級。
3. 較高精度等級：必須在特定條件下才能達到的高精度等級。

表 13-1 列出常用的切削齒輪方法及齒輪精度等級選用表。

電腦的輔助應用也促進了齒輪製造技術的發展，應用電腦的快速計算，可以進行模擬切削，使製造的品質穩定可靠，再利用電腦數控系統來改進切齒機器，使切齒機器實現所需的切齒運動，提高切齒機器的運動精度，並且可對齒輪進行修形的動作。

13-2-2 齒輪的修整

齒輪修形的動作，是爲了使齒輪在工作狀態下正常嚙合，通常會因下列原因作預先齒形修整的動作：

1. 高速工作運轉中的熱效應，導致齒面會有熱變形。

表 13-1 常用的切削齒輪方法及齒輪精度等級選用表

精度等級	DIN						AGMA	精磨	剃齒	成形磨／齒條	成形磨／盤狀	滾切AA級	滾切A級	滾切B級	CBN刀具 CNC加工成形
	F_r	f_p	F_f	F_β	f_r	F_i									
4	2 3	3	1	2 3	4 5	15									
5	3 4	4	1	3 4	5 6	14									
6	4 5	5	3	4 5	6 7	13									
7	5 6	6	4	5 6	7 8	12									
8	6 7	7	5	6 7	8 9	11									
9	7 8	8	6	7 8	9 10	10									
10	8 9	9	6	8 9	10 11	9									
11	9 10	10	7	9 10	11 12	8									
12	10 11	11	8	10 11	12	7									

加工方法

F_r = 齒溝偏差
f_p = 節距誤差
F_f = 齒形誤差
F_β = 導程誤差
f_r = 齒間誤差
F_i = 總誤差

（淺灰色方塊）特殊情況下才能達到的精度等級

資料來源：DIN 3962 及 AGMA 390.03

2. 低速重負荷工作狀態下，齒面負荷係數增加，導致整個齒輪裝置系統產生一定的彈性變形。
3. 運轉噪音。

齒面修形一般可分為齒輪導程方向的隆齒修形(lengthwise crowning)及齒形修形(profile modification)兩種，總之，國內外對齒面修形技術已經是齒輪製造技術中的一項重要工作內容，尤其是利用在減少體積、提高承載能力、降低噪音這幾方面。

齒輪的加工方法很多，但主要方法有滾齒、鉋齒、刮齒和磨齒。其他尚有銑齒、搪齒和研齒等及其他非切削加工如鍛造、擠壓鑄造、粉末冶金及射出成型等方法。近來在加工技術上，如硬齒面技術、電腦數控、電腦輔助設計、淨形鍛造及粉末冶金等方面的發展，使得各種加工方法出現新面貌。

13-3 圓柱齒輪的製造加工

13-3-1 滾齒

滾齒(gear hobbing)用齒輪滾刀(hob cutter)乍看之下如一支玉米，如將其切削刃口沿著螺旋方向連接起來，滾刀其實就是一個大螺旋角的漸開線螺齒輪，滾刀與加工之工件齒輪在空間中的嚙合情況為近似空間中兩交錯軸螺旋齒輪嚙合(如圖 13-1 所示)。滾刀是加工直齒和斜齒圓柱齒輪最多的刀具之一，可加工漸開線齒輪、圓弧齒輪、擺線齒輪、鏈輪、棘輪、蝸輪和包絡蝸桿。

滾齒加工的 CNC 滾齒機如圖 13-2 所示，滾齒加工時，滾刀(圖 13-2 之 B1 軸)與工件齒輪(圖 13-2 之C2 軸)依齒數比同動旋轉，滾刀沿著工件齒輪軸向慢慢切過整個齒面寬(圖 13-2 之Z1 軸)；圖 13-2 之X1 軸控制滾齒切削深度，A1 軸控制滾齒刀與工件齒輪軸交角，V1 軸控制滾齒刀之切向進給或切向移刀。滾齒加工的精度一般可達 DIN4～7 級，表面粗糙度一般在 3.2～1.6μm 範圍內。滾齒加工效率極高，以現在的機器剛性及動力而言，其加工速率的限制在於齒輪刀具的材料而非機器。雖然滾齒加工生產效率高，但是由於滾齒加工需使用特殊的齒輪刀具，刀具成本較高，故比較適合量產的齒輪加工。

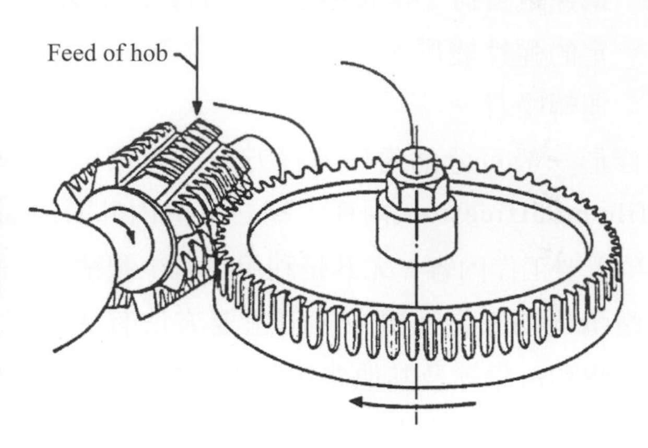

圖 13-1　滾刀與被加工齒輪(照片摘自 Liebherr 公司型錄)

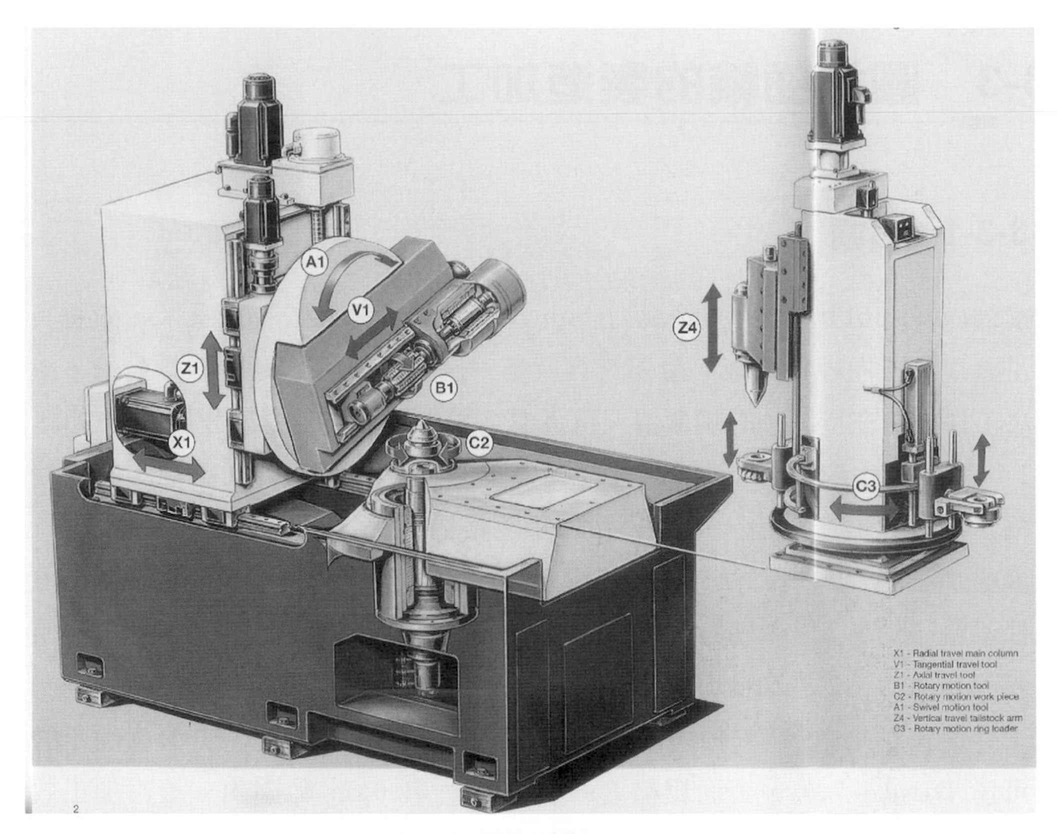

圖 13-2　高效率的 CNC 滾齒機(本圖摘自德國 Liehberr 公司型錄)

滾齒加工在精度許可的範圍內應盡可能的使用多牙口滾刀，一般雙牙口滾刀可提高效率約 40%，三牙口滾刀可提高效率約 50%，一般滾刀的牙口數可根據齒輪模數決定，如模數 2.5mm 時，滾刀牙口數最多可選 7 個，不過多牙口滾刀加工精度較差。

硬齒面滾齒技術(skiving hobbing)擴展了滾齒的領域，該方法可作爲大型齒輪磨前加工程序，去掉淬火變形量，直到留有合理的磨削餘量，以減少磨齒時間，降低成本。硬齒面滾齒的滾齒刀刀齒採用硬質合金或金屬陶瓷材料，表層塗氮化鈦，這些新材料已經能夠控制刀具的崩齒與過度摩耗問題。

13-3-2 鉋齒

鉋齒(gear shaping)是一種多樣化且切削精度很高的齒輪製造方法，特別適合加工內齒輪與叢集齒輪，採用特殊刀具和附件後，還可加工棘輪、凸輪、非完整齒齒輪、特殊齒形結合子、齒條、面齒輪和傘齒輪等。由於鉋齒刀可用於製造一些滾齒刀不易製造的齒輪，例如內齒輪、人字齒輪，並且由於鉋齒之齒形的包絡線數可調整(調整每分鐘衝程數及圓周進給量)，所以齒形精度也可提高，一定程度上可代替滾齒，因此在齒輪的製造方法中，仍佔有不可或缺之重要地位。

鉋齒效率受鉋齒機刀具往復運動機構的限制，近來採用刀具卸載行程的改善，使用靜壓軸承、增加刀架和立柱剛性等措施，新型鉋齒機衝程速度明顯提高，因而提高了鉋齒效率。而鉋齒刀的精度分爲AA、A、B三級，在正常情況下，用AA級鉋齒刀可加工DIN 6級精度的齒輪，A級鉋齒刀可加工DIN 7級精度的齒輪，B級鉋齒刀可加工DIN 8級精度的齒輪。

如圖 13-3 所示，鉋齒刀在鉋齒時，除了切削運動外，它和工件還有相互配合的運動，像兩個齒輪嚙合時的轉動一樣，這就是創成運動。鉋齒機如圖 13-4 所示，鉋齒刀靠上下往復(圖 13-4 的Z_1、Z_2、Z_3軸)的切削運動和迴轉(圖 13-4 的C_1軸)與工件齒輪同動旋轉(圖 13-4 的C_2軸)形成創成運動，漸次形成工件齒輪的齒面，所以工件齒輪的齒面是鉋齒刀的刃口線連續運動軌跡的包絡面。圖 13-4 的X_1軸控制切削深度，B_4軸控制刀具回程時卸載行程的後退量及齒面導程修形，Z_2軸控制刀具上下行程長度等。

大型齒輪加工，由於工件體積大，重量重，裝卸不便；大量量產的齒輪爲減少加工上下料時間、提高加工精度與效率，所以目前發展趨勢爲綜合加工形式，也就是將滾齒、鉋齒、磨齒與檢測集於一體，避免多次裝卸，如圖 13-5 所示爲滾齒與鉋齒合爲一體的齒輪加工機。

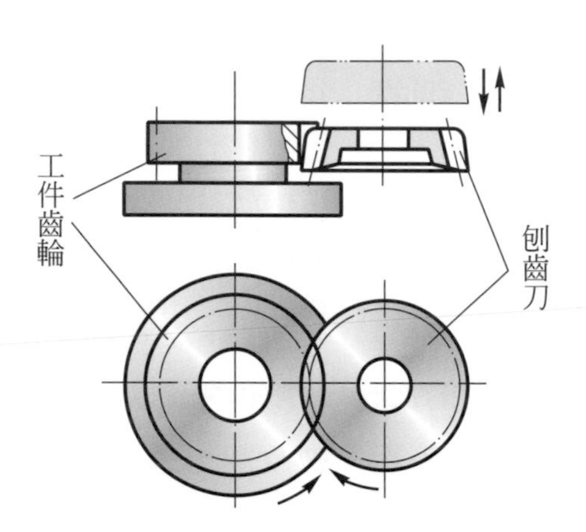

圖 13-3　鉋齒刀刨圓柱齒輪示意圖(照片摘自 Liebherr 公司型錄)

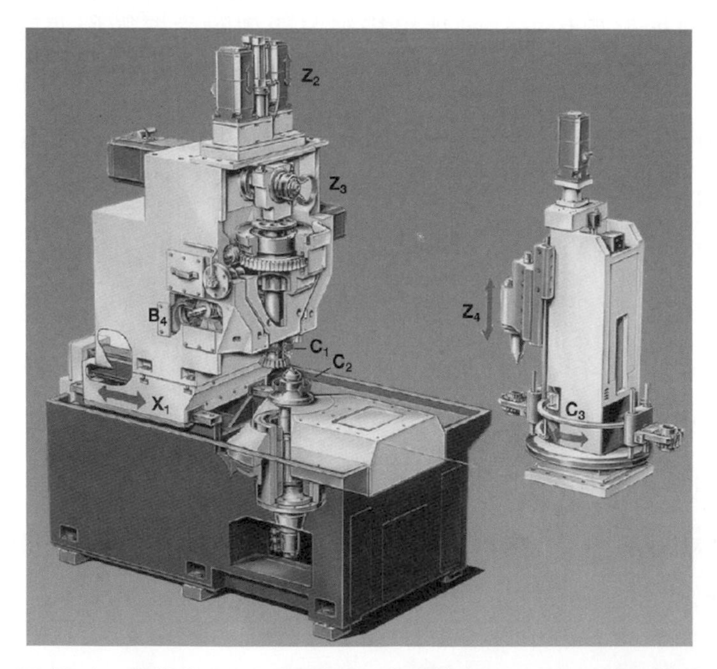

圖 13-4　現代的 CNC 鉋齒機台(本圖摘自 Liebherr 公司型錄)

圖 13-5　滾齒與鉋齒混合加工機(本圖摘自 Liebherr 公司型錄)

13-3-3 刮齒

用齒輪刮齒(gear Shaving)技術來精修齒形始於 1930 年代，是全球齒輪業界用來精修滾齒或鉋齒粗加工後的齒輪齒形最有效率及最經濟的方法之一。刮齒刀刮齒原理爲刮齒刀與被刮工件齒輪在空間中形成近似兩交錯軸螺旋齒輪嚙合(如圖 13-6 所示)，齒輪刮齒是藉由刮齒刀旋轉帶動工件齒輪旋轉，此時刮齒刀與工件齒輪齒腹會作相對滑動，而刮齒刀齒腹處的插槽(如圖 13-7 所示)就會如切削刃口修整工件齒輪齒面。

齒輪刮齒加工適合於中、小模數之中、軟硬度的齒輪齒面精加工，最大工件齒輪直徑可達 18 吋，刮齒精加工後的齒輪精度等級可達 DIN 6、7 級或齒形精度(＋/－0.0002 吋)，刮齒精加工亦可預先修正齒輪熱處理所造成的齒廓變形與導角改變最有效及最經濟的方法。一般中高精度的齒輪修整大量使用刮齒的技術，而且刮齒刀的重複使用性高，有些刮齒刀可刮約 4000 個齒輪後才需修整磨銳，每把刮刀又可以修整刀具 4 至 10 次，修整工件齒輪時間遠較磨削少許多，可以說相當符合經濟效益。齒輪經過修整後，不但精度提高亦可提高壽命及降低噪音，目前已經被廣泛使用於汽車、貨卡車、機車、幫浦、齒輪減速機等需要低噪音的齒輪製造上。

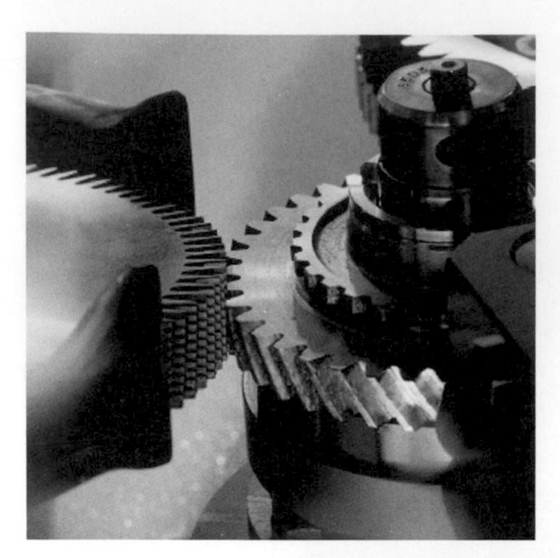

圖 13-6 刮齒刀與工件齒輪嚙合示意圖(本圖摘自 Gleason-Hurth 公司型錄)

圖 13-7 刮齒刀齒腹插槽

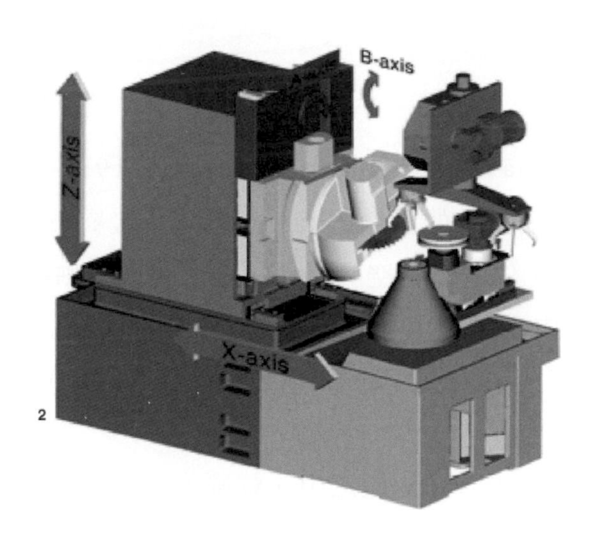

圖 13-8 刮齒機台示意圖(本圖摘自 Gleason-Hurth 公司型錄)

圖 13-8 顯示一台的CNC 刮齒機台，圖中的A軸用來設定刮齒刀與工件的軸交角，B軸可用來進行工件齒輪的隆齒修形(crowning)或導程推拔修形(taper)，X軸爲刮齒刀徑向進給，Z軸爲刮齒刀沿工件齒輪的軸向進給，刮齒刀與公件齒輪間就如同兩個齒輪嚙合旋轉，一般只有刮齒刀軸具有迴轉動力，刮齒刀進給至適當中心

距時，利用刮齒刀帶動工件齒輪正逆旋轉幾十秒，再退後一些進行精刮即可，刮齒刀進給方式有徑向直進進給(plunge shaving)、對角進給(diagonal)、軸向進給(parallel)及切向進給(under pass)等如圖 13-9 所示，目前以徑向直進進給方式加工速度較高，但相對的直進式刀具設計與製造困難，刀具成本比較高。

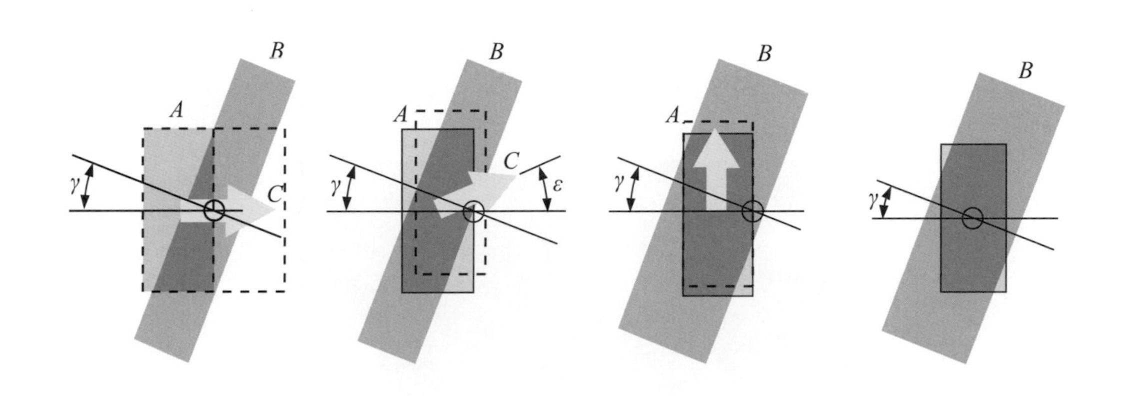

圖 13-9　刮齒進給方式示意圖(本圖摘自 Gleason-Hurth 公司型錄)

13-3-4　搪齒

齒輪搪磨(Gear honing)加工爲齒輪硬齒面精加工的一種，此製程能改善齒輪幾何精度及提高齒輪表面粗糙度並消除加工傷痕，使其所生產之齒輪對接觸能保證較低的噪音及減少磨損，它的特點在於效率高、成本低、齒面表面粗糙度低，尤其適用於滾齒、插齒加工後改善表面粗糙度的後續製程。

齒輪搪磨相當於一對相錯軸齒輪傳動，將其中一個齒輪換成磨輪，另一個則爲被切削工件齒輪，磨輪本身爲是一個含有磨料的類似砂輪的齒輪，其齒形面上均勻密佈著磨粒，每一個磨粒相當於一個刀刃，在搪磨齒輪過程中，磨輪與工件齒輪以一定的速度轉動時，於齒面嚙合點之間產生相對滑動，在外加固定切削壓力或定中心距作用下，磨輪齒面上的磨粒便按一定軌跡從加工齒輪齒面磨過，形成切削，最後達到所要求之齒輪齒厚及精度。一般齒輪搪磨分爲外嚙合搪磨與內嚙合搪磨兩種如圖 13-10 及圖 13-11 所示，圖 13-12 爲一般的內嚙合齒輪搪磨機之機台結構圖。

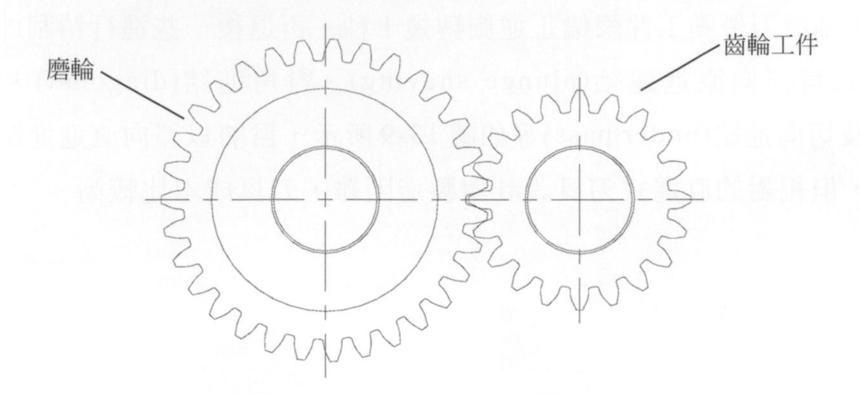

圖 13-10　外嚙合搪磨齒輪法(本圖摘自 Hurth 公司型錄)

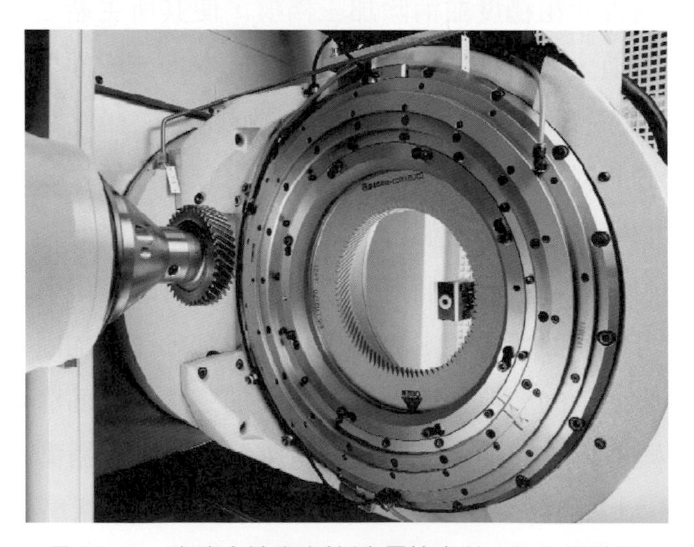

圖 13-11　內嚙合搪磨齒輪(本圖摘自 Hurth 公司型錄)

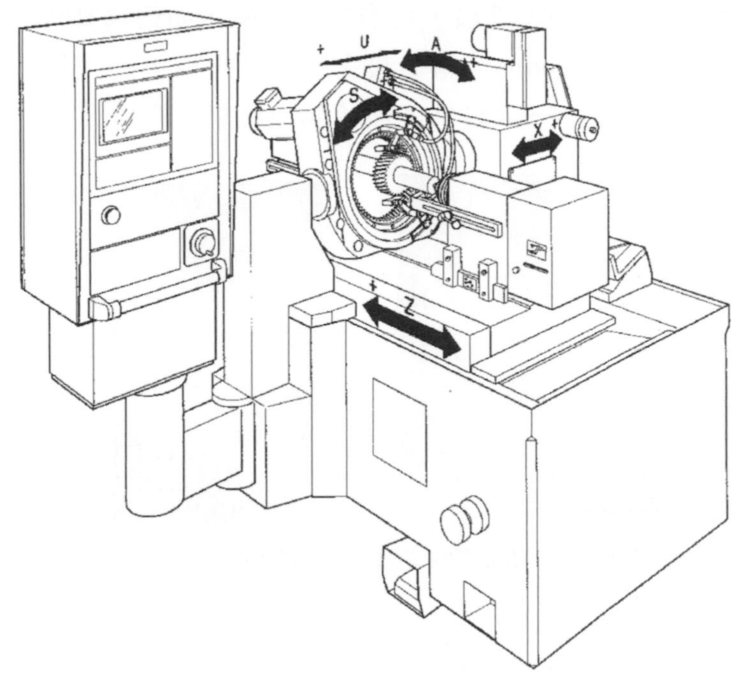

圖 13-12　齒輪搪磨機與內嚙合搪磨法 REISHAUER

13-3-5　磨齒

磨齒(grinding)是獲得高精度齒輪最有效和可靠的方法，磨齒可分爲成型磨齒與創成磨齒兩種，成型磨齒法之砂輪一般爲圓盤狀如圖 13-13 所示，盤狀砂輪必需根據齒輪的形狀用CNC砂輪修整器或模板修形，加工時，一次輪磨一個齒空溝槽，加工效率較低，但是加工精度高，齒形的變化彈性也比較高，目前盤型砂輪和大平面砂輪磨齒精度可達 DIN 2 級，圖 13-14 爲一般常用的齒輪成型磨齒機構造示意圖，工件齒輪安裝於圖 13-14 之C軸，盤形砂輪安裝於圖 13-14 之D軸，砂輪與工件齒輪的軸交角由圖 13-14 之 B 軸設定，磨齒深度由圖 13-14 之 Y 軸控制，磨齒時，砂輪沿著圖 13-14 之H軸移動過整個工件齒輪的齒面寬，H軸的移動量與工件齒輪的迴轉量根據工件齒輪的螺旋角同動，輪磨出一個齒空。

創成磨齒法一般使用螺旋螺桿狀砂輪，爲連續的創成磨齒法，一般可分爲二種輪磨方式，如圖 13-15 所示，螺桿砂輪與工件齒輪呈一空間相錯軸的齒輪對，相對運動關係與滾齒過程相同，請參閱滾齒章節內容。螺桿砂輪磨齒精度較差，一般可達 DIN 3～4 級，磨齒效率高，適用於中、小模數齒輪磨齒，但修整較爲複雜。錐型指狀砂輪磨齒精度達DIN 4～5級，可磨削大齒輪，如德國Höfler公司磨齒機可磨直徑為3.5m，模數為32mm的齒輪，最大磨齒直徑為4m，模數為25mm，適用於少齒數、大模數修形器、5～6級精度齒輪的小批量生產。

圖 13-13　成型磨齒法(本圖摘自 OPAL 公司型錄)

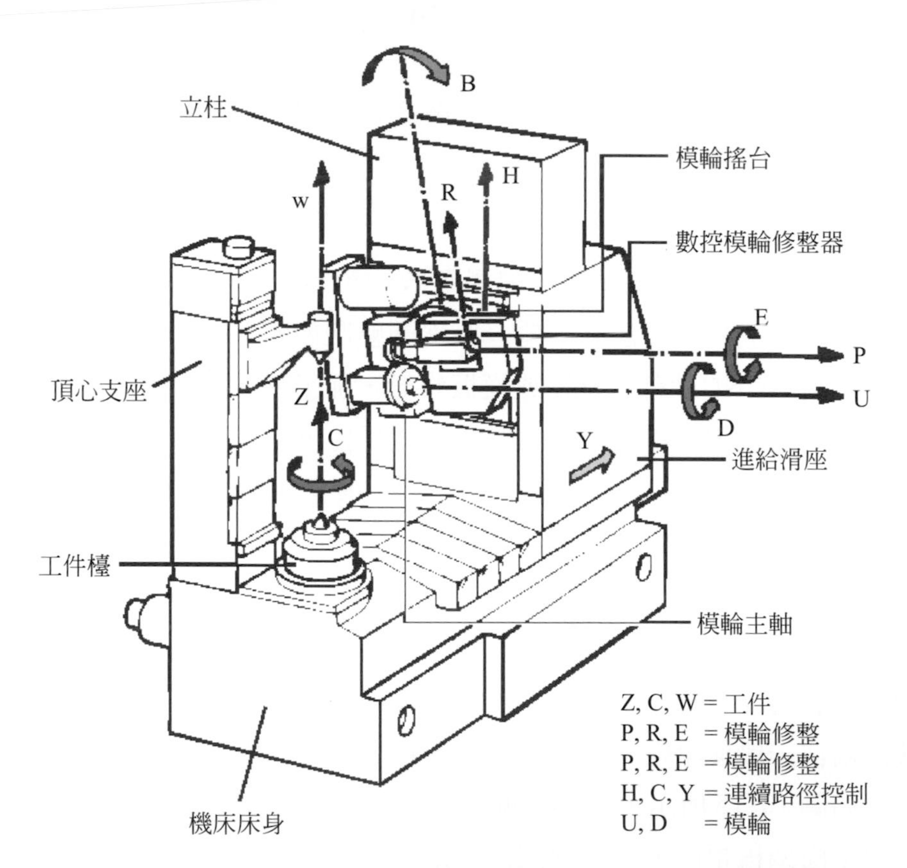

圖 13-14　成型磨齒機構造示意圖(本圖摘自 Klingelnberg 公司型錄)

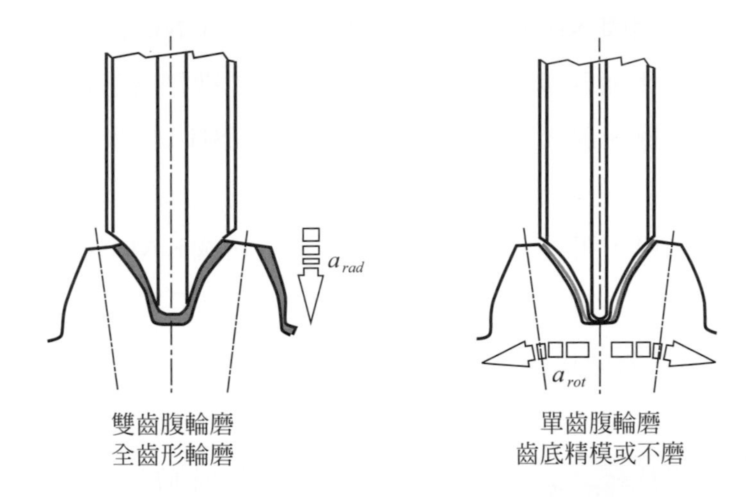

圖 13-15 齒輪的雙齒腹及單齒腹的成型輪磨

磨齒的主要問題是效率低、成本高，尤其是大尺寸齒輪，所以提高磨齒效率，降低費用成爲當前主要研究方向，在這方面，近年來許多改進磨齒方法出現，如減少磨削次數，壓縮展成長度，縮短磨削衝程。爲此Maag公司提出了"K"-磨削法和Niles 公司提出了"雙面磨削法"。Niles 和 Hofler 公司生產了剛性好、精度可靠的單砂輪磨齒機，實現大進給量磨削，都提高了磨齒效率。

CBN砂輪具有硬度高(比Al_2O_3高一倍多)、耐磨性好、壽命長、精度保持性好、切削性能好、熱擴散係數大等優點。因此，用 CBN 砂輪磨齒輪比用單晶鋼玉砂輪磨削率提高到5～10 倍，被磨削表面不易發生燒傷和裂紋，表面呈壓應力狀態，疲勞強度高，可獲得高精度、高質量齒輪；以普通砂輪材料爲基體的 CBN 砂輪，因其耐磨性好，精度保持性好，可以大大減少砂輪修整次數。以金屬爲基體的電鍍CBN砂輪，則不須修整，省去砂輪修整和磨損補償裝置，簡化磨齒機床結構。CBN砂輪磨齒比普通砂輪磨齒耐用度高約 50～100 倍，並且可以提高磨削用量、減少磨削次數，易於實現高精度高效率磨齒，所以適應大批量生產，特別適用於成形砂輪磨齒和螺桿砂輪磨齒。

磨齒機採用數控(CNC)技術使磨齒機如圖 13-16 操作簡便，減少了調整和停機時間，提高了效率和自動化程度，獲得了穩定和可靠的精度，使齒輪磨齒工業發生了深刻的變革。例如德國 Niles 公司和 Hofler 公司的 CNC 錐型砂輪磨齒機、胡爾特(HURTH)的數控大平面砂輪磨齒機、德國、美國的數控成形砂輪磨齒機、瑞士、日本的數控螺桿磨齒機、義大利公司的SAMPUTENSILI數控成形磨齒機等，磨削過程由數控控制。

超高速磨削的發展，可進一步提高磨削效率，德國KAPP公司研製的磨床，砂輪轉速達 60000 r.p.m.，線速度達 250m/s。德國阿亨工業大學正在研究砂輪線速度為500m/s的超高速磨削技術。

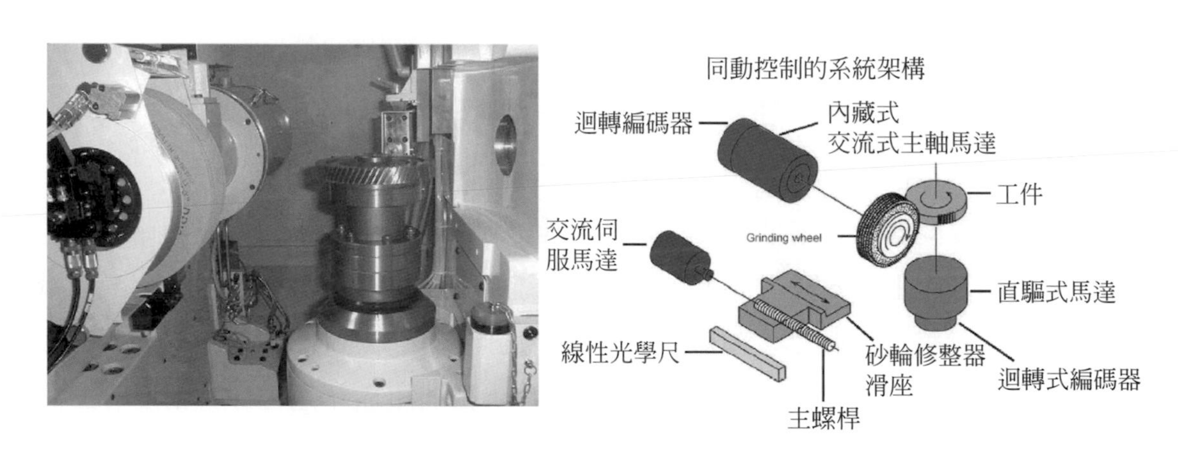

圖 13-16　Gleason 螺桿砂輪磨齒機示意圖

13-3-6　研齒

研齒(gear lapping)是一種古老齒輪齒面光整的加工方法如圖 13-17 所示，主要用於傘齒輪與戟齒輪熱處理後改善齒輪齒面精度與粗糙度，有時用於裝配誤差及受載變形等因素影響，其主要是將兩嚙合齒輪裝於專用研齒機相互嚙合運轉，進而使齒輪組更加嚙合，再加上齒輪專用研磨劑，此研磨劑是一種三維網路結構的膏狀體，如金鋼砂，能快速增加接蝕面積，有潤滑、磨削的效果，用以避免損壞齒面或研磨後清洗不掉，造成齒輪運轉後損壞齒面，以及研磨劑進入軸承，並損壞軸承。

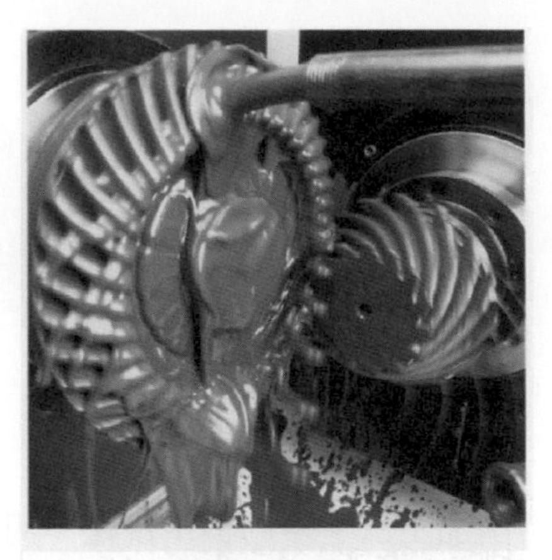

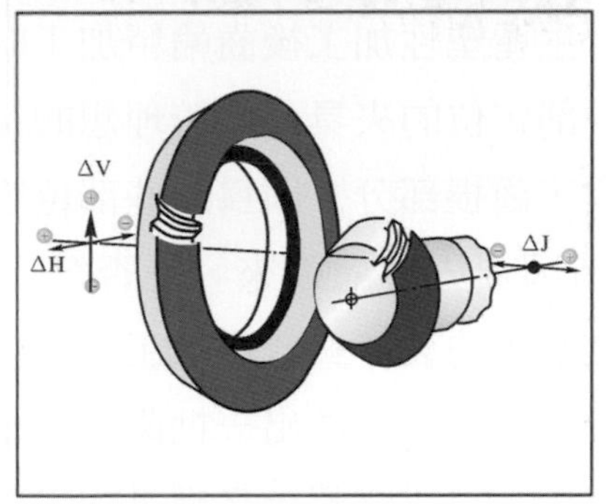

圖 13-17　傘齒輪研齒機動作示意圖

13-4　齒輪的塑性加工

13-4-1　齒輪製造分類及流程

齒輪的製造方法主要可分爲兩大類：切削加工齒輪、非切削加工齒輪。其中切削加工法包括：滾齒、銑齒、切齒、鉋齒、磨齒等等。非切削加工法包括：鑄齒、鍛齒、粉末冶金、射出成型等等，由於金屬模設計製技術和鍛造機械的急速進步下，齒輪塑性加工法具有可媲美切削加工的精度的能力，不但在多量生產的情形下會較切削加工生產的過程及勞工成本經濟。因爲纖維組織的流動是從齒底部分開始沿著齒面連續著和材質的改善，所以較切削齒輪加工增加更多的抗彎強度和衝擊強度等，且可比切削齒生產出較複雜的齒形曲面，如圖 13-18 所示爲一利用鍛造製成的直傘齒輪。

圖 13-18　鍛胚與鍛造直齒傘齒輪

塑性加工製造流程由切削加工法生產的標準齒輪，用來做爲檢驗的標準齒形與塑性加工齒輪做比較分析，生產塑性加工後齒輪精加工的夾具，以齒爲基準的定位齒模，如修毛邊等等。以齒部定位的夾具，比較理想的接觸表面是齒腹部分，即躲過齒的大、小端邊緣及齒頂，齒根部分，因爲這些部位容易因振動產生碰撞，影響定位精度。模具應先把鍛造因素先考慮進來，是否符合鍛造用齒形，如拔模角等等。再進行模具放電加工之銅極的製作與放電加工產生模具，或直接機械加工模具製作並量測檢驗其與原齒形之誤差，生產出一批齒輪及量測檢驗與原齒形之誤差，再修整原齒形模形加上修正量，再以修整後之模具加以製成形成一封閉迴路，重複幾次成形後，產品必定會更接近需求，如果有多次經驗時，且可建立其參數分析表及限制範圍以利初步設計製造。

塑性加工齒輪的最大的問題是精度無法達到需求，影響精度的因素有相當的多且複雜，主要有模具加工機械的精度、金屬模精度、熱處理過程、材料、潤滑劑等等。尤其由金屬模在高溫轉爲常溫時，因溫度、熱處理過程、內應力所產生的變形及收縮。所以在製作模具時就必須先把適當的修正率加進來。金屬模在鍛造時所產生的激烈摩耗及缺損，都會影響齒輪的精度及成本上。在設計模具上可先以有限單元法預估塑性成形後，因內應力、溫度、熱處理等的變形量，可在一開始就製造出相當接近的齒形，再修正差異量，可相當的結省成本與時間。

13-4-2　設計與製造考慮的因素

齒輪塑性加工製程中有相當多問題產生於模具與材料上，以下將介紹幾項設計與製造上應考慮的問題：

1. 分模線

模具大多有分模線設計，則分模線爲上下模閉合時之接觸面，決定餘邊形成位置及上下模穴深度與工件能否完全充滿模穴息息相關。

2. 拔模角

拔模角可使工件容易自模穴取出，及幫助金屬或其他材質流動。一般而言，鍛件冷卻時，外表與模穴間形成間隙，因此外拔模角可以較內拔模角略小，大約取5度。

3. 隅角及內圓角半徑

過大的內圓角半徑，無異於另一個拔模角，但若太小，則易產生工件缺陷中的冷合現象，同時亦做件所能承受的彎曲及扭曲應力大爲降低。同理過小的隅角半徑，容易造成應力集中及熱疲勞，降低模具壽命。

4. 餘邊設計

餘邊系上下模閉合時，隘出模穴的多餘材料。一般確保金屬完全充滿模穴，常取較多量的材料。

5. 表面狀況

材料表面要求無銹蝕、氧化等缺陷，因爲齒輪部分鍛造或鑄造成形後不再進行切削加工齒面，爲去除表面決陷，原材料必須經過噴砂或酸洗。

6. 重量控制

因過多的被鍛件之原料，會影響塑性成形齒輪精度，過多的下料一般來說不可超過千分之五。

7. 模具的特殊加工

一般情況下，模具經放電加工後可以直接用於生產，如果對齒面粗糙度要求較高，則要經過拋光處理，使放電加工表面粗糙度提高，對於提高模具壽命有相當大的幫助。

8. 模具壽命

模具壽命是經濟效益的重要指標，因爲模具的製造成本較高，分配到每個零件上的模具費用如果高於切削齒工件的成本，這樣就失去了塑性加工的優越性了，提高模具壽命也是精鍛追求的目標。

9. 加熱

加熱的目的是：提高材料的塑性，降低變形抗力，以利材料變形和穫得良好的塑性加工後組織。

13-5 蝸桿組加工方法

13-5-1 蝸桿型式

蝸桿組常用於交錯軸的傳動，依照不同製造方法可分爲不同型式如表 13-2 所示，亦是用於航空、升降梯、汽車、光碟機……等。傳動與分度的重要元件。蝸桿組具有較大的傳動減速比、結構緊湊。螺旋線方向可以任選左旋或右旋，但蝸桿與蝸輪的螺旋線方向必須相同。此外，蝸桿組還具有自鎖功能。

表 13-2　蝸桿的型式

<table>
<tr><td rowspan="5">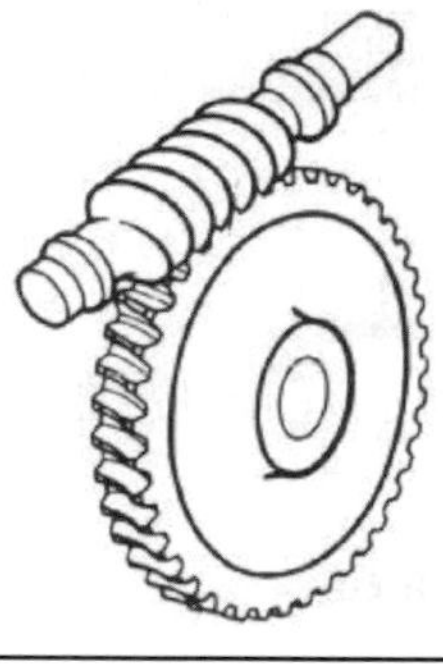</td><td>阿基米德圓柱蝸桿</td><td>ZA</td></tr>
<tr><td>法向直廓圓柱蝸桿</td><td>ZN</td></tr>
<tr><td>漸開線蝸杆圓柱蝸桿</td><td>ZI</td></tr>
<tr><td>錐面包絡圓柱蝸桿</td><td>ZK</td></tr>
<tr><td>圓弧圓柱蝸桿</td><td>ZC</td></tr>
</table>

由於蝸桿嚙合效率低、傳動嚙合摩擦較大，蝸輪通常採用青銅、鑄鐵作齒圈。蝸桿則以合金鋼或碳鋼爲主，通常經過熱處理增加其硬度。圓柱蝸桿組一般皆用車床加工(ZK 除外)，根據車刀位置不同，可以切削不同齒廓之蝸桿。

13-5-2 蝸桿加工

圓柱蝸桿組加工常用的方法有：

1. 車削加工

使用車床加工蝸桿是最普遍的方法，使用直線刃車刀改變其安裝位置，就可加工出ZA、ZN，ZI……等蝸桿。

圖 13-19　盤型銑刀加工蝸桿

2. 銑削加工

蝸桿銑削通常用於螺紋銑床或萬能銑床，但是由於軸線相對於蝸桿軸線轉動一個導程角，所以在截面上不能獲得直線齒廓，如圖13-19所示即爲利用盤型銑刀加工蝸桿。

圖 13-20　磨削加工蝸桿

3. 磨削加工

磨削時，不同蝸桿對砂輪安裝位置有不同要求。ZA、ZN型砂輪安裝簡單，易於加工、修整蝸桿。但於ZI型，安裝、調整砂輪不易，而且兩側同時需要加工，因此生產率較低，如圖13-20所示。

13-5-3　蝸輪加工

蝸輪加工通常使用滾刀(Hob cutter)或飛刀(Fly cutter)，滾刀切削效率高，適用於大量生產；飛刀優點則在於價格低廉，切削精度高。圓柱蝸桿組蝸輪加工常用的方法有：

1. 滾刀切削

蝸輪滾刀基本參數必須與配合被切蝸輪之蝸桿相同，在最後精加工時，蝸輪滾刀位置必須符合其蝸輪蝸桿之嚙合形式。在過程中中心距不斷縮小直到設計之中心距爲止。如圖 13-21。

圖 13-21 蝸輪滾刀滾製蝸輪

圖 13-22 單片飛刀創成蝸輪

2. 飛刀切削

飛刀相當於蝸輪滾刀的一個齒刀，飛刀沿刀桿軸線作切像進給運動，運動軌跡與蝸桿滾刀刀齒所形成之螺旋面等效。如圖 13-22。

13-6 傘齒輪加工方法

13-6-1 直傘齒輪加工方法

直傘齒輪(Straight bevel gear)加工一般可分爲鉋齒、圓拉刀式銑齒、雙刀盤銑齒、成形刀具銑齒及磨齒等五種，分別敘述如下：

1. 鉋齒

直傘齒輪鉋齒有創成法和仿形法兩種。創成法刨直齒錐齒輪是由鉋刀的直線切削往覆運動與鉋刀隨搖台平面旋轉運動兩種運動配合完成的。刀具與被加工錐齒輪的運動關係，相當於一個平頂，如圖 13-23 所示，工件按根錐安裝或平面，如圖 13-24 所示，工件按節錐安裝，齒輪的齒與被加工錐齒輪的嚙合。刀具創成切齒循環一次，加工出一個齒，被加工錐齒輪分度後，加工第二個齒。斜齒錐齒輪鉋齒，與上述直齒錐齒輪創成法鉋齒相似。不同之處是：鉋刀的切削運動往覆直線不和搖台迴轉線相交，而是和斜齒錐齒輪的工件圓相切。

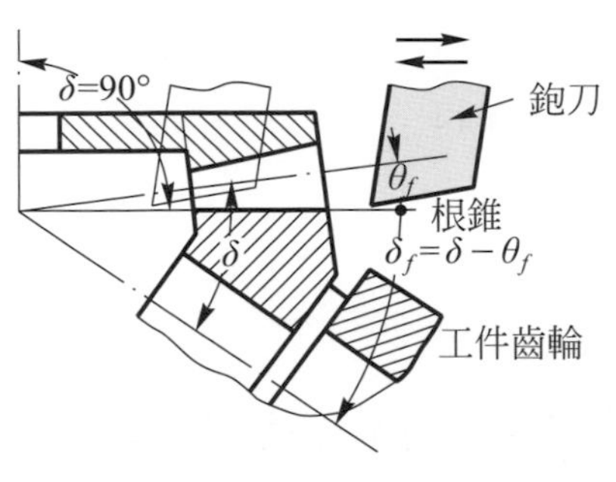

圖 13-23　工件按根錐安裝

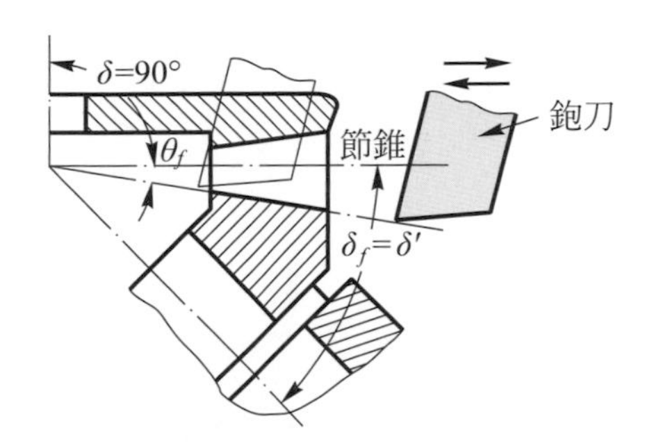

圖 13-24　工件按節錐安裝

仿形法鉋齒(圖 13-25)用上下兩個鉋刀，鉋刀有三個運動，一是切削往覆直線運動，二是切削進給運動，三是隨進給運動而產生上下鉋刀夾角變化的圓平面迴轉運動。被加工齒輪則固定不定。切削進給運動把鉋刀的溜板與仿形模板相聯，使仿形曲線與進給迴轉圓心構成一個直線族齒曲面，鉋刀尖在直線族齒曲面上往覆切削，鉋出齒面。一次仿形循環，鉋出一個齒，被加工錐齒輪分度，再鉋另一個齒。

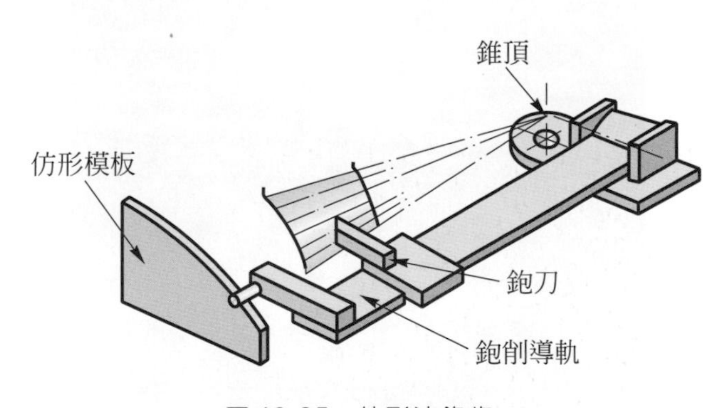

圖 13-25　仿形法鉋齒

2.　圓拉刀銑齒

屬於成形法(圖 13-26)，適用於較小模數錐齒輪的大批量生產，一種齒輪需要一種專用圓拉刀，圓拉刀連續轉動，同時沿齒槽方向移動，一個刀齒銑出一個齒槽截面齒形。圓拉刀轉到缺口處，被加工錐齒輪分度，同時圓拉刀退刀，進行下一個齒槽加工。

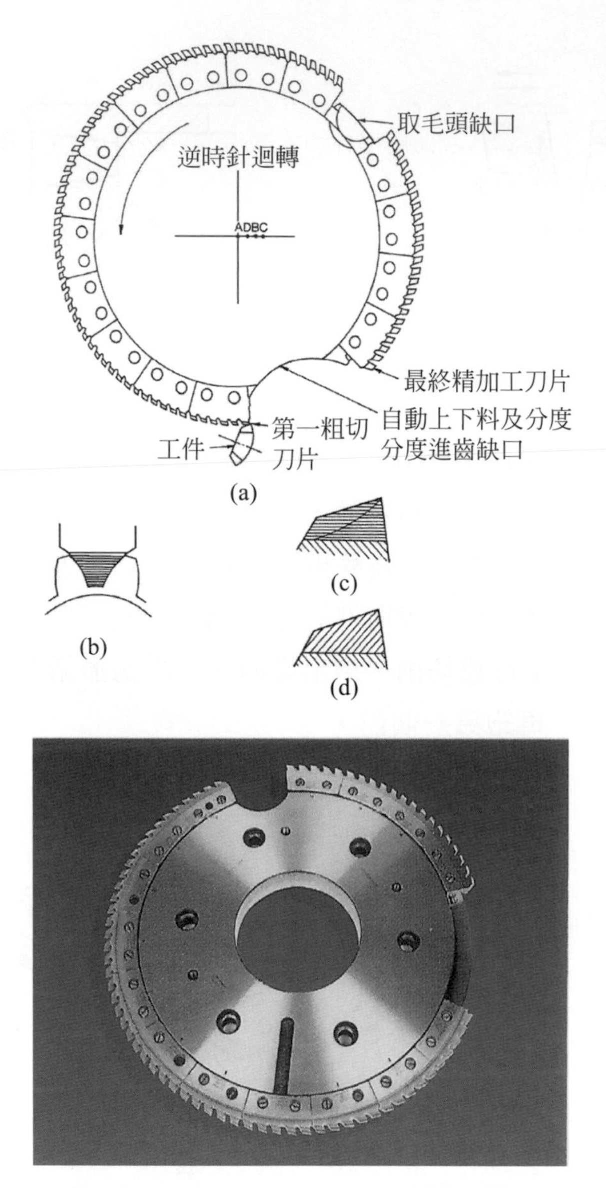

圖 13-26　Gleason 公司 Revacycler 圓拉刀銑直傘齒輪

3. 雙刀盤銑齒

用銑刀刃旋轉切削，代替刨刀往覆切削。生產效率高，適用於中小模數錐齒輪加工，加工原理與創成法鉋齒基本相同，並且類似於大平面砂輪磨齒，加工齒面寬度與刀盤直徑有關。雙刀盤有兩種結構形式，第一種刀盤結構形式類似盤狀銑刀，第二種刀盤結構類似端銑刀。第一種刀盤切齒，刀刃旋轉面與被加工錐齒輪的齒面相切；第二種刀盤切齒，刀刃旋轉面與被加工錐齒輪的成形齒面只有一點相切，齒向是鼓形齒。

4. 成形刀具銑齒

銑刀有盤狀銑刀(圖 13-27)和指狀銑刀兩類，前者適用於中小模數的錐齒輪加工，後者適用於大中模數的錐齒輪加工。銑齒方法有單面法和雙面法兩種，前者一個齒槽的左右兩側齒面要分別兩次銑成，後者一個齒槽的左右兩側齒面可一次銑成(圖 13-28)，銑齒時，銑刀切削沿齒槽方向進給，一個齒槽銑完後，被加工錐齒輪分度，再銑另一個齒槽。錐齒輪的齒槽形狀沿其齒寬按比例變化，成形法銑齒無法做到這一點，只能加工出近似齒形。

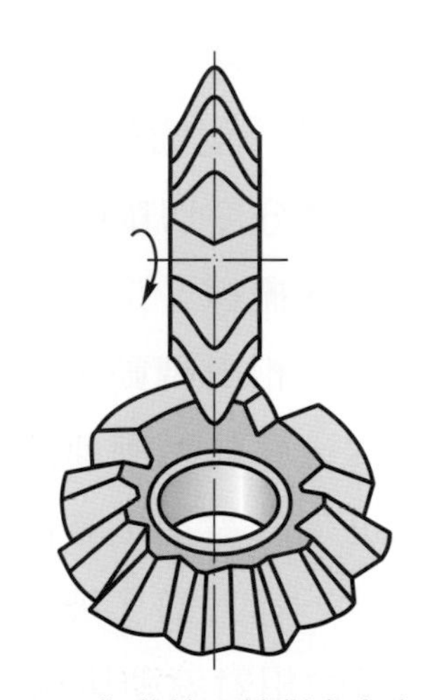

圖 13-27　指狀銑刀銑削直傘齒示意圖

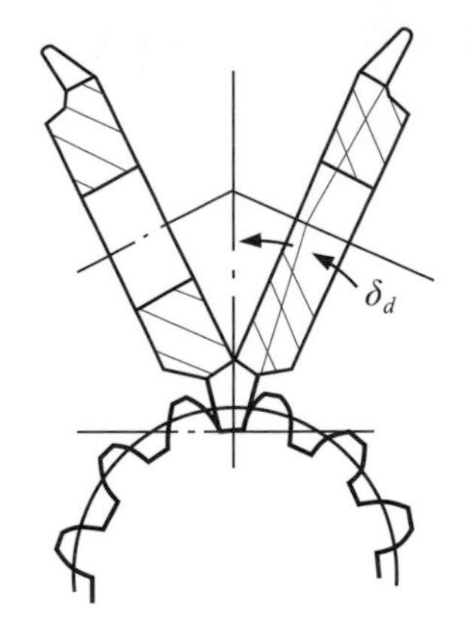

圖 13-28　雙刀盤切削直傘齒示意圖

5. 磨齒

與雙刀盤銑齒中第二種刀盤銑齒方法相同，是用砂輪代替刀盤精加工齒面的一種方法，加工齒向是鼓形齒。

13-6-2 蝸線傘齒輪加工

弧齒錐齒輪加工分爲兩大加工方式：⑴面銑式(圓弧)和⑵面滾式(長幅外擺線)兩大類。加工齒形有收縮齒和等高齒兩種。面銑式用於加工非等高齒，刀盤滾切創成循環一次，加工出一個齒或一個齒側面，被加工齒輪分度後，再加工另一個齒或另一個齒側面，爲一分度切削(圖 13-29)。面滾式則用於加工等高齒，爲一連續分度切削(圖 13-30)。長幅外擺線錐齒輪，指錐齒輪的齒線平面展開圖是長幅外擺線。這種錐齒輪的銑齒特點是，若機床搖台固定不動，刀盤與被加工錐齒輪相對轉動，可以連續切齒，即同時完成齒槽切削和分度。銑刀盤與被加工錐齒輪的轉動速比，等於被加工錐齒輪的定圓半徑與銑刀盤的滾圓半徑之比，也等於被加工錐齒輪齒數與銑刀盤的內外刀齒組數之比，或者說銑刀盤轉過內外一組刀齒，被加工錐齒輪轉過一個齒節距。若銑刀盤隨機床搖台與被加工錐齒輪相對滾動切齒，則一次滾動可同時完成分度和齒形與齒向的加工。弧齒錐齒輪用銑刀盤銑齒，銑刀盤在銑齒機搖台上作旋轉切削運動，搖台與被加工錐齒輪作相對滾動。刀盤與被加工錐齒輪的運動關係，相當於一個平頂(工件按根錐安裝，面銑式)或平面(工件按節錐安裝，面滾式)圓弧齒輪與被加工錐齒輪的嚙合，加工所得齒形是近似的漸開線齒形。

收縮齒錐齒輪的大小兩端與對應的直徑大小成比例，即齒的面錐、節錐、根錐三者角度大小不相等。加工這種錐齒輪，銑刀盤的旋轉軸線要垂直齒根錐面，理想的齒和槽是大小成比例。

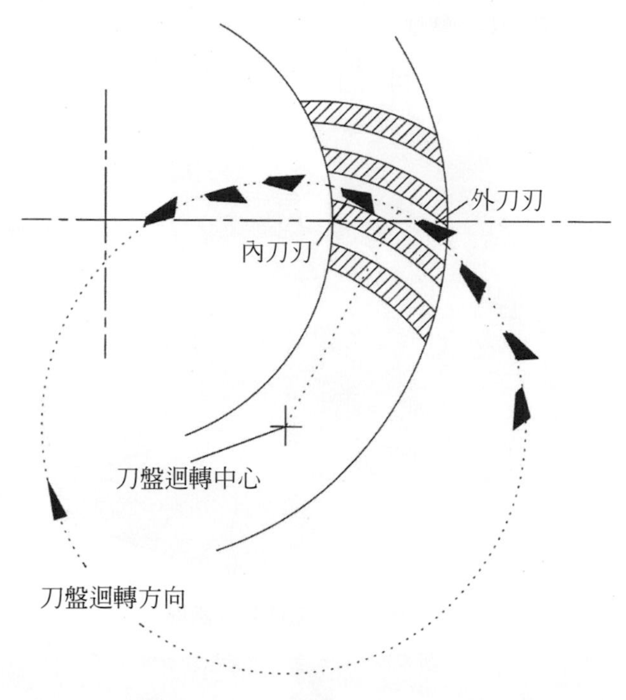

圖 13-29　可面銑式分度銑削法

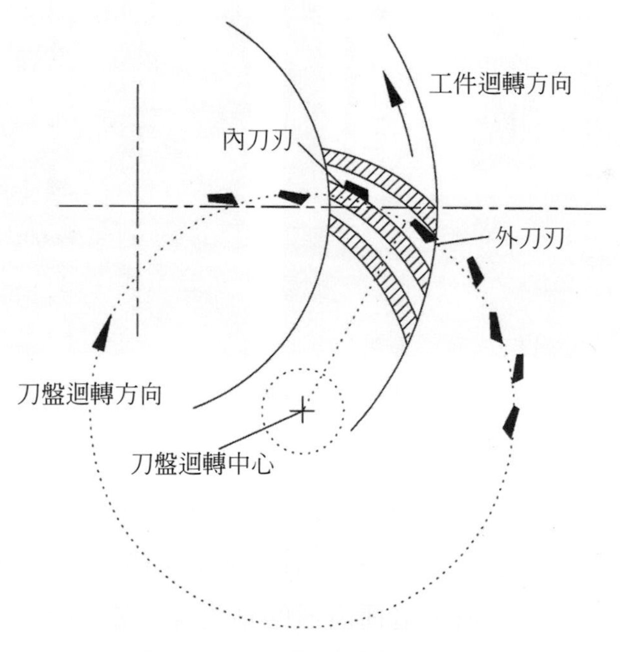

圖 13-30　面滾式連續銑削法

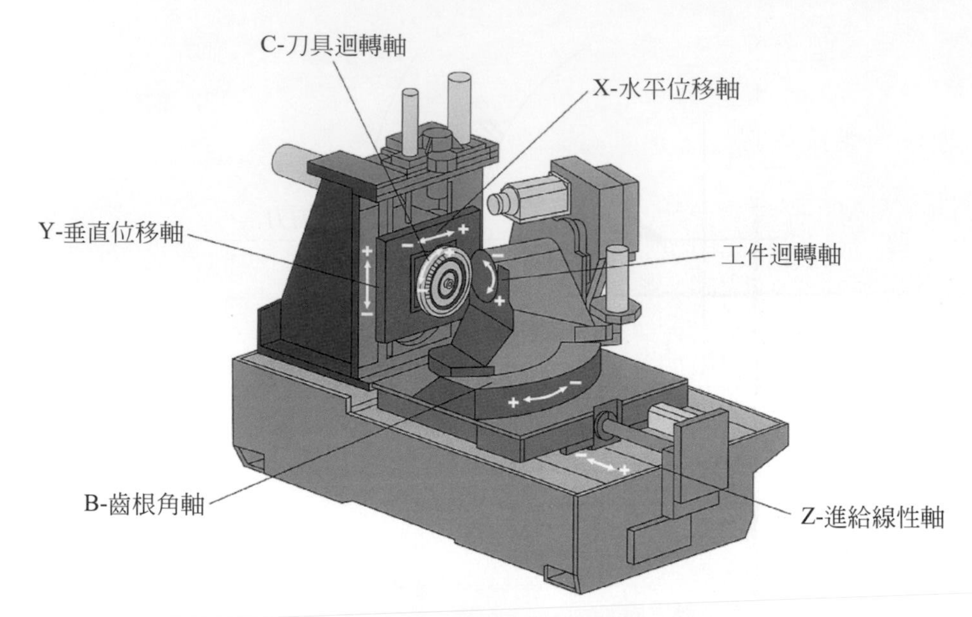

六軸全數控載齒輪滾齒機

圖 13-31　戟齒輪切齒機(本圖摘自 Gleason 公司型錄)

等高齒錐齒輪的齒輪大小兩端等高，小齒輪的齒輪大小兩端等厚，大齒輪的槽大小兩端等寬，齒輪的面錐、節錐和根錐互相平行。加工一對相嚙合的這種錐齒輪需要三種銑刀盤，即加工大齒輪用一種刀盤，加工小齒輪需要與加工大齒輪的刀盤相當的內齒和外齒刀盤各一種。這種齒形的錐齒輪優點是：接觸區易於調整跟控制。若把被加工錐齒輪的軸心線調整到與機床搖台軸心線相錯的位置，可加工雙曲面面錐齒輪對。

1. 弧齒錐齒輪磨齒

弧齒錐齒輪磨齒就是利用砂輪代替刀盤進行齒面精加工。磨齒方法和原理與刀盤銑齒的方法和原理相同。

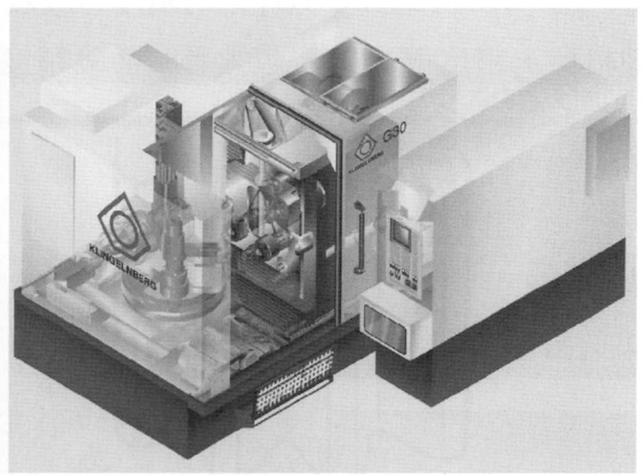

圖 13-32　戟齒輪磨齒機(本圖摘自 Klingelnberg 公司型錄)

2. 螺線錐齒輪加工

螺線錐齒輪用指狀刀銑齒，在指狀刀做切削進給的同時，被加工錐齒輪勻速轉動，銑出螺線齒槽，一個齒槽銑完，被加工錐齒輪分度，再銑另一個齒槽。圓弧齒形的指狀刀或近似漸開線齒形的指狀刀，可以分別加工出圓弧齒形或近似漸開線齒形的螺線錐齒輪。

13-7　齒輪檢測

13-7-1　齒輪精度及標準

在齒輪製造中齒輪檢測技術佔有重要的地位，沒有良好的齒輪量測儀和檢驗方法，是無法製造出精度高、性能好的齒輪。AGMA 協會主席 Mr. Fred Young 曾說過「沒有經過校驗與追溯的檢驗，就好比垃圾進、垃圾出」，這些話更能明確點出齒輪校驗與追溯的重要性。如今齒輪品質要求規範不停地出現，世界各個國家皆不斷地設立與齒輪品質相關的檢校單位或實驗室，以接受各個齒輪製造業者和使用者的校驗與追溯。

齒輪的優劣大部分我們可以從其精度等級來判斷，現今國際上常用的有三種定義齒輪精度等級的標準，分別為JIS、DIN及AGMA。這三個精度標準有其各自所訂定的規格，而且其誤差數值的高低公差帶範圍差異很大，可是精度規格的項目分類相當一致。JIS標準與DIN標準的精度等級數字越小者，齒輪精度越高，而AGMA標準卻相反，精度等級數字越大者，齒輪精度越高。

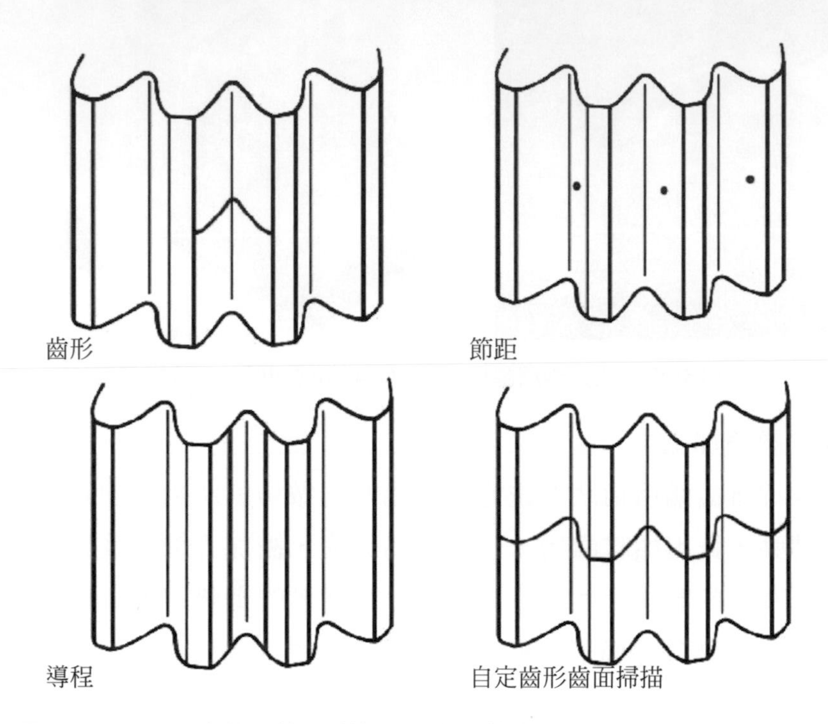

圖 13-33　各項齒輪誤差量測位置圖(本圖摘自 Klingelnberg 公司型錄)

13-7-2 齒輪精度的檢驗

齒輪誤差主要可分為齒形誤差(profile error)、導程誤差(lead error)、節距誤差(pitch error)、偏擺(run-out)、齒厚誤差(variation of tooth thickness)，圖 13-33 為各項齒輪誤差量測位置圖。

1. 齒輪精度的檢驗：目前齒輪檢測方法有單項誤差的測量與綜合誤差的測量二大類。用以作為齒輪傳動特性和個種誤差的關係，改進齒輪設計與製造層面的依據。

(1) 單項誤差測量：通常使用很微小直徑的量測頭(如圖 13-34 所示)掃描齒面，得到有關齒形、節距、導程、偏擺、齒厚等等的參數，圖 13-35、13-36 分別爲Klingelnberg公司齒輪專用檢測儀及正在量測面齒輪各項參數之情形。由於個別誤差檢驗的某一個位置，其量測之主要缺點爲所量測位置點並不能確定是否爲最高點，已成爲目前業界最廣泛使用的齒輪量測方法，國際上已有齒輪規範來定義齒輪精度等級。

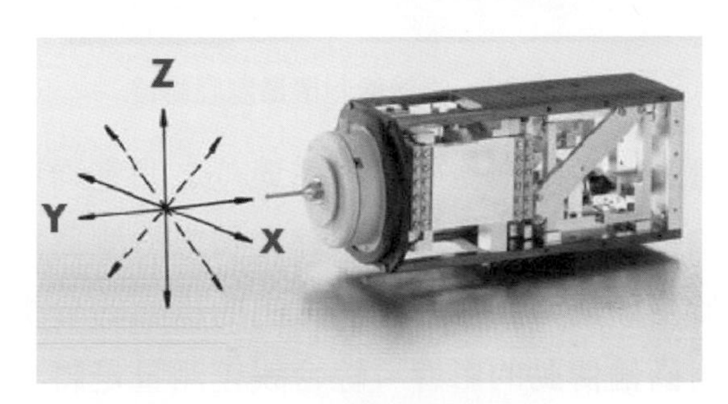

圖 13-34　齒輪檢測儀之三維量測頭(本圖摘自 Klingelnberg 公司型錄)

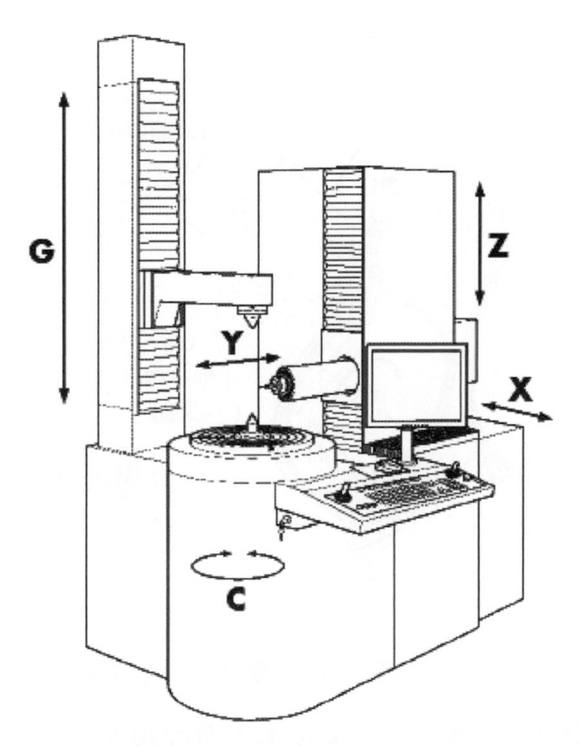

圖 13-35　齒輪檢測儀(本圖摘自 Klingelnberg 公司型錄)

圖 13-36　齒輪檢測儀量測面齒輪

⑵　綜合誤差測量：在齒輪檢驗中，各種誤差之測定均可說是屬於個別誤差，僅為量測齒輪輪齒的一部分而已。綜合誤差檢測為在接近實際使用條件的狀態下，對於全部輪齒在短時間內可由曲線圖的分析，判別出各種誤差產生的原因及對齒輪傳動的影響。綜合誤差測量是將一對嚙合的齒輪運轉，量測其嚙合的狀況去作分析。又依其齒面接觸方式分為二種：

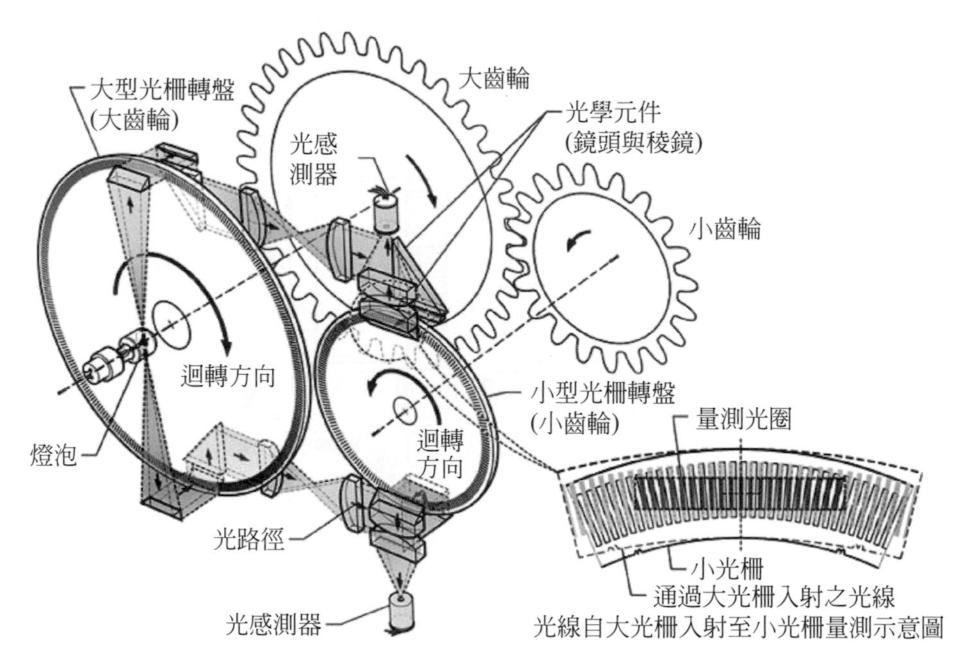

圖 13-37　單齒腹齒面接觸檢測示意圖(本圖摘自美國 NASA 技術報告)

①　單齒腹測試法(single flank test)：單齒腹測試法是將標準齒輪和被測齒輪或被測齒輪和被測齒輪，設定在按照規格的中心距離來轉動，以轉動

驅動齒輪(標轉齒輪或測定齒輪)時，量測被動齒輪的實際轉角，再和理想轉角比較，如此比較的誤差是以超前或落後來判定，爲一邊接觸，一邊有空隙，檢驗其轉角的誤差來作分析。圖 13-37 爲單齒腹面接觸檢測示意圖，圖 13-38 爲單齒腹齒輪檢測儀。

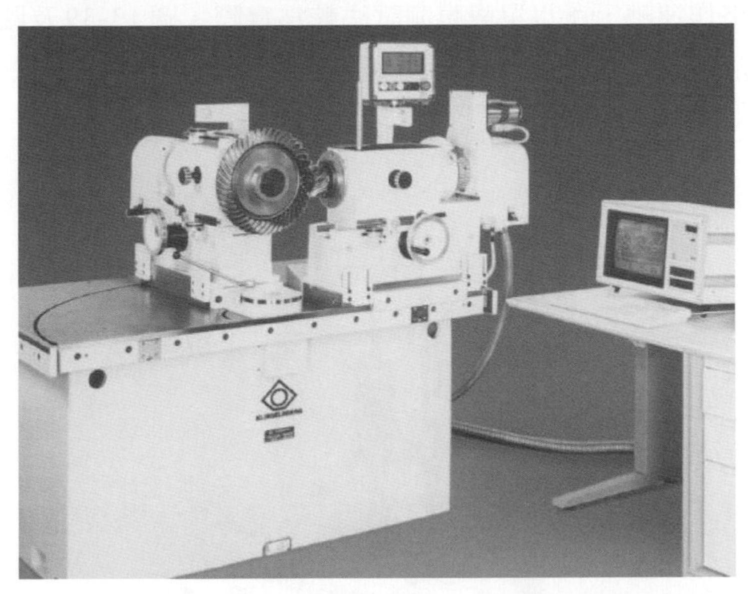

圖 13-38　單齒腹齒輪檢測儀(本圖摘自 Klingelnberg 公司型錄)

② 雙齒腹測試法(double flank test)：雙齒腹測試法其同時有二個齒面接觸，其檢驗以中心距的變化來分析，只要一邊齒輪的中心軸位置固定，

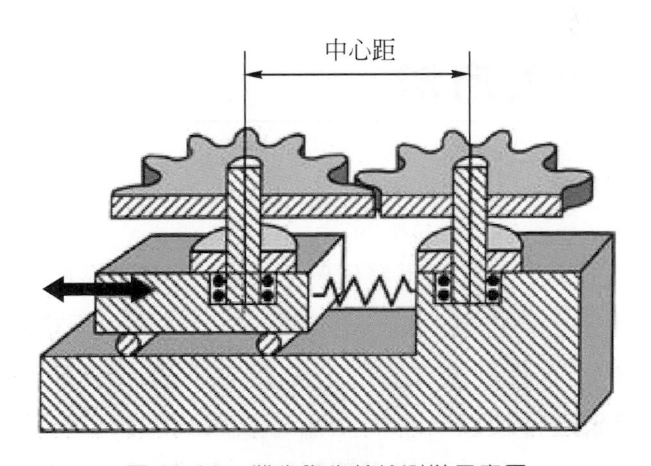

圖 13-39　雙齒腹齒輪檢測儀示意圖

另一邊則輕輕的滑動在軸間即可，所以使用的機構較為簡單，此種量測的特性來說，雖然可以知道齒輪誤差一般性的特性，卻很難將個別誤差量求出來，但是因為很簡單就可以知道齒輪的偏心、齒厚和打痕等，因此適合汽機車等大量生產的齒輪量測用，但一般齒輪對不會同時以二齒面來作運轉，所以單齒腹測試法較為實際。圖 13-39 及圖 13-40 為雙齒腹齒輪檢測儀的示意圖及實體圖。

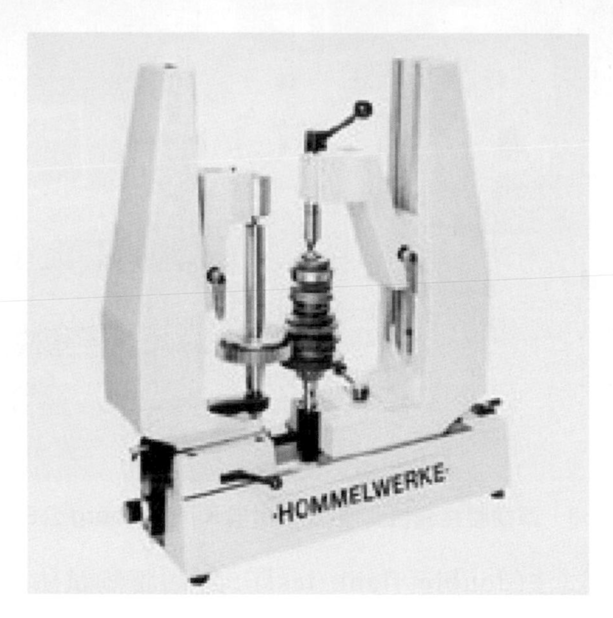

圖 13-40　雙齒腹齒輪檢測儀(本圖摘自 HOMMELWERKE 公司型錄)

13-8　凸輪加工方法

13-8-1　平面凸輪

凸輪(cam)在早期CNC工具機不發達時，一般是使用靠模車床或銑床來進行加工，而第一個模板則靠人手打磨而成，但現在加工則是利用CNC銑床或CNC磨床來進行加工，凸輪外形一般是由專業的凸輪設計軟體所計算出來，再利用 CAD/CAM轉成NC加工碼來進行製造，平板凸輪可以用三軸的CNC銑床製造如圖 13-41 所示。在低負荷的狀況下，凸輪可能用塑膠射出成型、鑄造或粉末冶金製造，請見相關章節。

如圖 13-42 及圖 13-43 所示的汽車業常使用的凸輪軸(Camshaft)或曲柄軸(Crank shaft)由於使用量大，有專用的機器在市面販售，如德國的 Kopp 公司、Opal 公司或義大利的Bergo公司等。一般的凸輪軸或曲柄軸之專用輪磨製造機如圖 13-44 所示，其工作原理如圖 13-45 所示，機器會根據你定義的曲柄軸面或凸輪面的數據計算 C 軸的轉角與磨輪的水平 X 軸的前進後退位置，循序的加工出凸輪面。

圖 13-41　三軸 CNC 銑床來切製平板凸輪

圖 13-42　凸輪軸的輪磨加工(本圖摘自BERGO 公司型錄)

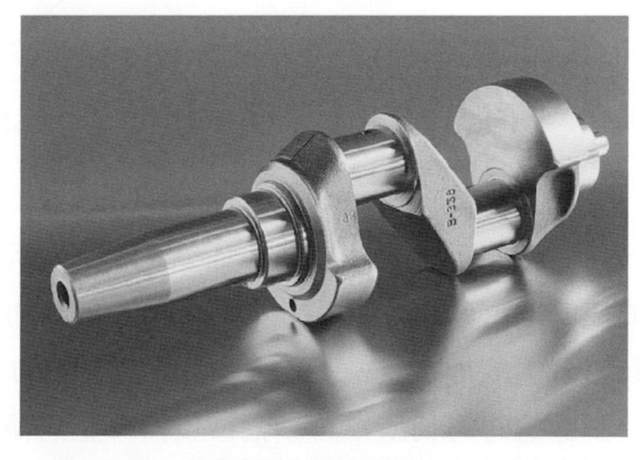

圖 13-43　曲柄軸(本圖摘自 OPAL 公司型錄)

圖 13-44 曲柄軸、凸輪軸輪磨加工專用機(本圖摘自 BERGO 公司型錄)

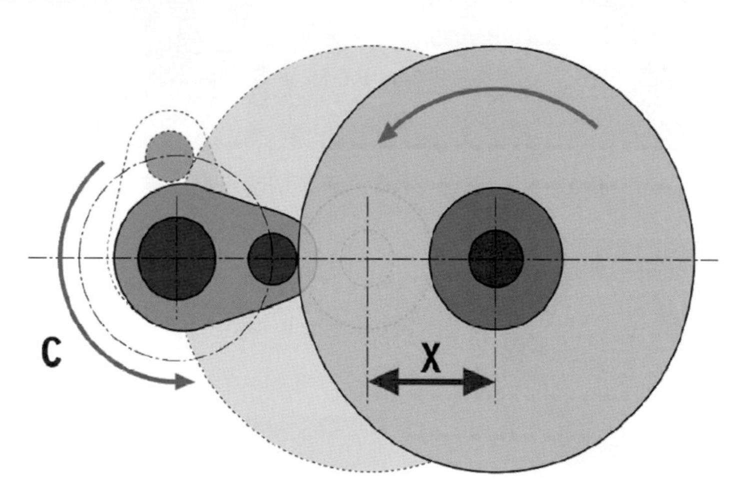

圖 13-45 曲柄軸加工原理(本圖摘自 BERGO 公司型錄)

其他的定位用多層凸輪如圖 13-46 所示，其加工方式與凸輪軸相似，利用三軸或四軸的 CNC 輪磨磨床就可以製造，其加工原理如圖 13-47 所示，由於凸輪面常有不平滑的曲面，故 CNC 程式的撰寫變的異常困難。磨輪的外徑隨著加工逐漸變小，應適時的利用鑽石砂輪修整器修整磨輪外徑，機器控制程式必需隨時根據磨輪的外徑重新計算磨輪的進給位置。

圖 13-46　定位用多層凸輪(本圖摘自 OPAL 公司型錄)

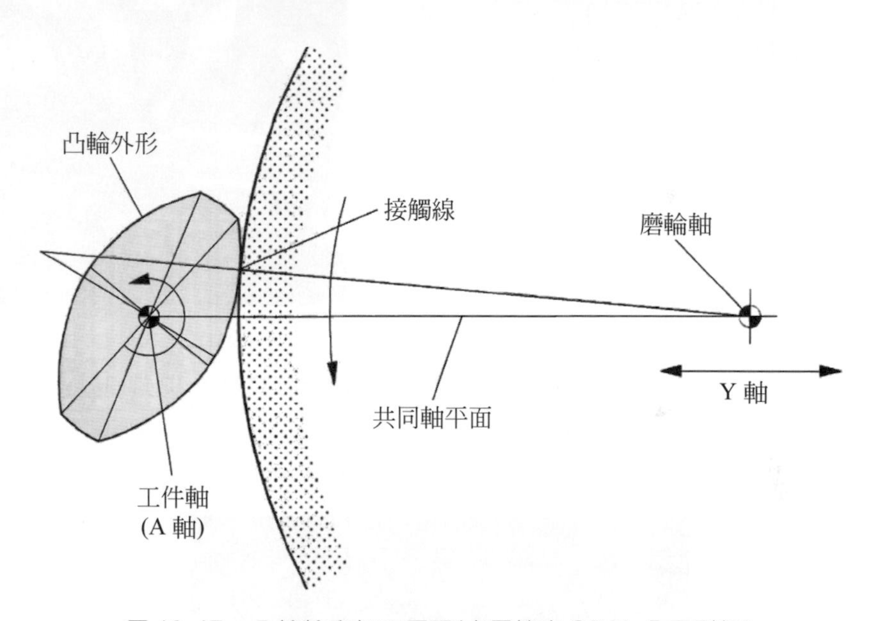

圖 13-47　凸輪輪磨加工原理(本圖摘自 OPAL 公司型錄)

13-8-2　空間凸輪

三維的凸輪的外型益形複雜，如圖 13-48 所示的滾子凸輪機構，其凸輪軸的製造難度更高，一般需要五軸的輪磨磨床用圓柱狀的磨輪來做精加工，磨輪外徑需受到嚴格的控制，理論上，磨輪外徑應與滾子外徑相同，這樣才可加工出完全共軛的凸輪面；如磨輪外徑比轉子大，則滾子與凸軸軸間的間隙變大；如磨輪外徑比轉子小，則滾子與凸軸軸間的間隙不夠，且滾子與凸輪面可能存在干涉，故在設計滾子凸輪時就應該仔細的研究製造方式，使凸輪面更加容易的被製造。圖 13-49 顯示一種雙層凸輪，其輪磨加工則更需要根據製造方式加以理論分析，方能達到凸輪軸的設計功能目標。至於凸輪加工精度一般是利用 CNC 三次元量床量測，或是直接設計專用的量測設備來進行更進一步的性能測驗。

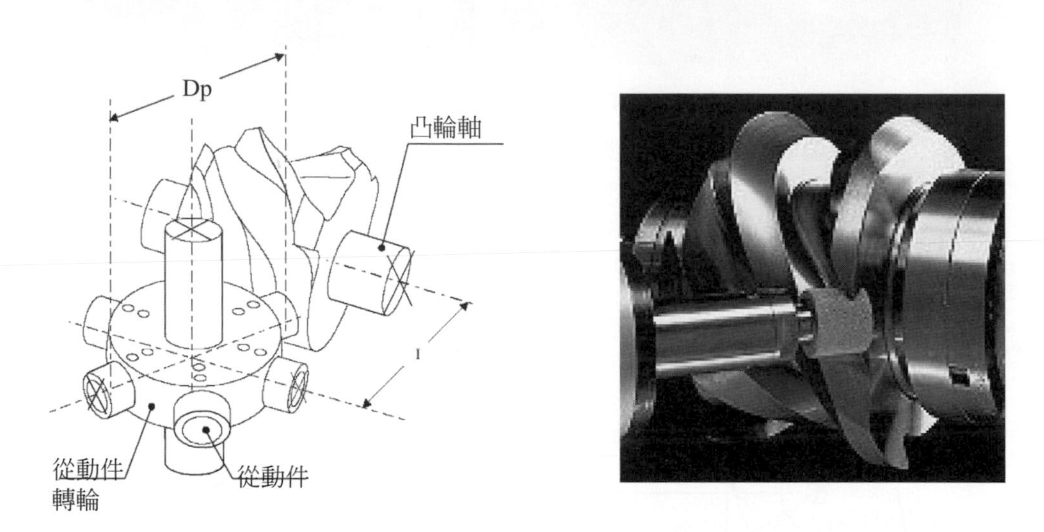

圖 13-48　滾子凸輪之輪磨加工(本圖摘自 CDS 公司及 KAPP 公司型錄)

圖 13-49　雙層凸輪之輪磨加工(本圖摘自 KAPP 公司型錄)

習題

1. 請蒐集資料至少列出三種齒輪粗加工的方法，並解釋其適合的應用場合及其加工限制。
2. 請蒐集資料至少列出三種齒輪熱處理後，硬齒面精加工的方法，並解釋其適合的應用場合及其加工限制。
3. 請蒐集資料至少列出三種齒輪常用的精度等級規範(如JIS、CNS、AGMA、DIN 等)，並比較其異同。
4. 請蒐集資料至少列出三種齒輪常用的齒輪精度量測儀器(如CNC齒輪量測中心、雙齒腹量測儀、單齒腹量測儀、跨齒厚量測儀等)，並解釋其應用場合及限制。

參考文獻

[1] Dennis P. Townsend "Dudley's Gear Hand Book," McGraw-Hill, New York, 1992.

[2] DIN3962，德國國家標準。

[3] AGMA390.03，美國齒輪製造者協會標準。

[4] 齒輪製造手冊，機械工業出版社，1997.12 出版，大陸北京。

[5] 齒輪手冊第二版，機械工業出版社，2000.8，大陸北京。

[6] "400GX CNC Precision Gear Grinder," Gleason公司機器型錄，2003.6，美國。

[7] "Phoenix 175HC CNC Hypoid Cutting Machine," Gleason公司機器型錄，美國。

[8] "Phoenix II 275HC Bevel Gear Cutting Machine," Gleason公司機器型錄，美國。

[9] "The CNC Gear-Shaping Machine LFS 182, LFS 282 and LFS 382," Liebherr公司機器型錄，2001.8，德國。

[10] "The CND Gear-Hobbing Machine LC80," Liebherr公司機器型錄，2001.8，德國。

[11] "Lynx 2000, Rettificatrice Orbitale a CNC," Berco公司機器型錄，義大利。

[12] "The Widest Choice," Berco公司機器型錄，義大利。

[13] "CDS Roller-Gear-Cam technical guide," CDS-Bettinelli公司機器型錄，義大利。

[14] "Power Shaving Machine ZS(E) 160T," Gleason-Hurth 公司機器型錄，2002.11，德國。

[15] "ZH-200 Gear Power Honing Machine," Gleason-Hurth 公司機器型錄，2003.9，德國。

[16] "Gear Measuring Center P26, P65, and P100" Klingelnberg公司機器型錄，德國。

第14章

微機電產品製造技術

14-1 微機電系統簡介

所謂微機電系統(microelectromechanical systems, MEMS)乃泛指由微小化(微米尺寸，10^{-6}米)的感測器、驅動器、及訊號處理與控制單元所構成的光機電整合系統，其由訊號處理與控制單元根據感測器所感測到物理量的變化作出適當的決策，並命令驅動器對物理量的變化作出適當的反應。故微機電系統之基本構成單元有三：

1. 微感測元件：用以感測物理量之變化。
2. 微驅動元件：用以對物理量的變化作出適當的反應。
3. 微電子電路：用於訊號處理與控制。

而微機電製造技術乃泛指用以製作微米尺寸的三維結構與功能性元件(感測與驅動元件)的任何製造技術的體現。就微機電系統的觀點而言，微機電製造技術內涵可概分爲二：

1. 微加工製程：用以製作微米尺寸的三維結構與元件。
2. 微電子電路製程：用以製作微訊號處理與控制電路。

其中，微電子電路製程即大家所熟悉的IC半導體製程，已發展地相當成熟，其並不屬於本文欲介紹的範疇從略；而微加工製程則泛指用於製作微結構與微功能性元件的各種製程技術，此爲本文欲介紹重點。

微機電系統工程主要目的在於能夠將微電子電路與功能性元件整合成爲一完整的單晶片系統(system on a chip，SOC)，其運用微電子電路製程與微加工製程可達到多功能的整合，高精密度的特性可大幅提昇系統的效能，批次量產的製造方法可降低製造成本與時間，而微小化可滿足產品對於可攜性、低耗能、使用簡便、低維護保養成本、環保……等的需求。因微機電產品本身的特性所具有的許多優點，故不論在資訊、通訊、生醫、家電、汽車、及環保等各種應用領域均可發揮其優勢。

就微機電元件的設計研發而言，許多物理效應在微米尺度下對元件功能的影響程度將迴異於宏觀(macroscopic)尺度，例如：表面力(surface force)、靜電力(electrostatic force)……等。因微機電系統的發展而使得許多領域衍生出或重新探討一些物理效應在微米尺度下的研究，例如：微結構力學與微流體力學等，以探討微型可動件的力學特性與流體在微流道中的流場等現象等。

本文後續將介紹"矽微加工製程(silicon micromachining)"、"準分子雷射(excimer laser)微加工技術”、及"X光深刻模造技術(LIGA)"等三種目前常見之微加工製程技術。不過在介紹此三種微加工技術之前，必須先介紹在微機電元件製程中最基本且最重要的，用以定義出微結構之幾何形狀的光微影技術(photolithography)。

矽乃是微電子電路中最主要的基礎材料，經過半導體產業數十年來的技術發展，有關矽的積體電路製程技術已相當成熟，因此以矽爲基材的矽微加工製程乃是許多微加工製程技術中發展的較成熟的技術之一，且被視爲最有可能將微機電元件與微電子電路成功整合的製程。一般的雷射加工方法乃是利用雷射將材料加熱燒毀或蒸發，其精度並不高，而準分子雷射屬超紫外光(ultraviolet)雷射，並不需將材料加熱，故其精度較高，可用在許多材料的微加工當中，特別是對於高分子材料的微加工。LIGA製程可用於製作微元件的模具，以製作各種不同材料的微元件，適合量產，但是其必須使用同步輻射器以產生高能雷射，因此製程相當昂貴，爲其不利之處。

14-2　光微影技術

不論是矽微加工製程、準分子雷射微加工技術、或 X 光深刻模造技術，皆必須先定義出微結構之幾何形狀，後再應用各種方法製作出微結構。而光微影技術便是這三種微加工技術的基礎，用以定義出微結構的幾何形狀，其本質與積體電路製程中的光微影術是相同的，本節主要將介紹應用在矽微加工製程與積體電路製程的光微影技術，至於準分子雷射微加工技術與 X 光深刻模造技術所使用的光微影技術將於本文相關的章節中提及。

在微加工製程中，首先以薄膜製程技術將薄膜材料(通常爲氧化矽、氮化矽、多晶矽、各種金屬材料、甚或高分子材料……等)沉積在基材(通常爲矽)表面，如圖 14-1(a)所示，而後必須將部份薄膜材料除去，只留下所需的部份，如圖 14-1(f)所示，以作爲後續製程的遮罩(mask)或是成爲所要的結構。光微影技術的目的即是在定義出薄膜材料的幾何圖案，換言之，即是決定薄膜的哪些部份該留下而哪些部份需去除。

在進行光微影製程之前，必須先將幾何圖案先製成光罩(photo mask)，光罩的製作通常是在矽玻璃上鍍上一層不透光的鉻金屬層，再利用雷射圖形產生器在鉻金屬層刻畫出所需的幾何圖案，當光罩製作完成即可開始進行光微影製程。首先在矽晶圓上塗佈一層具光敏感性之高分子材料，統稱為光阻(photo resist)，如圖 14-1(b)所示。而後以紫外光源透過光罩照射在光阻層上進行曝光，如圖 14-1(c)所示。最後用適當的顯影劑將曝光後之光阻顯影，如圖 14-1(d)所示，便可將光罩上的圖案轉移至光阻上。整個過程類似沖洗相片，其中光罩就如同底片，而光阻就類似相紙上所塗佈的感光材料，經過曝光顯影即可將底片上的圖案轉移至相片上。

光阻可概分為正光阻與負光阻二大類，當紫外光源照射在正光阻上，會破壞光阻的分子鍵結使其鍵結力量減弱，因此便可利用適當的顯影劑將曝光的部份沖洗掉，而留下未曝光的正像圖案，如圖 14-1(d)所示。而負光阻則恰恰相反，當紫外光源照射在負光阻上，會強化負光阻的分子鍵結力量，因此便可利用適當的顯影劑將未曝光的部份沖洗掉，而留下已曝光的負像圖案，如圖 14-1(d)所示。顯影完成

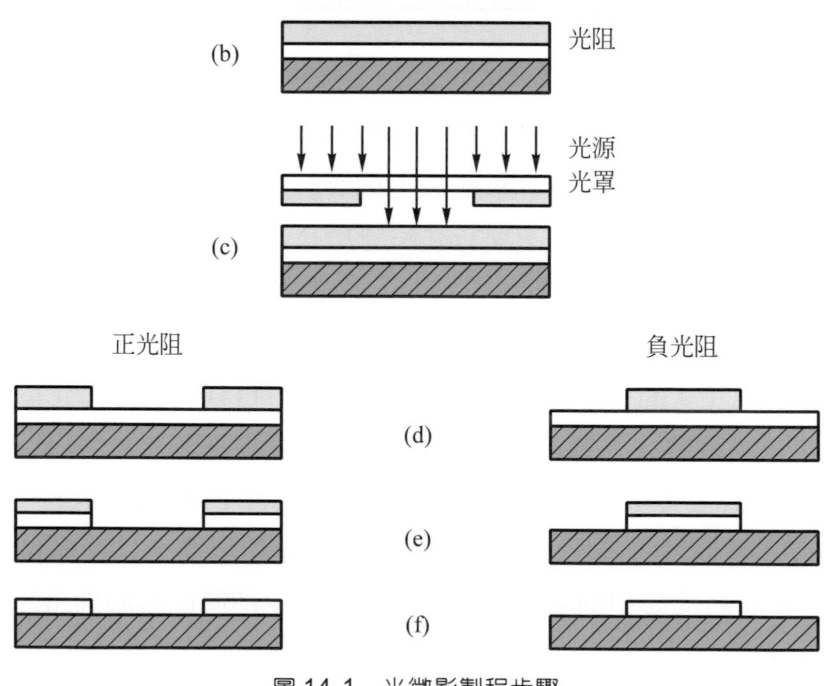

圖 14-1 光微影製程步驟

後的光阻將成為後續蝕刻製程的蝕刻罩幕，利用適當的蝕刻技術可將未受光阻保護的薄膜材料部份去除，以形成所需的圖案，如圖 14-1(e)所示。最後再將光阻以化學或乾蝕刻的方式去除，便形成我們所要的圖案結構，如圖 14-1(f)所示。

14-3　矽微加工技術

矽微加工技術(silicon micromachining)，簡而言之，即運用一些基本的薄膜與蝕刻等製程技術在矽基材上製作出微元件或結構，一般概分為"體型微加工(bulk micromachining)"與"面型微加工(surface micromachining)"等二大類。體型微加工即是運用一些基本的薄膜與蝕刻等製程技術，將矽基材加工成為所需的微結構體；而面型微加工則是在矽基材上面沉積所需的結構薄膜材料，而後運用適當的蝕刻技術將所沉積的薄膜材料加工成所需的微結構。除了基本的矽微加工製程技術外，電化學蝕刻(electrochemical etching)技術的發展給予了矽微加工製程更大的應用空間，而矽接合(bonding)技術的發展亦使得矽微加工製程得以製作出多層的複雜結構。

14-3-1　基本製程

矽微加工技術包括三個基本製程步驟："薄膜沉積製程”、"光微影製程”、及"蝕刻製程”，重複交替運用此三個基本製程步驟，即可製作出許多微小結構，如圖 14-2 所示。薄膜沉積的目的在將材料均勻地覆蓋在基材上形成一層薄膜，如圖 14-2(a)所示。光微影製程即如同 14.2 節所述，用以定義出微結構的幾何形狀，如圖 14-2(b)所示。最後再以蝕刻製程將部份材料去除，以形成微結構。此外，在矽微加工的過程中，常可見到將一些雜質摻入矽基材中用以改變矽的特性之方法，稱為"摻雜(doping)"。礙於篇幅限制，本文僅就矽微加工的三個基本製程步驟作簡要地介紹，需知每個基本製程步驟背後均有許多不同的方法與技術，如圖 14-2 所示。

1 、薄膜製程

薄膜製程(thin film process)的目的在將材料均勻地沉積在基材上以形成一層薄膜(厚度在微米等級)，薄膜沉積技術可概分為"物理氣相沉積(physical vapor deposition，PVD)” 與"化學氣相沉積(chemical vapor deposition，CVD)” 等二大類。沉積的薄膜材料相當廣泛，視應用領域與技術能力而定，常見的薄膜材料有：氧化矽、氮化矽、多晶矽、鋁及各種金屬材料、甚或高分子材料……等。在微機電的應用當中亦常用到金或銅等貴重金屬材料，不過貴重金屬常會污染微電子電路導致損壞，故貴重金屬材料的製程設備必須與微電子電路製程設備分開爲佳。如前所述，繼薄膜製程完成後，接著便利用光微影製程與蝕刻製程進行結構圖案定義與蝕刻成型。然貴重金屬薄膜通常使用一種稱爲"掀舉(lift-off)"的技術，而非用蝕刻的方式成型。在 14-2 節中曾提及光阻可作爲後續蝕刻製程的保護罩幕，但是若光阻無法抵擋住蝕刻的侵蝕，就必須使用更頑強的罩幕材料，如氧化矽與氮化矽等。

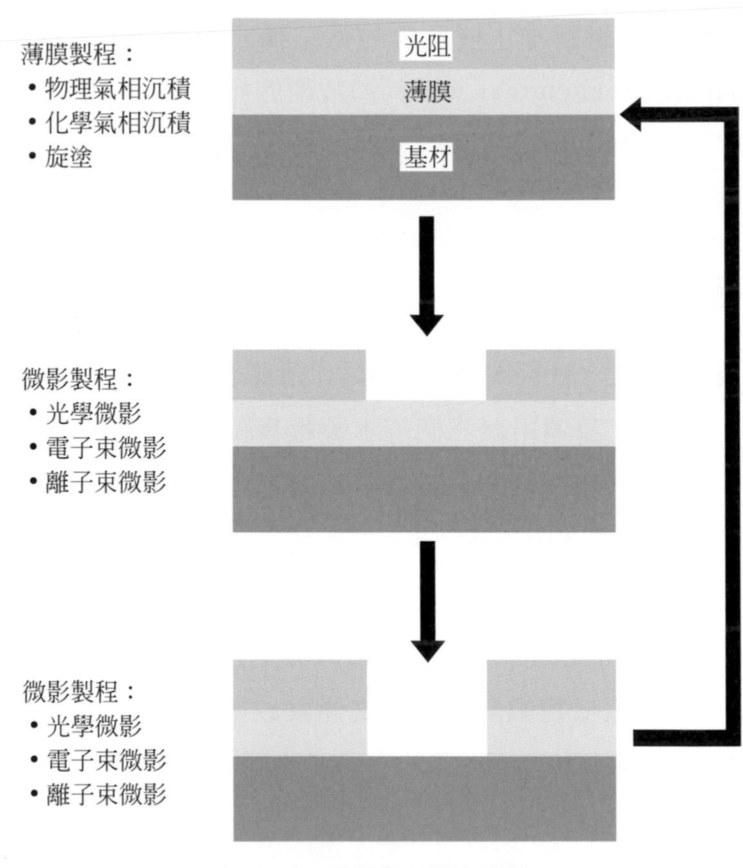

圖 14-2 矽微加工製程步驟

2、濕蝕刻製程

所謂濕蝕刻(wet etching)即是使用化學蝕刻液(chemical etchant)將不要的材料腐蝕掉，濕蝕刻液可概分為"等向性(isotropic)" 蝕刻液與"非等向性(anisotropic)"蝕刻液等二大類。等向性蝕刻液在蝕刻材料時，其蝕刻速率在所有方向皆相同；而非等向性蝕刻液的蝕刻速率對不同方向則有所不同，故其較容易控制蝕刻後的形狀。某些蝕刻液在蝕刻矽時，則對不同的摻雜濃度會有不同的蝕刻速率。

因等向性蝕刻液在蝕刻材料時，其蝕刻速率在所有的方向皆相同，故在作縱向蝕刻時，其亦會朝橫向蝕刻，而造成蝕刻罩幕下方的材料亦被腐蝕掉，此現象稱為"底切(undercutting)"，如圖 14-3 所示，進而影響製程精度。現在針對氧化矽、氮化矽、鋁、多晶矽、金、矽……等許多材料，皆有相關的等向性蝕刻液。

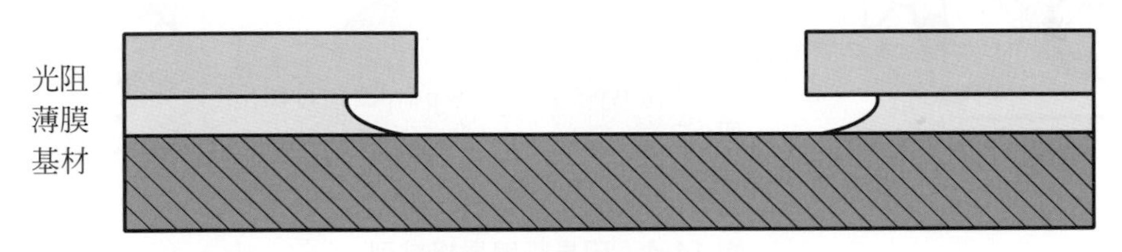

圖 14-3　等向性蝕刻

常見的非等向性蝕刻液主要是針對矽的蝕刻，其對不同的矽晶格面會有不同的蝕刻速率，使用最普遍的為氫氧化鉀(KOH)溶液，因其使用上最安全。矽晶圓乃是從一單晶(monocrystalline)結構的矽晶棒上切片而得，所謂單晶即是其原子的排列均按照一致的晶格結構，故矽晶圓為單晶矽，如圖 14-4 所示。矽晶圓的規格包括：

(1) 切割面({100}、{110}、或{111})。
(2) 摻雜型式(p-type 或 n-type)。
(3) 阻值(Ω)。

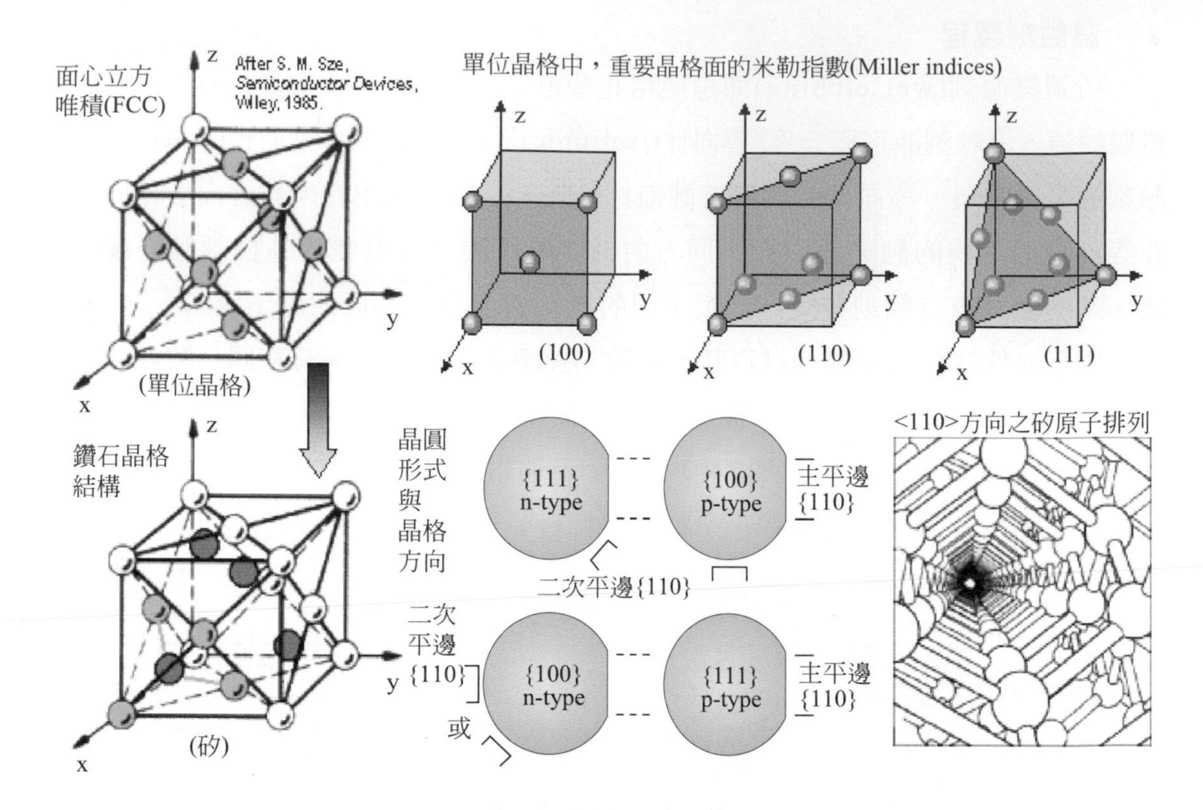

圖 14-4 矽晶圓與晶格排列

以氫氧化鉀溶液對{100}矽晶圓作非等向性蝕刻，可蝕刻出V型槽及方形斜坑等結構，如圖 14-5 所示。此外，亦可在{110}矽晶圓上蝕刻出具垂直側壁的凹槽，如圖 14-6 所示。其他對矽具有非等向性蝕刻特性的溶液有：EDP(ethylenediamine-pyrocatechol-water)、及 TMAH(tetramethylammonium hydroxide)等。

氫氧化鉀對氧化矽與氮化矽的蝕刻速率較慢，故可用氧化矽與氮化矽作爲氫氧化鉀之蝕刻罩幕，其中，氧化矽適用於短時間的蝕刻(如淺槽結構)，而氮化矽則適用於長時間的蝕刻，因氫氧化鉀對氮化矽的蝕刻速率非常慢。如前所述，某些蝕刻液在蝕刻矽時，對不同的摻雜濃度會有不同的蝕刻速率，例如：在矽中摻雜高濃度(約 2.5×10^{19} cm^{-3})的硼，可大幅降低氫氧化鉀的蝕刻速率，利用此特性可有效控制氫氧化鉀對矽的蝕刻區域。

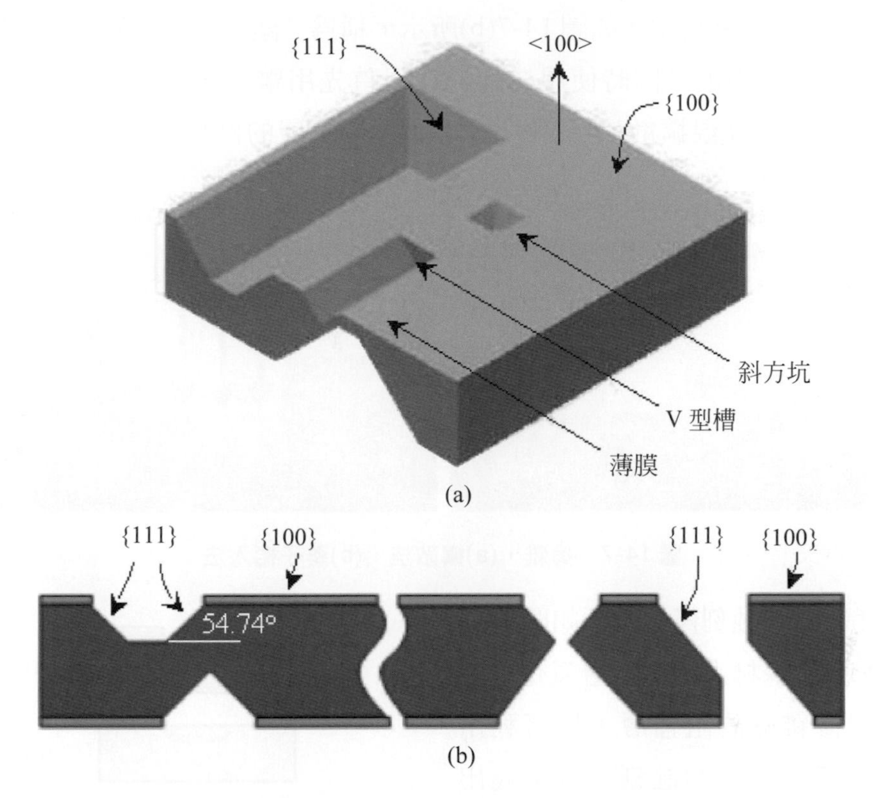

圖 14-5　氫氧化鉀(KOH)非等向性蝕刻{100}矽晶圓[1]

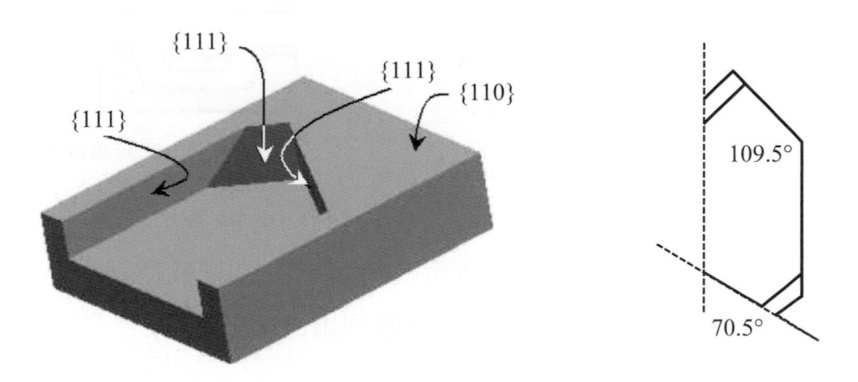

圖 14-6　氫氧化鉀(KOH)非等向性蝕刻{110}矽晶圓[1]

將硼摻雜入矽基材的方法有“擴散(diffusion)”與“離子植入(ion implantation)”等二種技術，所欲摻入的物質稱爲“摻質(dopant)”。擴散法是將基材置於高溫擴散爐中，通入摻質離子氣體，在高溫的環境下(通常 950℃～1280℃)，摻質因濃度差而擴散進入基材，如圖 14-7(a)所示。離子植入法則是利用電場將摻質離子加速，將高速摻質離子打入基材中，如圖 14-7(b)所示，稱為“離子轟擊(ion bombarding)”。目前積體電路製程中則是同時使用二種方法，首先用離子植入法將硼離子植入較淺層的區域，後再用高溫擴散法將硼離子擴散入較深層的區域。

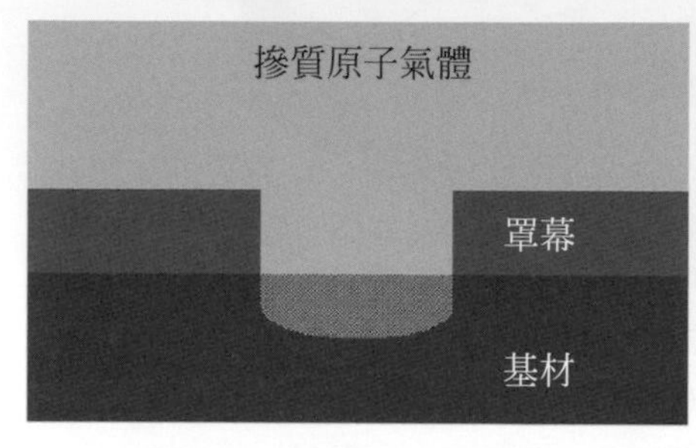

眞空離子植入(室溫)

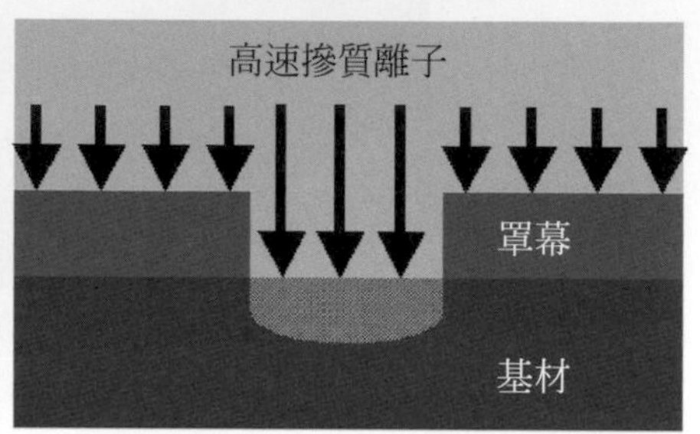

圖 14-7　摻雜，(a)擴散法，(b)離子植入法

高濃度硼摻雜蝕刻停止技術如圖 14-8 所示。首先在矽基材上沉基一層氧化矽，以作為後續摻雜硼的阻擋層，接著利用光微影技術與氧化矽的蝕刻，以定義出欲摻雜硼的區域，如圖 14-8(a)所示。當摻雜區域定義完成後，便進行摻雜，摻雜完成後，將氧化層蝕刻去除，如圖 14-8 (b)所示。再於矽基材上沉基一層氧化矽，以作為後續氫氧化鉀蝕刻的阻擋層，接著利用光微影技術與氧化矽的蝕刻，以定義出欲蝕刻的區域，如圖 14-8(c)所示。最後進行氫氧化鉀蝕刻，如圖 14-8(d)所示，摻雜硼的區域會被保留下來。利用硼的摻雜，可精確控制氫氧化鉀的蝕刻深度或蝕刻出懸浮的結構。

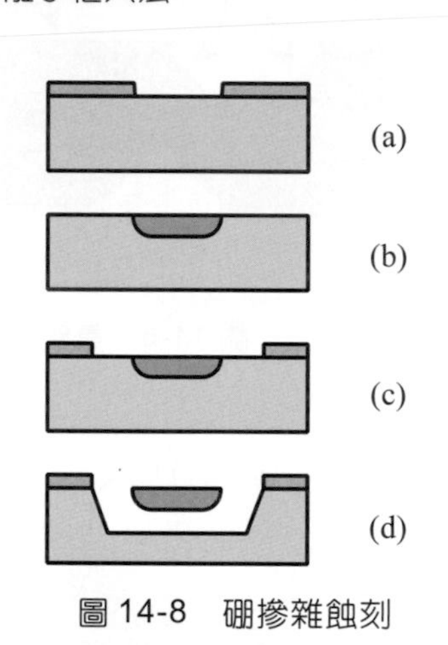

圖 14-8　硼摻雜蝕刻

3 、乾蝕刻製程

所謂乾蝕刻(dry etching)即是使用低壓放電型式的電漿(plasma)將不要的材料去除。電漿是部份或完全游離的氣體，其中包含帶電荷的離子、原子團、未游離的氣體分子、及電子。乾蝕刻的機制包括：化學性的電漿蝕刻(chemical plasma etching)與物理性的濺擊蝕刻(sputtering etching)等二大機制。化學性電漿蝕刻是

利用電漿把反應氣體分子解離成對薄膜材料具有反應性的離子，將薄膜材料反應成具揮發性的產物，如圖 14-9 所示，而後被眞空系統抽離。物理性濺擊蝕刻則是將電漿中的帶電荷離子以電場加速轟擊薄膜材料，將薄膜材料擊出以達到蝕刻目的，如圖 14-9 所示。化學性電漿蝕刻因其爲化學反應，故爲等向性蝕刻，蝕刻選擇性較佳，且蝕刻速率較快；而物理性濺擊蝕刻藉由電場方向的控制，達到非等向性蝕刻，但蝕刻選擇性較差，且蝕刻速率亦較慢。

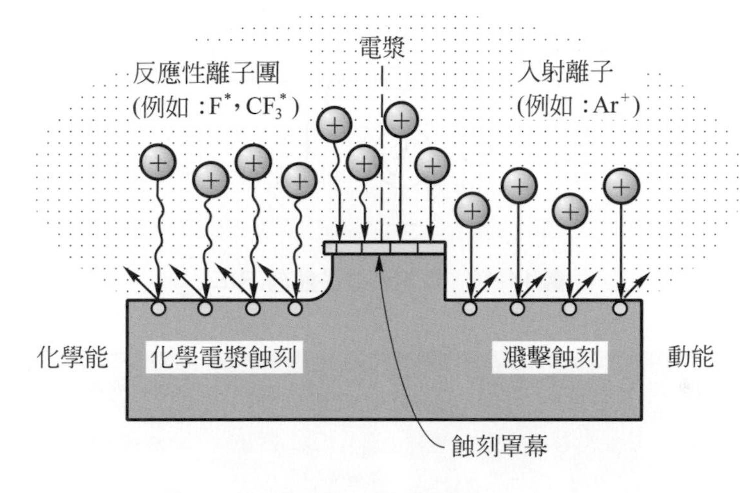

圖 14-9　乾蝕刻機制

爲了同時兼顧高蝕刻選擇性與非等向性蝕刻的雙重優點，目前最普遍使用的乾蝕刻技術稱爲"反應性離子蝕刻(reactive ion etching)”，簡稱"RIE”，如圖 14-10 所示。其利用電漿把反應氣體分子解離成對薄膜材料具有反應性的離子，以電場加速反應性離子以轟擊薄膜材料，達到同時具備高蝕刻選擇性與非等向性蝕刻且蝕刻速率快的乾蝕刻製程。

在微機電的製程需求上，常需要蝕刻出具垂直側壁且高深寬比(high aspect ratio)的深槽或孔洞結構，如圖 14-11 所示，因此發展出"高密度電漿(high density plasma, HDP)蝕刻” 技術。一種在微機電製程中較普遍使用的高密度電漿蝕刻設備稱爲"電感耦合電漿蝕刻(inductor coupling plasma etching)”，簡稱"ICP”，如圖 14-12 所示。ICP 與 RIE 的主要差異在於 ICP 多了一組位於反應腔周圍的射頻(RF)感應線圈，使得二次電子做螺旋狀的運動，以增加與反應氣體的碰撞頻率，產生高密度電漿。

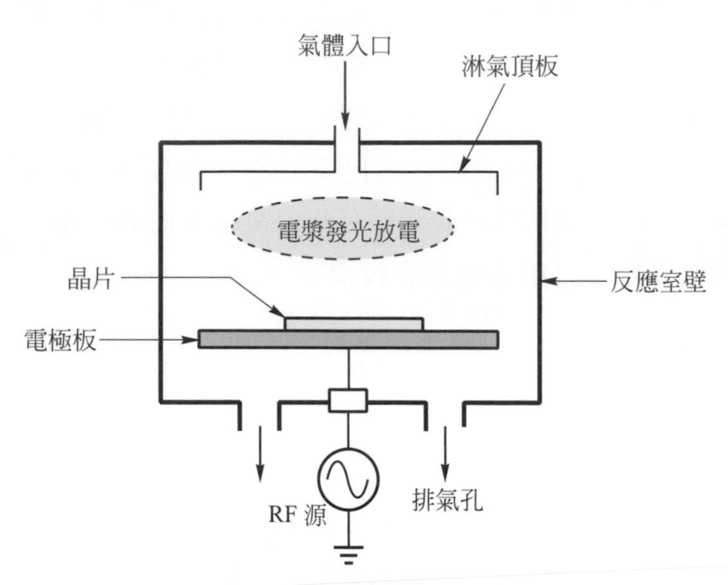

圖 14-10 反應性蝕子蝕刻(RIE)

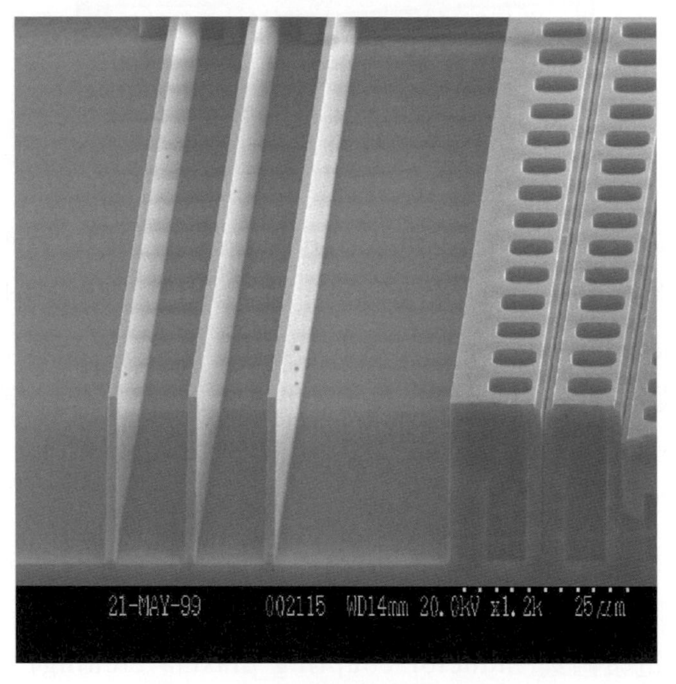

圖 14-11 垂直且高深寬比結構[4]

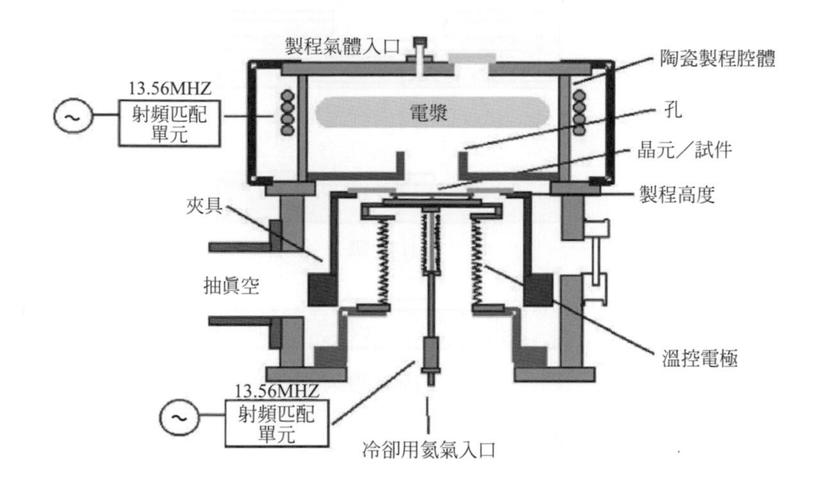

圖 14-12　電感耦合電漿蝕刻蝕刻(ICP)[4]

4 、掀舉製程

除了蝕刻技術外，另外一種常用在貴重金屬材料薄膜(如：金、銅……等)的造型技術稱爲"掀舉法(lift-off)”，其製程步驟如圖 14-13 所示。首先在基材上沉積一層支撐層(通常爲氧化矽)並以光微影技術定義出圖形，如圖 14-13(a)所示。支撐層的目的在預留足夠的空間，以保證後續的掀舉步驟能將多餘的金屬薄膜去除乾淨。繼之將支撐層選擇性地蝕刻，如圖 14-13(b)所示，以露出欲沉積貴重金屬薄膜的位置。接下來便沉積貴重金屬薄膜，如圖 14-13(c)所示。續以適當的溶劑將光阻去除，在去除光阻的同時便將多餘的貴重金屬薄膜掀離，此步驟即稱爲掀舉(lift-off)，如圖 14-13(d)所示。最後再將支撐層蝕刻去除便完成，如圖 14-13(e)所示。有些掀舉製程亦直接用光阻當作支撐層，可省去沉積與蝕刻氧化層的步驟。貴重金屬材料在矽基材上的附著能力並不好，因此在沉積貴重金屬之前，通常會先沉積一層活化金屬層(如：鉻或鈦)，以增加貴重金屬之附著能力，以防止貴重金屬在掀舉步驟時全部被掀離。

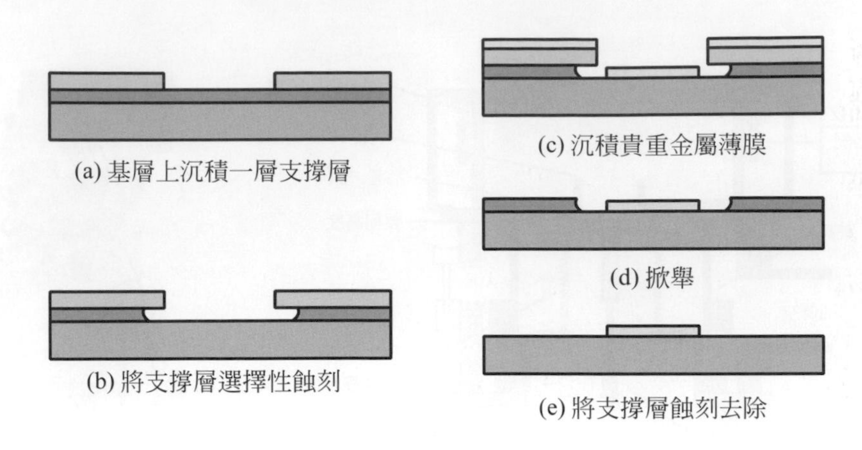

圖 14-13　掀舉製程

14-3-2　體型微加工

所謂體型微加工(bulk micromachining)即是以矽基材作爲微結構的本體，運用光微影與蝕刻等製程技術，將矽基材加工成爲所需的微結構體。如 14-3-1 節二項所述，以氫氧化鉀對矽做非等向蝕刻可輕易蝕刻出如圖 14-14 所示之各種微結構，如：溝槽(trench)、凹洞(cavity)、噴嘴(nozzle)、薄膜(membrane)、橋(bridge)、及懸臂樑(cantilever beam)等各種結構，這些結構乃是構成微流道、微井、噴墨頭、微壓力計、共振式微感測器……及其他許多功能性元件(微感測器與微驅動器)的基本結構。此外亦可做出如圖 14-15(a)所示之平台結構，惟需注意的是，在蝕刻如此之平台結構時，在角落的位置往往會形成如圖 14-15(b)所示之斜角，而非直角。因此必須在光罩圖案的角落處做額外的補償圖案，以在蝕刻時能得到直角的結構。

因蝕刻深度乃是以蝕刻的時間來控制，故欲精準地控制蝕刻深度並不容易。若欲精準地控制蝕刻深度，可利用 14-341 節二項所述之硼摻雜技術，在矽中摻雜高濃度的硼，可大幅降低氫氧化鉀的蝕刻速率，透過精準地控制硼摻雜的深度即可精準地控制氫氧化鉀對矽的蝕刻深度，以確實做出所需的薄膜厚度，如所示。薄膜結構乃是製作微壓力感測器(pressure sensor)與微泵浦(micro pump)的基本結構。此外，利用高濃度硼摻雜可大幅降低氫氧化鉀蝕刻速率的特性，亦可做出橋型結構與懸臂樑結構，如圖 14-17 與圖 14-18 所示。橋型結構與懸臂樑結構可用以製作共振式感測器(resonant sensor)。

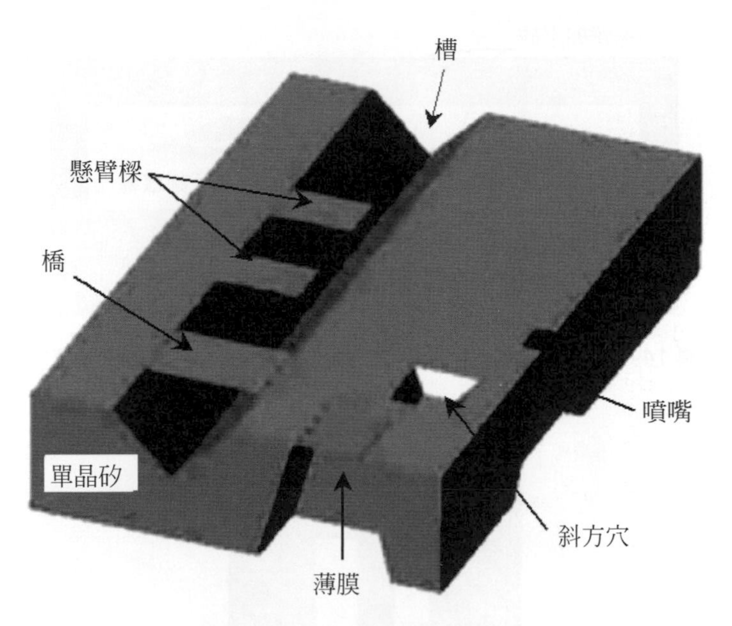

圖 14-14　矽之體型微加工結構

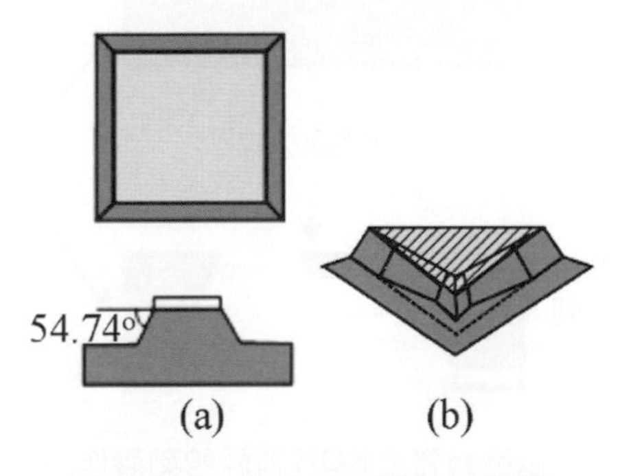

圖 14-15　矽之體型微加工結構

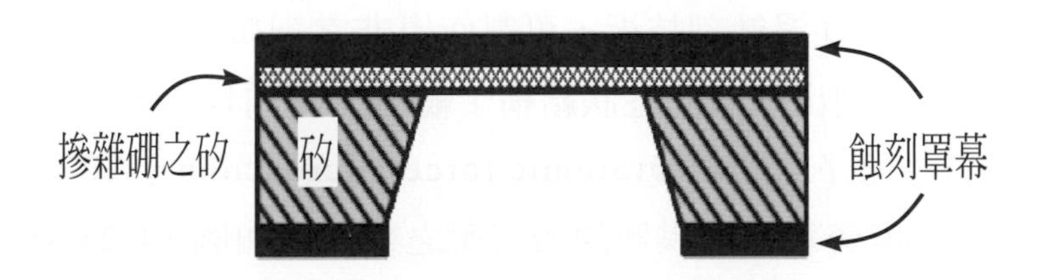

圖 14-16　以硼摻雜精確控制氫氧化鉀(KOH)對矽的蝕刻深度

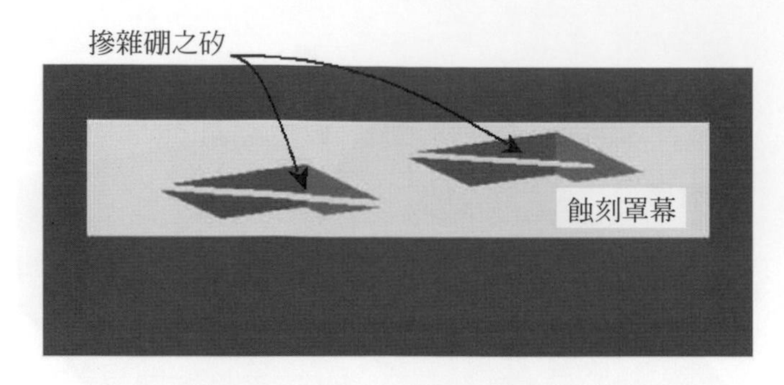

圖 14-17　以硼摻雜及 KOH 蝕刻製作橋型結構與懸臂樑結構

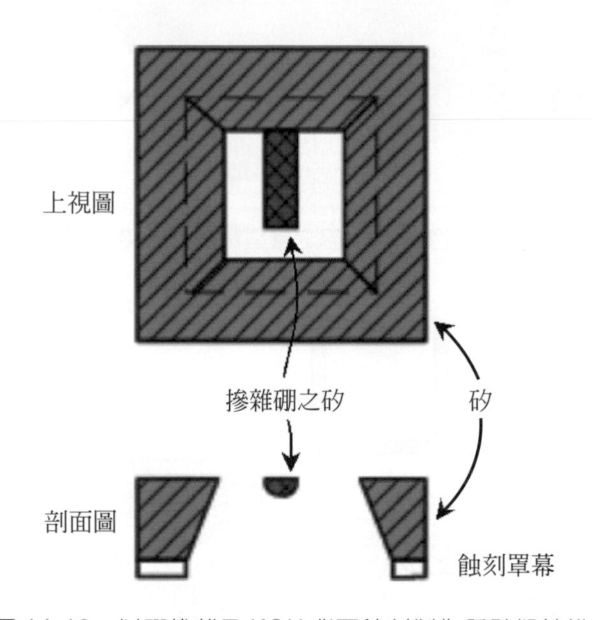

圖 14-18　以硼摻雜及 KOH 背面蝕刻製作懸臂樑結構

結合乾蝕刻與等向性濕蝕刻技術，可製作出非常細微的針尖結構。如圖 14-19 所示，首先以 RIE 蝕刻出垂直的柱狀結構，繼之以等向性濕蝕刻即可製作出針尖結構。此技術應用在原子力顯微鏡(atomic force microscope，AFM)的探針，如圖 14-20 所示，與高密度資料儲存媒體的讀寫頭之製作，如圖 14-21 所示。

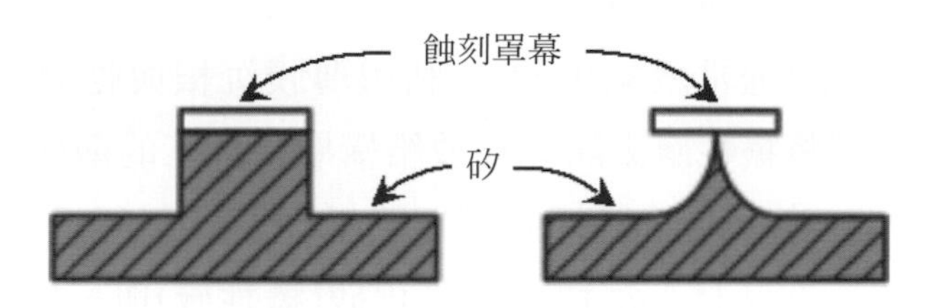

圖 14-19　結合乾蝕刻與等向性濕蝕刻製作針尖結構

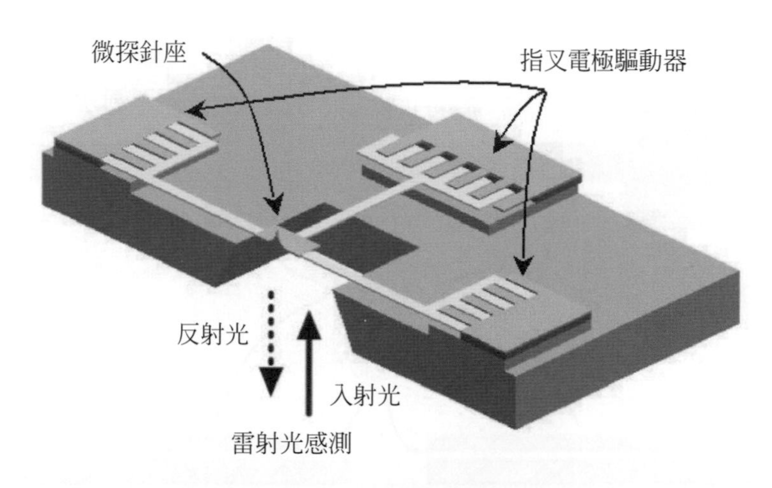

圖 14-20　原子力顯微鏡(AFM)探針

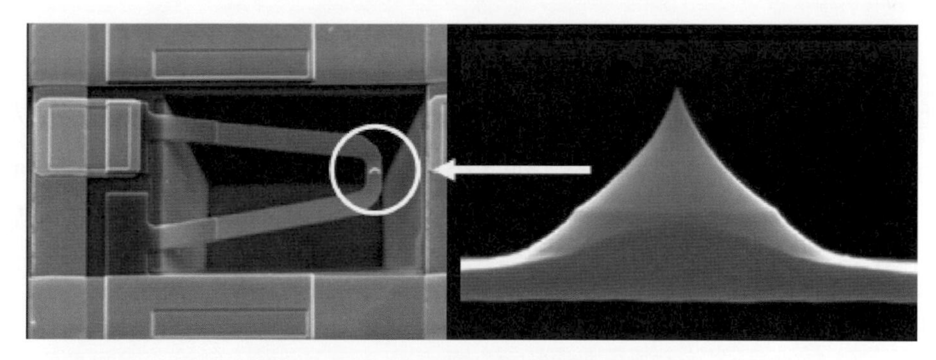

圖 14-21　高密度資料儲存媒體讀寫頭[5]

14-3-3　面型微加工

所謂面型微加工(surface micromachining)即是在矽基材(或其他基材)上面沉積所需的結構薄膜材料，而後運用適當的蝕刻技術將所沉積的薄膜材料加工成所需的微結構。基本的製程步驟通常採用二層不同的薄膜材料，上層爲結構層(通常爲多晶矽)，下層爲犧牲層(通常爲氧化矽)。利用薄膜沉積與乾蝕刻製程，依序加工各層，最後再以濕蝕刻將犧牲層去除以釋放結構層。加工的薄膜層數越多，結構就越複雜，製程難度亦越高。在此以一個簡單的微懸臂樑製程爲例，如圖 14-22 所示，說明之。首先依序在基材上沉積一層氧化矽(犧牲層)與一層多晶矽(結構層)，後以RIE蝕刻出懸臂樑的形狀，如圖 14-22(a)所示，最後再以濕蝕刻去除犧牲層，將懸臂樑結構釋放，如圖 14-22(b)所示。

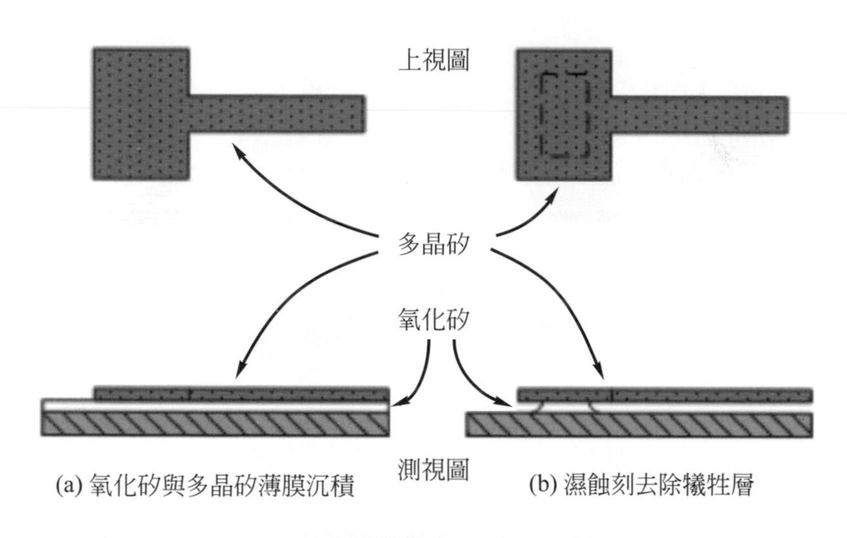

圖 14-22　面型微加工製作微懸臂樑

運用面型微加工技術亦可作出各式的腔體結構。以圖 14-23 爲例，首先在基材上沉積一層氧化矽，以光微影與乾蝕刻(RIE)定義出腔體體積，如圖 14-23(a)所示。續沉積一層多晶矽以作爲腔體結構，如圖 14-23(b)所示。再利用光微影與乾蝕刻(RIE)開出蝕刻孔，最後以濕蝕刻將腔體內的氧化矽去除便成，如圖 14-23(c)所示。面型微加工製程可作出如微型齒輪組…等相當複雜的結構。

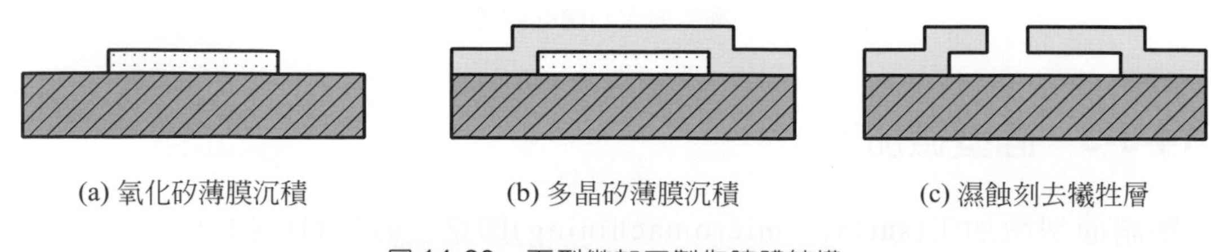

圖 14-23　面型微加工製作腔體結構

14-3-4 矽的電化學蝕刻

在14-3-1節二項中曾提及：在矽中摻雜高濃度的硼(摻雜濃度約$2.5\times10^{19}\ cm^{-3}$)，可大幅降低氫氧化鉀的蝕刻速率，利用此特性可精確控制氫氧化鉀對矽的蝕刻區域。但是在功能性元件(感測器與驅動器)的製作上，除了元件結構外，尚必須搭配負責訊號處理與控制的微電子電路，而微電子電路是無法在高摻雜濃度的矽晶圓上製作，因此利用高摻雜濃度的蝕刻控制技術並不適用，而必須使用電化學蝕刻的蝕刻控制方法。矽的電化學蝕刻最主要的優點便是僅需低摻雜濃度，因此該製程可與積體電路製程相容。

以電化學蝕刻來控制矽的蝕刻區域如圖14-24所示。在 p 型矽晶圓(摻雜濃度約$10^5\ cm^{-3}$)上以磊晶法(epitaxy)沉積一層n型單晶矽，在p型矽與n型矽的接面處即形成一pn二極體接面(diode junction)，此pn二極體接面的區域即決定了後續蝕刻完成後的結構形狀。將n型矽連接至一電壓源的正極，而p型矽則位於負極，如此整體就如同一個承受逆向偏壓(reverse bias)的pn二極體。將晶圓浸泡入KOH溶液進行蝕刻，當蝕刻持續進行至pn接面時，因表面電位持續升高形成氧化電位，而在接面處形成氧化層，蝕刻因而終止。

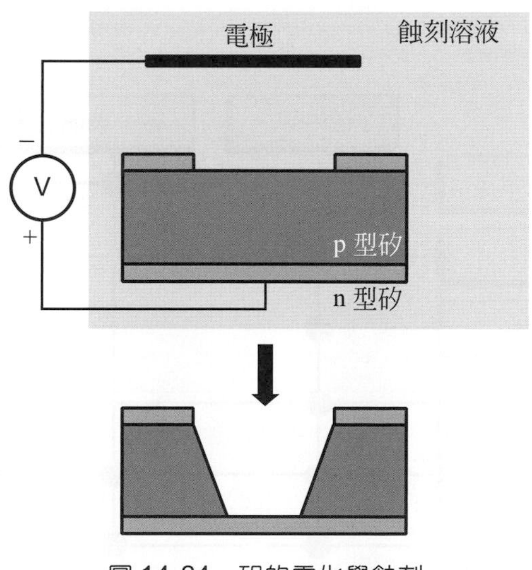

圖 14-24 矽的電化學蝕刻

14-3-5 晶圓接合

在微機電製程中常需要將矽晶圓與矽晶圓或矽晶圓與其他基材接合，以構成較複雜的結構或元件，因此發展出一些晶圓接合(wafer bonding)的技術。在微機電產品的製程中較常見的晶圓接合材質有“矽晶圓與矽晶圓”、“矽晶圓與玻璃”、及“玻璃與玻璃”等晶圓材質間的接合。常見的接合方法一般可分爲“無介質接合”與“有介質接合”等二大類。所謂有介質接合即是在接合面之間有額外的接著材料，類似我們平常使用膠水黏貼郵票一般，而無介質接合則無額外的接著材料。無介質接合方法中常見的技術有：“陽極結合”、“融合接合”、及“直接接合”等技術；有介質接合方法中常見的技術有：“共晶接合”、“玻璃介質接合”、及“有機介質接合”等技術。利用晶圓接合技術與基本的微加工製程可製作出許多功能性結構或元件，如：閥(valve)、泵浦、微流體系統……等。

矽晶圓與矽晶圓的接合可採用融合接合、直接接合、共晶接合、玻璃介質接合、及有機介質接合等技術；矽晶圓與玻璃的接合可採用陽極接合、玻璃介質接合、及有機介質接合等技術；玻璃與玻璃的接合則可採用融合接合、直接接合、玻璃介質接合、及有機介質接合等技術。圖 14-25 列出一些常見的晶圓接合技術及其應用材質。

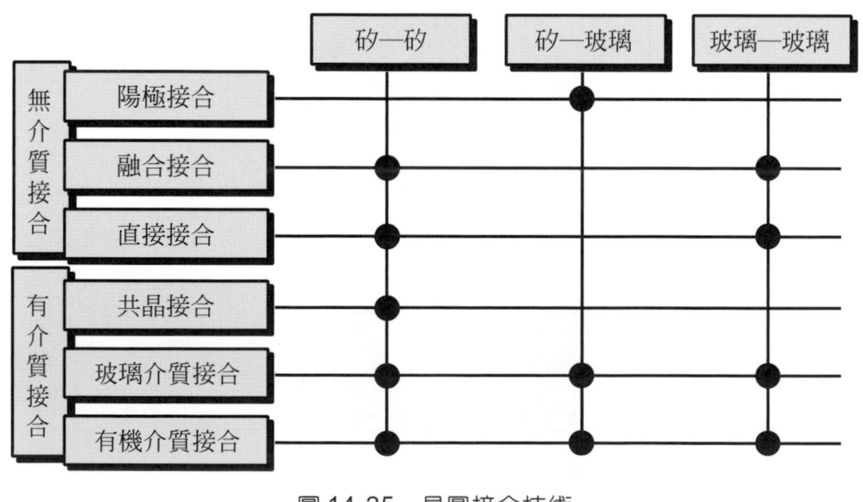

圖 14-25 晶圓接合技術

陽極接合技術用在矽與玻璃的接合，如圖 14-26 所示，將矽晶圓與 Pyrex 玻璃重疊在一起並加溫(約 300℃～500℃)，將矽晶圓連接至直流電源供應器的正極，而玻璃則以一探針連接至直流電源供應器的負極。當施加一高電壓(約 300～1000 V)時，玻璃中帶正電荷的鈉離子會向負極漂移，而在矽與玻璃的界面間形成一大的電壓降，使得矽與玻璃緊密地接合在一起，此反應是不可逆的，一但移去電壓後，矽與玻璃便緊密地接合在一起了。圖 14-27 顯示一個以蝕刻矽晶圓並接合玻璃所構成的微流道結構。

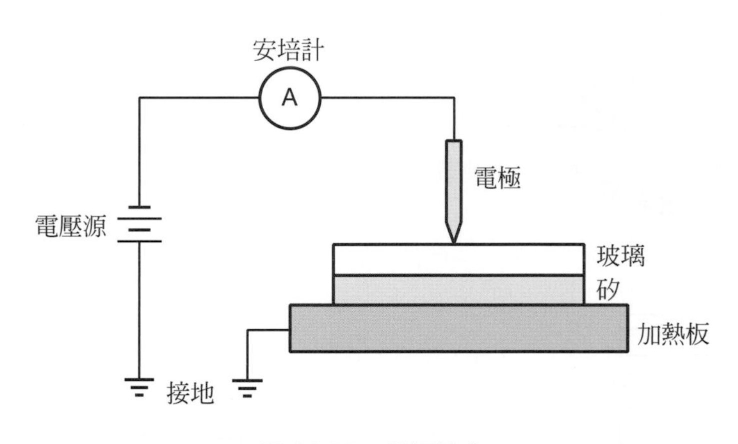

圖 14-26　陽極接合

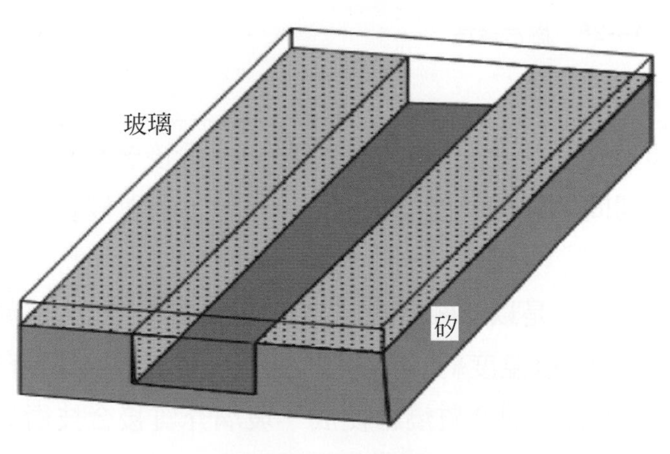

圖 14-27　微流道

融合接合技術乃是將晶片加高溫(約 700℃～1000℃)達熱融合而接合在一起，如圖 14-28 所示。因不同材質的熱膨脹係數不同，爲避免熱膨脹係數不同而產生熱應力，故融合接合技術適用於同質材料的接合，如：矽與矽及玻璃與玻璃間的接合。

另一種無介質接合的方法稱直接接合技術乃利用化學溶液($NH_4OH + H_2O_2$)將晶片表面活化後，直接將晶片結合在一起，接合溫度約 100℃～200℃，適用於矽與矽及玻璃與玻璃間的接合。

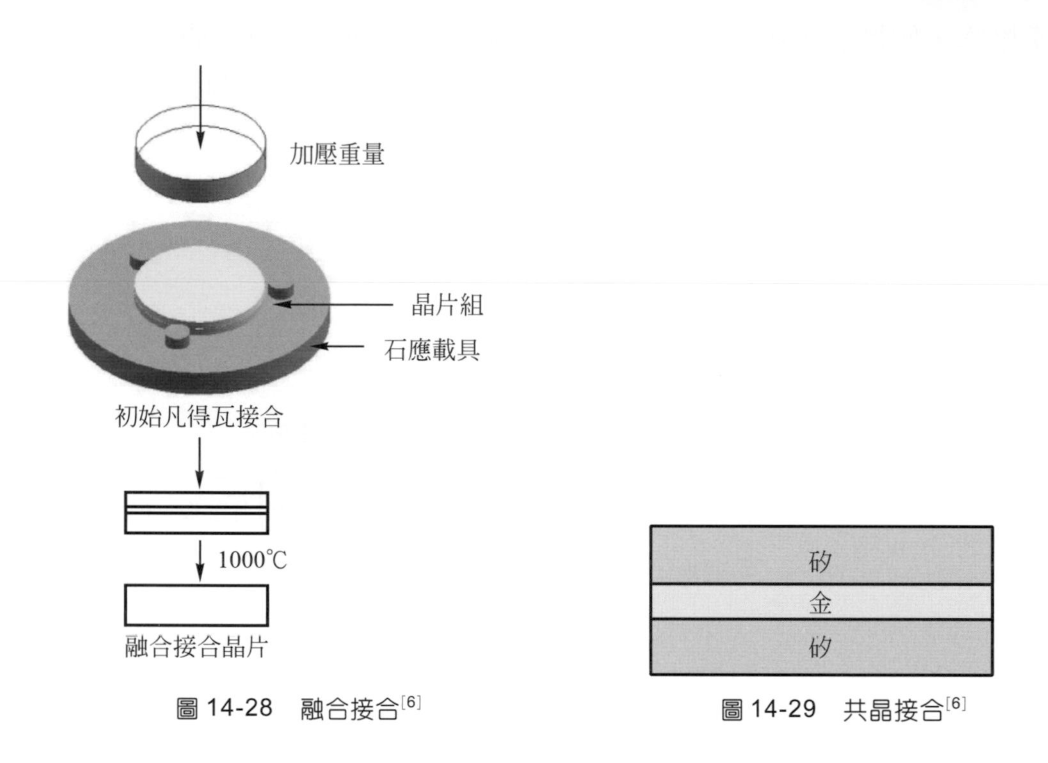

圖 14-28 融合接合[6]

圖 14-29 共晶接合[6]

共晶接合技術乃是利用金屬薄膜(通常爲金)作爲接著材料，如圖 14-29 所示，將金膜置於二矽晶圓間，當加熱溫度超過 370℃時，金與矽會形成合金而將二片矽晶圓接合在一起。

玻璃介質接合技術乃是以低融點的玻璃爲接著材料，首先將糊狀的玻璃黏著材料塗佈在晶圓表面並預烤(溫度約 350℃左右)以去除溶劑，接著加壓烘烤(溫度約 400℃～600℃左右)進行玻璃介質燒結便成。玻璃介質接合技術適用於矽與矽、矽與玻璃、及玻璃與玻璃間的接合。有機介質接合技術乃是利用高分子材料(如光阻、Polymer、Polyimide、epoxy……等)爲接著材料，類似以黏膠接著的方式，適用於各種材質間的接著。

14-4　準分子雷射微加工技術

準分子雷射(excimer laser)乃是由惰性氣體(如：氦、氖、氬、氪等)與鹵素氣體(如：氟、氯、溴等)混合後，經放電所激發出的高功率紫外光，其特別適合用於有機材料(如：塑膠、高分子材料等)的微加工。其他的雷射加工方法乃是利用熱將材料燒毀或蒸發，會使得加工點附近的材料發生熔融的情況，使得加工區域的邊緣累積許多殘渣，因此加工精密度較差且加工品質亦較不良。準分子雷射的加工方式乃是以高能量密度(約數個MW/cm^2)的準分子雷射脈衝，瞬間將材料鍵結打斷，來達到加工的目的。每一個準分子雷射脈衝僅移除一固定深度的材料層，每一脈衝的加工深度取決於待加工材料種類、脈衝時間、及準分子雷射強度，透過控制雷射脈衝強度與脈衝數即可準確控制加工深度，其加工深度可達數百微米。因準分子雷射加工並非以熱的方式加工材料，故其較其他雷射加工法更適用於微加工。

準分子雷射加工的形狀則是以光罩來控制，就如同一般的光微影技術所用的石英光罩即可，較簡單的方式乃是直接將光罩至於待加工材料上，如圖 14-30(a)所示，然後將準分子雷射脈衝穿過光罩對工件進行選擇性地加工。此外，運用透鏡可

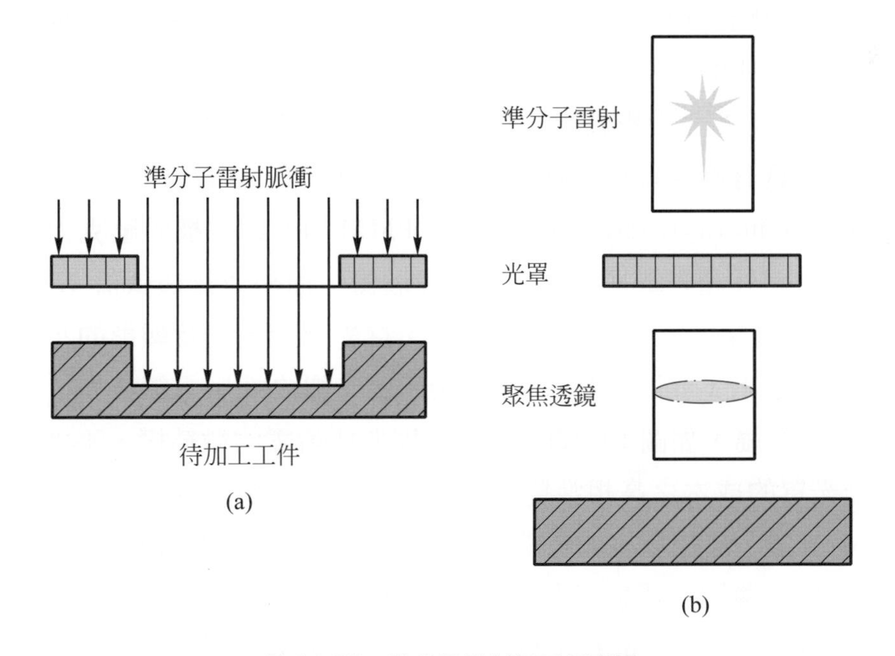

圖 14-30　準分子雷射加工示意圖

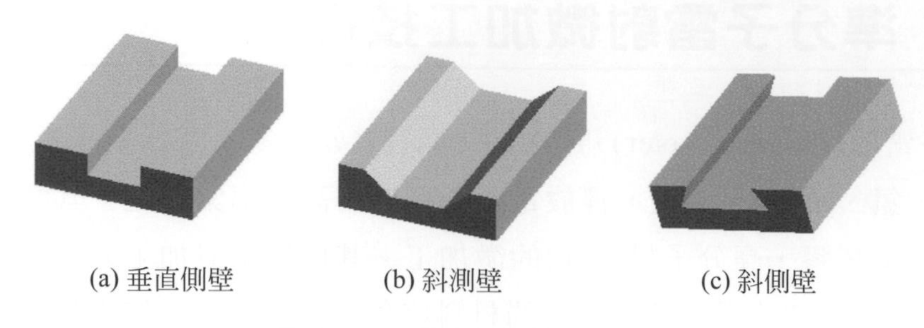

圖 14-31　準分子雷射加工形狀

對工件進行較複雜且多變化的加工，如圖 14-30(b)所示。不論是垂直側壁或斜壁的三維結構形狀皆可透過控制聚焦深度輕易地達成，如圖 14-31 所示。準分子雷射的應用相當廣泛，除了微加工外，亦可應用在醫療上，如近視眼的矯正。

14-5 X 光深刻模造(LIGA)製程技術

X 光深刻模造(LIGA)乃是 Lithographie、Galanoformung、及 Abformung 等三個德文字的縮寫，Lithographie意爲微影技術；Galanoformung意爲電鍍技術；Abformung意爲鑄造技術。顧名思義，LIGA製程技術即是整合該三種技術，其可製作出非常高深寬比的微結構，高度可達 1000 微米。

LIGA 製程採用 X 光微影技術，以同步輻射作爲 X 光曝光光源，X 光的波長短且穿透力強，故具有高深寬比的曝光能力。LIGA 製程之 X 光微影普遍採用聚甲基丙烯酸甲酯(poly methyle methacryl ate，PMMA)，即俗稱的壓克力，作爲厚光阻材料。一般的紫外光光罩採用鉻作爲光吸收體，而鉻並無法抵擋 X 光的穿透，因此 X 光光罩必須採用金作爲 X 光吸收體。首先進行曝光及顯影的步驟，將光罩的圖案轉移至光阻上，如圖 14-32(a)與(b)所示。繼之採用電鍍技術，將微影成型之光阻材料填滿金屬，如圖 14-32(c)所示，即形成所需的微結構，不過因同步輻射光源與 X 光光罩的成本之高相當驚人，故通常電鍍乃是用以製作一金屬微模具，如圖 14-32(d)所示。最後以該金屬模具，運用鑄造技術，如：微射出成型、微熱壓等，大量生產以分攤同步輻射光源與 X 光光罩之製作成本，如圖 14-32(e)與(f)所示。因必須採用電鍍技術，故在基材的選擇上必須考慮導電性，或是先在基材上度一層導電性薄膜，以作爲電鍍的種子層(seed layer)。

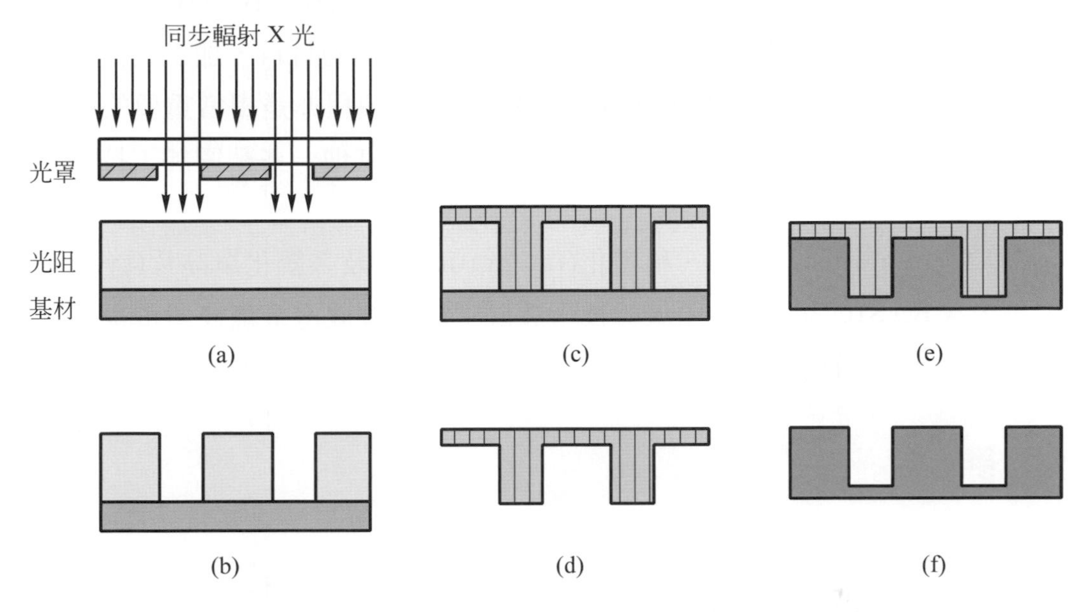

圖 14-32　X 光深刻模造(LIGA)製程步驟

因同步輻射光源相當昂貴，故亦有其他一些替代性微影技術的發展，如高壓電子束微影及準分子雷射等，其可製作出數百微米高的微結構。而電鍍技術不僅用在LIGA製程，其亦被廣泛地與其他傳統的光微影技術搭配使用，以製作各式各樣的微結構。

14-6　結論

早期的微加工製程技術多半仰賴半導體製程技術，在矽晶圓上利用薄膜製程、微影製程、及蝕刻製程等，製作所需的微元件結構，因此一般將其歸類爲矽微加工製程技術。矽微加工製程技術，依其對基材的加工方式，又可細分爲：面型微加工及體型微加工等二類。矽乃是微電子電路中最主要的基礎材料，經過半導體產業數十年來的技術發展，有關矽的積體電路製程技術已相當成熟，因此以矽爲基材的矽微加工製程乃是許多微加工製程技術中發展的較成熟的技術之一，且被視爲最有可能將微機電元件與微電子電路成功整合的製程。

隨著微機電系統技術的發展，其應用領域亦越來越廣泛，例如：生醫(biomedical)、自動化(automation)、半導體(semiconductor)、資訊(information)、通訊與消費性電子(communication and consumer electronics)等，簡稱「BASIC」。針對不同的應用需求，材料的選擇自然不同，相對地，針對不同的材料，加工技術亦有所不同，因此除了矽微加工技術外，準分子雷射及LIGA製程亦是相當重要的核心製程技術，此外，如微放電加工技術、雷射加工技術、及其他一些精密加工技術等，亦各擅其場。

微型化(miniaturization)、積體化(integration)、及系統化單晶片(system on a chip)是未來BASIC等各應用領域的技術發展主流，微機電系統技術可提供適當的技術橋樑與嶄新的設計理念。

習題

1. 何謂微機電系統？
2. 何謂微機電製造技術？
3. 請敘述矽微加工製程的分類、基本製程步驟及其目的。
4. 請敘述微機電製程接合技術的種類及其原理。
5. 請敘述準分子雷射的加工原理及應用。
6. 何謂X光深刻模造(LIGA)製程？

參考文獻

[1] Marc J. Madou, *Fundamentals of Microfabrication*, 2nd ed., CRC Press, 2002.
[2] 微機電系統技術與應用，行政院國家科學委員會精密儀器發展中心出版，2003.
[3] S. M. Sze, *Semiconductor Devices*, John Wiley & Son, 1985.
[4] MesC Multiplex Operator's Manual, Surface Technology Systems Ltd.
[5] http://www.zurich.ibm.com/st/storage/millipede.html
[6] 賴建芳，林裕城，“微機電系統製之接合技術”，機械月刊第292期。

第15章

奈米加工技術概論

15-1 導論

15-2 掃描探針技術

15-3 聚焦離子束加工技術

15-4 電子束奈米加工

15-5 近場光學奈米微影加工

15-6 奈米加工研究領域與應用

15-1 導論

奈米科技(Nano technology)是二十一世紀重要產業之一，亦是國家未來六年重大發展計畫，全球第四波工業革命也將伴隨著它的興起而翩然到來，它不但將大幅改變人類的生活與歷史，亦是未來科技發展的重心，環顧國內外各研發及學術單位，莫不積極投入此領域。近年來國內半導體、資訊電子、通訊、光電及生醫科技等高科技產業蓬勃成長，此類高科技產業已成爲我國二十一世紀發展的主要核心力量。由於此類產品不斷朝向超『輕薄短小』的方向發展，所以影響對該產品內各類元件及加工設備的精度及尺寸要求日趨嚴苛，也連帶促成另一波的製造技術上的革命，使得製造技術朝超精密化、高密度化、高速化、知能化、微小化等趨勢發展，而衍生出爲二十一世紀高科技產業所亟需、具創新性及前瞻性『奈米科技』。

在明白奈米科技前，圖 15-1 以現實物體作爲尺度大小的概念作說明，奈米爲一尺度單位，一奈米相當於十億分之一米($1\ nm = 10^{-9}\ m$)，最大原子的尺度約爲 0.3nm，分子與 DNA 的大小約在 5 nm 左右，人體中的紅血球大小約爲 3,000 nm (3 μm)，人的頭髮直徑約爲 80,000 nm (80 μm)，再往圖右物體，都是一般可肉眼所見與常接觸尺度，是以奈米科技所涵蓋與研究的範圍，將以大小爲數十微米的分子生物體小至於原子般的結構科技，以該尺度範圍明白此項科技之進展。

奈米科技的快速發展，目前材料製造技術尺寸也由微米、次微米、而逐漸發展到奈米級精密處理，因此「奈米材料及技術」的地位也日益重要。能按照人們的意願在奈米尺寸的世界中自由地剪裁、按排材料，這一技術被稱爲奈米加工技術。奈米加工技術爲了製作具特定功能，並符合結構要求的元件，首先必須能完美地轉移所設計的奈米圖案，然後再以薄膜沉積、材料移除、基板改質等方式，逐一進行各層材料的處理後予以完成。

目前主要的微米及奈米加工技術有兩種：一種是已廣泛使用的微製造技術“由上往下”(top down)，採用類似傳統雕刻方式，由大而小逐一進行材料的沉積、移除、改質；另一種方式則是依賴粒子自我組織的能力“由下往上”(bottom up)，採用由小而大的組裝方式，完成材料、元件及系統的製造。對於前者而言，目前微電子相關的製造技術，已是相當成熟且具代表性的方法。其發展由上一世紀六十年代的十幾至數微米大小，逐漸降低至 0.2 微米以下或低於 100 奈米線寬的技術能力。然而進行圖案化過程須曝光，當進入奈米尺度時則須使用波長更短的光源。由於目前此一範圍的光源尚在研發中，故可能阻礙奈米科技的發展。對於未來奈米科技的發展，一般預期由大而小的加工技術，將面臨技術可行性及量產能力的考驗，新近研究曾提出微型工廠(micro factory)的概念，乃運用微機電製程技術，開發陣列式微小機器，以同時進行批量生產與多頭式奈米加工。另一方面，由小而大製程卻能同時處理大量物件，諸如奈米材料合成與組裝，達到特定功能之奈米結構或裝置，雖是具競爭力與潛力深受矚目的加工技術，但涉及領域非機械背景所專長，是以本章述及奈米加工技術，將以"由上往下"加工類型作說明，以期參與學習者有初步理解奈米加工技術特質與未來發展潛力。

奈米加工的世界，採用已非刀具切削的方式，現在奈米加工主要使用於半導體製造技術，利用微細加工的有實績之蝕刻、化學反應加工或使用穿隧顯微鏡。奈米加工技術則包含掃描探針技術(SPM、STM、AFM、NFOM 加工及量測)，電子束奈米加工，聚離子束加工技術，與奈米微影加工技術(近場光學奈米微影加工)等技術，以下將就各類作一細項說明。

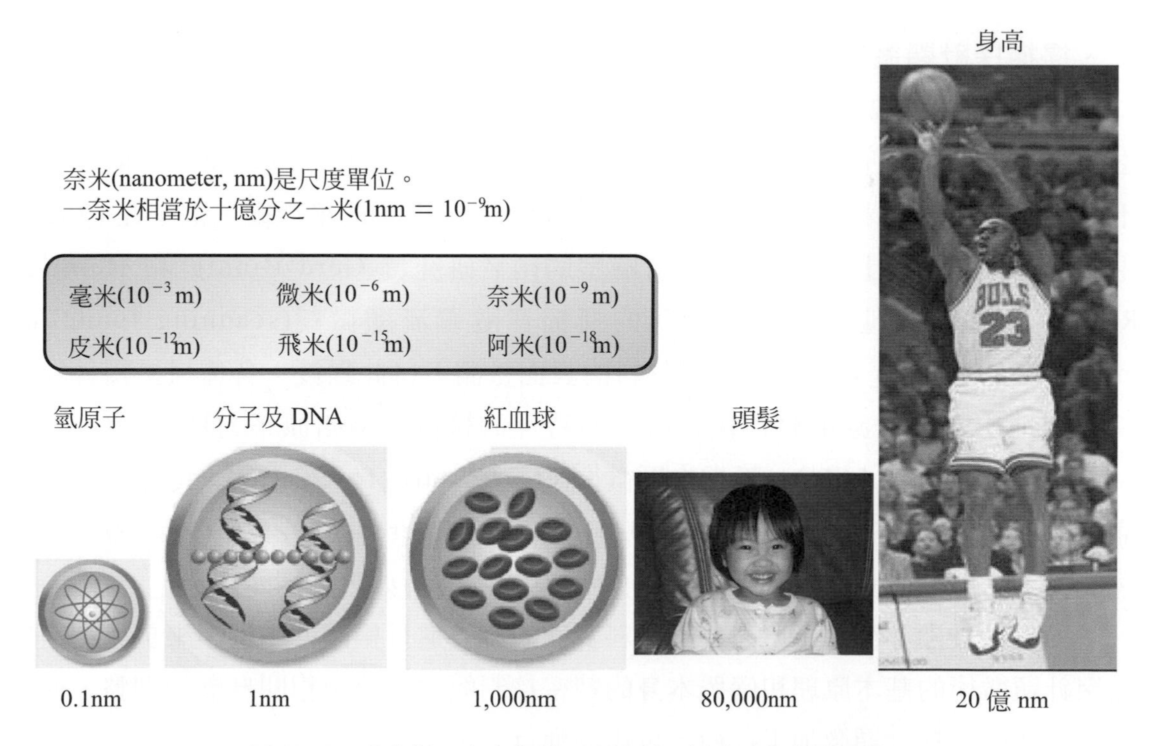

圖 15-1　現實世界中之物體尺度比較，以奈米為基準單位

15-2 掃描探針技術

掃描式探針顯微鏡(scanning probe microscopy, SPM)是帶動奈米技術發展的關鍵技術之一，掃描探針顯微技術不僅具備非破壞性量測的特質，且可達原子級解析度，是目前備受半導體工業以及研究單位所青睞的檢測技術。其工作原理是利用回饋系統，精確的控制一尖端極細探針，在樣品表面或數奈米至數十奈米的高度作平面掃描，以兩者間作用力爲回饋來取得表面結構影像[1]。一般而言，奈米技術所涉及的尺寸是在100奈米以下，直到原子尺度(約0.2～0.3奈米)，因此對於量測儀器的精度要求也相對地日趨嚴苛。掃描探針顯微鏡(SPM)是在1980年代初期所發展的一種材料表面特性檢測儀器，初期主要是用來觀察材料表面的地形(topography)特性。由於其檢測的解析度可以到達奈米甚至原子級的程度，且可在任何環境下進行檢測，故其應用的範圍不斷地在擴大當中[2]。

15-2-1 前言

1、掃描探針顯微術技術的演進

最早是在1972年發明針尖是形狀檢測儀(stylus profilometer) 時所建立的，之後陸續有掃描電子顯微術(SEM) 和勞倫茲顯微術(Lorentz microscopy) 的建立。不過，能夠提供奈米級和原子解析度(atomic resolution)的顯微術，則是在1982年由瑞士 IBM 蘇黎士(Zurich)研究實驗室的兩名研究員 Gerd Binnig 和 Heinrich Rohrer 所提出，他們所組裝發明的掃描穿隧電流顯微鏡(scanning tunneling microscopy, STM) 可應用於導體材料的表面檢測。自此以後，各種掃描探針顯微鏡相繼地出現，並應用於各種材料表面特性的檢測，例如原子力顯微術(atomic force microscopy, AFM)、靜電力顯微術(electrostatic force microscopy, EFM)、掃描近場光學顯微術(near-field scanning optical microscopy, NSOM)、磁力顯微術(manetic force microscopy, MFM)等，其相關技術如表一所示[3]。

掃描探針顯微術除了用來針對材料表面的特性進行檢測外，近年來更有利用掃描探針顯微術的基本原理和儀器本身的精密控制能力，藉由相關參數的調整，而發展出多種掃描探針顯微加工技術，可用來進行奈米微結構級元件的製作，將來更可發展為原子級之材料搬移或堆疊，其應用的範圍涵蓋了半導體業、紀錄媒體業、材料科學、生命科學/生物學等。

表 15-1 各種掃描探針顯微術[3]

Scanning Probe Microscopy (SPM)		物理特性檢測方式
STM	掃描式穿隧顯微術 Scanning Tunneling Microscopy	穿隧電流 Tunneling current
AFM	原子力顯微術 Atomic Force Microscopy	原子交互作用力 Atomic force
SNOM	掃描式近場光學顯微術 Scanning Near-Field Optical Microscopy	近場光波 Near-field light wave
MFM	磁力顯微術 Magnetic Force Microscopy	磁力 Magnetic force
EFM	靜電力顯微術 Electrostatic Force Microscopy	靜電力 Electrostatic force
STHM	掃描熱感式顯微術 Scanning Thermal Microscopy	熱度、溫度 Heat
LFM	側向力顯微術 Lateral Force Microscopy	側向力 Lateral force
SCM	掃描電容式顯微術 Scanning Capacitance Microscopy	電容 Electrical capacitance
BEEM	電子激發式顯微術 Ballistic Electron Emission Microscopy	電子激發電流 Beam current
……	……	……

2、掃描電子顯微鏡

奈米科技的迫切需要是發展能在尺度下操作元分子或奈米粒子盒進行材料奈米加工(例如蝕刻和誘導沉積等)和局部化學修飾的方法。現以掃描探針顯微儀正是符合和這些需求的全方位工具。利用掃描式探針顯微鏡設備研發出前端科技微影製程技術──『掃描式探針微影技術』(scanning probe lithography)，來替代高操作成本的電子束直寫系統(E-beam direct writing system)，藉由此先進微影蝕刻技術可研發製作出特殊奈米級(nanometer-scale)結構及元件。

掃描探針顯微鏡(SPM)是創造高解析度三度空間的表面輪廓描繪的測量工具，藉由縮減裝置尺寸至奈米等級，電流狀況影響聚焦技術的顯影術發展就像電子束顯影術，極紫外光顯影術，刻痕顯影術，和掃描探針顯微鏡 (SPM)顯影術。電子束和 SPM 顯影術爲大多數的奈米尺度解析度中可降至低於 10 nm 的範圍。

在奈米顯微術之中，SPM 擁有原子級操作能力及爲各種不同表面使用不同有機薄薄膜曝光方法局部修正的能力，和在各種不同的基材作選擇性的陽極化。技術中包含電流偏壓應用對探針傳導和基材樣品表面局部選擇性的氧化。使用 H 鈍氣在 Si 表面經眞正的偏壓產生表面氧化特徵。電氣化學的氧化反應是在吸附水樣品表面上局部感應較低的尖端，負責金屬和半導體表面。關鍵是必須經由分裂化學鍵或者直接化學反應使用局部尖端-表面交互作用達成特別高精密的選擇性修正表面，如圖 15-2 所示之奈米圖案文字，幾何學的因素就如成型高度和線寬經由掃描速度，電流偏壓，表面群體，和濕度的大小影響。 從加工的精度來說SPM優於現行的任何光刻技術和電子束蝕刻技術，因爲SPM可以加工小到單個原子的結構 (約 0.3nm)，但是用 SPM 來加工未來的積體電路同樣面臨加工速度的問題。

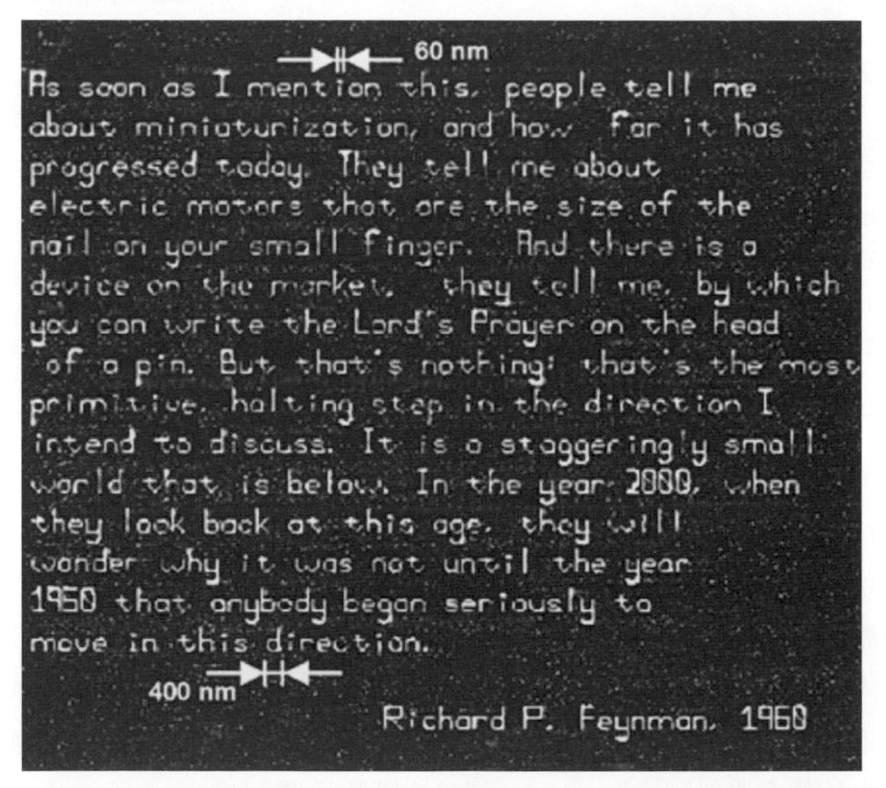

圖 15-2 在鍍有高分子的基板上，以掃描探針直接書寫形成奈米級文字[4]

掃描探針顯微技術 (SPM) 亦是奈米科技發展的重點項目之一，尤其是利用原子力顯微鏡來進行表面加工 (亦稱爲原子力微影顯微技術)，是目前新興的奈米級加工技術，可以達到的線寬約在 5 － 10 nm。就應用研究加工機制的差異，可以歸納出氧化矽、氧化金屬法、直接移動原子和分子以及直接表面加工法，除了具有很高之解析度外，其對於環境的要求很低，只要在大氣中就能完成，操作極爲便利。相較於其他奈米微影，如電子束微影及 X 光微影，此項技術成本更爲低廉。爲目前應用廣泛的奈米表面分析技術，不過除了檢測之用外，也可控制AFM探針與樣品間的交互作用，使樣品表面發生改變，這也就是AFM奈米加工。

在原子力顯微鏡工作之原理方面，STM 及AFM在導體和半導體的表面上提供了氧化奈米結構的能力，亦提供積體電路微影製程技術新的研發方向。其中原子力顯微鏡(AFM)因爲對導體，半導體及絕緣體均有三維空間的空間顯像能力，所以最廣泛運用的掃描式探針顯微鏡。掃描式探針顯微鏡 (STM/AFM)應用原理乃利用長度約數微米長且直徑小於 10 奈米(nm)的尖銳探針針尖來探測試片表面狀態。而此尖銳的針尖則座附於長度約爲 100～200 微米且不受約束控制的懸臂樑(cantilever)末端，如圖 15-3 所示。

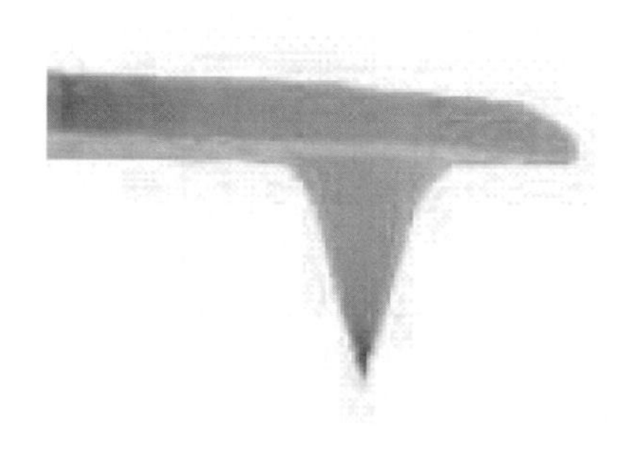

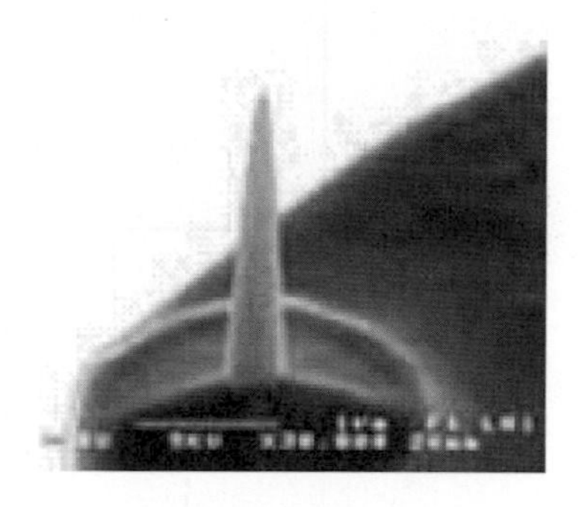

圖 15-3 原子力顯微鏡(AFM)的探針 SEM 圖

掃描式探針顯微鏡乃是利用原子與原子間的凡德瓦爾力(Vander Waals Force)來促使AFM 懸臂樑產生偏斜，進而利用此偏斜程度轉換成相對應的表面型態圖。當AFM 探針尖端與試片材料表面間的距離小到只有幾個奈米距離時，探針尖端的原子與試片材料表面原子間會產生一相互吸引力，這種力就是所謂的凡德瓦爾力(Van der Waals force)，AFM 探針針尖與試片表面間的凡德瓦爾力與距離的相對關係曲線，如圖 15-4。對於大多數種類原子而言，都出現此類特性曲線，如原子 C-C，C-Si，Si-Si，Si-N 等，差別僅在能量之大小。

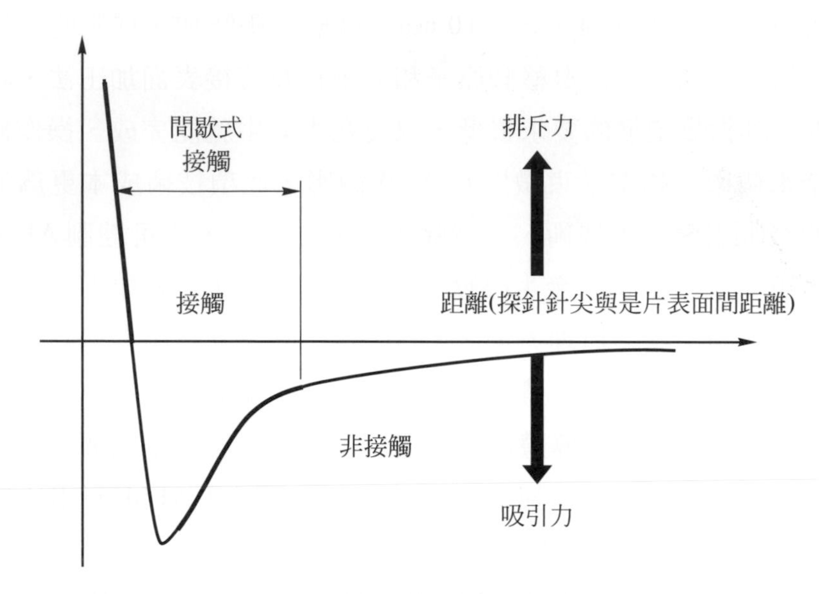

圖 15-4 原子與原子間的凡得瓦爾力與距離的特性曲線圖

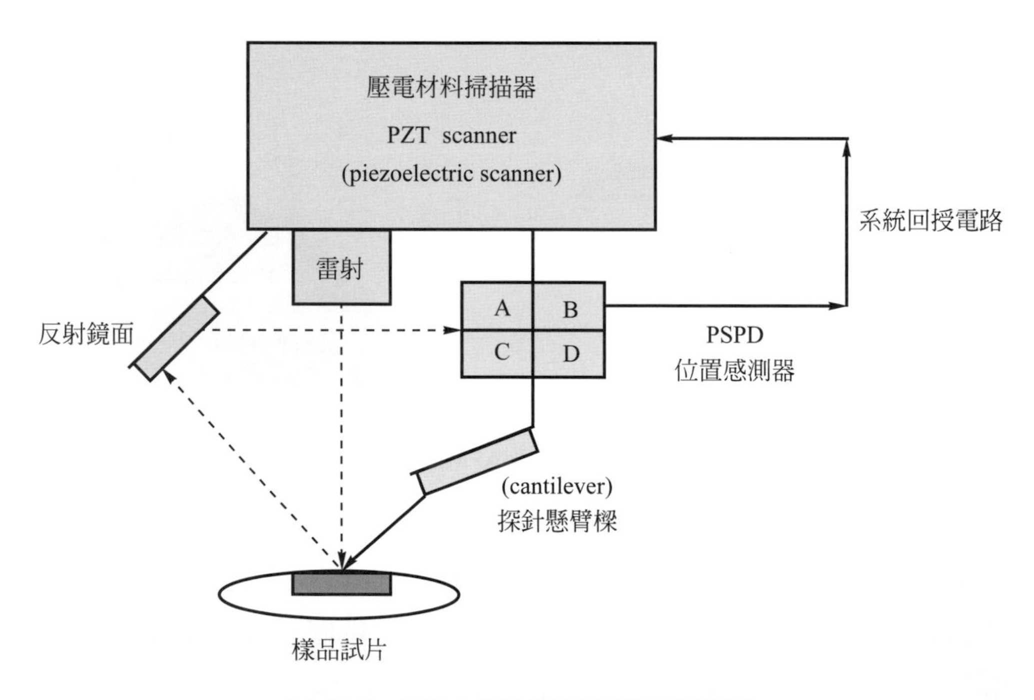

圖 15-5 原子力顯微鏡(AFM)簡略示意圖

一般接觸式量測中，探針和試片材料間的作用力約爲 0.1nN～100nN 之間，但是當掃描的接觸面積極小時，相對地形成過大的作用力可能會損壞探針以及樣品試片，尤其是軟性材質的樣品試片。因此，設定適當的作用力是非常重要的。圖 15-5 爲原子力顯微鏡(AFM)簡略示意圖，利用探針針尖與試片表面間力的變化(如：接觸力/排斥力)致使懸臂樑彎曲或者偏斜。

15-2-2　掃描探針顯微鏡操作原理

掃描探針顯微鏡乃是一群具有著類似操作方式之儀器的總稱，其共同的操作方式不外乎是利用一極細微之探針在極靠近試片表面處對試片表面性質進行探測，由於探針尖端僅與局部的試片表面發生交互作用，故所探測知結果也僅是試片表面的局部性質，倘若配合一掃描平台來移動試片或探針，則可獲的較大範圍的試片表面性質[3]。

由上所敘述的操作方式，可知道掃描探針顯微鏡將包含幾個子系統，如圖 15-6 所示，分別爲微探針、位置感測系統、掃描平台和控制系統[3]。

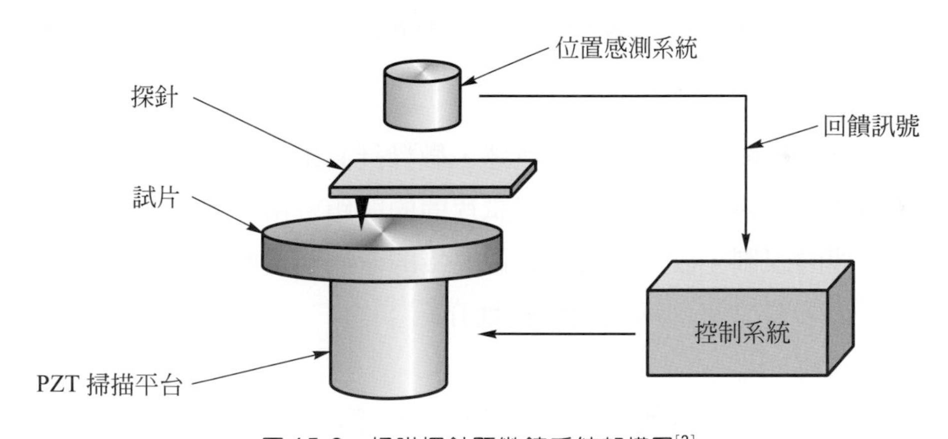

圖 15-6　掃瞄探針顯微鏡系統架構圖[3]

1、微探針

主要是利用其針尖和試片表面產生交互作用，以探測各種試片的表面性質，如地形、電場分佈、磁場分佈和光學特性等等。到目前爲止，被使用的交互作用包括穿隧電流、原子力、靜電力、磁力和晶格力等等，依據不同的交互作用所採用的探針亦有所不同，如使用穿隧電流的掃瞄穿隧伍流顯微鏡．其所需的微探針便是要具備有導電性，而使用原子間作用力的原子力顯微鏡，則需要對原子力變化敏感的微探針。雖然所利用的交互作用和微探針皆不相同，但在於探針尖端外形(如圖 15-7 (a)所示)上，卻幾乎都有著相同的要求，就是大的深寬比(L/W)和小的尖端半徑(d/2)，因爲唯有極尖、極細的微探針方能探測出極微細之試片表面變化(如圖 15-7 (b)所示)[3]。

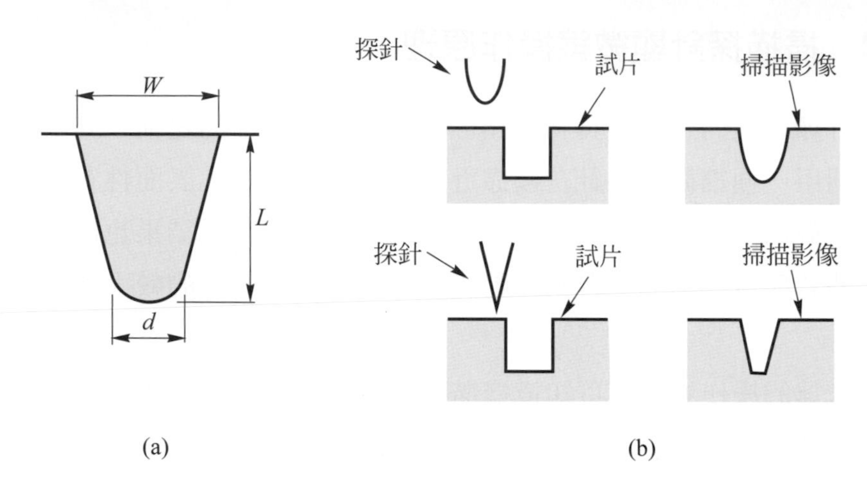

圖 15-7 (a)探針尖端外型示意圖，(b)以不同探針外型掃瞄相同輪廓試片之結果比較圖[3]

2、位置感測系統

如掃瞄探針顯微鏡的操作方式中所述，微探針必須在極靠近試片表面處進行探測，因此，需要感測系統來監控探針與試片問的間距。由於此一間距通常只有幾個奈米，加上空間的限制，故無法對間距做直接的量測，爲此通常需要一些間接的量測方法，以下僅對較常用的兩種做簡單地介紹：

(1) 穿隧電流感測器

由於穿隧電流間距存有一關係式，如下所示：

$$I_t = Ve^{(-cd)}$$

在此I_t爲穿隧電流，V爲施加於探針和試片問的偏壓，c爲一材料常數，d爲微探針和試片間的間距。在材料常數和偏壓 V 爲一定值的情況下，由上述的關係式可知間距d將是唯一影響穿隧電流大小的變數，因此，藉由維持穿隧電流的大小，即可達到控制間距的目的[3]。

(2) 力量感測器

使用雷射二極體產生一雷射光束，經鏡片校正後聚焦於探針末端背面上，並反射至光檢測器。當探針產生變形時，光感測器接收到的光源訊號便會產生變化，並使光感測器的輸出訊號亦產生變化，此輸出訊號經放大器放大後迴饋至控制系統，如此即可用來控制探針與試片間的距離。

3、掃瞄平台

使用微探針來探測試片的表面性質，其最大的好處在於解析度隨著針尖尺寸縮小而提高，但也代表著其所能探測的範圍極小，爲解決此一問題，需搭配一掃瞄平台，使兩者間產生相對運動。運動的方式可以是探針固定而試片隨著掃瞄平台而作平面移動，也可以是試片不動而探針作掃瞄運動，亦或是兩者皆產生移動。掃瞄時，探針相對於試片是以直線方式先作前後往返的掃瞄，之後略爲平移至相鄰的另一條掃瞄線繼續掃瞄，如此重複此一往返掃瞄的動作，一直到完成設定的掃瞄區域爲止。掃瞄平台一般是由 PZT 圓柱管或定位平台所構成，其係利用壓電材料受到電壓的伸縮特性來驅動掃瞄平台。壓電致動器具有高解析度和反應速度快等優點，不過由於壓電材料亦具有遲滯、潛變和非線性等缺點，因此，通常枯要搭配具奈米解析度的位移感測器和回饋控制系統的使用。由於單獨壓電致動器所驅動的掃瞄平台其運動行程較短，爲了能進行大面積的材料表面檢測，有些掃瞄平台乃是採用具長行程定位功能的驅動方式，不過通常其有長行程定位功能的定位平台其定位精度較差，因此大都用於變換掃瞄區域時的定位，眞正掃瞄時的定位仍須配合壓電致動器驅動平台來達成[5]。

4、控制系統

控制系統主要負責的工作有二：一是維持探針與試片問的微小間距，另一則是便平台在一平面上做掃瞄。早期在平台的掃瞄控制上大都採用開迴路，由於壓電致動器本身的遲滯、潛變和非線性，因此，常常需要搭配軟、硬體的校正，以確保掃瞄結果的準確性，不過在後續的研究中已發現，使用開迴路控制系統所獲得的掃瞄影像有扭曲變形的現象，爲有效地解決此一問題，目前大多數的控制系統皆已搭配高解析度的位移感測器以構成閉迴路。在掃瞄的過程申，當探針與試片間距因試片表面起伏而產生變化時，位置感測器將輸出一相對應之訊號，經由適當的控制器運算得到一調整命令，使得Z軸微動平台做上下運動，以維持探針與試片間的微小間距[3]。

15-2-3 掃描探針顯微加工技術

在最近十年來，由於奈米技術逐漸受到全球科技界的重視，並且被公認爲是二十一世紀的主流發展技術。因此，近幾年各種奈米加工方法被大量提出，諸如：電子束曝光法、X-ray 曝光法、近場光學曝光法、掃描探針顯微加工法等。若從各方面比較起來，掃描顯微加工法的設備成本具有非常大的優勢，而且它操作容易，可在一般環境下工作，所以被廣泛地用來研究製作量子元件、奈米尺寸結構、奈米材料、超高密度儲存媒體等[3]。

1、原理

所謂掃描探針顯微加工技術是利用微機電(MEMS) 技術製作的具有奈米尺寸尖端半徑之微探針，以機械力、電場、磁場等效應對試片產生物理或化學變化，而在試片表面製作出奈米尺寸之元件或結構。利用掃描探針顯微加工技術所具備的奈米尺寸加工特點，可以應用奈米光電元件、超高密度的儲存媒體等。

2、種類

目前掃描探針顯微加工技術所採用的機制可分爲機械力加工法、電場蒸鍍法、電化學法、近接電子束曝光法與熱加工法等[6]。

(1) 機械力加工法：是利用微探針對試片表面直接施加一力，致使試片表面產生永久形變或者刮除部分材料而達到加工目的，如圖 15-8 所示，此方法所使用爲探針需具備高剛性、高硬度與耐磨耗之特性。其優點是不需外加電場，而且適用於任何試片材料；但其缺點是使用一般微探針其加工耗損大，而高剛性、高硬度與耐磨耗探針製作不易，所以少被採用。

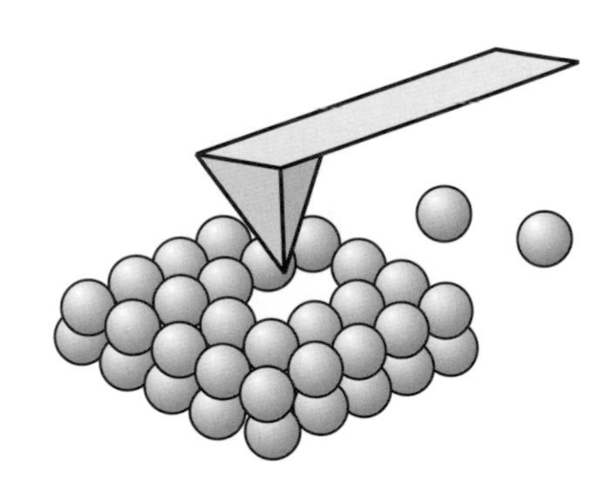

圖 15-8 機械力加工法示意圖[3]

(2) 電場蒸鍍法：是由IBM在 1986 提出，利用施加一電壓在鍍上黃金薄膜的探針上，使探針與試片之間產生電場，而將黃金原子蒸鍍在試片表面形成奈米點狀結構。由於黃金會耗損所以探針的壽命有限，再加上價格較貴，所以也少被利用。

(3) 電化學法：包含電場氧化法、電化學蝕刻法與電化學沈積法等，以電場氧化法最受到重視。電化學蝕刻與沈積法是類似半導體製程中氣相蝕刻與沈積的方法，先施加一種或數種能夠相互或和試片產生的方法，先施加一種或數種能夠相互或和試片產生化學反應氣體，再藉由施加電壓導電微探針活化此反應，而在探針尖端與試片間局部區域產生奈米尺寸蝕刻或沈積。電場氧化法是由美國國家標準與技術研究院在 1990 年開始發展。利用施加電壓的微探針與試片問產生的局部高電場，造成一般環境下試片表面的水分子薄膜解離出氫氧根離子，產生電化學的陽極氧化反應造成試片表面的氧化。此法被大量的應用在奈米光電元件的製作，例如：單電子電晶體、超高速光開關等。另外，此法也被應用在製作 100 奈米以下線寬之遮罩(patterning mask)[3]。

(4) 近接電子束曝光法：是利用被施加高電壓(約 100 伏特)導電微探針與試片間距很小時，可以產生極高的電場致使探針尖端放出電子束，而可在電子束微影的光阻上曝光出圖案。因爲其加速電壓低，可降低電子散射與臨接效應(proximity effect)之影響，所以容易製作出高密度微影[3]。

(5) 熱加工法：是利用高分子材料的低玻璃溫度(約 100℃)特性，及特製具備尖端加熱功能微探針，當微探針接近高分子試片(如：PMMA)表面時，將探針尖端加熱昇溫超過試片玻璃溫度，使得高分子材料熔化而微探針可以輕易改變其形狀，再讓試片自然冷卻後則形狀就固定。IBM 實驗室將此法應用在記錄媒體上，可以提升記錄密度高達 65Gbits/in^2。但是除了提升記錄密度外，資料讀取的速度是開發新的紀錄媒體所需要考量，因此 IBM 提出平面式微探針特殊製程，利用矽的非等向性蝕刻的特性製作出尖端半徑達 10 奈米以下的微探針，並且微探針具有 2.4MHz 高共振頻率與 1N/m 低剛性，因此以做探針讀取時可以不破壞試片表面性狀，並維持 1Mbits/sec 以上的資料讀取速度。另外，美國史丹佛大學已經成功製作出 50 支的一維微探針陣列，所以若使用一維微探針陣列則讀爲速度就可以再以倍數成長，預計此種記錄方法的極限將可以達到密度 400Gbits/in^{2}與讀寫速度 100Mbits/sec以上[3]。

15-2-4 掃描探針顯微鏡的應用

最近十年來半導體技術的關鍵在於縮小線寬，以提高記憶容量與操作速度，並降低能源耗損。目前半導體製程線寬已經到達 0.18 微米，並朝向 0.15～0.10 微米邁進。估計到本世紀初，將進入 100 奈米以下的尺度範圍。另外，由於數位資料量急速增加，迫切需求更高密度的儲存媒體。目前光碟容量由CD-650MB /片提升到DVD-4.7GB/片，甚至更高的 15GB/片以上。因此光碟的軌距將由 DVD 740 奈米縮小到 HD-DVD 300 奈米左右，未來更希望能到達 100 奈米以下。因此，掃描探針顯微術被廣泛用來針對材料表面特性的檢測。

以下爲許多掃描探針顯微術應用成果，圖 15-9 之左圖顯示兩個氧分子吸附在銅表面上，在 STM 的針尖上加上一微小電壓，讓它足以打斷氧分子的鍵結，右圖則顯示氧分子已經被分解爲兩個氧原子[7]，圖 15-10 與 15-11 爲影像量測微型線寬之結果。近年來，歐美政府相繼提供更多的研究經費與投入大量的研發人力，在開發各種不同奈米尺寸的加工技術。掃描探針顯微加工技術提供一種經濟、簡便、環保的方法，並被廣泛地應用在開發下市帶的奈米元件與紀錄媒體上，例如：奈米電晶體、單電子電晶體、奈米結構、高密度資料儲存媒體等。這些都證明掃描探針顯微加工技術在奈米技術領域的應用潛力，因此掃描探針顯微鏡與加工設備勢必成爲依種被廣泛使用的工具[5]。

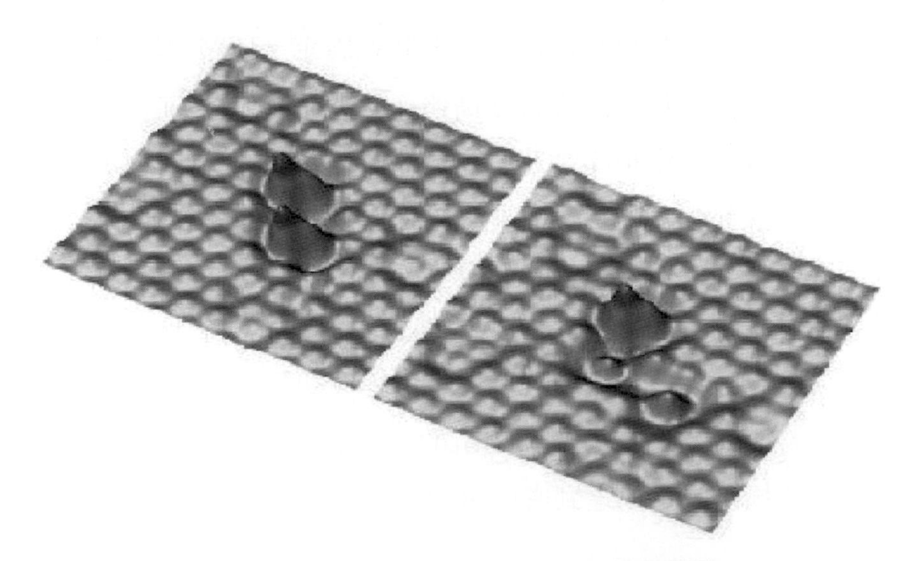

圖 15-9 用 STM 分離一個氧分子的影像圖[7]

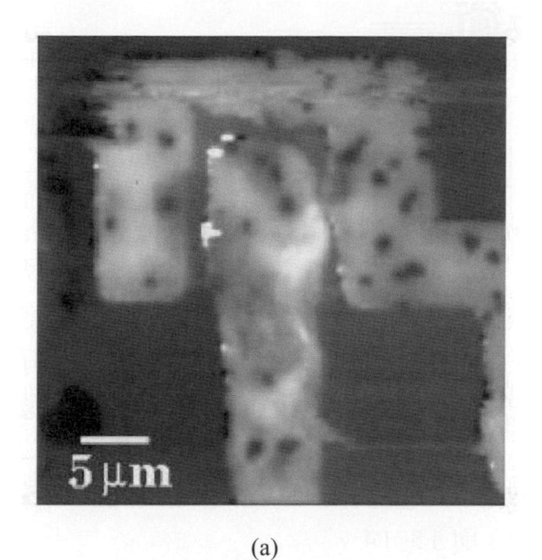

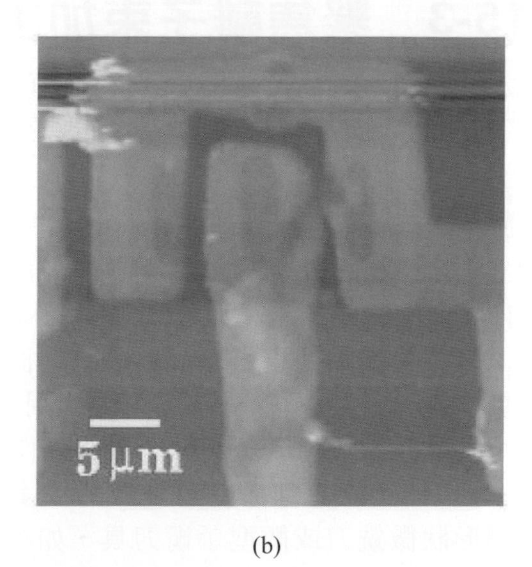

(a)　(b)

圖 15-10　鋁銅合金(Al/Cu)在凱文探針力顯微鏡(KPFM)的影像，(a)在KPFM下銅和銅鋁合金的對比影像，(b)在 AFM 下的表面圖像[8]

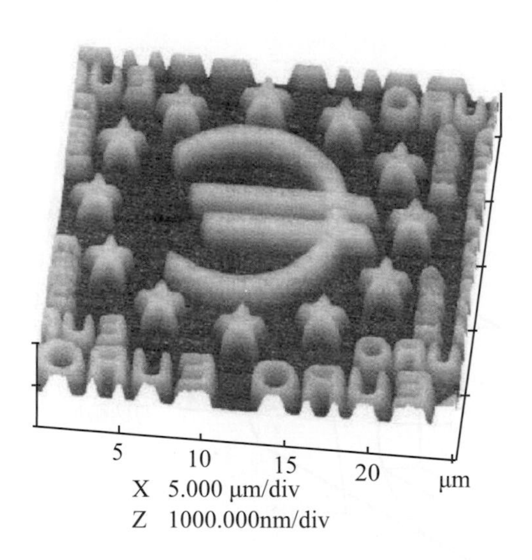

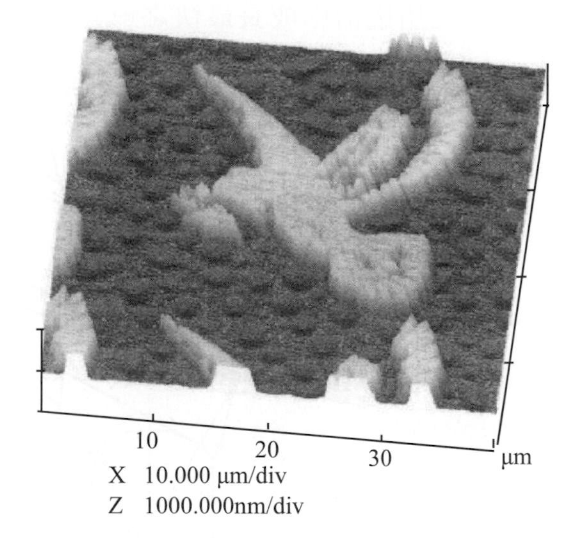

圖 15-11　以SPM技術測得在EBR-9 的光阻上所形成的一些圖案，(a)歐元標誌與字母，(b)鴿子圖案[9]

15-3 聚焦離子束加工技術

15-3-1 聚焦離子束的原理

聚焦離子束(Focused Ion Beam，FIB)，具有許多獨特且重要的功能，已廣泛的應用於半導體工業上，其特性在於能將以往在半導體設計、製造、檢測及故障分析上許多困難、耗時或根本無法達成問題一一解決。例如精密定點切面、晶粒大小分佈檢測、微線路分析及修理等。在微分析領域內，離子束研磨最先被用在穿透式電子顯微鏡試片研磨上，其離子束爲直徑 1-2cm 氬離子，而直到液態金屬離子源發展之後，以鎵(Ga)爲離子源的商用 FIB 才上市，其離子源爲一高斯分佈強度(Gaussian beam intensity)，結合工作台之 x、y、z 與θ角度旋轉，如圖 15-12 所示，運用FIB之鎵離子轟擊基材(例如鎢、矽等)，進行奈米等級超微量加工，完成立體形狀微銑刀或微型手術刀具，如圖 15-13 與 15-14。

15-3-2 聚焦離子束的應用

FIB最早被使用在半導體業界光罩修補，接著又被使用在導線切斷或連結。之後，一系列的應用被開展出來，例如微線路分析及結構上故障分析等等。目前已是半導體業使用儀器中成長最快之一。

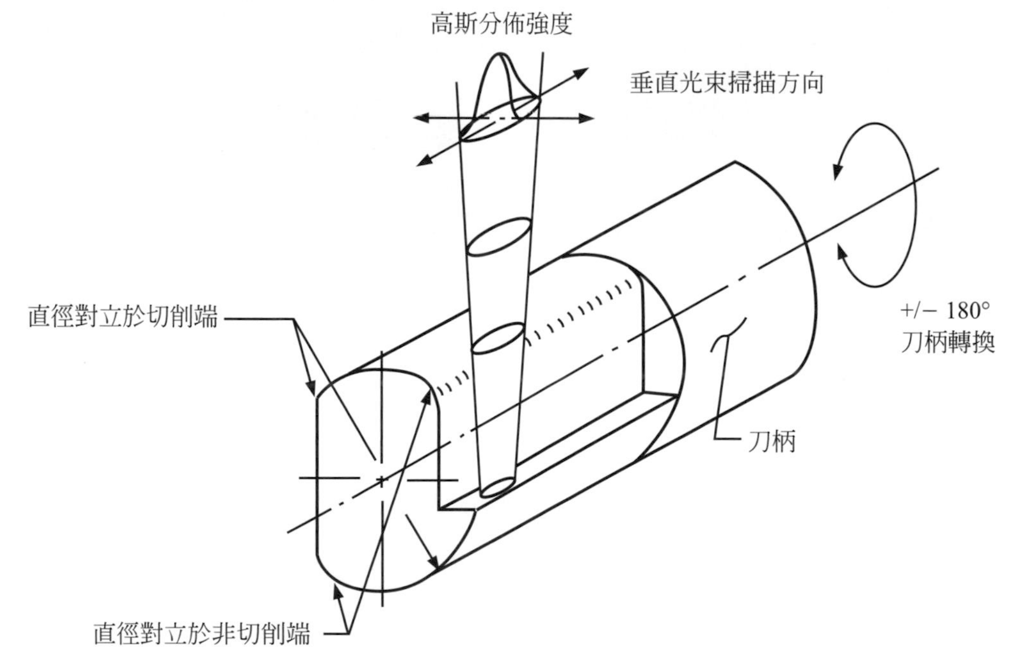

圖 15-12 以 FIB 奈米加工進行微刀具製作示意圖[11]

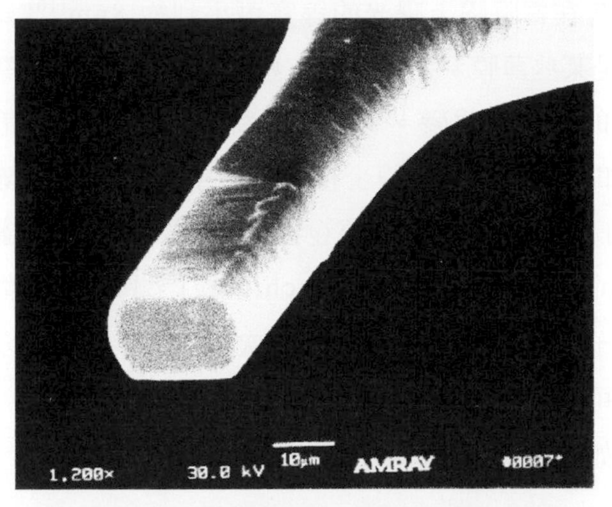

圖 15-13　可加工出 20μm 溝槽之微銑刀具[11]

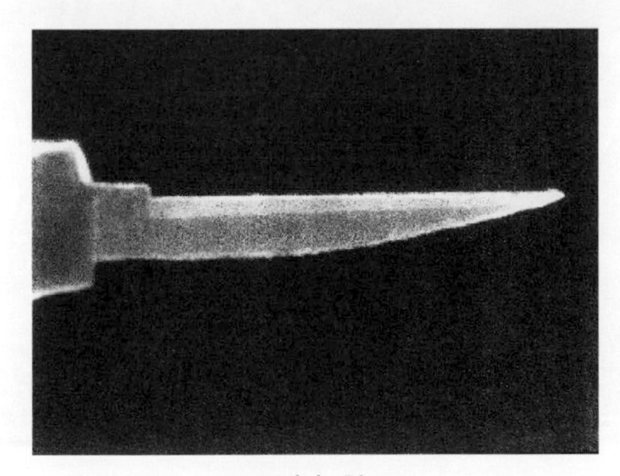

Length is 50μm

圖 15-14　以聚焦離子束加工於鎢片材料，製出顯微手術刀，長度僅為 50μm，堪稱全世界最小的切割刀[12]

15-3-3　聚焦離子束的功能

聚焦離子束的原理與掃描式電子顯微鏡(scanning electron microscope, SEM)相似，主要差別在於 FIB 使用離子束作爲照射源，而離子束比電子具大電量及質量，當其照射至固態樣品上時會造成一連串撞擊及能量傳遞，而在試片表面發生氣化、離子化等現象而濺出中性原子、離子、電子及電磁波，當撞擊傳入試片較內部時亦會造成晶格破壞、原子混合等現象，最後入射離子可能植入試片內部。目前聚焦式離子束曝光系統在電阻膠上曝光的線寬可小到約 8nm[10]。FIB 的工作對象可以是電阻膠也可以是某些薄膜。這是因爲有些薄膜在被離子撞擊後，它對腐蝕(etch)的抵抗力或被氧化的速率會改變。利用這種特性，我們可以直接在這些薄膜上用FIB來寫圖案。例如在氧化矽的薄膜上打入氬離子、氖離子或氦離子可增加它的腐蝕率，如果在這薄膜上打入矽離子則將會提高它的氧化率，如圖 15-15 完成奈米沉積(nano-deposition)與奈米加工(nano-machining)。其主要功能有三：

1. 利用入射離子束與試片撞擊產生的二次電子或二次離子來成像。
2. 施加大電流可快速切割試片而移除所需的洞或剖面。
3. 可蒸鍍導體如鎢或白金。

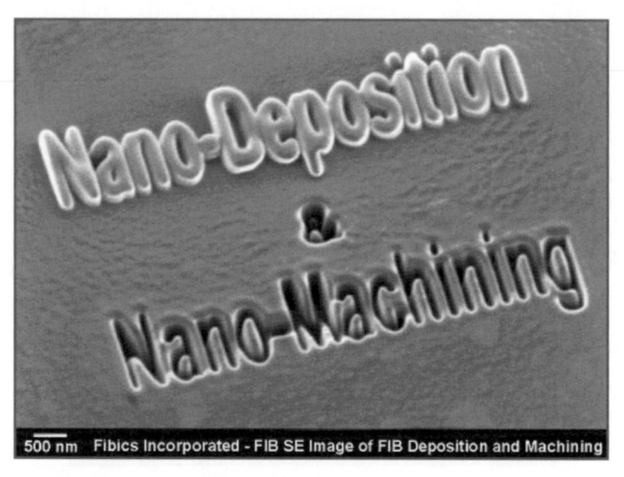

圖 15-15 用以聚離子束沉積及聚離子束腐蝕出約 200nm 厚之圖案字型[13]

15-4 電子束奈米加工

15-4-1 近接式電子束曝光法

近接式電子束曝光法(Proximity electron leam lithography)是利用被施加高電壓(約 100 伏特)的導電微探針與試片間距很小時，可以產生極高的電場致使探針尖端放出電子束，加工機台如圖 15-16 所示，經陽極與陰極間之電壓差，加速電子束衝擊基板，而可在電子束微影的光阻上曝光出圖案，製程與加工型態如圖 15-17(b)所示，類似技術與(a)、(c)與(d)雷同。因爲其加速電壓低，可降低電子散射與臨接效應(proximity effect)的影響，所以容易製作出高密度微影。欲達到奈米級尺度之光阻材料與相對應可達到的解析度(resolution)，匯整於圖 15-18 中[14]，電子數微影光阻約可概分成三類：有機物(organic)、無機物(inorganic)與沉積物(deposition)。有機物的代表光阻爲PMMA(俗稱壓克力，惟其分子量非一般常見者，需洽詢供應商得知)，無機物的代表光阻爲AlF3 化合物，沉積物則以碳爲主要被使用，而以鎢(W)之沉積作品可達到 15 nm尺度，如圖 15-19 之奈米探針[14]。電子束得應用甚廣範圍，今以此技術用於改善現行超高密度儲存刻板做說明，相對於傳統電射刻片系統，電子束刻片系統不受限於光學繞射限制，它具有高能電子束特性，短波長與電子腔以分別取代雷射與物鏡的使用，電子束刻片可較容易的製造出更小點陣比傳統雷射刻片機[14]。電子束曝光機是常見於半導體工業。已有諸多研究報告應用於奈米微影(nano-lithography)進而線與空間圖案被加工可小至 100 nm 或更小[15]，此尺度是雷射所不可能做到的。因此，就加工機制而言，朝自更小尺度點陣加工，電子束刻片技術，即成必然發展的趨勢。

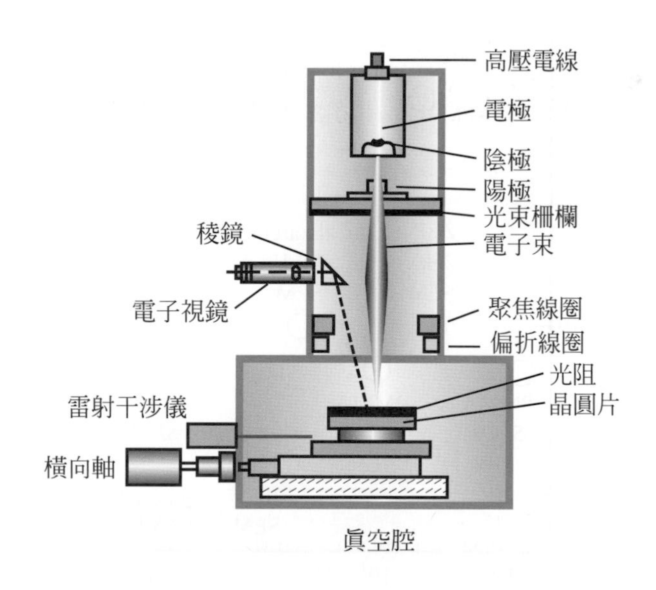

圖 15-16　電子束加工機台說明圖

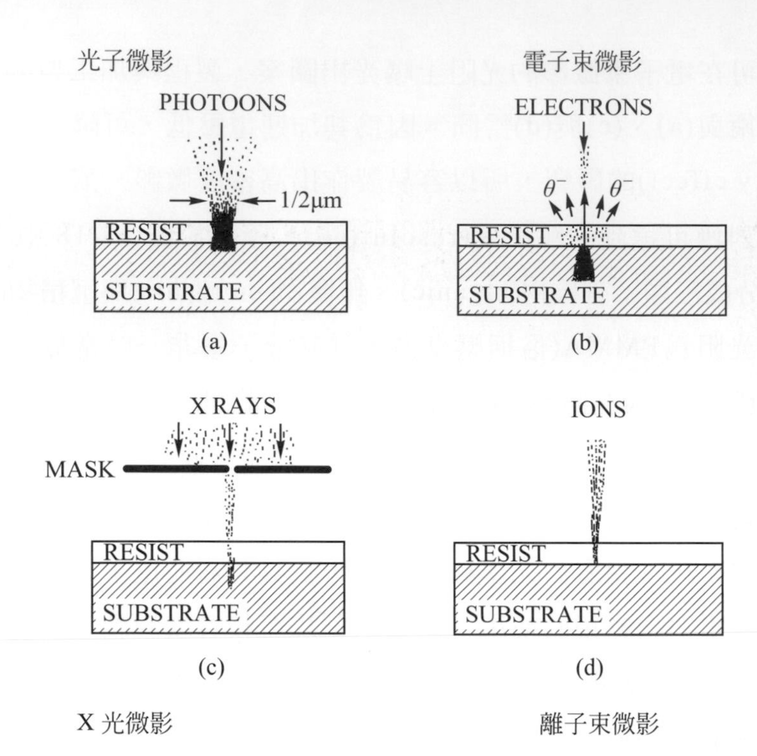

圖 15-17　奈米微影加工類型：(a)光子微影過程，(b)電子束微影，(c)X 光微影，(d)離子束微影

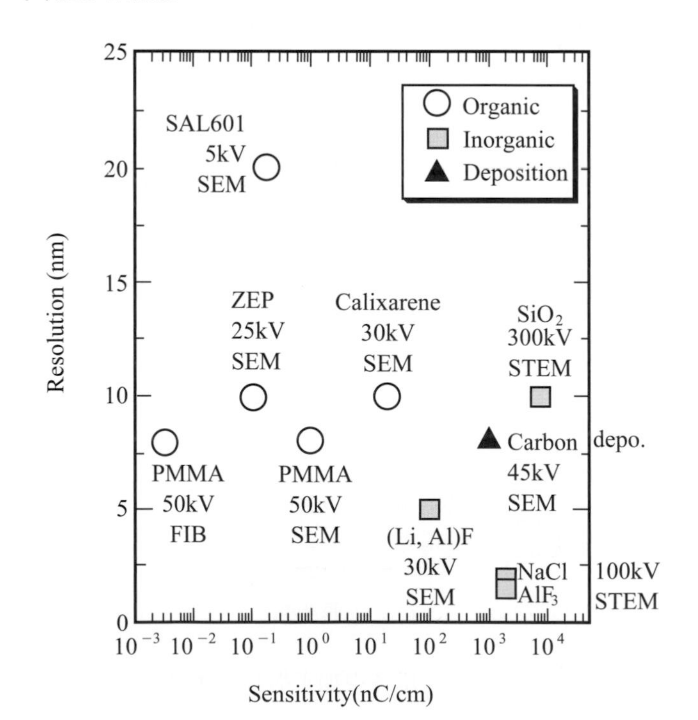

圖 15-18　電子束微影奈米加工所使用之光阻[14]

15-4-2　數位多媒體碟片

數位多媒體碟片(digital versatile disk，俗稱DVD)已是非常普遍的用以記載聲音、影像與資料的儲存媒體，其規格之制定，已於1996年完成[16]，根據此發展之趨勢，下一代DVD的讀取系統將使用藍光雷射，而碟片之容量亦預估需要 15 GB(Giga-byte)以上。以現行的4.7GB 而言，未來是目前的 3.2 倍容量[17]。基於此一前提下，對目前的媒體記錄與製造系統作一改進是有必要的，而改進的方向約略可朝極高解析度的記錄材料與較小點陣(spot size)的加工方式前進。

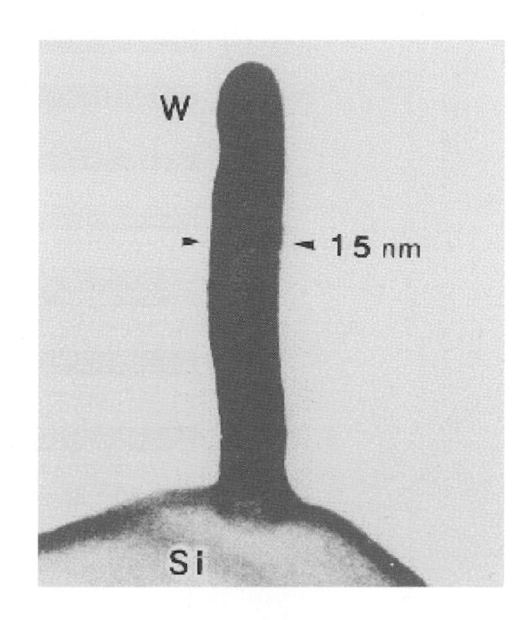

圖 15-19　電子束沉積形成之奈米探針[14]

以電子束刻片機進行高密度記錄點陣加工，於日本已有先例(14)，其刻片密度號稱可達200 GB，其最小點陣僅有69 nm，成果卓著。國內起步較慢，只能以較貼近市場之技術要求作研發，因此設定目標爲25 GB，最小點陣以110 nm爲技術指標。高密度電子束刻片操作過程介紹如圖15-20所示。一片厚度525 μm直徑100 mm的矽晶片，電阻係數小於0.01 歐姆-公分以用來預防充電效應的基材。電子束高解析度正光阻「ZEP520A」被旋轉於基材上。爲了改善光阻和基材間的附著力，樣本用加熱板在160℃的溫度下預烤3分鐘。回到室溫23℃情形下，以電子束來曝光光阻薄膜及「ZED-N50」顯影劑來顯影。最後，使用原子力顯微鏡(atomic force microscopy, AFM)來檢視所製造的圖案。

15-4-3　電子束機台

電子束機台用以曝光光阻薄膜，形成所欲達到的刻片點陣結構，它的最大電子束能量可達40 KeV，一個空氣迴轉馬達於眞空架上，和建立在眞空氣室上的變動平台。這個電子束腔是由一個電極 LaB_6 (Lanthanium hexaboride cathode)，三個

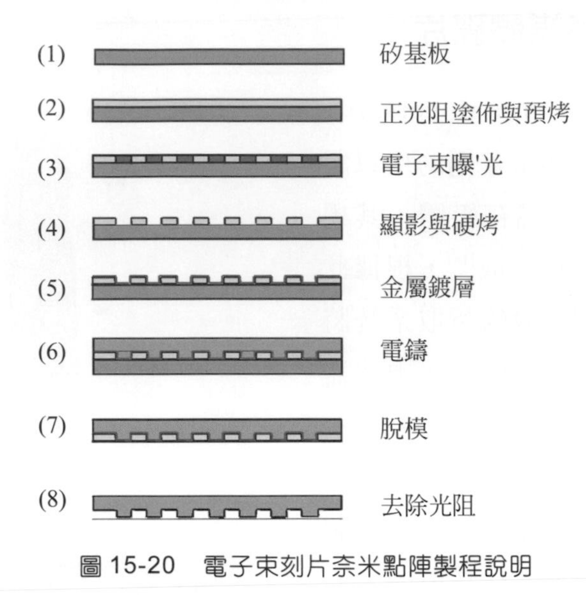

圖 15-20　電子束刻片奈米點陣製程說明

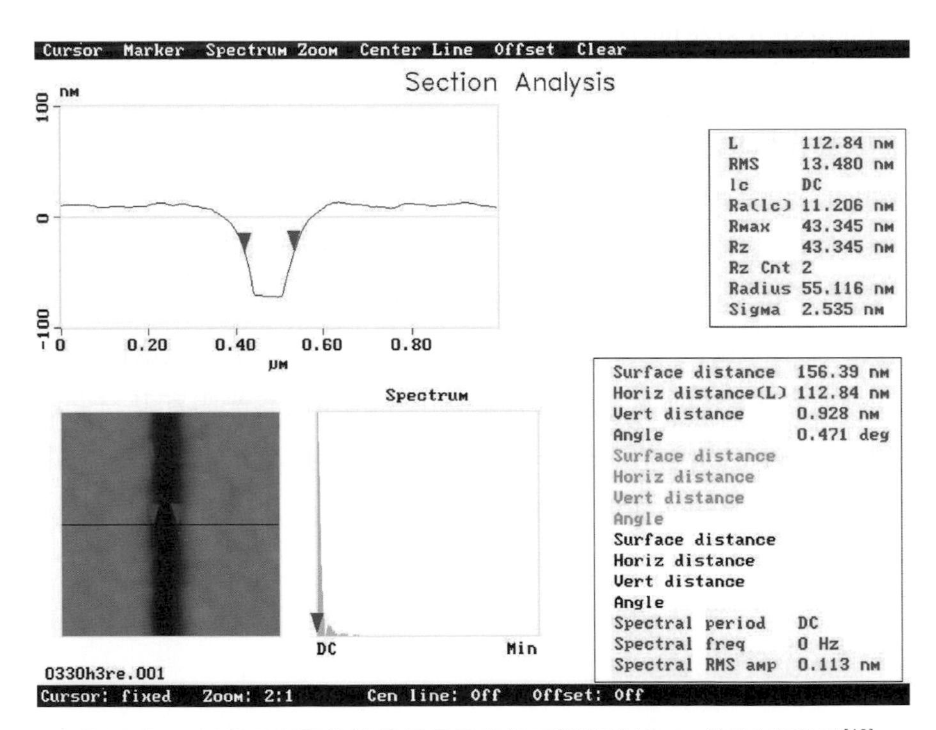

圖 15-21　以原子力顯微鏡量得電子束加工點陣(112 nm 線寬)實驗圖[18]

電子鏡頭，二個光圈和被用來製造電子束和適當地聚焦在基板的表面上的空心板。然後，在一定的線性速度上空氣迴轉馬達和變動平台同時地控制去保持電子束聚焦在移動橫越基座上光阻薄膜，被轉譯成密碼的資料由控制空心板去偏離電子束傳到光阻薄膜上。運用電子束加工作爲超高密度刻片製程如圖 15-20 所示，經電子束微影成型奈米點陣圖案，結合電鑄成型複製成金屬模具，如圖 15-20 步驟(8)去除光阻後，完成金屬模作爲射出成型用途，圖 15-21 爲具體加工量測圖，線寬量測以半高寬(full-width at half maximum, FWHM)作爲線寬之値。以點陣線寬 110 nm 深 80 nm 的凹槽加工，得以用來作刻片機達到 50 GB 的碟片儲存容量。

15-5 近場光學奈米微影加工

15-5-1 光波前進的方式

光波依前進方式的不同，可分爲遠場光(far field)與近場光(near field)[19]，前者是一般所觀察到的光波，其前進方向垂直於物體表面，通過大於其波長尺度的孔徑，可在遠距離觀測到，然而其光學解析將受到透過孔徑大小的限制。近場光則是指沿平行於物體表面前進的光波，其強度在垂直方向成四次方衰減，所以無法在遠距檢測，又稱爲衰減光或禁制光，以圖 15-22 作細節說明，底部橫跨線爲一波長之長度，光源從上往下照射，穿越一開口(aperture)，離開出開口距離小於四分之一波長以內之區域爲近場光(此爲大略判斷值，詳細數值得視開口孔徑與波長而定)，餘者爲遠場光，導引光源之開口需爲奈米級尺度，以呈現較佳解析度。使用熔拉或腐蝕 (etching) 光纖所製成具奈米尺度尖端半徑光纖探針，由壓電陶瓷驅動光纖探針在其共振頻率處震盪，經量測此一振幅之大小以作爲剪力顯爲影像高度回饋用，同時在以光纖探針作爲近場光學顯爲影像送光或收光用，可同時獲得獨立的剪力顯微影像與近場光學顯微影像。

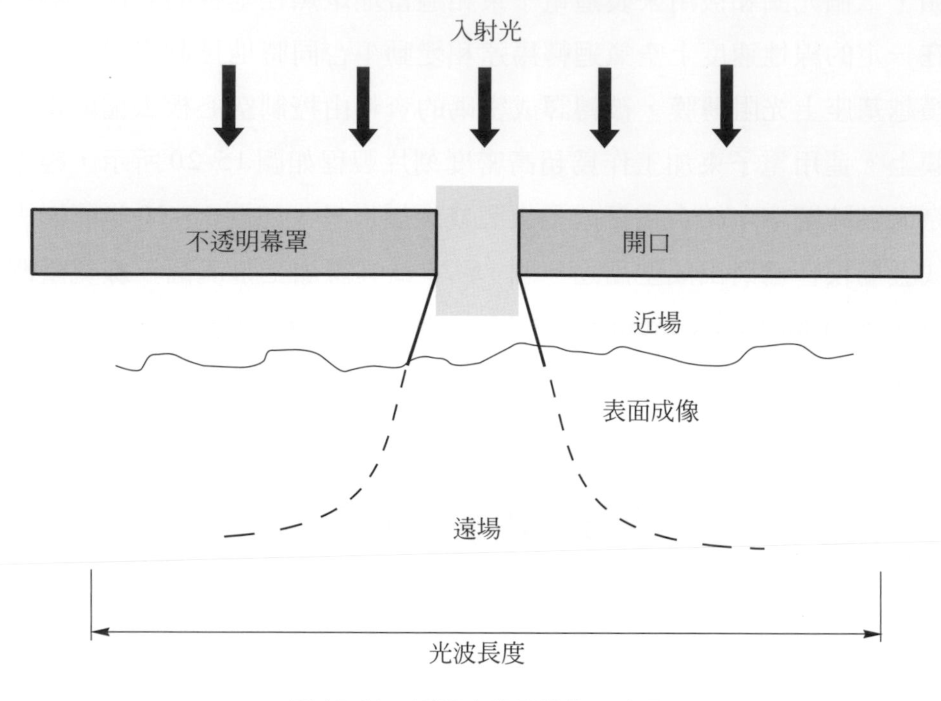

圖 15-22 近場光學顯微術示意圖

15-5-2 導引光源至奈米等級方法

導引光源至奈米等級孔徑有三種方法：光纖探針(fiber probe)(圖 15-23)、固體浸式鏡(solid immersion lens, SIL)(如圖 15-24)與超級補償近場訊號法(super retrieved near-field signal, super RENS)(如圖 15-25)。使用奈米孔徑以近場光範圍接觸加工表面(光阻感光層)，進行曝光微影過程，達到奈米加工點陣圖案成型。

利用鍍有金屬薄膜的光纖探針圖 15-26 或孔徑遠小於光源波長的探針(圖 15-27)，在近接材料表面的情形下，則以近場光學原理可突破光繞射的限制以量測到材料表面的奈米形態，如圖 15-28 所示架構，光纖探針引導奈米光束進行微影加工與觀察表面，再經偵測器(detector)回傳影像，以奈米光學加工而言，先於基板上塗佈一層光阻，經軟烤去除溶劑(solvent)，光纖探針的光源傳遞至表面，形成局部感光，再以顯影步驟完成奈米圖案製作，完成如圖 15-29 所示 128nm 線寬。NSOM 的反饋控制系統是採用SPM的微懸臂檢測探針與樣品間的剪切力，藉以控制探針-樣品

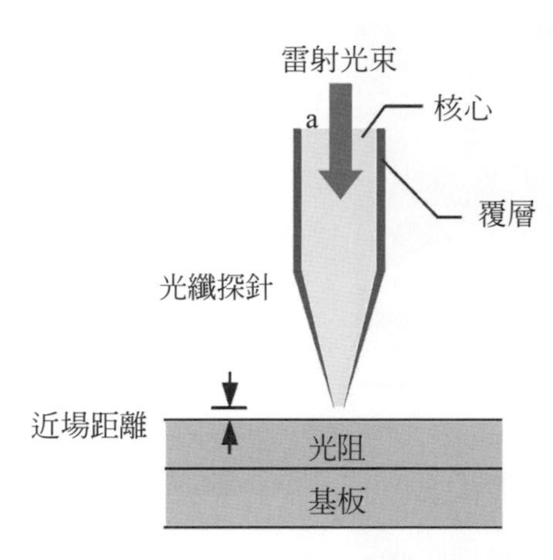

圖 15-23　採用光纖探針於近場光學加工圖

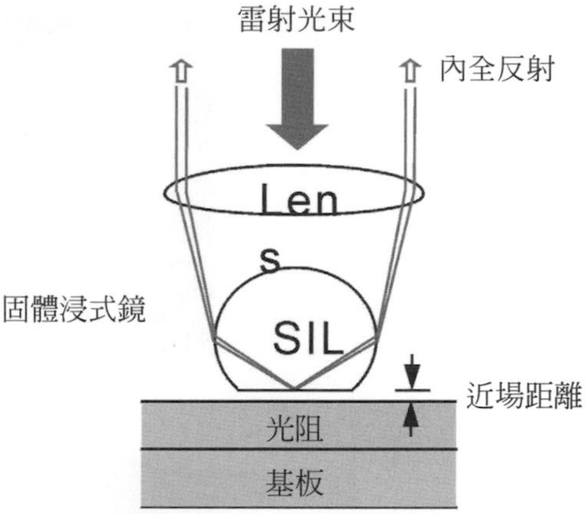

雷射光束

內全反射

Len

s

固體浸式鏡

SIL

近場距離

光阻

基板

圖 15-24　採用固體浸式鏡於近場光學加工圖

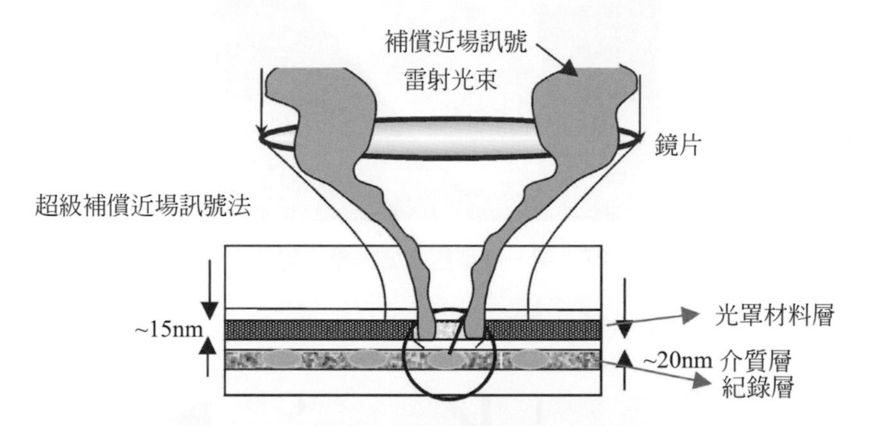

圖 15-25　採用超級補償近場訊號法於近場光學加工圖

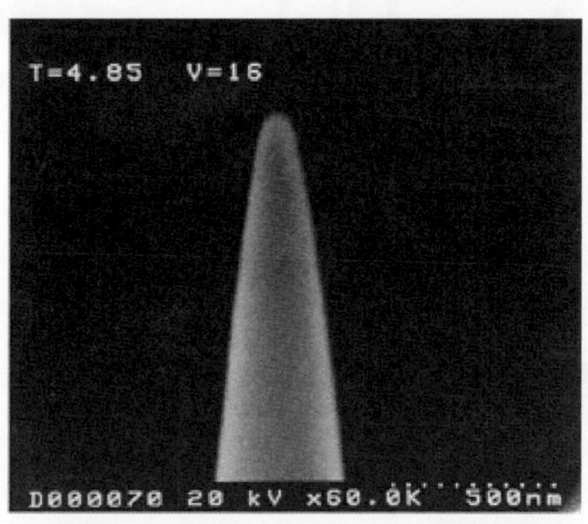

圖 15-26　光纖探針尖端電子顯微鏡照，尖端直徑約為 80nm[20]

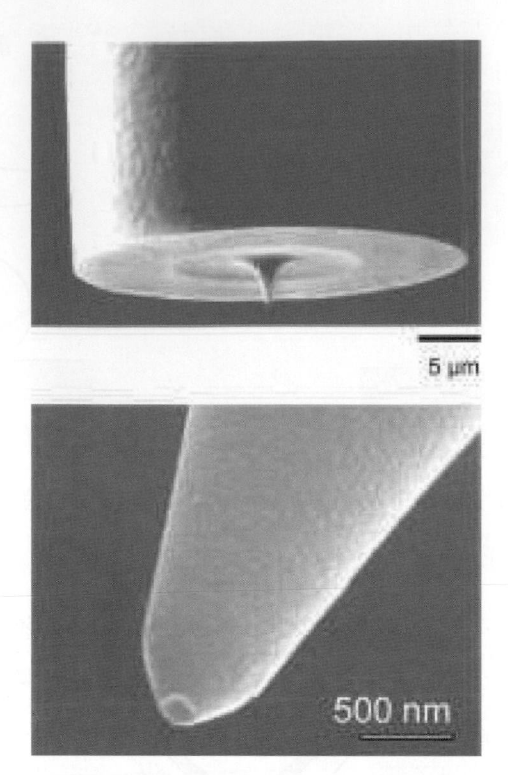

圖 15-27　另一種型態近場光學光纖探針[21]

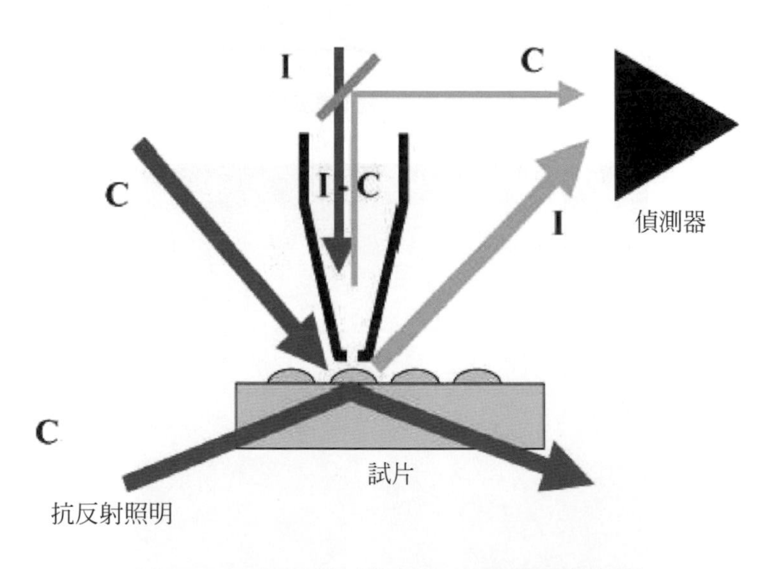

圖 15-28　經光纖引導之近場光學微影架構[21]

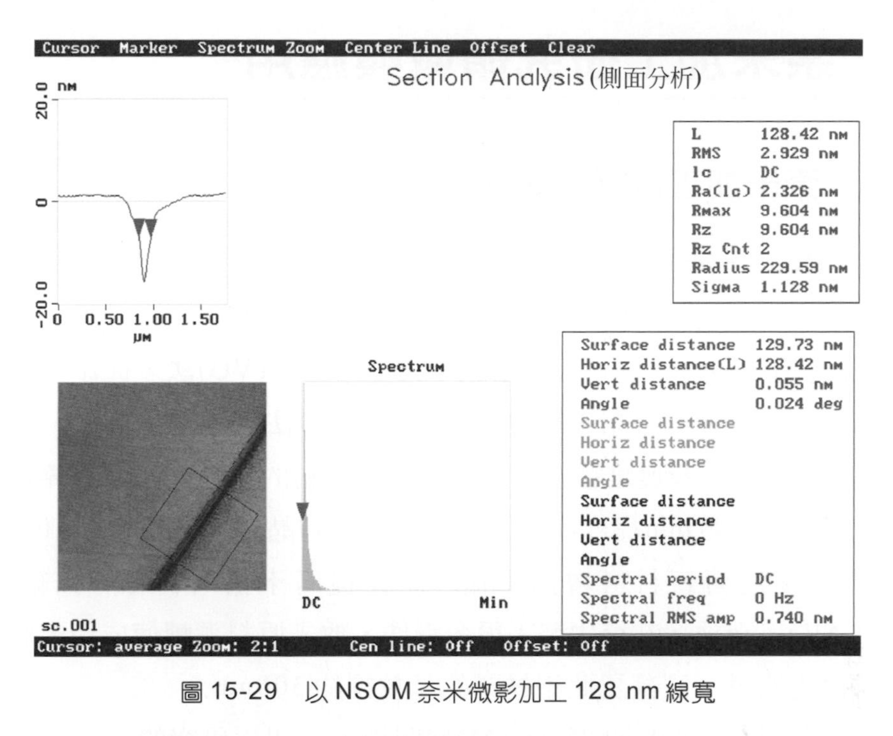

圖 15-29　以 NSOM 奈米微影加工 128 nm 線寬

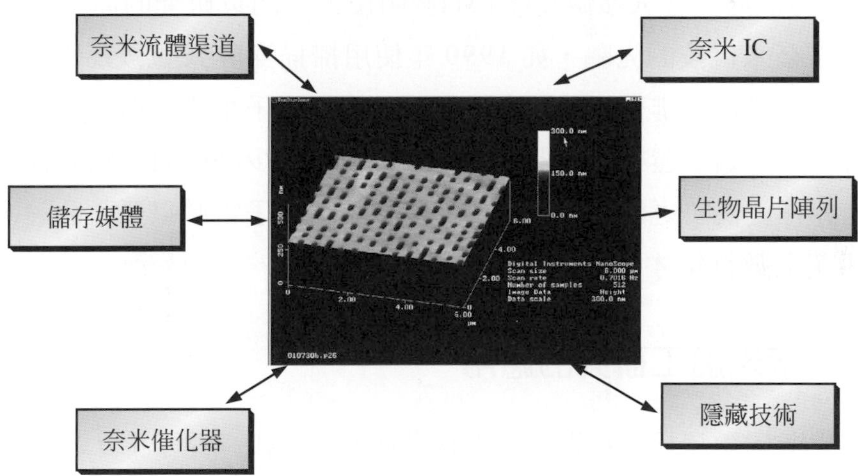

圖 15-30　近場光學奈米加工應用領域

間的距離。近場光學顯微鏡除了可得到材料表面的奈米結構形態之外，更可結合各式光譜技術，同時檢測與形態相對應的材料光物理與光化學性質。圖 15-30 以近場光學奈米加工應用於各領域說明，因為近場光學加工操作便利性，與試片觀察容易，可作為奈米加工另類選擇。

15-6 奈米加工研究領域與應用

15-6-1 奈米加工研究的演進

奈米加工(Nano machining)在金屬領域中，鋁材方面，開發晶粒徑約40～300nm的鋁塊材、其強度或韌性爲傳統鋁合金或不銹鋼的1.5倍～2倍。鋁合金由晶粒徑約40nm形成的鋁、鐵合金塊材。採用電子束氣相冷卻(VQ)法，僅添加鐵等微量元素，獲得強度大幅改變的含奈米微粒子的合金。VQ法係以電子束照射在眞空中的金屬棒子，使其溶解、蒸發堆積在基板上。配合原料的蒸發，將金屬棒送到基板方向使連續堆積，即得數mm程度厚的膜材。不銹鋼的晶粒若微細化至100nm以下，則希望達到強度比傳統材料增加二倍，韌性提高十倍的目標。微細晶粉採用Mechanical Alloying法，在筒中裝入很多鋼珠，放入原料迴轉使成粉末狀，其次，將此粉末固化成塊材，經確認此不銹鋼的晶粒徑約300nm。

1982年的掃描穿隧式顯微鏡(STM)發明後，一門以研究的原子分子世界的學門迅述強化爲奈米科技的先驅，如1990年使用掃描穿隧式顯微鏡(STM)移動與操縱原子與分子爲特定的排列，引發直接以分子或者原子來夠製造特定功能之電子產品爲最終目標。例如：還在實驗階段的量子電腦，用少許的原子爲元件讓電腦體積大幅縮小、運作更快、更節省能源。在速度方面，量子電腦只要數分鐘，即可完成目前電腦要花上數百年才能完成的計算。

15-6-2 奈米加工研究的應用

以掃描穿隧顯微鏡探針在銅金屬上移動鐵原子寫出「原子」，爲增加其對比，特別再鍍上一層硫醇分子。控制光子的運動一直是科學工作者多年來努力的課題，光子晶體是達成上述目標的可行途徑之一。光子在介電常數周期性變化的介質中傳播，因光子與介質間的交互作用，形成光子能帶結構，其觀念類似電子在原子晶格中周期性勢場的運動，因此光子晶體可用以製作「光的半導體」，作爲控制光子傳輸的元件。目前光子晶體可利用機械加工、半導體微奈米製造、雷射干涉微影製造及材料的自我組織等方法製作。

表 15-2　奈米科技的市場預測　(億日元)

調查項目	2005 年	2010 年
分子電子學材料	290	2,213
量子裝置	282	1,380
高密度紀錄媒體用磁性材料	27,075	95,813
光紀錄媒體用材料	10,313	17,063
次世代超紀錄媒體	5,051	16,309
薄膜製造裝置	1,875	1,875
半導體製造裝置	24,450	31,950
超精密加工裝置	2,025	2,963
奈米水準的檢查機器	137	368
微型機器	5,020	7,723
碳簇、碳奈米管	143	292
智慧型材料	1,026	1,139
高選擇性、高性能觸媒材料	581	680
光觸媒材料	583	1,826
分子設計蛋白質	153	178
生物反應器	616	1,387
基因治療藥物	4,346	4,510
基因診斷	359	1,071
醫療用微型機器	287	1,200
生物感測器	443	1,193
合計	85,055	191,133

(三菱總研究所和日本經濟報社共同調查)

利用原子力顯微儀的奈米級導電探針，對固態表面作局部選擇性的氧化，並利用這方法進行奈米微影(nanolithography)、奈米加工(nanomachining)及奈米級選擇性成長等應用工作，因此在探針的製作上可在微小化，近而達到超精密的加工精度。

超小型系統晶片 LSI 的量產。已經開始投入回路線幅奈米 90 技術，比起現在主流的奈米 130 的半導體，演算速度提高兩成，晶片也縮小到現在的一半。目前美國 Intel 也急著投入奈米新技術，日本在這方面也是保持著世界的頂尖，像東芝等都已經擁有 65 奈米半導體的量產技術[22]。

15-6-3 奈米級元件的展望

各種奈米級元件陸續推出，而微影線寬與元件尺寸不斷地縮小，使得以 AFM 爲基礎的技術，在微影精準度的改良與掃描探針操作穩定性有很多的進步。藉由 AFM 進行奈米級區域相變化(或氧化作用)，可以製作超高密度的資料儲存媒體(可達到 1 Tb/in^{2}或更多)，遠超過近場光學 100Gb/in^{2}和現今半導體及磁碟的記憶密度，而且 AFM 取得這些原子影像及原子大小位元資料的讀取，也是其它光資訊儲存技術所無法達成，表 15-2 提供奈米科技的市場預測，對人類生活影響甚鉅，是以各先進國家莫不敢輕忽此一發展，而就機械製造觀點而言，對奈米加工技術的初步認識，絕對有助於迎接奈米科技時代的來臨。

習題

1. 何謂奈米加工技術，其所述及的加工分類有哪兩種？
2. 請就一般自然界的物體，以奈米爲單位，作其尺寸大小的描述，列舉出十種。
3. 現今科技語言常使用許多英文簡寫，以表示某一種儀器或製程，請說明以下所列英文簡寫，其英文與中文的全稱；SPM、STM、AFM、NFOM。
4. 請描述掃描探針顯微鏡操作原理，爲何該儀器能作奈米級的檢測與加工？
5. 請就電子束微影奈米加工所使用之光阻作分類描述，並列舉代表材料。
6. 聚離子束可作奈米級加工的應用，請舉出其如何做出奈米結構的原理。

7. 未來的超高密度儲存媒體，勢必使用奈米加工技術，以製備出小於100奈米的結構，請描述可以達到此要求的加工方法。
8. 何謂近場與遠場光學，何種方法可將光源導引至奈米級的孔徑？
9. 請說出近場光學奈米加工應用領域，對於未來人類說明有何貢獻。
10. 請列舉五種奈米科技應用於各產業的市場預測，並描述其重要的元件尺度與製作方式。

參考文獻

[1] T. G. Lenihan, A. P. Malshe, W. D. Brown, L. W. Schaper, "Artifacts in SPM measurements of thin films and coatings," Thin Solid Films, Vol. 270, Issue: 1-2,356-361 (1995).

[2] P. Avouris, T. Hertel, R. Martel, 1997," Atomic force microscope tip-induced local oxidation of silicon: kinetics, mechanism, and nanofabrication," Applied Physics Letter, vol. 71, 285 (1997).

[3] 羅士哲、林熙翔、林錫甫，"掃描探針顯微加工之發展與應用，"機械工業雜誌， 209, 99(2000).

[4] 取材自C.A. Mirkin, Northwestern University, http://www.chem.northwestern.edu/~mkngrp.

[5] 羅士哲，"掃描探針顯微鏡之原理與應用，" 工業材料雜誌，173, 105(2001).

[6] S. Kondo, S. Heike, M. Lutwyche, and Y. Wada, Mat. Res. Soc. Symp. Proc., 355,191(1995).

[7] A.S. Foster, W.A. Hofer, and A.L. Shluger, "Quantitative modeling in scanning probe microscopy, "Current Opinion in Solid State and Materials Science, 5, 427(2001).

[8] H. K. Wickramasinghe, "Progress in Scanning Probe Microscopy", Acta mater. 48,347(2000).

[9] P. W. Leech, B. A. Sexton, and R. J. Marnock, "Scanning probe microscope analysis of microstructures in optically variable devices," Microelectronic

Engineering, 60, 339(2002).

[10] R.L. Kubena, J. L. Molen, F. P. Stratton, R. J. Joyce, and G. M. Atkinson, " A low magnification focused-ion-beam system with 8-nm spot size," Journal of Vacuum Science and Technology, vol. B9, no. 6, 3079 (1991).

[11] C .R. Friedrich and M. J. Vasile, "Development of the micromilling process for high-aspect-ratio microstructures," Journal of Microelectromechanical Systems, vol. 5, no. 1, 33-38 (1996).

[12] M. J. Vasile's experimental work, Institute for Micromanufacturing, Louisiana Tech University, 1996.

[13] 取自 http://www.fibics.com/MS_Micromachining.html.

[14] S. MATSUI, "Nanostructure fabrication using electron beam and its application to nanometer devices," Proc. of the IEEE, Vol. 85, no. 4, April 1997.

[15] Y. Kojima, H. Kitahara, O. Kason, M. Katsumura, and Y. Wada, Jpn. J. Appl. Phys., 37, (1998).

[16] F. Yokogawa, S. Ohsawa, T. Iida, Y. Araki, K. Yamamto, and Y. Moriyama, Jpn.J. Appl. Phys., 37, 2176(1998).

[17] Y. Kojima, H. Kitahara, O. Kasono, M. Katsumura, and Y. Wada, Jpn. J. Appl. Phys., 37, 2137(1998).

[18] 楊錫杭，吳祥銘，羅世哲，"邁向 110 奈米點陣結構之加工技術"，科儀新知，第二十四卷，第一期，pp. 28-34, Aug. 2002.

[19] E. Hecht, Optics, 4th Edition, 2chapter 10, 447-448, 2002, Addison Wesley Inc.

[20] 取自 http://www.pidc.gov.tw/Research/Nano/

[21] 圖片取自英國 JASCO Ltd., UK.

[22] 楊日昌, 蔡嬪嬪，「奈米科技簡介」，經濟情勢暨評論，第8卷，第1期，2002。

第 16 章

先進扣件製造及檢測技術

16-1　台灣扣件產業分析

16-2　煉鋼及盤元製造

16-3　熱處理

16-4　伸線及扣件製造

16-5　機械性能及化學性能檢測

16-6　金相檢測及雲端檢測

16-7　結論

16-1 台灣扣件產業分析

16-1-1 扣件產業

1. 定義：扣件是一種廣泛使用的機械零件，產品經由扣件的鎖固功能，組成一個完整的組裝件。
2. 分類：螺紋扣件—包括螺絲及螺帽；非螺紋扣件—包括鉚釘、插銷及墊圈等。

圖 16-1 各種扣件

3. 產業結構：有生產結構、廠商結構及貿易結構。如表 16-1 所示。

表 16-1 台灣扣件產業結構(資料來源：金屬中心)

項　目		扣　件
生產結構	2012 年產值規模	1,213 億元新台幣
	2008-2011 年產值 CAGR	1,089，768，1,098，1,264(億元)
	前三大應用產業	機械工業、汽機車業、建築業

表 16-1　台灣扣件產業結構(資料來源：金屬中心)(續)

項　目		扣　件
廠商結構	廠商數	約 1,131 家
	從業人員	21,197 人
	集中縣市	北區：三重、樹林、桃園。 中區：彰化、台中。 南區：岡山。
貿易結構	進口值/進口依存度	35.5 億元新台幣/23 %
	首要進口國/進口金額	日本/20.7 億元台幣
	出口值/出口比例	1, 128 億元新台幣/87 %
	首要出口國/出口金額	美國/397.3 億元台幣

16-1-2　扣件產業分類及關聯產業

扣件產業主要包括螺絲、螺帽、墊圈及鉚釘等，而其周邊關聯產業則有扣件成型機、熱處理及模具、螺絲公、搓牙鈑及包裝機等，如圖 16-2 所示。

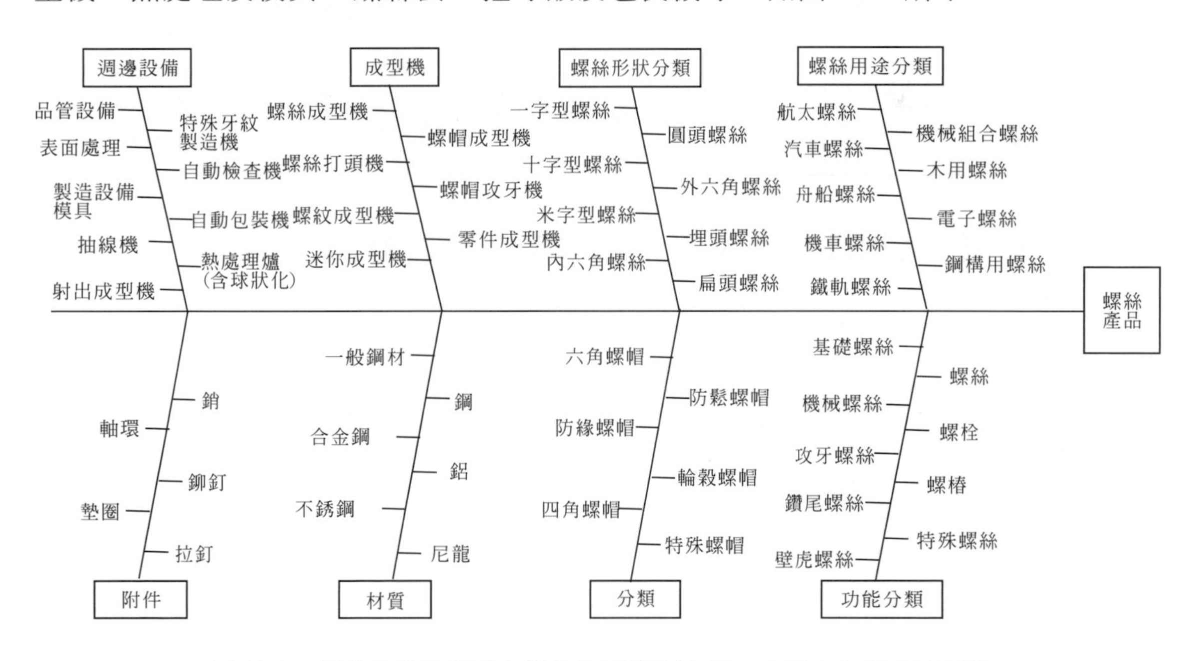

圖 16-2　扣件產業及關聯產業魚骨圖(資料來源：金屬中心 IT IS 計畫)

16-1-3 扣件產業產品應用

扣件產業產品應用範圍主要的有一般機械用(俗稱的標準件)，汽車扣件、精微扣件(3C產業爲主)，航太扣件及營建用扣件及醫療用扣件(如人工植牙用牙根)，其現況及未來發展的方向如表16-2所示。

表16-2 扣件產業現況及未來發展方向

項目	汽車扣件	精微3C扣件	航太扣件	建築結構用	其他應用
應用產業	汽車製造與維修	3C產業用	航太產業	營建業	傢俱用品或醫療器材
目前現況	主要以OEM及MRO售後服務爲主	以資訊等電子產品爲主單價較高	在材料、製程、品檢要求嚴格	以大尺寸高強度TC螺絲爲主要產品	一般傢俱飾品或醫療使用人工牙根
未來發展方向	1. 汽車輕量化帶動扣件的市場需求以及材料日益創新 2. 汽車扣件材料與生產技術將與時俱進	1. 產業全球化趨勢造成產品區隔明顯 2. 產品輕量短小趨勢對於微小扣件帶來市場潛力可觀	1. 未來5年全球成長率約爲5.5～6%維修用扣件穩定增加 2. 民航機需求增加，航太扣件需求市場呈穩定成長	1. 加強高強度高張力扣件產品開發生產 2. 主要市場以基礎公共工程及營建業爲重	1. 國外大廠長期合作夥伴關係 2. 政府積極發展醫療器材產業，吸引國外知名大廠與本地廠商媒合與擴大訂單

16-1-4 台灣扣件產業水平分工或垂直整合狀況

1. 產業鏈：台灣扣件產業從最上游的鋼鐵廠生產素材，如線材及鋼片至最下游的應用產品之產業鏈，如圖16-3所示。
2. 應用層面：台灣扣件產業內需之行銷通路，如圖16-4所示。另外，外銷通路，如圖16-5所示。

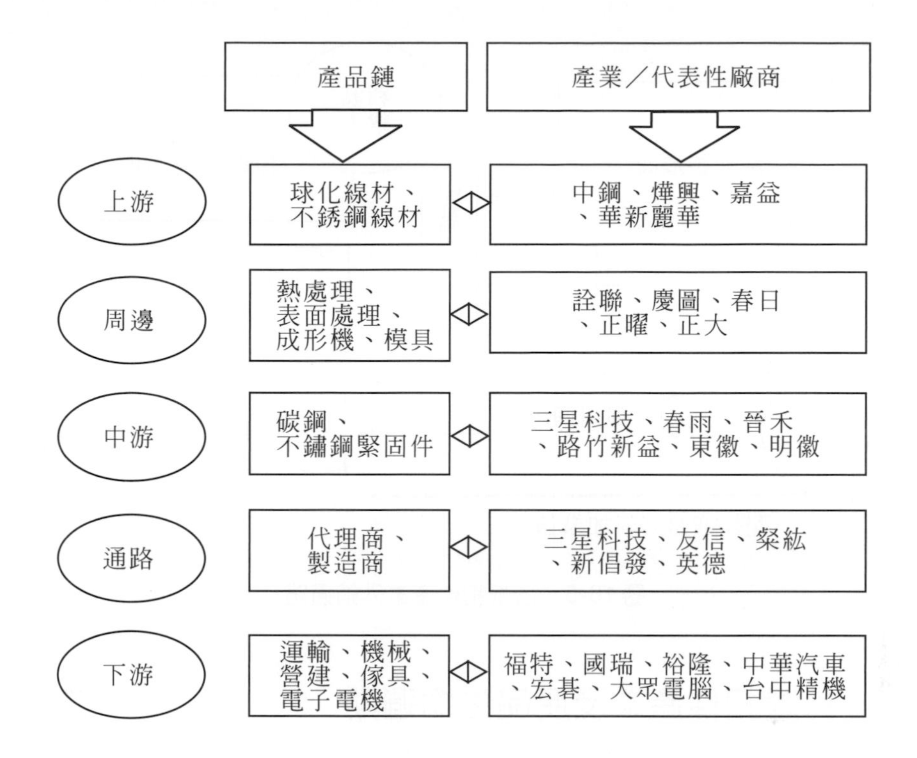

圖 16-3　台灣扣件產業鏈(資料來源：金屬中心 ITIS 計畫)

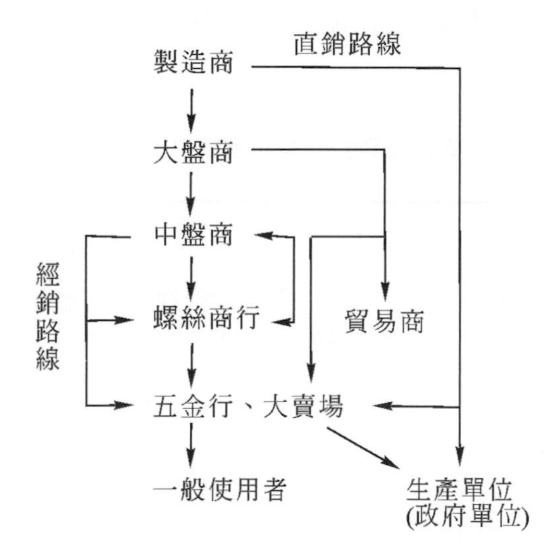

圖 16-4　台灣扣件產業內需之行銷通路

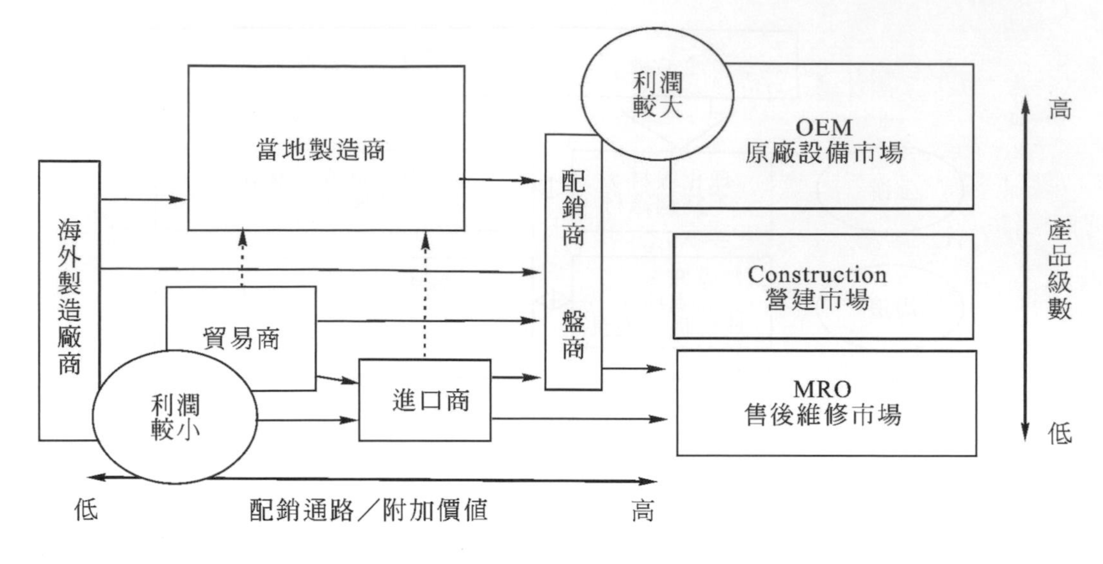

圖 16-5 台灣扣件產業外銷通路

16-1-5 台灣扣件產業及產品生命週期

台灣扣件產業以一般工業之生產製造用標準扣件爲主，約佔 75 %以上；其中，微小扣件、汽車用扣件等發展經成長期進入成熟期。未來將以航太用扣件及精微扣件爲發展指標，如表 16-3 所示。

表 16-3 台灣扣件產品市場生命週期(資料來源：金屬中心 ITIS 計畫)

階段	導入期	成長期	成熟期	衰退期
扣件產品市場	航太螺絲、螺帽 輕量化螺絲、螺帽	微小螺絲、螺帽 汽車用螺絲、螺帽 防鬆螺絲、螺帽 特殊用螺絲、螺帽	中碳鋼螺絲、螺帽 工業螺絲、螺帽 軌道螺絲、螺帽 不銹鋼螺絲、螺帽	標準品螺絲、螺帽 六角螺絲
國內現況	包括三星、安拓、穎明、春雨、朝友等螺絲、螺帽廠正進行航太級螺絲、螺帽產業技術平台開發計畫。	國內華祺等公司生產不銹鋼及微小螺絲、螺帽生產。 汽車螺絲、螺帽在歐美車廠釋單下，約佔國內總產量 25 %以上，未來極具成長性。	上述產品在國內市場已呈飽和狀態，再加上中國大陸及東南亞國家低價競爭，產品已屬成熟性產品。	低碳鋼產品已外移中國大陸及東南亞國家生產，且技術層次不高，國內生產無競爭力，呈衰退狀態。

16-2　煉鋼及盤元製造

盤元係從煉鋼廠所製造的素材—條鋼，經熱軋及伸線等製程所製造而成，其品質的優劣與其介在物的多寡及形狀有密切的關係。盤元外表的有無刮傷也是重要的因素。

16-2-1　煉鋼及盤元製造

一、鐵及鋼的製造系統

其原料爲：

1. 鐵礦石：磁鐵礦、赤鐵礦、褐鐵礦、65％Fe。
2. 焦碳→加熱至 1150℃再淬冷，因未還原鐵礦，有副產品。
3. 石灰石→去雜質及造渣，形成溶渣：

$Fe_2O_3+3CO \rightarrow 2Fe+3CO_2$。

(1) 煉鐵→高爐 1650℃鐵水(含高碳)造鑄錠(pig iron，4％C+1.5％Si、1％Mn)。
(2) 煉鋼→轉爐或平爐。
(3) B.O.F：將生鐵＋廢鋼或添合金元素，將氧氣吹入爐底使氧與碳作用 $C + O_2 \rightarrow CO_2$，如此減少『C』含量。
(4) 連鑄→板材、棒材或型鋼。

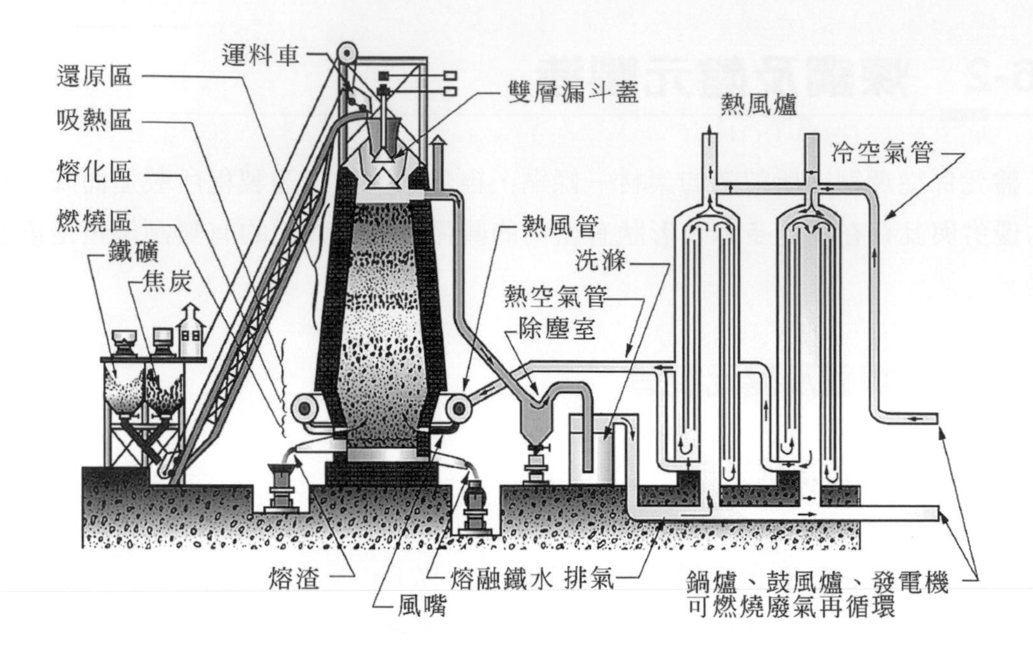

圖 16-6　鼓風爐的構造

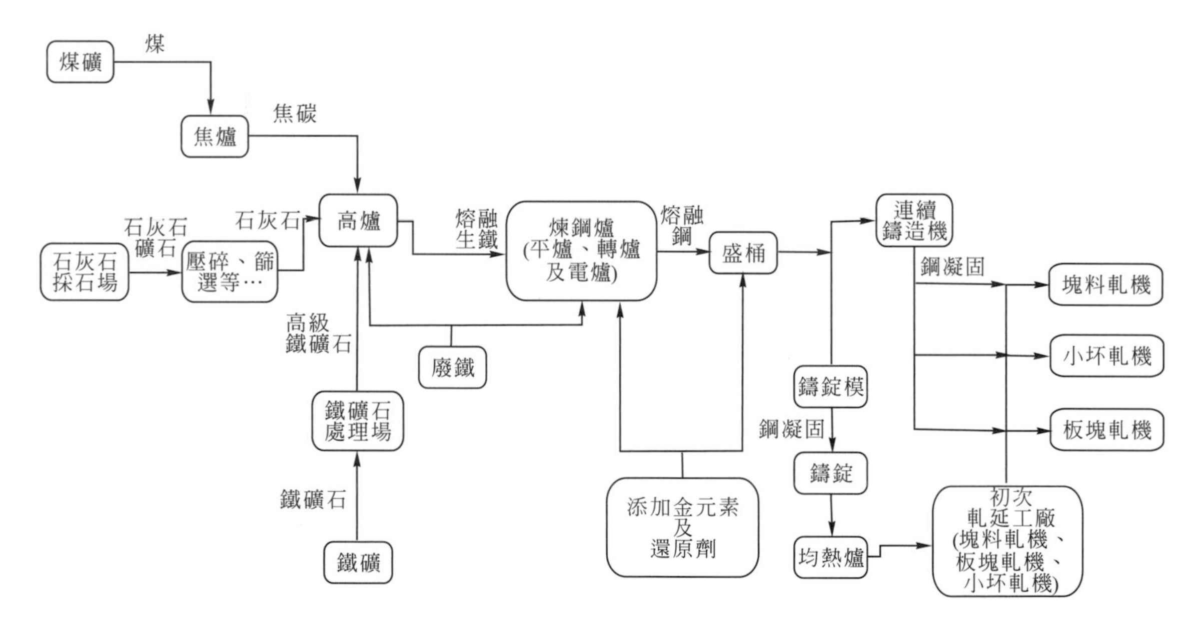

圖 16-7　鋼鐵原料轉變成各種鋼鐵產品形式(不包含有塗層之產品)之主要步驟流程圖
[資料來源：H.E.McGannon(ed.), “The Making Shaping, and Treating of Steel,” 9th ed., United States Steel Corp., 1971, p.2.]

二、轉爐煉鋼法(柏斯麥煉鋼法)

依照將雜質氧化的方式可分為：

1. 底吹轉爐法(Q-BOP 法、OMB 法)：由爐底吹送壓縮空氣將矽、錳、硫、磷等元素氧化，如圖 16-8(a)。
2. 頂吹轉爐法(L-D轉爐法、BOF轉爐法)：由爐頂吹入純氧氣以去除雜質，如圖 16-8(b)。
3. 頂底吹轉爐法(複合吹煉法)：兼具上二法之優點，但不易控制與操作。
4. 橫吹轉爐法：適用於鑄鋼工場的小型爐。

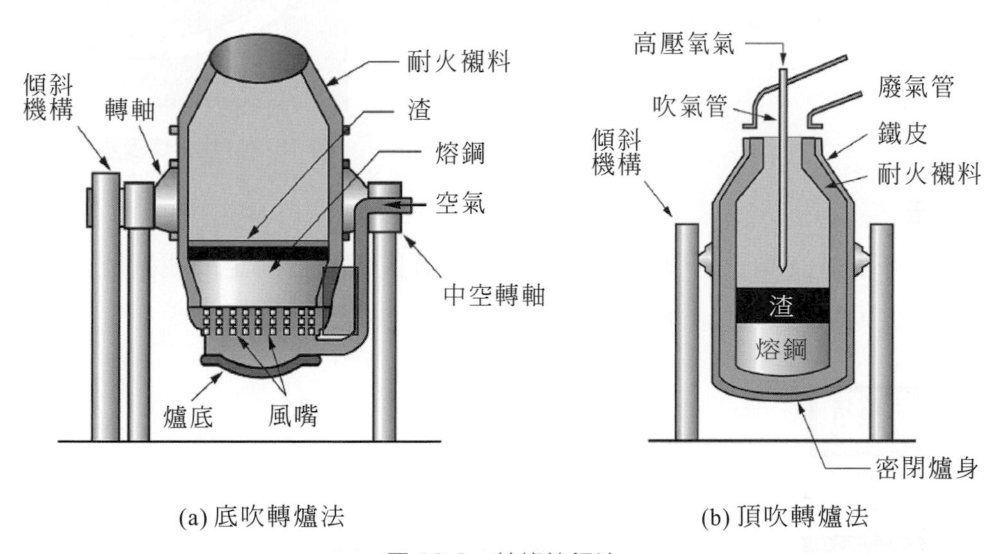

(a) 底吹轉爐法　　(b) 頂吹轉爐法

圖 16-8　轉爐煉鋼法

三、電爐煉鋼法

1. 定義：電爐煉鋼係採用廢鐵及石灰石投入直流電爐先進行融煉、脫酸除渣，再將電爐之鋼液倒入精煉爐及添加矽鐵、錳鐵等副料進行精煉電爐煉鋼法與平爐法的原理相同，只是加熱的方式不同，電爐是以直流電加熱方式使原料熔解。依照加熱的方式可分為電弧爐、電阻爐及感應爐三種，其中電阻爐效率較慢，已陸續被電弧爐取代。

2. 另外有電弧爐法及感應電爐法：台灣除中鋼爲一貫煉鋼法外，其餘民營鋼鐵廠皆採用電爐煉鋼法，如圖 16-9 所示。
3. 用途：電爐煉鋼法大多用於合金鋼的製造，其溫度控制容易，爐中可控制氧化、還原及中性之狀態，且污染性低，所製造之鋼種亦較平爐與轉爐的性質廣且質爲優。

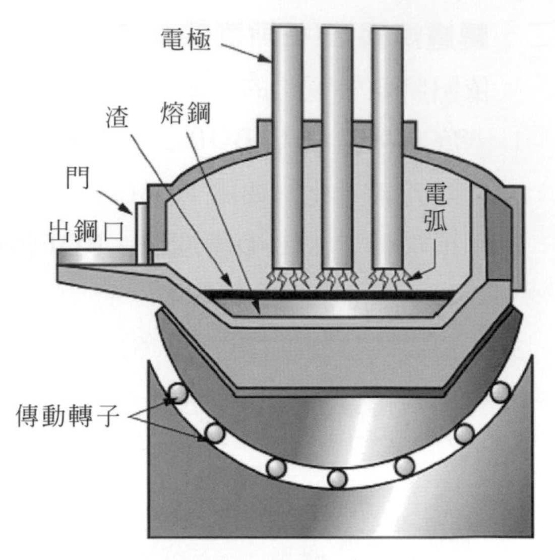

圖 16-9 電爐煉鋼法

四、連鑄法

1. 製程：在鋼液凝固過程中，使用模具或治具將鋼液固定形成鋼胚。所需素材之形狀，是最近五十年鋼鐵製造最進步及快速的製程。

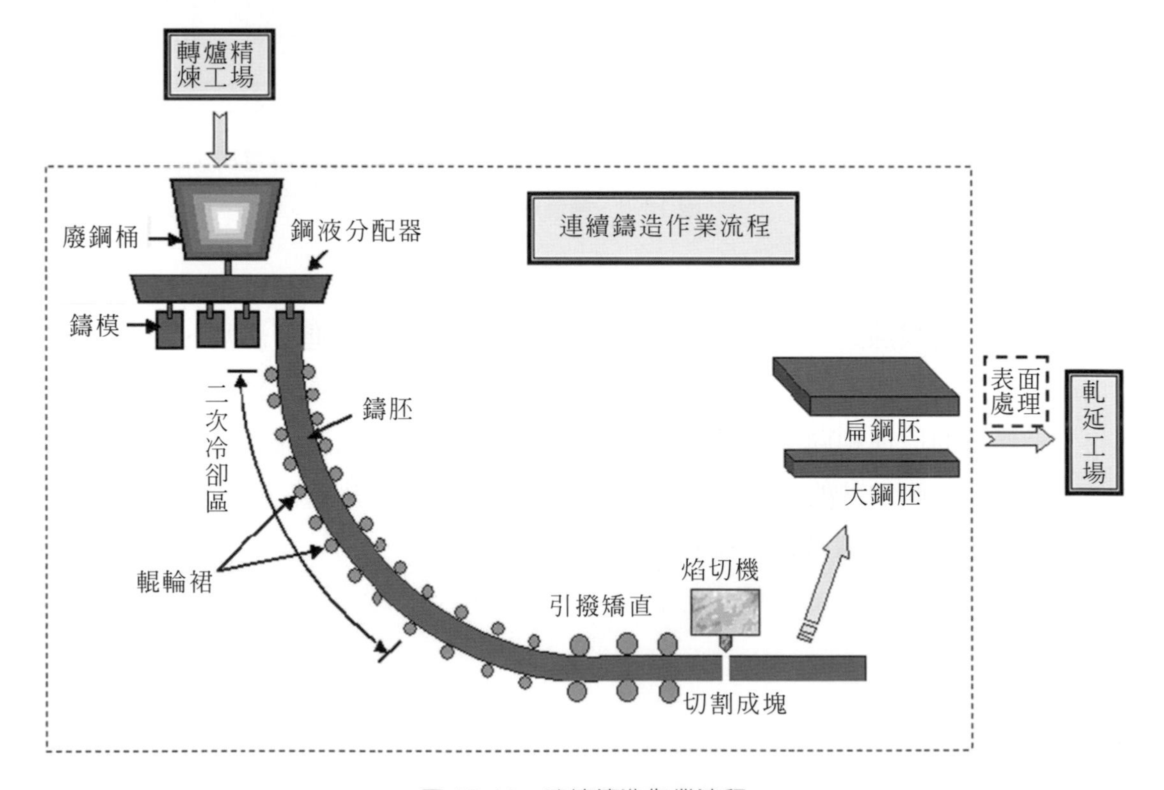

圖 16-10 連續鑄造作業流程

2. 特點：連鑄造法的特點爲能夠在自動化下，生產所需形狀的鋼鐵產品。提高產品回收率，是目前最先進的素材製造方法。

五、盤元

線材及條(棒)鋼是以加熱後的小圓鋼胚軋延而成。棒鋼依外形可區分爲直棒鋼及捲狀條鋼兩類，其中直棒鋼直徑爲 14～100mm；捲狀條鋼直徑爲 14～55mm，線材直徑爲 5.5～13mm，全部盤成捲狀，又稱爲盤元。主要供應螺絲螺帽、鋼線鋼纜、手工具、焊條心線及汽車零件等產業。

圖 16-11 盤元(資料來源中鋼公司)

16-2-2 材料檢測

(一)檢測重點：晶粒大小、夾雜物及表面。
(二)取樣試片切割適當大小，並以樹脂鑲埋試片，如圖 16-12 所示。

圖 16-12 鑲埋試片範例

(三)研磨：

1. 目的：是在除去切割時表面損壞或晶粒變形的深度。一般常用＃ 150、＃ 180、＃ 240、＃ 320、＃ 400、＃ 600、＃ 800、＃ 1000、＃ 1500等九種編號碳化矽砂紙。
2. 研磨方式可分手動式和機械式兩種(見圖16-13、16-14)。

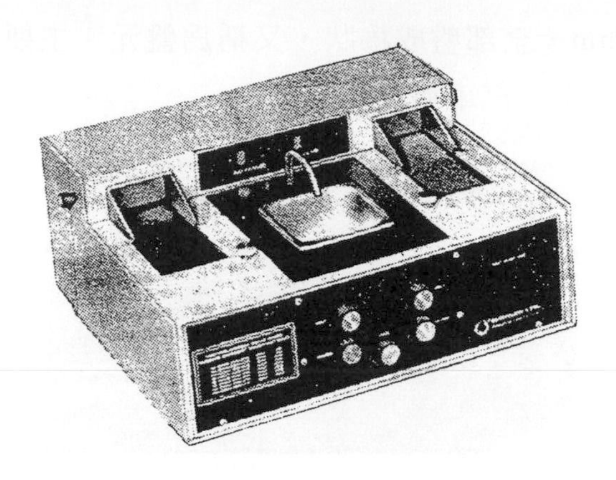

圖 16-13 帶式轉動研磨機

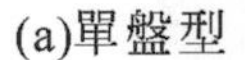

(a)單盤型

(b)多盤型

圖 16-14 圓盤式轉動研磨機

3. 抛光：

(1) 目的：除去細磨後試片上殘留的磨痕及缺陷層，以產生平整、無磨痕如鏡面的表面，以觀察精確的顯微組織。

(2) 操作方式分成以下兩種：

① 機械抛光：機械抛光是在加有抛光劑的旋轉圓布輪上進行。抛光時抓緊試片，把待抛光面輕壓旋轉圓布輪上，並將抛光劑(氧化鋁粉懸浮液)噴到旋轉的圓布輪上，以抛光試片。抛光時試片不宜固定在同一位置，應把試片沿圓布輪的法線方向來回移動(如圖 16-15)使圓布輪均勻磨耗，並避免試片產生單方向的痕跡。

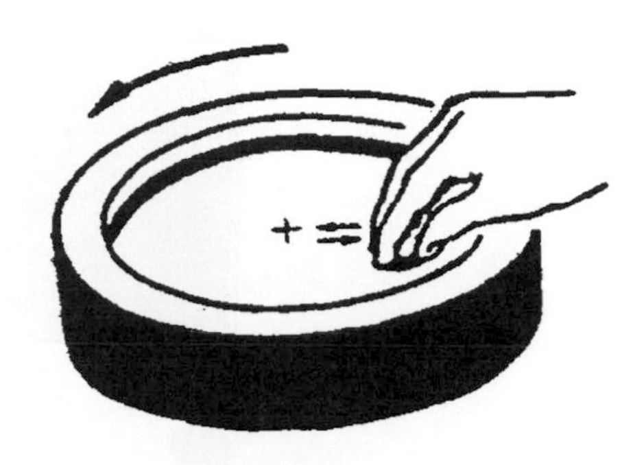

圖 16-15　機械抛光時試片的移動方向

(a)外觀

(b)自動抛光裝置

圖 16-16　機械抛光時試片的移動方向

② 電解拋光：機械拋光在試片上常會產生些微的損傷層，宜採用電解拋光。不銹鋼、鋁及銅合金等較軟的材料，機械拋光效果不好，最好採用電解拋光。電解拋光設備如圖 16-17 所示。

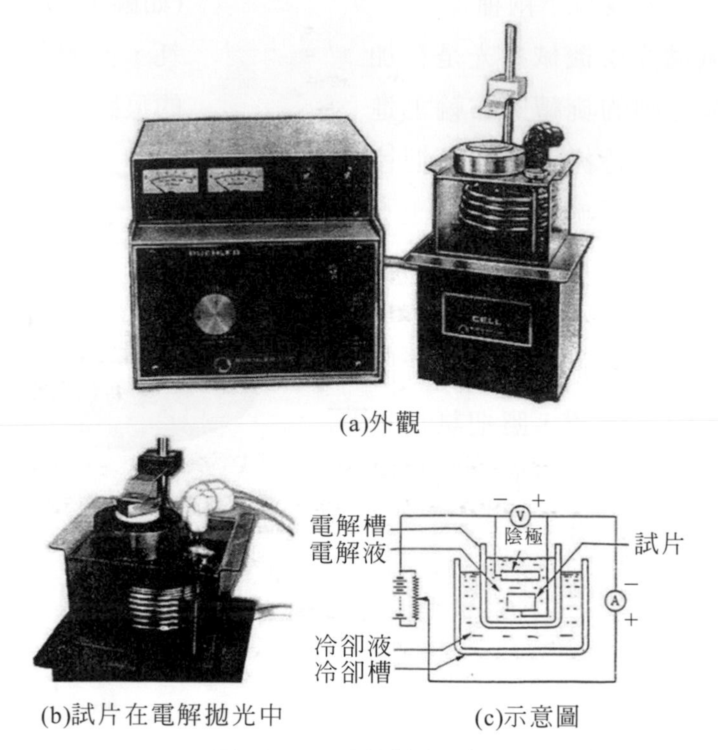

(a)外觀

(b)試片在電解拋光中

(c)示意圖

圖 16-17 電解拋光設備

(四)介在物檢測：

1. 定義：在鋼液中非金屬雜質元素稱之，其主要來源爲鋼鐵的固有元素(C、Si、S、P、Mn)在高溫下與氧(O)或鐵(Fe)化學作用形成。主要種類：硫化物、氧化物、矽化物。

2. 檢驗可採用下列兩種方法：

   A方法－應檢驗整個拋光面。對於每一類介在物，按細系和粗系記下與所檢驗面上視野相符合的標準圖片的級別數。

   B方法－應檢驗整個拋光面。試樣每一視野同標準圖片相對比，每類介在物按細系和粗系記下與檢驗視野最符合的級別數(標準圖片旁邊所示的級別數)。

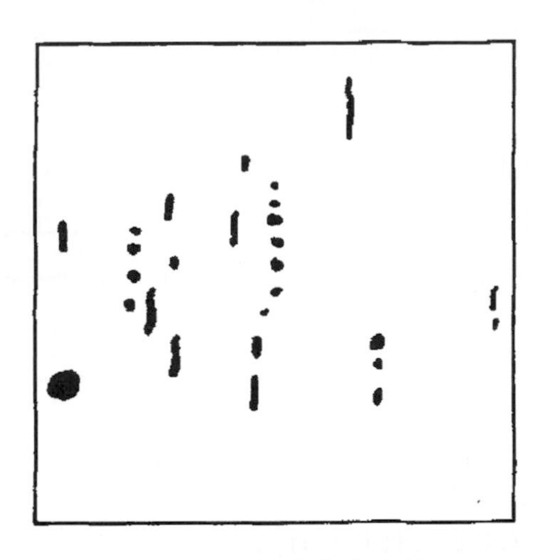

圖 16-18　介在物金相圖例(參考資料：ISO 4967)

(五)介在物檢驗標準規範：

將所觀察的視野與本標準圖譜進行比對，並分別對每類介在物進行評級。當採用圖像分析法時，各視野應按附錄 D 給出的關係曲線評定。這些評級圖片相當於 100 倍下縱向拋光平面上面稱爲 0.50mm²的正方形視野，如圖 16-19 所示。

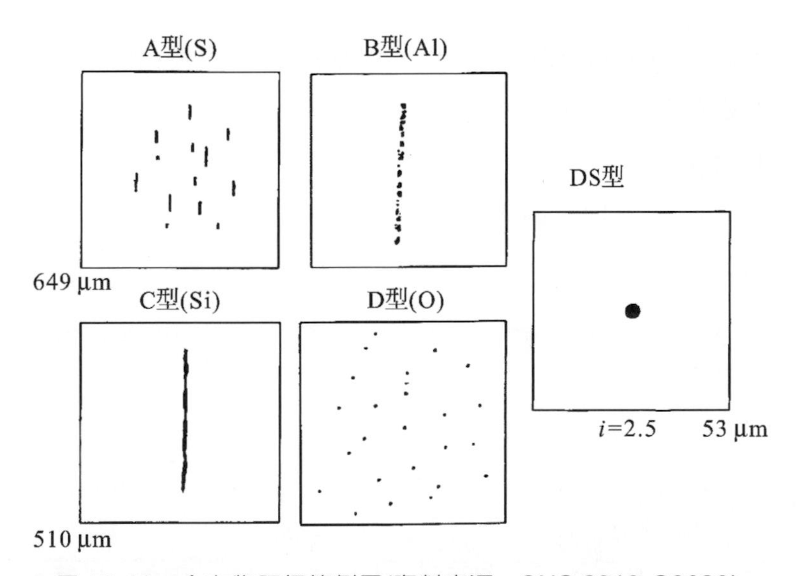

圖 16-19　介在物評級範例圖(資料來源：CNS 2910-G2020)

16-2-3 酸洗

1. 目的：除去盤元表面用熱加工產生的皮膜。
2. 皮膜成份：(參見右圖)。
3. 處理方式：用50％的水稀釋鹽酸 HCl (35％)→(17.5％)的 HCl 溶液，且在常溫下浸漬。
4. 化學方程式：

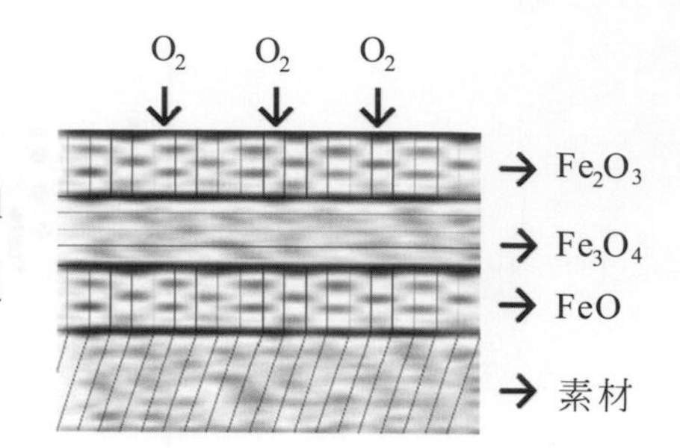

$$Fe_2O_3+6HCl \rightarrow 2FeCl_3+3H_2O+[H]$$

(1) 此初生態[H]有時會擴散到盤元內生成所謂的氫脆化，即所謂的過酸洗(over-pickling)可以加入市售抑止劑(inhibitor)減少氫脆化。
(2) $FeCl_3$可回收製成紅丹漆或軟磁的α鐵。

16-2-4 磷酸鹽皮膜

1. 原理：用磷酸鋅 $Zn_3(HPO_3)_2$ 溶液，與鋼鐵產生置換(表面化成)。
2. 用途：伸線時表面潤滑用。
3. 厚度：3～5μm。
4. 常見問題：厚度不均，附著性不良。
5. 皮膜斷面金相。

① Mn系(×200)　② Zn系(×200)　③ Fe系(×10,000)

圖 16-20 磷酸鹽處理所生成的皮膜相

16-3　熱處理

16-3-1　晶體結構

1. 在結晶內，原子以某一定形式的集合單位爲中心，在它的前後、左右、上下各方以相同的形式排列的。
2. 把各個原子的中心用線相連時，在空間中得到的立體格子，稱之結晶格子。
3. 金屬的結晶格子，其中最主要的有三種型式：體心立方格子 BCC、面心立方格子 FCC、六方密格子 HCP。

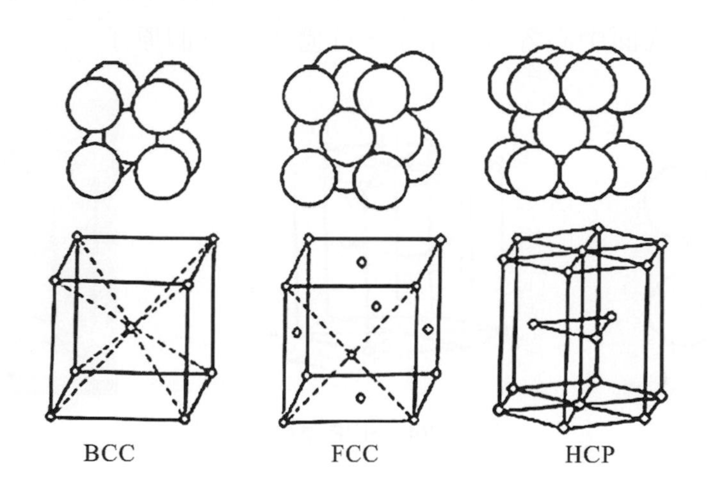

圖 16-21　結晶格子的三種重要型式

(一)體心立方格子(BCC)：體心立方結晶構造之原子排列成立方體，包括每一角隅各有一個原子及立方體中心有一個原子。

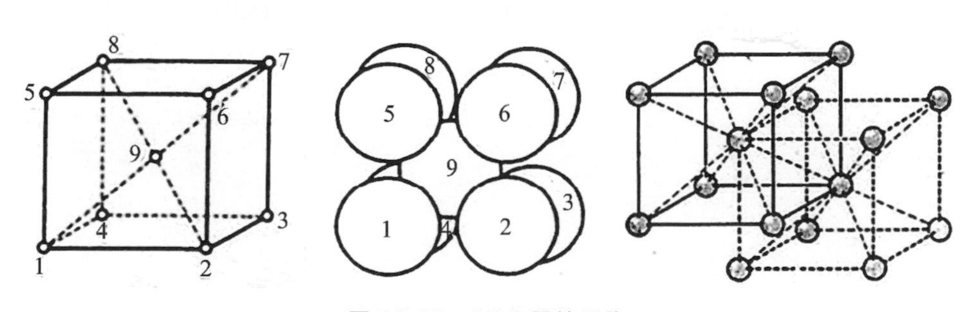

圖 16-22　BCC 單位晶胞

(二)面心立方格子(FCC)：面心立方結晶構造之原子排列亦爲立方體，包括每一角隅各有一個原子，及每一面之中心各有一個原子。

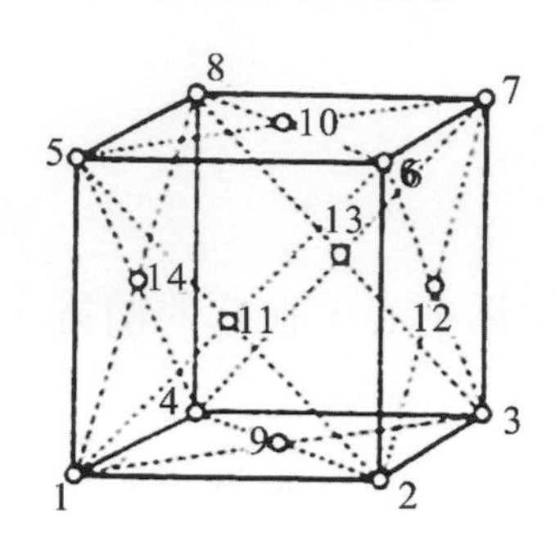

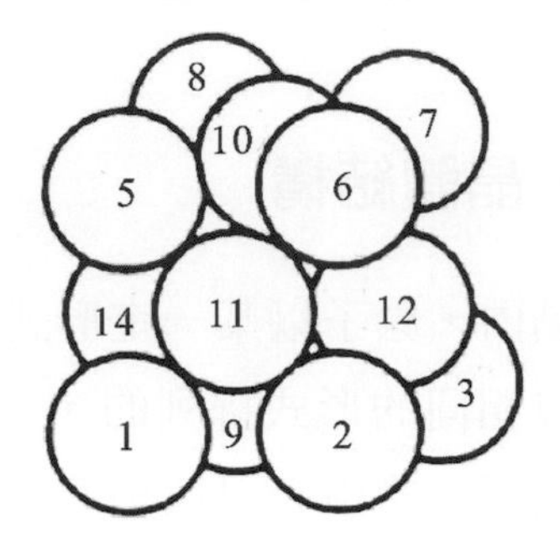

圖 16-23 FCC 單位晶胞

(三)六方密格子(HCP)：六方密格子中原子排列成六方柱體，12 個角隅各有一個原子，上、下底面中心各有一原子，柱體內有三個原子。

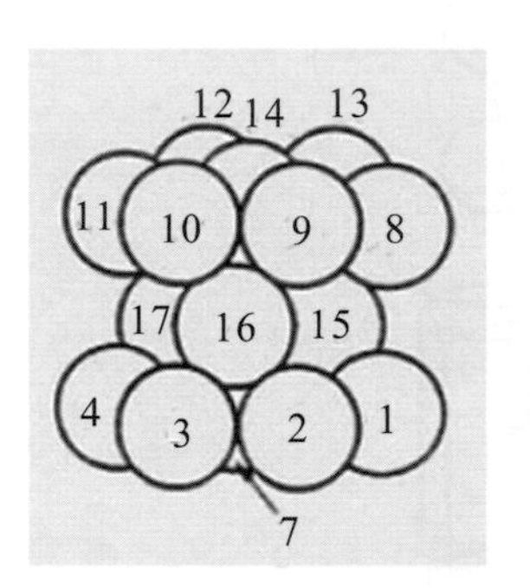

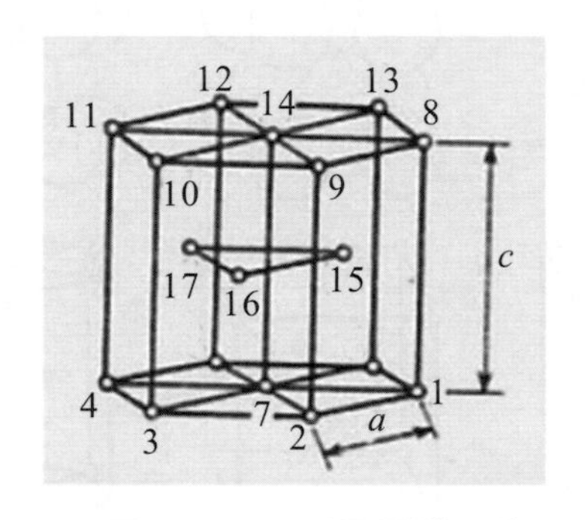

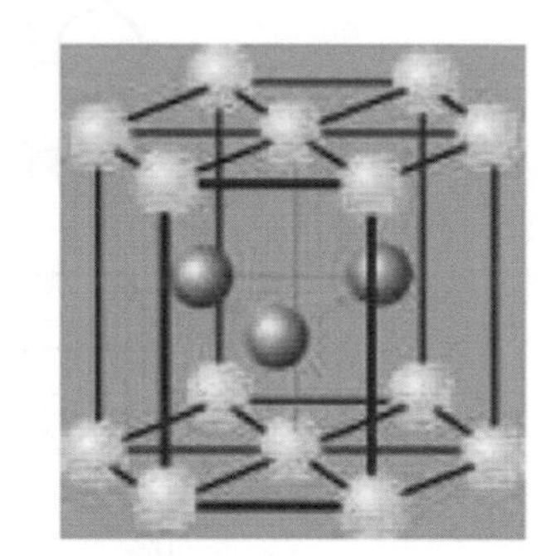

圖 16-24 HCP 單位晶胞

16-3-2 鐵碳平衡圖

1. 鐵碳平衡圖爲金屬熱處理時之最基本相圖，如圖 16-25 所示。橫軸爲含碳量，最右邊之含碳量6.7％處，即爲100％雪明碳鐵處，亦即橫軸所顯示之含碳量。

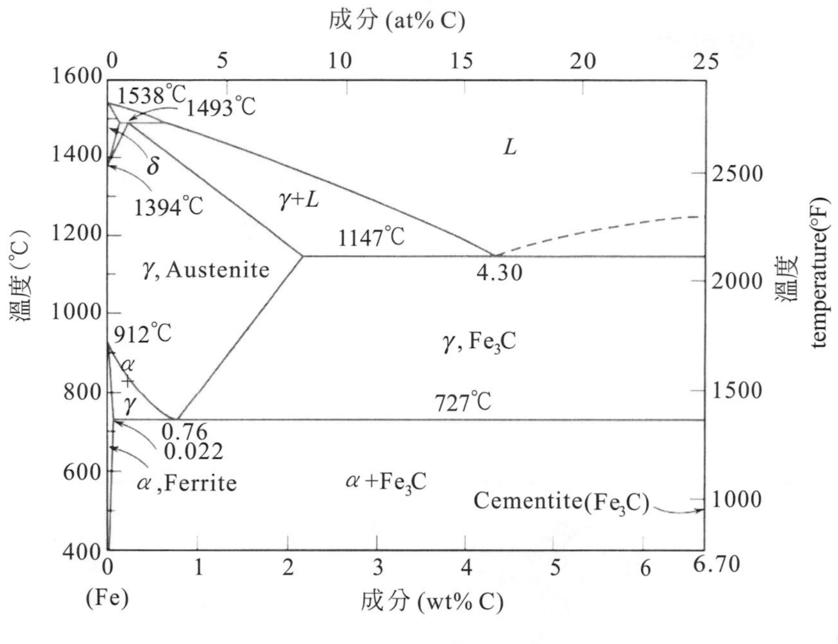

圖 16-25　Fe-C 平衡圖

2. 球化熱處理圖：球化處理是將鋼鐵在 727℃上下 50℃左右，保持一段時間，使條狀碳化物經擴散分散成球狀的處理方式，如圖 16-26 所示。

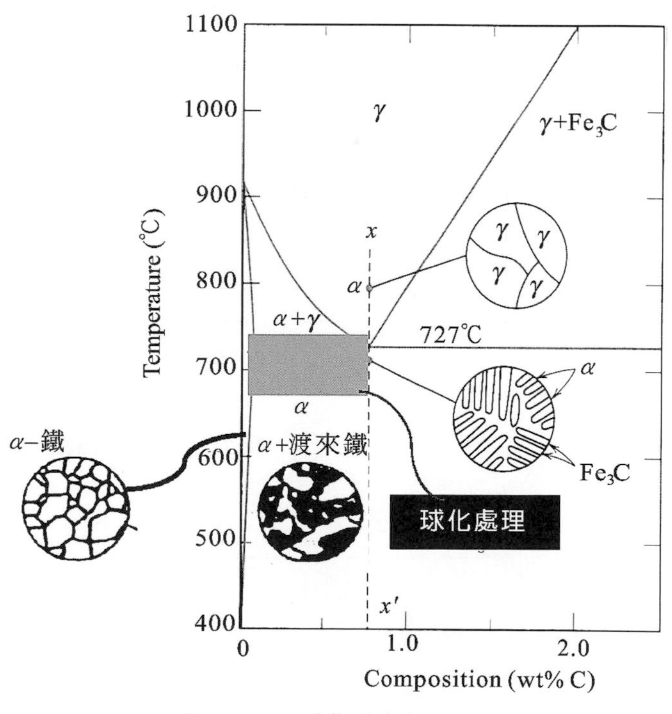

圖 16-26　球化熱處理製程圖

16-3-3 相變態原理

1. 相(Phase)定義：物質的一種原子排列方式。
   (1) 相的種類：純金屬、固溶體、金屬間化合物。
   (2) 相變態(相變化)：由某相變化成另一相的現象。
   (3) 變態點：由某相變化成另一相的溫度點。

下列圖示爲共析鋼連續冷卻變態曲線圖。分別爲圖 16-27 共析鋼及圖 16-28 亞共析鋼(0.38 % C)之連續冷卻變態曲線圖。

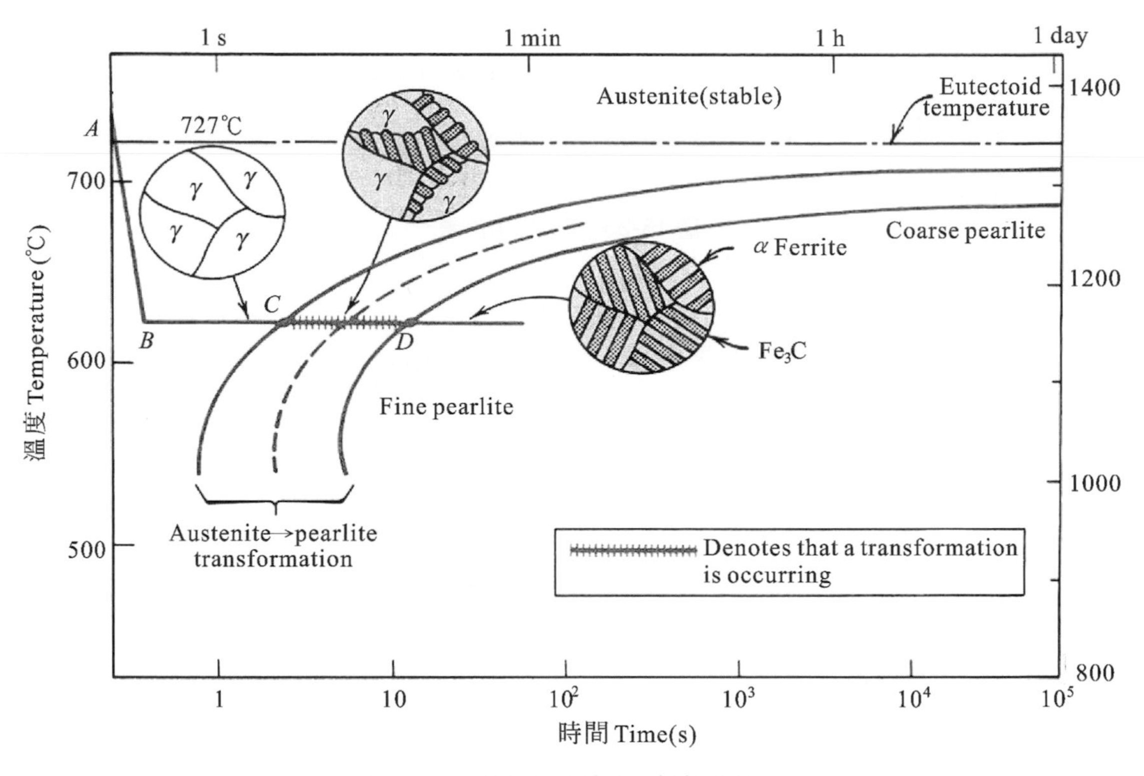

圖 16-27 共析鋼連續冷卻變態曲線圖

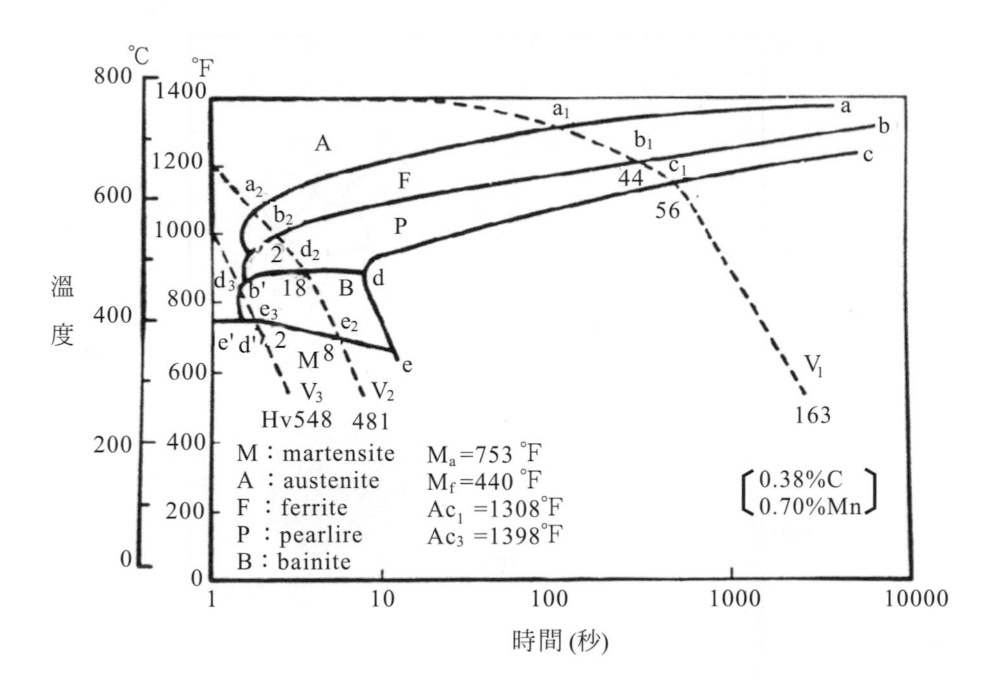

圖 16-28　亞共析鋼(0.38 % C)的連續冷卻變態曲線圖

圖 16-29 為亞共析鋼冷卻金相變化示意圖及圖 16-30 為過共析鋼退火時之金相變化示意圖。

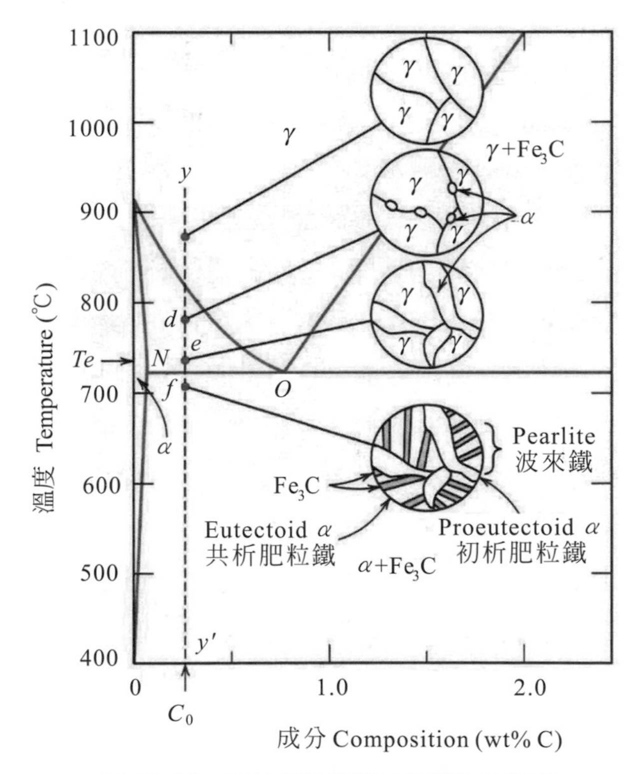

圖 16-29　亞共析鋼冷卻金相變化示意圖

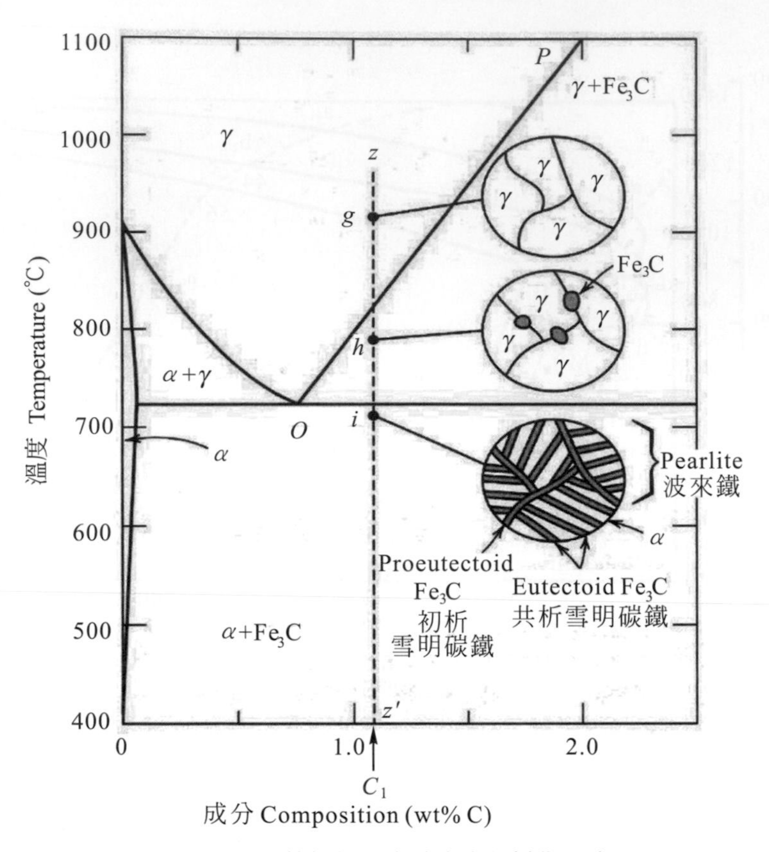

圖 16-30　過共析鋼退火時之金相變化示意圖

2. 純鐵之組織及相變化

⑴ 純鐵所含碳量很少，這些極微量的碳完全固溶於鐵的晶體內，在室溫下，這種固溶體呈BCC組織，即稱爲肥粒鐵(ferrite)。

⑵ 在升溫至768℃後，鐵即失去磁性，稱爲居禮溫度。

當升溫至910℃即進入沃斯田區，此區爲固-液相混合區，屬於FCC組織，爲鐵的第二種同素異形體。若溫度再上升至1390℃進入 A_3 變態區，亦將δ鐵層 BCC 組織層等三種同素異形體。如圖16-31所示。

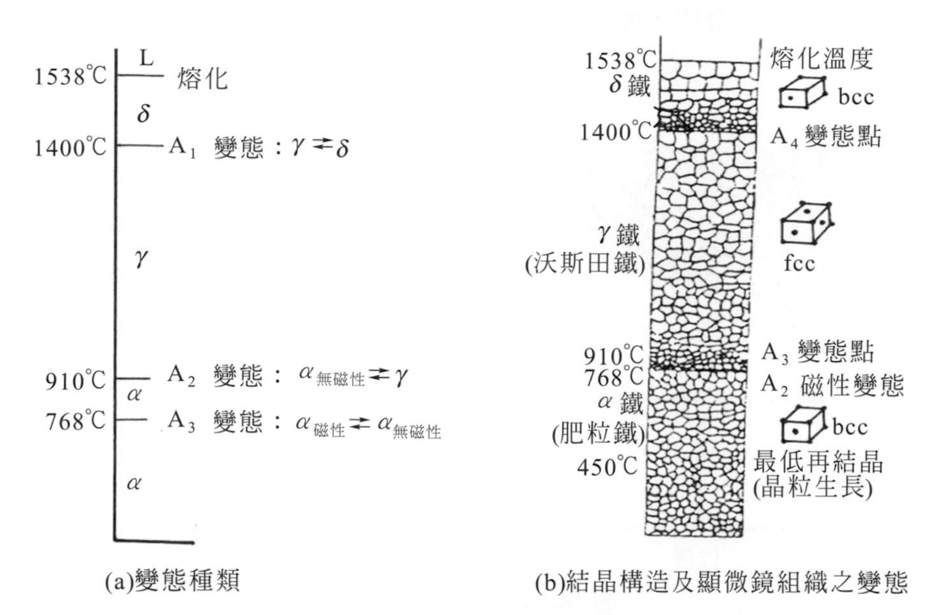

圖 16-31　純鐵之變態示意圖

16-3-4　擴散原理

1. 定義：因受到能量後原子運動而產生的質量傳遞。
2. 金屬擴散作用，用來改變同質性(使材料呈現單一特徵的傾向)。
3. 在鋼鐵熱處理，如退火、球化、回火、滲碳、脫碳等，均屬於原子擴散而成。唯淬火時從沃斯田鐵快速冷卻，無擴散下變成 BCT 的麻田散鐵組織，高碳鋼及高碳合金鋼，在常溫有 20 %左右的殘留沃斯田鐵。此乃時間極短下溫度快速降溫至麻田散鐵，起始溫度無法進行擴散作用。擴散定律公式如下：

$$dm = \mathrm{D}\frac{\mathrm{dc}}{\mathrm{dx}} \cdot \mathrm{A} \times dt$$

擴散與濃度差，接觸面積集溫度差成正比。

4. 交互擴散：在合金中，原子一般由高濃度區域向低濃度區域移動，如圖 16-32 所示。

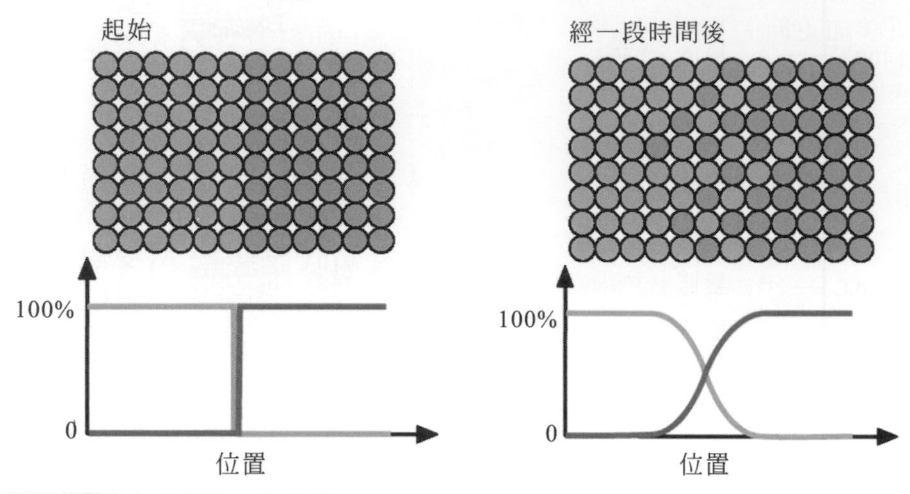

圖 16-32 交互擴散原理

5. 自擴散：純金屬中的原子也會移動，但時間要很長久。

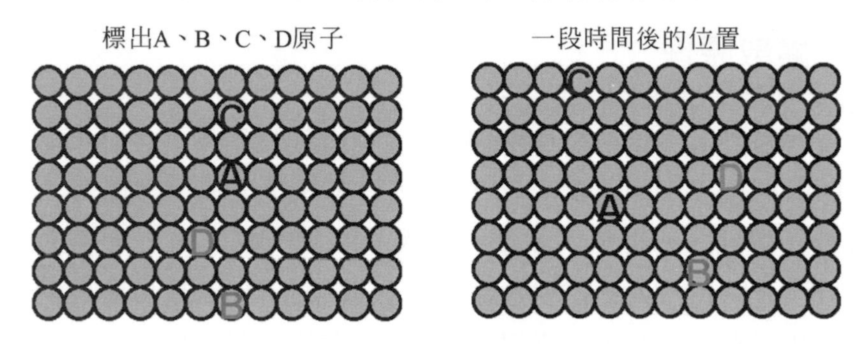

圖 16-33 自擴散原理

16-3-5 淬火與回火

一、淬火

指將鋼料加熱到適當溫度亞共析鋼爲A_{C3}(亞共析鋼)或A_{C1}(過共析鋼)以上，50℃左右保持適當時間後，使它急冷，以阻止γ波來鐵變態，而得到高硬度的麻田散鐵組織，如圖 16-34 所示。於油或水等淬火液中，淬火時急淬，一般含

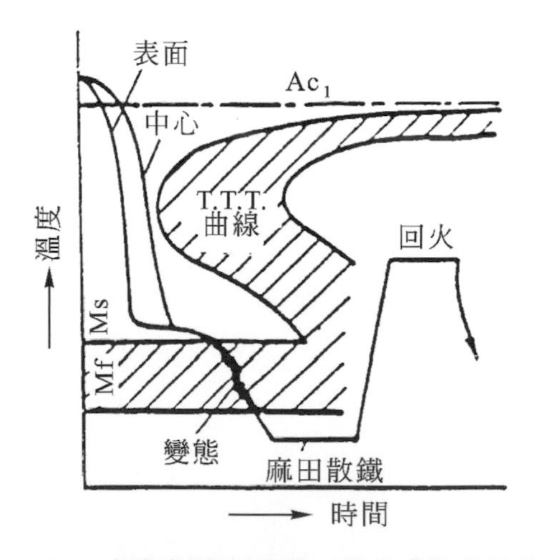

圖 16-34 麻淬火(資料來源：雙合鑫熱處理公司)

有 20 % 左右之不穩定狀態之殘留沃斯田鐵組織。此殘留沃斯田鐵受到外部能量(冷卻或塑性加工時會變化，從FCC變成BCT，但偶爾使尺寸變大，因此會失去工件的精度而造成許多問題。)

二、回火

是指將淬火鋼加熱到A_{C1}變態點以下的適當溫度時，不但可以除去淬火鋼內部的應力，又可以調節硬度以得到適當的強韌性之操作過程。而為回火的一種方式。如圖 16-35 所示。

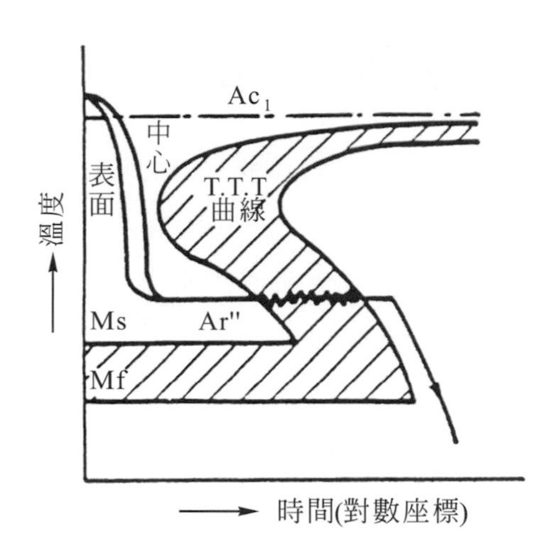

圖 16-35 沃斯回火(資料來源：雙合鑫熱處理公司)

16-3-6 球化處理

1. 定義：鋼的球狀化處理是使鋼中的雪明碳鐵由片葉狀，改為圓球狀的處理法。其處理方式為將鋼加熱到臨界溫度 727℃上下 50℃～100℃，保持相當長的時間後，即可得到該項組織，這種球狀組織可增加鋼料的塑性加工性及切削性，如圖 16-36 所示。

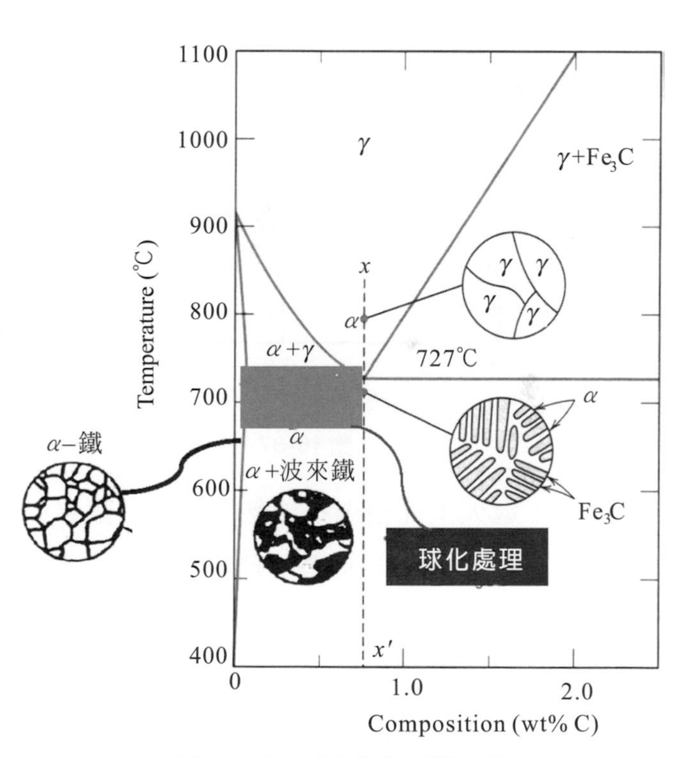

圖 16-36 球化熱處理製程圖

16-3-7 退火處理

1. 定義：是指將鋼料加熱到A_{C1}溫度，持溫適當時間後，再慢慢冷卻的操作方式。
2. 目的：
   (1) 消除由冷卻或由常溫加工、高溫加工所產生的應力。
   (2) 降低硬度。
   (3) 改良機械切削性或常溫加工性。
   (4) 調整結晶組織。
   (5) 得到所需的機械性質或物理性質。
   (6) 消除化學成份的不均勻性(偏析現象)。
3. 退火處理，如圖 16-37 所示為完全退火之加熱溫度及操作方法。

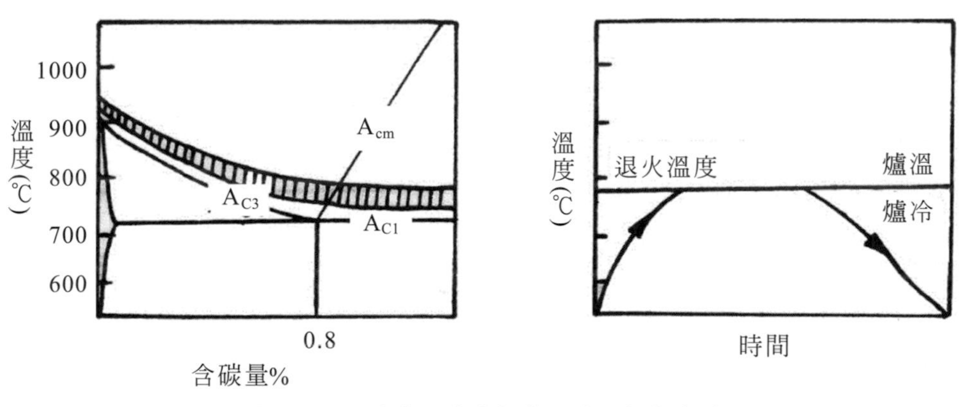

圖 16-37 完全退火之加熱溫度及操作方法

4. 加工退火：係指鋼料加熱至略低於臨界溫度時消除其應力，再緩慢冷卻；此法常用於鋼板的軋壓及鋼線的抽拉及其他塑性加工。

16-3-8 滲碳處理

1. 定義：因沃斯田鐵對碳的溶解度大(最高 2wt%)，加熱至A_3溫度以上時，有極高的溶碳趨勢，故利用活性的碳原子對低碳鋼表面滲透及擴散，使表層變為高碳，淬火而硬化。

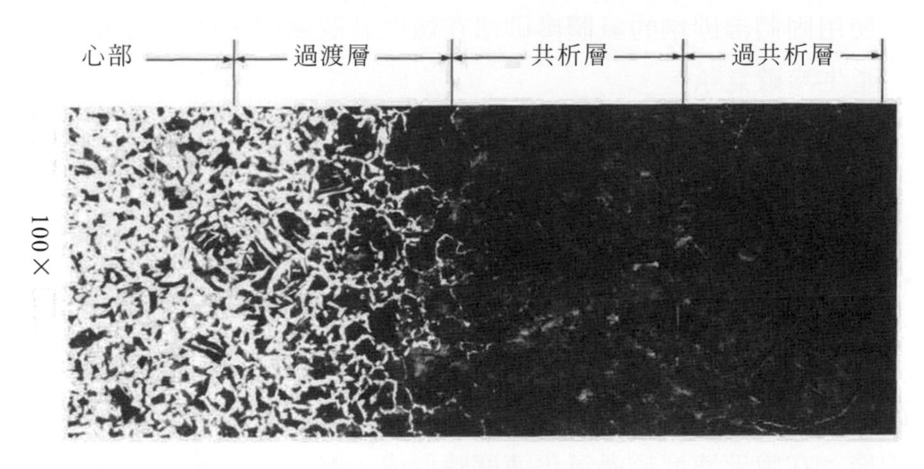

圖 16-38 滲碳顯微組織圖

2. 種類：依含碳介質的不同，滲碳可分為：

⑴ 氣體滲碳：滲碳氣體是使用碳一氫化合物(CH_4、C_3H_8、C_4H_{10}等)，為主原料，加熱至 900℃來進行化學反應之後生成碳，之後擴散進入鋼材內部。

⑵ 固體滲碳：滲碳劑為木炭粉末(約70 %)和促進劑($BaCO_3$或Na_2CO_3約30 %)，將工件和滲碳劑裝入滲碳箱且密閉後置入加熱爐加熱溫度至沃斯田鐵A_{cm}以上 80°C，持溫 6～24 小時後取出冷卻。

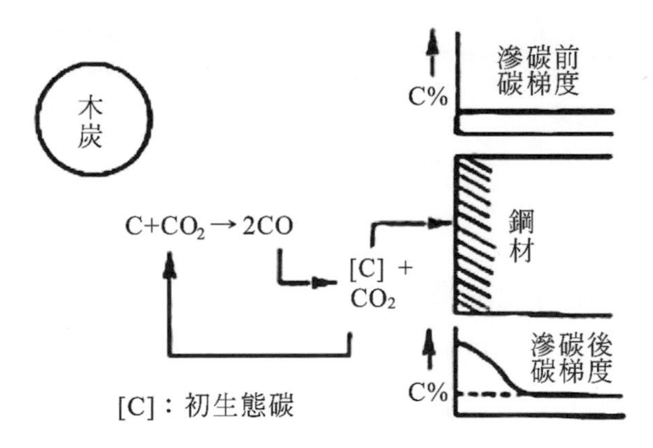

圖 16-39　滲碳顯微組織圖

⑶ 液體滲碳(氰化法)：

即滲碳氮化法，滲碳劑(45～50 % NaCN、20～30 %Na_2CO_3、15～25 % NaCl)，處理溫度 700°C 以下，氮化為主；700°C 以上，滲碳為主。

⑷ 特殊滲碳法：

① 使用固體滲碳劑的氣體滲碳法在爐內裝置風扇，使空氣與滲碳劑作用，產生滲碳氣氛。

② 滴注式滲碳：滴入有機溶劑於爐內，經高溫分解成滲碳氣體，再擴散滲入鋼鐵表面。

16-3-9 脫碳處理

1. 定義：指鋼加熱時表面碳含量降低的現象，脫碳的過程就是鋼鐵表面的碳在高溫之下與氧發生作用生成二氧化碳，而使表面含碳量降低及表面失去硬度。
2. 脫碳層：在脫碳速度超過氧化速度時形成。鋼的脫碳層包括全脫碳層和部分脫碳層(過渡層)兩部分，如圖 16-40 所示。

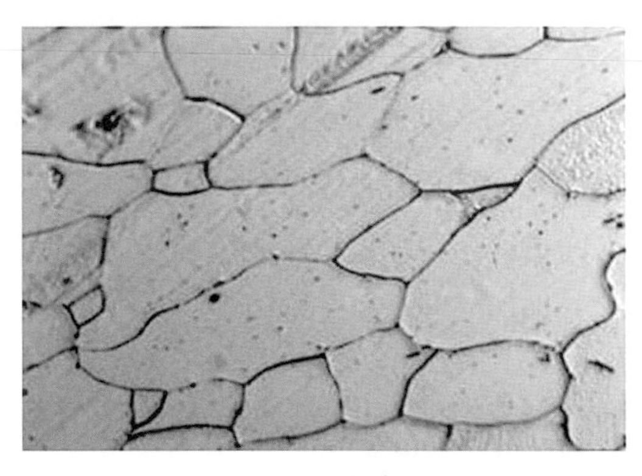

(a)全脫碳

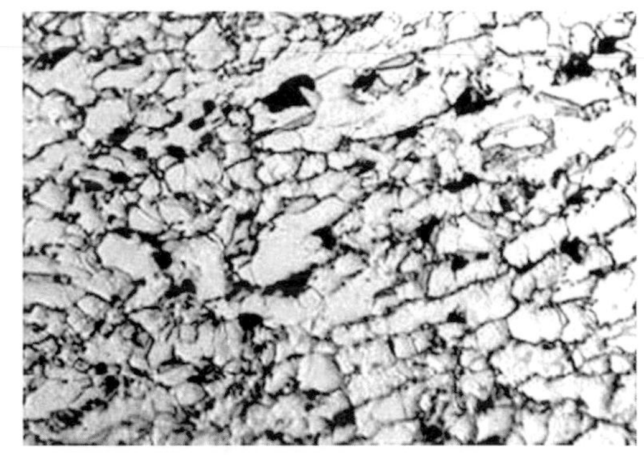

(b)部分脫碳

圖 16-40 脫碳層金相圖

3. 防止脫碳層的對策：
   (1) 工件加熱時，儘可能地降低加熱溫度及在高溫下的停留時間；合理地選擇加熱速度以縮短加熱的總時間。
   (2) 造成及控制適當的加熱氣氛，使呈現中性或採用還原性保護性氣體加熱，爲此可採用特殊設計的加熱爐。
   (3) 進行冷變形時儘可能地減少中間退火的次數及降低中間退火的溫度，或者用軟化回火代替高溫退火。進行中間退火或軟化回火時，加熱應在保護介質中進行。
   (4) 高溫加熱時，在鋼的表面利用覆蓋物及塗料保護以防止氧化和脫碳。

⑸ 實用上也可以增大工件的加工餘量，以使脫碳層在加工時能夠完全去除。

16-3-10 滲氮處理

1. 定義：在一定溫度下於一定介質中使氮原子滲入工件表層用以提升鋼的表面硬度。
2. 鋼的氮化法：
   ⑴ 氣體氮化：使用氨氣(NH_3)於氮化爐內分解產生[N]，擴散進入鋼中。並與Fe、Cl、Al等元素作用，生成硬化物，增加鋼材的表面硬度。

   $NH_3 \rightarrow [N]+3[H]$

   ⑵ 滲碳氮化：滲碳氮化劑使用45～50％的NaCN、20～30％的Na_2CO_3及15～25％的NaCl，加熱並維持750～900°C，放入工件浸泡15～60分，取出冷卻(油冷或空冷)，即可得到表面硬度良好且耐蝕性佳的鋼材。其反應式：

   $2NaCN+2O_2 \rightarrow Na_2CO_3+CO+2[N]$
   $2CO \rightarrow CO_2+[C]$
   $2NaCN+O_2 \rightarrow 2NaCNO$

   ⑶ 軟氮化：鹽浴軟氮化法，採用氰化物鹽類，處理溫度570°C～580°C，處理時吹入氣體，處理時間90～120分，可得到0.5mm表面硬化層。
   ⑷ 離子氮化：以低壓之N_2及NH_3爲氮化爐中氣氛，進行高電壓、低電流之放電，產生電漿進而氮化鋼材。
3. 滲氮的特點：
   ⑴ 滲氮件的表面硬度可高達(65HRC～72HRC)並可保持到560～600℃，硬度不降低。
   ⑵ 氮化後鋼件不需其他熱處理，滲氮件的變形很小。
   ⑶ 滲氮後具有良好的耐腐蝕性能。是由於滲氮後表面形成緻密的氮化物薄膜。
   ⑷ 氣體滲氮所需時間很長，滲氮層也較薄(一般爲0.3～0.6mm)。

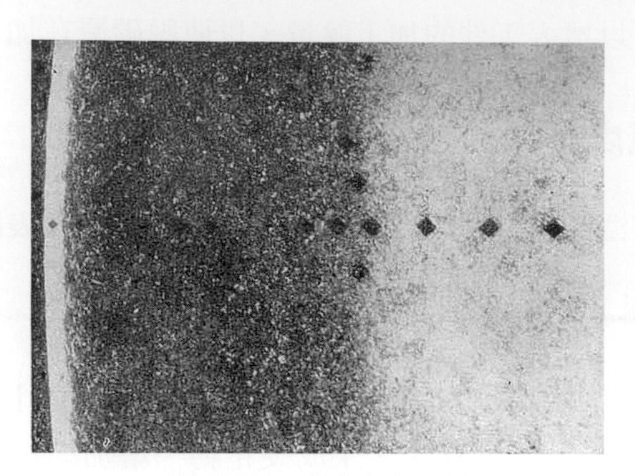

圖 16-41　鋼的氧化組織

16-4　伸線及扣件製造

線材工場生產作業將小鋼胚經加熱爐加熱後，經粗軋機組、中軋機組及精軋機，減徑成型機軋製；再經盤捲機盤捲成型，冷卻輸送帶輸送後，送至精整區精整。部分需再處理者，再經酸洗被覆、伸線、退火等製程而成。如圖 16-42 所示。

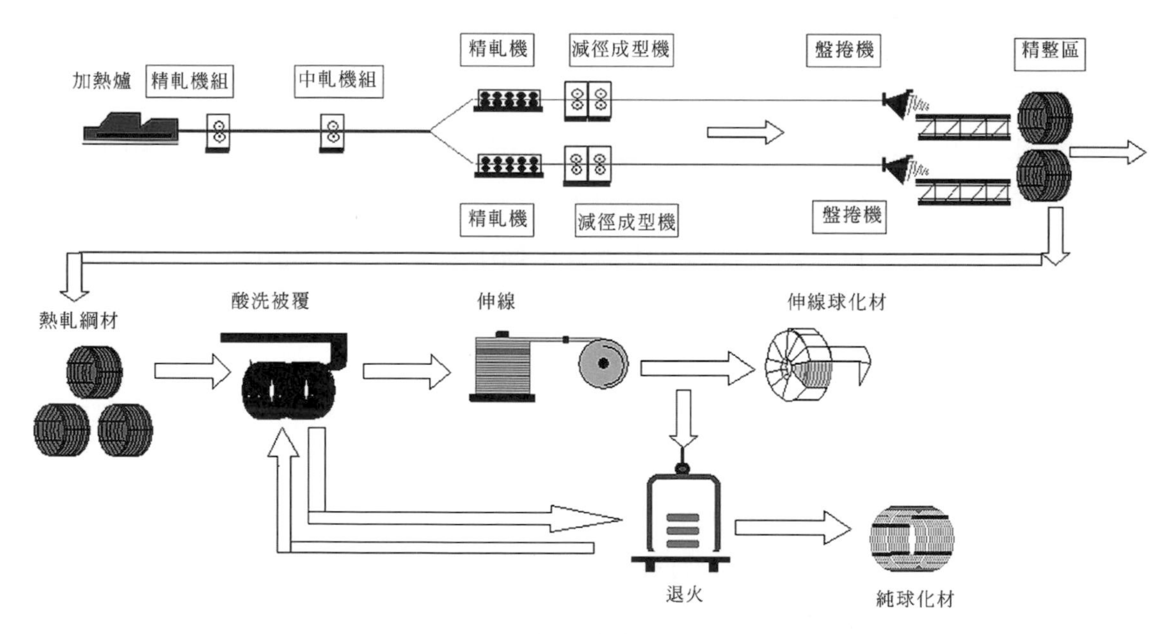

圖 16-42　線材製造生產流程(資料來源：中國鋼鐵公司)

扣件加工製程，大致可分成原料、一次加工(成形)、後段加工(處理)及檢測等四個部分。如圖 16-43 所示。

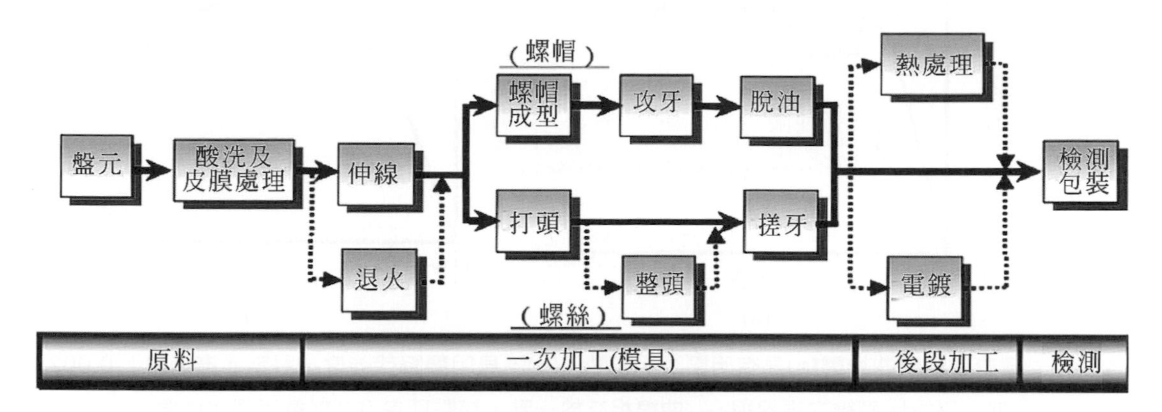

圖 16-43　扣件製程(資料來源：金屬中心 ITIS 計畫)

16-5　機械性能及化學性能檢測

16-5-1　機械性能檢測

一、拉伸試驗

(一)定義：金屬材料的拉伸試驗是要測定材料的強度和延性。在實施拉伸試驗時，先把試驗材料作成規定形狀的試片後，把試片裝在拉伸試驗機，然後沿縱軸方向施加拉力，把它拉斷。而從拉斷時所需的荷重和試片的變形，求出材料的強度和延性。

(二)比例限與彈性限

1. 比例限：如圖 16-44 所示，當外加應力不超過 P 點時，其應力(σ)與應變(ε)成直線比例關係，即滿足虎克定律(Hooke's Law)。

$$\sigma = E\varepsilon$$

E：斜率(比例常數)或稱爲楊氏係數

σ_p：P 點之應力值

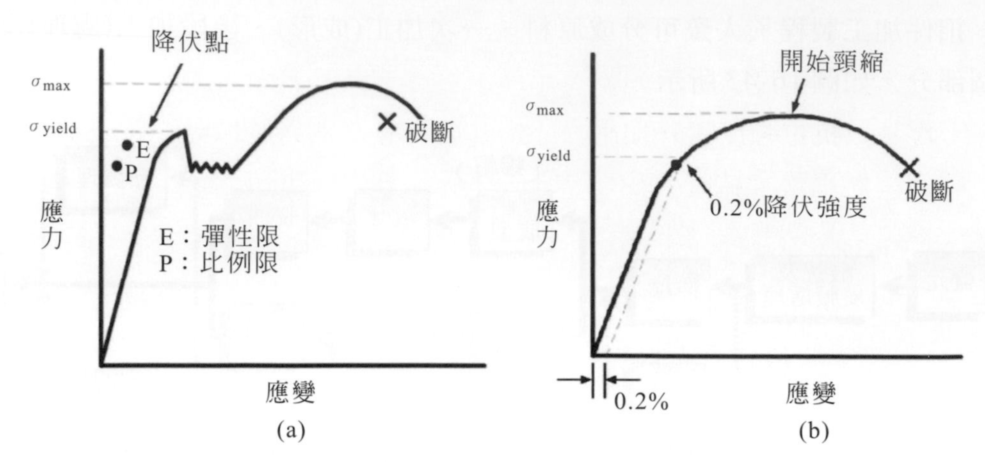

圖 16-44 應力－應變曲線圖(a)具有明顯降伏強度；(b)不具明顯降伏強度，訂定從應變軸上 0.002 位置畫一平行比例線之直線與$\sigma-\varepsilon$曲線相交於一點，該點即為 0.2 %截距降伏強度。

2. 彈性限：當外加應力大於比例限後，應力－應變關係不再是呈直線關係，但變形仍屬彈性，亦即當外力釋放後，變形將完全消除，試片恢復原狀。直到外加應力超過E後，試片已經產生塑性變形，此時若將外力釋放，試片不再恢復到原來的形狀。此E點所對應的應力，以σ_e來表示，即稱爲彈性限。一般金屬與陶瓷之比例限與彈性限大致相同。

(三)降伏點與降伏強度

1. 降伏點：有些材料具有明顯的降伏現象，有些材料則不具明顯降伏點，如圖 16-44 所示。超過彈性限後，如繼續對試片施加荷重，當到達某一值時，應力突然下降，此應力即爲降伏強度，可被定義爲在材料產生降伏時拉力(P)除以原截面積(A_0)：

$$\sigma_{yield}=\frac{P}{A_0}$$

2. 降伏強度：應力下降之後維持在一定值，但應變仍持續增加，此種明顯降伏現象一般可在中碳鋼的測試中被發現，但大部分金屬(如鋁、銅、高碳鋼)並不具有明顯的降伏現象，如圖 16-44(b)所示。此時降伏點之訂定並不容易，最常用的方法是以 0.2 %或 0.002 截距降伏強度表示之。此點之訂定即爲從應變軸上之 0.002 位置畫一平行比例線之直線，此直線與應力－應變曲線相交於一點，此點之應力即爲 0.2 %截距降伏強度。

(四)最大抗拉強度與破斷強度

1. 最大抗拉強度：材料經過降伏現象之後，繼續施以應力，此時產生應變硬化現象，抗拉強度隨外加應力的提升而提昇。當到達最高點時該點的應力，即爲材料之最大抗拉強度(σ_{UTS})可定義爲：

$$\sigma_{UTS}=\frac{P_{max}}{A_0}$$

P_{max}：爲材料在最大抗拉強度時所受之負荷

A_0：爲材料之原截面積

2. 破斷強度：試片經過最大抗拉強度之後，開始由局部變形產生頸縮現象，之後進一步應變所需之工程應力開始減少，伸長部分也集中於頸縮區。試片繼續受到拉伸應力而伸長，直到產生破斷，此應力即爲材料之破斷強度。破斷強度(σ_f)可被定義爲破斷時之負荷(P_f)除以原截面積(A_0)：

$$\sigma_f=\frac{P_f}{A_0}$$

(五)延性

1. 延性：試片之延性可以伸長率表示

$$伸長率=(\frac{L_1-L_0}{L_0})\times 100\%$$

L_0：材料在試驗前原長度

L_1：材料在破斷時之長度

材料之延性也可以斷面縮率表示

$$斷面縮率=(\frac{A_0-A_f}{A_0})\times 100\%$$

A_0：材料試驗前之面積

A_f：材料破斷時面積

(六)眞應力與眞應變

1. 定義：工程應力是拉伸試片所受之外力F除以它的原截面積A_0，然而在試驗過程，試片的截面積是隨外力呈連續變化的。在試驗過程中，當試片發生頸縮後，工程應力隨應變的增加而下降，使工程應力－應變曲線上出現最大工程應力。然而相對於工程應力－應變曲線會產生彎曲，在眞應變－應力曲線中是以瞬時截面積來計算，所以其圖形是呈直線上升，如圖 16-44(b)所示。當試驗中頸縮現象發生，眞應力值就大於工程應力值。眞應力(σ_t)及眞應變(ε_t)之定義如下：

眞應力$\sigma_t=\dfrac{F}{A_i}$

A_i：試片的瞬時截面積

眞應變$\varepsilon_t=\displaystyle\int_{l_0}^{l_i}\frac{dl}{l}=\ln\frac{l_i}{l_0}$

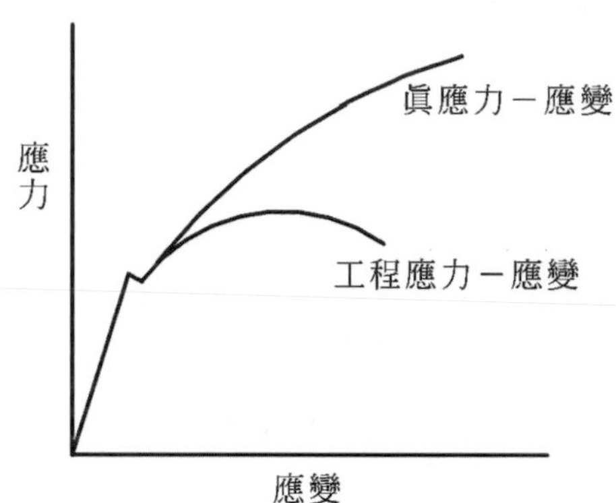

圖 16-45　真應變－應力與工程應變－應力曲線之比較

二、硬度

(一)定義：硬度是材料對局部塑性變形(如小凹痕刮痕)抵抗能力之一種量測，使用硬度試驗較其他機械試驗來得頻繁。

1. 操作簡單且價格不貴－通常不需要準備特別的試片，且試驗裝置相對上較便宜。
2. 試驗是非破壞性的－試片既不會破裂也不會過度變形，僅在小壓痕處、產生變形。
3. 可由硬度數據來推算其他的機械性質，如拉伸強度。

(二)洛氏硬度試驗

1. 由於洛氏硬度試驗操作簡單且不需要特別的技巧，因此是測量硬度最常用的方法。
2. 有數種不同的等級可以用來測試所有的金屬合金(和一些高分子)。壓痕器包括直徑爲1/16、1/8、1/4和1/2in. (1.588、3.175、6.350和12.70 mm)的球形硬化鋼球和一圓錐形的鑽石(Brale)的壓痕器；鑽石壓痕器用於最硬的材料。
3. 基於主負荷和次負荷的大小，有兩種不同的測試形式：洛氏和表面洛氏。對洛氏而言，次負荷是10 kg，而主負荷是60kg、100kg和150kg。
4. 表面測試而言，次負荷是3 kg，而15、30和45kg是可能的主負荷值。這些尺度由15、30或45(根據負荷)來標示，接著以與壓痕器有關之N、T、W、X或Y來標示。表面測試常用於薄試片。見表16-5、16-6數種表面尺度。

表16-5　洛氏硬度尺度

等級符號	壓痕器	主要負荷(kg)
A	鑽石	60
B	$\frac{1}{16}$in.球	100
C	鑽石	150
D	鑽石	100
E	$\frac{1}{8}$in.球	100
F	$\frac{1}{16}$in.球	60
G	$\frac{1}{16}$in.球	150
H	$\frac{1}{8}$in.球	60
K	$\frac{1}{8}$in.球	150

表 16-6　洛氏表面硬度尺度

等級符號	壓痕器	主要負荷(kg)
15N	鑽石	15
30N	鑽石	30
45N	鑽石	45
15T	$\frac{1}{16}$in.球	15
30T	$\frac{1}{16}$in.球	30
45T	$\frac{1}{16}$in.球	45
15W	$\frac{1}{8}$in.球	15
30W	$\frac{1}{8}$in.球	30
45W	$\frac{1}{8}$in.球	45

(三)勃氏硬度試驗

1. 在勃氏試驗中，如同洛氏量測一樣，是將一硬圓球的壓痕器壓入待測金屬表面。硬化鋼球(或碳化鎢)壓痕器的直徑是 10.00 mm。標準荷重的範圍從 500 到 3000 kg 之間，以 500 kg 爲一增加量，測試時荷重在一段特定時間內維持定值(10 s 和 30 s 間)。
2. 較硬的材料需較大的施加荷重。勃氏硬度值HB是荷重大小和壓痕直徑的函數(表 16-7)。壓痕直徑可用特別低倍率顯微鏡來測量，所需使用的尺規已蝕刻於接目鏡上。量測出直徑後，使用圖表將其轉換成適當的HB值，此種技術僅使用一種尺度。

表 16-7　勃氏硬度試驗表

試驗	壓痕器	壓痕器形狀		負荷	硬度值數學式
		圓視圖	上視圖		
勃式	10mm鋼或碳化鎢球	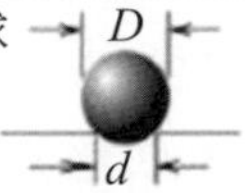 D d	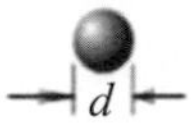 d	P	$HB=\frac{2P}{\pi D\lvert D-\sqrt{D^2-d^2}\rvert}$
維氏微小硬度	鑽石錐體	 136°	 d_1　d_1	P	$HV=1.854P/d_1^2$
諾客微小硬度	鑽石錐體	 =7.11 =4.00	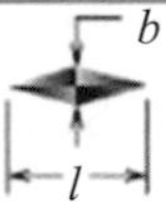 b l	P	$HK=14.2P/t^2$
洛氏和表面洛氏	鑽石圓體 $\frac{1}{16},\frac{1}{8},\frac{1}{4},\frac{1}{2}$ in 直徑鋼球	120°		40 kg 100kg 150kg	洛氏
				15kg 30kg 45kg	表面洛氏

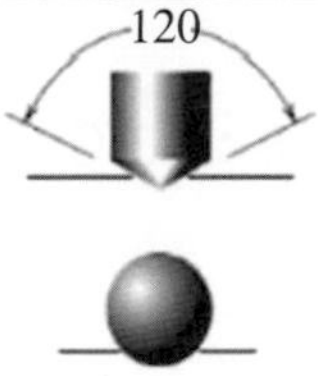

16-5-2　化學性能檢測

一、化學成分分析

應用儀器對金屬材料進行化學成分的試驗方法。鑑定金屬由哪些元素所組成的試驗方法，稱爲定性分析。測定各組分間量的關係(通常以百分比表示)的試驗方法，稱爲定量分析。若基本上採用化學方法達到分析目的，則稱爲化學分析。

二、鹽霧測試

(一)定義：鹽霧試驗是一種主要利用鹽霧試驗設備所創造的人工比照式海水環境條件來考核產品或金屬材料耐腐蝕性能的環境試驗。它分爲二大類，一類爲天然環境暴露試驗，另一類爲人工加速比照式鹽霧環境試驗。人工比照式鹽霧環境試驗是利用一種具有一定容積空間的試驗設備"鹽霧試驗箱"，在其容積空間內用人工的方法，造成鹽霧環境來對產品的耐鹽霧腐蝕性能品質進行考核。

(二)基本內容：是在35攝氏度下，5％的氯化鈉水溶液，在試驗箱內噴霧，比照海水環境的加速腐蝕方法，其耐受時間的長短決定耐腐蝕性能的好壞。它與天然環境相比，其鹽霧環境的氯化物的鹽濃度，可以是一般天然環境鹽霧含量的幾倍或幾十倍，使腐蝕速度大大提高，對產品進行鹽霧試驗，得出結果的時間也大大縮短。如在天然暴露環境下對某產品樣品進行試驗，待其腐蝕可能要1年。人工比照式鹽霧環境條件中試驗，可依CNS、JIS或ASTM規定測試。

(三)鹽水噴霧測試：目的是爲了在耐腐蝕環境下，判定金屬材料的抗腐蝕力。

1. 鹽水噴霧試驗機：
   ⑴ 使用溫度：依CNS, JIS, ASTM規格，可設定恆溫控制
   ⑵ 鹽水噴霧試驗：(NSS, ACSS)
      ①試驗室：35℃±1℃；②飽和空氣桶：47℃±1℃
   ⑶ 耐腐蝕試驗：(CASS)
      ①試驗室：50℃±1；②飽和空氣桶：63℃±1℃
2. 噴霧方式：
   ⑴ 採用伯努特原理吸取鹽水而後霧化，霧化程度均勻，絕無阻塞結晶之現象，可確保連續測試之標準。
   ⑵ 噴嘴：採用特殊玻璃製成，可以調整霧量之大小及噴出角度。
   ⑶ 噴霧量：0.5～3.5ml, 80cm^2/1hr(16hr平均量)。
3. 除霧方式：氣壓式除霧方式，利用空氣壓力使室之霧氣排除，使品管室不受鹽霧影響。
   ⑴加熱系統：採隔水加熱方式，依CNS, JIS, ASTM規格使用，當溫度達到時自動ON、OFF切換。

圖16-46 鹽水噴霧試驗機

16-6 金相檢測及雲端檢測

16-6-1 金相前處理

金相實驗是利用金相顯微鏡檢查金屬內部顯微組織。在試片表面上用適當的腐蝕液腐蝕試片表面。試片的相界及晶界，特別易受腐蝕形成凹斜槽。藉著組織間明暗的區別，即可觀察材料內部的微細組織。

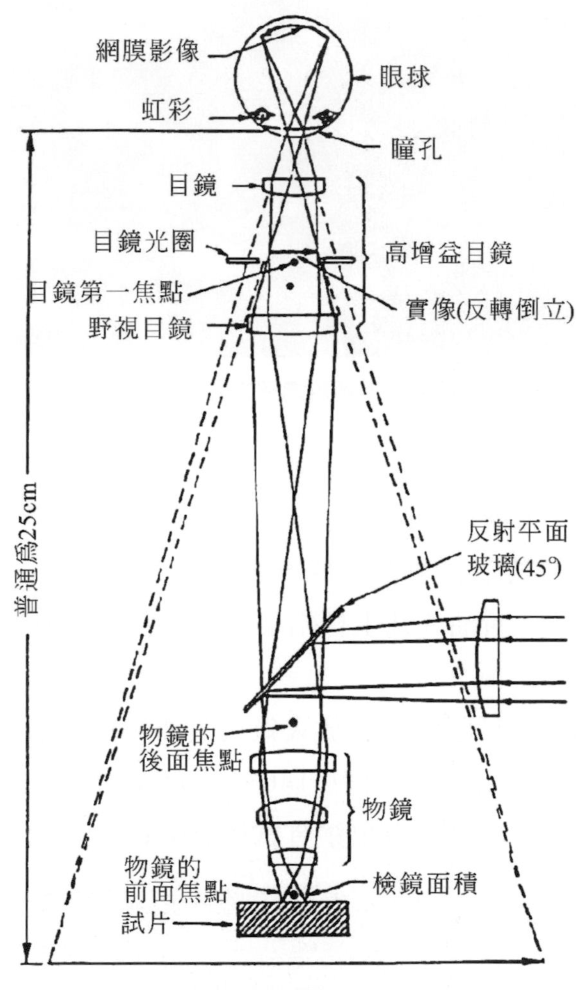

圖 16-47 金相顯微鏡原理

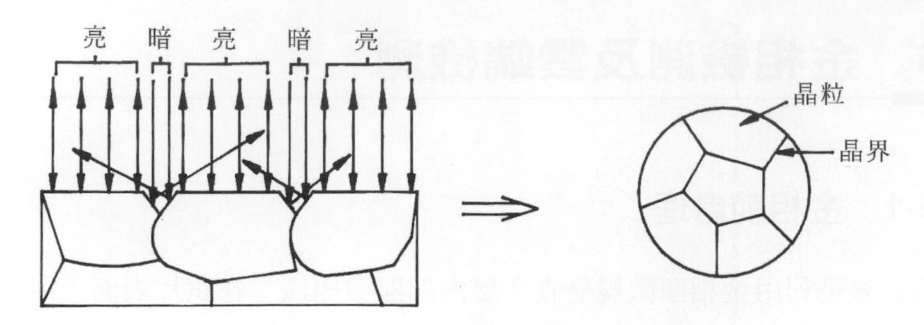

圖 16-48 腐蝕後試片表面光線反射圖

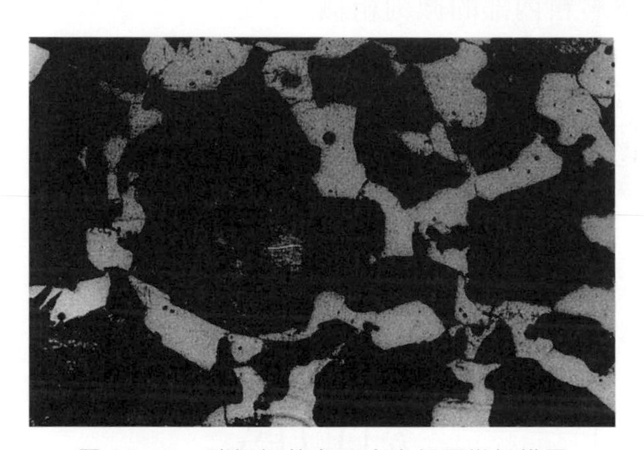

圖 16-49 碳鋼經熱處理之金相顯微組織圖

一、鑲埋

係以水冷式砂輪切割機切取試片之後，切取試片，若有不平整表面可用粗砂紙磨平，並利用樹脂鑲埋試片(加熱加壓成形法)。使用鑲埋粉、脫模劑(熱鑲埋用)樹脂、硬化劑、冷鑲埋模、黃油或凡士林(冷鑲埋用)等材料鑲埋。其可分爲熱鑲埋及冷鑲埋二種：

1. 熱鑲埋：將試片和粒狀酚樹脂放入氣冷式鑲埋機或水冷式鑲埋機(圖 16-50 之中，經加壓(100kg/cm^{2}和加熱(140～150℃)，使酚樹脂與試片融合成圓柱體，再水冷卻至室溫後，取出鑲有試片的硬圓柱體(圖 16-51)。

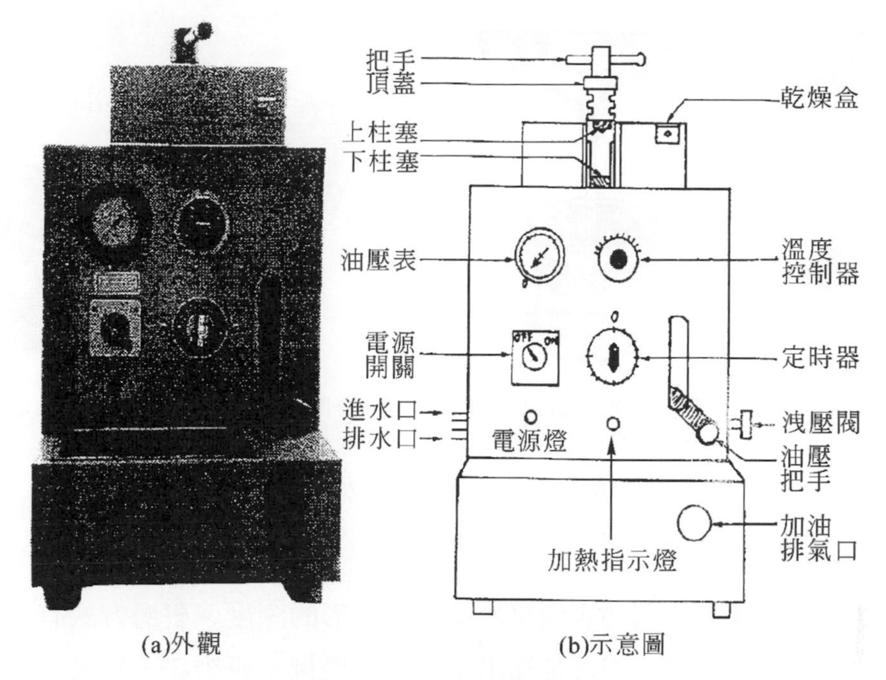

(a)外觀 (b)示意圖

圖 16-50 水冷式鑲埋機

圖 16-51 鑲埋試片範例

2. 冷鑲埋：把金屬管(或塑膠管)內壁塗上一層凡士林(或黃油)以利脫模，再將試片用夾子固定，放入金屬管中，然後把事先混合好的環氧樹酯及硬化劑倒入金屬管內，待硬化後，再從管中頂出鑲有試片的透明圓柱體(圖 16-52)。環氧樹酯和硬化劑混合時其重量比爲 5：1。

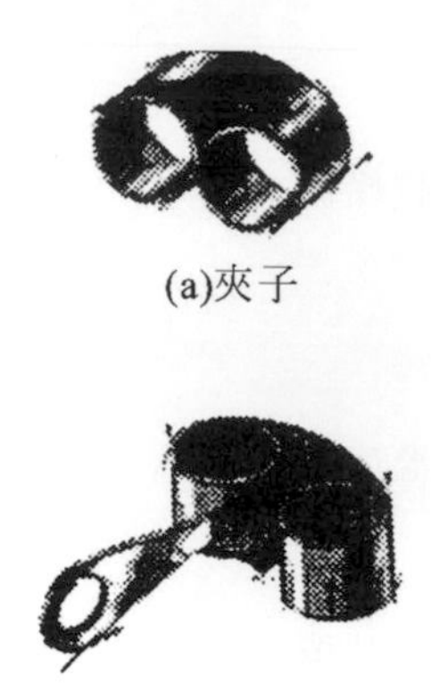

(a)夾子

(b)用夾子夾緊試片

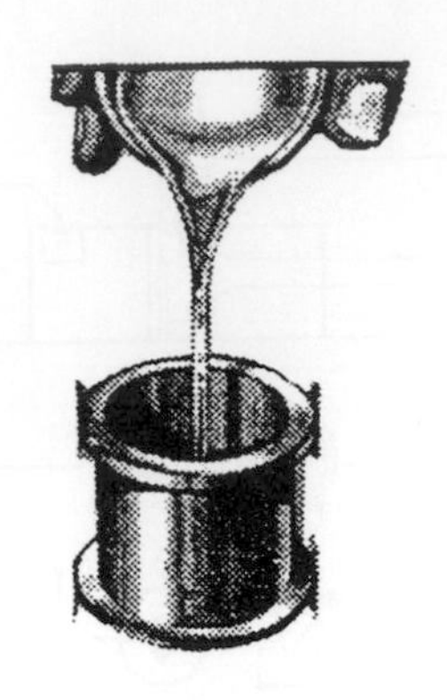

(c)混合好樹脂及硬化劑倒入放有試片的金屬管中

(d)分開金屬管取出鑲有試片的透明圓柱體

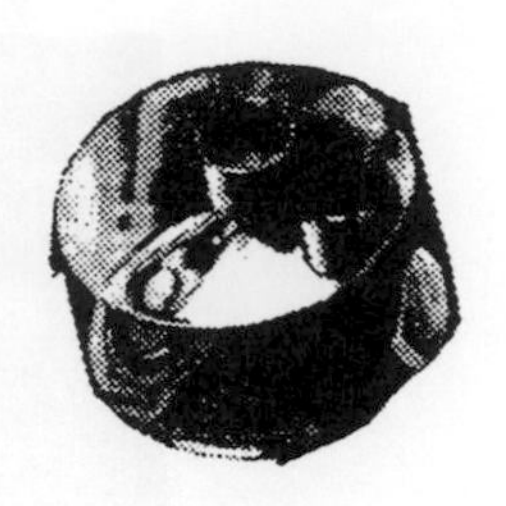

(e)鑲有試片的透明圓柱體

圖 16-52 冷鑲埋製作示意圖

二、研磨拋光

研磨目的爲了除去切割時表面損壞或晶粒變形的深度。研磨方式有手動式研磨和機械式研磨兩種。細磨時不管是採用手動式或機械式研磨法，常又可各自細分爲濕磨與乾磨兩種。經比較後發現濕磨較乾磨具有下列多項優點：

1. 試片的磨屑被水沖除，可保持砂紙磨粒的銳利。
2. 試片被充分冷卻，不會因摩擦生熱而使表層顯微組織起變化。
3. 砂紙脫落之磨粒也會被水帶走，可避免磨粒埋入試片表面。
4. 可縮短研磨時間。

另外，拋光目的係除去細磨後試片上殘留的磨痕及缺陷層，以產生平整、無磨痕如鏡面的表面，以便作精確的顯微組織觀察。拋光種類有機械拋光及電解拋光兩種。拋光材料使用絨布、氧化鋁粉(0.3μm 及 0.05μm)。

三、腐蝕

拋光完成的試片拋光面有如鏡面，全面的反射光極強，無法辨別其實際顯微組織，故須使用適當腐蝕液腐蝕試片表面。腐蝕後之試片表面反射光出現強弱的情況，而顯示出晶界、各種相界及不同結晶之方向性。

腐蝕時將試片浸入腐蝕液中(圖 16-53)輕微搖動使試片與腐蝕液均勻接觸。腐蝕液使用會因材料不同而異，常用的有 5％Nital腐蝕液(5ml硝酸+95ml酒精)、苦味酸、試藥級硝酸、藥用酒精等。

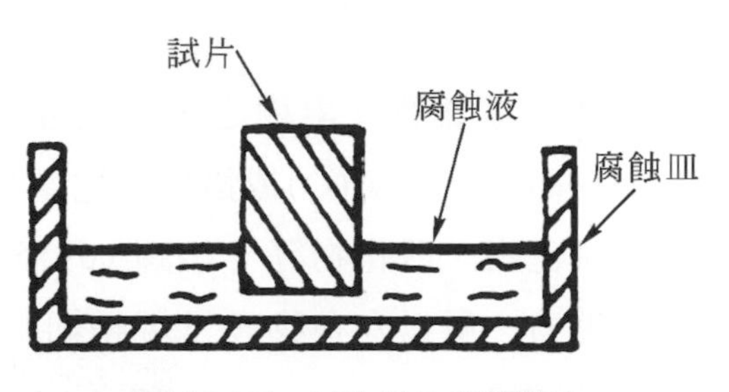

圖 16-53　試片浸入腐蝕液中

16-6-2　傳統金相分析

一、球化率

將鋼材，如低碳鋼等，透過球化退火處理後，使初析的雪明碳鐵，在淬火之前變成球粒，並埋於肥粒鐵中以使材料能具有極佳之延性。

球化率的判定：

1. 以金相照片與標準試片進行比對。
2. 以 SEM 照片經電腦程式自動化檢測雪明碳鐵的長寬比判定球化率。

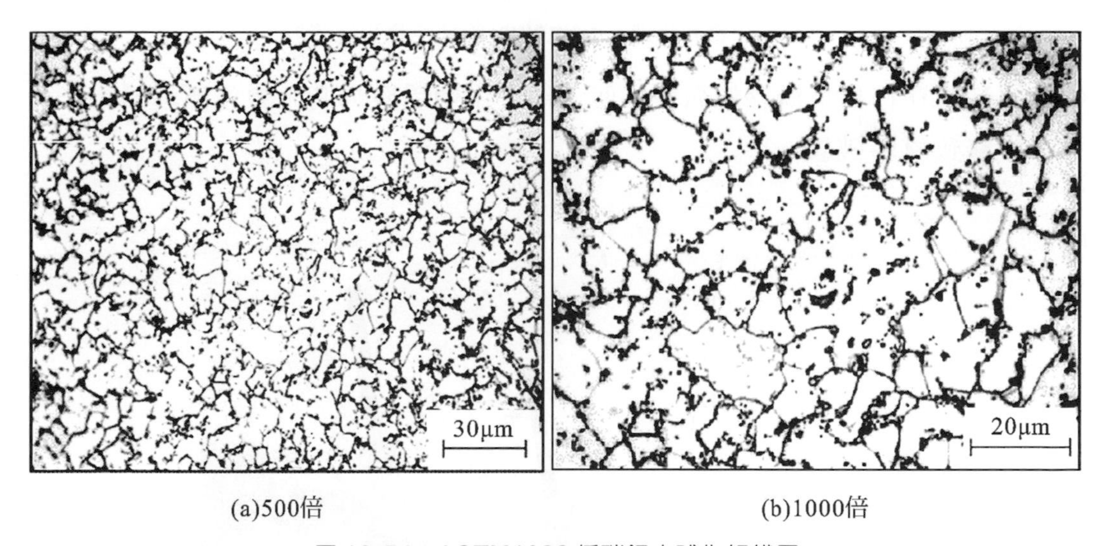

(a)500倍　　(b)1000倍

圖 16-54　ASTM1022 低碳鋼之球化組織圖

二、介在物

1. 定義：存在鋼液中的非金屬雜質元素稱之，其主要來源爲鋼鐵的固有元素(C、Si、S、P、Mn)在高溫下與氧(O)或鐵(Fe)化學作用而成。
2. 主要種類：硫化物、氧化物、矽化物等，如圖 16-55 所示。
3. 因盤元受力爲徑向作用力，所以介在物多呈現軸向長條狀。

圖 16-55　熱軋後盤元縱斷面夾雜物形狀
(資料來源：leometwu 的部落格)

4. 細長的介在物爲既存的微裂，使工件使用中受應力時，會逐漸漫延出去，最終導致材料破裂。

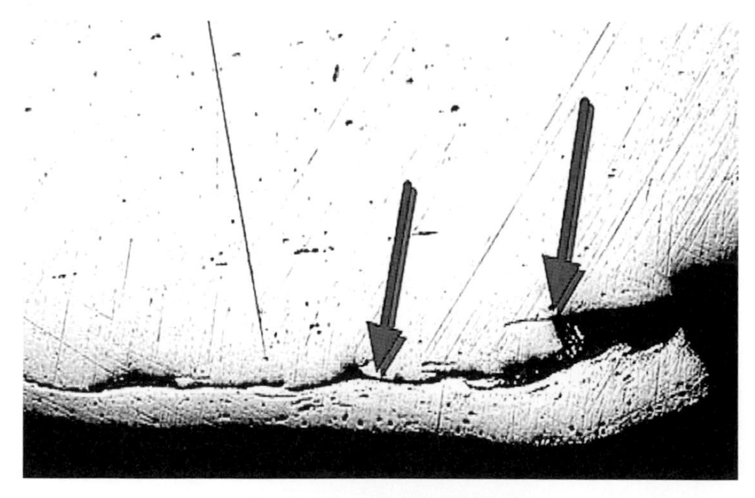

圖 16-56　介在物顯微圖
(資料來源：leometwu 的部落格)

5. 材料內部既存的缺陷，是淬火或使用中的破裂起源潛在位置(crack initiation sites)。如圖 16-58 所示。

圖 16-57 夾雜物顯微圖(500 倍)
(資料來源：leometwu 的部落格)

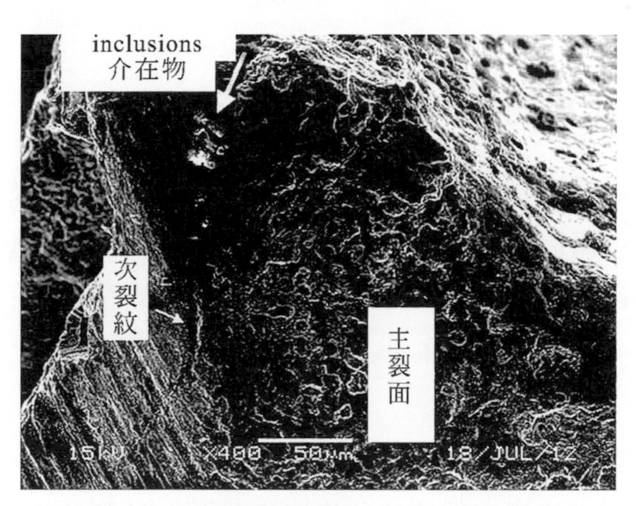

圖 16-58 材料破損後的顯微圖(500 倍)
(資料來源：leometwu 的部落格)

6. 形狀：在熱軋時與軸向平行之條狀物。

三、晶粒大小

金屬結晶後，獲得由大量晶粒組成的多晶體。對金屬材料而言，晶粒的大小與其強韌性有密切關係。一般情況下，晶粒越細小，則金屬的強度越高。同時塑性和韌性也越好(參見表 16-8)。

表 16-8　晶粒大小對機械性質的影響

晶粒平均直徑 d/mm	抗拉強度 σ_0/MPa	降伏強度 σ_3/MPa	延伸率 δ/(%)
9.7	165	40	28.8
7.0	180	38	30.6
2.5	211	44	39.5
0.2	263	57	48.8

1. 晶粒度：金屬結晶時，晶粒的大小取決於形核率和長大速率的相對大小。因此，晶粒度取決於晶核數N與長大速度G之比，比值N/G越大，晶粒越細小：

   單位體積中的晶粒數目爲$Zv=0.9(\frac{N}{G})^{\frac{3}{4}}$

   單位面積中的晶粒數目爲$Zs=1.1(\frac{N}{G})^{\frac{1}{2}}$

16-6-3　數位化檢測技術

數位檢測技術是最近利用影像處理及演算法，並利用電腦技術所開發而捨去傳統人工比對方式，可直接算出數位化檢測結果，精確又可排除人爲誤差，對於素材可精確掌握及金相組織。使組織及加工條件固定、製程品質穩定；更可延長模具使用壽命。

一、球化率

藉由球化處理將鋼內的長條狀碳化物，變成圓球狀碳化物，並且使條狀之層狀雪明碳鐵或網狀雪明碳鐵經擴散成球狀後，均勻分布於肥粒鐵基體中。

(一)碳鋼球化率

1. 定義：球化率目前日本、中國及台灣均採取標準樣本的比對方式。中日兩國各依照美國國家標準(ASTM)規定的倍率及圖片進行人工比對。由於人工比對太主觀，人爲因素影響大，不能測出實際的球化率，因此，對繼續伸線及扣件成形時的材料性能不固定。進而影響伸線參數，常造成斷線或刮磨等不良因素。導致停工的換模成本而增加製造成本降低效能。檢測時，視材料不同，採用不同的顯微鏡倍率 400～1000 倍金相圖，匯入電腦進行辯識。參見下圖 16-59 及表 16-9 所示。

圖 16-59　球化率以長寬比判定之示意圖

[資料來源：涂泰年，棒線球化退火鋼材之技術與實務，97 年鋼鐵工程技術研習會。]

表 16-9　美、日及中三國採用的金相圖片比對標準及檢測方法

國別	名稱	應用鋼種	比對圖數	使用倍率
日本	JIS G3507-2：2005	冷間壓造用碳素鋼－線(Wires)	4	400X
	JIS G3508-2：2005	冷間壓造用蓬硼鋼－線(Wires)	4	
	JIS G3509-2：2005	冷間壓造用合金鋼－線(Wires)	3	
中國	JB/T 5074-2007	低、中碳鋼；中低合金鋼材	6	400X
美國	ASTM A892-88	高碳軸承鋼	6	400X

2. 數位化判定方式：

(1) 顆粒式判定法：此法是計算符合長寬比條件之碳化物顆粒數之比例，如下所示：

$$S.R.=\frac{N_p}{N_{Total}}\times 100\ \%$$

$S.R.$(Sopheroidization Rate)：球化率。

N_p：符合長寬比小於5之樣本數。

(台灣中鋼提出的標準，亦爲產業界所採用。)

N_{Total}：取樣總量。

(2) 面積式判定法：計算符合長寬比小於5條件之碳化物顆粒面積之比例如下所示：

$$S.R.=\frac{A_p}{A_{Total}}\times 100\ \%$$

$S.R.$：球化率

A_p：符合長寬比小於5之樣本總面積

A_{Total}：取樣總面積，取樣標準以影像辨識爲主

(二)球墨鑄鐵數位化球化率判定

1. 球墨鑄鐵之球化率與碳鋼盤元球化率有不同之計算方式分別如下：

(1) 倍率不同：

① 碳鋼盤元球化率爲400～1000倍之拍攝放大倍率金相圖。

② 球墨鑄鐵球化率爲100倍，如圖16-60所示。

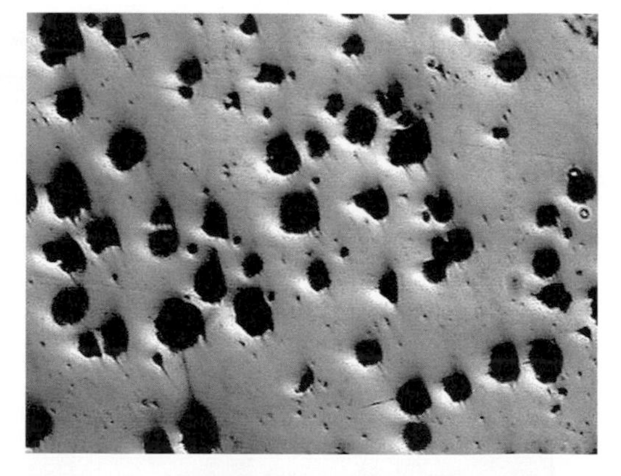

圖16-60 球墨鑄鐵球化率金相圖(100倍)

(2) 計算方式不同：碳鋼盤元球化率是以計算球狀化碳化物比例爲主，球墨鑄鐵球化率則是計算其球墨的眞圓度，再用權値方式計算不同形狀係數(以球墨顆粒大小區分)的顆粒數比例爲主，如下：

$$\text{Nodulity}(\%)=\frac{\sum_{k}^{c} w_k \cdot n_k}{n_{total}}\times 100\ \%$$

n_{total}：所有球墨顆粒

k：形狀係數編號

w_k：權重值(不同國家權重值不同，如表16-10)

n_k：符合形狀係數k的顆粒數

(3) 鋼種不同：球墨鑄鐵球化率適用於工具機機座及人孔蓋等鑄鐵碳鋼球化率主要適用於扣件及運輸工具零組件之中低碳鋼及合金鋼。

(4) 各國採用球化率標準不同：

表16-10　各國採用球化率標準不同一覽表

	球墨鑄鐵球化率	碳素及碳合金鋼球化率
中國標準	GB/T 9441	B/T 5074
日本標準	JIS 5502	JIS G3507-2～G3509-2
國際標準	ISO 945	–

(5) 以中國球墨鑄鐵為例：

① 中國JB/T 9441：2009，如圖16-61所示。

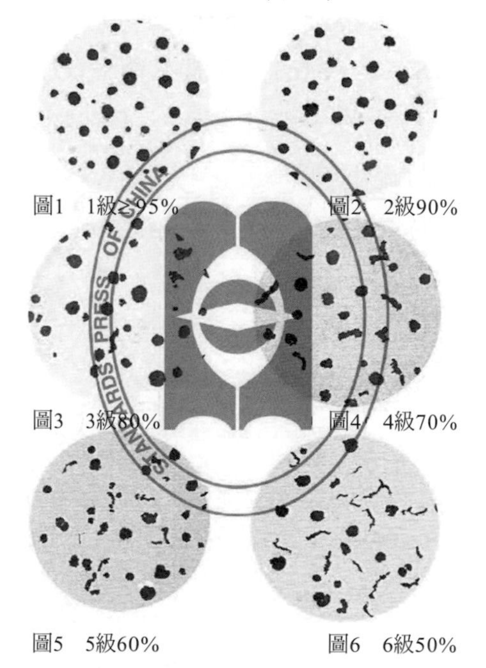

圖16-61　中國球墨鑄鐵JB/T 9441：2009檢驗標準圖

② 形狀係數對照表：中國 JB/T 9441 標準。

表 16-11(a) 石墨面積率和球狀修正係數對照表

石墨面積率	≥0.81	0.80～0.61	0.60～0.41	0.40～0.21	≤0.21
球狀修正係數	1.0	0.8	0.6	0.3	0

表 16-11(b) 球化率分級表

石墨球化率	≥0.95	0.95～0.90	0.90～0.80	0.70～0.60	0.70～0.60	≤0.60
球狀級別	一級	二級	三級	四級	五級	六級

③ 計算方式：中國 JB/T 9441 標準，如下：

$$球化率=\frac{ln_{1.0}+0.8n_{0.8}+0.6n_{0.6}+0.3n_{0.3}+0n_{0}}{n_{1.0}+n_{0.8}+n_{0.6}+n_{0.3}+n_{0}}$$

其中$n_{1.0}$、$n_{0.8}$、$n_{0.6}$、$n_{0.3}$、n_{0}，分別表示五種球狀修正係數的石墨顆粒數。

二、介在物

鋼鐵中之不純物之碳化物，皆屬於非金屬介在物，主要來源爲鋼鐵的固有元素(C、Si、S、P、Mn)在高溫下與氧(O)或鐵(Fe)化學作用形成。主要種類：硫化物、氧化物、矽化物、鋁化物等。介在物之分類有以下幾種：

(A 型)硫化物

(B 型)氧化鋁

(C 型)矽酸鹽

(D 型)氧化鐵

(DS 型)單獨球形介在物

1.　金相圖：如圖 16-62 所示爲不同介在物之金相圖。

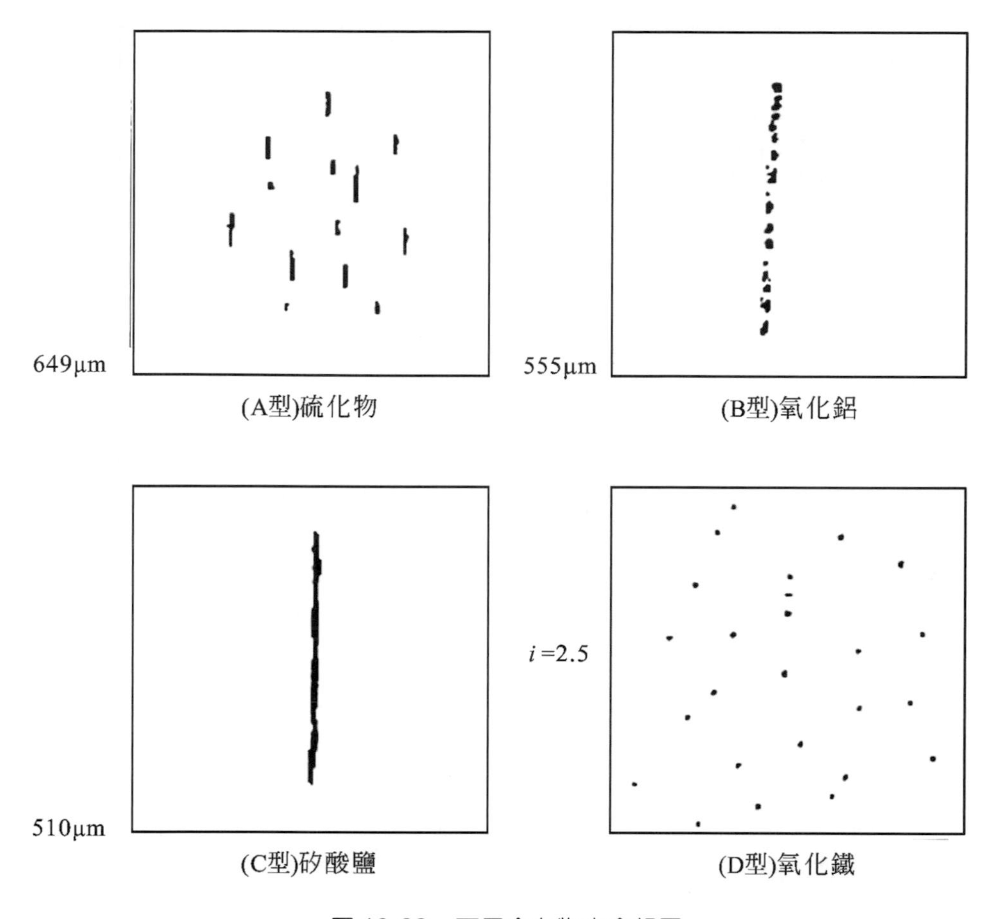

圖 16-62　不同介在物之金相圖

2. 判定：CNS G2020 標準圖片比對，如圖 16-63 所示。

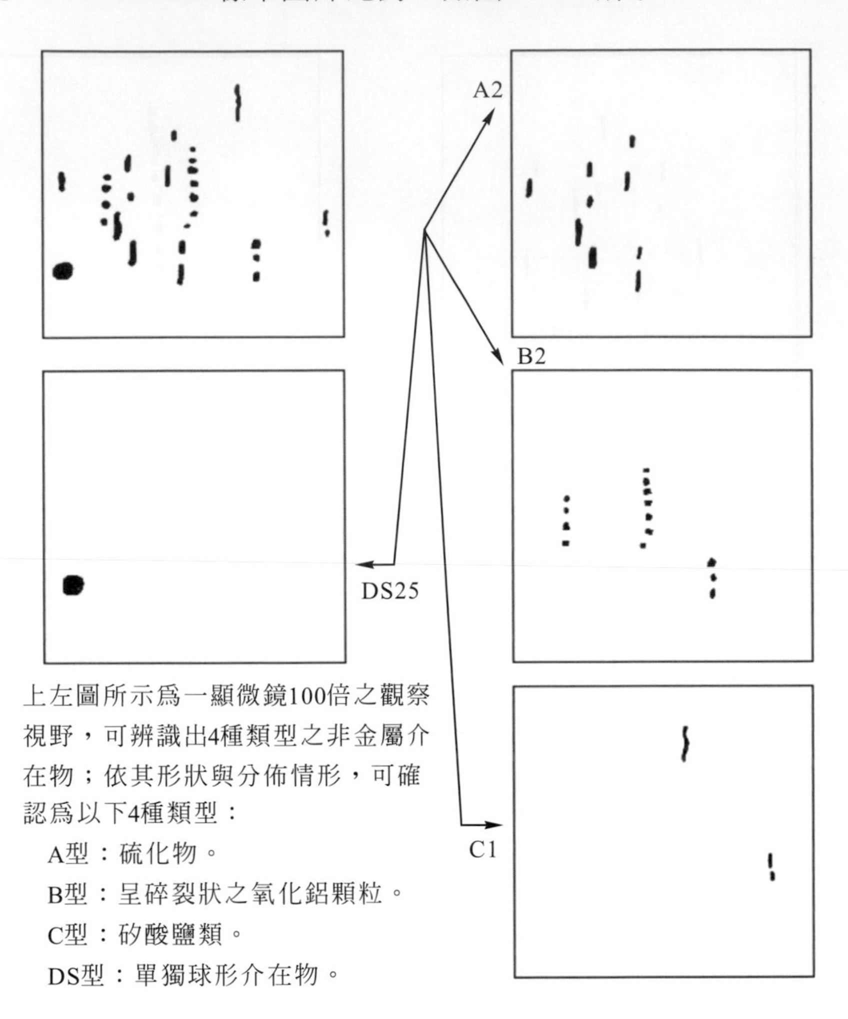

圖 16-63 介在物之標準比對示意圖

3. 清淨度計算：

$$C_i=[\sum_{i=0.5}^{3} f_i \times n_i] \times \frac{1000}{S}$$

f_i：權重係數

n_i：指數代號i之觀察視野數

S：試片上總觀察面積(mm^2)

三、晶粒大小

(一)定義：根據ASTM(美國材料試驗學會)晶粒大小，其定義為100倍下每平方英吋(645.16 mm^2)面積內包含的晶粒個數。

$$N=2^{n-1}$$

N：放大100倍下每平方英吋所含之晶粒數目平均值。

n：表示晶粒尺寸號碼。

(二)現有晶粒度判定方式：如表16-12所示。

表16-12　晶粒度比較表

人工比較	1. 比較法：與標準評級圖進行比較	
數位化演算	1. 面積法(或稱數位比較法)	計算已知面積內晶粒個數，利用單位面積晶粒數來確定晶粒度級別數G
	2. 截距法	‧ 直線截距法 ‧ 圓形截距法
	3. 截切法(或稱截點法)	‧ 晶粒截點法 通過計數測量線穿過光滑平面上晶粒的數目來測定晶粒度 ‧ 晶界截點法 通過計數測量線與晶界相交或相切的數目來測定晶粒度

1. 人工比較法：

⑴與標準晶粒評級圖進行比較。

⑵晶粒評級圖常用有標準圖及目鏡插片兩種方式。

如圖 16-64 所示。

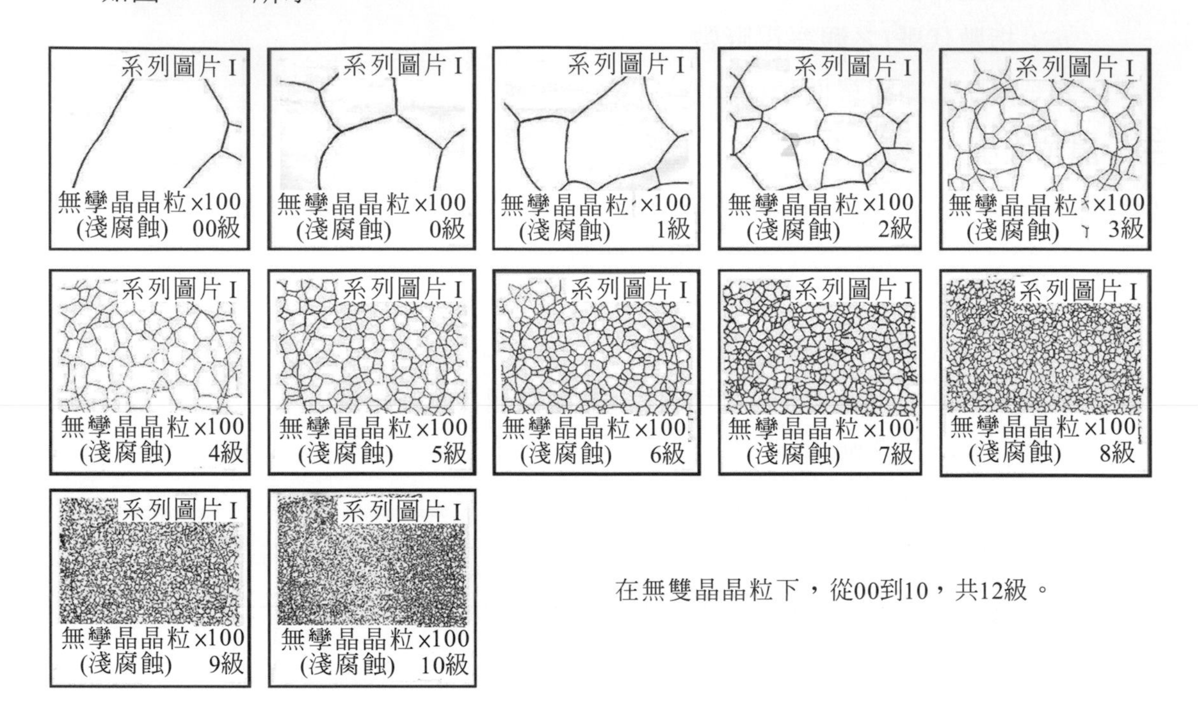

圖 16-64　標準圖法之晶粒大小標準比較圖

[資料來源：標準晶粒評級圖中國國家標準 GB/T6394-2002 GB-6394-2002]

2. 數位化計算方式：依據 GB 及 ASTM 標準，可分為：

⑴ 面積法：單位面積內之晶粒數來判定晶粒度級別數。

① 英制：ASTM 晶粒度計算法 G

計算公式　$N_{AE}=2^{G-1}$

N_{AE}：100 倍下每平方英寸(645.16mm^2)面積內包含的晶粒個數，相當於 1 倍下每平方毫米面積內包含的晶粒個數乘以 15.5 倍。

G：晶粒度級別數。

② 公制：

計算公式　$m=8\times 2^G$

m：每 1mm² 含有之晶粒數。

G：晶粒度級別數。

面積法係利用金相影像進行數位化影像分析，計算晶粒之平均截面積 1 mm²，或在放大 100 倍的影像中，25×25mm² 截面積之所含晶粒的平均數 $N=2^{n-1}$。

(2) 截距法：可同時應用圖形截距法及直接截距法進行試算，獲得晶粒級別數 G。在 100 倍的放大下，平均截面上 32mm 的平均晶粒度計算公式為：

$$G=2\log_2\frac{l_0}{l} \quad \rightarrow \quad G=10.00-2\log_2 l$$

$$G=10.00+2\log_2\overline{N_L}$$

L_0：等於 32mm。

$\overline{l}$：截點數(1 倍下巨觀或 100 度微觀測得晶粒度時每毫米面積內)。

$\overline{N_L}$：平均截距(1 倍下巨觀或 100 度微觀測得晶粒度時每毫米面積內)。

① 直線截距法：分別為 2 條 100 mm 及 2 條 150 mm，4 條總長 500 mm 之直徑所構成，倍率的選擇在每次的測定均能獲得 50 mm 以上個截點。在放大 100 倍的狀態下，計算公式為：

平均截點數 $\overline{N_L}=\frac{\overline{N}}{L} \quad \rightarrow \quad G=-3.2877-6.6439\log_{10}\overline{L}$

截距平均長 $\overline{L}\overline{L}=\frac{1}{\overline{N_L}} \quad \rightarrow \quad G=-3.2877+6.6439\log_{10}\overline{N_L}$

G：晶粒號數。

② 圓形截距法：由三個直徑 ϕ26.53, ϕ53.05 及 ϕ79.58mm 之圓所組成，總圓周長為 500 mm，如使用單一圓時，則使用直徑 ϕ79.58 mm，圓周長為 250 mm 的最大圓(放大 100 倍的狀態下)，計算公式為：

平均截點數 $\overline{N_L}=\dfrac{\overline{N}}{L}$ → $G=-3.2877-6.6439\log_{10}\overline{L}$

截距平均長 $\overline{L}\overline{L}=\dfrac{1}{\overline{N_L}}$ → $G=-3.2877+6.6439\log_{10}\overline{N_L}$

G：晶粒號數。

(3) 截切法：其技術要點在視野中所截切的晶粒數 n 至少要 10 個以上，不足的則縮小倍率取樣，至少取 5 個視野。計算公式爲：

① $n=500\left(\dfrac{M}{100}\right)^2\left(\dfrac{I_1 \times I_2}{L_1 \times L_2}\right)$

M：顯微鏡之倍率。

I_1及I_2：相互垂直截距中，截切之晶粒數之總和。

L_1及L_2：相互垂直截距中，其中一個方向截距之總長(mm)。

② $G=\dfrac{\log n}{0.301}+1$

G：晶粒號數。

③ $g=\dfrac{\Sigma(a \times b)}{\Sigma b}$

g：平切晶粒度號數。

a：各觀察區之晶粒度號數。

b：出現相同晶粒度號數之觀察區數目。

四、脫碳與滲碳和滲氮

(一)脫碳層

脫碳是鋼材表面碳和加熱爐內的氧反應，形成 CO 或CO_2而使鋼材表面碳含量降低之現象，促成鋼鐵表面硬度降低。全脫碳層深度是鋼材開始脫碳的位置到表層的距離。

1. CNS 之脫碳層深度表示符號

表 16-13　CNS 脫碳層深度表示表

測定法方法 / 脫碳層深度	顯微鏡測定法	硬度試驗測定法
全脫碳層深度	DM-T	DH-T
肥粒鐵脫碳層深度	DM-F	－
特定殘碳率之脫碳層深度	DM-S	－
實用脫碳層深度	－	DH-P

D：深度；M：顯微鏡；H：硬度荷重；P：硬度值；T：全脫碳深度。
F：肥粒鐵脫碳深度；S：殘碳率(%)。
例：1. DH(0.3)-T0.2：荷重 0.3kgf，全脫碳層為 0.2mm。
2. DM-F0.05-S(50)0.15-T0.28：顯微鏡，肥粒鐵脫碳層 0.05mm，殘碳率 50 %的深度 0.15mm，全脫碳層 0.28mm。

2. 案例：C 公司 DM-T 全脫碳層量測結果。

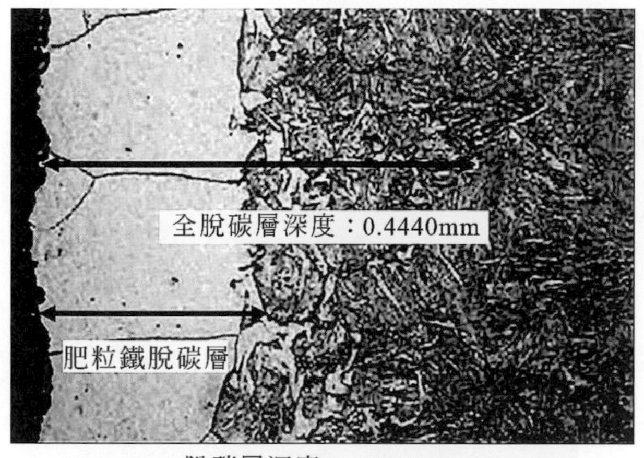

脫碳層深度：0.4440mm

圖 16-65　DM-T 全脫碳層顯微組織圖

(二)滲碳層

滲碳是指對鋼材表面進行滲碳處理，使表層碳含量增加，淬火後變成麻田散鐵達到硬化之目的。滲碳層深度係指淬火後鋼鐵的硬化層深度，如圖 16-66 所示。

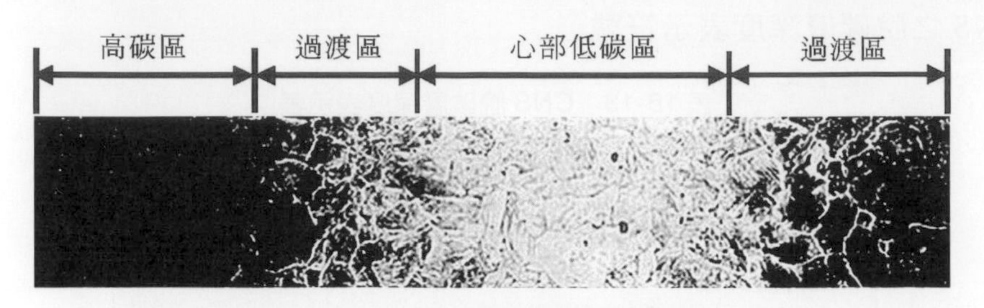

圖 16-66 滲碳層顯微組織圖

1. CNS 之滲碳層深度表示符號

表 16-14 CNS 脫碳層深度表示表

測定法方法 滲碳層深度	顯微鏡測定法	硬度試驗測定法
全硬化層深度	CD-H△-T	CD-M-T
實用(有效)硬化層深度	CD-H△-P	–

CD：滲碳深度；△：硬度荷重；P：有效硬化層深度；T：全硬化層深度。
M：巨觀方式；H：硬度試驗方式。
例：1. CD-H0.3-T1-1：荷重 0.3kgf，全硬化層爲 1-1mm。
 2. CD-M-T2.2：巨觀組織量測，全硬化層爲 2.2mm。

2. 案例：滲碳層組織金相圖。

圖 16-67 碳表面硬化鋼(S15CK)，滲碳層的爐冷組織圖
[資料來源：賴耿陽譯, 鋼鐵組織顯微鏡圖說, 復漢出版社, 2001]

(三)滲氮層

指的是將氮原子滲入鋼材表層的硬化熱處理。氮化層的硬度主要取決於處理過程中的保溫溫度和時間，同時與材料本身的硬度有關，如圖16-68所示。

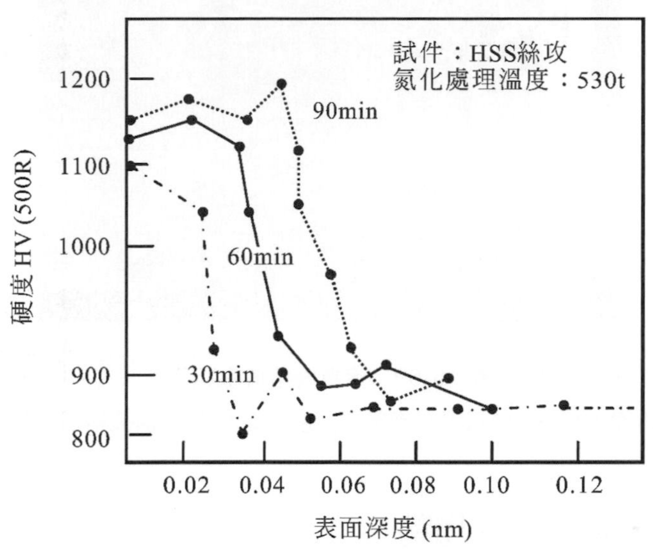

圖16-68 氮化層的硬度分布

1. CNS之滲氮層深度表示符號

表16-15 CNS滲氮層深度表示符號表

測定方法 滲氮層深度	顯微鏡測定法	硬度試驗測定法	
		Vickers硬度	Knoop硬度
全硬化層深度	ND-M-T	ND-Hv△-T	ND-Hk△-T
實用(有效)硬化層深度	–	ND-Hv△-P	ND-Hk△-P

ND：滲碳深度；△：硬度荷重；P：有效硬化層深度；T：全硬化層深度。
M：顯微方式；Hv：維克氏硬度試驗方式；Hk：Knoop硬度試驗方式。

2. 案例：滲氮層金相組織。

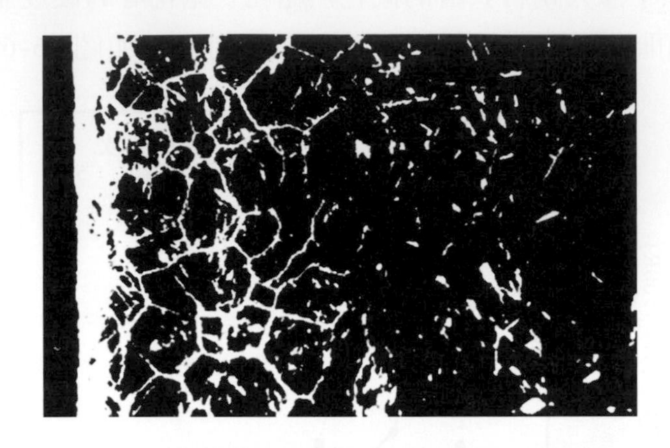

圖 16-69 滲氮層組織金相圖

[資料來源：中國國家標準，鋼鐵零件滲氮層深度測定和金相組織檢驗 GB/T 11354-2005]

16-6-4 雲端金相檢測趨勢

雲端扣件金相組織檢測服務系統，如圖 16-70 所示。使用者藉由登入雲端扣件金相組織檢測服務系統，選擇檢測內容後確認判定方式(人工/數位化)並上傳金相影像。經由系統將自行載入影像進行檢測及結果判定，檢測報告確認後回傳報告，完成後進行帳戶扣款。

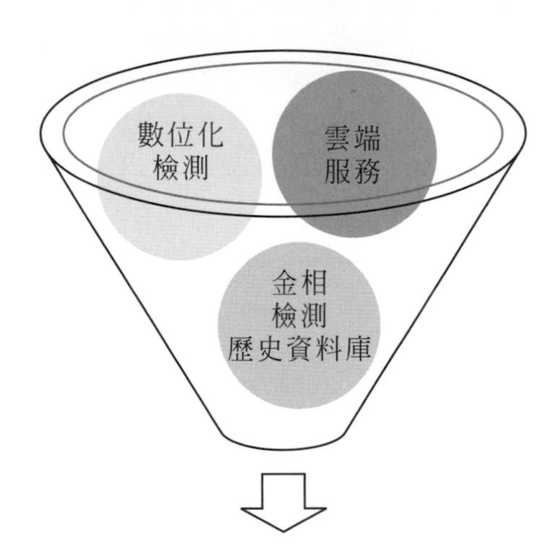

圖 16-70 雲端扣件金相組織檢測服務系統示意圖

16-7　結論

金屬製品是國家的基本產業，其中扣件及運輸工具零組件爲主要產品。素材大部分由中鋼供應，但品質如介在物、晶粒大小等，必須改善以維持下游產品的品質。產業的技術人員有日趨老化之現象，必須加強各種職能技術的培訓。素材及熱處理級的金相組織，影響下游加工製程及產品品質甚大，必須從人工比對走向數位化檢測技術，期能明確掌握各相之間的比例，產品加工製程及品質才能穩定。

扣件產業仍是台灣具有競爭力的優勢產業，但以標準扣件爲主，必須往汽車扣件、航太扣件及精緻扣件發展。因此在模具設計、材料及熱處理品質需要提升。唯有準確的數位化檢測技術，方能使製程及品質穩定，也可降低成本、提升競爭力。

習題

1. 扣件之定義是什麼?台灣扣件產業主要的應用範圍？
2. 盤元球化處理之溫度及操作方法爲何？
3. 盤元在球化處理時最常碰到的問題是什麼？
4. 盤元中的介在物分爲幾種?其對盤元品質的影響是什麼？
5. 傳統金相檢測與數位化檢測方法是什麼?兩者最大的優劣在哪裡？
6. 晶粒的定義是什麼?有多少種判定方式？
7. 熱處理時爲何會含脫碳?其對扣件品質的影響是什麼？

參考文獻

[1] 鋼鐵概說，勁園．台科大，eb.ckvs.tyc.edu.tw/ezfiles/0/1000/img/56/3.ppt，2016。

[2] 中國鋼鐵公司，製造流程連鑄生產流程，http://www.csc.com.tw/csc_c/pd/prs05.htm，2016。

[3] Leomet Wu，鋼材 介在物 缺陷，http://leometwu.pixnet.net/blog/post/13736764%E9%8B%BC%E6%9D%90-%E4%BB%8B%E5%9C%A8%E7%89%A9-%E7%BC%BA%E9%99%B7.，2016。

[4] 林偉凱，泛談國內電弧爐之使用效率概況與未來之發展方向(下)，http://www.mirdc.org.tw/FileDownLoad%5CIndustryNews/20071219152017175l.pdf，2007。

[5] 金相分析程序https://docs.google.com/document/d/1dmvpvzlwcSxhmuJNRcAVA1Oc-GedXHAlc1V2Vuuwr3Jg/edit? pli=1，2016。

[6] 黃煒盛、楊玉森、傅兆章、黃柏禎，低碳鋼盤元線材球化綠檢測方法之探討，http://www.heattreatment.org.tw/PageFiles%5C65%5C13_%E4%BD%8E%E7%A2%B3%E9%8B%BC%E7%9B%A4%E5%85%83%E7%B7%9A%E6%9D%90%E7%90%83%E5%8C%96%E7%8E%87%E6%AA%A2%E6%B8%AC%E6%96%B9%E6%B3%95%E4%B9%8B%E6%8E%A2%E8%A8%8E.pdf，2016。

[7] Leomet Wu，粹烈模具切片---料頭縮孔+偏析，http://leometwu.pixnet.net/blog/post/13736698%E6%B7%AC%E8%A3%82%E6%A8%A1%E5%85%B7%E5%88%87%E7%89%87%E6%96%99%E9%A0%AD%E7%B8%AE%E5%AD%94%2B%E5%81%8F%E6%9E%90，2016。

[8] 台灣Word，滲碳，http://www.twwiki.com/wiki/%E6%BB%B2%E7%A2%B3，2016。

[9] Leomet Wu，A S TM晶粒號數，http://leometwu.pixnet.net/blog/archives/200711，2007。

[10] 志宏熱處理股份有限公司，正常化處理，http://www.chihonght.com.tw/pdf/ch-k-501.pdf，2016。

[11] 無憂文檔，晶粒度評級圖，http://www.51wendang.com/doc/14d181991f561c198754b672，2016。

[12] 鋼板進料檢驗重點http://wenku.baidu.com/view/b7c02f6648d7c1c708a145a0，2016。

[13] Leomet Wu，滲碳火 鋼片，http://leometwu.pixnet.net/blog/post/13736731，2016。

[14] 實驗原理，http://mech.cust.edu.tw/labs/materials/item/10photo/photo-3.htm，2016。

[15] 結晶格子的三種重要型式， http://ks.c.yimg.jp/res/chie0/224/192/i5/img01.jpg，2016。

[16] 金屬之結晶構造 http://elearning.ice.ntnu.edu.tw/doc_down.asp?dsn=1756，2016。

[17] 金重勳，工程材料第六章 鐵、鋼之組織及相變化，http://eportfolio.lib.ksu.edu.tw/user/4/9/4980H122/repository/%E5%85%B6%E5%AE%83/%E5%B7%A5%E7%A8%8B%E6%9D%90%E6%96%99%E7%AC%AC%E5%85%AD%E7%AB%A0.pdf，2010。

[18] 固體擴散，http://eportfolio.lib.ksu.edu.tw/user/4/9/4960K027/repository/%E5%9B%BA%E9%AB%94%E4%B8%AD%E7%9A%84%E6%93%B4%E6%95%A3.pdf，2016。

[19] 熱處理，http://www.taiwan921.lib.ntu.edu.tw/mypdf/mf06.pdf，2016。

[20] 台灣 Word，固溶處理，http://www.twwiki.com/wiki/%E5%9B%BA%E6%BA%B6%E8%99%95%E7%90%86，2016。

[21] 陳恒清、楊子毅、張柳春，材料科學與工程 第八章 變形與強化機構，歐亞書局，http://blog.ncut.edu.tw/userfile/2819/CH08.pdf，2016。

[22] 陳宏儒、楊聖閔、林東毅，不鏽鋼非相變形表面硬化處理技術，http://www.cimme.org.tw/new/PDF-file/5504/038-042.pdf，2011。

[23] 金重勳，工程材料 第十章 鋼之表面硬化，復文圖書有限公司，http://me.w3.hwh.edu.tw/teawww/tea25/%E6%A9%9F%E6%A2%B0%E6%9D%90%E6%96%99/10.pdf，2010。

[24] W.D. Callister，材料科學與工程 第七章 機械性質，歐亞書局，http://blog.ncut.edu.tw/userfile/2819/CH07.pdf，2016。

[25] 麥聚瑞電子儀器公司，螺絲扭力測試標準，http://www.sell17.com/zh-tw/sell17_Article_285001.html，2016。

[26] 台灣Word，抗拉強度，http://www.twwiki.com/wiki/%E6%8A%97%E6%8B%89%E5%BC%B7%E5%BA%A6，2016。

[27] 螺絲扭力規格，http://www.inventor.idv.tw/info/screw.htm，2016。

[28] 金屬化學成分分析，http://www.baike.com/wiki/%E9%87%91%E5%B1%9E%E5%8C%96%E5%AD%A6%E6%88%90%E5%88%86%E5%88%86%E6%9E%90，2016。

[29] 盛鈦金屬有限公司，金屬化學成分表，http://www.stml.com.tw/news-detail-589607.html，2014。

[30] 財團法人塑膠工業技術發展中心，鹽霧試驗， http://www.pidc.org.tw/zhtw/div2/22/PTSAMail/Pages/2012-09c%E9%B9%BD%E9%9C%A7%E8%A9%A6%E9%A9%97.aspx，2012。

[31] 中華民國鋼結構協會，應力-應變曲線圖，http://www.tiscnet.org.tw/img/p144_p2.jpg，2016。

國家圖書館出版品預行編目資料

機械製造 / 孟繼洛等編著. -- 二版. -- 新北市：全華圖書, 2016.06
面 ； 公分
參考書目：面
ISBN 978-986-463-247-3(平裝)
1. CST:機械工作法
446.89 105008299

機械製造

作者／孟繼洛、傅兆章、許源泉、黃聖芳、李炳寅、翁豐在、黃錦鐘
林守儀、林瑞璋、林維新、馮展華、胡毓忠、楊錫杭
發行人／陳本源
執行編輯／蔣德亮
出版者／全華圖書股份有限公司
郵政帳號／0100836-1 號
印刷者／宏懋打字印刷股份有限公司
圖書編號／0564701
二版四刷／2022 年 9 月
定價／新台幣 500 元
ISBN／978-986-463-247-3(平裝)
全華圖書／www.chwa.com.tw
全華網路書店 Open Tech／www.opentech.com.tw
若您對本書有任何問題，歡迎來信指導 book@chwa.com.tw

臺北總公司(北區營業處)
地址：23671 新北市土城區忠義路 21 號
電話：(02) 2262-5666
傳真：(02) 6637-3695、6637-3696

中區營業處
地址：40256 臺中市南區樹義一巷 26 號
電話：(04) 2261-8485
傳真：(04) 3600-9806(高中職)
(04) 3601-8600(大專)

南區營業處
地址：80769 高雄市三民區應安街 12 號
電話：(07) 381-1377
傳真：(07) 862-5562

讀者回函卡

填寫日期：　/　/

姓名：　　　　生日：西元　　年　　月　　日　性別：□男 □女

電話：（　）　　　傳真：（　）　　　手機：

e-mail：（必填）

註：數字零，請用 Φ 表示，數字 1 與英文 L 請另註明並書寫端正，謝謝。

通訊處：□□□□□

學歷：□博士　□碩士　□大學　□專科　□高中・職

職業：□工程師　□教師　□學生　□軍・公　□其他

學校／公司：　　　　科系／部門：

・需求書類：

□ A. 電子 □ B. 電機 □ C. 計算機工程 □ D. 資訊 □ E. 機械 □ F. 汽車 □ I. 工管 □ J. 土木

□ K. 化工 □ L. 設計 □ M. 商管 □ N. 日文 □ O. 美容 □ P. 休閒 □ Q. 餐飲 □ B. 其他

・本次購買圖書為：　　　　書號：

・您對本書的評價：

封面設計：□非常滿意　□滿意　□尚可　□需改善，請說明

內容表達：□非常滿意　□滿意　□尚可　□需改善，請說明

版面編排：□非常滿意　□滿意　□尚可　□需改善，請說明

印刷品質：□非常滿意　□滿意　□尚可　□需改善，請說明

書籍定價：□非常滿意　□滿意　□尚可　□需改善，請說明

整體評價：請說明

・您在何處購買本書？

□書局　□網路書店　□書展　□團購　□其他

・您購買本書的原因？（可複選）

□個人需要　□幫公司採購　□親友推薦　□老師指定之課本　□其他

・您希望全華以何種方式提供出版訊息及特惠活動？

□電子報　□ DM　□廣告（媒體名稱　　　　）

・您是否上過全華網路書店？（www.opentech.com.tw）

□是　□否　您的建議

・您希望全華出版那方面書籍？

・您希望全華加強那些服務？

～感謝您提供寶貴意見，全華將秉持服務的熱忱，出版更多好書，以饗讀者。

全華網路書店 http://www.opentech.com.tw　　客服信箱 service@chwa.com.tw

2011.03 修訂

親愛的讀者：

感謝您對全華圖書的支持與愛護，雖然我們很慎重的處理每一本書，但恐仍有疏漏之處，若您發現本書有任何錯誤，請填寫於勘誤表內寄回，我們將於再版時修正，您的批評與指教是我們進步的原動力，謝謝！

全華圖書　敬上

勘誤表

書號		書名		作者	
頁數	行數	錯誤或不當之詞句		建議修改之詞句	

我有話要說：（其它之批評與建議，如封面、編排、內容、印刷品質等・・・）